EX LIBRIS
PHILIP SCHWARTZ

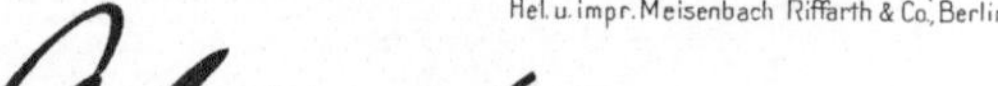

Verlag von Julius Springer, Berlin.

Die Geschlechtskrankheiten und ihre Bekämpfung

Vorschläge und Forderungen für
Ärzte, Juristen und Soziologen

Von

Professor Dr. **Albert Neißer**

Geh. Medizinalrat, Direktor der Kgl. Univ.-Klinik
für Haut- und Geschlechtskrankheiten
Breslau

Mit einem Bildnis in Heliogravüre

Berlin

Verlag von Julius Springer

1916

Albert Neißer ist kurz vor Vollendung der Drucklegung des vorliegenden Buches gestorben. Sein Mitarbeiter, Oberarzt Dr. Kuznitzky, hat die Korrekturbogen einer letzten Durchsicht unterzogen.

Die Verlagsbuchhandlung.

ISBN-13:978-3-642-90195-9   e-ISBN-13:978-3-642-92052-3
DOI: 10.1007/978-3-642-92052-3

Gewidmet der
Deutschen Gesellschaft zur Bekämpfung der
Geschlechtskrankheiten

Vorwort.

Das vorliegende Buch ist einerseits das Ergebnis einer jahrelangen Arbeit — Literaturstudien und Materialsammlung —, die ich zu meiner eigenen Belehrung vornahm und nun als zusammenfassende Übersicht der großen Schar von Fachmännern und Laien, die sich mit diesem Stoff teils freiwillig aus sozial-humanitären Gründen, teils von Amts wegen beschäftigen, übergebe.

Andererseits ist es aber auch ein Augenblickserzeugnis, den Forderungen des Tages entsprungen. Die Bedeutung, welche die Geschlechtskrankheiten in diesen letzten Kriegsjahren als schädigender Faktor für die Volkskraft angenommen haben, und die daraus für uns erwachsende Pflicht, noch intensiver als sonst alles zu erforschen und womöglich in die Tat umzusetzen, was irgendwie zur Verminderung und zur Bekämpfung dieser Volksseuchen beitragen könnte — all das machte den Wunsch rege, **alle Forderungen und Wünsche, die sich auf diesem Gebiete geltend gemacht haben und zur Sprache gekommen sind, zusammenfassend darzustellen und zu einem gemeinschaftlichen Programm zu vereinigen.**

Ganz besonders muß ich an dieser Stelle dankbar des Mannes gedenken, dem ich schließlich den letzten Anstoß zur Fertigstellung dieses seit Jahren von mir geplanten Unternehmens verdanke, unseres verehrten Herrn Ministerialdirektors Prof. Dr. Martin Kirchner. Hätte er nicht eines Tages, als er in seinem lebhaften Interesse für diese auch ihn seit Jahren beschäftigenden Fragen der Bekämpfung der Geschlechtskrankheiten und der Prostitution wieder einmal verschiedene Punkte mit mir besprach, gesagt: „Aber da kommen Sie doch endlich einmal mit Ihrem Wunschzettel heraus!", und mich mit diesen Worten zur Niederschrift des Ganzen veranlaßt, wer weiß, ob ich mich zu dem Entschluß aufgerafft hätte, diese Druckschrift fertigzustellen!

Denn natürlich hatte und habe ich nicht unerhebliche Bedenken gegen diese, Vielen vielleicht unnötig erscheinende, Vermehrung der auf diesem Gebiete schon überreichen, um nicht zu sagen überflüssigen Literatur!

In der Tat, wirklich ganz Neues bringe ich nicht und jeder Kenner der Materie wird finden, daß wohl alles oder wenigstens fast alles, was ich hier sage, schon irgendwo einmal von irgend jemandem gesagt worden ist. Schließlich aber hielt ich die Veröffentlichung doch für nützlich, einmal wegen des Versuches, einen **einheitlichen Plan** für die so vielgestaltigen Wege der Bekämpfung aufzustellen, andererseits um manchem die sehr große und mühselige literarische Sammelarbeit, die ich selber aufwenden mußte, zu ersparen, besonders aber um die in der Materie weniger bewanderten Nicht-Mediziner durch die überwältigende Fülle des vorhandenen Materials zu überzeugen. Auf diese Weise ist die vorliegende Arbeit nach vieler Richtung hin nur ein Zusammentragen von Material und von Ausführungen anderer Autoren. Ich habe auch die **wörtliche** Übernahme bereits gemachter Darlegungen nicht gescheut. Es erschien mir zur Errichtung meines Gebäudes richtiger, einen von anderer Seite gefertigten Baustein zu verwenden, wenn er schöner und besser war, als ich ihn selbst hätte liefern können. Warum sollte ich ihn nicht so, wie er sich darbot, einfügen? Ich will nur hoffen, daß ich nirgends übersehen habe, die „Gänsefüßchen" anzubringen, denn mit fremden „Bausteinen" wollte ich mich wahrlich nicht schmücken.

Die nachfolgenden Darlegungen wenden sich an ein recht gemischtes Publikum von Ärzten, Juristen, Theologen, gebildeten Laien, an Männer und Frauen. Es ist daher natürlich, daß vielen — namentlich den Medizinern — manches in ganz überflüssiger Weise abgehandelt erscheint. Aber das ließ sich, wollte ich meinen Zweck erreichen, nicht umgehen. Ich mußte auf diesem Gebiete, auf dem so verschiedene Interessentenkreise sich berühren, versuchen, jedem die Lücken seines Wissens ausfüllen zu helfen.

Selbstverständlich ist eine **Vollständigkeit** in den Literatur-Angaben **nicht** erreicht worden. Andererseits habe ich **Wiederholungen** nicht vermeiden können, wenn ich die einzelnen Besprechungen in einer gewissen Geschlossenheit durchführen wollte.

Auch auf eine **gleichmäßige** Durcharbeitung aller Kapitel habe ich verzichten müssen, da mir vor der Hand wesentlich darauf ankam, die strittigen und verhältnismäßig neu in die Diskussion geworfenen Fragen zu behandeln. Vielleicht findet sich später Gelegenheit, diese Lücken auszufüllen.

Die eigentlichen Prostitutionsfragen habe ich in diesem ersten Teile nur so weit berührt, als ihre Behandlung unumgänglich notwendig war. Die Frage der Prostitutionsbekämpfung, speziell der Reglementierung, soll in einem zweiten Teil ausführlicher bearbeitet werden.

Breslau, im Juli 1916.

A. Neißer.

Inhaltsverzeichnis.

Einleitung.

Die Ziele und Aufgaben der Deutschen Gesellschaft zur Bekämpfung der Geschlechtskrankheiten.

(Nach einer bei der Gründung der Gesellschaft im Oktober 1902 gehaltenen Rede.)

Sehen wir ab von den Verheerungen, welche die sogenannten akuten, d. h. die durch schnellen Krankheitsverlauf ausgezeichneten Epidemien, wie die Pocken, die Pest, die Cholera unter den Völkern Europas angerichtet haben, so waren es seit jeher wesentlich drei chronische, also langsam und schleichend verlaufende Infektionskrankheiten, welche Gesundheit und Leben aller Nationen bedrohen und zerstören: der Aussatz oder die Lepra, die Tuberkulose und die Geschlechts- oder venerischen Krankheiten.

Nur gegen den Aussatz hat man schon in vergangenen Jahrhunderten einen Kampf — und zwar einen für uns sehr lehrreichen — gekämpft; er war erfolgreich, weil man, erbarmungslos alle sogenannte „Humanität" beiseite setzend, Hunderttausende von Kranken und Krankheitsverdächtigen dem menschlichen Verkehr oft in der rücksichtslosesten Weise entriß, sie „aussetzte" und in Aussatzhäusern einsperrte. Mit dieser Ausschaltung der Ansteckungsquellen aber verhütete man die Weiterverbreitung der Krankheit, und so war die Krankheit in verhältnismäßig kurzer Frist ausgerottet. Heute würde man ein solches Vorgehen sicherlich als barbarisch verurteilen und vor solchen Maßnahmen zurückschrecken. Wer aber sich nicht selbst betrügt, wird zugeben, daß wir innerlich unseren Vorfahren dankbar sind dafür, daß sie unsere Generationen wenigstens von dieser Geißel der Menschheit, die in anderen, namentlich außereuropäischen Ländern, noch wütet und daselbst Hunderttausende von Opfern erfordert, befreit hat.

Merkwürdigerweise war es der Aussatz, gegen welchen auch in unseren modernen Zeiten zuerst auf der Basis einer internationalen Konferenz (Berlin 1897) der Kampf eröffnet wurde. Ich sage: „merkwürdigerweise", weil der Aussatz, so schrecklich auch die Krankheit an sich ist, die Völker Europas jetzt am wenigsten bedroht. Der Aussatz ist bei uns die wenigst verbreitete unter den drei genannten Volksseuchen; nur in Ostpreußen besteht ein kleiner, durch Einschleppung vom benachbarten Rußland her entstandener Herd, dessen wir, dank den energischen Maßnahmen der preußischen Regierung, sicherlich bald Herr werden werden. Der Aussatz ist auch die ungefährlichste, weil sie nur unter besonders günstigen Infektionsbedingungen von Mensch zu Mensch sich überträgt.

Der internationalen Leprakonferenz folgte Mai 1899 der erste Tuberkulose-Kongreß. Niemand wird die eminente Abwehrbedeutung dieser gegen die Tuberkulose gerichteten Bestrebungen verkennen; und wenn man auch auf einen vollkommen durchgreifenden Erfolg nicht sobald wird rechnen können, so sind doch jetzt schon die segensreichen Resultate dieses Ankämpfens in klarster unanfechtbarer Weise durch eine ganz auffällige Abnahme der Tuberkulose-Sterblichkeit erkennbar. Die unendliche Verbreitung der Krankheit unter Menschen und Tieren und die Schwierigkeit, der auf tausend Wegen sich vollziehenden, kaum je sinnfälligen Kontagiosität entgegenzuarbeiten, zumal das Bewußtsein der Ansteckungsfähigkeit der Tuberkulose durchaus noch nicht alle Schichten der Bevölkerung durchdrungen hat, sind Hindernisse, die erst allmählich überwunden werden können.

Als letzte erst in der Reihe der Kongresse ist eine Anti-Syphilis- und Anti-Prostitutions-Konferenz zusammengetreten. Und doch kannte man schon immer auf das genaueste den ansteckenden Charakter der venerischen Krankheiten und die hauptsächlichsten Wege und Quellen ihrer Verbreitung. Zwar haben schon in früheren Jahren Kongresse getagt, auf welchen man über die Wege, wie man der erschrecklichen Verbreitung der venerischen Krankheiten, speziell der Syphilis, entgegenarbeiten könnte, diskutiert hat. Aber erst die Brüsseler, von Regierungen, Behörden, Verwaltungsbeamten und Ärzten aller Nationen beschickte Konferenz im September 1899 bildete den Anfang einer wirklich großen und erfolgreichen Bewegung gegen die Gefahren der venerischen Krankheiten und ihrer wesentlichsten Verbreiterin, der Prostitution.

Und daß das so überaus schwierige, von A. Wolff (Straßburg) angeregte und von Dr. Dubois-Havenith (Brüssel) geschaffene Werk damals in glänzender Weise gelang, beweist die Tatsache, daß im September 1902 mit nicht geringem Erfolge bereits die II. internationale Konferenz wieder in Brüssel abgehalten und schließlich eine Anzahl fest organisierter nationaler Gesellschaften gegründet werden konnte.

In Deutschland erfolgte eine diesbezügliche Gründung 1901 während des Kongresses der Deutschen Dermatologischen Gesellschaft zu Breslau. Die dem Deutschen Reiche angehörigen Mitglieder der Gesellschaft, zu welcher bis auf wenige Ausnahmen alle das Spezialfach der venerischen Krankheiten treibenden Kollegen sich zählen, vereinigten sich zu einer geschäftlichen Sitzung, damals mit der Absicht, nur einen deutschen Zweigverein der internationalen Brüsseler Gesellschaft ins Leben zu rufen. Aber im Laufe der Verhandlungen und Vorarbeiten kam der eingesetzte Ausschuß bald zu der Überzeugung, daß eine wirksame Aktion zur Bekämpfung der in unserem deutschen Vaterlande vorhandenen Verhältnisse sich nur erzielen lasse, wenn wir in ganz selbständiger Weise vorgingen und namentlich, wenn wir unsere Gesellschaft auf viel breitere Basis stellten. Während die Brüsseler „Société" mehr eine wissenschaftliche Arbeitsgesellschaft sein sollte, glaubten wir unser Ziel nur dadurch erreichen zu können, daß wir möglichst weite Volkskreise belehrten und zur Mitarbeit heranzogen. Wir wollten uns nicht in akademischen Erörterungen und Resolutionen verlieren, sondern die treibende Kraft zu positiver Wirksamkeit abgeben. So glaubten wir die Gründung einer deutschen Gesellschaft wohl wagen zu dürfen. Und dank dem großen Verständnis, mit dem sofort eine große Anzahl von Männern und Frauen sich uns anschlossen, konnten wir am 19. Oktober 1902 in Berlin unsere Gesellschaft mit einem Bestande von über 700 Mitgliedern konstituieren, Mitgliedern aus allen Ständen und Berufszweigen, hoch und niedrig, Männern und Frauen. Mit besonderer Genugtuung konnten wir es begrüßen, daß auch den allerhöchsten Kreisen angehörige Herren sofort zu unseren Mitgliedern sich zählten, daß die höchsten Verwaltungsbehörden aller deutschen Staaten vom ersten Schritt an unsere Pläne unterstützten und durch Rat und Tat, durch persönliches Eintreten und Gewährung einer staatlichen Subvention ihr Interesse bekundeten.

Aber so dankbar wir diese für die Erreichung unserer Ziele geradezu unentbehrliche Hilfe begrüßten: das Wichtigste war und blieb, daß die Bevölkerung selbst Verständnis für die große Aufgabe gewann und sich selbst zum Kampfe gegen die verheerende Volksseuche aufraffte. Auch unser Herr Reichskanzler hat uns damals in einem an unsere Deutsche Gesellschaft gerichteten Erlaß zugerufen:

„Was staatlicherseits zur Förderung dieser guten Sache, sei es im Wege der Gesetzgebung, sei es auf dem Gebiete der Verwaltung, wie insbesondere des medizinischen Unterrichts auf den Universitäten, geschehen kann, daran soll es nicht fehlen. Vor allem aber kommt es darauf an, daß die Bevölkerung selbst unter der Leitung ihrer sittlichen und ärztlichen Berater sich der drohenden Gefahr voll bewußt wird und derselben aus eigener Kraft entschlossen und unbeirrt durch falsche Scheu entgegentritt. Wenn die neugebildete Gesellschaft in diesem Sinne an ihr Werk geht und dasselbe mit zäher Ausdauer weiter verfolgt, so wird Segen und Erfolg nicht ausbleiben. Das ist der Wunsch, mit welchem ich das Inslebentreten der Gesellschaft dankbar begrüße."

Nun, an Arbeitslust hat es bisher die Gesellschaft nicht fehlen lassen, und ich glaube auch nicht unbescheiden zu sein, wenn ich behaupte, unsere Gesellschaft hat schon sehr Ersprießliches in dem Kampfe gegen die Geschlechtskrankheiten geleistet.

Schnell hat sich seitdem unsere Gesellschaft entwickelt. Sie zählt mehrere Tausend Mitglieder, hat an 31 Orten als Agitations- und Arbeitszentren dienende Zweigvereine und Ortsgruppen. Bereits konnten allseitig als erfolgreich bezeichnete Kongresse in Frankfurt a. M., München, Mannheim, Dresden, Breslau, Leipzig abgehalten werden. Dem eigentlichen Publikationsorgan der Gesellschaft, den „Mitteilungen", steht als Sammelstätte wissenschaftlicher Arbeiten eine gehaltvolle „Zeitschrift" zur Seite, und Behörden wie Parlamente hören auf unsere Wünsche und Ratschläge. Kurz: alles deutet darauf hin, daß wir auf dem rechten Wege sind, daß das begonnene Werk einem allgemeinen Bedürfnis, einem vielfach empfundenen Wunsche entspricht.

Lag denn aber wirklich eine so dringende Notwendigkeit vor,

sich mit den Geschlechtskrankheiten besonders zu beschäftigen, ihrer Bekämpfung eine so besondere Aufmerksamkeit zu widmen?

Ich habe auf den Seiten 15—58 das Wesen und die Bedeutung der
Geschlechtskrankheiten in kurzer Zusammenfassung dargestellt und komme
an verschiedenen Stellen (siehe Abschnitt VIII und IX) immer wieder darauf
zurück. Ich kann es mir also hier ersparen, auf die Bedeutung wie auf die
Verbreitung der Geschlechtskrankheiten einzugehen, kann aber leider — mit
vollstem Recht und gutem Gewissen — die oben gestellte Frage mit einem
lauten und kräftigen **Ja** beantworten.

Wenn wir nun daran denken, diese Volksseuchen zu bekämpfen, so
wollen wir uns darüber nicht täuschen, wie schwer die Aufgabe ist, welche
unsere Bewegung sich gestellt hat. Schon die eben erwähnte große, gar nicht
zu übersehende Verbreitung der Krankheit kommt in Betracht; dazu die
durch die allmähliche Gewöhnung eingetretene Indolenz der Bevölkerung
gegenüber der schleichenden, nicht unmittelbar und schnell tötenden, unter
den abwechselndsten und oft ganz harmlos erscheinenden Bildern auftretenden
Erkrankungsformen. Die **größte** Schwierigkeit aber liegt darin, daß die
Verbreitung der Geschlechtskrankheiten — bis auf 10$^0/_0$ bei der
Syphilis und einer ganz minimalen Quote bei den übrigen Venerien — die
Folge eines Geschlechtsverkehrs, und zwar in bei weitem überwiegendem
Maße — wenn auch nicht ausschließlich — eines außerehelichen Geschlechtsverkehrs ist. Könnten wir daher diesen außerehelichen Geschlechtsverkehr, da an Beseitigung ernsthaft nicht gedacht werden kann, auch nur
einigermaßen einschränken, so würden wir unserem Ziele ein gutes Stück
näher rücken. Und deshalb dürfen wir nicht davor zurückschrecken, auch
diesen Kampf, den Kampf gegen den außerehelichen Geschlechtsverkehr als solchen, aufzunehmen. Mancher wird meinen, daß ein solcher
Kampf über unsere Kraft gehe. Aber so wenig wir die ungeheuren Schwierigkeiten verkennen, die sich einem jeden Unterfangen, die ihren sexuellen Trieben
folgenden Männer — und auf diese kommt es hier mehr an, als auf die Frauen —
zu größerer Enthaltsamkeit zu bewegen, naturgemäß entgegenstellen, so wenig
glauben wir doch, daß unsere Gesellschaft darauf verzichten darf, alle auf eine
wirkungsvollere Erziehung der Jugend zu sexueller Moral, zur
Achtung vor dem weiblichen Geschlecht **aller** Stände, zum Gefühl
einer größeren Verantwortlichkeit im sexuellen Verkehr hinzielenden
Bestrebungen, von welcher Seite sie auch kommen mögen, zu unterstützen
und zu fördern. Mit der ganzen Autorität, die unserer Gesellschaft innewohnt,
wird sie namentlich der in der heranwachsenden Jugend vielfach herrschenden
Irrlehre: „die Keuschheit an sich sei in allen Fällen schädlich“, entgegentreten müssen, obgleich wir Ärzte uns andererseits der Wahrnehmung, daß
vollkommene Enthaltsamkeit schwere körperliche und psychische Schädigungen in manchen Fällen nach sich zieht, nicht entziehen können. Auch
wird man, ohne etwa die Berechtigung einer „doppelten Moral für die beiden
Geschlechter“ anzuerkennen, das physiologisch-sexuelle Bedürfnis der Männer
und der Frauen nicht ohne weiteres gleichstellen dürfen.

Unermüdlich werden wir trotzdem die Bevölkerung darüber aufklären
müssen, daß größere Keuschheit, als sie zurzeit die heranwachsende männliche Jugend, namentlich der Großstädte, übt, für Körper und Seele gleich

nützlich sei. Denn, wenn wir auch wesentlich den hygienisch-ärztlichen Fragen unsere Aufmerksamkeit werden zuwenden wollen, die moralisch-ethische Seite dürfen wir nicht vernachlässigen, wenn wir uns nicht einer ebenso falschen Einseitigkeit schuldig machen wollen, wie eine große Gruppe von Männern und Frauen, die alles Heil und alle Besserung nur von der Pflege dieser idealen Bestrebungen erwarten.

Im übrigen möchte ich doch erklären, daß ich zwar energisch den Standpunkt vertrete, daß die heranwachsenden jungen Männer viel länger als dies jetzt der Fall ist, sich des Geschlechtsverkehrs ganz enthalten könnten, daß ich aber nicht etwa allgemein von jedem Unverheirateten bis zu der ja oft erst spät möglichen Ehe Keuschheit verlange. Ich glaube, daß eine solche Forderung in den meisten Fällen geradezu unerfüllbar ist.

In der Tat, was sollen die 25—35 Jahre alten Männer, die aus irgendwelchen, den allgemeinen wirtschaftlichen Ursachen entsprechenden Gründen nicht heiraten können, tun, um ihr sexuelles Bedürfnis — ich sage ausdrücklich Bedürfnis — zu befriedigen?

Teilen wir aber auch noch so aufrichtig alle die auf Hebung der sexuellen Ethik gerichteten Bestrebungen und unterstützen und fördern wir sie mit allen unseren Kräften, so halten wir diesen Weg, so schön und edel er ist, doch nicht für ausreichend; wir glauben den heute vorhandenen Verhältnissen und den Eigenschaften der Menschen, wie sie sich in allen Schichten der Bevölkerung entwickelt haben, Rechnung tragen zu müssen. Aber vielleicht läßt sich für die Zukunft eine Besserung erzielen durch Heranbildung einer anders denkenden Jugend. Deshalb haben alle Bestrebungen, schon in der ersten Erziehung der Knaben und Mädchen dem sexuellen Problem eine größere Aufmerksamkeit als bisher zu widmen, eine so eminente Bedeutung.

Was geschieht denn zurzeit, um die Jünglinge und Männer zu der von uns so sehr gewünschten „Moral" zu erziehen? Wer lehrt sie? und was lehrt man sie in dieser Beziehung? soll etwa das „sechste Gebot" dafür ausreichen?

Heute wird dieses im Leben des heranwachsenden Jünglings und des Mädchens eine so hervorragende Rolle spielende Moment der Entwicklung sexueller Empfindungen von den Eltern geradezu als nicht existierend, als ein „noli me tangere" betrachtet, und man überläßt es dem blinden Zufall, in welcher Weise die Einweihung in dieses so bedeutungsvolle Gebiet vor sich geht.

Muß nicht selbstverständlich ein ungeheurer, fürs ganze Leben bedeutsamer Einfluß in der Art und Weise liegen, wie gerade das sexuelle Gebiet und der erste geschlechtliche Verkehr dem unerfahrenen Manne oder Weibe bekannt wird?

Gewiß kann, wenn der erste Verkehr mit einer Prostituierten stattfindet, der Eindruck ein so häßlicher sein, daß er fürs ganze Leben abstoßend von der Prostituierten wirkt; vielleicht sogar abstoßend von allem Verkehr mit dem weiblichen Geschlecht (namentlich wenn vielleicht unbewußte homosexuelle Neigungen vorliegen).

Vielleicht aber wird auch sofort eine Sinnlichkeit rohester Art und eine Neigung zu gröbster sexueller und perverser Geschlechtsbefriedigung geweckt und großgezogen.

Umgekehrt macht ein wirklicher Liebesverkehr, der zwar geschlechtliche Befriedigung gewährt, aber doch wesentlich auf einer herzlichen Zuneigung beruht, den Umgang mit Prostituierten unmöglich und führt vielleicht am ehesten, wenn auch auf dem Umwege des Abscheues und Ekels vor der Straßendirne, zu Enthaltsamkeit.

Haben die Männer und namentlich die Frauen, die häufig in den stärksten Ausdrücken über die Unsittlichkeit der männlichen Jugend klagen und sie mit stärksten Worten verurteilen, wirklich ein Recht dazu? Sind denn die heranwachsenden Männer nicht auch ein Produkt ihres Milieus und der bestehenden sozialen und Erziehungsverhältnisse? Besonders den Frauen möchte ich zurufen: tun denn die Mütter ihre Pflicht den Söhnen gegenüber?

Ich denke also: wir sollten nicht klagen und anklagen und verurteilen, sondern helfen und handeln.

Das heißt aber, man wird nicht erst warten dürfen, bis im Pubertätsalter entweder der sexuelle Verkehr schon eingetreten ist oder bis die Möglichkeit, den in seinem ganzen Sinnen und Trachten an Geschlechtsverkehr denkenden jungen Mann in Enthaltsamkeit und Keuschheit zu erhalten, auf ein Minimum reduziert ist. Man wird mit einer gewissen Aufklärung und einer Erziehung und Belehrung schon im Kindesalter beginnen müssen und die Eltern werden versuchen müssen, ihre Kinder so zu erziehen, daß sie ihre Sorgen und ihre innere, durch das Erwachen der Geschlechtlichkeit entstehende Unruhe und Begierde den Eltern anvertrauen.

Ich habe nun nicht den geringsten Zweifel darüber, daß jeder, jedes Elternpaar, die sich einmal ernsthaft mit dieser Frage beschäftigten, der Richtigkeit des ganzen eben vorgetragenen Gedankenganges anschließen werden.

Wie aber es anfangen? Ist nicht zu fürchten, daß gerade durch Besprechungen seitens der Eltern der bis dahin ganz unschuldige Sinn des Kindes auf diese sexuellen Empfindungen erst hingelenkt wird, und so gerade das erzeugt, was eigentlich vermieden werden soll?

Und ferner: welche sind die richtigen Erzieher für diese Zwecke? die Eltern? oder vielleicht der Hausarzt oder die Schule oder die Kirche?

Und wann soll diese Einweihung vor sich gehen? Soll die Unterrichtung in diesen Dingen naturwissenschaftlich sein oder soll sie nur die moralische Seite berücksichtigen?

Gewiß sind dies schwierige Probleme, so schwierige, daß trotz einer geradezu ungeheuren Literatur über diese Fragen der Sexualpädagogik, und trotzdem diese Fragen in den letzten Jahren alle möglichen Kongresse von Ärzten, Schulmännern usw. beschäftigt haben, noch heute keine volle Klärung eingetreten ist. Aber ich habe die Empfindung, daß weniger diese Schwierigkeiten den wahren Grund der elterlichen Zurückhaltung und Bedenken bilden, als eine Art egoistischer Bequemlichkeit, die den möglicherweise entstehenden Gefahren lieber durch Gehenlassen aus dem Wege geht, und als der Mangel an eigener Unbefangenheit, über diese Fragen in natürlicher reiner Weise zu fühlen und demgemäß zu sprechen.

Ich halte es für eines der größten Verdienste unserer Gesellschaft, all diese Fragen in die öffentliche Diskussion gerufen zu haben, und das bezieht sich nicht nur auf das Gebiet der Sexualpädagogik, sondern der Geschlechtskrankheiten überhaupt.

Denn bei dem Kampfe gegen die Geschlechtskrankheiten haben wir es mit einem noch viel schlimmeren Feinde zu tun als mit Bazillen und Kokken, wir haben es zu tun mit dem in seiner Allgemeinheit durchaus unbegründeten Vorurteil, daß die Geschlechtskrankheiten „schändliche" seien, solche, deren sich die damit Behafteten zu schämen haben; einem Vorurteil, das auch heute noch die Propaganda und Publizierung unserer Schriften, die Abhaltung von Versammlungen, Besprechungen in der Presse, bisweilen erschwert; einem Vorurteil, welches noch gegenwärtig dazu führt, daß viele mit diesen Krankheiten Behaftete, statt möglichst schnell eine Behandlung aufzusuchen, ihre Erkrankung verheimlichen und aus Scham und Angst lieber gar nicht oder nicht bei Ärzten sich behandeln lassen.

Die sozialpädagogische Zeitschrift „Ein Volk, eine Schule" schreibt über den 3. Kongreß zu Mannhheim:

Mannheim 1907. „Das dritte und größte Ergebnis der Mannheimer Tage ist, daß die geschlechtliche Belehrung und Erziehung nunmehr durch die gemeinsame Arbeit von Pädagogen, Ärzten, Müttern und Vertretern der Behörden zu einem unverlierbaren Teil aller Schulreform in Deutschland geworden ist. Um diese Frage kommt niemand mehr herum, der in Fragen der Erziehung ernstgenommen werden will. Dazu sind sie zu sehr in die Tiefe gegangen. Sie haben mit der alten Drillpädagogik, mit dem Lügenbetrieb, mit der Oberflächlichkeit, die alle drei an dem Zentrum des Lebens scheu vorbeischleichen, gründlich aufgeräumt."

Und doch kommt bei all diesen Krankheiten alles darauf an, gerade bei den frischen Stadien so schnell und so gründlich als möglich zu behandeln!

Aber nicht nur die psychische, auch die physische Erziehung wird den Einflüssen und Gefahren, die mit der Entwicklung und dem Erwachen des Geschlechtstriebes verknüpft sind, mehr als bisher Rechnung zu tragen haben.

Unsere Aufgabe wird es also sein, das Sinnen und Trachten und die Gewohnheiten der heranwachsenden männlichen Jugend mehr als bisher — in Deutschland wenigstens — auf die Pflege körperlicher Übungen und aller Arten von Sport zu lenken. Es vermindert sich für den körperlich sehr tätigen und körperlich ermüdeten Mann nicht nur das sexuelle Bedürfnis, sondern auch seine ganze Denk- und Gefühlsweise wird von sexuellen Dingen abgelenkt und in einem der Enthaltsamkeit günstigen Sinne beeinflußt.

Sodann kann nicht laut und eindringlich genug auf den nahen Zusammenhang, der zwischen dem Trinken und Zechen und geschlechtlicher Ausschweifung und damit geschlechtlicher Ansteckung besteht, hingewiesen werden. Hören wir doch oft in unserer Sprechstunde, daß der zur Ansteckung führende geschlechtliche Verkehr von sonst ganz enthaltsamen und soliden Männern im Rausch und mit Unterlassung sonst gebräuchlicher Vorsichts- und Reinlichkeitsmaßregeln stattgefunden hat. —

Besonders wäre es sehr erfreulich, wenn die zynische Behandlung aller mit dem Geschlechtsleben und den Geschlechtskrankheiten zusammenhängenden Dinge, wie sie auf vielen Kneipen Mode ist, verschwände. Studentische Fröhlichkeit ist doch wohl auch ohne Zote möglich.

Bei den „unteren" Volksklassen kommt noch ein besonderes, die Zügellosigkeit, um nicht zu sagen Verwahrlosung, begünstigendes Moment hinzu: das sich gänzlich selbst Überlassenbleiben ohne Aufsicht gerade in der gefährlichsten Lebensperiode, nämlich in der Zeit nach der Schulentlassung. Bei den Männern findet sie glücklicherweise meist ihren Abschluß in der militärischen Dienstpflicht.

Es scheint mir überflüssig, darüber den Bewohnern großer Städte und Industriezentren noch eine längere Auseinandersetzung zu geben. Jeden Abend — und besonders Sonnabend und Sonntag — sehen sie diese jungen Burschen in kleineren Trupps, begleitet von gleichalterigen, halberwachsenen, oft auch älteren Frauenzimmern, schreiend und singend, oft schon halb betrunken, durch die Anlagen und Promenaden der Außenbezirke ziehen. Was sich da auf sexuellem Gebiete abspielt, davon legen die Krankenabteilungen der Krankenhäuser Zeugnis ab, wo wir Venerische schon im jugendlichsten Alter vorfinden.

Einen weiteren Fingerzeig finden wir in der Zahl der jugendlichen Personen, die als Prostituierte aufgegriffen und früher — vor dem Erlaß des preußischen Fürsorgegesetzes — als solche inskribiert wurden.

Auf dem flachen Lande ist es mit der sexuellen Sittlichkeit fast noch schlimmer — wer sich darüber informieren will, nehme die von einer Anzahl von Geistlichen gesammelten Berichte in die Hand — nur muß man sich klar machen, daß unter der Landbevölkerung vollkommen andere, man darf wohl sagen: naivere und natürlichere Begriffe über das, was auf geschlechtlichem Gebiet erlaubt und unerlaubt ist, herrschen. Freilich entschuldigen sie nicht die oft in rücksichtsloseste Zügellosigkeit ausartenden Exzesse und nicht die Tatsache, daß bei beiden Geschlechtern, namentlich aber beim weiblichen, der Geschlechtsverkehr fast noch vor der Pubertät beginnt. Und es ist auch verständlich, daß gerade diese an Geschlechtsverkehr gewöhnten Mädchen, die dann als Dienstmädchen in die Städte kommen, ein so großes Kontingent zur Prostitution stellen. — Übrigens geht diese sexuelle Zügellosigkeit der Jugendlichen, soweit es die unteren Klassen der Bevölkerung betrifft, Hand in Hand mit der Zunahme der Kriminalität der Jugendlichen. Beides sind Symptome und Folgen derselben sozialen Verhältnisse — insbesondere dem kolossalen Anschwellen der in die Industriearbeit eintretenden jugendlichen Arbeiter und Arbeiterinnen.

Sexuelle Zügellosigkeit, Prostitution und Kriminalität entspringen denselben sozialen Kalamitäten, unter denen die unteren Volksklassen leben und leiden und unter denen ich als die wichtigste und ausschlaggebendste das Wohnungselend bezeichnen möchte. In ihr liegt für mich die Hauptwurzel aller dieser Übel; in ihrer Beseitigung würde ich eine radikale, d. h. das Übel an der Wurzel anfassende Maßregel erblicken. Fürsorgegesetz und obligatorische Fortbildungsschule u. dgl., so segensreich sie wirken werden und so dankbar ich diese gesetzlichen Handhaben als Kampfmittel gegen die auch auf sexuellem Gebiete sich äußernde zunehmende Verrohung der heranwachsenden Jugend begrüße, sind doch nur symptomatische Behandlungsmethoden und — kommen zu spät!

Ich habe hier stets nur von der den ärmeren unteren Volksschichten angehörigen Jugend gesprochen. Ich mußte sie als besonders von frühzeitiger sexueller Verderbnis durchseucht hinstellen. Aber sie ist auch am meisten durch die Verhältnisse, unter denen sie aufwächst und das, was sie während der Kindheit vor sich sieht, gefährdet und daher entschuldigt.

Um so schmerzlicher ist es, wenn wir bei den jungen Männern aus gebildeten Familien Begriffe über sexuelle Moral finden, die sich zwar in weniger roher Weise äußern, aber keinen Beleg dafür geben, daß sie Bevölkerungsklassen angehören, in denen man gemeinhin von „guter Erziehung" spricht. Ich habe oben bereits diesen Punkt berührt und besonders darauf hingewiesen, wie es mit der Erziehung auf sexuell-moralischem Gebiet bestellt ist, nämlich so arg, daß wir fast die heranwachsende Jugend entschuldigen und mehr die Eltern anklagen müssen, wenn wir so merkwürdige, mit dem sonst vorhandenen Gefühl für Recht und Verantwortlichkeit gar nicht in Einklang zu bringende Anschauungen auf dem Gebiet des sexuellen Verkehres der Geschlechter finden.

Ich komme dabei auf eine Ursache der sexuellen Unmoral zu sprechen, die wesentlich auf die Jugend der Städte und besonders der besser situierten Stände einwirkt; ich meine den Einfluß obszöner Darbietungen auf dem Gebiete der Literatur, der „Kunst", des Theaters usw. Wie wir auf dem Wege der Erziehung innere Motive zur Einschränkung des außerehelichen Geschlechtsverkehrs zu schaffen uns bemühen, so werden wir es uns angelegen sein lassen, nach Möglichkeit diejenigen Erscheinungen unseres sozialen Lebens auszumerzen oder abzuschwächen, die geeignet sind, von außen her sexuell aufreizend zu wirken. Bestrebungen, die aus der Öffentlichkeit und den Schaufenstern schmutzige Schaustellungen und Darbietungen entfernen wollen, werden unserer Sympathien nicht ermangeln, sofern sie geleitet werden von dem ernsten Bestreben, die zurzeit noch durchaus fehlende Scheidung zwischen künstlerischem Wert und merkantilem Vorteil klarzustellen und das bisher fehlende sichere Gefühl für solche Scheidung zu wecken.

Ich bin sicherlich der letzte, der etwa die „lex Heinze" wieder aufleben lassen möchte. Aber das muß ich allerdings zugestehen: vieles von dem, was heute dem großen Publikum in Variétés, Cafés, Bilderauslagen usw. vor Augen geführt wird, ist weder Kunst, noch will es auch nur künstlerische Leistung an sich sein, sondern das ist nichts als ein auf die Sinnlichkeit spekulierender und die sexuelle Demoralisation ausnutzender und noch steigernder Geschäftstrik.

Auch bei diesen Bestrebungen wird man an die heranwachsende Jugend denken müssen. Ich hätte nichts dagegen, wenn die Schaufenster und Auslagen gewisser Kunstläden, Buchläden von den mehr oder weniger zotigen Ansichtspostkarten, Photographien weiblicher Personen, Büchern mit lüstern klingenden Titeln u. dgl. gesäubert würden. Und so rückständig es erscheinen mag, ich stehe durchaus auf seiten derjenigen, die meinen, daß sowohl jungen Männern wie Mädchen durchaus nicht jedes beliebige Buch, namentlich der modernsten Literatur in die Hand gegeben werden dürfe. Haben wir etwa nicht genug gute erstrangige und doch anständige Bücher in der Literatur aller Sprachen? Jedenfalls wird zu strenge Vorsicht seitens der Eltern weniger Schaden stiften, als zu freies Schalten und Waltenlassen der neugierigen, oft aber auch ganz harmlos an solche Lektüre herangehenden Jugend. Daß ich damit nicht etwa die ausgiebige und freieste Behandlung und Diskussion sexueller Probleme und der intersexuellen Verhältnisse der Geschlechter aus der novellistischen und Romanliteratur verbannen will, brauche ich wohl nicht zu betonen. Aber es gehört nicht jedes Buch in jedermanns Hände. Und wenn ich auch durchaus für eine sachgemäße Belehrung der männlichen wie weiblichen Jugend über sexuelle Fragen auch vor der Ehe eintrete, die wahllose Lektüre von Romanen, die noch dazu gar zu leicht nicht verstanden oder mißverstanden werden, scheint mir nicht der richtige Weg zu sein zur Gewinnung solcher Kenntnisse, die nur in der ernsthaftesten, von jedem Schimmer von Frivolität freien Weise den jungen Menschen zugeführt werden sollten!

Aber so einfach es ist, diesen Ruf nach Schutz vor der Unflätigkeit und wirklichen Unsittlichkeit auszusprechen, so schwer ist es, ihn in die Tat umzusetzen. Wie groß die Gefahr ist, daß wir dabei wieder der krassesten „Sittlichkeit", die auch einen Goethe zu den Unsittlichen zählen will, verfallen, das zeigen Verlauf und Beschlüsse so mancher (Okt. 1904) „Kongresse gegen die unsittliche Literatur".

Auf diesen Wegen kann ich, und sicherlich sehr viele, die es mit der Bekämpfung der unsittlichen „Literatur", sofern solche Druckerzeugnisse diesen Namen verdienen, den an der Spitze der Sittlichkeitsvereine stehenden Männern nicht folgen. Uns trennt eine Weltanschauung, die, auf diesem Gebiete wenigstens, ein Zusammenarbeiten — leider — unmöglich macht!

Auf die von der Prostitution, besonders dem „Straßen-Strich", ausgehende Gefahr gehe ich hier nicht ein. Ich komme auf alle diese Fragen noch ausführlich zurück.

Eindrucksvoller vielleicht noch als die Betonung des positiven Nutzens der Keuschheit und der Enthaltsamkeit wird die eindringliche und in die weitesten Kreise der Bevölkerung zu tragende Belehrung darüber sein, welche Gefahren für Leben und Gesundheit bei der Infektiosität und enormen Verbreitung der Geschlechtskrankheiten ein jeder außereheliche Geschlechtsverkehr mit sich bringt. Die Kenntnisse von Wesen und Art, von Verbreitung und Gefahr der venerischen Krankheiten fehlt heute noch — darüber belehrt den Arzt eine jede Sprechstunde — den allermeisten Laien. Und mögen auch noch so viele Wissende in Stunden gesteigerter Erregung sich über alle Bedenken leichtsinnig hinwegsetzen, ganz sicher würde doch auch einem nicht unerheblichen Teil junger Leute in der Furcht vor Ansteckung ein Motiv zu größerer Enthaltsamkeit erwachsen.

Und nicht nur die Jugend, die es besonders angeht, wird man belehren müssen, sondern mindestens ebenso die Erzieher der Jugend und in erster Reihe Väter und Mütter, und zwar nicht etwa nur im Interesse der Söhne, die ja meist die gefährdeten sind, sondern auch der Töchter, die sie namentlich im Falle einer Verheiratung vor der Berührung mit kranken Männern bewahren sollen.

Wüßten die Eltern Bescheid, so würden sie vielleicht nicht nur ermahnen und strafen, sondern mehr darauf hinwirken, daß im Falle einer Ansteckung sofort eine offene Aussprache stattfindet und die notwendige Behandlung Platz greift.

Wie oft erleben wir es in der Sprechstunde, daß junge Leute nur deshalb nicht zu einer vernünftigen, sorgsamen, ausreichenden Behandlung zu bringen sind, weil sie fürchten, Vater oder Mutter könnten dann von der Ansteckung erfahren. Und in der Tat, dieselben Väter, die nichts dazu getan, um ihre Söhne auf die Gefahren eines außerehelichen Geschlechtsverkehrs hinzuweisen und sie zu einem möglichst enthaltsamen Lebenswandel zu erziehen, die sind dann entrüstet und außer sich, wenn eine Ansteckung erfolgt, gleichsam als wenn die Ansteckung ein Zeichen für einen besonders liederlichen, ausschweifenden Lebenswandel sei. Umgekehrt muß man sagen: sich nicht anstecken bei außerehelichem Geschlechtsverkehr, namentlich mit Prostituierten, ist etwas Merkwürdiges.

Darüber, daß man die männliche Jugend, vielleicht bis auf wenige Ausnahmen, belehren und aufklären solle, was das außereheliche Geschlechtsleben zu bedeuten habe, und welche Gefahren es mit sich bringt, haben wohl die meisten keinen Zweifel. Und so sehen wir ja auch schon allerorten, daß Vorlesungen auf Universitäten und ähnlichen Bildungsanstalten zur allgemeinen Belehrung gehalten werden. Merkwürdigerweise vermissen wir aber ähnliche Einrichtungen auf den Kriegsakademien und Kriegsschulen, obgleich deren Schüler in geradezu erschreckender Weise Ansteckungen aufweisen. Ich halte es ferner für notwendig, auch schon den Schülern der obersten Klassen der Gymnasien und ähnlichen Anstalten (Lehrerseminare), ferner aller Fortbildungsschulen, aller kaufmännischen Fortbildungsanstalten u. dgl. eine entsprechende Belehrung zuteil werden zu lassen.

Um den Arbeiterstand heranzuziehen, wird man vielleicht die Organisation, die derselbe in politischen Parteien und Gewerkschaften u. dgl. gefunden hat, mit Erfolg benützen können.

Bei den Mädchen wird man zwischen den verschiedenen Bevölkerungsschichten unterscheiden dürfen. Diejenigen, welche zeitig und selbständig in das Erwerbsleben hinausgeschickt werden, sollten meiner Meinung nach nicht ganz unwissend über die Gefahren des Geschlechtslebens, ganz abgesehen sogar von den Gefahren der Geschlechtskrankheiten, bleiben; spielt doch bei den Mädchen sogar immer noch die Gefahr, der Prostitution zu verfallen, mit.

Bei den Töchtern gut situierter Familien natürlich wird man wieder nur in Ausnahmefällen diese das sexuelle Leben betreffenden Fragen zur Erörterung bringen müssen.

Ich will damit natürlich nicht zum Ausdruck bringen, die Frauen im allgemeinen, namentlich die Mütter, unaufgeklärt zu lassen, namentlich sobald sie für andere zu sorgen haben. Aber ich wüßte keinen plausiblen Grund, warum ein von seinen Eltern gehütetes Mädchen, um dessen Zukunft eben die Eltern sich kümmern können, ja selbst warum jede erwachsene Frau diese Kehrseite des menschlichen Lebens eher kennen lernen soll, als es die sozialen Verhältnisse erfordern.

Zurzeit, wo solcher Vorbildungsunterricht, wenn ich so sagen darf, nicht existiert, sind wir genötigt, uns auch in öffentlichen Versammlungen an das große Publikum zu wenden. Solange es sich nur um allgemeine Belehrung handelt, können solche Vorlesungen sicherlich vor beiden Geschlechtern zusammen gehalten werden. Sobald man aber das **spezielle** Gebiet betritt und die Gefahren der einzelnen Krankheiten besprechen will, erscheint es mir besser, für die Geschlechter getrennte Vorlesungen anzusetzen. Sicherlich hat es für viele Mädchen und Frauen etwas Peinliches, über solche sonst gar nicht berührte, höchstens mit dem Arzte besprochene Fragen, öffentlich reden zu hören in Gegenwart von Männern, mit denen sie sonst vielleicht gesellschaftliche oder dienstliche Beziehungen irgendwelcher Art haben.

Mir scheint es auch richtig, den Eltern, solange sie sonst an der Erziehung und Fürsorge für die Kinder mitwirken, ein Veto, falls sie solche Belehrung durch andere nicht wünschen, zuzugestehen. Auch eine gewisse Altersgrenze für die Zulassung festzusetzen, wird sich empfehlen.

Im übrigen wünschte ich aber, daß doch diese ganze Materie in möglichst weiten Volkskreisen in obligatorischen Unterrichtskursen den Schülern beigebracht würde. Dann würde die immer wieder vorgebrachte Entschuldigung: „ich habe nicht gewußt, mit was für einer Krankheit ich behaftet bin und daß ich jemand anstecken könnte oder jemand gefährdet habe", in Wegfall kommen. Es würde dadurch sicherlich nicht nur viel Unglück verhütet, sondern auch viel angerichtetes Unheil der gerechten Bestrafung zugeführt werden.

Zu den öffentlichen Versammlungen und Spezialvorlesungen für Männer, Frauen, Lehrer, Eltern, Abiturienten, Fortbildungsschüler, Gewerbegehilfen, denen ich allerdings das größte Gewicht beilege, wird natürlich hinzutreten die Propaganda durch Druckschriften aller Art. Nach dieser Richtung hin hat unsere Gesellschaft schon außerordentliches geleistet. Ein wesentlich für Männer bestimmtes Merkblatt ist in vielen Millionen von Exemplaren verbreitet worden; daneben wurden Merkblätter für Frauen, Belehrungsblätter für Eltern, für Soldaten und Seeleute herausgegeben. Ich glaube, daß auf diesem Wege sich sehr viel Nützliches erreichen läßt. Jede Kasse sollte es an ihre Mitglieder, jede Verwaltung, jedes große Kaufmannshaus, jede Fabrik an ihre Angestellten, jeder Arzt an seine Klienten verteilen, jeder Student, jeder Soldat, jeder Kaufmann, jeder Kranke im Krankenhaus müßte es in die Hände bekommen.

Neben den kurzen Merkblättern hat die Gesellschaft schon eine große Anzahl von Flugschriften veröffentlicht, deren Inhalt über die mannigfachsten Kapitel des mit Geschlechtskrankheiten zusammenhängenden Gebietes belehrt. Wer sich eingehend mit der ganzen Materie befassen will, findet in unserer Zeitschrift ein reiches Material. Aber auch damit haben wir uns noch nicht begnügt. Die Gesellschaft besitzt eine reichliche Sammlung von Wachsnachbildungen der hauptsächlichsten Krankheitsprozesse, von Bildern, statistischen Tafeln u. dgl., und wir haben uns bereits durch mehrfache Ausstellung dieses Wandermuseums, bei welcher Gelegenheit von ärztlicher Seite geschlossenen Bevölkerungsgruppen belehrende Vorträge gehalten wurden, überzeugen können, wie groß das Bedürfnis des Volkes nach Belehrung auf diesem Gebiete ist.

Ich kann aber das Kapitel Belehrung nicht verlassen, ohne mit allem Nachdruck darauf hinzuweisen, daß namentlich in allen öffentlichen Vorlesungen die Vortragenden davor sich hüten müssen, die Gefahren und das Unheil, welche die Geschlechtskrankheiten mit sich bringen können, gar zu sehr Schwarz in Schwarz zu malen. Gar zu leicht wird man verführt — ich weiß es aus eigenster Erfahrung — seine Warnungen recht eindringlich zu machen durch Schilderung krasser Krankheitsfälle u. dgl.; aber das ist nicht ganz ungefährlich und treibt vielleicht gerade die Besten bald in eine übertriebene Furcht und krankhafte Hypochondrie, in der sie, falls sie sich doch einmal haben zu einem Geschlechtsverkehr hinreißen lassen, die allergleichgültigsten Erscheinungen an ihrem Körper mit peinigender Angst verfolgen, hin und wieder aber auch, wenn das Unglück einer Ansteckung erfolgt ist, zu psychischen Krankheitszuständen, die gar mit Selbstmord enden können. Wo wir also die Gefahren der Ansteckung schildern, sollen wir nie unterlassen, ebenso die Heilbarkeit dieser Krankheiten bei vernünftiger Behandlung mit derselben Energie zu betonen, selbst wenn wir dabei nicht immer Wort für Wort unsere wissenschaftliche Objektivität zum Ausdruck bringen.

Allein so bedeutsam auch das Moment des sexuellen Triebes im Dasein jedes Individuums ist und sein „sittliches" Verhalten beeinflußt, so muß doch rückhaltlos anerkannt werden, daß die wirtschaftlichen und sozialen Bedingungen, unter denen jeweilig die einzelnen Klassen ihr Dasein führen, in letzter Linie für alle Sittlichkeitsfragen und für Art und Umfang ihres Geschlechtsverkehres maßgebend und verantwortlich sind. Die materiellen Verhältnisse sind im großen ganzen bestimmend für die Formen, die der geschlechtliche Verkehr einnimmt, und daher ist die Lösung des ökonomischen Problems von äußerster Bedeutung für das, was wir „sittlich" nennen.

Hier handelt es sich ebenso um die Frauen und Mädchen als um die Männer. Denn wenn auch die wirtschaftlichen und gesellschaftlichen Momente, welche den Männern die Eheschließung, d. h. die legitime Befriedigung ihres Geschlechtstriebes erschweren, keineswegs außer acht bleiben dürfen, — alle „Nachfrage" der Männer würde einen so ausgebreiteten außerehelichen Geschlechtsverkehr und namentlich die Erscheinung der Prostitution nicht zeitigen können, wäre nicht ein so umfangreicher „Markt", ein so großes Angebot vorhanden.

So tief ich auch davon durchdrungen bin, daß alle unsere Tätigkeit Stückwerk bleibt, wenn nicht eine umfassende ˙fortschreitende soziale Reform mit ihr Hand in Hand geht, so natürlich muß ich doch anerkennen, daß es die Kräfte unserer Gesellschaft weit übersteigen würde, wollte sie sich mit einem solchen Reformwerk (für dessen Bewältigung die geistigen und sittlichen Kräfte unseres gesamten Volkstums in höchster Anspannung kaum ausreichen werden) selber funditus befassen. Aber wir werden von unserem speziellen Standpunkte aus immer wieder darauf hinweisen müssen, wie dringend notwendig die Hebung des materiellen und damit sittlichen Niveaus der weiblichen Bevölkerung ist, die Beseitigung all der zahlreichen, ihren Kampf ums Dasein erschwerenden, ihre Stellung im Verhältnis zum Manne schädigenden Einrichtungen — wie dringend solche soziale Reformen als prophylaktische Maßregeln gegen die Prostitution auch im Interesse der Volksgesundheit anzustreben sind.

Die wichtigste unter allen diesen Aufgaben ist die Fürsorge für die heranwachsende weibliche Jugend und für die selbständig im Beruf stehenden Arbeiterinnen und Dienstmädchen. Dieses Problem ist der Angelpunkt der Prostitutionsfrage ebenso wie die Rettung der Jugend überhaupt, für die Verhütung des Verbrechertums. Was für das männliche Geschlecht das Vagabunden- und Bettlertum, das Verbrechen gegen das Eigentum ist, das ist für das weibliche Geschlecht die Prostitution; sie ist der Ausweg, den die sozial-minderwertigen, arbeitsscheuen Elemente ergreifen.

Auch hier muß ich es mir leider versagen, alle diese Fragen, welche die sozialen Ursachen des außerehelichen Geschlechtsverkehrs und der Prostitution betreffen, zu erörtern und verweise auf spätere Ausführungen.

Sollen wir aber nun so lange warten, bis neue, nach unseren

Wünschen erzogene und denkende und fühlende Generationen, die dann vielleicht vor den schrecklichen Folgen der Geschlechtskrankheiten sich bewahren durch Befolgung einer höheren sexuellen Moral und durch andere Formen des geschlechtlichen Verkehrs, herangewachsen sind?

Wir wissen ferner, daß der Kampf gegen den außerehelichen Geschlechtsverkehr als solchen wegen der Zusammenhänge desselben mit nicht so bald zu beseitigenden sozialen Verhältnissen in absehbarer Zeit befriedigende Verhältnisse kaum zeitigen werde, daß wir also noch auf lange hin mit der Tatsache eines ausgebreiteten außerehelichen Geschlechtsverkehrs werden rechnen müssen. Diese Einsicht nötigt uns aber, uns nicht mit erzieherischen und allgemein prophylaktischen Maßnahmen u. dgl. zu begnügen, sondern jetzt schon durchführbare, mehr unmittelbar wirksame Maßregeln ins Auge zu fassen: prophylaktische Maßnahmen aller Art, durch welche wir erreichen wollen, daß diesem außerehelichen Geschlechtsverkehr die Gefahren für die Volksgesundheit möglichst genommen werden.

Daß die Deutsche Gesellschaft schon in ihrer bisherigen Tätigkeit solch positive Arbeit zu leisten versucht hat, hat sie, wie ich meine, reichlich bewiesen. (Siehe Bericht 1902—1913, Geschäftsstelle Berlin W, Wilhelmstr. 48.)

Das, was mir als Zukunftsprogramm vorschwebt, habe ich auf den nachfolgenden Blättern klargelegt. Ich verweise auf die im Inhaltsverzeichnis gegebene Zusammenstellung.

Unser Arbeitsprogramm ist, wie man sieht, ein so ausgedehntes, und seine Durchführung erfordert so viele Kenntnisse auf den verschiedensten Gebieten der Wissenschaft und des Lebens, daß ein Zusammenschluß von Männern und Frauen aus den verschiedensten Berufsarten unerläßliche Vorbedingung für erfolgreiche Arbeit ist. Weder der Jurist noch der Sozialpolitiker, weder der Geistliche noch der Arzt wird für sich allein den Forderungen, die die praktische Hygiene auf unserem Gebiete stellt, gerecht werden können, aber alle zusammen, Männer und Frauen, in gemeinsamer Arbeit, werden doch vielleicht die Wege zu ersprießlichem und segensreichem Fortschritt finden.

Und alle Richtungen sind als Mitarbeiter willkommen. Weder unsere Gesellschaft noch ich selbst halten es für richtig, eine kraß einseitige Tendenz auf dem uns beschäftigenden Gebiete zu verfolgen. Wir dürfen nicht eine rein hygienische, aber noch viel weniger eine rein moralisch-ethische Gesellschaft sein. Wir glauben vielmehr, daß alle diese Bestrebungen und Wege, da sie doch alle auf dasselbe Ziel losgehen und unendlich viele Berührungs- und Verknüpfungspunkte haben, sich nicht bekämpfen, sondern als Bundesgenossen sich gegenseitig unterstützen müssen. „Getrennt marschieren, aber vereint schlagen!" und: „viele Wege führen nach Rom", das scheint mir die Parole für unser Verhalten zu sein. Die Menschengruppen, die wir beeinflussen wollen, sind von Grund aus verschieden und sind von verschiedenen Seiten zugänglich. Daher sind auch verschiedene Angriffsmethoden berechtigt und notwendig; jeder soll es auf seine Weise versuchen. Arbeiten wir aber in dieser sachlichen, parteilosen Weise, frei von Einseitigkeit, Dogmen und Fanatismus, dann wird, davon bin ich überzeugt, unsere Arbeit keine vergebliche sein!

Welche Bedeutung haben die Geschlechtskrankheiten für den erkrankten Menschen?

Jede Sprechstunde belehrt uns Fachärzte, daß selbst in gebildeten Kreisen der Bevölkerung das Maß der Kenntnisse über das Wesen und die Bedeutung der Geschlechtskrankheiten ein erstaunlich, um nicht zu sagen erschreckend geringes ist. Eine kurze Schilderung der verschiedenen Krankheitsprozesse schien mir daher als Einführung durchaus notwendig. Denn jeder muß wissen, welche Folgen von einer geschlechtlichen Ansteckung zu fürchten sind, und daß wir es tatsächlich, wenn auch nicht immer, aber doch leider sehr oft, mit schweren Krankheiten zu tun haben, deren Verbreitung zu hindern, im Interesse des einzelnen wie der Allgemeinheit wichtig und notwendig ist.

Unter der Bezeichnung: „Geschlechts- oder venerische Krankheiten" versteht man im allgemeinen drei Krankheiten:

1. Den Tripper oder die Gonorrhoe (Ausfluß aus den Genitalien, Geschlechtsorganen), oft auch Blennorrhoe (Schleimfluß) genannt.

2. Den Schanker („weicher Schanker") oder Ulcus molle.

3. Die Syphilis oder Lues.

Diese drei Krankheiten und ihre Erscheinungen vermischen sich zwar häufig, treten mit- und nacheinander auf, wenn ein Mensch sich gleichzeitig oder kurz nacheinander mit zwei oder allen drei Giften dieser Krankheiten ansteckt. Aber abgesehen von solchen Mischformen sind die drei Krankheiten vollkommen verschiedene. Nie kann sich die eine aus der anderen entwickeln, wenn nicht die für sie spezifische Krankheitsursache auch vorhanden ist. Man kann zwar zu gleicher Zeit mit Trippergift und mit Syphilisgift sich anstecken, aber die Syphiliserscheinungen können nie aus dem Tripper selbst hervorgehen und vom Tripperbakterium erzeugt werden. Ebensowenig wird ein gewöhnlicher „weicher Schanker" (Ulcus molle) zur Syphilis, wenn auch oft den anfangs sich als „Schanker" darstellenden Erscheinungen richtige Syphilis nachfolgt. In solchen Fällen hat das betreffende Individuum eben beide Gifte erworben („akquiriert"), die nacheinander — wie es in der Eigenart der beiden Gifte liegt — jede ihre eigenen Krankheitsformen liefern.

Es liegt auf der Hand, daß durch diese unter Umständen sehr verwickelten und unklaren Verhältnisse im einzelnen Falle die Diagnose sehr schwer, oft erst nach langer Beobachtung, möglich ist; aber an der Tatsache, daß diese drei Krankheiten jede für sich ein besonderes Gift, das jedes nur seine eigene Krankheit hervorbringen kann, hat, ist nicht zu zweifeln. —

Es ist hier nicht der Platz, die großen Schwierigkeiten zu schildern, welche überwunden werden mußten, um die noch vor 100 Jahren herrschende Lehre der „Identisten" (welche die Gifte der drei Geschlechtskrankheiten als ein Gift auffaßten und der Eigenart der gerade angesteckten Person es zuschrieben, welche Krankheit sich nun bei ihr entwickle), um die noch bis in die letzten Jahrzehnte verteidigte Lehre der „Unitarier" (welche das Gift des weichen Schankers und der Syphilis als eins auffaßten) zu beseitigen. Wir wissen heute mit aller Bestimmtheit und Sicherheit, daß drei spezifische Parasiten vorhanden sind und auch drei verschiedene Krankheiten erzeugen.

Die drei Krankheiten sind ansteckend, und zwar kontagiös, d. h. von Mensch zu Mensch unmittelbar sich übertragend.

Daneben gibt es eine sogenannte „indirekte", „mittelbare" Ansteckung, bei welcher die Ansteckung einer Person zustande kommt entweder (sehr selten) durch eine selbst nicht erkrankte Mittelperson oder durch einen mit Gift behafteten Gegenstand. Wir werden später ausführlich die Bedeutung dieser Ansteckungsweise darzulegen haben.

Die Krankheiten heißen „venerisch", weil der Geschlechtsverkehr, der Dienst der „Venus", tatsächlich die Hauptquelle der Verbreitung ist. Aber die Bezeichnung ist eigentlich falsch,

1. weil oft, unter Umständen sogar in überwiegender Zahl, die Ansteckungen zustande kommen nicht auf dem Wege des Geschlechtsverkehrs, sondern durch Berührungen, die durch die Gewohnheiten des tagtäglichen Verkehrs zusammenlebender Menschen, durch alle möglichen gewerblichen Maßnahmen, schließlich durch tausenderlei Zufälligkeiten bedingt sind.

Gewöhnlich stellt man diese Ansteckungen als nichtgeschlechtliche „extragenitale" den „genitalen" gegenüber. Ihre Schilderung wird um so wichtiger, je besser wir von Jahr zu Jahr ihre Häufigkeit kennen lernen, zu gleicher Zeit aber auch uns überzeugen, wie oft ausreichende Kenntnisse und ein Bewußtsein der Ansteckungsgefahr imstande gewesen wäre, diese Ansteckungen zu verhüten und zu vermeiden. Auch hier beginnt die Krankheitsverhütung mit der Erkenntnis der Gefahren.

2. Weil durch den Geschlechtsverkehr eine Anzahl von Hautkrankheiten übertragen werden, die mit den eigentlichen „venerischen" Krankheiten absolut nichts zu tun haben. Krätze (Scabies), Filzläuse (Phthirii), Pilzflechten (Trichophytosis, gewisse Ekzemformen) werden ungemein häufig bei Gelegenheit des Geschlechtsverkehrs erworben.

Schließlich gibt es eine Anzahl von an den Geschlechtsteilen sitzenden Hauterkrankungen, die gar nicht oder nur ganz weit mit den Geschlechtskrankheiten in Beziehung stehen, wenn auch das Laienpublikum, namentlich wenn ein nicht unverdächtiger Geschlechtsverkehr vorausgegangen ist, dieser („pseudovenerischen") Leiden halber ungemein häufig in großer Besorgnis dem Arzte sich vorstellt.

Der Tripper.

Die Tripperkrankung ist die venerische Erkrankung, über welche eine Aufklärung der Laien ganz besonders notwendig ist. Der gewöhnlichen Anschauung, es handle sich um eine zwar unangenehme, aber harmlose, ohne gefährliche Folgen verlaufende Affektion, kann nicht energisch genug entgegengetreten werden. Es ist zwar richtig, daß im Verhältnis zu den Millionen Erkrankungsfällen, die im Laufe eines Jahres auf der Erde vorkommen, nur ein Bruchteil schwere Folgezustände nach sich zieht, aber an sich ist die Zahl dieser schweren Tripperformen immer noch so groß, daß ihre Abwendung von ungeheurer Wichtigkeit wird.

Der Tripper, Gonorrhoe oder Blennorrhoe, wird hervorgerufen durch die sogenannten Gonokokken, eine Bakterienart, die 1879 von mir entdeckt und seitdem durch die Arbeiten unzähliger Forscher — wesentlich Bumm — als der sichere Krankheitserreger des Trippers bestätigt ist.

Man kann die Gonokokken auf künstlichen Nährböden, und zwar durch beliebig viel Generationen hindurch, züchten, und schließlich durch Überimpfung derartiger reingezüchteter Gonokokken die Krankheit von neuem künstlich hervorrufen. Der Beweis also, daß die Gonokokken die Ursache der Gonorrhoe sind, ist über jeden Zweifel erhaben erbracht.

Man kann ferner die Gonokokken überall, wo es sich um Tripper und seine Folgekrankheiten handelt, nachweisen, teils auf dem Wege der Züchtung (Kultur), teils mit Hilfe des Mikroskops. Gewisse Eigenschaften: Größe, Form, Zusammenlagerung, Art der Färbung ermöglichen es dem Geübten in den allermeisten Fällen Gonokokken von anderen, leider oft sehr ähnlichen Kokken zu unterscheiden.

Dadurch aber kann man zwei Tatsachen von größter Bedeutung feststellen.

1. Man kann die Trippererkrankung von ähnlichen Krankheitsformen sicher unterscheiden — das ist aber nicht nur für die oft sehr wichtige Frage: ansteckender (gonorrhoischer) oder nichtansteckender Ausfluß? entscheidend, auch in der gerichtlichen Medizin häufig von ausschlaggebender Bedeutung, sondern diese Erkenntnis ist in allen Fällen die Grundlage für die richtige und notwendige Behandlung.

2. Kann man in sehr vielen Fällen, bei denen irgend welche unbestimmte Krankheitserscheinungen eine Diagnose nicht ermöglichen, den Tripper auffinden. Oft sind die Reste der vorausgegangenen Krankheit so unbedeutend, daß man an völlige Gesundung des Erkrankten glauben möchte; denn weder der Kranke selbst wird durch irgend eine Störung auf das Nochvorhandensein seiner Krankheit aufmerksam gemacht, noch kann der Arzt selbst deutliche Erscheinungen durch einfache äußere Untersuchung auffinden. In solchen Fällen ermöglicht die mikroskopische Gonokokkenuntersuchung sehr oft die Feststellung der Tatsache, daß solche Menschen eben doch noch nicht gesund sind, sondern daß sie noch Gonokokken, d. h. die für sie selbst gefährlichen und auf andere übertragbaren Tripperbakterien beherbergen.

Leider sind derartige Untersuchungen, um vollkommen beweiskräftig zu sein, sehr schwierig und leider sind die Zweifel an ihrer Richtigkeit am meisten

gerade in den Fällen berechtigt, in denen die in Rede stehende Gonokokkenuntersuchung fast die einzige Untersuchungsmethode ist, welche die Frage:
besteht noch ein ansteckungsfähiger Tripper? entscheiden kann. In den Fällen
mit noch deutlichen frischen Krankheitserscheinungen ist die Gonokokkenuntersuchung ärztlich oft entbehrlich; auch ohne dieselbe täuscht man sich
selten darüber, ob eine tripperartige Erkrankung vorliegt oder nicht. Ich
persönlich verzichte freilich nie auf dieselbe. Denn absolute Sicherheit — wie
sie z. B. auch der Richter im Prozeß als Grundlage für ein Urteil braucht —
wird ohne diesen Gonokokkennachweis nicht gewonnen. Je mehr wir gelernt
haben, wie ähnlich bei verschiedenen Krankheiten die Symptome sich entwickeln, desto mehr wird man für alle Fälle den einzig sicheren und einwand-
freien Beweis: den Gonokokkennachweis, fordern!

Sind aber nun alle stärkeren Krankheitserscheinungen geschwunden und
mit ihnen die Menge der Gonokokken, dann erwachsen der Feststellung:
Tripper oder nicht? enorme Schwierigkeiten.

Werden Gonokokken gefunden, so ist die Frage erledigt.

Wie aber, wenn man bei der Untersuchung der ganz spärlichen Menge
von Schleim, die in solchen „chronischen", fast geheilten Fällen zur Verfügung
steht, keine Gonokokken findet?

Sind wirklich keine da? Ist der Mensch wirklich nicht mehr ansteckend? Oder haben wir die Gonokokken nur nicht finden können, weil sie
so spärlich an Zahl sind, daß in dem gerade untersuchten Schleim zufällig
Gonokokken fehlten oder weil sie in Schlupfwinkeln der Geschlechtsorgane
sitzen, so daß sie für unsere Untersuchung überhaupt unzugänglich sind?

Die Erledigung dieser Fragen ist von sehr großer Schwierigkeit, aber sie
ist meist möglich. Wieweit man im einzelnen Falle annehmen kann, daß die
gegebene Antwort der Wahrheit entspreche, das hängt wesentlich von der
Übung, von den Kenntnissen und von der Gewissenhaftigkeit des Untersuchers
und der Häufigkeit der vorgenommenen Untersuchungen ab. Sind diese Bedingungen erfüllt, so wird man in den allermeisten Fällen auf zuverlässige und
der Wirklichkeit entsprechende Resultate rechnen dürfen. Und das ist ein
großer Fortschritt, den man nur überall und stets ausnützen sollte!

Neben den mikroskopischen Untersuchungen wird man, wenn man
über die dazu erforderlichen Einrichtungen verfügt, auch das sogenannte
Kulturverfahren anwenden. Bringt man Schleim oder Eiter, den man auf
die Anwesenheit von Gonokokken prüfen will, auf einen geeigneten Nährboden,
auf dem Gonokokken gut und sicher wachsen und sich vermehren, so wird es
oft gelingen die zu größeren Massen und Herden vermehrten Gonokokken zu
finden, die wegen zu großer Spärlichkeit unserem Suchen unter dem Mikroskop
entgingen. Um in Schlupfwinkeln verborgene Gonokokken der Untersuchung
zugänglich zu machen, bedient man sich der sogenannten Provokationsmethoden, indem man teils durch mechanische oder chemische Reizung,
teils von innen her (durch Einspritzung abgetöteter Gonokokkenkulturen, sogenannter Gonokokken-Vakzine) entzündliche Prozesse künstlich in der Harnröhrenschleimhaut hervorruft. Auf diese Weise gelangen bisweilen verborgene
Gonokokken auf die Oberfläche und lassen sich dann in Präparaten mikroskopisch nachweisen.

Eine bei anderen Bakterienkrankheiten mit Erfolg verwendete Methode, die Anwesenheit gefährlicher Krankheitserreger durch das **Tierexperiment** festzustellen, hat leider für die Gonorrhoediagnose **keine** Bedeutung, **da wir für Tripper kein irgendwie empfängliches Tier** kennen. Nur der Mensch ist für die Gonokokken und das von ihnen abgesonderte Gift empfänglich.

Auf den besprochenen Untersuchungen über die Bedeutung der Gonokokken baut sich alles auf, was wir beim Tripper als Hygiene bezeichnen können.

Ohne die Gonokokkenuntersuchung halten wir irrtümlicherweise sehr viele Menschen für schon geheilt und vernachlässigen die Fortsetzung einer gründlichen Behandlung. Oder wir halten sie für gesund, wenn und weil wir von der lange vorausgegangenen Krankheit nichts wissen, und gestatten daraufhin ehelichen und (z. B. bei Prostituierten) außerehelichen Geschlechtsverkehr, d. h. wir verhüten nicht das Zustandekommen von Ansteckungen, die aber wiederum nicht nur als neue Einzelfälle, sondern zum Teil wieder als Ausgangsstätten weiterer Ansteckungen von Bedeutung sind. So kann **ein Fall** durch diese fortschreitende Erzeugung immer neuer Seuchenherde zum Ausgangspunkt sehr zahlreicher Krankheitsfälle werden; nur so erklärt sich die ungeheuere, in großen Städten und gewissen Bevölkerungsschichten vorhandene Verbreitung dieser Krankheit. Die Zahl derer, die, solange sie von der Existenz ihrer Erkrankung etwas wissen, trotzdem vom Geschlechtsverkehr sich nicht zurückhalten, ist klein gegenüber der Zahl derjenigen, die **unwissentlich** die Krankheit übertragen.

Die Gefahr, welche von diesen so schwer diagnostizierbaren, so harmlos erscheinenden und doch ansteckungsfähigen Tripperformen ausgeht, wächst durch die fast unbeschränkte Zeitdauer, während welcher diese Ansteckungsfähigkeit, der „chronische Tripper", sich erhalten kann. Jahrelang kann „ohne Schmerzen" oder irgendwie auffallende Erscheinungen, „ohne Ausfluß" die Ansteckungsfähigkeit zurückbleiben, und die Kranken verbreiten dann die Krankheit weiter, ohne von ihrem Leiden etwas zu wissen.

Aber nicht nur Ansteckungsfähigkeit stellen wir fest, **auch umgekehrt Unbedenklichkeit eines krankhaften, den Patienten ängstigenden Zustandes!** Unzählige Male heilt ein Tripper nicht mit vollkommener Gesundung der Harnröhre aus, sondern es bleiben mehr oder weniger andauernde Veränderungen zurück; Katarrhe, die sich dem ängstlichen, gewissenhaften Kranken wie dem Arzt bei sorgsamer Beobachtung in Gestalt abnormer Harnbeimischungen (Fäden, Flocken) bemerkbar machen. **Ist das nun eine noch selbst tripperhafte ansteckende Erscheinung** — die einen Mann z. B. am Heiraten hindern müßte — **oder eben nur ein Rest und Folgezustand der überstandenen Krankheit, aber frei von jeglichem Ansteckungsstoff, unbedenklich jedenfalls für die Ehe?**

Auch in diesen in das bürgerliche Leben so tief einschneidenden Verhältnissen kann der Arzt ohne Zuhilfenahme der Gonokokkenuntersuchungen keinen auch nur einigermaßen sicheren Entscheid geben.

Auch **vor Gericht** spielt die sichere Entscheidung, ob ein Tripper wirklich erweisbar vorliegt oder mit Sicherheit ausgeschlossen werden kann, oft eine große Rolle. Ein Mann ist angeklagt wegen eines gegen ein kleines Mädchen begangenen Notzuchtverbrechens. Das Kind ist mit Tripper behaftet. Läßt sich erweisen, daß der angeklagte Mann sicher tripperfrei war, so fällt damit oft das wesentlichste Belastungsmoment fort.

Die Gonokokkenuntersuchung deckt aber nicht nur Ansteckungsquellen auf, sie ist auch der Leitstern gewesen für das Aufsuchen immer besserer und sicherer Behandlungsmethoden. Und in jedem einzelnen Krankheitsfall bringt sie uns die Antwort auf die Frage: wie lange muß die Behandlung fortgesetzt werden? Wann ist die Krankheit wirklich beseitigt, mindestens nicht mehr ansteckend?

Solange man sich mit der Beseitigung der lästigen Krankheits-Erscheinungen begnügte, täuschte man sich unzählige Male im Erfolge, sei es daß die zurückgebliebenen Gonokokken, sich selbst überlassen, immer von neuem Krankheitserscheinungen hervorriefen, so daß die Krankheit sich in die Länge zog, sei es daß jener chronische Verlauf sich entwickelte, in welchem zwar die Krankheitserscheinungen zurücktraten, das Virus aber lebenskräftig erhalten blieb. Jetzt ist unsere Behandlung auf Beseitigung des Giftes selbst, also der Ursache der Krankheit, gerichtet und steht unter der steten Kontrolle der mikroskopischen Untersuchung. Dadurch werden wir davor geschützt, vorzeitig eine Behandlung abzubrechen und dadurch gelangen wir dazu, die Entwicklung chronischer Gonorrhoen resp. chronischer Ansteckungsquellen im Keime zu ersticken.

Wir haben gelernt, in den ganz frischen Stadien die Krankheit zu heilen. Das ist nicht nur leichter, weil dann die Krankheitsherde zugänglich sind, sondern ist auch deshalb besonders wertvoll, weil dadurch das Übergreifen der Krankheit von den erst ergriffenen Bezirken (des vorderen Harnröhrenteils) auf schwerer zu behandelnde und schwerer heilende Partien und auf andere Organe verhütet wird. Und auch dies bedeutet wieder nicht nur für den einzelnen Kranken sehr oft einen dauernden Gewinn für Gesundheit und Leben, sondern eine Vorbeugung gegen das Entstehen andauernder Giftherde, die den Ausgangspunkt weiterer Übertragungen auf andere Menschen bilden können.

Wenn wucherndes Unkraut sich in ein Feld einnistet, ist es nicht leichter, sofort im ersten Beginn die kleinen befallenen Bezirke zu säubern, als wenn man wartet bis erst das ganze große Feld durchseucht ist? Ja man kann sogar mit Zuhilfenahme der mikroskopischen Gonokokkenuntersuchung die erfolgte Ansteckung erkennen, ehe die Gonokokken durch Einnisten in die Schleimhaut die eigentliche Erkrankung (mit Entzündung und Eiterung) hervorgerufen haben. Natürlich kann auch auf diese Weise durch geeignete Abtötungsmittel mit einem Schlage die Infektion wieder aus der Welt geschafft werden. Vorbedingung freilich ist, daß die Männer sich bei dem leisesten Anzeichen einer etwaigen Ansteckung (minimales Brennen in der Harnröhrenöffnung und Schleimbildung) sich beim Arzt melden.

Worin bestehen nun die durch die Gonokokken-Ansteckung hervorgerufenen Erscheinungen?

Da die Hauptquelle aller Tripperansteckungen der Geschlechtsverkehr ist, so sind bei Mann wie Frau auch die Schleimhäute der Harn- und Geschlechtsteile der häufigste Sitz der Krankheit.

Die Gonokokken haben die Fähigkeit, ganz gesunde Schleimhäute zu befallen; sie bedürfen nicht einer Wunde, nicht einer durch Krankheit, Einreißen oder sonst irgendwie zustande kommenden Eingangspforte.

Sie erzeugen mit schmerzhaftem Brennen einhergehende stark eitrige Ausflüsse, die oft mit so starken Belästigungen einhergehen, daß der Kranke bettlägerig wird. Unter allen Umständen ist es, um weitere Krankheitsverbreitung zu vermeiden, erwünscht, starke körperliche Anstrengungen und Bewegungen zu vermeiden; Umstände, die bei vielen Kranken zu vorübergehender Arbeitsunfähigkeit, Berufsstörung führen. Die Zahl der wegen Tripper im Krankenhaus liegenden Patienten ist freilich nicht sehr groß, weil die allermeisten Kranken versuchen, sich draußen behandeln und heilen zu lassen. Teils wollen sie ihre Arbeit nicht unterbrechen, teils wünschen sie die Krankheit geheim zu halten. Aber dafür zieht sich die Krankheit in die Länge oder wird gar „chronisch".

Sehr oft aber bleibt die Gonorrhoe nicht nur die lästige örtliche Erkrankung der Harnröhre, sondern durch Weiterwandern der Gonokokken entstehen schwere Erkrankungen in nah und fern gelegenen Organen; Krankheitsprozesse, deren Bedeutung nicht nur in längerem Kranksein, in Bettlägerigkeit und Arbeitsunfähigkeit besteht, sondern die dauernde Schädigungen hervorrufen, ja sogar den Ausgangspunkt tödlich endigender Nacherkrankungen bilden können.

Beim **Manne** entwickeln sich aus den frischen Entzündungsprozessen dauernd zurückbleibende Schleimhautveränderungen, die teils zu mechanischen Verengerungen (Strikturen) des Harnröhrenweges — und auf diese Weise auch zu Blasen- und Nierenerkrankungen — teils zu nervösen Beschwerden führen, die das Allgemeinbefinden vieler bis dahin vollkommen gesunder Männer, oft auf immer, ruinieren. Es entstehen neben der Harnröhre im Gewebe des Gliedes, in den Schwellkörpern, Eiterherde, die, nach außen durchbrechend, „Fisteln" erzeugen oder vernarbend die Fähigkeit des befallenen Schwellkörpers, bei der Erektion sich bis zur vollkommenen Steifheit mit Blut zu füllen, beeinträchtigen. Kann aber das Glied nicht mehr steif werden, so leidet in entsprechendem Grade die Fähigkeit, den Beischlaf zu vollziehen (potentia coeundi), ein Moment, das psychisch für den betroffenen Mann häufig von schädlichster Einwirkung ist, ganz abgesehen von der Störung des ehelichen Lebens.

Aber diese eben genannten Erkrankungsformen sind nicht sehr häufig. Solange die Trippererkrankung im vorderen Teile der Harnröhre bleibt, ist und bleibt im großen ganzen der Verlauf günstig.

Das Bild ändert sich aber, sobald der Tripper sich „nach hinten" in denjenigen Teil, der bereits in die Harnblase führt und den man deshalb oft auch als „Blasenhals" bezeichnet, fortsetzt. Da gibt es sehr schmerzhafte Erkrankungen mit quälendem, jeden Schlaf unmöglich machendem Drang zu urinieren; da stellen sich Blasenentzündungen ein und Übergreifen auf die in der Nachbarschaft der hinteren Harnröhre liegenden Organe.

Die Trippererkrankung der Vorsteherdrüse ist von minderer Bedeutung, soweit es akute Vereiterung betrifft, wenn sie auch stets schwere, hochfieberhafte, sehr schmerzhafte und sehr lange sich hinziehende Krankheiten sind. Um so häufiger sind schleichende Prozesse mit nervösen Beschwerden, mit Störungen der Geschlechtsfunktion (mangelnde Erektion, vorzeitiger Samenerguß) und mit Schädigungen der Samentierchen, wodurch die Befruchtungsfähigkeit leidet. Ganz besonders zu fürchten sind die in den verschlungenen Gängen dieser an sich schon schwer zugänglichen Drüse sich ansiedelnden Gonokokken, die sehr schwer zu beseitigende Giftherde darstellen.

Eine der häufigsten Nebenerkrankungen beim Tripper entsteht durch die Überwanderung der Gonokokken (durch den Samenstrang hindurch) i n den Nebenhoden, d. h. in den neben den Hoden im Hodensack liegenden Endkopf des Samenstranges. Derartige Nebenhodenentzündungen sind nicht nur in hohem Grade schmerzhaft, oft mit hohem Fieber verbunden, so daß kürzeres oder auch wochenlanges Bettliegen unvermeidlich ist; sie hinterlassen nicht nur nervöse, oft sehr lästige Störungen, sondern sie haben häufig auch die Folge, daß der im Hoden gebildete Samen infolge der Verödung und Schwielenbildung des Nebenhodens nicht mehr seinen Weg in den Samenstrang und Harnröhrenkanal nehmen kann. Solange nur einseitig eine derartige Störung vorliegt, wird die Zeugungsfähigkeit des Mannes nicht alteriert, weil der andere Hoden bleibt. Wo aber eine beiderseitige Nebenhodenentzündung, gleichzeitig oder nacheinander, bestanden hat, wird sehr häufig (nicht immer!) die Samenentleerung unmöglich gemacht, und dann ist die Zeugungsfähigkeit (Potentia generandi) vollkommen vernichtet. Trotz normaler Beischlafsvollziehung (Potentia coeundi) können die meisten Männer, die doppelseitig eine solche Nebenhodenentzündung durchgemacht haben, nicht mehr befruchten, weil kein befruchtender Samen sich entleeren kann.

Erst die letzten Jahre haben uns gelehrt, **wie häufig eine derartig entstandene Zeugungsunfähigkeit der Männer schuld ist an der Unfruchtbarkeit einer Ehe** (siehe darüber S. 177), und kein gewissenhafter Frauenarzt wird heutzutage eine Frau, die ihn wegen „Kinderlosigkeit" konsultiert, behandeln oder gar operieren, ohne vorher den Mann speziell auf diese Tripperkomplikation hin und seinen Samen auf Zeugungsfähigkeit untersucht zu haben.

Glücklicherweise hat durch die größere Sorgsamkeit, mit der jetzt der Tripper von Ärzten und Kranken behandelt wird, ferner wohl auch durch die besseren modernen Behandlungsmethoden und die Anwendung gonokokkentötender Mittel auch dieser schwere Begleiter des Harnröhrentrippers an Häufigkeit verloren. Beweisende Zahlenangaben können wir freilich nicht geben, da wir gerade über die wirkliche Häufigkeit des Trippers nichts Sicheres wissen. Nur ein Teil der Fälle kommt zu ärztlicher Kenntnis überhaupt; seitens der Ärzte aber haben wir keine statistischen Angaben. — Die Krankenhäuser werden von Kranken mit einfachem Tripper meist nicht aufgesucht. Dagegen sammeln sich in ihnen die schweren und komplizierten Fälle, so daß die zahlenmäßige Vergleichung solcher mit einfachen Trippern ein ganz falsches Bild gibt.

Ungleich schwerer ist die Trippererkrankung der Frau.

Zwar ist die einfache Harnröhren- und Blasenaffektion von geringerer Bedeutung, auch die Vereiterung der am Scheideneingange liegenden Drüsen ist meist nur ein örtliches lästiges Leiden. Ungemein bedeutungsvoll aber ist das Übergreifen der Erkrankung auf die Gebärmutter, Eileiter, Eierstöcke und die anliegenden Teile des Bauchfelles und der Bauchhöhle.

Die unmittelbare, oft beim Beischlaf selbst entstehende Erkrankung des Gebärmuttereingangs setzt keinerlei subjektive Beschwerden; deshalb wissen unzählige Frauen überhaupt nicht, daß sie angesteckt sind und die ansteckungsfähige Krankheit bei sich herumtragen. Ferner kann die mit Schwellung und Schleimbildung einhergehende Schleimhauterkrankung eine mechanische Behinderung für das Eindringen befruchtender Spermatozoen in die Gebärmutter bilden.

Sehr arge Beschwerden, sei es in der Form andauernder schmerzhafter Erkrankung, sei es in der Form häufig wiederkehrender Schmerzanfälle, namentlich bei der Menstruation, verursacht die Entzündung der Gebärmutter-(Uterus-) Innenschleimhaut. Abgesehen von den sehr schwer empfundenen Störungen der Menstruation selbst bildet gerade diese Erkrankung eine häufige Ursache der Unfruchtbarkeit, indem entweder von vornherein die Festsetzung des befruchteten Eies verhindert oder nachträglich eine vorschnelle Abstoßung des Fruchtkeimes bewirkt wird (Abort). Kommt es zur normalen Geburt, so ist diese Gebärmutterentzündung häufig die Ursache von gefährlichen Blutungen, oft auch von Entzündungen, die ihrerseits wieder für die Zukunft dauernde Unfähigkeit, zu konzipieren, zur Folge haben, d. h. zur sogenannten „Ein-Kind-Sterilität" führen.

Schreitet die Infektion weiter auf die Eileiter (Tuben), so kommt es zu akuten, fieberhaften, mit starken Schmerzanfällen verbundenen, geschwulstartigen Anschwellungen, die selbst im günstigsten Falle eine mehrwöchige und zu Bettlägerigkeit zwingende Behandlung erfordern, gewöhnlich aber nicht abheilen, sondern zu jahrelangen, chronisches Kranksein und schweres Siechtum herbeiführenden Affektionen mit häufigen akuten Anfällen führen, oft genug auch zu bedrohlichen Attacken sich steigern, so daß eine operative Entfernung der Eitersäcke unvermeidlich wird.

Kommt es doch sogar auch zu tödlichen Bauchfellentzündungen im Anschluß an diese gonorrhoischen Eileitererkrankungen.

Bei beiderseitiger Erkrankung ist natürlich auch die Gefahr dauernder Unfruchtbarkeit gegeben.

Die häufigsten und schwersten, wenn auch nicht gefährlichen Störungen entstehen aber, wenn die Entzündung von der Gebärmutter-Innenschleimhaut, sei es auf dem Wege durch die Tuben, sei es direkt, übergreift auf das Bauchfell. Diese Affektionen mit ihren fortwährend wiederkehrenden schmerzhaften Störungen der Periode, mit ihren kolikartigen Schmerzanfällen und mit ihren neurasthenischen (hysterischen) Begleit- und Folgeerscheinungen (Anämie usw.) sind es, welche allen Frauenärzten und Badeorten jedes Jahr das Heer von unterleibskranken Frauen zuführen. Sie sind es, welche durch Erzeugung chronischen Siechtums und durch eine für Jahre fast vollkommene Arbeitsunfähigkeit die schlimmsten Folgeerkrankungen des weiblichen Trippers darstellen.

Dazu kommt, daß auch durch sie infolge mechanischer Lageveränderung und Verlötung der einzelnen Organe — und zwar sehr häufig — Sterilität der Frau erzeugt wird.

Die oben geschilderten Gefahren, die jeder gonorrhoisch infizierten Frau drohen, werden noch wesentlich gesteigert durch das Wochenbett, indem es die Weiterverbreitung des Tripperprozesses auf die inneren Geschlechtsorgane und dadurch das Auftreten aller der oben genannten Komplikationen, besonders auch die Ein-Kind-Sterilität, begünstigt.

Und hat sich dieses traurige Krankheitsbild, das in allen Einzelheiten zu schildern an dieser Stelle ganz unmöglich ist, erst eingestellt, hat die Erkrankung erst einmal die Innenfläche der Gebärmutter ergriffen, dann ist von einer ärztlichen Hilfe kaum noch die Rede. Trotz rastloser Bemühungen, die die Erkrankung verursachenden Gonokokken selbst zu vernichten und so die Leiden zu beseitigen, stehen die meisten Frauenärzte auf Grund der Erfahrung doch auf dem Standpunkt, daß möglichste Schonung und Ruhe für die erkrankten Frauen noch die sicherste und schnellste Aussicht auf Heilung biete. Naturgemäß sind es aber gerade diejenigen Frauen, welche am meisten der vollen Gesundheit und Arbeitsfähigkeit bedürfen, die Frauen der ärmeren Klassen, welche am wenigsten diesen Vorschriften der wochen- und monatelangen Bettruhe Folge leisten können; und so entwickeln sich viel häufiger bei den Frauen der ärmeren Klasse jene schweren, oft lebensgefährlichen Zustände, welche zu den oben angedeuteten Operationen hinführen, Operationen, die nicht nur vom rein ärztlichen, sondern auch vom menschlich-sozialen Standpunkt aus notwendig werden. Denn die operative Entfernung der die Krankheit und das Siechtum verursachenden Herde führt am schnellsten und sichersten zu Gesundung und Arbeitsfähigkeit; freilich bei doppelseitiger Operation auch zu vollkommener Sterilität. Doch wird diese Folge sicherlich am wenigsten schwer empfunden.

Ganz zuverlässige Zahlenangaben über die Häufigkeit dieser weiblichen Trippererkrankungen lassen sich kaum geben; aber sicher ist, daß eine Unzahl der „Frauenleiden“, wegen deren die Sprechstunden aller Frauenärzte, so viele Kurorte aufgesucht werden, von Tripperansteckungen herrühren. Wer kennt nicht jene traurigen Fälle, in denen junge blühende Mädchen von dem Tage der Verehelichung an verfallen, dahinsiechen, von Arzt zu Arzt, von Bad zu Bad laufen!

Die hier geschilderten Krankheiten sind in den meisten Fällen so charakteristisch, daß der Arzt aus ihnen die Diagnose, woher die Erkrankung entstand, stellen kann. Im allgemeinen aber muß man sagen: bei dem weiblichen Tripper und gerade bei den einfachen Fällen ohne solch schwere Nachkrankheiten ist der sorgsame Arzt noch viel mehr auf das mikroskopische Aufsuchen der Gonokokken angewiesen als beim Manne. Denn es können Gonokokken vorhanden sein und die Ansteckung zuwege bringen, ohne daß auch die sorgfältigste Besichtigung der Geschlechtsteile der ansteckenden Frau etwas von dem Vorhandensein dieses Trippers erkennen läßt.

Wenn also ein Arzt — oder gar ein Laie — auf solche äußerliche Untersuchung hin eine Frau für „gesund“ erklärt, so ist dieser Erklärung gar kein Wert beizumessen. Es muß auch mikroskopisch untersucht werden und noch viel schwerer als beim Manne sind oft die Gonokokken zu finden, so daß die Untersuchung noch viel sorgfältiger und genauer vorgenommen werden muß.

Doch ist das Bild der durch den Tripper und die mit ihm in den Körper eingedrungenen Gonokokken erzeugten Erkrankungsformen noch lange nicht erschöpft.

Es kommt zum Eindringen der Gonokokken in die tieferen Bindegewebsschichten der Schleimhaut und durch weitere Verschleppung im Lymph- und

Blutgefäßsystem zu Krankheitsherden in allen möglichen Organen. Derartige Gonokokkenverschleppungen führen zu:

1. Gelenkerkrankungen, welche meist eine mehrwöchentliche, ja mehrmonatliche Behandlung erfordern und oft genug zu schweren, oft das ganze Leben hindurch durch wiederholte Rückfälle sich bemerkbar machende Funktionsstörungen Veranlassung geben;

2. im Hautbindegewebe, in den Drüsen, in den Sehnenscheiden sich bildenden Vereiterungen;

3. Krankheiten des Herzens und der Gefäße;

4. möglicherweise gibt es auch durch allgemeine Intoxikation (vermittelst der von den Gonokokken produzierten Gifte) hervorgerufene allgemeine Schwächezustände und Erkrankungen des Nervensystems, der Haut, der Sinnesorgane (Konjunktivitis, Iritis, Erkrankung des Sehnerven).

Auch hier besitzen wir keine sichere Statistik über die Häufigkeit all dieser Folgeerkrankungen der Gonorrhoe im Verhältnis zu den Tripperansteckungen überhaupt, einerseits, weil in sehr vielen derartigen Fällen der Charakter der Gelenk-, der Herz- usw. Erkrankung als Folgeerscheinung eines vorausgegangenen Tripperprozesses nicht erkannt wird, andererseits, weil gerade diese schweren (gonorrhoischen) Erkrankungsformen viel häufiger zur ärztlichen Kenntnis, speziell zur statistischen Verwertung in Krankenhäusern, Kliniken usw. kommen, als die einfachen, nichtkomplizierten Tripper, wie wir das schon eingangs betont haben. Alle unsere diesbezüglichen Zusammenstellungen sind also in ihren Zahlen bald absolut zu niedrig, bald relativ zu hoch; aber sicher ist, daß ein ganzes, nach Tausenden und Zehntausenden zählendes Heer von schwer erkrankten und dauernd in ihrer Gesundheit und Arbeitsfähigkeit geschädigten Männern und Frauen in jedem Kulturstaat sich befinden, die ihr Siechtum dem Tripper verdanken.

Außer der Harnröhrenschleimhaut, wie sie als Folge eines normalen Geschlechtsverkehrs natürlich ist, können noch andere Schleimhäute befallen werden, sei es durch gonokokkenhaltigen Trippereiter, der vom Kranken selbst herstammt und zufällig verschleppt wird, sei es durch direkte oder indirekte Ansteckung von einer anderen Person her.

Ganz selten ist eine Mundhöhlenansteckung bei Neugeborenen, die durch beim Geburtsakt eindringenden gonokokkenhaltigen Schleim entsteht.

Verhältnismäßig selten sind ferner bei uns die Tripper des Mastdarmes, die entweder (bei beiden Geschlechtern) durch widernatürlichen Geschlechtsverkehr oder — bei Frauen — durch zufälliges Überfließen von Eiter aus den Geschlechtsteilen auf die Mastdarmschleimhaut zustande kommen.

Solange hier diese Krankheitserscheinungen nur als oberflächliche Eiterungen bestehen, sind sie keine schweren Erkrankungen; sie können aber, wie es scheint, der Ausgangspunkt tiefergehender chronischer Mastdarmgeschwüre und Verengerungen bilden, die dann unheilbare und meist tödlich endende Krankheiten darstellen.

Die allerhäufigste Form des nicht an den Geschlechtsteilen sitzenden Trippers ist der Augentripper, die Gonorrhoe oder Blennorrhoe der Augenbindehaut (Konjunktiva). Dieselbe kommt bei Erwachsenen durch allerlei Zufälligkeiten zustande, indem ein tripperkranker Mensch sich selbst aus der Harnröhre stammenden Eiter mit den Fingern oder durch ein zum Reinigen benutztes Handtuch usw. in die Augen reibt, oder indem andere Personen solche mit Trippereiter behaftete Wäsche zum Abtrocknen benützen. Ärzte, Hebammen, Wärterinnen erkranken gelegentlich, indem ihnen bei der Behandlung von Tripperkranken Eiter ins Auge spritzt.

Ungleich häufiger aber ist dieser „Augentripper“ bei neugeborenen Kindern, deren Augen während der Geburt selbst durch Gonokokken, welche im Gebärkanal der Mutter saßen, angesteckt werden.

Unter allen Umständen und stets ist diese Augenerkrankung eine sehr schwere und erfordert vom ersten Beginn an die sorgsamste Behandlung. Dauernde schwere Schädigung des Auges, sehr oft leider totale Blindheit und Zerstörung des ganzen Augapfels sind sonst unvermeidliche Folgen, namentlich bei Erwachsenen. Bei Kindern gibt es auch leichtere Formen der Tripperbindehautentzündung, abgesehen von den noch günstigeren, durch andere Bakterien erzeugten Formen, die man aber erst durch die mikroskopische Untersuchung von den wirklichen „Augentrippern“ abgrenzen kann. Kein Laie, nicht einmal der Arzt, kann wissen, ob im einzelnen Falle die gutartige oder die furchtbar bösartige Erkrankung vorliegt.

Für den Laien ist gerade diese Art der Trippererkrankung, die doch schließlich nur eine Folge der vorher stattgefundenen Geschlechtskrankheit ist, ein klares Beispiel, welch kolossale Bedeutung eine Geschlechtskrankheit im Leben der Einzelnen wie der Staaten haben kann.

Erst ist der Mann krank. Die von ihrem Manne angesteckte Frau steckt während des Geburtsaktes ihr Kind an und dieses erblindet auf einem oder auf beiden Augen! Und das sind nicht etwa Ausnahmen!

Siehe einige statistische Angaben Seite 146.

An diesem Augentripper und seiner Häufigkeitsabnahme durch das Credésche Verfahren ist aber zugleich ein unzweifelhafter Beweis geliefert worden dafür, welchen Nutzen eine richtige Vorbeugungsmaßregel schaffen kann.

Seit **Credé**, Professor der Geburtshilfe in Leipzig, 1881 gezeigt hat, daß die an sich unschädliche Desinfektion der Augen der Kinder sofort nach der Entbindung die Trippererkrankung sicher verhüten kann, indem das eingeträufelte Heilmittel die in das Auge eingedrungenen Gonokokken tötet, ehe sie sich im Auge festsetzen und vermehren können, hat sich die Zahl der Augenblennorrhoen überall da, wo dieses Verfahren geübt wird, bis fast zum Verschwinden gemindert. Credé selbst beobachtete in der Leipziger Anstalt 7,8 % Erkrankungen, ehe er seine Eintropfung einführte, und nachher statt dieser 78 auf 1000 nur einen einzigen Fall auf 1000 Entbindungen. Das heißt aber nichts anderes, als daß bei allgemeiner Durchführung dieses Credéschen Verfahrens unzählige Menschen vor ein- oder doppelseitiger Erblindung bewahrt werden würden.

Was beim Augentripper sich erreichen läßt und teilweise schon erreicht worden ist, läßt sich sicher auch bei dem Harnröhrentripper erreichen. Schon jetzt wissen wir, daß verschiedene zur Harnröhrendesinfektion angegebene Methoden in derselben Weise das Zustandekommen des Harnröhrentrippers verhüten, wie das ursprüngliche Credésche Verfahren den Augentripper.

Über die Schutzmittelfrage siehe Seite 78.

Ich bin mit dem Hinweis auf die Tatsache, in einem wie großen Prozentsatz die Blindheit auf Tripperansteckung zurückzuführen sei, bereits auf die soziale Bedeutung des Trippers zu sprechen gekommen. In der Tat sind viele Tausend Blinde nicht nur an sich ein großer Verlust an Arbeitskraft, sondern sie stellen auch eine sehr starke Belastung des Staates, der Gemeinde oder einzelner Familien dar.

Auf welche Weise die **Tripperansteckung** zustande kommt, braucht nach dem eben Gesagten nicht weiter ausführlich auseinandergesetzt zu werden. Entweder wird gonokokkenhaltiger Eiter unmittelbar von einer Person auf eine andere übertragen — im Geschlechtsverkehr, von den Geschlechtsteilen der Mutter in das Auge des geboren werdenden Kindes, durch Hineinspritzen oder Hineinwischen von Eiter ins Auge usw. — oder es gerät indirekt, durch Gerätschaften, Wasser usw. ansteckungsfähig gebliebener Eiter auf empfängliche Schleimhäute.

Bei den „Augentrippern der Erwachsenen" ist ein derartiges Vorkommnis, wie wir sahen, nicht gar so selten. Ungewöhnlich aber und deshalb besonders zu besprechen, sind derartige indirekte Tripperinfektionen der Geschlechtsorgane. Ihre Kenntnis ist namentlich gerichtlich von der allergrößten Bedeutung, weil gerade hier die Entscheidung der Frage: ist eine Tripperansteckung „zufällig", durch irgendwo aufgelesenes Gift oder durch eine geschlechtliche Ansteckung, vielleicht sogar durch einen Notzuchtsversuch von einer dieser Schuld bezichtigten Person entstanden? die Grundlage für das richterliche Urteil bildet.

Mit Bezug hierauf ist erstens zu fragen: kann sich denn Trippergift außerhalb der menschlichen Schleimhäute lebenskräftig, ansteckungsfähig erhalten? Und wie lange?

Erst in den allerletzten Zeiten, seitdem man mit künstlichen Kulturen von Gonokokken solche Versuche anstellen kann, hat man sichere Kenntnisse über diese Verhältnisse gewonnen. Wir wissen jetzt, daß die Gonokokken durch vollständiges Eintrocknen getötet werden, daß aber, solange irgendwo klebender Eiter noch feucht ist, von ihm eine Ansteckung erzeugt werden kann.

Damit ist also die Möglichkeit einer Tripperansteckung ohne jeden geschlechtlichen Verkehr, ja ohne eine Berührung mit einem kranken Menschen gegeben. Freilich wird man bei erwachsenen Männern nur in den seltensten Fällen an das Vorhandensein eines nicht durch geschlechtlichen Verkehr erworbenen Trippers glauben — trotz der immer wieder vorgetragenen Erzählung von der Ansteckung auf dem „Kloset". Es muß aber erwähnt werden, daß der Beischlaf als solcher durchaus nicht vollzogen werden muß; auch die Berührung mit den Geschlechtsteilen, die versuchte Einführung des Gliedes genügt sehr oft, um Mann wie Frau zu infizieren. Deshalb sind auch die Tripper bei kleinen Knaben fast regelmäßig auf direkte verbrecherische Übertragung (von Dienstboten, Erzieherinnen usw. her) zurückzuführen.

Anders liegt es bei kleinen Mädchen und ganz jungen Frauen. Zwar handelt es sich auch in diesen Fällen oft um direkte Ansteckung, sei es, daß beim Zusammenschlafen von Kindern mit Frauen eine direkte (absichtliche oder unabsichtliche) Berührung der beiderseitigen Geschlechtsteile zustande kommt, sei es, daß es sich um einen verbrecherischen Mißbrauch seitens Männern handelt. Leider ist ein in den niederen Volkskreisen verbreiteter Aberglaube, daß Tripper durch Geschlechtsverkehr mit kleinen unberührten Mädchen geheilt werde, sehr häufig das Motiv für dieses traurige Vorkommnis.

Doch kommen bei kleinen weiblichen Kindern auch sehr häufig Tripperansteckungen zustande ohne jede direkte Berührung mit der eigentlichen Ansteckungsquelle. Der gemeinschaftliche Gebrauch von Schwämmen, Handtüchern und namentlich gemeinsames Baden hat oft schon in sonst vorzüglich geleiteten Anstalten geradezu Tripperepidemien von Hunderten von Erkrankungen hervorgerufen.

Man muß sich dabei vergegenwärtigen, daß den Ausgangspunkt einer solchen Infektion ein auch wieder ganz „unschuldig" erworbener Tripper (Auge usw.) bilden kann, um sich von der ins Ungemessene gehenden Verbreitung der Tribererkrankungen eine Vorstellung zu machen.

So sehr vielseitig auch die Art der Tribererkrankungen im menschlichen Körper sein kann, so ist sie doch an jeder Stelle immer nur ein örtliches Leiden, welches den Gesamtorganismus und seine „Säfte" nicht beeinflußt. Daher ist sie auch nicht vererbungsfähig und hinterläßt, wenn sie geheilt ist, keine „Immunität", d. h. jene (bei Masern, Scharlach usw. bekannte) Umänderung des Organismus, welche den einmal von der Krankheit durchseuchten Organismus unfähig macht, ein zweites Mal an demselben Krankheitsgift zu erkranken.

Es ist sogar leider nichts seltenes, daß derselbe Mensch sich mehrmals mit Tripper ansteckt, und oft genug haben die später erfolgenden Ansteckungen einen viel schlimmeren Verlauf als die ersten.

Dagegen besteht etwas, was wir als „Angewöhnung" bezeichnen können. Im Verlauf der Erkrankung werden die Krankheitserscheinungen milder, ja fast verschwindend, obwohl die Gonokokken in unverminderter Kraft auf den erkrankten Schleimhäuten sich befinden. Daher kommt es — wie schon mehrfach erwähnt — so häufig vor, daß ein Mensch sich für gesund hält, und doch für andere Personen ansteckend ist, weil er voll-wirksames Trippergift beherbergt.

Welches sind die sozialen d. h. die das Gesamtwohl des Volkes treffenden Schädigungen, welche die Masse der gonorrhoischen Einzel-Erkrankungen erzeugt?
Wenn auch die Mortalität durch die gonorrhoischen Erkrankungen (Herz- und Bauchfellerkrankungen, Todesfälle bei Operationen) so gut wie gar nicht beeinflußt wird, so wird dagegen die Morbidität der Bevölkerung in erheblichster Weise gesteigert.
Dies bedeutet:
a) einen enormen Verlust an Arbeitskraft und Arbeitsverdienst

durch die zu Bettlägerigkeit, Krankenhausaufenthalt und Schonung zwingenden Erkrankungstage.

b) einen großen Aufwand von Kosten aus privaten und öffentlichen Mitteln.

Am geringsten ist der Schaden, wenn es sich um ledige Personen handelt, die nur für sich zu sorgen haben... Wird aber die verheiratete Frau infiziert, so entgeht sie dem Schicksal des gonorrhoischen Unterleibsleidens um so weniger, je mehr die Frau durch den zu geringen Verdienst des Mannes gezwungen ist, sich keinen Arbeitstag entgehen zu lassen. Könnte sie sich in den Anfängen der Krankheit, besonders im (ersten) Wochenbett schonen, so würde sie vielleicht mit einem kurzen Krankenlager davonkommen. So aber wird die soziale Lage der Frau und der Familie, die Sorge ums tägliche Brot, der Ausgangspunkt für ein Kranksein, das selbst wieder soziale, d. h. die Allgemeinheit schädigende Folgen nach sich zieht. Krankheit der Frau bedeutet in dem Hausstand der Arbeiter und „kleinen Leute‟ nicht nur den Ausfall einer verdienenden Arbeitskraft, sondern auch das Fehlen der einzigen für den Hausstand und für das Wohlsein des Mannes sorgenden Kraft. Wird die Frau krank, elend, mißmutig und nervös, bettlägerig, oder muß sie gar wochen- und monatelang ins Hospital, so ist die Verführung für den Mann, das Wirtshaus dem unbehaglichen eigenen Heim vorzuziehen und sich andere Gelegenheit für sein sexuelles Bedürfnis zu suchen, zu groß, als daß ihr nicht sehr viele Männer erliegen sollten.

Infiziert sich der Mann erst während der Ehe — meist während des Wochenbettes der Frau — und infiziert dann die Frau, nachdem vielleicht schon mehrere Kinder vorhanden sind, dann wird die Schmälerung des Verdienstes durch die Erkrankung des Mannes wie der Frau noch fühlbarer und der Schaden durch die Vernachlässigung der Kinder noch größer. Es ist traurig, daß man in solchen Fällen es als ein Glück bezeichnen muß, wenn die Frau durch die Krankheit „wenigstens steril‟ wird, und daß man sich zu einer schließlich doch nicht ungefährlichen Operation leichter entschließt wegen der Hilflosigkeit und Arbeitsunfähigkeit der Frau.

Überlegt man sich die ganze Kette von Erkrankungen mit all ihrem Elend und ihren Opfern an Zeit und Geld, die für viele Familien aus einer Gonorrhoe des Mannes sich ableiten, und bedenkt man, daß diese Situationen sich tausend und tausendmal wiederholen, so wird erst ganz klar, wie falsch die Allgemeinheit und leider auch die Gesetzgebung (z. B. früher im deutschen Krankenkassengesetze) handelt, wenn sie dem Erkrankten, der das Anfangsglied der Kette bildet, nicht in jeder Weise Behandlung und Gesundwerden, ehe er selbst zu Schaden kommt und andere schädigen kann, erleichtert.

Wie geht es statt dessen in Wirklichkeit zu? Der Kranke sucht seine Krankheit, weil er sich nach dem Vorurteil der Menge ihrer schämen muß, zu verbergen. Statt zum Arzt oder sofort in ein Krankenhaus zu gehen, wendet er irgend eine Behandlung an, die Freunde und Sachunverständige ihm raten. Oft genug fehlen ihm die Mittel, die Hospitalkosten zu zahlen und das Prinzip, jedem Venerisch-Kranken ein Recht auf Hospitalbehandlung zu gewähren, ist leider erst in wenigen Ländern durchgeführt. Bestenfalls wird so die Heilung der Krankheit nur verzögert, sehr oft aber kommt es zu den oben geschilderten

Verschlimmerungen und Komplikationen, die nun Hospitalaufenthalt und Bettlägerigkeit, und zwar für eine viel längere Zeitdauer notwendig machen.

Daran reihen sich alle die Folgeerkrankungen und Rezidive, die mehr
oder weniger häufige und intensive Krankheitsattacken im späteren Leben
bedingen. Die schlimmste Zugabe zu diesen Schädigungen aber ist die in
unzähligen Fällen zurückbleibende Ansteckungsfähigkeit, die der Mann (und
die Frau) mit in die Ehe bringt. Und diesem zweiten, meist ganz unschuldigen
Opfer der einen Gonorrhoe schließt sich oft genug an der Augentripper des
Kindes (ganz abgesehen von zufälligen Übertragungen auf größere Kinder).

Mag man die im außerehelichen Geschlechtsverkehr erworbene Krankheit des einzelnen noch so streng beurteilen und sie als „Strafe" für seine
„Ausschweifung" auffassen — die venerischen Krankheiten als Ganzes
werden zu einer Strafe für die Allgemeinheit, also auch für unzählige
Unschuldige, wenn man als „Strafe" für den Infizierten Maßregeln ergreift,
die ihm die Möglichkeit, sich ordentlich, gründlich und bequem behandeln zu
lassen, erschweren.

Wenn auch die vorstehenden Ausführungen nach keiner Richtung hin ein
erschöpfendes Bild über die Schwere aller durch die Gonorrhoe hervorgerufenen
Erkrankungen geben können, so müssen sie doch zusammen mit der Tatsache
der ungeheuren Verbreitung der Erkrankung und ihrer schweren Komplikationen jedem die Überzeugung aufdrängen, daß der seit Jahren erhobene
Warnruf: „die Gonorrhoe ist eine soziale Gefahr für die Völker und
bedarf der ernstesten Beachtung seitens der für das Volkswohl verantwortlichen Behörden", ein vollberechtigter ist. Ständen wir der Gonorrhoe und ihrer Verbreitung vollkommen machtlos gegenüber, so würde man
wohl oder übel sich mit dieser Kalamität abfinden müssen. So aber wissen
wir, daß die Möglichkeit existiert, dieser in ihren Ursachen und in ihren Ver-
breitungswegen genau gekannten, von Mensch zu Mensch sich fortpflanzenden
Infektionskrankheit entgegenzutreten; und wenn auch niemand so optimistisch
sein wird, zu glauben, daß es je glücken werde, diese schädigende Volksseuche
gänzlich auszurotten, so kann doch kein Zweifel darüber bestehen, daß durch
eine volle Ausnützung der durch die Wissenschaft gefundenen Erkenntnis über das Wesen der Erkrankung die Verbreitung gemindert und gerade die schlimmsten Folgezustände unendlich ge-
mildert werden könnten.

In erster Reihe ist natürlich notwendig, daß jeder Mensch, der glaubt
oder fürchtet, sich mit der Krankheit angesteckt zu haben, sofort sich ärztlich genau untersuchen läßt; „genau", d. h. mit Zuhilfenahme des
Mikroskops. Sofort muß auch eine sachgemäße Behandlung eingeleitet werden; „sachgemäß", d. h. nicht nach einem beliebigen Rezept
irgend eines Bekannten oder Pfuschers, sondern nach den Vorschriften und
Belehrungen eines guten Arztes.

Aber auch mit einem ärztlichen Rezept, das der Patient in die Hände
bekommt, ist nichts getan. Der Kranke muß lernen, in welcher Weise
er die Behandlung vorzunehmen habe. Oft genug kommt es vor, daß
ein Kranker, der sich mit „Einspritzungen" behandeln soll, noch nach Wochen
auch nicht ein einziges Mal wirklich eine Einspritzung gemacht hat, weil ihm
nie gezeigt worden ist, wie er die Einspritzung ausführen soll.

In späteren Stadien reichen Einspritzungen überhaupt meist nicht aus, weil die Krankheit schon an Stellen sich festgesetzt hat, an die die mit gewöhnlicher Spritze eingespritzte Medizin gar nicht hingelangt. Da muß der Arzt selbst die Behandlung vornehmen, ein für den Kranken zeitraubendes und kostspieliges Verfahren, das in den meisten Fällen bei sofortigem Beginn sachgemäßer Behandlung im Beginn der Erkrankung wohl vermieden werden kann. —

Im übrigen aber ist es stets notwendig, die durch die mikroskopische Gonokokkenuntersuchung verfeinerte Diagnose zu verwerten, sowohl zur Behandlung jedes einzelnen Kranken in jedem Stadium der Krankheit, wie für die zur Verhütung der Weiterverbreitung anzustellenden Untersuchungen verdächtiger Personen, also am Schlusse jeder Behandlung vor der Entlassung, bei der Beantwortung der Frage: darf ein früher Tripperkranker heiraten? und ebenso bei der ärztlichen Kontrolle der Prostituierten.

Der weiche Schanker, Ulcus molle.

Unendlich viel einfacher als beim Tripper gestaltet sich der Verlauf der als „weicher Schanker" (Ulcus molle) bezeichneten Krankheit.

Sie besteht in der Bildung kleinerer und größerer, nur äußerst selten einen erheblichen Umfang einnehmender Geschwüre, die wenige (zwei bis vier) Tage nach der Ansteckung sich entwickelnd, in kürzerer oder schnellerer Zeit abheilend, nur dann eine erhebliche Störung für den Kranken bedingen, wenn der Sitz der Geschwüre besonders ungünstig ist oder wenn der durch sie hervorgerufene Schmerz und entzündliche Begleiterscheinungen ausnahmsweise stark sich entwickeln.

Freilich kann die ganze Erkrankung sich in die Länge ziehen dadurch, daß das Gift nicht auf die ersten bei der Ansteckung ergriffenen Stellen beschränkt bleibt.

Es ist in unbeschränkter Weise auf den Träger der Krankheit immer von neuem übertragbar, d. h. es kann von dem ersten Geschwür ein zweites, vom zweiten ein drittes und so fort immer ein neues Geschwür entstehen, sei es, daß man absichtlich — man hat vor Jahrzehnten solche Versuche teils aus wissenschaftlichen, teils aus therapeutischen Gründen angestellt — direkt „impft", sei es, daß Giftstoff von einem bestehenden Geschwür in zufällige offene wunde Stellen hineingerät und so neue Geschwüre bildet. Auf diese Weise kann natürlich wochenlang die Krankheit sich hinziehen, weil eben immer neue Herde, aus den alten erzeugt, sich bilden.

Diese unbegrenzte Fähigkeit des menschlichen Körpers, an jeder beliebigen Stelle und zu jeder Zeit nacheinander oder gleichzeitig für das Gift des weichen Schankers empfänglich zu sein, ist ein Beweis für die rein örtliche Natur des Leidens, das ohne jede Allgemeinbeeinflussung der Körpersäfte sich abspielt und auch keine nachhaltige Wirkung, speziell keine „Immunität" zurückläßt.

Es ist jedermann bekannt, wenn man einen Menschen, der bisher (mit Vakzine, Kuhpockenlymphe) nicht geimpft war, impft, so kann man beliebig viele Impfstellen, die sich später zu Pockenpusteln und Impfnarben umwandeln, anlegen. Der nicht geimpfte Körper ist eben empfänglich für den Vakzinestoff. Haben aber erst einmal diese ersten Impfstellen sich entwickelt, so ist damit eine allgemeine Beeinflussung und Umwandlung der gesamten Gewebe und Säfte vollzogen und man kann den, wie man sich ausdrückt, „immun" gewordenen Menschen nun mit Vakzine impfen so oft und so viel man wolle, er „reagiert" nicht mehr, er ist durch den von den ersten örtlichen Impfstellen aus sich vollziehenden Allgemeineinfluß unempfänglich, abgestumpft worden gegen weitere Vakzinewirkungen. Erst nach vielen Jahren verliert sich diese „Immunität", dieser Schutz und diese Unempfänglichkeit gegen die Impfung.

Das ist also das gerade Gegenteil von dem, was wir beim „weichen Schanker" sehen. Bei ihm, wie bei der Vakzine, kann man zu gleicher Zeit, in derselben Periode des Lebens, beliebig viel örtliche Impfprozesse erzeugen; nacheinander aber nur noch beim Ulcus molle, während bei der Vakzine mit der ersten Attacke auf viele Jahre (daher die Notwendigkeit einer Revakzination) eine Immunität sich einstellt.

Nur eine einzige Folgeerscheinung stellt sich bei weichem Schanker leicht ein, eine Vereiterung der Lymphdrüsen, welche zu derjenigen Körperregion gehören, in der der oder die weichen Schanker sitzen. Diese sogenannten „Bubonen" entsprechen den Drüsenvereiterungen, wie man sie oft nach bösen Fingern usw. beobachtet. Wie aus dem „bösen Finger" die daselbst die Eiterung erzeugenden Bakterien auf bestimmten (Lymph-) Bahnen verschleppt werden, bis sie in den Achseldrüsen festgehalten werden und daselbst Vereiterung verursachen, so werden auch aus den Schankergeschwüren die Bakterien in die Lymphbahnen forttransportiert und erzeugen Entzündung und Eiterung entweder schon auf diesem Wege oder erst in den Drüsen selbst.

Solche Drüsenentzündungen und Vereiterungen können sehr lästig werden. Die Schmerzhaftigkeit zwingt in den meisten Fällen die Patienten ins Bett. Auch die Behandlung erfordert oft längeres, ja wochenlanges Bettliegen. Glücklicherweise ist sowohl in der Behandlung der Geschwüre und der dadurch geförderten Verhütung der Drüsenmitbeteiligung, wie in der Behandlung der Bubonen selbst die ärztliche Wissenschaft sehr erheblich vorgeschritten, so daß der „weiche Schanker" nicht mehr die Bedeutung als venerische Infektionskrankheit hat, die er früher eingenommen. Je besser wir die Ulcera mollia behandeln, je schneller wir die ungeheuer große Giftigkeit des so schnell haftenden Schankergiftes beseitigen, um so geringer wird die Verbreitung dieser fast nur durch venerische Infektion, d. h. beim Geschlechtsverkehr sich übertragenden Krankheit sein.

In der Tat ist der „weiche Schanker" die einzige venerische Affektion, die diesen Namen wirklich verdient. Fast alle Ulcera mollia sitzen an den Genitalien und entstehen bei der Kohabitation.

Extragenital sitzende, nicht durch den Geschlechtsverkehr erworbene Ulcera sind äußerst selten. Es kommt vor, daß ein Mensch, der solche Geschwüre an seinen Genitalien hat, sich selbst durch seine mit dem Schankereiter behafteten Finger beim Kratzen an beliebigen Körperstellen neue Schanker erzeugt. Es ist beobachtet worden, daß mit einem Pinsel, der vorher zum Aufstreuen eines Medikamentes auf ein Ulcus benutzt worden war und unvorsichtigerweise in Berührung mit dem Geschwürseiter gekommen war, bei späterer Benützung desselben Ulcus molle-Gift übertragen worden ist. Aber das sind verschwindend seltene Kuriositäten.

Es ist schon mehrfach angedeutet worden, daß zur Ansteckung, d. h. zum Ansiedeln der Bakterien kleine Wunden Vorbedingung sind. In der Tat dringen durch gesunde Haut oder Schleimhaut die Schankerbazillen nicht ein, und je fester und derber die Haut am männlichen Gliede, desto weniger besteht die Möglichkeit einer Ansteckung. Bei Menschen, die keine Vorhaut haben, wird die Oberhaut der Eichel und der dahinter liegenden Furche so dick und fest, daß sie viel weniger sich mit Schanker an diesen besonders gefährdeten Stellen sich anstecken, als unbeschnittene Männer. Deshalb sind auch Einfettungen beim Beischlaf, die ein Einreißen verhüten oder kleine Wunden zudecken, ein Schutzmittel gegen Ansteckung.

Das Gift des Ulcus molle ist 1889 in der Form von kleinen Bazillen (Streptobazillen) von Ducrey-Krefting-Unna aufgefunden worden. Eine große praktische Bedeutung aber hat diese Entdeckung weder für die Diagnose noch für die Behandlung nicht gewonnen.

Diese Erkrankung ist nicht (wie der Tripper) ausschließlich eine Erkrankung des Menschen; man kann sie auch auf Tiere, z. B. Affen, überimpfen.

Was die Behandlung betrifft, so ist es von äußerster Wichtigkeit, sobald auch nur das kleinste Geschwür auftritt und sichtbar wird, durch geeignete ärztliche Behandlung das im Geschwür haftende Gift zu zerstören. Durch gewisse Medikamente (Jodoform), namentlich aber durch bestimmte, jedoch nur vom Arzt unter Vorsicht anzuwendende Ätzmethoden gelingt es fast immer in kürzester Frist das Schankergift in der Wunde zu zerstören und damit ein Weiterfressen der Geschwüre und eine Verschleppung des Giftes in die Drüsen zu verhindern. Verlaufen Schankergeschwüre schlecht und bösartig, kommt es zu tiefen Zerstörungen, zum Eintreten von Brand und Verjauchung, so ist das regelmäßig auf grobe Vernachlässigung seitens des Patienten zurückzuführen.

Die Syphilis.

Diejenige „venerische" Krankheit, welche seit jeher am meisten die Aufmerksamkeit und den Schrecken der Völker erregt hat, ist die Syphilis oder Lues; Bezeichnungen, die ohne Bedeutung sind, deren Herkunft wir nicht einmal genau kennen.

In der Tat ist die Syphilis eine sehr schwere, sowohl durch die von ihr hervorgerufenen Krankheitserscheinungen, wie durch den Grad ihrer Verbreitung im höchsten Maße zu beachtende Volksseuche, deren Bekämpfung nicht energisch genug in die Hand genommen werden kann. Seit jeher hat ja auch das sinnfällige Wesen der syphilitischen Erkrankungsformen dazu geführt, der Syphilis die richtige Würdigung in den Augen des Laienpublikums zu verschaffen. Wir Ärzte freilich stehen nicht an, den oben besprochenen, durch das Trippergift erzeugten Leiden eine gleichgroße Bedeutung zuzuerkennen, und ganz besonders ist zu betonen: die wissenschaftlichen Fortschritte der letzten Jahre haben unsere Kenntnisse der Diagnose und Behandlung so sehr gesteigert, daß wir ohne Bedenken den Satz aufstellen dürfen: **die Syphilis ist nicht nur heilbar, sondern sogar leicht heilbar.** Ja, die Syphilis gehört zu den leichtest heilbaren Krankheiten, vorausgesetzt, daß die Behandlung richtig und sorgfältig ausgeführt wird. — **Das Schreckliche, was durch die Syphilis angerichtet werden kann, trifft nur zu bei gar nicht oder unzureichend behandelten Menschen.**

Leider wird von diesen eminenten Fortschritten der Wissenschaft in der Praxis noch lange nicht genug Gebrauch gemacht, so daß immer noch viel zu viel leicht vermeidbares Unglück durch die Syphilis angerichtet wird.

Der Grund dafür liegt wesentlich darin, daß namentlich in den ersten Jahren der Syphilis die Erscheinungen so gering und unbedeutend sind, so ohne jede Störung des Wohlbefindens verlaufen, daß die Kranken auf die äußeren Erscheinungen überhaupt nicht achten und sie vielleicht gar nicht ärztlich behandeln lassen. Dazu kommt noch, daß bisweilen auch bei ganz schlechter und unzureichender Behandlung alle äußeren Krankheitserscheinungen fortbleiben, jahre- und jahrzehntelang, daß die Menschen sich wohl und gesund und arbeitskräftig fühlen und keine Ahnung davon haben, daß noch Syphilisgift in ihrem Körper sich befindet. Nun muß dieses Syphilisgift nicht in allen Fällen sich später noch bemerkbar machen; aber in einem nicht unerheblichen Prozentsatz fängt doch das jahrelang ruhende Gift an, sich wieder zu vermehren und Krankheitsprozesse zu erzeugen, und so können in allen Organen der Menschen: der Haut, Knochen, Leber, Niere usw., und besonders in Gehirn und Rückenmark, sich Krankheitsformen entwickeln, die unter Umständen sogar therapeutischer Beeinflussung unzugänglich sind.

Diese Tatsache der schlummernden (latenten), gänzlich erscheinungslosen Syphilis ist es, welche die Syphilis zu einer so tückischen und gefährlichen Krankheit macht. Denn naturgemäß liegt die Versuchung für solche Kranke, die von ihrer Krankheit nichts ahnen, sehr nahe, sich nicht behandeln zu lassen; und ferner nehmen sie auch gar keine Rücksicht im geschlechtlichen Verkehr mit anderen und verbreiten so unwissentlich die Syphilis im ehelichen wie außerehelichen Verkehr.

Diese Unmöglichkeit, dem äußerlich gesunden Menschen anzusehen, ob er wirklich von seinem Syphilisgift vollständig geheilt sei oder ob er doch noch Syphilisgift in sich beherberge, welches dann der Ausgangspunkt für spätere unheilvolle Nachkrankheiten werden könnte, hat aber nicht bloß die Patienten verführt, alle Vorsichtsmaßregeln zu unterlassen, sondern bis vor wenigen Jahrzehnten auch die Ärzte. Auch die Ärzte glaubten, daß weitere Behandlung nicht notwendig wäre, wenn nicht äußere Erscheinungsformen der Krankheit den unwiderleglichen Beweis für das Nochbestehen der Krankheit erbrächten.

Durch diese Unzulänglichkeit der wirklichen Diagnostik ist die Syphilis zu der gefürchteten, und man muß sagen, mit Recht gefürchteten Krankheit geworden, wie sie sich ja auch heute noch in den Köpfen der Laien darstellt.

Es kann aber nun, wie ich schon oben sagte, gar nicht dringend genug betont werden, daß dieser ganze so unheimliche und unheilvolle Zustand sich geändert hat, so daß alle die erwähnten Schwierigkeiten, die bisher der richtigen Beurteilung des einzelnen Krankheitsfalles entgegenstanden, aus dem Wege geräumt sind. Dies verdanken wir wesentlich der durch Wassermann in die Wege geleiteten und durch gemeinschaftliche Untersuchungen von

Bruck-Neißer-Wassermann ausgearbeiteten Blutuntersuchungsmethode (1907).

Ein weiterer eminenter Fortschritt war schon zwei Jahre vorher, 1905, durch Schaudinn angebahnt, als es ihm gelang (in Verbindung mit E. Hoffmann), die die Syphiliskrankheit erzeugenden Parasiten in Form der sogenannten Spirochäten zu finden. Hierzu kam 1910 die Herstellung des Salvarsans durch Paul Ehrlich, ermöglicht durch die bereits 1903 von Metschnikoff und Roux festgestellte Tatsache, daß auch Affen für Syphilis empfänglich seien. Als nun noch besonders Uhlenhuth dasselbe für Kaninchen feststellte, war die Möglichkeit gegeben, alle möglichen Heilmittel auf ihre Wirksamkeit hin zu prüfen; Versuche, die in reichlicher Weise auch von dem Verfasser auf seiner Java-Expedition durchgeführt wurden.

Durch die Ausnutzung all dieser Erfahrungen hat sich die ganze Anschauung über die Bedeutung der Syphilis vollkommen geändert. Mußte früher jeder Syphilitiker sich mit Recht wegen der ihn in der Zukunft drohenden Gefahren ängstigen, ohne mit irgend welcher Sicherheit an erzielte Heilung glauben zu können, so wissen wir heute, daß bei richtigem Behandlungsplane und genügend intensiver Behandlung fast stets eine volle Heilung zu erzielen ist, und man ist in der Lage, mit fast absoluter Sicherheit festzustellen, daß in der Tat eine vollkommene Heilung, d. h. vollkommene Vernichtung alles Giftes im Körper erzielt worden ist.

Früher gab es bald unerhört leichtsinnige und frivole Menschen, die in übertriebenem Optimismus sich nicht behandeln ließen, weil ja doch mit Sicherheit eine Heilung nicht erzielt werden könne, bald gab es auf der anderen Seite übertrieben ängstliche Kranke, deren Ängstlichkeit oft geradezu in eine Geisteskrankheit (Syphilidophobie) ausartete, während heute eine derartige Handlungsweise ausgeschlossen ist, falls der Patient den Ratschlägen eines sachverständigen Arztes folgt.

Die Geschichte der Syphilis ist nicht alt. Während wir vom Tripper (Gonorrhoe) und den Ulcera mollia wissen, daß sie zu allen geschichtlich bekannten Epochen bestanden haben, ist die Syphilis als eine gleichsam neue Krankheit erst am Ende des 15. Jahrhunderts allgemein bekannt und ärztlich beschrieben worden. Doch ist bis heute eine Einigung unter den Forschern nicht erzielt worden, ob diese „neue Krankheit" damals wirklich als eine bisher in Europa noch nicht dagewesene von den aus Amerika zurückkehrenden Spaniern importiert worden sei oder ob vielleicht ein bis dahin nur unbeachtetes, als eigene Krankheit nicht erkanntes Leiden deshalb als „neue Krankheit" auftrat, weil sie in bisher unbekannten schweren Formen die Aufmerksamkeit der Ärzte erregte. Als Ursache dieser bösartigen Erscheinungsweise sah man das wüste Leben der um Neapel kriegführenden französischen Heere an; daher die von den Italienern gewählte Bezeichnung: „Morbus gallicus", die von den Franzosen gebrauchte: „Morbus neapolitanus".

Was die geographische Verbreitung betrifft, so sind die Menschen aller Rassen für die Syphilis empfänglich, und. so existiert die Krankheit überall da, wohin sie mit dem Vordringen der bereits durchseuchten Nationen — es sind dies zumeist die „zivilisierten" Völker — importiert wurde. Zivilisation und Syphilisation gehen Schritt auf Schritt zusammen.

Freilich bestehen große Differenzen in der Massenhaftigkeit und Schwere der Erkrankungen bei den verschiedenen Völkern, abhängig teils von den Lebensgewohnheiten und Sitten, von der Kulturstufe und dem Stande der ärztlichen Wissenschaft des betreffenden Volkes, teils von Konstitution und Rasseeigentümlichkeiten. Je mannigfacher die Übertragungsmöglichkeiten — durch Geschlechtsverkehr, durch im täglichen Leben vorkommende Berührungen und Zufälligkeiten, durch Vererbung — einer ansteckenden Krankheit sind, deren Ansteckungsfähigkeit (Infektiosität) sich noch dazu jahrelang erhält, und deren äußere Erscheinungsformen (Symptome) trotz ihrer Gefährlichkeit für die Umgebung überaus harmlos erscheinen, um so mehr werden die sozialen, kulturellen, moralischen Eigenschaften jedes einzelnen Volkes die Größe und die Art der Verbreitung dieser Krankheit beeinflussen.

Hier sei nur kurz betont, daß tatsächlich die Syphilis die größte Verbreitung und die schlimmsten Formen unter den kulturell am niedrigsten stehenden Völkern und den medizinisch-ärztlich am schlechtesten versorgten Völkern aufweist. —

Was ist die Syphilis?

Die Syphilis ist eine durch die von Schaudinn entdeckten Spirochäten (höchstwahrscheinlich eine Protozoenart) erzeugte Krankheit, die, wenn sie sich selbst überlassen und unbehandelt bleibt, jahrelang besteht, vielleicht sogar ohne Behandlung ungeheilt bleibt. Sie ist stets eine sogenannte konstitutionelle Krankheit, d. h. sie beeinflußt als allgemeine Erkrankung alle Gewebe und Säfte des Körpers. Sie kann alle Organe befallen und in demselben ihr eigentümliche und spezifische Krankheitsherde hervorrufen. Sie ist sowohl von Mensch zu Mensch direkt wie durch Übergang auf die Nachkommenschaft verbreitbar.

Sie ist durch geeignete Gegengifte heilbar. Aber sie hinterläßt keine Immunität des Körpers. Sobald wirkliche Heilung mit Vernichtung allen Giftes eingetreten ist, kann sofort wieder eine Ansteckung stattfinden.

Auf die Einzelheiten des Verlaufs der Krankheit gehe ich nicht ein, sondern hebe nur das hervor, was für den Laien zu wissen notwendig ist.

Die Krankheit entsteht durch das Eindringen von Spirochäten in den Körper. Dies ist aber nur möglich, wenn irgend eine wunde Stelle, die das Eindringen ermöglicht, bereits vorhanden ist, oder, z. B. beim Geschlechtsverkehr, eben entsteht. Die Spirochäten bleiben mehr oder weniger lange an dieser Ansteckungsstelle liegen, gehen aber sehr bald auf die Wanderschaft und verbreiten sich mehr oder weniger schnell im Körper. An der Ansteckungsstelle selbst entwickelt sich eine krankhafte Affektion, der sogenannte Primäraffekt. Aber es vergehen fast immer drei bis vier Wochen vom Zeitpunkt der Ansteckung an gerechnet, ehe wirklich deutliche Erscheinungen an dem Infektionsort, aus denen man die Diagnose Syphilis stellen kann, sich herausgebildet haben. Gewöhnlich erkranken dann auch die entsprechenden Drüsen mit Schwellungs- und Verhärtungszuständen.

Das Aussehen dieses Primäraffektes ist nun häufig ein höchst charakteristisches, besonders gekennzeichnet durch eine auffallende knorpelartige Härte. Diese typische Form der Ansteckungsstelle („harter Schanker" genannt) ist aber in sehr vielen Fällen nicht vorhanden, und dann entstehen diagnostische Schwierigkeiten, die eine für Arzt und Patienten gleich peinliche Zeit des Hangens und Bangens bedingen, weil einerseits wohl der Verdacht der beginnenden Syphilis, andererseits aber doch keine, ein Handeln ermöglichende Sicherheit besteht.

Auf diese Weise vergingen in früheren Zeiten oft Wochen und Monate, ehe man zu einer sicheren Diagnose und damit zur Möglichkeit einer eingreifenden Behandlung kam. Dieser Zustand brachte um so mehr Schaden mit sich, als für die Schnelligkeit und Sicherheit der Heilung am allermeisten ausschlaggebend ist der Zeitpunkt, zu dem man mit der Behandlung beginnt. Es ist ohne weiteres jedem verständlich, daß es um so leichter sein muß, das Gift zu vernichten, in je geringerer Quantität es vorhanden und in je leichter zugänglichen Orten es sich befindet. Diesem für die Entwicklung der Krankheit so ungünstigen Zustand des langen Abwartenmüssens ist durch Schaudinns Entdeckung der Spirochäten ein Ende gemacht. Es gelingt unendlich oft, in ganz kleinen Wunden, die im Anschluß an einen verdächtigen Beischlaf entstanden sind, und denen man absolut nicht ansehen und anfühlen kann, ob sie syphilitischer Natur sind oder nicht, durch den mikroskopischen Nachweis der Spirochäten sofort die Diagnose zu stellen, und zwar zu einer Zeit, wo von einer reichlichen Durchseuchung des Körpers noch keine Rede ist.

Ungünstig sind natürlich diejenigen Fälle, in denen die örtlichen Erscheinungen an der Ansteckungsstelle so minimal sind, daß sie, zumal sie auch absolut schmerzlos verlaufen, entweder gar nicht beobachtet werden oder für eine ganz zufällige nebensächliche Scheuerung gehalten werden.

Vergegenwärtigt man sich dies, so ist es begreiflich, daß bei Frauen, man kann sagen in der Mehrzahl der Fälle, diese primären Erscheinungen ganz unbeachtet bleiben, daß oft Monate und Jahre vergehen, ehe aus später auftretenden Syphiliserscheinungen an den längst syphilitisch infizierten Individuen die richtige Diagnose gestellt wird. Daraus folgt auch, daß man auf die Angaben der Patienten gar kein Gewicht legen kann; denn tatsächlich wissen viele Patienten wirklich nicht, daß und wann sie sich angesteckt haben.

Es kann aber auch sein, daß eine Ansteckung gar nicht eine rein syphilitische ist. Es können bei einem Beischlaf zufällige Aufscheuerungen entstehen; diese können durch irgendwelche Ursache sich stärker entzünden und eitern; es kann — und das ist das wichtigste — in zwei bis drei Tagen nach dem Beischlaf, wie oben dargestellt, ein „weicher", eitriger, fressender Schanker entstehen, und doch bekommt der Patient nachträglich Syphilis. Entsteht da etwa die Syphilis aus diesen Krankheitsformen, wie man das jahrzehntelang gelehrt, oder ist der Primäraffekt der Syphilis so verschiedener Entwicklungsformen fähig?

Beides ist falsch. Es handelt sich vielmehr um Kombination, um gleichzeitige Ansteckung mit zwei Giften, von denen jedes seinen Eigenschaften entsprechend, sich entwickelt und seine ihm zugehörigen Krankheitserscheinungen hervorruft.

In drei Tagen — siehe oben — ist der weiche Schanker fertig. Dann kann er abheilen und diese Infektion ist erledigt, bis drei bis vier Wochen hinterher die Syphilis, die an derselben Stelle ihre Eintrittsstelle gefunden, sich entwickelt. Oder der „weiche Schanker" selbst zieht sich langsam heilend in die Länge, so daß, noch ehe er verheilt ist, die Inkubations- oder Entwicklungsfrist der Syphilis schon sich einstellt und abläuft, das Syphilisgift also nun den ersten „weichen (nichtsyphilitischen) Schanker" umwandelt in ein „syphilitisches Geschwür". Also nicht „Syphilis" aus „weichem Schanker", sondern „weicher Schanker plus Syphilis" liegt vor.

In solchen Fällen ist, wie auch dem Laien einleuchtet, die Diagnose ungemein schwer, namentlich da die typische Härte des syphilitischen Primärleidens durchaus nicht gesetzmäßig eintritt, oder in so geringfügigem Grade, daß sie nicht sichere Schlüsse gestattet, oder wenn gar andere Momente vorliegen (Art der Behandlung beim „weichen Schanker"), welche eine Verhärtung schon an sich erzeugen können.

In den ersten Tagen diagnostiziert der Arzt: „weicher Schanker", und mit Recht. Kann er aber mit Sicherheit sagen: „sicherlich nicht syphilitisch"?

Nein; denn er kann frühestens nach mehreren Wochen wissen, ob der Kranke nicht neben und mit dem Gift des weichen Schankers auch das der Syphilis akquiriert hat, falls nicht auch hier die Spirochätenuntersuchung (die allerdings unter diesen Umständen besondere Schwierigkeiten bietet) Klärung schafft.

Den ersten als Primäraffekt und zugehörige Drüsenschwellung bezeichneten primären Krankheitserscheinungen folgen nun regelmäßig, falls nicht eine energische Behandlung in diesem Stadium schon die Krankheit vollkommen kupiert, die durch die allgemeine Durchseuchung des Körpers verursachten Erscheinungen nach. Die Krankheit wird eine „konstitutionelle", und zwar ausnahmslos und in allen Fällen; sonst ist es eben keine Syphilis, und die ängstliche Frage so vieler Patienten: „ist die Krankheit etwa bei mir ins Blut gegangen?" ist dahin zu beantworten, daß das bei Syphilis selbstverständlich und immer der Fall sei.

Die Erscheinungsweise dieser Allgemeinerkrankung ist im einzelnen zwar sehr wechselvoll; trotzdem kann man in allgemeinen Zügen wohl von einem typischen Ablauf sprechen.

Aus der Summe der Gesamterfahrungen hat man nun ein Bild der Syphilis geschaffen, das in Lehrbüchern ausführlich beschrieben wird. Es wird da geschildert, wie alle Organe des menschlichen Körpers erkranken und wie das Jahre und Jahrzehnte hindurch in immer wieder neuen und wiederholten Schüben sich wiederholen kann.

Ich möchte schon diese Gelegenheit benützen, um darauf hinzuweisen, wie verkehrt es ist, wenn aus dieser die Gesamtheit der möglichen Vorkommnisse, die man bei Tausenden verschiedenen Kranken beobachtet hat, wiedergebenden Schilderung kritiklose, überängstliche Patienten herauslesen, daß immer und in jedem Falle — also auch in dem ihrigen — die Syphilis so verlaufen werde und müsse.

Im Gegenteil: nicht zwei Fälle verlaufen gleich, und wenn auch bei einem „Bekannten" vielleicht ein schlechterer Verlauf sich eingestellt hat, so folgt daraus nicht im geringsten, daß ein anderer Fall — und stamme er selbst aus der gleichen Ansteckungsquelle — ähnlich verlaufen müsse. Namentlich vergessen die Laien sehr leicht, nachzuforschen, ob und wie der „Bekannte", dem es so schlecht ergangen ist, behandelt worden war. Ja, oft weiß der ängstliche Patient nur, daß sein Freund früher einmal angesteckt war. Ob er damals wirklich Syphilis hatte, und ob feststeht, daß die böse Nachkrankheit überhaupt mit Syphilis in Zusammenhang stehen könne, um diese wichtigen Fragen kümmern sich die so überängstlichen Leute gar nicht, und gerade davon würde es abhängen, ob ein Grund zur Angst vorliegt oder nicht!

Freilich liegt die Sache auch oft umgekehrt, indem Patienten auch aus Analogie mit anderen ihnen bekannten Fällen schließen, auch ihr Fall werde, trotz ungenügender, leichtsinniger und oberflächlicher Behandlung, ebenso günstig ablaufen wie der ihres Bekannten.

Es gibt keine für den einzelnen Fall zutreffende Prognose; wir wissen in keinem Falle mit Bestimmtheit voraus, welcher besser oder schlechter verlaufen wird.

Im allgemeinen aber lehrt die Summe der Erfahrung, daß bei uns im zivilisierten Europa bei genügender Pflege die gut verlaufenden Fälle die Hauptmasse, schlecht verlaufende Fälle die kleine Minderzahl bilden.

Für den schlechten Verlauf aber kennen wir eine Anzahl ursächlicher Momente, die von Einfluß sein können (nicht unbedingt einen schlechten Verlauf erzeugen müssen). In erster Reihe sind zu nennen einzelne Allgemeinkrankheiten, wie schwere Sumpffieber, Zuckerkrankheit, schwere Gicht, Tuberkulose; ganz besonders schädlich scheint der Alkoholismus zu sein. Sodann aber spielt eine den Verlauf beeinflussende Rolle die Güte der Behandlung, und so werden wir mit gutem Gewissen jedem Patienten sagen: es gibt zwar unglückliche Ausnahmefälle, in denen trotz aller Mühe und Sorgfalt ein schlechterer Verlauf der Krankheit sich einstellt, aber bei genügender Behandlung haben Sie keinen Grund, etwas Besonderes zu fürchten; Sie werden ebenso geheilt werden, wie Millionen anderer Fälle geheilt worden sind. Eine absolute Garantie für diese Heilung kann man freilich nicht übernehmen, aber wir dürfen sie mit solch großer Wahrscheinlichkeit den allermeisten Kranken in Aussicht stellen, daß der Patient wohl sein Leben und die seine bürgerliche und soziale Existenz betreffenden Verhältnisse darnach einrichten kann.

Vielen mag diese Anschauung optimistisch erscheinen. Ich halte sie für berechtigt, entsprechend den aus der Gesamtsumme der Erfahrungen abzuleitenden Tatsachen. Im einzelnen Falle bin ich aber betreffs meines therapeutisch-praktischen Handelns ganz und gar nicht optimistisch. Da bin ich im Gegenteil krasser Pessimist und behandle den Einzelfall, und zwar jeden ohne Ausnahme so, als wenn das Schlimmste zu fürchten wäre. Da ich eine Prognose vorher nicht stellen kann, so bin ich äußerst vorsichtig und lieber zu vorsichtig.

Auf die Erscheinungen der konstitutionellen Syphilis gehe ich hier nicht ein und beschränke mich nur auf folgende mehr allgemeinen Bemerkungen.

1. Man spricht gemeinhin von einer sekundären und tertiären Periode. Die sekundäre setzt sich zusammen aus den Erscheinungen, die wenige Monate nach der Ansteckung als Folge der allgemeinen Durchseuchung gewöhnlich in

sehr zahlreichen Herden in Form von Ausschlägen auf Haut und Schleimhaut sich einstellen. Natürlich können auch alle anderen Organe schon in diesen ersten zwei bis drei Jahren der Krankheit befallen werden, aber das ist verhältnismäßig selten der Fall. Diese sekundären Formen sind an sich verhältnismäßig harmlos; sie machen keine Zerstörungen und heilen ab, ohne eine Spur zu hinterlassen. Freilich können sie, wenn sie an einer ungünstigen Stelle sitzen, auch böse Folgen nach sich ziehen; also z. B. wenn ein solches kleines Knötchen in einem Blutgefäß sitzt, welches einen Teil des Gehirns versorgt. Dann kann es passieren, daß das Gefäß sich verstopft und ein Teil des Gehirns durch die entstehende Blutleere ausgeschaltet wird, was Lähmungserscheinungen u. dgl. zur Folge hat.

Im tertiären Stadium, welches entweder dem sekundären sich sofort anschließt oder nach einer jahre- oder jahrzehntelangen Pause einsetzt, entstehen gewöhnlich große knotige Anschwellungen, die zerfallen Geschwüre bilden und das Muttergewebe, in dem sie sitzen, zerstören. Diese tertiären Erscheinungen kommen sowohl an der Haut wie an allen übrigen Organen des Körpers vor.

Die Häufigkeit der syphilitischen Hautausschläge ist dem Laien wohlbekannt. Leider machen viele den Schluß, daß so ziemlich jedes Hautleiden von Syphilis herrührt, und fürchten, um nicht in einen falschen Verdacht zu kommen, deshalb, sich von einem Hautarzt behandeln zu lassen. Wirklich syphilitische Patienten meinen auch oft, daß nun jeder Ausschlag — ganz besonders ängstliche auch, daß überhaupt jede ihnen später zustoßende Affektion — syphilitischer Natur sein müsse und kommen bei jeder leichten Störung verängstigt zum Arzt: „die längst erloschen geglaubte Krankheit sei nun doch wieder ausgebrochen". Das ist natürlich übertrieben, aber jedenfalls richtiger, als wenn früher Syphilitische — namentlich wenn sie sich verheiraten — ihrem späteren Arzt oder Hausarzt die frühere Krankheit verheimlichen. Viel Unheil wird durch solche Scheu angerichtet, indem dann viele auf Syphilis zurückzuführende Nacherkrankungen nicht sofort richtig erkannt und behandelt werden. —

Ich sagte oben, ein bestimmter Beginn der tertiären Periode mit all ihren Nachkrankheiten läßt sich nicht fixieren. Sie kann unmittelbar der sekundären Periode sich anschließen oder durch ein Latentstadium jahre- und jahrzehntelang von diesem geschieden sein.

Wie aber kann man unter solchen Umständen in irgend einem Falle von Heilung sprechen? In früheren Jahren konnte man in der Tat das nie mit Bestimmtheit tun. Stets mußte man dem Kranken zugeben, daß wir höchstens von Wahrscheinlichkeit, nie von Sicherheit sprechen konnten, daß er keinen Rückfall seiner Krankheit erleben werde.

Nach dieser Richtung hin hat die Wassermannsche Reaktion einen vollkommenen Umschwung herbeigeführt. Bei der Untersuchung des Blutes Syphilitischer findet man in demselben Stoffe, welche der kranke Körper produziert infolge der vom Syphilisgift ausgehenden Reizungen auf die Gewebe; man findet also nicht das Gift selbst, sondern nur Reaktionsstoffe auf dasselbe. In Europa gibt es nun außer der Syphilis kaum eine mit der Syphilis verwechselbare Krankheit — es ist hier nicht der Platz, diese Frage im einzelnen zu behandeln — die im Blute sogenannte positive Reaktionen hervorruft, so daß man bis auf geringe Ausnahmen bei jedem Falle, der positiv reagiert, sagen kann, daß Syphilisgift in dem betreffenden Menschen darin stecke.

Leider ist die negative Reaktion nicht mit ebensolcher Sicherheit als ein Zeichen von vollkommener Heilung anzusehen; es können verschiedene Umstände, z. B. das Vorhandensein einer ganz geringen Menge von Syphilisgift vorliegen, die es mit sich bringen, daß nicht genügende Reaktionsstoffe vom Körper gebildet werden; so wenig, daß wir sie bei der Untersuchung nicht finden. Diese Tatsache muß sich der Arzt, und namentlich der Laie, immer vor Augen halten, namentlich wenn es sich darum handelt, die Behandlung von der Reaktion abhängig zu machen. Es kann sehr wohl durch eine gute Kur die vorher positive Reaktion in eine negative verwandelt werden. Es wäre aber ein grober Fehler — und den machen leider sehr viele Laien — wenn man sich dadurch von der Weiterbehandlung ohne weiteres abhalten läßt. Denn trotz erzielter negativer Reaktion kann doch noch eine geringe Spirochätenmenge zurückgeblieben sein; überläßt man diese sich selbst, so vermehren sie sich wieder und es werden entweder wieder äußerliche Krankheitserscheinungen oder von neuem positive Reaktionen auftreten. Man hat dann versäumt, durch eine weitere Kur auch diese nach der ersten Kur übrig gebliebenen Spirochätenreste zu vertilgen.

Man darf sich also in frischen Fällen nie auf eine Kur, oder, wenn man durch Wassermannreaktion die Heilung feststellen will, auf eine Blutuntersuchung verlassen, stets müssen mehrere in großen Abständen wiederholte Untersuchungen gemacht werden.

Überhaupt ist es ein sich bitter rächender Unfug vieler Laien, wenn sie sich in irgend einem Laboratorium einen „Wassermann" machen lassen und sich selbst ein Urteil über die Bewertung des Resultates anmaßen. Nur ein kundiger Arzt kann das tun! —

Aber auch die Blutuntersuchung genügt noch nicht. Es muß auch eine Untersuchung der Rückenmarksflüssigkeit (Liquor cerebrospinalis) vorgenommen werden.

Ich muß mit einigen Worten auf die am meisten und mit Recht gefürchteten Späterscheinungen der Syphilis eingehen, auf die Rückenmarksschwindsucht (Tabes) und die Paralyse; Erkrankungen, die, wenn sie erst einmal einsetzen, nie wieder ganz ausgeheilt und bei der Paralyse regelmäßig in mehr oder weniger langer Zeit zum Tode führen. Auch diese Erkrankungen entstehen durch Einwanderung der Spirochäten in das Rückenmark oder Gehirn. Und zwar erfolgt diese Einwanderung anscheinend schon in den frühen Monaten der Krankheit bei der ersten allgemeinen Durchseuchung. Aber diese in das Zentralnervensystem eindringenden Spirochäten können, wie die Erfahrung lehrt, Jahre und Jahrzehnte liegen, ohne sich irgendwie durch eine Krankheitserscheinung bemerkbar zu machen, bis dann die Symptome der Tabes oder Paralyse einsetzen.

Man hat aber nun gelernt, durch Untersuchung der Rückenmarksflüssigkeit — die in ähnlicher Weise wie die Blutuntersuchung vorgenommen wird — schon in Zeiten, in denen man von Erkrankung sonst gar nichts merkte, festzustellen, ob sich überhaupt Gift daselbst festgesetzt hat. Fällt also eine derartige Untersuchung positiv aus, so weiß man, daß noch eine Fortbehandlung stattfinden muß, weil noch keine Heilung der Krankheit eingetreten ist. Diese Untersuchung der Rückenmarksflüssigkeit ist um so wichtiger, als diese positiv ausfallen kann, während das Blut schon längst negativ ist. — Negative Befunde sind natürlich auch mit Vorsicht zu bewerten.

Ich schließe hiermit die Besprechung der Symptomatologie. Manche werden die Beschreibung des vielgestaltigen Bildes der Syphilis zu kurz finden, namentlich im Vergleich zu der beim Tripper gegebenen Schilderung. Bei letzterer aber verfolgte ich die Absicht, die bisher von den Laien gänzlich verkannte Bedeutung des Trippers ins rechte Licht zu setzen, während die Gefahren der Syphilis jeder kennt und fürchtet.

Außerdem aber war ich bei der Syphilis in der glücklichen Lage, darauf hinzuweisen, daß bei wirklich vernünftiger und guter Behandlung der ganze Symptomenkomplex der Syphilis ausbleiben kann. Der Laie braucht also eigentlich nur zu wissen, daß er bei jeder, auch noch so unbedeutenden Erscheinung, die im Anschluß an einen verdächtigen Beischlaf entstanden ist, einen sachverständigen Arzt aufsuchen muß und daß äußerliches Gesundsein nach keiner Richtung hin etwas für wirkliches Freisein von Syphilis beweist.

Die Verbreitung der Syphilis

kommt zustande auf zwei Wegen:

I. Durch Ansteckung (Infektion) eines Menschen durch einen anderen, und
II. durch Übertragung der Krankheit auf die Nachkommenschaft, sogenannte „Vererbung".

Wir beschäftigen uns zuerst mit den über die Ansteckungsfähigkeit (Infektiosität) festgestellten Erfahrungstatsachen.

1. Jeder Mensch ist empfänglich für die Ansteckung mit Syphilis. Eine angeborene wirkliche Unempfänglichkeit, sogenannte „Immunität" gibt es nicht.

Ebensowenig gibt es eine erworbene Immunität, wie sie z. B. durch das Überstehen von Scharlach, Masern usw. meistens zurückbleibt. Solange aber der Mensch noch Syphilisgift in sich beherbergt, ist er — bis auf ganz seltene Ausnahmen — gegen das Eindringen neuen Giftes geschützt. Da nun in früheren Zeiten die meisten Syphilitiker ungeheilt blieben (trotz scheinbarer Gesundheit), so kam es natürlich sehr selten vor, daß Menschen zweimal an Syphilis erkrankten, und daraus hat sich die bis vor wenigen Jahren geltende Ansicht, daß auch die Syphilis eine Immunität zurücklasse, gebildet.

Wenn einzelne Menschen trotz vorhandener Ansteckungsgelegenheit (z. B. bei Beischlaf mit einer notorisch kranken, ansteckungsfähigen Person) sich einmal nicht anstecken, so beweist das nur, daß quasi zufällig, d. h. durch besondere, nicht immer übersehbare und nachträglich festzustellende Umstände das Gift nicht eindringen und zur Haftung kommen konnte. Dieses, wenn ich so sagen darf, mechanische Entgehen der Gefahr ist aber nicht identisch mit echter Unempfänglichkeit gegen das Gift. Ich möchte keinem solchen Menschen raten, sich mit Syphilis wirklich impfen, d. h. sich Syphilisgift ins Gewebe und in die Säfte einführen zu lassen.

2. Nicht nur die Menschen sind, wie man früher annahm, für Syphilis empfänglich, sondern auch einzelne Tiere. Für Affen wurde diese Tatsache

mit unumstößlicher Sicherheit zuerst von Metschnikoff und Roux festgestellt, durch weitere Versuche von Finger, Lassar usw., namentlich aber
durch meine eigenen Untersuchungen (auf der Javaexpedition) bestätigt
und ausgearbeitet. Für Kaninchen hat wesentlich Uhlenhuth die Feststellungen gemacht.

Die Bedeutung dieser Möglichkeit, die Tiere syphilitisch zu machen, hat
einen eminenten Wert nicht nur für die wissenschaftliche Erforschung der
Syphilis, sondern auch für die Entwicklung der Syphilisbehandlung. Ohne
diese tierexperimentellen Grundlagen hätte weder ich selbst den Beweis
liefern können, daß das Quecksilber ein wirkliches Abtötungsmittel für das
Syphilisgift ist, noch hätte Paul Ehrlich das Salvarsan als das vorzügliche
Syphilisheilmittel auffinden können.

3. Jeder Mensch kann an jeder beliebigen Körperstelle und in
jedem Lebensalter mit Syphilis angesteckt werden. Deshalb finden sich
auch neben den geschlechtlichen Ansteckungen sehr viele nichtgeschlechtliche
zufällige (siehe unten S. 45). Bei keiner der venerischen Krankheiten trifft
deshalb die Bezeichnung „venerisch" so wenig zu, wie bei der Syphilis, zumal
es große Distrikte gibt, in denen diese extragenitale Übertragungsweise die
Hauptrolle in der sehr starken Syphilisausbreitung spielt, und die Zahl der durch
Geschlechtsverkehr erworbenen Krankheitsfälle bei weitem übertrifft.

4. Die Ansteckung kommt nach allem, was wir wissen, nur zustande,
wenn das Gift in offene Stellen, die freilich verschwindend klein sein und
daher leicht übersehen werden können, eindringen kann. Gesunde Oberhaut
schützt an der äußeren Körperfläche fast absolut sicher, auch an den meisten
Schleimhäuten. Daher kommt es, daß nicht jede Berührung mit syphilitischen
Prozessen, nicht jeder „unreine Beischlaf" (Coitus impurus) üble Folgen nach
sich zieht.

**Was wissen wir über die Ansteckungsgefahr eines Syphilitikers für seine
Umgebung?**

Die Dauer der Ansteckungsfähigkeit beträgt, wenn nicht eine ganz besonders wirksame Behandlung dazwischen gekommen ist, jedenfalls mehrere
Jahre. Je frischer die Erkrankung und je größer demgemäß die im Körper
vorhandene Spirochätenmenge ist, desto größer ist die Gefährlichkeit des Betreffenden. Da die jeweilig vorhandenen Syphilisprozesse ganz besonders die
Aufenthaltsorte der Syphilisspirochäten sind, sind die Erscheinungen des
primären und sekundären Stadiums (der ersten Krankheitsjahre) diejenigen,
von denen aus am häufigsten die Syphilis weiter übertragen wird. Die Gefahr
dieser „sekundären" Ansteckungsherde ist deshalb so groß, weil sie oft so unbedeutend sind, daß sie die Aufmerksamkeit des Erkrankten nicht wachrufen;
besonders ferner dadurch, daß sie meist gerade an solchen Körperstellen sitzen,
welche besonders leicht und häufig mit anderen Menschen in Berührung
kommen, nämlich Geschlechtsteile, Lippen und die Mundhöhle. Kinder mit
angeborener Syphilis sind ebenso ansteckend wie Menschen mit nach der Geburt
erworbener Syphilis.

Die tertiären Erscheinungen, die gewöhnlich in viel späteren Jahren
nach der Ansteckung auftreten, sind, obgleich auch sie durch das Syphilisgift
erzeugt werden und Spirochäten in ihnen vorhanden sind, doch sehr viel weniger
gefährlich und ansteckend, 1. weil sie sehr wenig Spirochäten enthalten, und

2. weil sie gewöhnlich an Körperstellen sitzen, z. B. am Unterschenkel, Rücken, von denen aus eine Übertragung auf andere Personen nicht leicht zufällig erfolgen kann. Sitzen sie an den Lippen oder an den Genitalien, was auch vorkommt, so sind sie durch ihre Größe und ihre geschwürige Beschaffenheit so auffällig, daß eine Berührung anderer Personen von vornherein vermieden wird.

Die Infektiosität ist aber nicht gebunden an das sichtbare Vorhandensein syphilitischer Prozesse; die besteht besonders in den ersten Jahren auch bei scheinbarer Gesundheit, auch wenn sorgsamste Untersuchung äußerlich nichts von Syphilis nachzuweisen vermag. Das Gift befindet sich nämlich auch zeitweise im Blut und in den Körpersäften, kann sich also anderen, selbst nichtsyphilitischen Krankheitsprodukten zugesellen oder durch eine blutende Wunde eine Ansteckung vermitteln. Durch die gesunde Körperoberfläche kann es nicht aus dem Körper heraus. Dagegen kann der Speichel z. B. anstecken, wenn von in der Mundhöhle vorhandenen syphilitischen Prozessen sich Syphilisgift dem Speichel beigemischt hat. — Milch kann anstecken.

Verringert aber wird die Ansteckungsgefahr wiederum durch die Tatsache, daß auch hier die Behandlung in der wirksamsten Weise die Infektionsdauer mindern kann; einmal durch schnelle Beseitigung und auch Verhütung der für die Übertragung am meisten gefürchteten (sekundären) Syphilissymptome, ferner durch Verminderung und Beseitigung des Giftes selbst.

Nach den ersten Jahren hört die Infektiosität (im allgemeinen) auf, selbst wenn die Syphilis im Körper auch noch nicht ganz erloschen ist.

Faßt man alle diese Momente zusammen, so begreift sich die ungeheure Verbreitung der Krankheit. Ein mit Syphilis behaftetes Individuum kann eben — oft trotz größter Vorsicht — jahrelang infizieren, weil Jahre hindurch auch scheinbar harmlose Affektionen gefährlich sein können, ja sogar bei scheinbarer Gesundheit.

Andererseits aber muß gesagt werden, daß sicherlich die bei weitem größte Zahl dieser Ansteckungen vermeidbar ist, wenn die Kranken die Gefahr, die von ihnen ausgeht, genau kennen würden. Unkenntnis der Gefahr, Nachlässigkeit und Leichtsinn, Mangelhaftigkeit und Unmöglichkeit der Behandlung, Mangel jeder Prophylaxe und Hygiene — alle diese Faktoren vereinigen sich, um der Verbreitung dieser so eminent kontagiösen Krankheit Vorschub zu leisten.

Es kommt nun zu dieser direkten, von Mensch zu Mensch sich vermittelnden Übertragung noch hinzu die Möglichkeit indirekter Infektion, wenn Gebrauchsgegenstände, Instrumente u. dgl. durch vorausgehende Verwendung an Syphilitischen mit Syphilisgift behaftet, ohne genügende Reinigung und Desinfektion bei anderen Personen benützt werden. Das anhaftende Gift bleibt solange wirksam, bis es vollkommen vertrocknet ist. Ich will auch hier, um übertriebenen Vorstellungen von vornherein vorzubeugen, betonen, daß wesentlich nur die syphilitischen Prozesse selbst es sind, die das Gift beherbergen und von denen aus z. B. Eßgeräte infiziert werden können. Hat ein Syphilitischer einen gesunden Mund, so könnten Eßgeräte, Gläser usw. unbedenklich sofort von anderen Personen benützt werden. Sicherer, auch unvorhergesehene Zufälligkeiten vermeidend und demgemäß stets anzuempfehlen ist natürlich eine sorgfältige Reinigung vor neuem Gebrauch.

Einen Überblick über die **Verbreitungswege der Syphilis** gewinnt man durch eine Zusammenstellung der Infektionsstellen, des Sitzes der Primäraffekte.

Diese ergibt, daß überall in den zivilisierten Ländern der Geschlechtsverkehr den hauptsächlichsten Verbreitungsweg darstellt. 85—90% etwa aller Ansteckungen erfolgen an den Geschlechtsteilen. Zu diesen Ansteckungen muß man eigentlich hinzurechnen alle die Ansteckungen, die zwar nicht an den Geschlechtsteilen zustande kommen, aber doch durch Geschlechtsverkehr (wie beim widernatürlichen Koitus am After oder in der Mundhöhle, durch Küssen, durch unzüchtige Berührungen an den Fingern, Saugen an den Brustwarzen usw.) an sonstigen Körperstellen entstehen.

Über die extragenitalen, d. h. nicht an den Geschlechtsteilen sitzenden Syphilisansteckungen, die sogenannte „Syphilis der Unschuldigen", wissen wir durch Zusammenstellung von 10 265 Fällen (durch Bulkley und Münchheimer) folgendes:

Auf Lippenansteckungen fielen . . . . . 22,25% (wesentlich durch Küsse),
auf Brust und Brustwarze . . . . 12,94 „ (wesentlich Ammen),
auf Finger und Hände . . . . 5,08 „ (wesentlich Geburtshelfer
und Hebammen),
auf Mundhöhle, Mandeln, Zunge, Rachen-
und Nasenhöhle. . . . . 16,77 „
durch Vakzination kamen zustande . . . 18,24 „

Doch ist zu betonen, daß in Deutschland Impfsyphilis seit Einführung der vom Tiere stammenden Lymphe überhaupt ausgeschlossen ist und nie mehr vorkommt.

Wie kommen diese zufälligen extragenitalen Ansteckungen zustande?

In erster Reihe kommen die Lippeninfektionen durch das Küssen in Betracht, um so häufiger, je mehr in einzelnen Ländern, z. B. Rußland, der Kuß zu den üblichen Begrüßungsformen gehört, während man sie bei den Japanern, die nicht küssen, nicht kennt. Aber auch bei uns kommt es durchaus nicht selten vor, daß ein zureisender Verwandter erst ein Kind und dann dieses Kind weitere Familienmitglieder auf dem Wege des Küssens ansteckt und so eine familiäre Syphilis zustande kommt.

Bisweilen sind es in Pflege gegebene Kinder — mögen sie die Syphilis „ererbt" oder selbst auf zufällige Weise (von Ammen, Verwandten usw.) erworben haben —, welche die Syphilis in Familien hineintragen. Das Zieh- und Kostkinderwesen erfordert deshalb eine besondere Aufmerksamkeit der Sanitätspolizei.

Überhaupt ist die Häufigkeit der infantilen, im kindlichen Alter vorhandenen, ererbten wie erworbenen Syphilis, in ihrer Häufigkeit und hygienischen Bedeutung für die Verbreitung der Krankheit noch lange nicht genug gewürdigt.

Eine ganz besondere Bedeutung hat das Nähren, mag es z. B. nach französischer Sitte von benachbarten und befreundeten Müttern in gegenseitiger Vertretung, mag es, wie in Deutschland, von Ammen besorgt werden.

Die Ansteckung geht hier auf sehr wechselnde Weise vor sich. Eine kranke Amme infiziert (meistens durch Küsse) das Kind, welches wiederum andere Familienmitglieder oder beim Ammenwechsel auch eine zweite Amme infizieren kann.

Oder das von den Eltern her kranke Kind steckt die gesunde Amme an, die wieder ihr eigenes Kind, ihren eigenen Mann oder ihr später anvertraute Kinder infizieren kann.

Dann sind oft sonstige kleinen Kindern erwiesene Zärtlichkeiten (Päppeln oder Vorkauen der Speisen, Auslecken der kranken Augen seitens an Mundsyphilis leidenden Frauen) der Ausgangspunkt von Ansteckungen geworden.

Im Anschluß erwähne ich die bei der rituellen Beschneidung durch das Aussaugen der Beschneidungswunde beobachteten und besonders die bei der Impfung beobachteten Syphilisinfektionen.

Verhältnismäßig groß ist die Zahl der durch berufliche Beschäftigungen erworbenen extragenitalen Syphilisinfektionen.

In erster Reihe stehen die leider sehr zahlreichen Ansteckungen, die sich Ärzte und Hebammen bei Krankenuntersuchungen zuziehen, Infektionen, die naturgemäß fast immer an den Fingern und Händen sich ereignen. Auch bei Zahnärzten und sich mit Zahnziehen beschäftigenden Barbieren und Heildienern kommen sie vor. Diese Erkrankungen haben eine große Bedeutung nicht nur für die Infizierten selbst, sondern auch weiter deshalb, weil man mit Recht die Frage aufwirft: dürfen denn solche Ärzte, Hebammen usw. weiter praktizieren? Liegt nicht eine Gefahr vor, daß solche Ärzte sehr leicht ihre eigene Krankheit auf Kranke eben wieder mit ihren Händen übertragen werden?

Tatsächlich sind solche Fälle vorgekommen; aber gerade diese beweisen, daß die Gefährlichkeit in Wahrheit nicht so groß ist, als theoretisch möglich hingestellt werden kann. Es ist eben nicht alles, was möglich ist, auch als wahrscheinlich in Rechnung zu ziehen!

Die namentlich in der geburtshilflichen Tätigkeit beobachteten Übertragungen auf von ihnen behandelte Patienten kamen dadurch zustande, daß die Ärzte selbst die Natur ihres Leidens am (vorher infizierten) Finger nicht kannten und ohne weitere Vorsorge weiter ihre chirurgische und geburtshilfliche Tätigkeit ausübten.

Jetzt, wo die Häufigkeit dieser Fingerinfektionen bekannt ist, wird man verlangen dürfen, daß selbst ohne sichere Diagnose ein Arzt seine kranken Finger so abschließt, daß Übertragungen auf andere ausgeschlossen sind. — Hebammen wird eine solche Vorschrift natürlich noch viel schärfer einzuprägen sein.

Die Gefahr, daß syphilitisch infizierte Ärzte sich während einer Operation schneiden oder reißen, und daß das aus diesen Wunden fließende Blut die Infektion auf den Operierten vermitteln könnte, ist theoretisch nicht abzuleugnen, aber man kennt keinen solchen Fall, während ich eine Anzahl der beschäftigsten Chirurgen und Geburtshelfer kenne, die alle durch Fingerinfektion im Beruf erkrankt nie einen ihrer Kranken infiziert haben. —

Ich schließe hier an die durch ärztliche Instrumente, Nasen- und Ohrkatheter, Spritzen, Zahnzangen, Mundspatel usw. vermittelten Ansteckungen. In diesen Fällen trifft den Arzt stets die volle Schuld und Verantwortung, denn er hat sich nicht darnach zu richten, ob Kranke, die er untersucht, ihm als syphilitisch bekannt sind oder nicht, sondern er hat in allen Fällen nach jeder Untersuchung die benutzten Instrumente so zu reinigen, daß sie für weitere Verwendung sicher infektionsfrei sind.

Derartige Syphilisinfektionen machen der Erkennung und Behandlung oft die größten Schwierigkeiten, weil die in der Mund-, Rachenhöhle, auf den Mandeln sitzenden Ansteckungsherde schwer als syphilitisch zu erkennen sind. Solche Patienten laufen, wenn ihre Beschwerden gering sind, mit ihrem Halskatarrh oft monatelang unbehandelt herum, und können, weil sie von der Art, von der Infektionsgefährlichkeit ihres Leidens keine Kenntnis haben, selbst wieder den Ausgangspunkt für weitere Infektionen bilden. Andererseits verkennt man die Natur der Krankheit und behandelt vergeblich. Sie werden oft falsch behandelt, ja sogar schweren Operationen unterworfen. —

Es sind von der Mundhöhle aus durch die daselbst mit ganz besonderer Vorliebe sich einstellenden Syphilisherde eine ganze Menge Infektionsweisen bekannt, abgesehen von der am häufigsten durch Küsse vermittelten Form.

Die ohne Säuberung seitens vieler Personen stattfindende Benützung von Eß- und Trinkgeräten („Fiskus"-Trinken bei Kneipereien, das Herumreichen des Kelches beim christlichen Abendmahl) von Zahnbürsten, Tabakpfeifen und Zigarrenspitzen, von Mundstücken an musikalischen Blasinstrumenten oder an Glasbläserrohren, die Sitte von Tapezierern und Schuhmachern, die Zwecken und Nägel in den Mund zu nehmen, die nicht benutzten wieder in die allgemeine Schale zurückzulegen, der Gebrauch der meisten Tätowierkünstler, die Farbe mit Speichel anzureiben usf. in unerschöpflicher Kasuistik, — alle diese im täglichen Leben so oft vorkommenden Ereignisse können zu Syphilisinfektionen führen und werden daher unter Umständen auch im praktischen Leben für Gewerbevorschriften, für Arbeiterschutz zu verwerten sein. Schon deshalb erachte ich ihre Kenntnis für wichtig; aber auch deshalb, weil das Laienpublikum in seiner Überzahl überhaupt davon gar keine Ahnung hat, daß Syphilis sich auf anderem, als geschlechtlichem Wege verbreiten könne. Es würde dann gewiß nicht jenes krasse und unglückliche Vorurteil gegen alle Syphiliskranken sich festgesetzt haben, das zu vielen gänzlich unzweckmäßigen Bestimmungen in unserer Gesetzgebung geführt hat.

Wie sehr wir Ärzte täglich mit diesem Vorurteil des Publikums gegen die Syphilis zu kämpfen haben und wie schädlich seine Wirkung ist, davon haben die meisten Leute auch gar keine Vorstellung.

Zur Zeit, da ich dies niederschreibe, behandle ich ein junges Mädchen aus guter Familie, das das Unglück gehabt hat, in ihrer Kindheit von einem Dienstmädchen durch zufällige Berührung — unbekannt welche — angesteckt worden zu sein. Sie hat dadurch ihre Augen fast ganz eingebüßt, sie hat Entstellungen davongetragen: aber all das ist ihr nicht so entsetzlich, als daß sie an dieser Krankheit, mit der sie doch zu keinem Menschen gehen dürfe, leidet. Dabei weiß sie, daß sie ganz schuldlos zu dieser Erkrankung gekommen ist. So verlebt dieses unglückliche Geschöpf ihre Jahre trauernd und weinend, immer mehr einer schweren Melancholie anheimfallend!

Und andere wieder sind nicht dazu zu bringen, sich vernünftig behandeln zu lassen, sich zum Zwecke einer Kur einen Urlaub zu verschaffen, weil zu leicht herauskommen könnte, welche Krankheit all diesem zugrunde liegt. Der eine fürchtet seine Eltern, der andere seine Vorgesetzten. Wäre diese große Scheu vor der „Schande", syphilitisch zu sein, stark genug, den gefährlichen Geschlechtsverkehr zu verhüten, dann wäre sie vielleicht heilsam. Aber wo wir jährlich mit Zehntausenden von Syphilisansteckungen rechnen müssen, da wird diese Scheu zu einem Fluch für die Kranken wie für die Gesamtheit.

Aber auch unter den geschlechtlich angesteckten Syphiliskranken sind sehr viele ganz schuldlos zu ihrer Syphilis gekommen. Ganz erschreckend groß sind die Zahlen der verheirateten Männer, die sich außerhalb der Ehe anstecken und dann auch noch die Syphilis in die Familie einschleppen. Besonders häufig ereignen sich diese Ansteckungen der Ehemänner während der Schwangerschaft und in den Wochen nach der Entbindung der Frauen oder bei längerer Krankheit der Frau, oder bei Geschäftsreisenden, die monatelang unterwegs sind. Die Rolle, die die Trunkenheit dabei spielt, sei noch besonders betont!

Ganz anders als bei uns liegen die Infektionsverhältnisse mit Bezug auf geschlechtliche resp. außergeschlechtliche Ansteckung in gewissen Landstrichen und Distrikten, in denen auch durch eigenartige Sitten (Küssen bei allen Begrüßungen, Päppeln der Kinder usw.), durch dichtes Zusammenwohnen großer Familien in denselben Räumen, durch Zusammenschlafen einerseits, durch den Mangel jeglicher ärztlicher und hygienisch-prophylaktischer Maßnahmen andererseits jeder nur möglichen Verbreitungsart der Krankheit Vorschub geleistet wird. Bedenkt man, daß jeder Neuerkrankte durch die verschiedenste Weise für einen großen Umgebungskreis ein Infektionszentrum darstellen kann, daß die Infektiosität sich jahrelang erhält, so begreift man, daß tatsächlich eine fast vollkommene Durchseuchung aller Bewohner eines solchen Distriktes zustande kommt.

Solche Endemien, d. h. im Volke selbst heimischer Seuchen, kennen wir von früher her in verschiedenen Ländern, in denen sie, solange sie nicht als Syphilisformen erkannt waren, mit eigenen Namen bezeichnet waren. Jetzt wissen wir, daß die Radesyge in Norwegen, Skerljewo in Slavonien, Kroatien, Sibbens in Schottland usw. nichts als tertiäre Syphilis waren. Neuerdings sind ähnliche Verhältnisse bezüglich der endemischen Verbreitung der Syphilis in Bosnien, Dalmatien, Kleinasien, gewissen russischen Gouvernements usw. bekannt geworden. Aber mit der Erkenntnis dieser merkwürdigen Syphilisverbreitung lag auch sofort der Weg zu ihrer Beseitigung klar zutage. Allgemeine Besserung der hygienischen Verhältnisse und Zugänglichmachung unserer erprobten Syphilistherapie lautet die Parole, und schon ist auch überall aus diesen Ländern, wo man prophylaktisch und therapeutisch vorgehen konnte, von dem eminenten Umschwung, der sich betreffs der Syphilis vollzogen hat, berichtet.

Der zweite Weg der Syphilisübertragung besteht in der Möglichkeit, **die Krankheit auf die Nachkommenschaft zu übertragen,** oder, wie man sich gewöhnlich ausdrückt, zu **vererben.**

Was man unter „ererbter“ Syphilis versteht, ist immer eine echte, durch das Syphilisgift erzeugte und daher auch weiter übertragbare Syphilis, die sich in denselben, wenn auch oft viel schwereren Formen äußert, wie die nach der Geburt erworbene Krankheit. Nur fehlt die bei letzterer vorhandene äußere Ansteckungsstelle, der sogenannte Primäraffekt, weil ja die Ansteckung des noch ungeborenen Kindes in der Mutter durch Eintritt des Giftes in die Blutbahn des kindlichen Körpers stattfindet.

Über die Art und Weise, wie die Ansteckung der Frucht zustande kommt, herrscht noch keine volle Klarheit. Während man früher annahm, daß sowohl durch den väterlichen Samen wie durch das mütterliche Ei eine Syphilis der Frucht erzeugt werden könne, ist man heute meist der Ansicht, daß es sich stets um eine Syphilis der Mutter handle, wenn die Frucht syphilitisch wird. Es kann dabei die Mutter das Bild vollkommener Gesundheit bieten und keinerlei Zeichen von Syphilis zeigen; nur die Blutuntersuchung beweist dann, daß die Mutter wirklich erkrankt ist. Es ist daher auch in allen Fällen, wo die Nachkommenschaft durch die Syphilis geschädigt wird, in erster Reihe eine Behandlung der Mutter notwendig (sowohl vor der Schwängerung wie während der Schwangerschaft), um die für die spätere Nachkommenschaft verderblichen Folgen aus der Welt zu schaffen.

Worin äußert sich der unheilvolle Einfluß der angeborenen Syphilis?

Je reichlicher und früher die Giftübertragung von Mutter auf Kind erfolgt, um so eher stirbt die neue Frucht ab und die Schwangerschaft wird durch Aborte, Frühgeburten, Totgeburten vorzeitig unterbrochen — oder die Früchte werden zwar lebend, aber mit schwerer, schnell zum Tode führender Syphilis geboren. Es kann schließlich als mindester Grad der Krankheit ein ausgetragenes Kind ohne Symptome der Lues zur Welt kommen und erst nach einigen Wochen und Monaten die Zeichen der angeborenen Syphilis aufweisen.

Gerade in diesen letzt erwähnten, an sich milde verlaufenden Fällen kann, wenn man von der Syphilis der Eltern nichts weiß, viel Unheil entstehen. Wird die verborgene Krankheit eines solchen Kindes nicht recht bald entdeckt, so verfährt man mit solchem, in Wahrheit kranken Kinde, wie mit einem gesunden und unterläßt alle Vorsichtsmaßregeln. Ja, selbst vorhandene Syphilissymptome ermöglichen nicht immer und bei der ersten Untersuchung des Säuglings eine Diagnose. Sie sind oft so unbedeutend und so wenig typisch entwickelt, daß man sie nicht als Syphilis erkennen kann; eine Unsicherheit, die z. B. für die Beantwortung der Frage: darf man einem solchen Kinde eine Amme (d. h. eine doch möglichst gesunde Frau) geben? Darf man eine gesunde Frau der Ansteckungsmöglichkeit von diesem der Syphilis verdächtigen Kinde aussetzen? sehr schwerwiegend sein kann.

Oft genug wird wegen dieser Schwierigkeit, bei solchen Kindern die Diagnose „Syphilis" ganz übersehen und es vergehen 5, 10, 15 Jahre! scheinbarer Gesundheit, in Wirklichkeit aber von Latenz der Syphilis. Dann plötzlich im späteren Kindesalter entstehen tertiäre Formen oder Tabes usw., werden wegen des Mangels jeder Vorgeschichte oft spät als Syphilis erkannt, daher gar nicht behandelt und werden der Ausgangspunkt schwerer, fürs ganze Leben unersetzlicher und arg entstellender Zerstörungen in der Mundhöhle, der Nase u. dgl.

Auch bei der erworbenen Syphilis der Kinder kommen durch die Unmöglichkeit, in den allerersten Stadien sichere Diagnosen zu stellen, unglückliche Zufälle vor.

Vor Jahren wurde ich von einem Kollegen zur Untersuchung eines wenige Monate alten Kindes zugezogen; ich sollte entscheiden, ob Syphilis vorläge oder nicht. Davon sollte wieder die weitere Entscheidung, ob das Kind weiterhin bei seiner Amme gelassen werden könnte, abhängen. Ich konnte trotz mehrfacher Untersuchung keine sichere Syphilis feststellen und einigte mich mit dem Kollegen, daß das Kind weiter von seiner Amme genährt werde. Es sprach auch nichts in der Vorgeschichte der Eltern und der zahlreichen älteren Geschwister des Kindes für irgend eine Möglichkeit der erblichen Syphilis.

Und doch handelte es sich um Syphilis bei dem Kinde! Erkannt wurde sie durch die von dem Kinde auf die Amme übertragene Syphilis, die wenige Tage hinterher mit einer Ansteckungsstelle an der Brustwarze unter unseren Augen typisch sich entwickelte. Das Kind wiederum war selbst von seiner ersten Amme, wie sich nachträglich herausstellte, angesteckt worden.

Ganz anders liegt folgende Beobachtung: Eine Arbeiterfrau, die sich als Amme vermietet hatte, ließ sich wegen eines Geschwüres an der Brust, das als syphilitische Ansteckungsstelle erkannt wurde, in die Klinik aufnehmen. Sie hatte aber nicht nur den ihr anvertrauten Säugling, sondern auch gleichzeitig ihr eigenes Kind genährt, und so hatte sie ihr eigenes Kind von der vom anderen Säugling erworbenen Syphilis angesteckt. Nicht lange nachher erschien ihr Mann mit frischer syphilitischer Infektion, auch er von seiner Frau angesteckt. — Es ließ sich der wahre Sachverhalt nicht verbergen und der ergab: die Frau (Amme) war von dem mit ererbter Syphilis behafteten Kinde angesteckt worden; die Amme war engagiert worden, trotzdem Eltern und Arzt die Gefährlichkeit gekannt hatten. Das Resultat war, daß die Eltern des Pfleglings nicht nur alle Kurkosten für die Behandlung der Amme, deren Kind und deren Mann, sondern auch nachträglich, so viel Kosten für die geschädigte Familie der Amme zu tragen hatten, daß sie ihre Existenz in ihrem bisherigen Wohnort bedroht sahen und eine andere Stadt aufsuchten. Auch strafrechtlich wäre wohl eine Verurteilung sowohl des Vaters wie des Arztes, der das Engagement der Amme erlaubt hatte, erfolgt. —

Weniger auffallend, aber viel gefahrvoller und bedeutsamer als die Erscheinungen der Haut- und Knochensyphilis sind eine Menge der verschiedensten Eingeweide- und Nervenerkrankungen, körperlicher und geistiger Entwicklungsstörungen infolge von hereditärer Syphilis. Erst in den letzten Jahren haben wir gelernt, wie vielgestaltig und mannigfach diese ererbten Syphilisformen sein können, eine Erkenntnis, die um so bedeutungsvoller ist, als auf diesem Gebiete jedem diagnostischen Fortschritt sofort eine Verbesserung der Behandlung, die Möglichkeit einer fast unfehlbar helfenden Therapie nachfolgt. —

Immer aber handelt es sich, wie gesagt, bei diesen, wenn auch noch so wechselvollen Krankheitsformen um Syphilis, während das Laienpublikum geneigt ist, auch alle möglichen anderen Ernährungsstörungen und Krankheiten der Kinder, wie Rachitis, Skrofulose, Hautausschläge aller Art, allgemeine Schwäche usw. auf Syphilisvererbung zurückzuführen, wenn durch Syphilis der Eltern eine derartige Möglichkeit vorliegt. Glücklicherweise können wir Ärzte in solchen Fällen die ängstlichen Eltern mit einem Worte beruhigen. Leider wird aber umgekehrt durch mangelnde Offenheit der Eltern resp. des meist schuldigen Vaters dem Arzte gegenüber viel gesündigt. Es würden viele Kinder vor dauernden körperlichen und geistigen Entwicklungsabnormitäten bewahrt werden können, wenn der Arzt stets durch Kenntnis der Krankheitsgeschichte der Eltern auch bei etwaigen Erkrankungen des Kindes die Möglichkeit „Syphilis" in Betracht ziehen könnte! —

Auch auf diesem Gebiete hat die Wassermann-Reaktion einen nicht hoch genug zu schätzenden Fortschritt mit sich gebracht!

Zu diesen durch den Eintritt der Syphilisspirochäte selbst erzeugten, oft genug ja zum Tode führenden Schädigungen können noch weitere durch die elterliche Syphilis erzeugte Gefahren für die Entwicklung einer gesunden Nachkommenschaft hinzutreten, derart, daß die „schlechten Säfte", herstammend von der mütterlichen Erkrankung, eine gesunde und kräftige Entwicklung des Kindes verhindern, gleichsam als wenn der Boden, in dem eine Pflanze sich entwickeln soll, mit schlechten Nährstoffen begossen wird. So sollen sich Zustände allgemeiner Körperschwäche, Mißbildungen, Entwicklungshemmungen, Prädisposition zu Krankheiten einstellen. Es ist auch denkbar, daß beim Vater durch die Syphilis eine solche Vergiftung und Verschlechterung des Samens sich einstellt, daß die von solchem Samen gezeugten Kinder zwar nicht syphilitisch werden, aber als **körperlich und geistig zurückbleibende** oder an Lebensschwäche vorzeitig zugrunde gehende Kinder geboren werden, ähnlich wie wir dies an Kindern von Alkoholikern beobachten.

Über die **Dauer der Vererbungsfähigkeit** seitens der Eltern gibt es keine bestimmten Gesetze. Sie kann trotz Fehlens jeglicher äußerer Erscheinungen bei scheinbarer Gesundheit und scheinbarem Geheiltsein vorhanden sein, und sie kann fehlen, obgleich Krankheitssymptome, namentlich solche tertiärer Natur vorliegen. Wir haben auch hier nur denselben Maßstab wie bei der Ansteckungsfähigkeit:

Je jünger die Syphilis und je schlechter die vorausgegangene Behandlung, desto größer die Wahrscheinlichkeit noch vorhandener Vererbungsfähigkeit!

Bei unbehandelten und schlecht behandelten Fällen kann sich, namentlich bei Frauen, die Vererbungsfähigkeit bis ins sechste bis zehnte Jahr, auch mehr, erstrecken, während wiederum auf keinem Gebiete der Syphilis **der direkte Einfluß einer richtigen Behandlung** sich so zeigt, wie hier. In Ehen, in denen eine ganze lange Reihe von Schwangerschaften mit Tod der Früchte vor und nach der Entbindung endete, kommt geradezu regelmäßig die Geburt eines gesunden Kindes zustande, wenn bei den Eltern zeitig und energisch genug, d. h. vor der Zeugung und während der Schwangerschaft, behandelt wurde. Wird dann bei der nächsten Schwängerung die Behandlung der Eltern wieder vernachlässigt, so erliegt die neue häufig wieder der elterlichen Erkrankung, bis dann erneute elterliche Behandlung wieder zur Geburt eines gesunden Kindes führt. Solcher Beispiele gibt es unzählige und sie geben die tröstliche Sicherheit, daß eine Besserung der durch die Vererbungsfähigkeit der Syphilis geschaffenen Kindersterblichkeit und Geburtsverminderung mit Leichtigkeit zu erreichen ist, falls Ärzte und Kranke dieser Frage genügende Aufmerksamkeit schenken.

Die Behandlung der Syphilis.

Ich habe zwar schon an verschiedenen Stellen der vorhergehenden Schilderung der Syphiliserkrankungen die Notwendigkeit und den eminenten

Einfluß einer guten Behandlung auf den Verlauf der Krankheit berührt. Die Behandlungsfrage ist aber bei der Syphilis von solcher Wichtigkeit, daß ich noch einmal das Wesentlichste zusammenfassen will. **Es kann gar nicht oft und eindringlich genug dem Laienpublikum eingeschärft werden, in wie hohem Grade die durch die Syphilis geschaffene Gefahr durch gute und vernünftige Behandlung aus der Welt geschafft werden kann.**

Jeder Syphilitiker muß sich sagen: „die Syphilis ist, wie über jeden Zweifel erhaben festgestellt worden ist, eine heilbare Krankheit".

Gegen die Syphilis gibt es, wie wir mit Sicherheit wissen, zwei spezifische, d. h. gerade das Syphilisgift zerstörende Heilmittel, das Quecksilber und das Salvarsan. Als drittes gesellt sich hinzu das Jod, das zwar nicht die Spirochäten selbst tötet, wohl aber (tertiäre) Krankheitsprodukte in geradezu wunderbarer Weise beeinflußt.

Folglich ist es ein Unrecht und eine große Unterlassungssünde, wenn die Behandlung der Syphilis nicht in energischster Weise mit diesen Heilmitteln durchgeführt wird.

Was das seit über 400 Jahren den Ärzten bekannte und seit Bekanntwerden der Syphilis stets angewandte **Quecksilber** betrifft, so sind wohl heute alle Ärzte über seine vorzügliche Heilwirkung und über seine Unentbehrlichkeit einig (wenn auch manche glauben, daß es durch die Salvarsanbehandlung überflüssig geworden sei). Die Stimmen der antimerkurialistischen Mediziner sind vollkommen verstummt.

Um so energischer muß den Kurpfuschern und Naturheilkundigen mit ihrer Verführung der großen Menge, in dem Quecksilber nicht nur ein Gift überhaupt, sondern sogar die Ursache der tertiären Erscheinungen und der Tabes und der Paralyse zu sehen, entgegengetreten werden. Vielleicht gibt es unter denen, die dies behaupten, wirklich Fanatiker, die von ihrer Lehre überzeugt sind; jedenfalls aber ist diese Behauptung von der Schädlichkeit des Quecksilbers für den Menschen wie für den Verlauf der Syphilis eine schwere objektive Unwahrheit!

Daß es hin und wieder einen Menschen gibt, der das Quecksilber oder eine bestimmte Methode überhaupt nicht oder sehr schlecht verträgt, ist richtig. Es ist das ganz dasselbe, was wir auch mit irgendwelchen anderen Genuß- oder Nahrungs- oder Arzneimitteln beobachten, daß nämlich gewisse Menschen überhaupt nicht Erdbeeren, Krebse, Zwiebeln usw. genießen oder Morphium, Chinin usw. zu sich nehmen können, ohne sofort schon durch die kleinsten Mengen schwere Krankheitszustände zu erleiden. Wird deshalb ein vernünftiger Mensch zu dem Schluß kommen: „Erdbeeren sind ein Gift"?

Natürlich ist aber das Quecksilber (resp. viele Quecksilbersalze) in großen Mengen auf einmal oder in kurzer Frist verschluckt, ein schweres Gift, das schnell eintretenden Tod herbeiführt. In der medizinischen Literatur sind solche Todesfälle von Gerichtsärzten reichlich beschrieben. — Was haben aber solche von Selbstmördern oder in verbrecherischer Absicht von anderen ausgeführte oder selbst von Ärzten durch gröbste Unkenntnis herbeigeführte tödliche Vergiftungen mit unserer Quecksilberbehandlung zu tun? Wir verordnen kleinste, durch millionenfache Erfahrung an Millionen Menschen als unschädlich erkannte Mengen, und dort handelt es sich um riesige Mengen, deren Gefährlichkeit eben sicher feststeht. —

Nun gibt es aber noch Störungen und selbst tödliche Unglücksfälle, die anscheinend trotz aller Vorsicht und Kenntnis des Arztes sich einstellen, also unvermeidlich erscheinen. Nun, es ist sicherlich sehr traurig, daß solche Zufälle vorkommen und niemand leidet mehr darunter, als der Arzt, dem ein solches Unglück zustößt. Wie aber, sollen wir auf den gar nicht hoch genug anzuschlagenden Segen der Narkose verzichten, weil hin und wieder ein Unglücksfall sich ereignet? Soll man das Baden verbieten, weil bisweilen ein Kind dabei verunglückt? Sollen wir der Eisenbahnunfälle halber keine Eisenbahnfahrten machen?

Abgesehen von den erwähnten, so überaus seltenen Zufällen ist bei vernünftiger, dem einzelnen Menschen angepaßter Anwendung das Quecksilber gerade so nützlich oder schädlich wie jedes andere Nahrungs- und Genuß-, wie jedes Arzneimittel. Natürlich muß man die nützlichen Wirkungen und die schädlichen Nebenwirkungen des Medikaments genau kennen; man muß als guter Arzt die Eigentümlichkeit des einzelnen Kranken berücksichtigen; man muß von Fall zu Fall und von Kur zu Kur Nutzen und Schaden, Notwendigkeit und eventuelle Bedenken abwägen. Tut man das aber, so kann man ohne Rückhalt für die Quecksilberbehandlung eintreten.

Absolut unwahr ist es, daß das Quecksilber die tertiären Erscheinungen hervorruft.

Wo gibt es denn die meisten und die schwersten Syphilisfälle, wo finden sich am häufigsten tertiäre Syphilisfälle?

Überall da, wo gar keine spezifische (Quecksilber-) Behandlung stattfindet, wie ich das oben bereits für jene Syphilisendemien in einigen russischen Gouvernements usw. auseinandergesetzt habe.

Auch bei uns ist, wie eine ganze Anzahl Statistiken in den verschiedensten Ländern (Frankreich, Dänemark, Wien, Breslau) ganz gleichmäßig ergeben haben, unter den schweren und tertiären Fällen die bei weitem größte Mehrzahl der Kranken vorher gar nicht oder sehr ungenügend behandelt gewesen. Deshalb sagte ich schon oben: die anfangs guten leichten Fälle werden oft die schlimmsten, weil sie häufig unbehandelt bleiben; und das geschieht, teils weil keine äußeren Krankheitsformen sich einstellen, die zur Behandlung gleichsam zwingen, teils weil die Kranken aus Leichtsinn oder Unkenntnis sich nicht behandeln lassen.

Ebenso verhält es sich mit der Behauptung, daß Tabes und Paralyse mit vorausgegangener Quecksilberbehandlung zusammenhinge. Das Gegenteil ist wahr. Die allermeisten solcher unheilvoller Nachkrankheiten treten bei denen auf, die gar nicht oder ganz miserabel vorher behandelt worden waren.

Für die Heilwirkung des Quecksilbers sprechen ferner die schon erwähnten geradezu wunderbaren Wirkungen auf die sogenannte Erbsyphilis.

Aber, so schreiben die Naturheilkundigen: Wir leisten ja viel mehr als Ihr Ärzte! wir heilen, und Ihr, Ihr Ärzte, wie vorsichtig drückt Ihr euch aus!

Da können wir Ärzte als ehrliche Menschen, die nur das versprechen, was sie halten können, freilich nicht konkurrieren. Wir wissen zwar, daß unsere Quecksilberbehandlung Ausgezeichnetes leistet und in den allermeisten Fällen hilft, aber wir haben uns auch überzeugen müssen, daß sie nicht unfehlbar ist, und wir sind ehrlich genug, das frei zu bekennen. Und unsere Ehrlichkeit, Fehler und unterlaufende Mißerfolge zu veröffentlichen, damit andere zum

Nutzen der Kranken daraus lernen können, wird jedermann, sofern er selbst ehrlich ist, nur zu unseren Gunsten deuten können. Freilich, „sofern er selbst ehrlich ist!"

Aber es ist sicher falsch, wenn behauptet wird: „die quecksilberfreie Behandlung leistet mehr, als unsere Quecksilberkuren". Was wird von den Kurpfuschern nicht alles als Syphilis behandelt, was gar keine Syphilis ist? Woher sollten sie es auch wissen, die nie ernsthaft solchen Arbeiten sich gewidmet haben! Oder sind alle die Hunderttausende von Ärzten, die Jahre und Jahrzehnte studieren, um die Krankheit erkennen und heilen zu lernen, solche Dummköpfe, daß sie in Jahren nicht erlernen, was diese zum Teil ganz ungebildeten Menschen in Wochen sich aneignen?

Und was verstehen diese kundigen Leute unter Heilung? Nichts ist leichter, als Syphilis zu „heilen", wenn man darunter nichts verlangt, als daß ein irgendwo behandeltes äußeres Leiden verschwindet. Wir aber denken an die dauernde Beseitigung der Krankheit in allen ihren Folgen, und wegen dieses Zieles sind wir in unseren Feststellungen, ob jemand geheilt ist, vorsichtig.

Von den vielen, trotz aller Naturheilkunde unbeeinflußten und ungeheilt bleibenden Fällen, in denen nicht einmal die Ausschläge usw. verschwinden, die wir sehen, will ich nur kurz sprechen.

Auch folgendes mehr äußerliche Moment möchte ich den Laien bitten, zu erwägen:

Aus welchem Grunde wohl hält die Ärzteschaft bis auf verschwindende Elemente seit Jahrhunderten an der Quecksilberbehandlung fest? Aus pflichtgemäßer, auf Erfahrung sich stützender Überzeugung oder aus schändlichem Eigennutz, wie hin und wieder behauptet wird?

Ich meine, wenn wir Ärzte aufs Geldverdienen ausgehen wollten, könnten wir gar nichts Gescheiteres und Bequemeres tun als dem Quecksilber abschwören und dem allgemeinen Vorurteil der Laien entgegenkommen und auch mit „Natur" kurieren. Haben wir doch mit sehr vielen Kranken einen Kampf zu führen, ehe wir alle ihre Voreingenommenheiten gegen das Quecksilber beseitigen. Was ist denn die Naturheilkunde in ihrer geschäftlichen Handhabung anders als die Spekulation und die Ausnutzung der allgemein vorhandenen Neigung, „Gifte" und „Apotheken" zu vermeiden? Gerade die Tatsache, daß die Ärzte trotz der sozialen Ungunst an dieser ihnen in den Augen des großen Publikums (aller Stände merkwürdigerweise!) so schädlichen Behandlungsmethode festhalten, beweist, wie tief sie von der Wahrheit und Heilkraft derselben durchdrungen sind! —

Nun kommt aber fast jeder Kranke mit dem Einwande: „Wird denn aber das Quecksilber nicht im Körper bleiben?" Davon ist natürlich gar keine Rede. — Die chemischen Untersuchungen haben den sicheren Beweis erbracht, daß bereits 24 Stunden nach Beginn der Quecksilbereinfuhr in den Körper auch die Ausscheidung beginnt und daß nach längstens drei Monaten alles Quecksilber wieder entfernt ist. Das Quecksilber wird — wieder einige ganz besondere Zufälle abgerechnet — ebenso aus dem Körper entfernt, wie andere Fremdkörper. — Es wird also niemand, wie sich manche burschikos ausdrücken, zum „Barometer".

Auf die Einzelheiten der verschiedenen Methoden und Quecksilberpräparate gehe ich, da das rein ärztliche Fragen sind, hier nicht ein. Das Wichtigste ist, daß das Quecksilber in gründlichster Weise angewendet wird, damit es in genügender Quantität auch wirklich in den Körper eindringe.

Wie ich schon oben andeutete, hat das Quecksilber bei manchen Ärzten durch die Einführung des **Salvarsans** (im Jahre 1910) an Bedeutung verloren, und ich will auch nicht leugnen, daß es in gewissen Stadien durch das Salvarsan entbehrlich geworden sein mag. Da ich jedoch meine, daß man in jedem Falle so sicher wie möglich vorgehen und alle zur Verfügung stehenden Hilsmittel, den Kranken zu heilen, ausnützen solle, bin ich nach wie vor ein Anhänger des Quecksilbers, das ich in allen Fällen mit der Salvarsanbehandlung kombiniere.

Es ist wohl beispiellos, daß ein Heilmittel in so kurzer Frist — es sind noch nicht sechs Jahre seit der ersten Bekanntgabe dieses Präparates vergangen — sich die Welt erobert hat, wie das mit dem Salvarsan der Fall ist. Schon diese Tatsache beweist, daß es ein ganz ausgezeichnetes Mittel sein muß; eine Tatsache, die um so mehr ins Gewicht fällt, als naturgemäß in den ersten Jahren der Anwendung durch jetzt als falsch erkannte Methodik störende Nebenwirkungen, Schädigungen, ja sogar Todesfälle hervorgerufen wurden, die die weitere Anwendung sicherlich allen verleidet hätte, wenn nicht auf der anderen Seite bei der überwiegenden Anzahl der Fälle sich die glänzendste Heilwirkung hätte erzielen lassen. **Und so darf man heute wohl sagen: wer sich nicht absichtlich den zu Millionen vorliegenden Beobachtungstatsachen und Erfolgen verschließt, muß anerkennen, daß Paul Ehrlich mit dem Salvarsan einen ungeheuren, immer noch gar nicht in seiner Tragweite zu übersehenden Fortschritt geschaffen hat.** Einen Fortschritt so groß, daß man theoretisch an die Möglichkeit denken könnte, das Salvarsan müsse im Verein mit der Ausnützung der Spirochätenentdeckung und Wassermannreaktion die Syphilis als Volkskrankheit so gut wie ausrotten. Leider werden freilich die Menschen in ihrem Leichtsinn und Indifferentismus und in ihrer Unkenntnis der Bedeutung der Syphilis dafür sorgen, daß diese Möglichkeit nicht zur Tatsache wird; aber dessen bin ich sicher: ein gewaltiger Umschwung in der Bedeutung der Syphilis für die Gesundheit des Menschengeschlechtes wird eintreten, wenn wir Ärzte die uns in die Hände gegebene Waffe wirksam ausnützen, und wenn es uns gelingt, das Publikum aufzuklären. Dies ist meine heilige Überzeugung trotz des Häufleins von Anti-Salvarsanisten, die mit wahrer Wut die Salvarsananwendung bekämpfen, wobei ich ihnen freilich den Vorwurf nicht ersparen kann, in ihren Auslassungen die Grenzen der Objektivität recht sehr überschritten zu haben.

Für fast alle übrigen Ärzte der ganzen Welt steht fest, daß das Salvarsan als Heil- und Behandlungsmittel der Syphilis Unendliches leistet und sogar dem Quecksilber nach vieler Richtung hin weit überlegen ist; besonders in seiner Fähigkeit, die Spirochäten in den ersten Stadien schnell und sicher abzutöten. Seit Einführung der Salvarsantherapie sind daher die Fälle sogenannter Abortivheilung, d. h. von Heilung in den allerersten Monaten der Krankheit zu vielen Hunderten bereits publiziert, wahrscheinlich in viel größerer Anzahl beobachtet worden. Daher auch die vielen Fälle von sogenannter Reinfektion, d. h. also wiederholter Ansteckung nach erfolgter Heilung der ersten

Erkrankung, Beobachtungen, die vor der Salvarsanzeit zu den allergrößten Seltenheiten gehörten. Diese Möglichkeit der Abortivheilung aber, die vor der Salvarsanentdeckung nicht erreicht wurde, und vielleicht auch nicht erreicht werden konnte, ist für die ganze Zukunft der springende Punkt der Syphilisbehandlung und damit der Syphilisbekämpfung. Die Syphilis kann in den allerersten Wochen und Monaten geheilt und wie alles Gift aus dem Körper vollständig beseitigt werden; das bedeutet aber Verhütung aller Spätformen, aller Tabes und Paralyse.

Selbstverständlich kann ein so intensiv wirkendes Mittel nicht ganz gleichgültig für den Organismus sein, und so sind denn auch, wie schon erwähnt, schädliche Nebenwirkungen, ja selbst Todesfälle nicht ausgeblieben. Erfahrungen traurigster Art, die aber doch den Vorteil mit sich gebracht haben, den Ursachen all dieser schädlichen Nebenwirkungen nachzugehen, so daß wir heute sagen können, daß die Gefahrenchance der Salvarsanbehandlung in den Händen eines wirklich erfahrenen Arztes so gering geworden ist, daß wir Salvarsankuren ohne weiteres anempfehlen können, um nicht zu sagen anempfehlen müssen. Es mußte eben erst eine Lehrzeit durchgemacht werden! Liest man aber die Berichte aus den ersten Zeiten der Salvarsanära durch und vergleicht man diese mit den heutigen Erfahrungen, so kann man guten Gewissens die Behauptung vertreten: das richtig angewandte Salvarsan ist ein so gut wie ungefährliches Mittel. Übrig bleiben nur ganz vereinzelte Individuen, die Salvarsan nicht vertragen und trotz aller Vorsichtsmaßregeln geschädigt werden.

Ich habe schon oben beim Quecksilber auseinandergesetzt, daß dieser Vorwurf alle Heilmittel, ja alle Nahrungsmittel trifft. Aber was bedeuten diese Unglücksfälle in ihrer geradezu verschwindenden Zahl gegenüber den Hunderttausenden von Fällen, die in Millionen von Einspritzungen ohne jede Schädigung und Störung behandelt und geheilt worden sind! Dürfen und sollen diese Heilmittel Tausenden entzogen werden, nur weil es ganz einzelnen schädlich ist?

Einen ganz wesentlichen Fortschritt hat die Salvarsanbehandlung auch dadurch gebracht, daß sie die ganze Syphilisbehandlung unendlich viel bequemer und kürzer gestaltet hat, und das ist gerade bei der Syphilis von unendlicher Bedeutung. Die meisten Syphiliskranken verlangen, daß sie in ihrer beruflichen Tätigkeit nicht gestört werden, daß die Kur schmerzlos und unauffällig sei. Wir Ärzte stellen als erstes Postulat auf die zuverlässige Wirkung. Allen diesen Wünschen läßt sich durch kombinierte Salvarsan-Quecksilberkuren in vollem Maße entsprechen.

Weiter: die Salvarsanbehandlung ist nicht nur von ausgezeichneter Heilwirkung für den einzelnen, sondern sie leistet Vorzügliches für die Bekämpfung der Syphilis als Volkskrankheit. Alle äußerlichen Erscheinungen, namentlich der ersten Periode, werden bei geeigneter Salvarsananwendung so rasch beseitigt, daß damit auch die häufigsten Ansteckungsquellen verstopft werden. Durch die Verminderung aber der Infektionsquellen muß naturgemäß eine Verminderung der Syphilisverbreitung stattfinden, sowohl auf genitalem wie extragenitalem Wege, wie der Übertragung auf die Nachkommenschaft.

Freilich gehört zur Ausnützung dieser eminenten Vorteile des Salvarsans, aber auch der Quecksilberwirkung, daß die Kur richtig durchgeführt werde:

1. Genügend zeitig, d. h. je eher, desto lieber nach der Ansteckung. Je weniger Zeit man den Spirochäten läßt, sich zu vermehren, um so sicherer und schneller gelingt die sofortige (Abortiv-) Heilung. Daher ja auch die bereits oben betonte Wichtigkeit, durch den Spirochätennachweis eine frühe Diagnose zu stellen.

2. Genügend intensiv. Wenn nicht eine bestimmte, dem jeweiligen Fall angepaßte Menge der Medikamente dem Körper einverleibt wird, werden nicht alle Spirochäten vernichtet. Übrig bleibende aber können immer wieder den Ausgangspunkt für spätere Rückfälle und Nachkrankheiten bilden.

3. Die Kuren müssen demgemäß auch so lange durchgeführt werden, bis die volle Vernichtung des Giftes erreicht ist. Welche Rolle, um diesen Zeitpunkt zu erkennen, die Untersuchung des Blutes und der Rückenmarksflüssigkeit spielt habe ich oben (S. 41) auseinandergesetzt.

Gegenüber dem Quecksilber und dem Salvarsan spielen die Jod-Präparate eine verhältnismäßig geringe Rolle, obgleich auch das Jod den tertiären Erscheinungen gegenüber eine ganz wunderbare Heilwirkung entfaltet. Es scheint aber keine Einwirkung auf die Spirochäten selbst auszuüben und ist daher immer nur ein Hilfsmittel neben der Quecksilber- und Salvarsanbehandlung.

Was die anderen Methoden: Bade- und Schwitzkuren aller Art, Diätkuren, Badeorte usw. betrifft, so soll man ihre nützliche Wirkung für den Körper nicht außer acht lassen. Aber sie alle haben ihren Wert doch nur mit und neben den spezifischen Kuren. Auf erstere kann und muß man oft verzichten, auf letztere nie und nimmermehr!

Ich habe diese Fragen etwas ausführlicher erörtert. Aber meine tagtäglichen Erfahrungen haben mich zweierlei gelehrt:

1. Daß das Laienpublikum diesen Fragen ein ganz besonderes Interesse entgegenbringt, und daß es gelingt, daß man jedenfalls versuchen muß, mit vernünftigen Auseinandersetzungen das gegen die Quecksilber- und Salvarsanbehandlung bestehende Vorurteil zu zerstreuen.

2. Daß es dringend notwendig ist, den für das Laienpublikum berechneten, das Naturheilverfahren predigenden Schriften entgegenzutreten. Es darf solchen, teils aus eigener Verblendung, teils zur Reklame für eigene Behandlungsmethoden geschriebenen Pamphleten gegenüber nicht „vornehm" geschwiegen werden, sondern ich betrachte es als eine heilige Pflicht, jeden nach Möglichkeit zu belehren, wie unheilvoll gerade für den Verlauf der Syphilis diese Naturheilmethode ist! Je wirksamer auf der einen Seite die Quecksilber-Salvarsanbehandlung sich erweist, um so trauriger ist es, die aus der Nichtanwendung entstehenden Folgen zu sehen.

Für uns ist kein Zweifel: Das Unglück, das die Geschlechtskrankheiten und namentlich die Syphilis mit sich bringen, wäre lange nicht so groß, trüge nicht das Kurpfuscherunwesen dazu bei, Tausenden von Syphilitikern das ungerechtfertigte Mißtrauen gegen die Wundermittel Quecksilber und Salvarsan einzupflanzen.

Anhang.

Im Anschluß an die Besprechung der „venerischen Krankheiten": Tripper, Schanker und Syphilis, muß ich noch einiger Affektionen gedenken, die zwar nicht „Geschlechtskrankheiten" im eigentlichen Sinne des Wortes sind, d. h. nicht durch die Gifte der venerischen Leiden hervorgerufen werden, die aber doch indirekt eine Beziehung zu ihnen haben insofern, als sie häufig Folgeerscheinungen bestehender und früherer venerischer Leiden sind, auch durch den Geschlechtsverkehr übertragen werden und unter Umständen auch geeignet sein können, die Weiterverbreitung der eigentlichen Geschlechtskrankheiten zu fördern.

Hierher gehören:

1. die sogenannten **spitzen Warzen,** welche von vielen, auch Ärzten, als durch Trippergift hervorgerufen betrachtet werden. Davon ist sicher keine Rede. Sie kommen vor bei Männern und Frauen, die nie tripperkrank gewesen waren und sie können selbst nie einen Tripper hervorrufen. Sie sind nur deshalb bei Tripperkranken häufig, weil sie überall dort sich entwickeln, wo eine durch Eiter, Schleim usw. erfolgte Erweichung der Oberhaut zustande kommt und der Trippereiter diesen Zustand leicht herbeiführt. Wahrscheinlich aber werden sie durch irgendwelche, uns unbekannte Krankheitserreger erzeugt und sind deshalb auch übertragbar. Sie stehen nahe den gewöhnlichen Warzen, die so häufig an den Händen vorkommen und an deren Übertragbarkeit und ansteckendem Charakter nicht zu zweifeln ist.

2. Die **einfachen oberflächlichen „Erosionen",** d. h. Hautläsionen, die meist mechanisch entstehen und dann durch chronische Reizungen und Bakterien, die aus Eiter und Schleim herstammen, zu kleinen eitrigen Wunden werden.

3. Kleine, mit Bläschenbildung auf entzündeter Haut beginnende, allmählich in oberflächliche Geschwürchen sich umwandelnde Eruptionen, die gewöhnlich nur wenige Tage bestehen, durch ihr oft Jahre hindurch sich hinziehendes, alle 4—8 Wochen wiederkehrendes Auftreten aber sehr lästig werden können. Diese sogenannten **Herpesausbrüche** haben an sich meist keine Bedeutung. Aber ebenso diese, wie die genannten „spitzen Warzen" und „Erosionen" können Beachtung verdienen in hygienischer Beziehung, weil an solchen nicht mit normaler fester Haut überzogenen Stellen oder kleinen Wunden leichter eine Ansteckung erfolgen kann als bei ganz gesunder Haut.

Andererseits können syphilitische Personen durch solche kleine Wunden und leicht wundwerdende Stellen wieder leichter anderen Syphilisgift übertragen, als wenn sie ganz gesunde Haut an ihren Geschlechtsteilen haben.

4. Am meisten nähert sich den venerischen Affektionen eine anscheinend ansteckende **entzündliche Erkrankung der Eichel, resp. des Scheideneinganges** bei der Frau, die mit ganz oberflächlich nässenden Wundstellen (Erosionen) beginnend, allmählich durch Wachstum nach der Peripherie sich vergrößert, dann aber auch durch Tiefergreifen des entzündlichen und geschwürigen Prozesses zu weitgehenden großen Zerstörungen führt, so daß große Stücke teils der Eichel, teils der Vorhaut verloren gehen. Diese (**Balanitis erosiva et gangrenosa** bezeichnete) Krankheit ist auch nur eine rein örtliche Erkrankung, die, wenn sie zeitig genug in Behandlung kommt, schnell zu beseitigen ist. Oft entstehen für den Arzt aber Schwierigkeiten dadurch, daß eine Mischinfektion mit Syphilis oder weichem Schanker vorliegt, ohne daß man in der Lage ist, die richtige Diagnose zu stellen, wodurch dann unter Umständen Wochen vergehen, ehe die richtige Syphilisbehandlung, auf die es wesentlich ankommt, einsetzen kann.

Programm für die Bekämpfung der Geschlechtskrankheiten.

Erster Abschnitt.

Sondergesetz.

Die wesentlichste Forderung, die ich glaube aufstellen zu müssen lautet:

I. Es soll nach dem Beispiel von Norwegen, Dänemark, Finnland ein Sondergesetz geschaffen werden, in welchem alle bisherigen, in verschiedenen Gesetzbüchern, Verordnungen, Erlassen zerstreuten Einzelbestimmungen, die zur Bekämpfung der Gefahren der Geschlechtskrankheiten und der Prostitution dienen sollen, wie die neu zu schaffenden Gesetzesbestimmungen vereinigt werden. Das Gesetz würde den Namen tragen: „betreffend die Bekämpfung der Geschlechtskrankheiten und der Prostitution".

Die Zusammenfassung des ganzen Stoffes würde allen, die sich theoretisch und besonders praktisch mit diesem hygienisch wie volkswirtschaftlich so wichtigen Stoff zu beschäftigen haben, einen Überblick und ein Eindringen in alle einschlägigen Fragen erleichtern.

Es würde ferner besser gelingen, alle die auf den verschiedensten Gebieten des Rechts und der Verwaltung befindlichen Probleme in einheitlicher Weise zu lösen und zu einem organischen Ganzen zu verschmelzen.

Besonders aber — und das scheint mir das Wichtigste — würde ein solches Gesetz der großen Masse des Volkes die Wichtigkeit und Bedeutsamkeit der ganzen Frage unendlich viel klarer und eindrucksvoller vor Augen führen, als dies jetzt der Fall ist. Schon die Tatsache des Vorhandenseins eines solchen Gesetzes, ja schon die darüber stattfindenden Verhandlungen würden in moralischer wie aufklärender Beziehung erzieherisch und warnend wirken.

In einem Sondergesetz würde es auch möglich sein, die im Straf- und im bürgerlichen Recht vorhandenen allgemeinen Bestimmungen mit besonderem Bezug auf die Geschlechtskrankheiten klar aufzuführen, z. B. die Tatsache, daß geschlechtliche Ansteckung eines anderen als Körperverletzung gilt u. dgl. mehr. Dasselbe gilt von den Bestimmungen des Bürgerlichen Gesetzbuches über Anfechtbarkeit und Scheidung der Ehe, soweit die Geschlechtskrankheiten hierbei eine Rolle spielen.

Auch der deutsche Juristentag 1907 hatte im Anschluß an ein Referat **Kahls** beschlossen: die strafrechtliche Behandlung

1. der geistig minderwertigen Gewohnheitsverbrecher,
2. der gewerbsmäßigen Prostitution,
3. des gewerbsmäßigen Bettler- und Landstreichertums

einer sonderrechtlichen Ordnung zu unterstellen.

Kahl bemerkte als Referent dazu:

Ich habe mehrfach als innerste Überzeugung vor Frauen und Männern in Berliner Versammlungen ausgesprochen, daß das Deutsche Reich als Wohlfahrtsstaat sich auf die

Dauer nicht der Regelung der Prostitution entziehen dürfe. Nach welchem Systeme immer der Hydra beizukommen sei, steht hier nicht in Frage. Zum weit überwiegenden Teile fällt die Aufgabe nicht dem Strafrecht zu. Um so besser wird ihre Lösung sein, je weniger das Strafrecht dabei beteiligt ist. Aber es bestehen Zusammenhänge schon wegen der Frage der Körperverletzung durch Ansteckung, wegen des Zuhältertums, wegen möglicher Polizeiübertretungen u. dgl. Ich wollte hier nur vertreten, daß nicht unter die gewöhnlichen Regeln der Gewerbs- und Gewohnheitsmäßigkeit diese Gattung subsummiert werden kann, sondern daß es für alles dieses einer besonderen rechtlichen Ordnung bedarf.

Trotzdem hat der Vorentwurf davon abgesehen, die strafrechtliche Behandlung der gewerbsmäßigen Prostitution usw. der Regelung in einem Sondergesetz zu überweisen. Dies erklärt sich aber daraus, daß der Vorentwurf sich streng auf die strafrechtliche Seite der Sache beschränkt. Dadurch wird bedingt, daß Maßnahmen, die des strafrechtlichen Charakters entbehren, jedoch wegen ihres vorbeugenden und ordnenden, mehr polizeilichen Zweckes mit den hier strafrechtlich geregelten Materien zusammenhängen und in denen der Schwerpunkt der Bekämpfung der Prostitution beruht, in reichs- und landesherrlichen Sondergesetzen betroffen werden.

Im Prinzip wird also das Sondergesetz doch anerkannt.

Ein solches Sondergesetz wird zwar eine strenge gesetzliche Grundlage für alle von der Verwaltungsbehörde zu treffenden Bestimmungen zu schaffen haben. Die Einzelheiten der Ausführungsbestimmung aber wird man wohl mehr oder weniger den örtlichen Behörden zu überlassen haben, die je nach der Eigenart der betreffenden Städte und Bevölkerung (Industriestadt, Garnison, Hochschulen usw.) den besonderen Verhältnissen werden Rechnung tragen müssen.

Zweiter Abschnitt.

Das Gesundheitsamt. — Die Karte.

II. So wichtig und segensreich eine gesetzliche Regelung der ganzen Materie der Bekämpfung von Geschlechtskrankheiten und Prostitution ist, noch viel wichtiger aber als diese scheint mir **die Forderung, das gesamte Verfahren der Bekämpfung und Vorbeugung so zu gestalten, daß den von der Überwachung betroffenen und der Überwachung zu unterwerfenden Kreisen diese Kontrollunterstellung nicht als eine polizeiliche Strafmaßregel, sondern als eine hygienische, im gesundheitlichen Interesse notwendige Vorsichtsmaßregel erscheint.** Insbesondere muß sich die sanitäre Überwachung so lange wie möglich fern halten auch nur von dem Verdacht — und dieser ist ja leider jetzt noch berechtigt — daß die sanitäre Überwachung bürgerlich entehrende Folgen habe.

Durchaus erforderlich für die Durchführung der gesamten Bekämpfungsmaßregeln scheint mir daher die schon 1903 von mir ausführlich und auch von vielen anderen[1]) verlangte **Schaffung einer besonderen Zentralbehörde,**

---

[1]) Die Forderung eines Gesundheitsamtes habe ich bereits 1898 auf dem I. Internationalen Brüsseler Kongreß erhoben. Sie ist sodann von Block (Z. B. G. VI) aufgenommen und neuerdings wieder von Strömberg, Camillo Schneider, Bettmann (S. 25 seines Buches), Blaschko, Dreuw und anderen erhoben worden. Siehe die ausführlichen Darlegungen St. Leonhards (S. 221): 23. Kapitel: Art der sanitären Kontrolle (Gesundheitsamt).

eines „Gesundheitsamtes" (wie es in Norwegen seit 1860 besteht) in all den Städten, in denen erfahrungsgemäß eine reichliche Verbreitung der Geschlechtskrankheiten, namentlich bedingt durch einen reichlichen prostitutionsartigen Verkehr, weiter weiblicher Kreise vorliegt.

Diese Zentralbehörde nannte ich damals „Sanitätskommission"; in Norwegen führt dieselbe den Namen „Gesundheitsamt".

Diese neue Behörde scheint mir notwendig, nicht nur um das ganze System der für die hygienischen Zwecke notwendigen Maßregeln durchzuführen, sondern auch, um der Bevölkerung zum klaren Bewußtsein zu bringen, daß alle gegen Geschlechtskranke und Prostitution notwendig werdenden Überwachungs- und Zwangsmaßregeln aus hygienischen Gründen erfolgen und ärztlichen, nicht polizeilichen Charakter tragen.

Jetzt liegt die Durchführung des ganzen Systems der Überwachung und der damit zusammenhängenden Untersuchung in den Händen der Polizei. Polizeiorgane sind es, welchen es obliegt, entsprechend dem § 361 auf der Straße verdächtige Personen aufzuspüren — leider oft mit vielen, aber meist unvermeidlichen Mißgriffen und überflüssiger Härte; in polizeilichen Arrestlokalen werden die Sistierten bewahrt, im Polizeigefängnisse und im Polizeiamt findet die Untersuchung statt; alles vollzieht sich unter den Augen und der Mitwirkung der Polizei. Kein Wunder daher, wenn die davon Betroffenen den eigentlichen hygienischen Zweck nicht erkennen und die bei uns nun einmal durch die Gewohnheit großgezogene Scheu vor der Polizei auch auf die hygienischen Maßregeln übertragen.

Ich möchte mich dabei ausdrücklich gegen den Gedanken verwahren, als wenn mich Mißtrauen gegen die Polizei zu der aufgestellten Forderung leitete. In den größeren Städten scheint mir — entsprechend den bei der obersten Verwaltungsbehörde herrschenden humanen Grundsätzen — die Inskription und Überwachung der Prostitution mit soviel Kautelen umgeben zu sein, daß sicherlich nur in verschwindend seltenen Fällen bei der Inskription ein Unrecht geschieht. Daß es unter den Polizeiorganen — namentlich den niederen — auch schlechte Elemente gibt, ist selbstverständlich. Auch haben diese Verhältnisse nichts mit der Frage: Reglementierung oder Abolitionismus? zu tun. Auch hängt eine gute Ordnung auf diesem Gebiete viel weniger von der An- oder Abwesenheit diesbezüglicher Gesetze ab, als von dem jeweiligen Zustande der Polizei in den verschiedenen Orten und Ländern.

Das **Gesundheitsamt** stellt eine Zwischeninstanz dar, die einerseits die Geschlechtskranken im eigenen wie im öffentlichen Interesse dazu anhalten und eventuell sogar zwingen soll, die von den Geschlechtskrankheiten ausgehenden, die Nebenmenschen wie die Allgemeinheit bedrohenden Gefahren durch vorbeugende und heilende Maßnahmen zu verringern und zu beseitigen, andererseits die Zwangsmaßregeln, die nicht den Charakter der Strafe tragen sollen, so milde als irgend möglich zu gestalten und die in Betracht kommenden Personen vor den schärferen Maßregeln der Polizei und des Strafrichters bewahren will.

Das „Gesundheitsamt" wird nach Art der Schöffengerichte zusammengesetzt aus Männern und, worauf ich, wenn es sich um weibliche Vorgeführte handelt, besonderes Gewicht lege, aus Frauen, die durch ihre besondere Tätigkeit in der Jugendfürsorge, Armenpflege, als Ärzte, als Geistliche usw. sich mit den Problemen der Prostitutionsbekämpfung beschäftigt haben und die einschlägigen Verhältnisse aus eigener Erfahrung kennen. Den Vorsitz führt entweder ein Richter oder ein beamteter Arzt.

Sitz der neuen Behörde soll womöglich ein Krankenhaus sein, keinesfalls ein einem polizeilichen Zweck dienendes Gebäude.

Das Gesundheitsamt ist wesentlich eine Verwaltungsbehörde; seine richterlichen Befugnisse sind sehr eingeschränkt.

Seine Hauptaufgabe ist die Überwachung aller derjenigen Personen, die durch die Art ihres geschlechtlichen Verkehrs zu einer Gefahr für die Allgemeinheit werden können, sei es von Männern, sei es von Frauen, welche einen mehr oder weniger wahllosen, häufig wechselnden und dadurch die Allgemeinheit gefährdenden Geschlechtsverkehr, kurz gesagt: einen prostitutionsartigen Geschlechtsverkehr treiben.

Das Gesundheitsamt hat sich zu befassen

1. mit allen von seinen eigenen Organen oder von der Polizei auf der Straße aufgegriffenen, des wilden Geschlechtsverkehrs oder der gewerblichen Unzucht verdächtigen Personen, falls dieselben nicht nachweisen können, daß sie die sanitären Vorschriften (siehe § 1 des neuen Gesetzes) regelmäßig befolgen;

2. mit den durch Denunziation ihm bekannt gewordenen Männern und Frauen, falls bei sorgfältiger Vorprüfung die Denunziation, welche sie als krank bezeichnet oder der Gewerbsunzucht bezichtigt, berechtigt erscheint;

3. mit den von Ärzten Gemeldeten (siehe 120).

Die oben genannten „eigenen Organe" wären also eine neue „Sittenpolizei" (die aber jetzt dem Gesundheitsamt untersteht) und soll sich aus männlichen und weiblichen Beamten zusammensetzen.

Ihre Aufgabe wäre

1. das Ansprechen, Verwarnen, Aufgreifen von Frauen auf der Straße, die sich der heimlichen Prostitution dringend verdächtig machen.

Alle auf der Straße usw. Befragten, die sich nicht als ärztlich überwacht ausweisen können, werden, sofern der Verdacht der Prostitution vorliegt, dem Gesundheitsamt vorgeführt.

Eine sehr wesentliche Mithilfe in dem Bestreben, die leichtsinnigen, sich der Folgen ihres Lebenswandels nicht bewußten Mädchen schon auf der Straße beim Vagabundieren zu warnen und vor dem Hinabsinken in die wahre Prostitution zu bewahren, würde ich von der Unterstützung seitens der Heilsarmee erwarten, die aus öffentlichen Mitteln in viel reichlicherem Maße als bisher unterstützt werden müßte.

All diesen weiblichen Organen wäre auch das Heranbringen der prostitutionsverdächtigen Elemente anzuvertrauen, wenn ich auch die bisherige „Sittenpolizei" nicht ausschalten will. Nur möchte ich deren Eingreifen beschränken und sie gleichsam als letzte Reserve vorbehalten.

Nach wie vor soll die bisherige, wie die neue weibliche Sittenpolizei die auf der Straße herumlungernden, offensichtlich auf Männerfang ausgehenden oder sich anbietenden Mädchen ansprechen, ihre Namen festzustellen versuchen, warnen, eventuell (in möglichst unauffälliger Weise) aufgreifen. Ja, sie soll es sogar viel reichlicher tun als bisher. Und sie kann es dann tun, wenn, wie schon oben gesagt, bei diesem Vorgehen alles vermieden wird, was die bürgerliche Stellung und Tätigkeit dieser oft nur blind ihrem Leichtsinn folgenden Geschöpfe schädigen könnte.

Insbesondere würde ich es als einen großen Fortschritt betrachten, wenn das Einsperren und Festhalten solcher Personen im Polizeigewahrsam bis zum nächsten Morgen fortfallen würde. Könnte nicht — entsprechend den in Amerika eingeführten „Nacht-Gerichtshöfen" — ein höherer Polizeibeamter auch nachts die vorgeführten Mädchen sofort vernehmen, verwarnen, Obdachlose irgend einem Asyl zuführen lassen, so daß nur die wirklich schlimmen und vielleicht schon mehrfach vorgeführten Elemente in polizeilichen Händen blieben?

Bei allen derart Aufgegriffenen hat eine ärztliche Untersuchung stattzufinden durch Arzt oder Ärztin.

Diejenigen, die sich auf der Straße ausweisen können, werden nicht weiter behelligt.

2. Der Überwachungsdienst der unter sanitärer Kontrolle Gestellten.

3. Die Überwachung der aus der Kontrolle Entlassenen.

Überall müssen Polizeiassistentinnen und Fürsorgeschwestern mitwirken, einerseits um die Ärzte in ihren Bestrebungen für eine regelmäßige Behandlung zu unterstützen und die von der regelmäßigen Behandlung Fortbleibenden aufzusuchen, andererseits, um den Mädchen in sozialer Weise beizustehen, zu raten und zu helfen.

Ich verweise hier auf die ausführliche Darlegung von Charlotte Stemmler: „Die Tätigkeit der Polizeipflegerin (Z. f. B. d. G. XVI, S. 31).

Ihre Leitsätze lauten:

I. Die Polizeipflegerin ist ausschließlich auf dem Gebiete der Fürsorge tätig.

II. Sie nimmt sich vor allem der minderjährigen, zum erstenmal beanstandeten Mädchen an.

III. Sie muß sowohl vorsorgend als auch nachgehend ihren Schützlingen in jeder Lebenslage zur Seite stehen.

IV. Sie arbeitet im engsten Anschluß an alle wohltätigen Vereine und Verbände, da sie in der Hauptsache nur vermittelnd wirken kann.

V. Der Beaufsichtigung und Beschäftigung der in Krankenhäusern befindlichen Mädchen wird ein besonderes Augenmerk geschenkt.

VI. Freiwillig bei der Polizei sich einfindenden, rat- und hilfsbedürftigen Mädchen oder Eltern wird jederzeit nach Möglichkeit beigestanden.

Siehe auch Deutsche Strafrechts-Zeitg. 1915, S. 73 (Verwendung weiblicher Hilfskräfte bei den deutschen Polizeibehörden) und: „Frauen im Sicherheitsdienst" (Deutsche Strafrechtsztg. 1916. Sp. 74).

Je nach den Einzelheiten des Falles werden die dem Gesundheitsamt vorgeführten Personen

a) über die Bedeutung und die Gefahren der Geschlechtskrankheiten, über die Notwendigkeit geschlechtlicher Enthaltsamkeit, sowie über die strafrechtlichen Folgen, welche ihnen durch fahrlässige oder absichtliche Übertretung der gesetzlichen Vorschriften entstehen können, aufgeklärt; eventuell nicht nur auf mündlichem Wege, sondern auch durch Überreichung einer Druckschrift.

Durch Unterschrift haben die vorgeführten Personen anzuerkennen, daß sie in entsprechender Weise aufgeklärt, belehrt und verwarnt worden sind.

Da die Belehrung sich auch darauf erstreckt, daß ein Geschlechtsverkehr bei bestehender Geschlechtskrankheit strafbar ist, so bietet eine derartige Verhandlung die Handhabe, solche Personen bei fortgesetztem Geschlechtsverkehr, sei es daß sie eine Krankheit wirklich auf andere übertragen, sei es daß das nicht der Fall ist, je nach den geltenden gesetzlichen Bestimmungen strafrechtlich zu belangen; denn es würde nunmehr die sonst stets geltende Ausrede „Unkenntnis" fortfallen.

Sicherlich wird aber eine derartige feierliche und amtliche Belehrung und Verwarnung auch moralisch nicht ohne Nutzen für einen erheblichen Teil der davon Betroffenen sein.

b) Alle vorgeführten Personen, soweit nicht bereits durch vorausgegangene Untersuchung eine Geschlechtskrankheit festgestellt ist, werden ärztlich untersucht. Diese Untersuchung kann durch jeden beliebigen männlichen oder weiblichen Arzt aus der Reihe der bei dem Gesundheitsamt tätigen Ärzte je nach Wunsch der einzelnen stattfinden.

Wird die betreffende Person krank befunden, so wird sie, wenn nicht die besonderen Umstände eine sofortige Unterbringung in einem Krankenhaus erfordern, der ärztlichen Überwachung und Behandlung überwiesen und es wird ihr eine „Karte" (siehe Seite 67) und eine Liste der amtlich autorisierten Ärzte ausgehändigt. Ist sie noch gesund, so wird es von den Erhebungen über die Lebensweise der betreffenden Person abhängen, ob sie auch ohne Erkrankung einer sanitären Überwachung überwiesen wird oder nicht. Man wird dann von einer Überwachung absehen, wenn nach keiner Richtung hin sich Beweise dafür erbringen lassen, daß ein häufiger prostitutionsartiger Geschlechtsverkehr seitens der Betreffenden gepflegt wird.

c) Werden die Vorgeführten unter sanitäre Aufsicht gestellt, mit oder ohne sofortige zwangsweise Krankenbehandlung, oder

d) der Polizei übergeben zum Zwecke der Vorführung vor den Richter.

Personen, die zum erstenmal vorgeführt werden, werden nur verwarnt und belehrt oder sanitärer Aufsicht unterstellt. Diese zwangsweise herbeigeführte sanitäre Überwachung soll keinerlei bürgerlich schädigende Folgen nach sich ziehen.

Die Überweisung an die Polizei und die damit verknüpfte (durch den Richter im geordneten Verfahren zu verfügende) Stellung unter Polizeiaufsicht und polizeiärztliche Kontrolle (Inskription, eventuell Überweisung an die Landespolizeibehörden) soll nur bei denjenigen zur Anwendung kommen, bei denen eine rein sanitäre Aufsicht nicht durchzusetzen ist.

Die sanitäre Überwachung erfolgt entweder durch einen der von der Behörde autorisierten Privatärzte nach freier Wahl der betreffenden Person, oder in bestimmten Ambulatorien. Überall soll nicht bloß Untersuchung und Überwachung, sondern auch nach Möglichkeit (ambulatorische) Behandlung stattfinden.

Es bleibt zu erwägen, ob auch die sanitäre Überwachung der inskribierten Prostituierten dem Gesundheitsamt übertragen werden soll.

Siehe meine weiteren Ausführungen über das Gesundheitsamt und seine Tätigkeit Seite 269.

Zur Kenntlichmachung aller Überwachten (Inskribierten und nicht Inskribierten) soll eine „Karte“ eingeführt werden. Die Karte soll bescheinigen, daß die vorgeschriebene ärztliche Beobachtung tatsächlich stattfindet, und an welchem Tage sie zuletzt erfolgt ist.

Da wir auf keine Weise erreichen können, alle sich prostituierenden Frauen ungefährlich zu machen, so müssen wir wenigstens versuchen, den bestimmten umschriebenen Kreis von Mädchen, die einen prostitutionsartigen Geschlechtsverkehr treiben und die ungefährlicher sind, weil sie regelmäßig ärztlich beobachtet werden, kenntlich zu machen. Es wäre demgemäß von eminentem Vorteil, wenn die Männer in jedem Falle feststellen könnten, ob sie ein ärztlich beobachtetes oder ein nicht beobachtetes Mädchen vor sich haben, und ob die Beobachtung den ärztlichen Vorschriften entsprechend vor sich gegangen ist.

Das kann man auf zwei Weisen erreichen:

I. Durch die Lokalisierung aller ärztlich Kontrollierten auf bestimmte Häuser und dergleichen, derart, daß an diesen Orten nur Kontrollierte zugelassen werden und vorhanden sind. — Auf diese Frage gehe ich hier nicht ein.

II. Durch die Einführung einer Erkennungskarte bei allen Personen, welche einen unregelmäßigen, prostitutionsartigen Geschlechtsverkehr treiben und sich durch ihr öffentliches Betragen der Gewerbsunzucht verdächtig machen, und besonders bei allen frei wohnenden inskribierten Prostituierten.

Die Karte (Ausdrücke wie: Gesundheitskarte, Gesundheitsbuch, Qualifikationskarte u. dgl. halte ich für unzweckmäßig, weil sie gar zu leicht den Anschein erwecken, als böte die bescheinigte Untersuchung eine Garantie für die Gesundheit) soll dazu dienen:

1. jedermann, auch den Männern, die mit einem Mädchen zusammenkommen, eine Unterscheidung zu ermöglichen zwischen den regelmäßig und ausreichend oft Untersuchten einerseits, und den ohne ärztliche Aufsicht vagierenden Personen andererseits;

2. allen Organen der Aufsichtsbehörden (des Gesundheitsamtes oder der Polizei) in möglichst einfacher und unauffälliger Form eine Feststellung zu ermöglichen, ob Personen, die einen prostitutionsartigen Geschlechtsverkehr zu treiben scheinen, sei es freiwillig, sei es auf Anordnung, für genügende ärztliche Untersuchung sorgen. Werden gelegentlich Personen aufgegriffen, so kann auch festgestellt werden, ob bereits unter sanitäre Aufsicht gestellte Personen die ärztlichen Vorschriften (der wiederholten Untersuchung usw.) pünktlich innegehalten haben.

Bei Personen, die vagierend angetroffen werden, aber keine Karte haben, handelt es sich um zwei Kategorien:

1. Um solche, die bisher weder durch den Arzt noch durch das Gesundheitsamt eine Karte erhalten haben. Diese werden dem Gesundheitsamt zugeführt, das das Weitere verfügt. Eine Bestrafung von Personen, die zum erstenmal auf diese Weise mit den Behörden in Berührung kommen, findet nicht statt; nur Verwarnung, Einhändigung einer Karte, bei Krankheitsfall Behandlung usw.

2. Um solche, die bereits eine Karte eingehändigt bekommen hatten, sich aber zurzeit ohne Karte herumtreiben, oder denen dieselbe vom überwachenden Arzt entzogen worden ist. Der erstere Fall betrifft solche, die aus Indolenz oder gerade deshalb, weil sie sich krank fühlen, die Untersuchung vernachlässigen, trotzdem aber ihr Prostitutionsleben treiben. Der zweite Fall tritt ein, wenn der Arzt die Fortsetzung des Geschlechtsverkehrs wegen Erkrankung untersagt, ohne doch aus irgendwelchen Gründen — z. B. wenn es sich nicht um wirkliche Gewerbsprostituierte handelt und weil er glaubt, der Zuverlässigkeit der Personen vertrauen zu dürfen — sofort einen Hospitalaufenthalt anzuordnen. Werden solche Personen vagierend und ihrem Gewerbe nachgehend angetroffen, so können sie von dem Gesundheitsamt, dem sie zuerst vorgeführt werden, wegen Gesundheitsgefährdung (nicht wegen Übertretung polizeilicher Vorschriften) der Polizei übergeben und vor den Richter geführt werden.

Die Aushändigung der Karte erfolgt, wie bereits erwähnt, seitens des Gesundheitsamtes bei all denjenigen Personen, welche ihm von Ärzten, von der Polizei oder von anderer Seite zugewiesen und vorgeführt werden. Es können solche Karten auch freiwillig sich meldenden Personen ausgehändigt werden. — Die Entziehung der Karte erfolgt durch den überwachenden Arzt, wenn derselbe weiteren Geschlechtsverkehr der betreffenden Person untersagen will, womit eine entsprechende Belehrung über die strafrechtlichen Folgen des Ungehorsams zu verbinden ist.

Arnstedt schreibt in seinem Preußischen Polizeirecht:

Der Umstand, daß die Identitätsfeststellung durch persönliche Rekognoszierung erfahrungsgemäß sich nicht immer als zuverlässig erweist, läßt es als wünschenswert erscheinen, nach Möglichkeit die Identität der zu Untersuchenden auch noch anderweit zu sichern. Dies kann, ohne eine Belastung der Staatskasse, durch die Einführung von Kontrollbüchern mit einer durch polizeiliches Siegel zu befestigenden, die Identität der betreffenden Frauenzimmer möglichst außer Zweifel stellenden Photographie derselben (ohne Hut, Umhang oder Mantel) geschehen, welche diese auf eigene Kosten zu beschaffen und wenn nicht immer bei sich zu führen, so doch zur jedesmaligen ärztlichen Untersuchung behufs der Eintragung des Ergebnisses der Untersuchung vorzulegen haben. Derartige Kontrollbücher sind bei einigen Königlichen Polizeiverwaltungen, z. B. bei derjenigen zu Posen, bereits in Gebrauch. Soweit dies nicht der Fall ist, bleibt zu erwägen, ob die Pflicht zur Beschaffung und Vorlegung solcher Kontrollbücher mit Photographie und Signalement unter die Vorschriften für die unter sittenpolizeilicher Kontrolle stehenden Frauenspersonen noch aufzunehmen sein möchte (Min.-Erl. v. 10. 12. 1900).

Die Einführung der Karte ist absolut notwendig, wenn man daran denkt, die Hospitalbehandlung sowohl der Inskribierten wie der übrigen sich Prostituierenden durch eine in möglichst vielen Fällen durchzuführende ambulante Behandlung zu ersetzen. Da ohne einen gewissen Zwang auch dann nicht auszukommen ist, muß in irgend einer Form für eine Überwachung gesorgt werden, und das läßt sich durch die Karte erreichen; denn das Fehlen derselben oder eine nicht ordnungsgemäße Ausfüllung würde dem kontrollierenden Beamten (oder dem Besucher) ohne weiteres beweisen, entweder, daß der Arzt nicht in der Lage war, einen ungefährlichen Gesundheitszustand festzustellen und deshalb die Karte entzogen hat (vielleicht verbunden mit einer direkten Meldung an das Gesundheitsamt), oder daß die Betreffende sich selbst der Beobachtung und Untersuchung des Arztes entzogen hat, und daß demgemäß die Wahrscheinlichkeit vorliegt, daß sie krank und ansteckend sei.

Auch der Erlaß 1907 läßt sich ohne eine Karte nicht durchführen; ich komme darauf sofort zu sprechen.

Wie soll die Karte aussehen und welchen Inhalt soll sie haben?

Ich wünsche ein kleines festgebundenes Buch, etwa in der Größe unserer Pässe. Auf der Innenseite des Umschlags befindet sich die Photographie und eine Nummer, durch die die Identität der Betreffenden durch Vergleich mit einer beim Gesundheitsamt zu führenden Liste festzustellen ist. Name und genauere Kennzeichen soll die Karte nicht enthalten.

Auf der ersten Seite steht:

Die Inhaberin dieser Karte steht unter meiner ärztlichen Aufsicht.

. . . .
(Name des Arztes.)

Sodann folgt die allgemeine Belehrung (s. S. 71).

Sodann nur folgende Vermerke:

Untersucht am . . . .
Wiederbestellt zum . . . .
Untersucht am . . . .
Wiederbestellt zum . . . .
usw.

Damit wird also nur die Tatsache der ärztlichen Kontrolle ausgesprochen, nichts aber über den Gesundheitszustand, die Ansteckungsfähigkeit u. dgl.

Ich schließe mich hier Block (siehe Z. B. G. VI, S. 22) an und verwerfe mit ihm die von Güth (Z. B. G. VI, S. 81/82) verteidigte Karte des Berliner Polizeipräsidiums, die in Verfolg des Erlasses von 1907 eingeführt worden war. Die Berliner Karte lautet:

Sittenpolizei.   Berlin, den . . . .

Durch die Patientin einem der nachbenannten Herren Ärzte zu übergeben!

Gegen Abgabe dieser Karte werden Sie von nachbenannten Herren Spezialärzten für Haut- und Geschlechtskrankheiten, unter denen Ihnen die Auswahl freisteht, unentgeltlich in Behandlung genommen werden und darüber kostenlose Bescheinigungen erhalten.

Sofern Sie den Anordnungen des von Ihnen erwählten Arztes nachkommen, und der Gewerbsunzucht nicht mehr nachgehen, bleiben Sie von weiteren sittenpolizeilichen Maßnahmen befreit.

An

Fräulein
Frau   . . . .

Hier.   Folgt Verzeichnis der Ärzte und ihrer
                          Sprechstunden, geordnet nach den
                          Stadtbezirken, in denen die Behand-
                          lungslokale liegen.

Den Ärzten andererseits sind zur Erleichterung der Attestausstellung Kartenformulare folgenden Wortlauts zugestellt worden:

Berlin, den . . . .

Nichtzutreffendes durchstreichen!

Der Patientin auszuhändigen!

$\dfrac{\text{Fräulein}}{\text{Frau}}$ . . . .

geboren am . . . . zu . . . .

$\dfrac{\text{heute}}{\text{am}}$ . . . . in meine Behandlung getreten,

leidet an . . . . in $\dfrac{\text{ansteckender}}{\text{nicht ansteckender}}$ Form

Sie soll sich am . . . . wieder bei mir vorstellen.

Sie ist heute als $\dfrac{\text{geheilt}}{\text{gebessert}}$ und gegenwärtig nicht mehr ansteckungsverdächtig aus meiner Behandlung entlassen worden.

. . . .

Spezialarzt für Haut und Geschlechtskrankheiten.

Block wünscht folgenden Wortlaut:

Ort und Datum.

$\dfrac{\text{Fräulein}}{\text{Frau}}$ . . . .

geboren am . . . . zu . . . .

ist $\dfrac{\text{heute}}{\text{am}}$ . . . . unter meine ärztliche Aufsicht

getreten und soll sich am . . . . wieder bei mir vorstellen.

. . . .

Arzt.

Ich dagegen wünsche, wie bereits oben auseinandergesetzt, eine noch viel einfachere Form mit Weglassung aller Personalien usw.

Wird aber durch die Verabreichung einer solchen Karte doch nicht ein gewisser ärztlicher Konsens zur Fortsetzung des Geschlechtsverkehrs ausgesprochen und ist das nicht wieder eine große Gefahr? Werden wirklich die

Untersuchungen überall so sorgfältig ausgeführt, daß man wenigstens der Untersuchung in dem Grade, in dem sie überhaupt etwas leisten kann, trauen darf?

Deshalb muß eine kurze Belehrung dem Büchlein beigefügt werden, dahingehend, daß eben selbst bei sorgfältiger ärztlicher Untersuchung die Inhaberin nicht absolut gesund sein müsse, und die Karte keinesfalls eine Garantie und Verantwortung für den Gesundheitszustand übernähme. Diese allgemeine Belehrung muß in zwei Formen gegeben werden; einerseits für bereits inskribierte Prostituierte, andererseits für die nicht Inskribierten.

Für die Inskribierten schließe ich mich den von Jadassohn gemachten Vorschlägen (I. Internationale Konferenz Brüssel) an:

I. Jede Prostituierte, d. h. jede Frau, welche sich dem Geschlechtsverkehr um Gelderwerb hingibt, ist verpflichtet, sich regelmäßig polizeiärztlichen Untersuchungen zu unterziehen, damit nach Möglichkeit festgestellt werde, ob sie an ansteckenden Krankheiten leidet.

II. Jede Prostituierte ist verpflichtet, dauernd eine mit Photographie versehene Karte, wie die vorliegende, bei sich zu tragen und auf Verlangen vorzuzeigen.

III. Jede Prostituierte, welche diese Karte nicht vorzeigen kann oder will, ist im höchsten Grade verdächtig, krank zu sein, und daher der Verkehr mit ihr ganz besonders gefährlich.

IV. Die vorliegende Karte enthält den Vermerk der letzten polizeilichen Untersuchung; diese darf nicht länger als vier Tage zurückliegen.

V. Aber auch regelmäßig polizeiärztlich untersuchte Prostituierte können krank sein, da es ansteckende Leiden gibt, welche bei der Untersuchung nicht entdeckt werden können.

Die Untersuchung gibt keine Sicherheit gegen eine Ansteckung mit Geschlechtskrankheiten, sondern vermag nur durch Ausscheidung sicher und hochgradig Kranker die Gefahr der Ansteckung zu vermindern, keinesfalls aufzuheben.

VI. Die Gefahr der Ansteckung wird vermindert — aber ebenfalls nicht aufgehoben — wenn die Prostituierte vor dem Verkehr eine Abwaschung und Ausspülung der Geschlechtsteile mit einer desinfizierenden Flüssigkeit, wie sie in ihrem Besitz sein muß, vornimmt. Eine Waschung der männlichen Geschlechtsteile mit einer ebensolchen Flüssigkeit vor und nach dem geschlechtlichen Verkehr ist ebenfalls zu empfehlen, aber ebenfalls kein sicherer Schutz gegen Ansteckung.

VII. Wer kürzere oder längere Zeit (selbst mehrere Wochen) nach dem geschlechtlichen Verkehr irgendeine, wenn auch noch so unbedeutende Erkrankung, Abschürfung, Eiterung usw. wahrnimmt, soll möglichst umgehend einen Arzt aufsuchen, da eine Verschleppung bei Geschlechtskrankheiten häufig ungünstig wirkt.

In die Hände der Prostituierten soll auch eine für die Männer bestimmte Belehrung über die Anwendung der Schutzmittel gegeben werden, um die Bestimmung unter VI. zur Ausführung zu bringen.

Auch dem Büchlein für Nichtinskribierte soll eine Belehrung beigefügt werden. Natürlich werden die Ausdrücke: „Prostituierte“, „polizeiärztlich“ u. dgl. durch „Frau“, „ärztlich“ usw. zu ersetzen sein.

Auch die Pariser Sittenpolizei gibt den Prostituierten bei der Inskription Karten, die neben den sittenpolizeilichen Vorschriften folgenden „wichtigen Hinweis“ enthalten:

„Die in den Händen der Mädchen befindliche Karte stellt keine Autorisation zur Unzucht dar und soll keineswegs zu ihrer Ermutigung dienen, ebensowenig ein Hinderungsgrund, regelmäßigen Erwerb zu suchen, sein.“

Die Karte hat den alleinigen Zweck, die Behörden sich vergewissern zu lassen, ob die eingeschriebenen Mädchen sich den sowohl in ihrem eigenen Interesse, wie in dem der öffentlichen Gesundheit vorgeschriebenen ärztlichen Untersuchungen unterwerfen, solange sie Prostitution treiben. Die Aufhebung der Kontrolle und die Zurücknahme der Karte kann jederzeit auf Antrag erfolgen, sobald der Beweis geliefert wird, daß die Betreffende ihren Erwerb nicht mehr in der Prostitution sucht; etwaige zur Feststellung der Wahrheit notwendige Nachforschungen werden mit Takt und Diskretion angestellt werden.

Dieselben Hinweise finden sich übrigens auch auf Anschlägen in allen Untersuchungszimmern der Sittenpolizei.

Was würde die Folge dieser neuen Einrichtung sein? Meiner Überzeugung nach könnte die Karte nur nützen.

Die Einführung des Kartensystems würde höchstwahrscheinlich alle einigermaßen vorsichtigen Männer in erheblichem Grade vor Ansteckung schützen; denn eine natürliche Folge würde eine größere Inanspruchnahme der ärztlich kontrollierten Prostituierten sein. Dann, die jüngeren, Geschlechtsverkehr suchenden Mädchen (wirkliche Prostituierte und vielleicht auch solche, die bisher mit der Behörde noch nicht in Berührung gekommen sind) würden, sobald sie merken, daß die Männer sich wesentlich an die mit ordnungsgemäßen Karten versehenen Personen halten, aus Erwerbsinteresse für eine regelmäßige Untersuchung und für möglichste Gesundheit ihres Körpers sorgen; und zwar nicht nur dadurch, daß sie die zwangsweise vorgeschriebene Untersuchung regelmäßig vornehmen lassen, sondern vielleicht auch durch noch häufigeres freiwilliges Sichuntersuchenlassen und durch die dabei mögliche Präventivbehandlung, wie sie wohl bei beginnenden Ulzerationen, wie auch bei der Gonorrhoe möglich ist.

Würde z. B. ein Mädchen täglich zum Arzt gehen und sich täglich präventive, also bei eventueller Erkrankung abortiv wirkende Injektionen der Urethra und Auswischungen der Cervix vornehmen lassen, so würden sicherlich unzählige Gonorrhoen beseitigt werden, ehe die eventuell deponierten Gonokokken wirklich eine Erkrankung herbeiführen würden.

Natürlich ist auch mit Fälschung und mißbräuchlicher Verwendung der Karten trotz der auf ihnen befindlichen Photographie zu rechnen. Hier werden Strafen, die im Wiederholungsfalle vielleicht nicht unerheblich sein dürften, vorzusehen sein.

Das Kartensystem käme nach dem bisher Gesagten wesentlich in Anwendung bei den frei wohnenden Prostituierten aller Art.

Man könnte es aber auch benützen, um überhaupt bestimmte „Weiber-Lokale" (Wirtschaften mit Damenbedienung, Variétés, Tingel-Tangel, Kabaretts, Absteigequartiere, Weiberkaffees, Ballokale) dadurch als verhältnismäßig ungefährlich zu kennzeichnen, daß man die betreffenden Wirte (bei Strafe der Konzessionsentziehung) verpflichtete, nur Mädchen mit ordnungsgemäßen Karten zuzulassen. Jedenfalls würde ich dieses System dem von anderer Seite (von Calandreau) vorgeschlagenen, in den Absteigequartieren selbst eine ärztliche Untersuchung vornehmen zu lassen, vorziehen.

Auch hier wird die öffentliche Hygiene unterstützt durch das finanzielle Interesse der Wirte: letztere haben ein Interesse daran, daß das Publikum wisse, daß bei ihnen nur sorgfältigst beobachtete Personen verkehren. Auch hier, wie bei den Bordellen, ist an eine Bestimmung zu denken, daß die Wirte zivil- und strafrechtlich von Männern, die in ihrem Hause infiziert worden sind, herangezogen werden können, falls der Geschlechtsverkehr mit einem Mädchen ohne „ordnungsgemäß geführte Karte" stattgefunden hat.

Es ist möglich, durch Anschläge in den Zimmern der Prostituiertenwohnungen, der Absteigehotels usw. die Männer darauf aufmerksam zu machen, von den Mädchen jedesmal die „Karte" einzufordern und auf die größeren

Gefahren hinzuweisen, welche sie bei Mädchen ohne Karte oder ohne ordnungsgemäß visierte Karte laufen, als bei regelmäßig überwachten.

Siehe die Mitteilungen von Carl, Über die sittenpolizeiliche Untersuchungsstelle A (Med. Klinik 1916, Nr. 12). (Wissenschaftl. Abend, Antwerpen, Festungslazarett.)

Diese Untersuchung besteht seit über 50 Jahren hier, während in dem benachbarten Holland bis heute noch keine Untersuchung eingeführt ist. Es wurden also hier in Friedenszeiten die sogenannten Kartenmädchen untersucht, welche ihren Namen von dem Legitimationsbuch, genannt Karte, haben. In diesem Buch sind die einzelnen ärztlichen Untersuchungen bescheinigt; es muß auf Verlangen vorgezeigt werden. Nur diese Kartenmädchen, welche in zwei Gruppen, die der kasernierten und die der möbliert wohnenden Prostituierten geschieden wurden, wurden in ihrer Wohnung von den dazu bestimmten Ärzten alle zehn Tage untersucht. Die zweite Gruppe erschien in einem dazu besonders bestimmten Raum, welcher in der Stadt gelegen war.

Ich weiß sehr wohl, daß dem von mir vorgeschlagenen Gesundheitsamt eine sehr weitgehende Vollmacht, mit den ihm zugeführten Personen zu verfahren, übertragen wird. Da es sich aber um die praktische Behandlung vieler einzelner Personen handelt, und gerade auf diesem Gebiete durchaus individualisiert werden muß, so muß eine solche Behörde auch einen großen Spielraum haben. Ich glaube aber, man wird dieser Behörde nicht weniger Zutrauen schenken dürfen, als jedem anderen Schöffengerichte. Jedenfalls wird die jetzt häufig gerügte übergroße Befugnis, die sich bei der Prostitutionsüberwachung in den Händen subalterner Polizeibehörden befindet, in Zukunft wegfallen.

Für den Kampf gegen die Geschlechtskrankheiten kommt in Betracht,
A. alles was geeignet ist, eine Verminderung des außerehelichen Geschlechts
verkehrs herbeizuführen;
B. jede gegen das Zustandekommen einer Infektion gerichtete (prophylak
tische) Maßregel;
C. alles, was eine bequemere und sichere Durchführung der Behandlung
der erfolgten Ansteckung ermöglicht.

Dritter Abschnitt.

Ad A. Die Verminderung des außerehelichen Geschlechtsverkehrs kann herbeigeführt werden

1. durch Verminderung der Nachfrage seitens der Männer,
2. durch Verminderung des Angebots seitens der Frauen.

Um dies zu erreichen, verlangen wir

a) Einführung einer sexual-pädagogischen Belehrung,

besonders in den Volksschulen, Mittelschulen und Fortbildungsschulen, d. h. also für die Kinder derjenigen Kreise der Bevölkerung, in denen einerseits die positiven Einflüsse einer sorgsamen elterlichen Erziehung fast stets fehlen, andererseits die schädlichen Einflüsse des „Milieus" (besonders durch die Wohnungsverhältnisse herbeigeführt) in besonders starkem Grade vorliegen. — Bei Volks-, Mittel- und höheren Schulen wird man vielleicht schon in den obersten Klassen an eine Belehrung während der Schulzeit zu denken haben; jedenfalls aber wird es sich um belehrende Vorträge bei der Schulentlassung handeln.

Eingehender sind alle diese „sexuellen" Fragen in den Fortbildungsschulen zu behandeln, wie es mir überhaupt von besonderer Wichtigkeit erscheint, in irgend einer Form für eine strengere und straffere Aufsicht und Zucht bei der männlichen wie weiblichen Jugend nach der Schulentlassung (bei den jungen Männern bis zur militärischen Dienstzeit) zu sorgen. Gerade in dieser gefährlichsten Zeit findet meist keinerlei Erziehung und Beaufsichtigung irgendwelcher Art statt. Man könnte vielleicht an einen früheren Beginn der militärischen Dienstpflicht denken.

Bei Mädchen der niederen Volksklassen scheint mir eine warnende und aufklärende Belehrung noch dringender notwendig, als bei Knaben.

Natürlich soll keine „Aufklärung" über die einzelnen Krankheiten stattfinden, sondern nur ein deutlicher Hinweis auf die große Bedeutung und die Gefahren des geschlechtlichen Verkehrs. Bei Knaben ist der weitverbreiteten, aber irrtümlichen Annahme entgegenzutreten, daß Enthaltsamkeit von Geschlechtsverkehr schädlich sei; bei Mädchen sind die großen Gefahren der Schwängerung und das Unheil der Prostitution besonders zu betonen. Überall soll in ernsthaftester Weise auf die sittlichen Pflichten hingewiesen werden, die jeder gegen sich selbst, gegen seine Eltern und Familie, gegen seine Mitmenschen, gegen sein Vaterland zu erfüllen hat, und die durch ein ausschweifendes Leben in gröblichster Weise verletzt werden. Weniger Gewicht lege ich darauf, den außerehelichen Geschlechtsverkehr als an sich unmoralisch hinzustellen. Vielfache Erfahrung lehrt, daß es dem einfachen Verstande nicht einleuchtet, warum die Befriedigung eines von der Natur dem Menschen eingepflanzten Triebes im ehelichen Leben dem Verheirateten erlaubt und für den Unverheirateten unsittlich sein soll.

Diese pädagogische Arbeit wird natürlich von Ort zu Ort verschieden zu gestalten sein, in kleinen und Mittelstädten vielleicht ganz wegfallen können, in Großstädten und in Industriezentren, in einzelnen ländlichen Bezirken um so erforderlicher sein.

Als Vortragende kommen Ärzte, aber auch Lehrer, Lehrerinnen und Geistliche in Betracht, vorausgesetzt, daß die in der Schule vor sich gehende sexualpädagogische Belehrung von Personen erteilt wird, die auf diesem Gebiete Bescheid wissen. Deshalb verlangen wir die Einführung eines sexualpädagogischen Unterrichts auf den Lehrerseminarien und Universitäten, um die künftigen Lehrer der Jugend in diese Materie einzuführen.

Auch die Eltern — und zwar aller Stände — bedürfen zumeist einer Belehrung und eines stärkeren Hinweises, den mit dem sexuellen Leben der Kinder zusammenhängenden Erscheinungen mehr Aufmerksamkeit zu schenken und diese Seite der Erziehung nicht zu vernachlässigen. Es sind demgemäß Elternabende seitens der Schulen einzurichten, in denen namentlich die Mütter über die einschlägigen Fragen belehrt werden können.

Ich habe in den vorstehenden Zeilen die Frage der Sexualpädagogik nur ganz flüchtig angedeutet und verweise auf die zusammenfassende Darstellung, die Chotzen in der Zeitschr. f. Bekämpfung d. Geschlcchtskrankh. 14, Heft 10 (Die sexualpädagogische Tätigkeit der Deutschen Gesellschaft zur Bekämpfung der Geschlechtskrankheiten) gegeben hat, sowie an die sich anschließende Diskussion. — Siehe ferner den Antrag v. Bissing (Herrenhaus-Session Juni 1916), meine eigenen Ausführungen (S. 7 u. ff.) und Johannes Dück: Die wissenschaftlichen Grundlagen der Sexualpädagogik (Arch. f. Sexualforschung 1, S. 303).

b) Die Erkenntnis der Bedeutung und der Gefahren der Geschlechtskrankheiten muß immer wieder und von neuem in möglichst weite Volkskreise getragen werden.

Hierzu dienen:

öffentliche Vorträge, am besten getrennt für Männer und Frauen,
Belehrung der Kassenmitglieder durch Veranstaltungen der Kasse selbst,
Vorträge für die Arbeiterinnen, veranstaltet durch die Fabrikvorstände in den Fabriken,
Ausstellung von Bildern und Wachsnachbildungen durch die Ärzte.

Hier denke ich an die Schaffung eines Paragraphen im Sondergesetz folgenden Inhalts: „Jeder Arzt ist gesetzlich verpflichtet, die bei ihm in Behandlung stehenden geschlechtskranken Personen über die durch ihre Erkrankung für die Umgebung, insbesondere bei Geschlechtsverkehr bestehenden Gefahren zu belehren und sich durch Namensunterschrift bescheinigen zu lassen — auf einem von der „Sanitäts-Kommission" gelieferten Scheine —, daß das geschehen ist".

„Ganz besonders sind die Kranken während der Behandlung und bei der Entlassung auf die Bestimmungen des Sondergesetzes (Gesundheitsschädigungen und Gesundheitsgefährdung) hinzuweisen."

c) Um den Männern eine Enthaltsamkeit zu erleichtern,

müssen aus öffentlichen Schaustellungen, Bilderläden, Bücherauslagen u. dgl. nach Möglichkeit solche Darbietungen und Gegenstände entfernt werden, welche, sofern sie nicht wirklich künstlerischen Wert haben, dazu geeignet sind, die Sinnlichkeit und Geschlechtslust anzureizen. Ich bin mir wohl bewußt, wie schwer es ist, hier die Grenze zwischen dem, was mit Recht und ohne Schaden für irgend jemand verboten werden könnte, und dem, was eine übertriebene Sittlichkeitsschnüffelei verbieten will, zu ziehen. Aber in vielen Fällen wird sich doch klar erweisen lassen, daß der Zweck der Ausstellung absolut nicht auf künstlerischem Gebiet zu suchen ist, sondern ganz und gar der Spekulation auf geschlechtliche Lüsternheit entspringt.

d) Dem Angebot weiblicher Kreise

zum außerehelichen Geschlechtsverkehr und dem damit nur allzu oft verbundenen Herabsinken in die Prostitution können eine Menge sozialer Maßnahmen dienen, die bald direkt, bald indirekt die heranwachsende weibliche Jugend der Großstädte und die vom Lande in die Städte strömenden Mädchen vor der Verwahrlosung schützen sollen. Ich nenne nur: Sorge für bessere Wohnungs- und

Lohnverhältnisse, Herbergen und Beratungsstellen für stellungslose Mädchen, Unterkunft und Unterstützung für Schwangere, besonders für uneheliche Mütter und deren Kinder, Änderung der die Rechte der unehelichen Kinder betreffenden Gesetze.

e) Eine besondere Sorgfalt ist zuzuwenden den psychisch-minderwertigen Mädchen.

Dringend notwendig ist die Meldung aller der Minderwertigkeit Verdächtigen spätestens bei der Schulentlassung an die Fürsorgevereine, um denselben Gelegenheit zu geben, unmittelbar nach der Schulentlassung vorbeugende Schutzmaßregeln zu ergreifen.

Ich habe diese Frage ausführlich in einem Aufsatz: „Zur Vorgeschichte und Charakteristik der Prostituierten, mit besonderer Berücksichtigung der Minderjährigen und Minderwertigen" (Z. B. G. XVI, S. 65) behandelt und damals folgende Schlußsätze aufgestellt:

1. Überall sind die Minderjährigen unter den sich Prostituierenden die nach jeder Richtung hin gefährlichste Klasse.

2. Besonders gefährlich, aber auch gefährdet, sind diejenigen Mädchen, die angeborene Defekte intellektueller und moralischer Art aufweisen (Schwachsinnige, Psychopathen usw.). Treten zu diesem primären Moment noch hinzu als sekundäres teils positiv depravierende Einflüsse des Milieus, unter dem das Kind aufwächst, teils das Fehlen jeglichen Schutzes und Haltes für das schwache und widerstands- und willenlose Kind, so ist die Gefahr vollkommener Degeneration um so größer.

Aber auch ohne die primäre Anlage kann unter besonders erschwerenden Umständen das Milieu zu vollkommener antisozialer Degeneration führen.

3. Die Anzeichen, daß es sich um solche gefährdete Individuen handelt, zeigen sich meist schon in den Kinderjahren während der Schulzeit.

Daraus ergibt sich die Aufgabe, die Erziehungs- und Rettungsarbeit schon im Kindesalter zu beginnen.

Um aber dieses verwirklichen zu können, müssen so zeitig wie möglich die betreffenden minderwertigen und verderbten Kinder als solche erkannt werden.

Um dies nicht von der freiwilligen Tätigkeit einzelner besonders einsichtiger Schulverwaltungen und einzelner besonders tätiger Kinderschutz- und Fürsorgevereine abhängig zu machen, stelle ich den Antrag:

Die „Deutsche Gesellschaft zur Bekämpfung der Geschlechtskrankheiten" möge die Herren Kultusminister ersuchen, sämtliche Schulbehörden (Schulinspektionen, Rektoren, Hauptlehrer usw.) zu beauftragen, alle Knaben und insbesondere Mädchen, die schon während der Schulzeit sich durch Liederlichkeit, Herumtreiben, sexuelle Frühreife und Exzesse und durch abnormes psychisches Verhalten auffällig bemerkbar gemacht haben, den zuständigen Behörden, Jugendpflege- und Jugendfürsorgevereinigungen, besonders aber den Kinderschutzvereinen so früh als möglich zu melden, um diese in den Stand zu setzen, diesen besonders gefährdeten Personen ihre besondere Aufmerksamkeit zu schenken, sie zu überwachen und für sie zu sorgen, nötigenfalls auch frühzeitig die erforderliche Überweisung zur Fürsorgeerziehung in die Wege zu leiten.

Es wird zu überlegen sein, wieweit man schon während der Schulzeit

1. durch Schulärzte,

2. durch die Lehrer und Lehrerinnen

— die dann durch von Psychiatern zu haltende Kurse besonders vorgebildet werden müßten — auf diese fast immer psychisch minderwertigen Elemente erzieherisch wird einwirken können.

Es kommt auch in Frage, eine Fürsorgeerziehung schon im unmittelbaren Anschluß an die Schule eintreten zu lassen.

Es kommt ferner in Betracht, die Fortbildungsschulen und die daselbst gebotene Beobachtungsmöglichkeit der Schüler und Schülerinnen für unsere Zwecke auszunützen.

Auch sollte allen weiblichen jugendlichen Personen, die freiwillig wegen Geschlechtskrankheit oder einer Entbindung halber ein Krankenhaus aufsuchen, eine „Fürsorge" zuteil werden, namentlich wenn sie das Krankenhaus, ohne feste Arbeit zu haben, verlassen.

Sicher würde eine wesentliche Verminderung der Zahl der sich prostituierenden Frauen eintreten, wenn man die psychisch Minderwertigen von vornherein aus der Prostitution ausschaltete und in geeigneten Erziehungsanstalten unterbrächte.

Wir verlangen daher: bei allen zum erstenmal aufgegriffenen, der Prostitution verdächtigen Frauen und Mädchen ist nicht nur der körperliche, sondern auch der geistige Gesundheitszustand durch einen Psychiater festzustellen, womöglich auch eine genaue Erhebung über die Erziehungs-, Erwerbsverhältnisse usw. der Eltern (soziale „Anamnese") und über das Milieu, aus dem die Betreffenden stammen, zu veranstalten.

Bei allen psychisch Minderwertigen, aber auch bei den Minderjährigen, die aufgegriffen werden, soll sofort Schutzhaft — aber womöglich nicht in einem Gefängnis — platzgreifen; es soll von sofortiger Strafe und von Polizeiaufsicht abgesehen werden, falls Fürsorgeerziehung oder Unterbringung in Asylen stattfinden kann.

Venerisch krank Befundene werden erst einer Behandlung zugeführt.

Wo immer man die Minderwertigen unterbringt, stets muß vermieden werden, sie mit Älteren zusammenzubringen.

Über alle diese Maßnahmen entscheidet das genannte „Gesundheitsamt", dem die aufgegriffenen Frauen zugeführt werden.

Ad B. Prophylaktische Maßregeln gegen die Verbreitung der Geschlechtskrankheiten.

a) Schutzmittelfrage.

a) Hier kommt in allererster Reihe in Betracht die Möglichkeit, die zum Schutz gegen geschlechtliche Ansteckungen brauchbaren „Schutzmittel" ankündigen und vertreiben zu dürfen. Wir gehen hier aus von zwei Tatsachen:

1. Tripper wie Syphilis tragen in erheblicher Weise dazu bei, die Geburtenziffer herabzudrücken. Der Tripper dadurch, daß er einerseits die Zeugungsfähigkeit des Mannes (Potentia generandi, aber auch coeundi) herabsetzt und vernichtet, andererseits bei Frauen entweder absolute oder sogenannte „Einkind-Sterilität" erzeugt. Nach zuverlässigen Berechnungen wird in mindestens 50% der sterilen Ehen die vollkommene oder Einkind-Sterilität durch den Tripper hervorgebracht. Dieser einmal eingetretene pathologische Zustand ist fast immer unheilbar. — Die Syphilis schädigt die Nachkommenschaft teils quantitativ, teils qualitativ. Quantitativ durch die Vernichtung (Aborte, Früh- und Totgeburten) der werdenden Früchte, teils durch eine Übersterblichkeit im ersten Lebensjahr. Es ist mit größter Sicherheit anzunehmen, daß ein sehr hoher Prozentsatz von den an sogenannter „Lebensschwäche" zugrunde gehenden Kindern in Wahrheit durch angeborene Syphilis sterben. Qualitativ zeigt sich die Schädigung in schweren Nacherkrankungen der mit kongenitaler Syphilis geborenen und am Leben bleibenden Kinder. Besonders hochgradig zeigt sich diese Schädigung in Familien mit an Paralyse leidenden Vätern und Müttern. Die aufgestellten Ziffern über die durch Syphilis erzeugten Schädigungen sind in unbehandelten Familien erschreckend hoch. Es ist aber hervorzuheben, daß durch geeignete Behandlung sowohl der Eltern wie der Kinder alle diese Schädigungen so gut wie verhindert und wieder gut gemacht werden können.

Prinzing hat berechnet, daß fast 200 000 eheliche Kinder jährlich infolge der vorausgegangenen Trippererkrankung der Eltern nicht geboren werden. Diese Ziffer ergibt sich in der Tat aus folgender von mir für 1912 aufgestellten Rechnung:

Es wurden geboren 1 925 881,
davon waren unehelich 183 857,
es waren also ehelich . . . . 1 742 024.

Nun wissen wir, daß 10% der Ehen kinderlos sind. Die Zahl der ehelich Geborenen bezieht sich also auf nur 90% aller Ehen und müßte, wenn die 10% nicht steril wären, 1 935 582 betragen. Es fehlen also 193 558 Kinder, von denen mindestens die Hälfte auf durch den Tripper erzeugte Ganzsterilität zu rechnen ist. Hierzu kommen die in ihrer Häufigkeit ganz unberechenbaren Einkind-Sterilitäten, der durch Syphilis bedingte Ausfall und die durch die gleichen Verhältnisse geschaffene Minderzahl der außerehelichen Geburten.

2. Es ist durch einwandsfreie Statistiken erwiesen, daß durch Anwendung der — übrigens gänzlich ungefährlichen — Schutzmittel die Zahl der geschlechtlichen Ansteckungen auf ein Minimum herabgedrückt werden kann. Allerdings ist zu betonen, daß es durchaus von der Art der Anwendung abhängt, ob die vorgenommene Prophylaxe Erfolg hat oder nicht. Deshalb sind die Kondome von solcher Wichtigkeit, weil ihre Anwendung sehr einfach ist und keiner besonderen Geschicklichkeit bedarf. Ferner hat die Erfahrung (in Heer und Marine) gelehrt, daß das einfache Bereitstellen von Schutzmitteln verhältnismäßig geringe Erfolge mit Bezug auf Herabdrückung der venerischen Ansteckung aufzuweisen hat. Trotz eindringlichster Warnung, ja trotz böser Erfahrungen am eigenen Leibe, unterlassen sehr viele Männer die schützenden Maßregeln beim Geschlechtsverkehr. Gründe dafür sind Leichtsinn, Rauschzustände, erotische Erregungen, sehr häufig aber auch eine Art ritterlicher Scheu der Partnerin gegenüber, von Schutzmaßregeln (insbesondere Kondomen) Gebrauch zu machen. Ausgezeichnet bewährt dagegen haben sich alle n a c h dem Beischlaf z w a n g s w e i s e angewendeten Desinfektionsmaßregeln (wie z. B. sie auf Schiffen der deutschen und namentlich amerikanischen Kriegs- und Handelsmarine durchgeführt wurden) indem bei Vermeidung schwerer Strafen jeder von Urlaub an Bord Zurückkehrende, der Geschlechtsverkehr ausgeübt hatte, sich einem Desinfektionsverfahren unterziehen mußte. Da ist es oft gelungen, Besatzungen von vielen tausend Seeleuten bis auf wenige Einzelne vollkommen frei von Geschlechtskrankheiten zu halten, obgleich in den bekanntlich fürchterlich durchseuchten Häfen Ostasiens, namentlich Chinas, die Gelegenheit zur Infektion eine denkbar reichliche war.

Jede Verbreitung und Ankündigung dieser so segensreich wirkenden Schutzmethoden, auch belehrende Vorträge darüber, sind aber nach der herrschenden Rechtsprechung auf Grund des § 184, 3 des R.Str.G.B. vollständig unmöglich.

Dieser Paragraph lautet: „Mit Gefängnis bis zu einem Jahr und mit Geldstrafe bis zu eintausend Mark oder mit einer dieser Strafen wird bestraft, wer . . .

3. Gegenstände, die zu unzüchtigem Gebrauch bestimmt sind, an Orten, welche dem Publikum zugänglich sind, ausstellt, oder solche Gegenstände dem Publikum ankündigt oder anpreist."

Da nun die Rechtsprechung auf dem Standpunkt steht, daß als „zu unzüchtigem Gebrauch bestimmt" auch solche Gegenstände gehören, wenn die Verwendung der Ausübung unzüchtiger Handlungen irgendwie förderlich ist, da auch jeder außereheliche Verkehr als unzüchtiger Verkehr angesehen wird, ferner „welche vermöge ihrer Beschaffenheit sich zu unzüchtigem Gebrauch eignen und erfahrungsgemäß Verwendung zu finden pflegen oder im Einzelfall zu diesen Zwecken ausgestellt, angekündigt oder angepriesen werden", so ist es klar, daß zurzeit eine irgendwie allgemeinere Verbreitung und Anwendung von Schutzmitteln, wie sie den Volksseuchen der Geschlechtskrankheiten gegenüber nach Ansicht so gut wie aller Fachleute und Frauenärzte erforderlich wären, geradezu ausgeschlossen ist.

Es muß demgemäß in einem neuen Gesetze oder in einer Zusatzbestimmung zum § 184, 3 klar zum Ausdruck gebracht werden, daß außerehelicher Verkehr, oder was ihn fördert oder unschädlich macht, also auch die An

wendung und der Vertrieb der Schutzmittel, nicht ohne weiteres als unzüchtig angesehen werde, es müßte denn sein, daß durch die Art der Ankündigung öffentliches Ärgernis in anstoßerregender Weise hervorgerufen wird. Die Ankündigung in unauffälliger Form, die einfache, von Aufdringlichkeit freie Ausstellung in Läden, Schaufenstern u. dgl., überhaupt die öffentliche Zugänglichmachung ist zu gestatten. Insbesondere muß erlaubt sein, in ärztlichen Vorträgen und ernsthaft gehaltenen Druckschriften den Nutzen der antivenerischen Schutzmittel zu erörtern.

Ferner muß nicht nur erlaubt sein, sondern direkt **angeordnet** werden, daß eine Anpreisung und das Vorrätighalten der Prophylaktika stattfinden muß, wo in der Wohnung von Prostituierten, in Absteigehäusern u. dgl. ein prostitutionsartiger Verkehr stattfindet. Es darf nicht wieder vorkommen, daß, wie es in Frankfurt am Main geschehen ist, die Polizei — sogar in von ihr selbst eingerichteten Prostitutionshäusern — den Hinweis auf die Notwendigkeit, Schutzmaßregeln zu ergreifen, und den Verkauf der Prophylaktika verbietet.

Hessen (S. 199/200) will die Prostituierten zu Trägerinnen dieser hygienischen Maßnahmen machen:

„Die deutsche Prostitution könnte etwas Ähnliches werden, wie auf tuberkulösem Gebiet unsere Lungenheilstätten: eine hygienische Schule zur Verbreitung gesunderhaltender Sitten. Wie bei dem an sich unerfreulichen Aufenthalt in einer solchen Heilstätte die Insassen es doch lernen, ihren Auswurf unschädlich zu machen und nicht länger die Atemluft ihrer Mitmenschen zu verpesten, so könnten unsere berufsmäßigen Dirnen, die selbst den größten Vorteil davon haben würden, Lehrerinnen der zweckmäßigen Säuberung sein. Diese Schule fehlt; es fehlt jeder Ansatz dazu; es fehlt, wenn ich die sehr erfreulichen und, wie man hört, auch erfolgreichen Maßregeln unserer Marine-Sanität sowie einen wohlgelungenen Versuch des Polizeiarztes Dr. Rau in Essen a. d. Ruhr ausnehme, jede Lust zu einem solchen Ansatz.‟

Dieser Vorschlag ist während des Krieges in Warschau durch den Leiter der Prostitutionsüberwachung, Dr. Fritz Lesser, bereits in die Tat umgesetzt worden. Jede Prostituierte wird sorgsam belehrt, wie vor und nach dem Beischlaf die desinfizierenden Methoden anzuwenden seien, und die Männer werden durch Anschläge darauf hingewiesen, diese Schutzmaßregeln vornehmen zu lassen.

Ich bin auch dafür, daß in großen Städten, wo ein reichlicher, mehr oder weniger prostitutionsartiger Geschlechtsverkehr stattfindet, den Unfallstationen ähnliche „**Behandlungsstuben**‟ eingerichtet werden, in denen Personen nach Ausübung des geschlechtlichen Verkehrs Tag und Nacht Desinfektions- und prophylaktische Behandlung finden können. —

Diesen nicht nur von fast allen Ärzten und Hygienikern, sondern auch Juristen u. a. in geradezu unzählbaren Arbeiten und Schriften niedergelegten Anschauungen und Wünschen, den antivenerischen Schutzmitteln eine möglichste Verbreitung im außerehelichen Geschlechtsverkehr zu verschaffen, steht aber eine nicht minder energische und mit allen Mitteln gegen die Schutzmittelpropaganda ankämpfende Partei gegenüber, und zwar aus zwei Gründen:

I. weil man die mit der Anwendung des bisher am meisten gebrauchten antivenerischen Schutzmittels, des Kondoms, verbundene antikonzeptionelle Wirkung fürchtet, und

II. aus sittlich-ethischen Gründen, weil man nichts unterstützen will, was auf irgend eine Weise den außerehelichen Geschlechtsverkehr fördern könnte. —

1. Was die **antikonzeptionellen Mittel** betrifft, so bin auch ich der Ansicht, daß alles geschehen müsse, was den Vertrieb der rein antikonzep-

tionellen Mittel zu vermindern oder zu beseitigen irgendwie imstande sei. Ganz besonders muß gegen jedes sich direkt und unaufgefordert an das Publikum herandrängende Anbieten und Anpreisen durch Kataloge, Drucksachen, durch Verkäufer, Hausierer, Reisende usw. vorgegangen werden. Ferner müssen verboten werden auch alle für das Laienpublikum bestimmten Schriften und Bücher, in denen sich oft die allergenauesten Beschreibungen und Besprechungen der antikonzeptionellen Methoden (wie z. B. in den furchtbares Unheil anrichtenden Büchern von Bilz, Platen u. dgl.) finden.

Eine eigenartige Stellung nimmt nun der schon genannte Kondom ein. Er ist einerseits das beste antivenerische Schutzmittel. Wenn auch kein Zweifel darüber besteht, daß auch die nach dem Beischlaf anwendbaren Desinfektionsmittel Ausgezeichnetes gegen Ansteckung mit Geschlechtskrankheiten leisten können, so steht doch fest, daß diese günstige Wirkung nur bei geschickter und sorgfältiger Anwendung eintritt und oft nur mit Hilfe eines geschulten Heilpersonals zu erreichen ist. Dies ist aber sehr häufig aus allen möglichen Gründen nicht zu erreichen, und so müssen wir dabei bleiben, daß der Kondom — was übrigens auch Gruber zugibt — wegen der ungemeinen Bequemlichkeit und Leichtigkeit seiner Anwendung das weitaus beste Mittel gegen die Ansteckung, das wir heute kennen, sei. „Ihn beim Verkehr mit Dirnen, beim außerehelichen Beischlaf überhaupt nicht gebrauchen, ist bodenloser Leichtsinn" (Gruber S. 93).

Andererseits wirkt der Kondom ebenso antikonzeptionell wie antivenerisch. Nun haben wir Ärzte und Hygieniker zwar keinen Zweifel darüber, daß der für die Geburtlichkeit durch die Beseitigung der Geschlechtskrankheiten entstehende Nutzen viel größer sein würde, als der Ausfall an Geburten durch die antikonzeptionelle Wirkung des Kondoms. Aber strikte beweisen läßt sich diese Anschauung natürlich nicht.

Wir müssen hier freilich unterscheiden die eheliche und außereheliche Fruchtbarkeit.

Was die eheliche betrifft, so sind hier die meisten Ärzte darüber einig, daß gerade in der Ehe die Kondome eine verhältnismäßig geringe Rolle spielen, wenn die Eltern Kindersegen vermeiden wollen. Fast immer werden Spülungen u. dgl. seitens der Frau oder noch viel häufiger der sogenannte „Coitus interruptus", das sog. Zurückziehen, angewendet. Und darüber dürften wohl keine Zweifel bestehen, daß jedes Paar, welches keine Kinder haben will, auch ohne Benützung des Kondoms dieses Ziel mit Leichtigkeit erreichen kann.

Ich möchte hier Max Marcuse (Deutsche med. Wochenschr. 1916, Nr. 9), der Hoffa (Deutsche med. Wochenschr. 1915, Nr. 45) gegenüber folgendes ausführt, zitieren:

Hoffa gehört offenbar zu den vielen, die sich einbilden, die Geburtenbeschränkung dadurch bekämpfen zu können, daß man eine Gruppe von Mitteln, die ihr dienen, schwerer zugänglich macht. Ich halte das für einen sehr großen und sehr verhängnisvollen Irrtum. Einen sehr großen, weil das noch immer ganz unvergleichlich verbreitetste Mittel zur Verhütung einer Schwängerung der Coitus interruptus ist, den kein Gesetz und keine Polizei auch nur im geringsten einzuschränken vermag; für einen sehr verhängnisvollen, weil erstens die Anwendung dieses Mittels mit seinen nervenschädigenden Folgen unweigerlich gefördert und schließlich zu dem allein gebräuchlichen werden muß durch Erschwerung der Verbreitung und Verwendung der anderen, vielfach unschädlicheren, zum Teil überhaupt gesundheitlich gleichgültigen Mittel; und weil zweitens das sicherste Mittel zur Verhütung der Zeugung und Empfängnis und das nächst dem Coitus interruptus (und den wenig zuverlässigen

Spülungen) am meisten gebräuchliche — der Kondom (aus Gummi oder Schafdarm) — zugleich den besten Schutz gegen eine geschlechtliche Ansteckung darstellt. Während also die Beschränkung oder Unterbindung des Verkehrs mit den Kondomen dem Geburtenrückgang nicht den geringsten Abbruch tun würde, würde sie der Verbreitung der Geschlechtskrankheiten ganz außerordentlich förderlich sein."

2. Wir kommen auf **die sittlichen, gegen die Schutzmittel geltend gemachten Bedenken.** Ich möchte hier in eine Diskussion mit Mahling, der in einem sehr beachtenswerten und das größte Streben nach Objektivität bekundenden Buche: „Der gegenwärtige Stand der Sittlichkeitsfrage" in sehr eingehender Weise dieses Problem behandelt, eintreten, welcher vom ethischen Standpunkte aus sich nur gegen die Schutzmittel erklären kann. Zwar sagt auch er: „ausschlaggebend ist das gesundheitliche Wohl des ganzen Volkes; jede Erschwerung oder Unterlassung der Bekämpfung der Geschlechtskrankheiten ist eine Versündigung am ganzen Volke. Nur muß die vorgeschlagene Maßregel wirklich dem Volksganzen dienen und zugute kommen."

Und so erheben sich ihm folgende Bedenken gegen die von uns verlangte Freigabe der Schutzmittel:

1. „Die Schutzmittel geben keinen unbedingten Schutz gegen die Ansteckung; immer ist der Schutz nur ein gewisser, nicht ein absoluter."

Aus dieser Tatsache, die ich ohne weiteres anerkenne, geht für mich hervor, dasjenige Schutzmittel am meisten zu empfehlen, welches das einfachste und bequemste und verhältnismäßig sicherste ist, d. h. also den Kondom. Mit 100% Sicherheit arbeiten wir nie und nirgends in der Hygiene und stets sind wir zufrieden, wenn wir einen größeren Teil der Gefährdeten vor der Ansteckung bewahren.

2. „Die ganzen Manipulationen sind an sich widerwärtig, und je leidenschaftlicher und wilder, je zügelloser der Geschlechtstrieb sich äußert, um so besinnungsloser wird der Mensch, um so mehr wirft er alle diese Schutzmittel von sich, gerade bei dem Verkehr mit Prostituierten."

Ich weiß nicht, worin Mahling hier ein Argument gegen die Schutzmittel sieht. Meines Erachtens müßte man gerade im Gegenteil diesen leidenschaftlichen, wilden und zügellosen Menschen zurufen: „Seid vorsichtig und wendet die Schutzmittel an, wenn die Widerlichkeit der Manipulation Euch nicht von vornherein von einem Geschlechtsverkehr, der ohne diese Schutzmittel so gefährlich ist, abhält!

3. „Aber die Anwendung dieser Mittel lernt er für das eigene eheliche Leben. Hier spielt der Wille zum Kind eine Rolle. Hier wird dieser Gesichtspunkt, die Empfängnis zu verhüten, ihm eben die Fähigkeit geben, die Schutzmittel anzuwenden." Nun ist richtig, daß das wesentlichste Schutzmittel, der Kondom, aber auch nur dieser, antikonzeptionell wirkt, und so wird man sich, wie ich schon oben sagte, entscheiden müssen, ob man mit dem antivenerischen Schutz auch den antikonzeptionellen Schaden in Kauf nehmen will. Auch Mahling gibt hierauf keine präzise Antwort; er sagt: „Wenn die 200000 Kinder, die jetzt durch die Geschlechtskrankheiten dem Volke verloren gehen, ihm durch die Anwendung der Schutzmittel geschenkt würden, dann ließe sich ein großer Gewinn durch die Schutzmittel herausrechnen. Aber werden nicht weit mehr als 200000 Kinder auf dieses Empfangen verzichten müssen, weil

die Schutzmittel den Nichtwillen zum Kinde durch die Städte und vor allem
weithin in das Land, in das Dorf hineintragen?"

Wie ich schon oben sagte, eine präzise Antwort wird sich weder im positiven noch im negativen Sinne auf diese Fragen geben lassen. Ich möchte aber
noch einmal darauf hinweisen, daß es neben dem Kondom noch sehr viele
antikonzeptionelle Methoden gibt, aber kein ebenso gutes antivenerisches Schutzmittel. Auch diejenigen, die im vorehelichen Verkehr den Kondom kennen
gelernt haben, werden aus Achtung vor der Frau gewiß die gerade vor dem
Beischlaf in der Tat widerliche Manipulation beiseite lassen.

4. „Durch die Schutzmittel wird dem Geschlechtsverkehr seine Weihe
genommen. Er wird zu einem Gegenstand der Berechnung und degradiert;
die Frau wird durch diese Degradierung zum Lustobjekt des Mannes; sie selbst
verarmt innerlich durch die Verminderung ihrer Mutterschaft."

Ich gebe Mahling gern zu, daß in der Mehrzahl der Ehen der Mann es
ist, welcher die geringere Kinderzahl wünscht; aber in sehr, sehr vielen Fällen
ist es doch auch die Frau allein oder zum mindesten in ebenso hohem Grade
wie der Mann, welche sich vor Kindern fürchtet.

5. „Dazu kommt, daß nicht nur seelisch eine Verarmung eintritt, sondern
auch körperlich. Die Anwendung der Schutzmittel übt auf die Nerven eine
wenig günstige Wirkung aus."

Hier muß ich Mahling direkt widersprechen. Gerade bei der Anwendung
der Kondome besteht für beide Gatten die Möglichkeit, den Beischlaf in normaler
Weise auszuführen, ohne daß sie fürchten müssen, daß ihr Wunsch, daß der
Geschlechtsverkehr ohne Kinderfolgen bleiben möge, vereitelt wird, und ohne
daß diese Furcht psychisch Nebenerregungen auslöst. Gerade die häufigste
Form des antikonzeptionellen Verkehrs, der Coitus interruptus, ist diejenige,
welche das Nervensystem von Mann und Frau auf das empfindlichste schädigt.
(Siehe z. B. Loewenfeld, Das eheliche Glück. S. 295/96.)

Wie dem auch sei, **Moral und Hygiene müssen sich vertragen, aber die
Hygiene kann auf ihre praktischen Forderungen nicht verzichten.** Ich kann
hier nichts Besseres tun, als den gewiß den „Moralisten" unverdächtigen Gruber
anführen. Er fixiert seinen Moralstandpunkt mit den Worten:

„Die Hygiene kommt zu ganz denselben Forderungen wie die Moral.
Die oberste Forderung ist: daß jeder seinen Geschlechtstrieb beherrschen lernen
muß! Enthaltsamkeit von allen geschlechtlichen Genüssen bis zum Eintritt
der vollen Geschlechtsreife und bis zur Vollendung des eigenen Wachstums!
Befriedigung des Geschlechtstriebes ausschließlich in der Ehe! Maßhalten im
Genusse; auch in der Ehe!" (S. 108.)

Aber er sagt außerdem:

„Als Moralist könnte ich damit schließen; aber ich bin Arzt und fühle
Erbarmen mit der menschlichen Schwäche und fühle die Verpflichtung, wenigstens
physischen Schaden soviel als möglich zu verhüten, wenn ich schon den sittlichen nicht verhindern kann. Ich fühle diese Verpflichtung um so lebhafter,
als die venerischen Krankheiten nicht bloß den Sünder bedrohen, der sich
leichtfertig in die Gefahr stürzt, sondern auch völlig Unschuldige und das Volk
in seiner Gesamtheit."

Ich kann hier auch Metschnikoff nennen. Er hat einmal die Worte
gebraucht: Man hat — abseits von wissenschaftlichen Erörterungen — gesagt,

daß die Anwendung und Empfehlung von Schutzmitteln gegen geschlechtliche Ansteckungen unmoralisch sei, weil sie geeignet sei, die Zahl der außerehelichen Beziehungen zu vermehren. Aber nachdem alle Mittel, die einer moralischen Prophylaxe dienen sollen, die große Verbreitung der Geschlechtskrankheiten nicht zu verhindern vermocht haben, muß es für den Arzt unmoralisch erscheinen, wenn er auf die Mittel zum Kampfe gegen diese Geißel verzichten wollte.

Schließlich sei der Nationalökonom J. Wolf genannt, der auf der Tagung der Deutschen Gesellschaft für Bevölkerungspolitik in dem Widerstreit zwischen den Nationalökonomen und den Sexualhygienikern bezüglich der Frage des Verbotes und der Unterdrückung der „Schutzmittel" die Hygieniker, insbesondere die Dermatologen, als die höhere Instanz anerkannte.

Übrigens ist selbst der Staat an einer gewissen Beschränkung der Kinderzahl nicht unbeteiligt. Denn er hat zahlreichen Mitteln bereitwilligst Patent- und Musterschutz erteilt. Auch die katholische Kirche, die sich von den Religionsgemeinschaften am eingehendsten mit dieser Frage befaßt hat, wendet sich nur gegen die Anwendung von Hilfsmitteln chemischer oder mechanischer Art, sowie die bereits in der Bibel verbotene Unterbrechung der Beiwohnung, nicht aber gegen die Verhütung der Empfängnis an sich. Sie hat sich vielmehr durch die Billigung der Unterlassung der Beiwohnung in den ersten Tagen nach der Menstruation (Capellmannsche Regel) an der Verbreitung eines bestimmten und durchaus nicht wirkungslosen Präventivmittels beteiligt. (Siehe Grotjahn, S. 104.)

Zugunsten der Schutzmittel ist auch folgendes in Erwägung zu ziehen:

Angesichts der Schwierigkeit, die anderen ursächlichen Faktoren des Geburtenrückganges zu beeinflussen, gewinnen die Geschlechtskrankheiten als schädigender, aber beeinflußbarer Faktor doppelte Bedeutung.

Ferner aber: Bevölkerungspolitik treiben, bedeutet doch wohl nicht nur Geburten-Zunahme, sondern auch Schaffung einer gesunden, leistungsfähigen Bevölkerung anstreben.

Der Tripper tötet ja nur selten den Menschen, aber er macht unendlich viel Männer auf Wochen und Monate, sehr viele dauernd durch Gelenkerkrankung arbeits- und erwerbsunfähig, und noch viel mehr Frauen unterleibskrank und damit auch zu siechen, oft arbeitsunfähigen Menschen.

Was die Syphilis anrichtet, bedarf keiner ausführlichen Darlegung. Es ist allgemein bekannt, wie häufig ungeheilte Syphilitiker der Gefahr späterer Nachkrankheiten der inneren Organe, besonders des Herzens und der großen Herzgefäße und des Nervensystems, besonders in der Form von Rückenmarksschwindsucht und der Paralyse, erliegen, und daß das Gros der Syphilitiker eine verkürzte Lebensdauer aufweist.

Nun besteht ja die Möglichkeit, dieser für den Einzelnen wie für das ganze Volk drohenden Gefahr vorzubeugen. Denn all das von uns Ärzten gefürchtete Unheil kann vermieden werden, wenn jeder Erkrankte richtig und sorgsam behandelt wird. Die wissenschaftliche Forschung der letzten Jahre hat es zuwege gebracht, daß so gut wie jede geschlechtliche Infektion, genügend zeitig und richtig behandelt, einer vollkommenen Heilung zugeführt werden kann.

Aber — ist es nicht viel einfacher und sicherer, all diese dem Volke von den Geschlechtskrankheiten drohenden Gefahren dadurch abzuwenden, daß man die Infektion gar nicht zustande kommen läßt, statt sich nach der eingetretenen Erkrankung mit der mühseligen, kostspieligen und zeitraubenden Behandlung abzuquälen? Sollte nur gerade auf dem Gebiete der venerischen Krankheiten der alte Grundsatz: „Vorbeugen ist einfacher und sicherer als nachträgliches Behandeln und Heilen" unzutreffend sein?

Und dazu stelle man sich vor, wie es in der Menschheit aussehen würde, wie unendlich viel Geld und Arbeitskraft erspart, wieviel Elend und Siechtum vermieden würde, wenn Tripper und Syphilis nicht als Volksseuchen verbreitet wären.

Rechnet man die durch die Geschlechtskrankheiten verursachten Ausfälle und Ausgaben, die entstehen durch Arbeitsverlust, Arzt, Apotheke, eventuelle Invalidität usw., so werden die nationalökonomischen Berechnungen, welche die Schädigung des Nationalvermögens allein für Preußen durch die Prostitution schon vor zehn Jahren auf täglich 250 000 Mark und jährlich auf 90 000 000 Mark schätzen, wohl nur einen Bruchteil des wirklichen Verlustes ausdrücken.

Vorsorge ist aber, wenn man die Verbreitung der Schutzmittel gestattet, zu treffen dafür:

1. daß die öffentliche Ankündigung nicht in anstoßerregender Form vor sich gehe.

Unsere Deutsche Gesellschaft zur Bekämpfung der Geschlechtskrankheiten hat schon vor zwei Jahren den Standpunkt eingenommen, daß die Ankündigung und öffentliche Anpreisung von Schutzmitteln nur dann zu bestrafen sei, wenn dieselbe in ihrer Form den Anstand gröblich verletze oder wenn die Mittel selbst gesundheitsschädlich seien. Wir haben die große Genugtuung, daß die zur Beratung des neuen Reichsstrafgesetzbuches eingesetzte Kommission diesen unseren Standpunkt anfangs sich zu eigen machte. Inzwischen hat die Strafgesetzbuchkommission sich freilich eines schlechteren besonnen; unter dem Druck der Furcht vor der sinkenden Geburtenziffer hat sie die von ihr früher gewählte Fassung umgestoßen! Nach der neuen Fassung sollen „Gegenstände, die zur Verhütung der Empfängnis dienen", ausschließlich von Ärzten sowie ärztlichen Zeitschriften angekündigt werden. Nach den bisherigen Reichsgerichtsentscheidungen würden dadurch auch sämtliche Schutzmittel zur Verhütung der Geschlechtskrankheiten dem freien Verkehr entzogen werden.

2. Ist zu verlangen, daß der Hausierhandel strengstens verboten wird.

3. Daß alle die Frauen gesundheitlich schädigenden Methoden und Instrumente strengstens verboten werden.

4. Ebenfalls dringend erforderlich ist eine **Überwachung der Hebammen,** die oft, wie allgemein bekannt, in ganz gewissen- und kritikloser Weise die Einlegung von Schutzmitteln betreiben, nicht selten auch der Abtreibung der Leibesfrucht Vorschub leisten. Hier wäre vor allem strenge Anwendung der Dienstanweisungen und Einschreiten erforderlich, besonders die Kreisärzte müßten viel mehr auf die schwerwiegende Bedeutung dieser eingerissenen Mißstände hingewiesen und mit umfassenden Vollmachten zu ihrer Beseitigung versehen werden. Es hängt wesentlich von dem energischen Wollen und der

unnachsichtlichen Strenge der Aufsichtsbehörden ab, diese eine, nicht kleine Quelle der Abtreibungen zu verstopfen.

Gibt es denn nun aber nicht eine Verständigung zwischen den beiden Parteien?

Wir haben antivenerische Schutzmittel zweierlei Art:

1. Den Kondom, welcher in mechanischer Weise das Eindringen aller venerischen Gifte in die Haut und Schleimhaut verhindert, wobei ich betonen möchte, daß nicht nur der Mann vor der Infektion durch die Frau, sondern ebenso die Frau vor der Infektion durch den Mann geschützt wird.

Einen gewissen Ersatz bieten reichliche Einfettungen der Geschlechtsteile beider Partner, indem sie teils die Oberhaut vor kleinen Verletzungen schützen, teils mechanisch das Eindringen der Krankheitserreger verhindern. Sie dienen wesentlich dem Schutz vor Syphilis und Schanker (Ulcus molle), während über den Wert von Salbeneinfettungen in die Harnröhrenöffnung weniger Sicherheit besteht.

2. Desinfizierende Maßnahmen, welche nach dem Beischlaf angewendet, etwa auf die Haut oder Schleimhaut deponiertes Gift vernichten sollen, ehe es in irgend einer Weise in den Körper eindringend, Krankheiten erzeugen kann.

Der Mittelweg, den ich andeutete, bestünde also darin, daß alle Parteien sich dahin einigten, für die Propagation der rein antivenerischen Schutzmittel einzutreten und den Kondom fallen zu lassen.

Und ich will nicht leugnen, daß durch die Freigabe dieser rein antivenerischen Schutzmittel insofern wenigstens der Fortschritt geschaffen würde, daß die ernsthafte Besprechung dieser ganzen Frage in der Öffentlichkeit und eine Belehrung für weite Kreise ermöglicht würde. War es nicht geradezu lächerlich, daß auf der großen Hygieneausstellung 1911 in Dresden die Deutsche Gesellschaft zur Bekämpfung der Geschlechtskrankheiten keine Möglichkeit hatte, die Bedeutung der Schutzmittel in irgend einer Form vorzuführen?

Freilich stoßen wir auch hier wieder auf ein Bedenken: Auch alle seitens der Frau unmittelbar nach dem Beischlaf angewendeten Reinlichkeitsmaßregeln, namentlich die Benützung gewisser chemischer Mittel, wirken, in geeigneter Weise angewendet, auch antikonzeptionell. Sollte etwa jemand auf den Gedanken kommen, auch diese einfachen Reinlichkeitsmaßregeln verbieten zu wollen?

Was den außerehelichen Verkehr betrifft, so werden vielleicht hier weniger Bedenken gegen alle Arten von Schutzmitteln, also auch die Kondome, erhoben werden. Aber gerade diejenigen, die den Geburtenniedergang mit so ängstlichen Augen betrachten, werden auch beim außerehelichen Verkehr gegen die Kondome Front machen müssen. Die außereheliche Fruchtbarkeit beträgt im deutschen Reiche ungefähr 9%.

Von 100 Geborenen waren unehelich

1851—60	61—70	71—80	81—90	91—1900	01—10	1911	1912
11,5	8,9	8,9	9,3	9,1	8,6	9,2	9,5

Die Unehelichen stellten also einen sehr wichtigen Faktor für die Völkervermehrung dar. Auffallend ist aber, daß im Laufe der letzten Jahre, z. B.

in dem Zeitraum von 1895—1906 die Zahl der unverheirateten Frauen im gebärfähigen Alter im preußischen Staat von 3 630 000 auf 4 118 000, also um 13 %/₀ gestiegen ist, die Zahl der unehelichen Geburten nur von 93 432 auf 94 779 gestiegen ist. Gewiß liegt die Ursache dieser relativen Abnahme der unehelichen Geburten zum Teil in der Ausbreitung des sexualen Präventivverkehrs, sicherlich aber auch in der kolossalen Häufigkeit der kriminellen Aborte. —

Ich muß mich aber auch noch von einem anderen Standpunkte aus gegen diejenigen wenden, z. B. klerikale und streng protestantische Zeitungen, auch einzelne Frauenvereinigungen, die aus rein moralischer Entrüstung heraus jede Anwendung und Verbreitung der Schutzmittel auf das schärfste bekämpfen.

Ich kann nicht anerkennen, daß eo ipso jeder außereheliche Geschlechtsverkehr unmoralisch sei.

Gegenüber dieser Auffassung des außerehelichen Verkehrs stelle ich mich auf den Standpunkt: nicht der außereheliche Verkehr als solcher ist eo ipso unsittlich und unmoralisch, sondern derjenige, welcher ohne Berücksichtigung der sittlichen Pflichten, die jeder zu erfüllen hat, vorgenommen wird.

Die sittlichen Pflichten bestehen in folgendem:

1. Jeder, Mann wie Frau, hat sich selbst gesund zu halten.

2. Es muß jede gesundheitliche Gefährdung oder Schädigung anderer ausgeschlossen sein.

3. Es darf keine soziale Schädigung anderer eintreten, oder, wenn solche zu fürchten ist, haben beide Teile, Mann und Frau, sie zu tragen.

4. Sorge für eventuelle Nachkommenschaft.

Da ich aber leider nicht glaube, daß sehr viele, die mit solch vollem Verantwortlichkeitsgefühl über den außerehelichen Geschlechtsverkehr denken, aus diesen Erwägungen heraus nun keusch und enthaltsam bleiben werden, da ich glaube, daß sie bestenfalls den Geschlechtsverkehr zwar mit besseren, anständigen Mädchen vermeiden werden, weil sie die Verantwortung weder dem Mädchen noch eventueller Nachkommenschaft gegenüber übernehmen können und wollen, so werden sie sich der nun einmal vorhandenen, sie zu nichts verpflichtenden Prostitution zuwenden. Dann aber sind Schutzmittel erst recht notwendig.

Im übrigen: es ist ganz gleichgültig, was wir oder einige hundert Männer und Frauen, die sich ernsthaft mit diesen Fragen beschäftigen, über die Moralität oder Immoralität des außerehelichen Geschlechtsverkehrs denken. Er wird von Millionen (unverheirateter und verheirateter) Männer und Frauen in weitestem Umfange ausgeübt und richtet kolossalen Schaden an; er ist eine Tatsache, mit der wir alle — mögen wir wollen oder nicht — rechnen müssen, wenn wir nicht bloß idealen Zielen nachjagen, sondern praktische Politik treiben wollen. Trotzdem brauchen wir unsere idealen Forderungen nicht fallen zu lassen, wir müssen sogar viel mehr als bisher dafür sorgen, daß die heranwachsende Jugend weniger leichtfertig und frivol über alle Fragen des sexuellen Lebens denkt und dazu brauchen wir eine Sexualpädagogik, zum mindesten eine eingehende Belehrung der Mütter über alle diese einschlägigen Fragen.

Wir müssen doch bedenken, wie spät im allgemeinen die Männer zum Heiraten kommen — das durchschnittliche Heiratsalter der Männer beträgt

29 Jahre — und wie groß die Masse der in Betracht kommenden Männer und Frauen ist. Und es sind wesentlich soziale und Erwerbsverhältnisse, welche Unzähligen es unmöglich machen, in legaler, d. h. ehelicher Form ihren Geschlechtstrieb zu befriedigen, und zwar gerade in denjenigen Jahren, in denen sich dieser Trieb am stärksten geltend macht. Zu den unverheirateten Männern gesellen sich die Witwer und Tausende von Ehemännern, die wegen Gravidität oder wegen Krankheit der Frau oder um Nachkommenschaft zu vermeiden oder aus Abneigung mit der Ehefrau geschlechtlich nicht verkehren, und schließlich diejenigen, die in Leichtsinn und Frivolität neben dem ehelichen Verkehr außereheliche Vergnügungen suchen.

Die Statistik für 1910 gibt folgende Zahlen:

Verheiratete Männer 11 608 028
Verheiratete Weiber 11 621 685
Witwer 866 676
Witwen 2 583 872
Ledige und geschiedene Männer (geb. zwischen 1851—1892) . . .   6 363 969
Ledige und geschiedene Weiber (geb. zwischen 1866—1894) . . .   6 277 302

Auf die Frage der Möglichkeit einer Enthaltsamkeit will ich hier nicht näher eingehen, nur kurz die Frage aufwerfen: Kann man wirklich mit Aussicht auf Erfolg von all den Millionen Männern und Frauen Enthaltsamkeit fordern? und würde eine solche Enthaltsamkeit vom Geschlechtsverkehr nicht schädigend auf Männer wie Frauen wirken?

Diese ganze Abstinenzfrage ist zurzeit immer noch eine sehr strittige; aber nach den sehr vielen Erörterungen, die besonders in den letzten Jahren darüber angestellt wurden, scheint sich doch die allergrößte Mehrzahl der Ärzte darüber einig zu sein — und ich selbst stelle mich ohne Rückhalt zu dieser Partei — daß Enthaltsamkeit für die allermeisten Männer — Ausnahmen kommen natürlich vor — zwar oft sehr unbequem sein und auf Seele, Gemüt und Leistungsfähigkeit deprimierend wirken könne, daß es oft große seelische Anstrengungen und mühselige Selbstbeherrschung erfordert, dem sich aufdrängenden Trieb zu widerstehen, daß Enthaltsamkeit aber nur in seltenen Fällen, außer wenn schon irgend eine nervöse Störung vorliegt, einen wirklichen bleibenden körperlichen und seelischen Schaden anrichten wird. In den meisten Fällen ist bei den an ihn gewöhnten Männern der Geschlechtsverkehr gewiß sehr erwünscht und herbeigesehnt, aber doch kein wirklich zwingendes Bedürfnis. Gerade jetzt im Kriege hat sich uns, die wir uns für diese Fragen interessieren, ein sehr wertvolles Beobachtungsmaterial geboten. Von sehr zahlreichen Kriegern wurde berichtet: „Erst wenn sich uns Gelegenheit zu weiblichem Verkehr bietet stellt sich das „Bedürfnis" ein, während wir wochen- und monatelang dieses „Bedürfnis" nicht empfanden. Wir hätten noch wer weiß wie lange an Weiber nicht gedacht, wenn sie nicht in unseren Gesichtskreis getreten wären." Es ist auch eine alte Erfahrung, daß eine lange geschlechtsverkehrfreie Zeit eher beruhigend statt steigernd auf die Geschlechtslust wirkt.

Was ernster Wille und strenge Lebensauffassung und Selbstbeherrschung vermag, geht auch daraus hervor, daß die gebildeten Kreise des Heeres viel mehr Selbstzucht üben als die den unteren Ständen entstammenden Mannschaften.

Mag man aber den voll erwachsenen Männern und namentlich den verheirateten, an Geschlechtsverkehr gewöhnten, die weitgehendste Berechtigung zusprechen, außerehelich zu verkehren, wenn der eheliche unmöglich ist, eins ist sicher: daß bei den allermeisten jungen Männern der Geschlechtsverkehr viel später anfangen könnte und sollte, als das jetzt meist der Fall ist, ohne daß sie auch nur den allergeringsten Schaden erleiden würden. Sogar das Gegenteil ist richtig: in den allermeisten Fällen würden sie an körperlicher Gesundheit gewinnen. Fast nie entspringt der erste geschlechtliche Verkehr des Jünglings einem zwingenden Bedürfnis, sondern fast stets erliegt er mehr oder weniger widerwillig der Verführung durch Kameraden oder irgend eines weiblichen Wesens, namentlich wenn die Wirkung des Alkohols hinzutritt! —

Jedenfalls wird man zusammenfassend sagen dürfen: Die Schädigungen durch Enthaltsamkeit sind unendlich viel kleiner als die, welche im Gefolge des außerehelichen Verkehrs in Form der Geschlechtskrankheiten und der außerehelichen Schwängerungen auftreten.

Das ist die von uns vertretene **wissenschaftliche Überzeugung,** mit der wir an diese Frage herangehen.

Wie aber steht es mit den Tatsachen? Wie wird die Möglichkeit der geschlechtlichen Enthaltsamkeit tatsächlich durchgeführt?

Nun, jedermann weiß, daß bis auf eine geradezu verschwindende Minorität die unverheirateten Männer Geschlechtsverkehr treiben, und zwar weit über das Maß dessen hinaus, was man „Bedürfnis" nennen könnte, und daß auch massenhaft verheiratete Männer außerhalb der Ehe geschlechtlich verkehren, wie das aus den erschreckend großen Ziffern geschlechtskranker Verheirateter in allen Krankenanstalten hervorgeht. Es ist hier nicht der Platz, ausführlich zu erörtern, welche Gründe persönlicher, materieller, wirtschaftlicher Art diese Verhältnisse herbeigeführt haben, und ob und wieweit man demgemäß das Verhalten der Männer billigen oder entschuldigen kann, oder ob man unter allen Umständen an der strengen Moral, jeden außerehelichen Verkehr als unsittlich und sündhaft zu bezeichnen, festhalten soll. Aber eins scheint mir festzustehen: Zu welchem Urteil man auch kommen möge, wer den Kampf gegen die Geschlechtskrankheiten führen will, muß mit den vorliegenden Tatsachen rechnen, mögen sie ihm gefallen oder nicht, und muß die Menschen so nehmen, wie sie sind und nicht wie er sie haben möchte. Die Basis, von der wir auszugehen haben, ist: Es besteht nun einmal zwischen unzähligen Massen von Männern und Frauen ein außerehelicher Geschlechtsverkehr, als deren Folgen die für die Volksgesundheit in erschreckender Weise schädlichen Geschlechtskrankheiten auftreten; wobei ich ganz absehe von all den übrigen Folgen des Geschlechtsverkehrs, den kriminellen Aborten usw.

Selbstverständlich braucht der Kampf gegen den außerehelichen Verkehr als solchen und namentlich gegen seine schamlosen und zügellosen Auswüchse dadurch nicht zu erlahmen. Wir müssen nach wie vor die allgemeine Sittenlosigkeit und alle sozialen Verhältnisse und Erscheinungen des öffentlichen Lebens, die den Geschlechtstrieb künstlich steigern, energisch und rückhaltslos bekämpfen.

Wir dürfen nicht erlahmen, immer von neuem für die Einführung einer gründlichen und sorgfältig vorbereiteten Sexualpädagogik einzutreten, zum mindesten in der Form, daß alle Lehrer auf Universität und Seminar mit diesem Stoff vertraut gemacht und befähigt werden, auch von der Schule aus mit genügendem Verständnis für die Wichtigkeit aller sexuellen Fragen auf die Jugend einzuwirken. Bisher wächst unsere männliche und auch der größte Teil unserer weiblichen Jugend (in den niederen Schichten) entweder ganz unbeeinflußt oder sogar in dem falschen Glauben auf, der geschlechtliche Verkehr dürfe und müsse schon im frühen Lebensalter beginnen. Es wird zwar vom religiösen Standpunkt aus eine Einwirkung versucht, und ich bin durchaus dafür, daß das in ausgiebigster Weise geschehe. Aber ich bin der festen Überzeugung, daß doch die allerwenigsten verstehen, warum die Befriedigung eines natürlichen, dem Menschen wie jedem Tier eingepflanzten Triebes an sich unsittlich und unmoralisch sein solle. Viel mehr würde man meiner Ansicht nach erreichen, wenn man an das Ehr- und Rechtsgefühl der heranwachsenden Jugend appellierte und ihnen beibrächte, daß sie in ärgster Weise Pflichten gegen sich selbst, gegen ihre Familie und das Vaterland verletzen, wenn sie sich mutwillig und leichtsinnig den großen Gefahren des außerehelichen Geschlechtsverkehrs aussetzen, und daß es ebenso wider die Ehre gehe, einen zweiten Menschen, nur der eigenen Lust zuliebe, durch den Geschlechtsverkehr und seine Folgen zu schädigen und ins Unglück zu stürzen, als wenn sie sonst in die Rechte ihrer Mitmenschen eingreifen. Wir kommen einmal mit der rein kirchlich-religiösen Erziehung nicht aus und bedürfen einer Ergänzung durch die Lehren einer allgemein menschlichen Ethik!

Wir müssen nach wie vor die durch den Alkoholismus herbeigeführte Gefahr auszuschalten suchen. Wir müssen unausgesetzt und immer wieder die Männer über die sie und ihre Familien jetzt und später bedrohenden Gefahren belehren und müssen durch Wort und Schrift, durch Ausstellung von Krankheitsbildern usw. abschreckend wirken. Aber wir müssen uns darüber klar werden, daß alle diese Bestrebungen nur einen kleinen, viel zu kleinen Erfolg haben, so schmerzlich uns eine solche Erkenntnis auch ist!

Und hat uns nicht gerade dieser Krieg diese Erkenntnis beibringen müssen? Was ist nicht alles seitens der militärischen Behörden, seitens unserer Gesellschaft und unzähligen Vereinigungen und Körperschaften durch Millionen von Merkblättern, Mahnworten, Mahnrufen, Flugschriften, mündliche Vorträge u. dgl. geschehen, um die Angehörigen unseres Heeres zu belehren, aufzuklären und zu warnen! Wo war je eine solche Gelegenheit wie jetzt, um dem einzelnen in ganz besonders eindringlicher Weise nahezulegen, wie sehr er sich durch eine geschlechtliche Ansteckung gegen seine Pflichten seinen Eltern, seiner Braut, Frau und Kindern, dem Vaterlande gegenüber vergehe! Und was haben alle diese Belehrungen und Warnungen und dieser Zuspruch genützt? So zweifellos ein gewisser Erfolg erreicht worden ist, so beweisen doch die großen Ziffern der während des Krieges geschlechtlich Erkrankten, daß allein auf diese Weise der Volksseuche der Geschlechtskrankheiten nicht beizukommen ist. Klarer denn je ist erwiesen, daß man der brutalen Tatsache des unendlich zahlreichen Geschlechtsverkehrs und seiner Gefährlichkeit nur beikommen könne mit realen Gegenmitteln.

Viele haben nun keinerlei Bedenken, die Desinfektionsmaßregeln nach dem Beischlaf zuzulassen, verurteilen aber aufs strengste die Kondome vor dem Verkehr, und zwar nicht wegen der gleichzeitigen antikonzeptionellen Wirkung (wie die katholische Morallehre dies tut), sondern vom rein moralischen Standpunkte aus.

Ich kann den Unterschied nicht einsehen. Ich meine, es ist eins so moralisch oder unmoralisch, wie das andre.

Es scheint mir übrigens, als wenn Kreise, die sich bisher scharf ablehnend gegen diese unsere Forderung verhalten haben, anfingen, sich unbeschadet aller idealen ethischen Forderungen unserem Standpunkt zu nähern.

Es liegen diesbezügliche Äußerungen vor sowohl seitens evangelischer Pastoren, wie auch z. B. des Herrn Sanitätsrats Brennecke (Magdeburg), der bisher unseren „unsittlichen" Standpunkt nicht scharf genug bekämpfen konnte.

Flesch hat in einer zu Lille stattgefundenen Ärzteversammlung u. a. folgende Forderungen aufgestellt:

„Sexuelle Abstinenz als Pflicht für das gesamte Feldheer, Mannschaften und Vorgesetzte für die Dauer des Feldzuges.

Bestrafung jedes bei den Gesundheitsrevisionen geschlechtskrank Befundenen. Straffreiheit für die Mannschaften, die sich mindestens sechs Stunden nach ihrem Fehltritt zur desinfizierenden Behandlung gemeldet haben."

Brennecke schreibt dazu:

„Es ist dringend zu wünschen, daß diese wohldurchdachten und wahrhaft gesunden Forderungen Anerkennung und Durchführung im ganzen deutschen Heere finden. Solch eine Ordnung der Verhältnisse wird das Bewußtsein der Verantwortlichkeit stärken und kräftigen Antrieb zur Selbstzucht geben. Die in der Darbietung persönlicher Schutzmittel liegende Verführung und Einschläferung der Gewissen fällt fort."

Anscheinend wendet sich Brennecke in seinem letzten Satze gegen die Schutzmittel. Aber verlangt er mit seiner Zustimmung mit den Worten: „Straffreiheit für die Mannschaften, die sich mindestens sechs Stunden nach ihrem Fehltritt zur desinfizierenden Behandlung gemeldet haben" nicht eine obligatorische Anwendung der „desinfizierenden Behandlung"? d. h. also doch einer Schutzmaßregel? Und in der Tat: Besteht denn vom sittlichen Standpunkt aus ein Unterschied, ob ich zu jemand sage: „Dein Geschlechtsverkehr wird dir nicht gefährlich werden, wenn du vor dem Beischlaf dies tust" oder ob ich ihm erkläre, daß, wenn er nach dem Beischlaf, dies oder jenes tue, er gesund bleiben werde? In beiden Fällen bleibt der Beischlaf, also das „unsittliche" Moment, und in beiden Fällen schalte ich das Moment der Furcht aus.

Die Moral kann also einen Unterschied zwischen diesen beiden Methoden nicht machen.

Auch das Moment der Furchtausschaltung ist in beiden Fällen das gleiche. Wollte man aber die Furcht vor der Ansteckung als Abschreckungsmittel benützen, dann müßten die Moralisten — was ja übrigens hin und wieder der Fall war und auch jetzt noch immer gelegentlich zutage tritt — auch gegen alle Bestrebungen ankämpfen, Geschlechtskranken die Behandlung zu erleichtern, sie müßten Anhänger des alten § 6 des Krankenkassengesetzes sein, welches Geschlechtskranken gewisse anderen Kranken gewährte Vorteile entzog, sie müßten alle Verbesserungen der Therapie verwünschen usw.

Wie wenig die Anwendung der Schutzmittel in dem Sinne wirken würde, daß sie das Moment der Furcht ausschalten und so die Häufigkeit des Geschlechtsverkehrs steigern würden, habe ich schon oben erwähnt. Wie häufig kommt es vor, daß selbst Mediziner, die schon einmal infiziert waren, eine erneute Ansteckung sich zuziehen, weil sie den Geschlechtsverkehr doch wieder ohne Schutzmittel ausführten! Auch ist auf die Tatsache der jetzt schon bestehenden kolossalen Verbreitung des außerehelichen Geschlechtsverkehrs hinzuweisen und auf die weitere Tatsache der unendlichen Häufigkeit der Geschlechtskrankheiten, welche lehrt, daß das Moment der Angst nicht ausreicht, die Häufigkeit des Geschlechtsverkehrs zu vermindern.

Aber, wie gesagt, diese Auffassung, jeden Geschlechtsverkehr als Unzucht anzusehen, ist die herrschende, ja sogar der Gesetzgebung und Rechtsprechung zugrunde liegende. Und dabei wird diese Moral nicht befolgt, sondern nur äußerlich zur Schau getragen und gerade oft von denen, die sie am lautesten proklamieren. Wir als Kämpfer für die Gesundung unseres Volkes und seine Befreiung von den Geschlechtskrankheiten, wir müssen alles daransetzen, hier eine Änderung herbeizuführen. Die durch den außerehelichen Geschlechtsverkehr und die in seinem Gefolge auftretenden Geschlechtskrankheiten herbeigeführte Kalamität ist eine Tatsache, an der wir leider nichts ändern können. Das, was wir Moral nennen, ist aber eine von uns Menschen für das Zusammenleben der Menschen konstruierte Lehre, und demgemäß hat zu allen Zeiten und bei allen Völkern diese Moral gewechselt und sich den jeweiligen tatsächlichen Verhältnissen anbequemen müssen. Wenn sich nun herausstellt, daß unsere jetzt geltende Morallehre in krassem und leider unversöhnbarem Widerspruch mit dem tatsächlichen Verhältnis steht, so muß dem, mag man wollen oder nicht, auch von den Vertretern dieser Moral Rechnung getragen werden. Man braucht und soll nicht so weit gehen, die idealen Forderungen unserer Moral aufzugeben. Nein, man soll sie hochhalten und alles daran setzen, ihnen Geltung zu verschaffen. Es muß viel mehr als jetzt von den Eltern wie von der Schule, wie ich oben schon andeutete, der heranwachsenden Generation beigebracht werden, daß nicht nur vom religiösen Standpunkt aus, sondern mit Rücksicht auf die Pflichten, die jeder sich selbst gegenüber, seiner Familie, seinem Volke zu erfüllen hat, es verwerflich und ehrlos ist, sich ohne zwingendes Bedürfnis dem Geschlechtsgenuß hinzugeben, daß Selbstbeherrschung notwendig und möglich sei; aber es darf nicht sein, daß notwendige und nützliche hygienische Maßnahmen unterbleiben, nur weil unsere Moral anderes anstrebt. Und es ist meine innerste Überzeugung, daß wir nach jeder Richtung hin, nicht nur hygienisch, sondern auch moralisch weiter kämen, wenn wir unsere sittliche Forderung mehr den tatsächlichen Verhältnissen anpaßten, als wenn wir weiter eine Moral predigen, von der wir alle wissen, daß nur ein ganz verschwindender Bruchteil sie befolgt; eine Moral, die wirklich — ich sage aus wahrer Überzeugung: leider — nur wenigen Halt und Stütze gewährt und die allermeisten zur Heuchelei und Immoral erzieht.

Auch an das weibliche Geschlecht ist zu denken. Unsere sexuelle

Moral lehrt: „Nur in der Ehe ist ein Geschlechtsverkehr sittlich; jeder außereheliche Verkehr ist verwerflich."

Ich brauche nicht mehr ausführlich auseinanderzusetzen, wie wenig diese Lehre tatsächlich befolgt wird. Unter den Männern ist es eine geradezu verschwindende Zahl, die sich an diese Moral kehrt.

Bei den Frauen liegt es anders. Die weiblichen Angehörigen der unteren Bevölkerungsschichten kümmern sich in der großen Mehrzahl nicht um diese Lehren und stehen den sexuellen Fragen naiver und natürlicher gegenüber. Damit sind auch die Männer der unteren und namentlich der oberen Schichten ganz einverstanden. Wie sollten auch letztere Geschlechtsverkehr finden, wenn die Frauen der unteren Klassen ebenso zur Moral gezwungen würden, wie die Mädchen der oberen Stände? Bei letzteren gilt noch immer das Gebot, daß Geschlechtsverkehr nur in der Ehe erlaubt sei und jeder außereheliche Verkehr schändlich und entehrend sei. Diesen Mädchen droht also, falls sie ehelos bleiben, das lebenslängliche Zölibat; sie haben nicht, man muß wohl sagen, den Vorzug und das Glück der ärmeren Frauenschichten, daß ihnen eine nichteheliche Befriedigung des sexuellen Triebes möglich ist, ohne damit zugleich ihre bürgerliche Existenz zu verlieren. Wie wird das nun nach dem Kriege werden, in dem Hunderttausende, vielleicht eine Million zur Ehe tüchtiger Männer teils gefallen, teils zur Ehe untauglich sein werden und entsprechend viel Mädchen zur Ehelosigkeit verurteilt würden?

Haben wir ein Recht, allen diesen weiblichen Personen dauernde Abstinenz aufzuerlegen? Und alle, die sich dem nicht fügen können und wollen, als unsittlich zu verdammen?

Diesen nicht wegzuleugnenden Übelständen, aber auch den schädlichen Folgen, die bei vielen Frauen durch die sexuelle Abstinenz eintritt, wäre abzuhelfen durch den Gebrauch von Schutzmitteln seitens der Männer.

Und man überlege sich einmal in Ruhe und ohne Voreingenommenheit den — schließlich doch erreichbaren — Zustand, daß die meisten Männer auch nur einige Jahre lang beim außerehelichen Verkehr in irgend einer Weise solche Schutzmaßregeln vernünftig gebrauchen: das Aufhören hunderttausender von männlichen Infektionen und der dadurch für die Behandlung notwendigen Aufwendungen an Geld und Zeit, die entsprechende Abnahme der Fraueninfektionen außerhalb und innerhalb der Ehe, damit das Verschwinden der familiären Syphilis und der so häufig zur Erblindung führenden Augentripper der Neugeborenen, die Verminderung der Prostitution, weil sicherlich durch den Wegfall der Geschlechtskrankheiten wieder ganz andere geschlechtliche Beziehungen zwischen den beiden Geschlechtern sich einstellen werden u. dgl.! Wird man auch nicht so töricht sein, an eine vollkommene Erreichung dieses Zukunftsbildes zu glauben: daß unendlich viel sich bessern würde, darüber kann nicht der geringste Zweifel bestehen. Und gerade die Frauen sollten im Interesse ihrer Söhne und ihrer Töchter, der ganz unschuldig angesteckten Familien, Ehefrauen und Kinder sich diesen Bestrebungen, die Kenntnis der Schutzmaßregeln zu verbreiten, anschließen, mag auch ihr ästhetisches Gefühl und ihre weibliche Moral sich dagegen auflehnen. Müssen wir nicht alle auf allen möglichen Gebieten der öffentlichen Wohlfahrtspflege den häßlichsten Schmutz in den Kauf nehmen, um der Allgemeinheit einen nützlichen Fortschritt zu verschaffen?

Kommt doch alles, was zum Schutze für die Männer geschieht, stets im einzelnen wie in der Totalität der Fälle beiden Geschlechtern zugute; denn die immense Verbreitung der Geschlechtskrankheiten kommt doch nur dadurch zustande, daß fortwährend die Ansteckung zwischen beiden Geschlechtern hin und her geht.

Besonders aber möchte ich folgendes Moment betonen: würde nicht die durch den Schutzmittelgebrauch gefürchtete Steigerung des „unmoralischen" außerehelichen Geschlechtsverkehrs mehr wie reichlich aufgewogen durch die Beseitigung sonstiger schwerer unmoralischer Zustände?

Ich denke hier an die Verminderung der in die Ehe eingeschleppten Infektionen und an die Fülle von Lug und Trug, die sich zwischen Eheleuten beim Bestehen einer Geschlechtskrankheit auftürmt. Wie viele Ehescheidungen mit ihrer widerlichen Aufdeckung der intimsten Verhältnisse würden verhindert werden, wenn namentlich die Ehemänner in geringerer Anzahl geschlechtlich erkrankten.

Ich denke an die Verminderung der kriminellen Aborte und der kriminellen Engelmacherei.

An die Verminderung der unehelichen Geburten und der nachweislichen größeren Kriminalität der unehelich Geborenen.

Ich denke an die Verminderung der Zahl der Mädchen, die durch die Schwangerschaft dem Elend der Prostitution verfallen.

Ich denke daran, daß sich vielleicht eine Verminderung des Angebots zur Prostitution entwickeln könnte, wenn sich durch einen gefahrloseren Verkehr mit anständigeren Mädchen eine vermindertere Nachfrage nach Prostitution seitens der Männer herausstellte.

Gar nicht selten ist die Tatsache einer erworbenen Geschlechtskrankheit die letzte und entscheidende Ursache, daß ein Mädchen zur Prostituierten wird.

Viele Männer heiraten gar nicht oder in viel späteren Jahren, weil sie sich früher angesteckt haben und unterstützen auf diese Weise die Existenz der Prostitution oder eines sonstigen ungeregelten außerehelichen Geschlechtslebens.

Eine nützliche Folge der Schutzmittel würde ferner sein eine Zunahme zeitiger Heiraten, wenn die jungen Ehemänner nicht die materielle Belastung durch gar zu zeitig sich einstellenden Kindersegen zu fürchten hätten.

Sollte es gelingen, die Geschlechtskrankheiten wesentlich zu vermindern, so wird dies eine große Rückwirkung haben auf das moralische Niveau des Geschlechtslebens. Die gegenwärtige kolossale Verbreitung der Geschlechtskrankheiten verführt nicht nur Männer, sondern auch alle mehr oder weniger der Prostitution zugewendeten Weiber zu einem ganz rücksichtslosen Verkehr mit Gesunden, selbst wenn sie sich ihrer eigenen Krankheit bewußt sind. Junge Männer wie Frauen gehen von dem Grundsatz aus: „auf eine Ansteckung mehr oder weniger kommt es ja nicht an". —

Schließlich liegt die Anwendung der Schutzmittel in gewissem Sinne im Interesse der Rassenhygiene.

Forel sagt darüber: Als Typen, die sich nicht vermehren sollten, sind zu bezeichnen in erster Linie alle Verbrecher, Geisteskranken, Schwachsinnigen, Vermindert-Zurechnungsfähigen, Boshaften, Streitsüchtigen, ethisch defekten Menschen. Auch die Narkosesüchtigen (Alkohol, Morphium usw.) schaden durch Keimverderbnis, obwohl sie sonst oft tüchtig ind. Eine zweite Kategorie bilden die zu Tuberkulose Neigenden, die körperlich Elenden, lie Rachitischen, Hämophilen, Verbildeten und sonst durch vererbbare Krankheiten)der krankhafte Konstitutionen zur Zeugung eines gesunden Menschenschlages un- ähigen Individuen.

Und wie verwirklicht man die von Theorie und Praxis der Individual-, sowie der Rassenhygiene geforderte Trennung von Beischlaf und Befruchtung? Am besten durch lie Benutzung des Kondoms. Denn „alle vom Weibe angewendeten Mittel sind unsicher".

„Besonders wichtig und beruhigend ist aber für uns, zu wissen, daß wir nicht nötig haben, eine Ehe schon deshalb zu verbieten, weil deren Produkte schlecht sein können. Wir können armen Psychopathen und erblich Belasteten, sogar Krüppeln, eine kinderlose Ehe gestatten, indem wir von ihnen nur verlangen, daß sie beim sexuellen Verkehr konsequent antikonzeptionelle Mittel anwenden. So schneiden wir ihnen nicht jedes Liebes- und Lebensglück von vornherein ab und treiben sie nicht in die Arme der Prostitution oder eines lebensüberdrüssigen Pessimismus.

Kurz, ich kann mich Mahling und all den übrigen, welche aus sittichen Gründen die Schutzmittel ablehnen, ebensowenig anschließen, wie lenen, die die besondere Gefahr für die Geburtlichkeit fürchten. Die Berechtigung, um nicht zu sagen, die physiologische Notwendigkeit des ehelichen Geschlechtsverkehrs wird man nicht leugnen wollen und ebensowenig das Motiv so vieler Eltern mißbilligen können, die lieber mit einer kleineren Kinderzahl sich begnügen wollen, um ihnen zu einer besseren Erziehung und zu einer nöheren sozialen Lebenslage zu verhelfen, als eine sehr reichliche Nachkommenschaft in die Welt setzen, die körperlich und eventuell sozial minderwertiger bleiben würde.

„Wer den sozialen Verhältnissen unserer Zeit sein Auge nicht verschließt und berücksichtigt, welch unsagbar traurige Zustände in vielen Familien durch eine übergroße Nachkommenschaft herbeigeführt werden, der muß zu der Einsicht gelangen, daß die ierzeitige Verbreitung des Malthusianismus im großen und ganzen nicht die Äußerung eines moralischen Niederganges, sondern eher eine Hebung des moralischen Niveaus der in Betracht kommenden Bevölkerungsschichten bildet. Und jeder wahre Menschenfreund kann nur wünschen, daß die auch gegenwärtig noch oft mit einem scheinheiligen Mäntelchen sich umgebende eheherrliche Brutalität, die bei ungezügelter Befriedigung des Geschlechtstriebes sich auf kirchliche Satzungen stützt, mehr und mehr durch eine höhere Auffassung der sexuellen Sittlichkeit in der Ehe verdrängt wird." (Loewenfeld, Über das eheliche Glück, S. 294.)

Wird man so verstehen, daß viele Eltern glauben, auf eine reichliche Nachkommenschaft verzichten zu müssen, so hat andererseits der Staat ein sehr erhebliches Interesse daran, daß möglichst viele Menschen geboren und zu körperlich wie seelisch gesunden Bürgern auferzogen werden. Dann hat aber auch der Staat die Pflicht, die durch diese Aufzucht entstehenden Lasten mehr oder weniger auf sich zu nehmen und den am Besitz vieler Kinder nicht interessierten, zur Tragung solcher Lasten sehr oft auch wirklich nicht fähigen Familien abzunehmen, selbst wenn wir ein Motiv, welches alle beseelen müßte, den in den letzten Jahren eingetretenen Geburtenniedergang beseitigen zu helfen, anerkennen: nämlich die Pflicht dem Vaterland gegenüber, welches Menschen braucht.

Meiner Überzeugung nach hat aber der Staat auch die Verpflichtung, wenn ihm die Bevölkerungszunahme so wichtig erscheint, in der Schutzmittelfrage den durch die tatsächlichen Verhältnisse nicht gerechtfertigten moralischen Standpunkt aufzugeben und im Interesse der Volksvermehrung die im Kampfe gegen die Geschlechtskrankheiten so wirksamen Schutzmittel freizugeben, wie

es die Deutsche Gesellschaft zur Bekämpfung der Geschlechtskrankheiten schon seit Jahren fordert.

Unsere Gesellschaft hat sich schon mehrfach mit diesem Gegenstand beschäftigt und dreimal entsprechende Petitionen eingereicht.

1. **1911 eine Eingabe zum Entwurf eines Gesetzes gegen Mißstände im Heilgewerbe.** Mitteilungen der D. G. B. G. Bd. 9. 1911 S. 5 ff.

Die Bestimmungen der §§ 6 und 8 scheinen uns wenig förderlich, ja einzelne dieser Bestimmungen sind unseres Erachtens in gesundheitlicher Beziehung als außerordentlich gefährlich zu bezeichnen.

Dahin gehört vor allem die Bestimmung des § 8, daß öffentliche Ankündigung oder Anpreisung von Gegenständen oder Verfahren, die zur Verhütung, Linderung oder Heilung der Geschlechtskrankheiten, wie Syphilis, Schanker oder Tripper, auch wenn diese in anderen Körperteilen als den Geschlechtsorganen auftreten, dienen sollen, bestraft wird, „wenn nicht auf Grund anderer gesetzlichen Bestimmungen eine schwerere Strafe verwirkt wird". Zwar heißt es im Schlußabsatz des § 8, daß diese Vorschriften des Abs. 2 keine Anwendung finden, soweit die Ankündigung oder Anpreisung in wissenschaftlichen Fachkreisen auf dem Gebiete der Medizin usw. erfolgt.

Wir verkennen ja nicht, daß mit der Ankündigung oder Anpreisung von Schutzmitteln in öffentlichen Blättern sehr viel gesündigt wird . . . . .

Aber schon die bisherige Spruchpraxis des Reichsgerichts hat gezeigt, daß es nicht auf die Form der Ankündigung ankommt, sondern daß man auch vollkommen unanstößige Ankündigungen mit Strafe belegt. Wir meinen, daß in den Paragraphen eingefügt werden sollte, daß bestraft wird, wer „in einer den Anstand gröblich verletzenden Weise" diese Dinge ankündigt. Fernerhin müßte fortfallen der Satz: „wenn nicht nach anderen gesetzlichen Bestimmungen eine schwerere Strafe verwirkt ist", da sonst außer der Bestrafung nach dem vorliegenden Gesetz noch eine Bestrafung auf Grund der lex Heinze erfolgen kann. Es müßte vielmehr heißen: „Anderweitige Strafbestimmungen kommen in Fortfall."

Und weiter: Die Zahl der in den preußischen Irrenhäusern jährlich aufgenommenen Paralytiker betrug in den Jahren 1881—1910 1217, im Jahre 1907 2939, also das $2^{1}/_{2}$fache. Da die Paralyse durchschnittlich etwa 15 Jahre nach der syphilitischen Infektion auszubrechen pflegt, die Geschlechtskrankheiten in diesen letzten 15 Jahren sich aber in Preußen annähernd verdoppelt haben, wird in weiteren 15 Jahren die Zahl der Paralytiker das Doppelte betragen, wenn man aber die Benutzung der Schutzmaßnahmen unmöglich macht, das 10- und 20fache, und ebenso würden Rückenmarksschwindsucht, Herz- und Gefäßkrankheiten in rapider Progression zunehmen.

2. **1914.** Aus den Reihen der Reichstagsabgeordneten war ein von zahlreichen Mitgliedern aller bürgerlichen Parteien unterzeichneter Antrag der Regierung zugegangen, der sich mit einem Gesetzentwurf „betreffend den Verkehr mit Mitteln zur Verhinderung von Geburten" (Gesetzentwurf Nr. 1380. Reichstag. 13. Legisl.-Per. 1. Sess. 1912/14) befaßt. Derselbe lautet:

§ 1. Der Bundesrat kann den Verkehr mit Gegenständen, die zur Beseitigung der Schwangerschaft bestimmt sind, beschränken oder untersagen. Das gleiche gilt bezüglich der zur Verhütung der Empfängnis bestimmten Gegenstände insoweit, als nicht die Rücksichtnahme auf die Bedürfnisse des gesundheitlichen Schutzes entgegensteht. Die vom Bundesrat getroffenen Anordnungen sind dem Reichstag, wenn er versammelt ist, sofort, anderenfalls bei seinem nächsten Zusammentritt zur Kenntnis zu bringen. Soweit der Bundesrat den Verkehr mit einzelnen Gegenständen untersagt hat, ist deren Einfuhr verboten.

§ 2. Mit Geldstrafe bis zu einhundertfünfzig Mark oder mit Haft wird bestraft, wer einer Verkehrsbeschränkung oder einem Verkehrsverbot oder dem Einfuhrverbot (§ 1) zuwiderhandelt. Ist der Verkehr oder die Einfuhr verboten, so kann neben der Strafe auf Einziehung der Gegenstände erkannt werden, sofern sie dem Täter oder einem Teilnehmer gehören. Ist die Verfolgung oder Verurteilung einer bestimmten Person nicht ausführbar, so kann auch die Einziehung selbständig erkannt werden.

§ 3. Mit Gefängnis bis zu sechs Monaten und mit Geldstrafe bis zu eintausendfünfhundert Mark oder mit einer dieser Strafen wird, wenn nicht nach anderen gesetzlichen Bestimmungen eine schwerere Strafe erwirkt ist, bestraft, wer Gegenstände, die zur Verhütung der Empfängnis oder zur Beseitigung der Schwangerschaft bestimmt sind, öffentlich ankündigt oder anpreist. Diese Bestimmung findet keine Anwendung, soweit die Ankündigung oder Anpreisung in wissenschaftlichen Fachkreisen auf dem Gebiete der Medizin oder Pharmazie erfolgt.

Zu diesem Antrage reichte 1914 die Deutsche Gesellschaft zur Bekämpfung der Geschlechtskrankheiten die Petition ein, diesem nur insoweit zuzustimmen, als es sich um den Vertrieb von Gegenständen handelt, die zur Beseitigung der Schwangerschaft bestimmt sind, dagegen von den zur Verhütung der Empfängnis bestimmten Gegenständen nur die gesundheitsgefährdenden in den Rahmen eines solchen Gesetzentwurfes aufzunehmen. Denn einmal ist der vorgeschlagene Weg nicht geeignet, den gewollten Zweck, nämlich die Hebung der Geburtenziffer, zu erfüllen — das wird nur durch umfassende soziale und sozialhygienische Reformen zu erreichen sein — andererseits muß das generelle Verbot des Vertriebes von Schutzmitteln zu einer schweren Schädigung der Volksgesundheit führen, weil die Prophylaxe gegenüber den Geschlechtskrankheiten dadurch außerordentlich erschwert, ja wahrscheinlich völlig unmöglich gemacht wird.

Eine Trennung zwischen antikonzeptionellen Mitteln und solchen, die zum Schutze der Gesundheit dienen, ist aber nicht durchführbar. Denn jedes Mittel, das wirksam eine geschlechtliche Infektion verhütet, muß zu gleicher Zeit eine Konzeption verhüten. Samenfäden sind Lebewesen wie die Erreger der Geschlechtskrankheiten, und was diese abtötet oder ihnen den Zutritt zu den Geschlechtsorganen abschneidet, wirkt genau so auf jene. Überdies ist der Begriff des gesundheitlichen Schutzes sehr dehnbar.

Die Deutsche Gesellschaft zur Bekämpfung der Geschlechtskrankheiten hat zu dem Entwurf eines neuen Reichsstrafgesetzbuches den Vorschlag gemacht, den Vertrieb der Schutzmittel gesetzlich derart zu regeln, daß nur der Vertrieb gesundheitsgefährdender Mittel, wie z. B. der in die inneren Geschlechtsorgane selbst einzuführenden Intrauterinpessare und Steriletts usw. zu verbieten bzw. zu beschränken sei, der Vertrieb unschädlicher Schutzmittel aber nur insofern einer Beschränkung bzw. Bestrafung unterliegen solle, als bei der öffentlichen Ausstellung und Anpreisung der Anstand gröblich verletzt würde. „Mitteilungen der Deutschen Gesellschaft zur Bekämpfung der Geschlechtskrankheiten". 12, 1914, S. 37 ff.

3. 1916 endlich ist folgende Petition eingereicht worden, und sie enthält die Forderung, die auch ich mit vollster Überzeugung vertrete:

a) dem § 184 ist ein Absatz 3 folgenden Wortlauts hinzuzufügen:

„Der Strafvorschrift des Absatzes 1 Ziffer 3 unterliegen nicht Gegenstände, die zur Verhütung der Verbreitung von Geschlechtskrankheiten dienen, sofern sie nicht gesundheitsgefährdend sind und nicht im Umherziehen oder in einer Weise, die geeignet ist, Ärgernis zu erregen, dem Publikum angekündigt oder an einem dem Publikum zugänglichen Orte ausgestellt werden."

b) sofern eine Untersagung oder Beschränkung des Verkehrs mit empfängnisverhütenden Gegenständen zu erwarten steht, davon auszunehmen:

„Gegenstände, die zur Verhütung der Verbreitung von Geschlechtskrankheiten dienen und auch nicht gesundheitsgefährdend sind, sofern die Verbreitung nicht im Umherziehen oder in ärgerniserregender Weise geschieht."

Zur Begründung wird folgendes angeführt:

Die ungeheure Verbreitung der Geschlechtskrankheiten, die große Gefahren, welche der Gesundheit des Einzelnen wie der Gesamtheit aus diesen Erkrankungen drohen, der schädigende Einfluß, den sie insbesondere auf die Geburtenziffer und die Lebenskraft des Nachwuchses ausüben, die Unmöglichkeit ferner, mittelst öffentlicher Schutzmaßnahmen der Verbreitung dieser Krankheiten wirksam zu begegnen, machen die Anwendung individueller Schutzmittel unentbehrlich. Ja, es ist erforderlich, daß überall da, wo die Gefahr der Krankheitsübertragung besteht — und das gilt auch von der leider so überaus häufigen Verschleppung in die Familie durch den ehelichen Verkehr — von diesen Schutzmitteln in möglichst weitgehendem Umfange Gebrauch gemacht wird.

Aus diesem Grunde sind Maßnahmen zu verwerfen, welche zu einer Beschränkung oder gar Verhinderung der Verbreitung individueller Schutzmittel führen, wofern dadurch nicht anderweitiger Schaden angerichtet wird.

a) Die Rechtsprechung des Reichsgerichts, welche die Schutzmittel unter die „Gegenstände, die zu unzüchtigem Gebrauch bestimmt sind", unterstellt und ihre öffentliche Ausstellung, Ankündigung oder Anpreisung schlechtweg der Strafandrohung des § 184, Ziffer 3 des Str.G.B. unterwirft, gefährdet die Volksgesundheit in hohem Maße. Es handelt sich also darum, eine Bestimmung zu treffen, welche in Anknüpfung an einen in erster Lesung gefaßten Beschluß der Strafrechtskommission die öffentliche Ankündigung, Anpreisung oder Ausstellung von Schutzmitteln nur insoweit mit Strafe bedroht, als diese Schutzmittel entweder gesundheitsgefährdend sind (z. B. Spritzen mit Intrauterinansätzen) oder ihre Verbreitung im Wege des Hausierhandels oder in ärgerniserregender Weise geschieht.

b) Im Verfolg dieses Standpunktes müßte dann auch bei Annahme eines Gesetzes, welches den Verkehr mit empfängnisverhütenden Mitteln führen soll, der Verkehr mit Schutzmitteln in den bezeichneten Grenzen ausdrücklich freigelassen werden.

F. Siebert hat einen Weg vorgeschlagen, von dem er glaubt, daß er die berechtigten Wünsche, die die Vertreter des Schutzes vor Geschlechtskrankheiten haben, erfüllt und zugleich den Sorgen der Gegner des Neomalthusianismus entgegenkommt. Der Gegensatz ist dann der, daß man die Empfehlung durch berufene Kräfte zuläßt, die Agitation zu geschäftlichen Zwecken unterbindet, daß man vor allem den Schutz vor geschlechtlichen Erkrankungen im Auge hat, daß man aber den neomalthusianistischen Predigern das Geschäft erschwert. **Er will den § 184 Abs. 3 belassen, verlangt aber folgende Zusätze:**

Straflos bleibt die Ankündigung von Mitteln gegen geschlechtliche Ansteckung, auch wenn sie geeignet sind, die Empfängnis zu verhüten, wenn sie im Wortlaute wissenschaftlicher Aufsätze in ärztlichen oder anderen wissenschaftlichen Zeitungen und Drucksachen geschieht oder in Vorträgen, die von berufener Seite veranstaltet werden.

„In diesen Vorträgen, sowie in Drucksachen, welche zur Massenverbreitung bestimmt sind, muß die Absicht der Reklame ausgeschlossen sein, es dürfen nicht bestimmte Mittel aus bestimmten Fabriken zum Nutzen des Herstellers angepriesen werden. Schutzmittel gegen Geschlechtskrankheiten und gegen Empfängnis dürfen nur in Apotheken und Medizinaldrogerien feilgehalten, aber nicht öffentlich ausgestellt werden."

So sehr ich die klare und einfache Fassung der von der Deutschen Gesellschaft zur Bekämpfung der Geschlechtskrankheiten eingereichten Petition vorziehe, so muß man doch anerkennen, daß es einen erheblichen Fortschritt gegenüber dem jetzigen Zustande bedeuten würde, wenn der Siebertsche Vorschlag zur Durchführung gelangte. **Jedenfalls aber muß erreicht werden, daß es gestattet wäre, die rein antivenerischen Methoden und Mittel vor der Öffentlichkeit zu besprechen und für eine möglichst weitgehende Anwendung derselben im außerehelichen Verkehr Propaganda zu machen. Auch müßten für jedermann zugängliche Desinfektionsgelegenheiten in allen größeren Städten, wo ein prostitutionsartiger Verkehr mehr oder weniger reichlich betrieben wird, geschaffen werden;** wie man sieht, Zugeständnisse an diejenigen, die die antikonzeptionelle Wirkung der Schutzmittel fürchten, wenn sie auch bei den Moralisten auf Widerspruch stoßen werden.

Literatur und Material zur Schutzmittelfrage.

Alexander, C., Sexualhygiene, Frauenproteste und Libido sexualis. Monatsschr. f. Harnkr. 1904, S. 163. Für alle diejenigen, die eine schnelle Eindämmung so gefährlicher Volksseuchen wie Tripper und Syphilis, ins Werk setzen wollen, besteht die Notwendigkeit einer sexuellen Prophylaxe durch Empfehlung von Schutzmitteln. Nur die Reklame, die mit verschiedenen dieser Mittel getrieben wird, die Art, wie sie der Jugend angepriesen werden, ist direkt widerlich und auf das Schärfste zu bekämpfen; und wenn in einem Frauenproteste die Forderung erhoben wurde, daß die „Deutsche Gesellschaft zur Bekämpfung der Geschlechtskrankheiten" sich nicht dazu hergeben dürfe, diese unwürdige Geschäftsreklame gewisser Schutzmittelfabrikanten zu unterstützen, so kann man dem nur beipflichten. Die sexuelle Prophylaxe soll nicht Gegenstand eines einträglichen geschäftlichen Großbetriebes werden; sie ist Sache des Arztes.

Arnstedt, Preußisches Polizeirecht. S. 384. Eine Polizeiverordnung, welche das öffentliche Anpreisen von Mitteln zur Verhütung der Empfängnis oder von Geschlechtskrankheiten verbietet, ist ungültig, weil sie im Widerspruch mit dem Strafgesetzbuch und dem Preußischen Landesrecht steht (Erk. d. K.G. v. 12. 12. 1900).

Ashford, Macheon, Statistical report of venereal prophylaxis, from 1. Dezember 1913, 30. April 1914 at Fort Washington and. for the purpose of showing its efficacy. (The military surg. 35. S. 9.) Wien. klin. Wochenschr. 1914. Nr. 49. S. 1582.

— Wien. klin. Wochenschr. 1914, S. 1582. Kommandierende Offiziere haben dafür zu sorgen, daß Mannschaften welche sich der Gefahr der Ansteckung durch venerische Krankheiten aussetzen, sofort nach Rückkehr ins Lager oder in die Garnison, im Spital oder in der Ambulanz sich den prophylaktischen Maßregeln zu unterwerfen haben, welche vom Generalarzt vorgeschrieben sind. Jeder Soldat, welcher diese Verordnung nicht befolgt, soll wegen Pflichtverletzung vor das Kriegsgericht gestellt werden. — Diese Maßregel hatte den Erfolg, daß von 221 prophylaktisch im Durchschnitt 5,2 Stunden nach dem Koitus Behandelten bloß 6, das ist 2,7% an Gonorrhoe (4) bzw. Syphilis (2) erkrankten. Es wurde von dem Arzte durchgeführt, daß alle mit venerischen Krankheiten Behafteten, welche die prophylaktische Behandlung umgingen, vor ein Kriegsgericht gestellt wurden, während der Behandlung keinen Sold erhielten und die Dienstzeit verloren. Es wurden der Mannschaft stets die Folgen der Unterlassung prophylaktischer Behandlung nach dem Koitus vorgeführt. Um diese Behandlung auch sofort durchführen zu können, wurde jedem Boot, welches den Verkehr zwischen Washington und dem Fort bei Nacht vermittelte, ein entsprechend instruierter und ausgerüsteter Sanitätsmann mitgegeben, was der Mannschaft bekannt gegeben wurde. Diesem Sanitätsposten wurden auch prophylaktische Tuben mitgegeben, in welchen die entsprechenden Medikamente enthalten waren. Mit der weiteren Instruierung, glaubt der Verfasser, wird ein weiteres Sinken venerischer Krankheiten zu erzielen sein.

Bachmann, R. A., Das Problem der geschlechtlichen Prophylaxe. Med. Record. **82,** 1912, S. 195; 1913, S. 602. Arch. f. Derm. u. Syph. **115,** S. 524; **119,** S. 329. Berichte über diesbezügliche sehr erfolgreiche Versuche in Heer und Flotte.
— Geschlechtliche Prophylaxe mit ihren Fehlschlägen. The Journ. of Amer. Med. Assoc. 1913, S. 1610. Arch. f. Derm. u. Syph. **117,** 1914, S. 608. Bedenken gegen die Kalomelsalbe als Gonorrhoe-Prophylaktikum.
— How to abolish venereal diseases. The Urol. and Cutan. Rev. **18,** 1914, S. 241. Zahl der Mannschaften 450, Zahl der Männer, die geschlechtlich verkehrten 412, Zahl der Männer, die die „Tube" benutzten 240, Zahl der Männer mit Schiffsprophylaxe 172, Zahl der Infektionen (Gonorrhoe) 2.
Balzer, F., und **R. Barthélemy,** Note sur certains modes de contagion du chancre syphilitique et sur la prophylaxie individuelle de la syphilis. Annal. de Mal. Vén. 1915, Heft 3, S. 129.
Benario. Mitteilungen der Deutschen Gesellschaft zur Bekämpfung der Geschlechtskrankheiten. **2,** 1904, Nr. 1 u. 2. Benario hat schon 1903 ein Beispiel angeführt, um die Wirksamkeit der Schutzmittel zu beweisen. Es handelte sich damals um Schiffe der Kriegsmarine, die zu einer Übungsfahrt ins Ausland ausgelaufen waren. Der eine Teil der Schiffe hatte Schutzmittel an Bord, der andere nicht; bei dem ersteren Teil kamen nun keine Erkrankungen vor, bei dem anderen in erheblichem Umfange. — Redner ist heute in der Lage, ein weiteres Beispiel dieser Art anzuführen. Es handelt sich um zwei Gruppen von Personen, die unter fast gleichen Bedingungen über einen größeren Umkreis verteilt sind. Die eine Gruppe, welche zirka 13 600 Leute umfaßt, wies im Jahre 1909 218 venerische Erkrankungen auf. Im Laufe des Jahres 1910 wurden ihr Schutzmittel zugänglich gemacht und die Erkrankungsziffer ging auf 159 = 27 % zurück. Dabei ist zu erwähnen, daß die erkrankten 159 das Schutzmittel nachweislich nicht gebraucht haben. Bei der zweiten Gruppe, die zirka 10 200 Menschen umfaßt, stieg in den gleichen Zeiträumen die Zahl der Erkrankungen von 60 auf 78, also um 30 %. Es besteht also zwischen den beiden Gruppen eine Verschlechterung der letzteren um 57 %; d. h. um 57 % hätte die Erkrankungsziffer bei Gruppe II heruntergedrückt werden können, wenn sie unter den gleichen Bedingungen wie Gruppe I gestanden hätte. Es ist mir auch bekannt, daß bei gehöriger Einwirkung für den Gebrauch der Schutzmittel die Erkrankungsziffer auf 0 % reduziert werden konnte. Verhandl. d. 8. Jahresvers. d. Deutsch. Ges. z. Bekämpfung d. Geschlechtskrankh. in Dresden. Juni 1911. Zeitschr. f. Bekämpfung d. Geschlechtskrankh. **13.**
Bernhard, Gg., Strafgesetz und Schutzmittel gegen Geschlechtskrankheiten. Zeitschr. z. Bekämpfung d. Geschlechtskrankh. **4,** 1905, S. 270. Leitsätze. I. Die Ankündigung von Schutzmitteln kann nach geltendem Recht — abgesehen von den ausgesprochenen Fällen des Betruges (§ 263 des Strafgesetzbuches) — strafbar sein: a) wegen Täuschung des Publikums (§ 4 Gesetz zur Bekämpfung des unlauteren Wettbewerbs vom 27. Mai 1896). Strafe: Geldstrafe bis zu 1500 Mark. Im Rückfall daneben oder statt der Geldstrafe Haft oder Gefängnis bis zu 6 Monaten. b) Wegen Verletzung der öffentlichen Sittlichkeit 1. durch die Form der Ankündigung (§ 184, Absatz 1 des Strafgesetzbuches), 2. durch den Inhalt der Ankündigung (§ 184, Absatz 3 des Strafgesetzbuches d. sog. lex Heinze). Strafe: Gefängnis bis zu 1 Jahr und daneben oder wechselweise mit Geldstrafe bis zu 1000 Mark. Neben der Gefängnisstrafe kann auf Verlust der bürgerlichen Ehrenrechte sowie auf Zulässigkeit von Polizeiaufsicht erkannt werden. II. Vom Standpunkt der Bekämpfung der Geschlechtskrankheiten ist gegen Bestrafung aus den Fällen 1a und Ib, 1 nichts einzuwenden. Es ist im Gegenteil erwünscht, daß gegen Ankündigungen von Schutzmitteln in marktschreierischer, auf Täuschung berechneter sowie in lasziv unsittlicher Form energisch eingeschritten wird. III. Dagegen wird durch die Bestrafung von Ankündigungen aus § 184, Absatz 3 des Strafgesetzbuches der Kampf gegen die Gefahren der Geschlechtskrankheiten aufs äußerste erschwert. Denn nach der ständigen Rechtsprechung des Reichsgerichts werden unter den Begriff der „Gegenstände, die zu unsittlichem Gebrauch bestimmt sind" alle Schutzmittel gegen die Verhütung der Konzeption und Ansteckung subsumiert. Dieser Gesetzesinterpretation des Reichsgerichts hat sich die Rechtsprechung in Zivilsachen sowie die Spruchpraxis des Kaiserlichen Patentamtes angeschlossen. IV. Dieser Rechtsprechung ist entgegenzutreten aus Gründen: a) der allgemeinen Moral. Das Reichsgericht sieht als unzüchtig jeden außerehelichen Geschlechtsverkehr an. Demgegen-

über muß betont werden, daß der normale Geschlechtsverkehr zwischen Mann und Weib auch außerhalb dauernder ehelicher Gemeinschaft nicht ohne weiteres unsittlich ist. b) der Volkshygiene. 1. Selbst wenn die ethische Voraussetzung des Reichsgerichts zuträfe und auch für den, der sie billigt, kann es keinem Zweifel unterliegen, daß trotzdem den Gefahren für die Volksgesundheit, die aus dem — im großen Umfang bestehenden und vorläufig nicht auszurottenden — außerehelichen Geschlechtsverkehr entspringen, prophylaktisch entgegengetreten werden muß. 2. Die Schutzmittel werden auch im ehelichen Geschlechtsverkehr gebraucht und dienen als Vorbeugung gegen Erzeugung einer kranken oder schwächlichen Nachkommenschaft. 3. Zum Teil dienen ferner die Schutzmittel im ehelichen Geschlechtsverkehr der Verminderung einer zu zahlreichen Volksvermehrung. Die allzu starke Vermehrung, namentlich des Proletariats, hat ein übergroßes Angebot von Arbeitskräften zur Folge. Sie wirkt also mit an der zunehmenden Unsicherheit der Einzelexistenzen und verewigt die Prostitution, die fruchtbarste Pflanzstätte der Geschlechtskrankheiten. 4. Eine Trennung von Schutzmitteln gegen Konzeption und solchen gegen Ansteckung ist schon deshalb schwer möglich, weil viele Schutzmittel beiden Zwecken gleichzeitig dienen. c) der juristischen Wissenschaft. 1. Zu „unzüchtigem Gebrauch" bestimmt kann nur etwas sein, das für den Geschlechtsakt selbst bestimmt ist, nicht aber ein Schutzmittel, das entweder vor oder nach dem „unzüchtigen" Akt benutzt wird oder beim „unzüchtigen" Akt eine absolut passive Rolle spielt. (Dieser Ansicht scheint auch das Reichsgericht in merkwürdigem Widerspruch zu sich selbst zuzuneigen. Vgl. Entscheidung des Reichsgerichts in Strafsachen **34**, S. 287). 2. Bei der Auslegung des Begriffes „bestimmt" zu unzüchtigem Gebrauch setzt sich das Reichsgericht in Widerspruch mit der Auslegung, die bisher sowohl die Wissenschaft als auch es selbst dem Begriff des „Bestimmtsein zu etwas" gegeben haben. (Vgl. Strafgesetzbuch §§ 123, 124, 133, 166, 167, 243, 299, 306, 322, 324. Gesetz betreffend die Bestrafung der Entziehung elektrischer Arbeit, § 1.) 3. Das Reichsgericht kann sich für seine Auffassung darauf berufen, daß in den Motiven gerade Präservativs ausdrücklich unter den inkrimierten Gegenständen genannt sind. Aber die Motive, die den Richter niemals binden, dürfen dann nicht zur Auslegung herangezogen werden, wenn die Wortfassung des Gesetzes der — vielleicht vorhanden gewesenen — Absicht des Gesetzgebers widerspricht. Nullum crimen sine lege. 4. Das Bewußtsein, Artikel für den „unzüchtigen" Gebrauch anzupreisen, fehlt bei den Urhebern von Anzeigen der Schutzartikel in der medizinischen Fachpresse völlig. V. An eine Änderung der Rechtsprechung des Reichsgerichts ist kaum zu denken. VI. Die Streichung des § 184, Absatz 3 ist nicht zu verlangen, da es tatsächlich Gegenstände gibt, die zu unzüchtigem Gebrauch bestimmt sind und deren öffentliche Ausstellung oder Anpreisung nicht erwünscht ist. VII. Im Interesse der Volkshygiene ist aber eine Änderung der Gesetzgebung erwünscht. Sie ist am wirksamsten in Gestalt der Aufnahme einer Legaldefinition ins Gesetz zu erstreben, so daß § 184, Absatz 3 folgende Wortfassung erhält: „Strafbar ist, wer . . . Gegenstände, die zu ungünstigem Gebrauch bestimmt sind, an Orten, welche dem Publikum zugänglich sind, ausstellt, oder solche Gegenstände dem Publikum ankündigt oder anpreist. — Gegenstände, die lediglich der Ansteckungsgefahr oder der Konzeption vorbeugen sollen, gelten nicht als „zu unzüchtigem Gebrauch bestimmt".

Bertin, La prophylaxie de la syphilis. Echo méd. du Nord. Lille 1908, 12, 577—589. Ann. des mal. vén. 1910. Nr. 1. S. 77.

Biro, E., Über die Prophylaxe der Blenorrhagie und anderer venerischer Erkrankungen. Urol. Beibl. d. Budapesti Orv. Njsag. 1913, Nr. 4. Dermat. Wochenschr. 1915, Heft 29, S. 720.

— Die Prophylaxe der venerischen Krankheiten. Mitteil. d. Deutsch. Ges. z. Bekämpfung d. Geschlechtskrankh. **12**, S. 125. Die Mannschaft wird alle 14 Tage einer genauen ärztlichen Untersuchung unterzogen, dann noch jährlich und außerdem periodisch. Die zur Waffenübung einrückenden Reservisten werden, wenn sie für geschlechtskrank befunden werden, nicht ausgerüstet, sondern sofort in ihren Zuständigkeitsort rückbeurlaubt, gleichzeitig wird die zuständige Verwaltungsbehörde von der Krankheit des Betreffenden verständigt. In den Wintermonaten halten die Truppenärzte aller Waffengattungen in den Mannschafts- und Unteroffizierschulen Vorträge über Gesundheitspflege, wobei die Mannschaft zugleich in der Prophylaxe der Geschlechtskrankheiten unterrichtet wird. Außerdem wird nach dem Einrücken der

Rekruten sowie der Reservisten mit der ganzen Mannschaft die Prophylaxe der Geschlechtskrankheiten noch einmal besprochen. Eine bedeutungsvolle Schutzmaßregel
des Honvédministeriums ist die Errichtung von Dispensarien. In jeder Kaserne nämlich
ist nahe am Toreingang in einem Zimmer ein isoliertes Abteil, das mit Waschgelegen-
heiten, $5^0/_0$iger Albargin-Glyzerinlösung, einer Spritze und 1 : 1000 Sublimat-Alkohol-
lösung ausgestattet ist. Jeder Mann kann hier nach seiner Heimkehr die prophylaktische Eintröpfelung und Waschung unter Aufsicht des Inspektionsunteroffiziers, der
für diese Manipulation instruiert ist, ausführen. Sexualpädagogik. Es hat sich
hier offenbart, daß wir eine große Sünde begehen, wenn wir in den Mittelschulen die
Sexualpädagogik nicht in dem Maße einführen, wie es sich gehört. Es hat sich herausgestellt, daß das moralische Empfinden der Jünglinge, das von einigen so eifersüchtig
gehütet wird, durch die Pflege der Sexualpädagogik nicht im geringsten tangiert wird.
Es hat sich weiter bestätigt, daß bei uns in den Honvédoffiziersbildungsanstalten im
Jahre kaum eine venerische Krankheit vorkommt, und so sind im Vergleich mit den
Mittelschulen die gleichgestellten Honvédanstalten bei weitem im Vorteil. In der
Ludovikaakademie werden die neuen Zöglinge schon in den ersten Tagen in der Prophylaxe der Geschlechtskrankheiten unterrichtet. Sie werden auf die Abstinenz aufmerksam gemacht und dann in allen Einzelheiten der Prophylaxe unterrichtet. Jeder
Neueintretende erhält ein in der Tasche tragbares Prophylaktikum, das sowohl gegen
die Blennorrhoe als auch gegen die Syphilis Schutz bietet. Dieses Prophylaktikum muß
jeder Akademiker bei sich tragen, wenn er Erlaubnis über die Zeit erhält. Einer ähnlichen Unterweisung werden auch die Zöglinge der beiden Honvédkadettenanstalten
und der Soproner Oberrealschule teilhaftig, mit dem Unterschiede, daß der Unter-
richt bei den Drittjährigen beginnt und sie mit dem Prophylaktikum versehen werden,
wenn sie am Ende des vierten Jahrgangs das Institut verlassen. Welch kolossalen
Wert dieses System hat, das könnte ich mit statistischen Daten beweisen. Dies-
bezüglich verweise ich auf den betreffenden Abschnitt meiner Militärhygiene.

Blanck, Über die persönliche Prophylaxe und abortive Behandlung der Blennorrhoe.
Med. Woche 1900, Nr. 17. Monatsh. f. prakt. Derm. **33,** 1901, S. 95. Ähnliche Er-
folge wie Fertig lobt Blanck, der die Wertschätzung $2\,^0/_0$iger Lapiseinträufelungen
(Blokusewski), $20^0/_0$iger Protargolglyzerininstallationen (Frank) oder $3\,^0/_0$iger Prot-
argolinjektionen (Welander) ohne Rücksicht auf andere als sanitäre Momente ins
Volk getragen wissen will.

Blaschko, A., Zur Schutzmittelfrage. Zeitschr. f. Bekämpfung d. Geschlechtskrankh.
16, 1915/16, Nr. 10.

— Hygiene und Rechtsprechung. Zeitschr. f. Bekämpfung d. Geschlechtskrankh. **14,**
1913, S. 128.

Blokusewski, Erwiderung auf Dr. R. de Campagnolles Arbeit: „Über den Wert der
modernen Instillationsprophylaxe der Gonorrhoe." Zeitschr. f. Bekämpfung d. Geschlechtskrankh. **3,** 1905, S. 148.

— Die Entwicklung der persönlichen Prophylaxe der Geschlechtskrankheiten. Monatsber. f. Urol. **11,** 1904. Monatsschr. f. Harnkrankh. usw. 1905, S. 109.

Bonnette, Verhütung der venerischen Krankheiten. Der aseptische Koitus. Gaz. de hôp.
1909, Nr. 76. Monatsh. f. prakt. Derm. **49,** 1909, S. 415. In allen Bordellen sollen
die Prophylaktika vorrätig sein.

Bornträger, J., Der Geburtenrückgang in Deutschland. C. Kabitzsch, Würzburg 1913.
Scharfer Gegner der Schutzmittel.

Boureau-Blois, Die Prophylaxe der venerischen Krankheiten und die Präventiv- wie Abortivbehandlung des Trippers. Monatsh. f. prakt. Derm. **33,** 1901, S. 28. Er empfiehlt
als Schutz gegen Tripperinfektion und als Abortivmittel bei dem ersten Beginn der
Blennorrhoe einen von ihm angegebenen in die Urethra zu schiebenden und dort verschieden lange zu tragenden Sublimatverbandapparat, der den Namen Uréthroméche
trägt. Der in die Harnröhre zu führende sublimathaltige Teil endigt in einen Schluß-
ansatz von Gummi, der das Hineingleiten der ganzen Vorrichtung verhindert und an
dem die Befestigung erfolgt. Einige Experimente in vivo sind vom Verfasser ausgeführt
worden, welche die bestimmt prophylaktische Wirkung des Boureauschen Apparates
beweisen. Die antiblennorrhoische Wirkung ist, wenn bis 12 Stunden nach
dem suspekten Koitus eintretend, eine sichere. Man braucht den Verband nur zwei

Stunden zu tragen. Als Schutz gegen Syphilisübertragung empfiehlt der Verfasser dem Manne, direkt nach dem Beischlaf nach Seifenwaschung der Genitalsphäre das Glied längere Zeit, mindestens 5 Minuten in eine Sublimatlösung (ein Kaffeelöffel einer 25 $^0/_0$ igen Lösung auf einen Liter Wasser) zu tauchen. Jede prophylaktische Injektion (Blokusewski-Frank) verwirft Boureau.

Brown, S., Compulsory Prophylaxis against venereal Disease. Military Surg. **24,** 1909. Arch. f. Schiffs- u. Tropenhyg. **15,** 1911, Heft 3, S. 85. Bei Rückkehr an Bord wurde die Prophylaxe durch Reinigung, Einspritzung von 2 $^0/_0$ iger Protargollösung, die fünf Minuten angehalten wurde, und Einreibung $33^1/_3$ $^0/_0$ iger Kalomelsalbe vorgenommen. Indes wird durchweg von den Berichterstattern statt des Systems der Belehrung das Zwangssystem gefordert. Ein Umschwung trat erst ein, als die Zwangsprophylaxe eingeführt wurde. Von technischen Einzelheiten sei der vom Berichterstatter Connecticut geäußerte Wunsch nach einem Prophylaxepäckchen erwähnt.

— Compulsory Prophylaxis against venereal Disease. (Zwangsprophylaxe gegen Geschlechtskrankheiten.) The Military Surg. **24,** Heft 5, 1909. Arch. f. Schiffs- und Tropenhyg. **14,** 1910, S. 97.

Bruck, Franz, Zur persönlichen Prophylaxe der Syphilis. Zugleich ein Beitrag auf die Frage, auf welche Weise von latentsyphilitischen Prostituierten Infektionen ausgehen können. Münch. med. Wochenschr. 1913, Nr. 12, S. 650.

Butte, Prophylaxie des maladies vénériennes dans l'armée. Annal. des Mal. Vén. 1915, Heft 5, S. 285.

de Campagnolle, R., Bemerkung zu Blokusewskis Erwiderung auf meine Arbeit: „Über den Wert der modernen Instillationsprophylaxe der Gonorrhoe." Zeitschr. f. Bekämpfung d. Geschlechtskrankh. **3,** 1905, S. 299.

— Über den Wert der modernen Instillationsprophylaxe der Gonorrhoe. Zeitschr. f. Bekämpfung d. Geschlechtskrankh. **3,** S. 84.

Carle, Quelque principes de prophylaxie antivénérienne. London 1913. Med. Congr. Sect. 13. Derm. u. Syph. **2,** S. 203.

Caro, Leo, Zur Kasuistik der Tripperprophylaxe nach Ernst R. W. Frank, Allg. med. Zentr.-Ztg. 1899, S. 756.

Chastang, Die Prophylaxe der venerischen Krankheiten bei der ostasiatischen Schiffsdivision (der französischen Kriegsflotte). Presse méd. 1914, Nr. 32. Arch. f. Derm. u. Syph. **122,** S. 306. Die Zahl der Geschlechtskranken ist auf den in Indochina und Ostasien stationierten Kriegsschiffen besonders hoch. 137 pro 1000 Mann gegenüber 64 pro Mille auf anderen Geschwadern. Eine Besserung ist durch die Bestimmung, daß an Bord Vorbeugungsmittel auf Wunsch verabfolgt werden, nicht herbeigeführt worden. Chastang führte Zwangsprophylaxe ein. Nach der Rückkehr mußte jeder Urlauber, wenn er Geschlechtsverkehr an Land eingestand, sich Spülungen mit Kal. permang. oder Silberlösungen machen lassen; etwaige Schrunden und Verletzungen des Penis wurden mit 30 $^0/_0$ iger Kalomelsalbe behandelt. Nur bei 2 von 1078 an zehn verschiedenen Rasttagen so behandelten Mannschaften trat Gonorrhoe auf, bei keinem Syphilis, während von den sehr wenigen Leuten, die sich der Prophylaxe hatten entziehen können, einer an Schanker, drei an Gonorrhoe erkrankten. Ähnlich in Saigon: auf 416 Mann, die so behandelt waren, kamen nur eine Gonorrhoe und zwei banale Geschwüre. Auf einige Drückeberger zwei Gonorrhoe. Auf den anderen Schiffen des Geschwaders, die Chastangs Verfahren nicht adoptiert hatten, hat die Zahl der Geschlechtskranken nicht abgenommen.

Cronquist, Beitrag zur persönlichen Prophylaxe gegen die Gonorrhoe. Med. Klinik 1906, S. 248. Empfiehlt bei Körperwärme schmelzende, Albargin zu 2 $^0/_0$ enthaltende Stäbchen. Nach mehreren Versuchen ist es gelungen, ein Konstituens für die Stäbchen zusammenzusetzen, welches das Albargin wenigstens nicht binnen einem Jahre reduziert. Die Stäbchen sind 3—4 mm dick, 5 cm lang, an dem einen Ende ein wenig zugespitzt, elastisch und biegsam, aber von ausreichend festem Gefüge, um in die Urethra eingeführt werden zu können. Ihre Farbe ist gräulich. Tageslicht zerstört die Stäbchen bald. Die Stäbchen kommen unter dem Namen „Antigon" in den Handel. Jedes Stäbchen ist in schwarzem Papier separat eingepackt. Die Anwendungsweise ist die folgende: Am liebsten unmittelbar und höchstens eine Stunde nach einem verdächtigen Koitus wird ein Stäbchen, mit dem zugespitzten Ende beginnend, in die Urethra in seiner ganzen Länge eingeführt; ein Wattebäuschchen wird vor die Mündung gelegt und in dieser Lage durch Hinüberschieben der Vorhaut über die Eichel befestigt. Sollte das Einführen des Stäbchens infolge zu geringer Feuchtigkeit der Harnröhrenschleimhaut einige Schwierigkeit darbieten, braucht man es nur ein wenig mit Wasser anzufeuchten. Unmittelbar vor dem Einführen wird uriniert und der Harn dann drei bis vier Stunden angehalten. Bei der sehr bald eintretenden Schmelzung des Stäbchens wirkt das Albargin in 2 %iger Lösung, die einer frisch zubereiteten gleichwertig ist, auf die Schleimhaut.

Dennert, Charles L., Die Prophylaxe der Geschlechtskrankheiten vom praktischen Standpunkte aus. Amer. Journ. of Derm. and Genito-urinary Dis. **14,** Heft 9.

Dreuw, Aërotuba (Luftdrucksalbentube). Als Prophylaktikum gegen Gonorrhoe, Lues und Ulcus molle. Monatsh. f. prakt. Derm. **49,** 1909, S. 263.

Ebermayer, Antikonzeptionsmittel und Schutzmittel im Lichte des Strafrechts. Derm. Wochenschr. 1916, **62,** Heft 1, S. 10. Straflos — an Ärzte oder in ärztlichen Fachzeitschriften — an Personen, die mit solchen Gegenständen Handel treiben. — Soweit solche Mittel aber gleichzeitig als Schutzmittel gegen Ansteckung verwendet werden, sind mit einer zu weitgehenden Einschränkung des Verkehrs die allergrößten Gefahren verbunden. — Mit allen Kräften ist auf diese sittliche Hebung hinzuarbeiten; bis dieses Ziel erreicht ist, müssen wir aber die realen Verhältnisse durch eine völlig ungefärbte Brille betrachten. — Man predige allerorten Enthaltsamkeit, und je mehr solcher Mahnung folgen, desto erfreulicher; man beschränke aber denen, die für solche Mahnung taube Ohren haben, nicht die Möglichkeit, sich gegen die Gefahr geschlechtlicher Ansteckung nach Kräften zu schützen; andernfalls würde die syphilitische Verseuchung unseres Volkes ins Ungemessene sich steigern und der Geburtenausfall, der der Nation aus den Folgen der Geschlechtskrankheiten erwachsen würde, würde voraussichtlich weit größer sein als der Geburtenzugang, den man durch eine Unterbindung des Verkehrs mit empfängnisverhütenden Mitteln zu erreichen hofft. Man lasse sich deshalb durch das Gespenst des Geburtenrückganges nicht hypnotisieren; wir brauchen nicht nur ein zahlreiches, sondern auch ein gesundes Volk, und jede gesetzgeberische Maßregel, die vielleicht die Geburtenzahl heben, auf der anderen Seite aber die Volksgesundheit erheblich schädigen würde, müßte zum Verderben gereichen.

— Über die Frage des Schutzes gegen die Ansteckung durch Geschlechtskrankheiten. Deutsche med. Wochenschr. 1912, Nr. 47, S. 2229. Schwalbe, 1912, Nr. 36. (Urteil des Landger. Berlin III, 12. 3. 1912.) Die Ankündigung unzüchtiger Gegenstände und die med. Presse.

Feistmantel, Der persönliche Schutz vor geschlechtlicher Infektion. Wien. med. Wochenschr. 1915, Nr. 13—18. 1904 in Budapest. Vergleich zwischen zwei Truppenverbänden: mit Prophylaxe 21,8 %₀₀, ohne Prophylaxe 57,6 %₀₀ geschlechtskrank.

Fertig, Prophylaktische Ausspülungen mit Protargol in Bordellen. Monatsh. f. prakt. Derm. 1901, S. 94.

— Zeitschr. f. Medizinalbeamte 1900, Nr. 10. Fertig berichtet, daß der Tripper in Worms seit zwei Jahren fast verschwunden sei, seitdem man 2—4 %ige prophylaktische Ausspülungen mit Protargol in den Bordellen eingeführt habe.

Finger, E., Wien. klin. Wochenschr. 1916, Nr. 15. In Mährisch-Weißkirchen gibt es zwei militärische Erziehungsanstalten. Im Jahre 1900 und in den vorherigen Jahren hatte die dortige Kavalleriekadettenschule 1 %₀₀ von 96, die Militäroberrealschule ein solches von 28 Geschlechtskranken. In den Jahren 1900—1903 sank das per mille der Oberrealschule rapid von 28 auf 5, also um 23 %₀₀, während das per mille bei der Kavalleriekadettenschule bestehen blieb. Das rasche Absinken der Häufigkeit der Geschlechtskrankheiten an der Militäroberrealschule war auf den Umstand zurückzuführen, daß der ärztliche Leiter derselben, der leider früh verstorbene Generaloberstabsarzt und Sanitätschef von Wien, Dr. Schwarz, bei seinen Zöglingen eine sachkundige, liebevolle sexuelle Aufklärung durchführte. So kann auch überall dort, wo sachkundige Aufklärung gewährt wird, heute schon ganz Wesentliches erzielt werden.

Flesch, Max, § 184, 3. Zeitschr. f. Bekämpfung d. Geschlechtskrankh. **12,** 1912, S. 405.

Fluß, Karl, Über ein sehr einfaches Vorbeugungsmittel gegen Blennorrhoe und andere Genitalaffektionen. Wien. klin. ther. Wochenschr. 1909.

Frank, Ernst R. W., Zur Prophylaxe des Trippers. VI. Kongr. der Deutsch. Derm.-Ges. Straßburg 1898, S. 574. Es gelingt durch einfaches Auftropfen einer 20 %igen Protargol-Glyzerinlösung kurz vor und nach der Kohabitation auf das Orificium urethrae externum die Tripperinfektion mit Sicherheit zu vermeiden, ohne daß dadurch die Harnröhre irgendwelchen Reizungen oder Schädigungen, wie sie beim Gebrauch der von Blokusewski empfohlenen Prophylaxe nicht ganz ausgeschlossen sind, ausgesetzt wird. Reichliche Literaturangaben.

Friedmann, Th., Die Geschlechtskrankheiten und ihre Verhütung, mit genauer Angabe von bewährten Mitteln. Mannheim 1904, L. Eschert. Empfehlung des Kondoms.

Fürth, Henriette, Die Bekämpfung der Geschlechtskrankheiten, der Krieg und die Schutzmittelfrage im Lichte der Bevölkerungspolitik. Zeitschr. f. Bekämpfung d. Geschlechtskrankh. **16**, 1915/16, Nr. 10.

Gerber, P., Zur Bekämpfung der Lues und des Lupus. Arch. f. Derm. **100**, 1910, S. 283.

Goulart, Z., Prophylaxia da syphilis. Ref. in Ann. mal. vén. 1910, S. 77.

Gräser, Bemerkungen über die Bekämpfung der Geschlechtskrankheiten in der Handelsmarine. Zeitschr. f. Bekämpfung d. Geschlechtskrankh. 1906, **5**, Heft 5. Reduktion der Erkrankungen auf ein Minimum.

Große (München), Schutzmittel gegen Geschlechtskrankheiten. Münch. med. Wochenschr. Nr. 45. Bakteriologische Versuche ergaben, daß das von Große dargestellte Prophylaktikum „Selbstschutz" (Hauptbestandteil Hydrargyr. oxycyanatum) in ganzer und halber Konzentration, Gonokokkenkulturen sofort nach dem Aufbringen sicher vernichtet. Unter Hunderten von Anwendungsfällen des Präparates ist kein einziger Fall von Infektion beobachtet worden.

— Schutzmittel gegen Geschlechtskrankheiten. Monatsschr. f. Harnkrankh. usw. 1905, S. 250.

Grotjahn, Geburtenrückgang und Geburtenregelung. 1. Teil. VII. Die mechanisch wirkenden Mittel. Im Kondom besitzen wir das einzig zuverlässige Mittel gegen die Ansteckung mit Geschlechtskrankheiten. Es unterliegt gar keinem Zweifel: Wenn jede Beiwohnung, die nicht zur Erzeugung von Nachkommen dienen soll, so vorgenommen würde, daß das männliche Glied mit einem Zökalkondom umhüllt wird, würden die Geschlechtskrankheiten binnen kurzem völlig verschwinden.

— Soziale Pathologie. Versuch einer Lehre von den sozialen Beziehungen der menschlichen Krankheiten als Grundlage der sozialen Medizin und der sozialen Hygiene. Berlin 1915, Verl. Hirschwald. Grotjahn fordert strafrechtlich und zivilrechtlich Ahndung der geschlechtlichen Ansteckung und wünscht tief in das Volk eindringende Bekanntschaft mit der Präventivtechnik.

Gruber-Blaschko, Diskuss. über die Schutzmittel. Mitt. d. Deutsch. Gesellsch. z. Bekämpfung d. Geschlechtskr. **9**, 134, **10**, S. 1.

Gurwitsch, J., Die venerischen Erkrankungen auf dem Kriegsschiffe „Panteleimon" im Jahre 1910 und 1911 im Zusammenhange mit prophylaktischen Maßnahmen. Morskoi Wratsch. Sept. 1912. Arch. f. Schiffs- u. Tropenhyg. 1913, S. 823. Gebraucht wurde eine 20 %ige Protargollösung und die Neißersche Salbe. Im Jahre 1910 wandten die Prophylaxe 2016 Personen an, 1911 850 Personen. Die Besatzung schien sich daran gewöhnt zu haben. Es wurde auch nicht gegen die genaue Buchführung protestiert. Es gab Leute, die die Prophylaxe 22—28 mal erfolgreich angewandt hatten. Am häufigsten fand sie in 1—2 Stunden post coitum statt. Die Resultate bezeichnet Gurwitsch als ausgezeichnete:

	Urethritis	Ulc. dur.	Ulc. molle	Summa
1907	54	4	10	68
1908	35	4	12	51
1909	29	5	2	36
1010	9	3	5	17
1911	6	1	—	7

Hecker, Zur Verbreitung der Geschlechtskrankheiten unter den Mannschaften des Beurlaubtenstandes im Bereich der Landwehrinspektion Berlin. Deutsche militärärztl. Zeitschr. 1913, Heft 22. Nach den Ermittlungen der Medizinalabteilung des Kriegsministeriums habe sich zur Verhütung der Syphilis nach „gründlicher Waschung mit Wasser und Seife" als vorbeugendes Mittel am besten bewährt: sorgfältige Waschung mit 3 %iger Sublimatlösung oder energische Einreibung der Glans und des Präputiums mit einer 0,3 %igen Sublimat und 25 % Alkohol enthaltenden Salbe.

Heilig, Zur Frage der Kupierung der Blennorrhoe. Med. Klinik 1909, 25.

Helbig, C. E., Zu dem Schrifttume über den Kondom. Reichs-Med.-Anzeiger 1907. Nr. 21/22. Monatsh. f. prakt. Derm. 45, 1907, Nr. 10, S. 528.

Hill, W. H., Prophylaxe der Infektion mit venerischen Krankheiten. Zeitschr. f. Urol. 8, Heft 1, S. 52.

Hinz, Mensinga-Okklusiv-Pessar oder Schlauchspritze? Allg. Med.-Zentr.-Ztg. 1897, S. 671. Empfehlung der Schlauchspritze, die sowohl antikonzeptionell wie antivenerisch bei Mann und Frau wirkt.

Hirsch, Max, Der Geburtenrückgang. Etwas über seine Ursachen und die gesetzgeberischen Maßnahmen zu seiner Bekämpfung. Arch. f. Rass.- u. Ges.-Biol. 1911, S. 628. Am allergrößten aber ist die Gefahr, welche aus dem Verbot der antikonzeptionellen Mittel im Kampfe gegen die Geschlechtskrankheiten erwächst. Denn das wichtigste antikonzeptionelle Mittel, der Kondom, ist zugleich das sicherste Mittel im Kampfe gegen die geschlechtlichen Infektionen. Die Prophylaxe der Geschlechtskrankheiten wäre damit auf einem toten Punkt angelangt, und die Mühen und Geldopfer des letzten Dezenniums wären vergeblich dargebracht. In einer Eingabe an den Reichstag hat die Deutsche Gesellschaft zur Bekämpfung der Geschlechtskrankheiten in eindringlichen Worten geschildert, eine wie verheerende Wirkung das im § 6 ausgesprochene Verbot der antikonzeptionellen Mittel durch Ausbreitung der Geschlechtskrankheiten ausüben würde. Wie in kurzer Zeit eine vollkommene Durchseuchung des ganzen Volkes mit Syphilis und Tripper stattfinden würde. Wie Kinder- und Erwachsensterblichkeit, Gehirn- und Rückenmarkserkrankungen eine starke Zunahme erfahren würden. Wird schon dadurch die Volksgesundheit aufs schwerste geschädigt, so kommt als mittelbare Wirkung des Verbotes die Zunahme der Unfruchtbarkeit durch Ausbreitung der Geschlechtskrankheiten hinzu, über deren Umfang und Ursache im Anfang dieser Arbeit bereits berichtet worden ist.

Hoffmann, Persönliche Prophylaxe. Verhandl. d. Deutsch. Derm. Gesellsch. 10. Kongr. Frankfurt vom 8. bis 10. Juni 1908. S. 162. H. läßt Kalomelsalbe (Kalomel, Vasel. flav. āā) nicht nur nach dem Koitus, sondern auch vorher in Form eines Salbenhauchs, der die Haut der Genitalien und ihrer näheren Umgebung bedeckt und nicht störend wirkt, anwenden. Die Salbe sollte auch unter einem Kondom benutzt werden für den Fall des Platzens und dürfte bei syphilitischen Männern und Frauen, die trotz ärztlichen Verbots den Koitus nicht unterlassen, imstande sein, die Möglichkeit der Übertragung auf Gesunde wesentlich einzuschränken; besonders bei Prostituierten kann sie wohl außerdem auch die lokalen Rezidive hintanhalten und auch dadurch nützlich und vorbeugend wirken.... Hier sei auch eine Möglichkeit der Gonorrhoeprophylaxe kurz erwähnt; man verordnet ein kleines Fläschchen mit 5 %iger Albarginlösung und läßt mit Watte umwickelte und mit der Lösung gut befeuchtete Streichhölzer in den Meatus einlegen, das erste für eine halbe, das zweite für eine Minute. Zur Vermeidung von Verletzungen muß die Watte, wie bei Ohrtupfern, das Hölzchen überragen. Natürlich werden die Hölzchen erst nach dem Urinieren und gründlicher Abwaschung eingeführt; sie dürfen nicht in das Fläschchen selbst, sondern in ein Schälchen getaucht werden, wenn die Lösung später noch brauchbar sein soll. Die Prozedur bewirkt eine oberflächliche Ätzung des Epithels des Meatus; weißliche Epithelhäutchen stoßen sich am folgenden Tage ab, Erosionen entstehen bei vorsichtiger Anwendung nicht.

Holcomb und **Cather,** U. S. Naval Med. Bull. Jan. 1912. Med. Record 1912, 82, S. 196. Abnahme der Syphilis durch die Prophylaxis. Alle Infektionen, die trotz Prophylaxe zustande kamen, waren bei mehr als zehnstündiger Vornahme der Desinfektion post coitum vorgekommen.

Hopfe, Kritische Betrachtungen über Wandlungen und Fortschritte bei der Bekämpfung der Geschlechtskrankheiten. Monatsh. f. prakt. Derm 1905. 40, Nr. 8, S. 446.

Howard, Prophylaxe der Geschlechtskrankheiten in der Armee. Papers by offic. of the med. corps U. S. Army S. 37. Arch. f. Derm. u. Syph. Ref. 117, Heft 7, S. 591. Androhung gerichtlicher Untersuchung und Bestrafung bei Nichteinhalten der Vorschriften. 80 % venerischer Erkrankungen sind bei einer innerhalb 10 Stunden angewendeten Prophylaxe zu vermeiden. Durchaus wichtig ist, daß jeder Mann, der eine venerische Erkrankung aufweist und nachweislich eine prophylaktische Behandlung innerhalb der vorgeschriebenen Zeit versäumt hat, bestraft wird. Die prophylaxe Behandlung besteht in: 1. Gründlicher Reinigung des Genitals mit Sublimatlösung (1 : 5000). 2. Injektion von 4 ccm einer 20 %igen Argyrollösung in die Urethra für 5 Minuten. 3. Applikation von 2—4 g 30 %iger Kalomelsalbe auf den Penis unter besonderer Berücksichtigung der Glans und des Präputiums.

Howard, The military surg. Dez. 1911. Med. Record 1912, **82,** S. 197. Bei 393 prophylaktischen Vornahmen drei Infektionen; in derselben Zeit und bei denselben Verhaltungsmaßregeln 22 Infektionen, die ohne Desinfektion p. c. geblieben waren. Die erzielten Resultate sind: 1909, vor Einführung der Prophylaxe, betrug die Anzahl Geschlechtskranker 290 %oo. 1910 174 %oo für die ganze Armee, 318 %oo für Jefferson Barracks. 1911 wurden die ersten regelmäßigen Untersuchungen auf Geschlechtskrankheiten vorgenommen. August 1912 war die Anzahl der Geschlechtserkrankungen um **47 %** gegenüber dem Vorjahr und um **52 %** gegenüber 1910 gesunken. Von frischen Infektionen waren nur 63 %oo = 72 % **weniger als** 1910 zu verzeichnen.

Jacobsohn, Russk. Wratsch 2—5. Präventivmittel gegen gonorrhoische Infektion. Apparat für einmalige Benützung. Deutsche med. Wochenschr. 1902. Lit. Aus. S. 67.

Jadassohn, Prophylaxe und Behandlung der venerischen Krankheiten im mobilisierten und Kriegsheere. Korrespondenzbl. f. Schweizer Ärzte 1915, 12. Wir können mit Bestimmtheit behaupten, daß es durch Schutzmittel chemischer und mechanischer Natur gelingt, die Gefahr der Infektion beim Verkehr auch mit Prostituierten sehr stark zu vermindern. Wir können diese Tatsache, selbst wenn wir es wollten, dem Publikum nicht mehr vorenthalten; weite Kreise wissen von den Schutzmitteln, und deshalb können wir uns der Aufgabe nicht mehr entziehen, auch darüber aufzuklären. Es ist besser, wenn die Laien von den Ärzten erfahren, welches die besten Prophylaktika sind, und vor allem auch, daß sie ausnahmslos nur einen relativen, nicht aber einen absoluten Schutz gewähren. Wenn wir das mit aller Energie unterstreichen, wenn wir uns ferner klar darüber sind, daß wir Ärzte trotz aller Betonung der moralischen und hygienischen Bedenken die extramatrimonielle Abstinenz doch nicht erzielen können, daß wir mit jeder Infektion der sich freiwillig ihr exponierenden Individuen auch unzählige Krankheiten in jedem Sinne Unschuldiger verhindern, dann werden wir mit so umschriebener Belehrung wohl ausschließlich nützen und nicht schaden. Ich komme nun zu der persönlichen Prophylaxe zurück. Im Prinzip sind zwei Wege zu ihrer Durchführung möglich, wenn wir von der Verwendung der Präservative absehen, welche in wirklich größerem Maßstabe bei den Soldaten wohl nicht in Frage kommt. Einmal kann man den Soldaten die Anschaffung präventiver Mittel empfehlen; man könnte diese in irgend welcher Weise bei den Truppen zum Verkauf bereitstellen [1]) und man könnte die Soldaten dahin instruieren, daß sie diese Mittel möglichst unmittelbar, nachdem sie sich der Infektionsgefahr ausgesetzt haben, in der genau vorgeschriebenen Weise verwenden. Solche Mittel sind bekanntlich in handlicher Form zu haben; sehr brauchbar erscheinen mir z. B. die als „Talisman" und „Samariter" bezeichneten Päckchen, welche als Gonorrhoeprophylaktikum Albargin oder Protargol und als Syphilisprophylaktikum die als Neißer-Siebertsche Salbe bekannte Sublimatkombination enthalten, wie sie auch in dem erwähnten Reskript angegeben wird. Der andere Weg ist der, den der Armeearzt angewiesen hat: „Die der Mannschaft gegebene Aufklärung hat auch dafür zu sorgen, daß in jedem Fall, wo trotz alledem einmal ein außerehelicher Geschlechtsverkehr stattgefunden hat, der Betreffende sich sofort, jedenfalls längstens innerhalb drei Stunden, jede falsche Schamhaftigkeit beiseite lassend, im Krankenzimmer seiner Truppe melde, um eine allfällig stattgefundene Ansteckung durch geeignete ärztliche Maßnahmen im Keime zu ersticken. Die Mannschaft ist mit Nachdruck darauf aufmerksam zu machen, daß diese Meldung im Krankenzimmer geradezu ihre Pflicht ist; Unterlassung derselben muß strenge bestraft werden, in jedem Falle, namentlich aber dann, wenn venerische Erkrankung eintritt." Es ist unzweifelhaft, daß dieser letztere Weg den Vorteil hat, daß die prophylaktischen Maßnahmen dabei mehr oder weniger sachverständigen Händen anvertraut sind, während, wenn man sie dem einzelnen Manne überläßt, die Richtigkeit ihrer Ausführung immer recht zweifelhaft sein wird. Daß aber auch dieser Weg nicht frei von Bedenken ist, wird man ebenfalls anerkennen müssen. Wieweit es wirklich prak-

---

[1]) Es ist sogar vorgeschlagen worden, jedem Soldaten ein „Prophylaxe-Päckchen" mitzugeben, wie das Verbandpäckchen. Das scheint mir zu weit gegangen. Dagegen wäre die „unentgeltliche Abgabe auf Verlangen" sehr wohl zu erwägen.

tisch durchführbar ist, daß die Soldaten sich innerhalb drei Stunden nach der Infektionsmöglichkeit (am späten Abend!) im Krankenzimmer melden, entzieht sich meiner Beurteilung. Bei den gewiß zahlreichen Gelegenheiten, wenn die Urlaubszeit zum außerehelichen Geschlechtsverkehr benutzt wird, wird dieser Vorschrift keinesfalls nachgelebt werden können. Wieweit die Bestrafungsandrohung wirksam ist, wird auch individuell sehr verschieden sein. Auf der einen Seite steht eben doch die falsche Scham, die Hoffnung, daß eine Ansteckung nicht erfolgt sein werde, das ja selbst bei sehr gebildeten Patienten oft erstaunliche Vertrauen zu den Frauen, mit denen sie verkehrt haben (es spielt das letztere bei den Soldaten eine um so größere Rolle, als es sich ja sehr oft nicht um Prostituierte im eigentlichen Sinne, d. h. nicht um einen Verkehr gegen Bezahlung handelt, der aber trotzdem sehr gesundheitsbedenklich sein kann), auf der anderen Seite steht die Furcht vor der Strafe. Gegen die Bestrafung spricht einmal der Umstand, daß sie — vielleicht mit sehr seltenen Ausnahmen — nur diejenigen trifft, welche sich anstecken; diese sind dann also doppelt bestraft, während die anderen, die sich doch in gleicher Weise gegen die Vernunft vergangen haben, ganz frei ausgehen. Vor allem aber wird die Furcht vor der Strafe leider bedingen, daß der betreffende Soldat sich spät oder gar nicht krank meldet, sich nicht oder schlecht im Geheimen behandelt. In einem gewissen Umfang können natürlich die vorhin anempfohlenen Visitationen der gesamten Mannschaft dem letzteren vorbeugen. Je mehr die moderne Venereologie, was ich nachher noch werde erörtern müssen, auf dem Standpunkt steht, daß die frühzeitige Behandlung der Geschlechtskrankheiten von der allergrößten Bedeutung ist, um so mehr werden wir jeden Grund zur Verschleppung beseitigen resp. vermeiden müssen. Ich wollte diese Bedenken nicht unerwähnt lassen, bin aber der Meinung, daß auch hier die Erfahrung, und zwar natürlich die der Truppenärzte, das letzte Wort zu sprechen hat. Fällt sie günstig aus, so sind die theoretischen Bedenken hinfällig; im anderen Falle werden die maßgebenden Behörden gewiß zu Modifikationen greifen. Speziell wird man erwägen müssen, was auch Blaschko (Deutsche med. Wochenschr. 1914, 40) in einem jüngst erschienenen Aufsatz betont, ob nicht nur die nachweislich zu späte Meldung wegen einer Geschlechtskrankheit bestraft werden soll.

Janet, Jules, Prophylaxie de la blennorrhagie chez l'homme et chez la femme. Zeitschr. f. Urol. 7, S. 753. Für Hypospadiker und sonstige besonders Disponierte ist das Präservativ unerläßlich; im allgemeinen verhüten folgende Maßnahmen die Akquisition der Gonorrhoe: 1. Der Meatus muß ante actum mit Vaseline gefüllt werden. 2. Post actum muß sofort uriniert werden, wobei die Glans zwischen den Fingern massiert wird. 3. Das Membrum muß mit Seife abgewaschen werden. 4. Sollen mit dem „Samariter" zwei Tropfen einer 20%igen Protargol- oder besser Argyrollösung in die Fossa navicularis eingeträufelt und 5. die Labien des Meatus, sowie die Falten des Frenulum mit einem weiteren Tropfen der Lösung abgewaschen werden. Beim Weibe ist die Empfänglichkeit für Gonorrhoe unendlich viel größer als beim Manne, teils wegen der vielen toten Winkel, welche die Vagina besitzt, teils deshalb, weil der Virus innerhalb des Genitale deponiert wird, während es beim Manne zunächst nur die Außenfläche trifft. Der Schutz des Weibes besteht vor dem Akt in 1. Einführung eines Schwammes oder eines Kautschukprotektors zum Schutze des Kollum. 2. In Vaselinbestreichung der Urethralmündung und der Öffnungen der Bartholinischen Drüsen. Nach dem Akt soll die Frau 1. Urin lassen; 2. sich sorgfältig äußerlich mit Seife waschen; 3. eine Ausspülung mit Sublimat 0,25 : 1000 vornehmen.

Joseph, Max, Zur Prophylaxe der Gonorrhoe. Deutsche Praxis 1899. Empfiehlt 20%ige Protargol-Glyz.

Kafemann, Die Sexualhygiene des Mannes in Beziehung auf ansteckende Krankheiten und funktionelle Störungen. Sexualprobleme. Februar 1910. Die Applikation dieser halb flüssigen Salbe erfolgt mittelst eines besonderen, den anatomischen Verhältnissen der Fossa navicularis angepaßten Glasstäbchens, das 2—3 cm tief in die Harnröhre hineingeführt wird, wobei durch Zusammendrücken der Glans ein erheblicher, die Resorption der Salbe befördernder Druck auf das Stäbchen ausgeübt werden kann. Natürlich muß auch die Salbe durch längere Massage in die äußere Decke hineingerieben werden. Sehr zu empfehlen ist ferner nach Vollendung dieser Prozedur die Anwendung eines kondomartigen Überzuges, der einige Stunden getragen werden kann und eine zu frühe Abstreifung der Salbe durch die Kleidung zu verhindern imstande ist. Daß eine sorgfältige Seifenreinigung diesem Desinfektionsakt vorauszuschicken ist, brauche ich als selbstverständlich hier nur anzudeuten.

Kafemann, Sexual-Probleme. 1910, S. 105. Die wichtigste, schon zu meiner Schülerzeit als heilsames Äkanum des Geschlechtsverkehrs wohl bekannte Prozedur stellt die gründliche Einfettung des Gliedes vor dem Geschlechtsakt dar und er empfiehlt dazu eine etwas haftende, Phenol-Kampfer und verschiedene Öle (Zedernöl usw.) enthaltende Salbe.

Kaufmann, R., Über Vorbeugungsmittel gegen venerische Erkrankungen. Mitt. d. Deutsch. Ges. z. Bekämpfung d. Geschlechtskrankh. 9, 1911, Nr. 5. Gute Übersicht über alle Mittel.

Klauber, E., Persönliche Prophylaxe der Geschlechtskrankheiten. Wien. med. Wochenschr. 1915, Nr. 49. Protargol-Kakaostäbchen für jeden Mann.

Ledbetter, Robert E., Prophylaxe der Geschlechtskrankheiten in der Marine der Vereinigten Staaten. Journ. Amer. Med. Assoc. **56,** Nr. 15. Monatsh. f. prakt. Derm. **52,** 1911, Nr. 12, S. 658. Nach Rückkehr an Bord Desinfektion. 98% Erfolg.

Lesser, E., Über die Verbreitung und Bekämpfung der Geschlechtskrankheiten. Klin. Jahrb. 1904. Von 270 Mann einer Schiffsbesatzung meldeten sich 96 zur Prophylaxe; kein einziger von ihnen erkrankte. Dagegen erkrankten in der gleichen Zeit auf demselben Schiff 10 Mann an venerischen Infektionen, welche sich sämtlich nicht zur Prophylaxe gemeldet hatten.

Lieske, Hans, Regelung des Anpreisens antikonzeptioneller Mittel. Ärztliche Rechtsfragen. Berl. klin. Wochenschr. 1915, 35, S. 921. Eine Neuerung bringt der Entwurf mit seinem Vorschlage zur Regelung des Anpreisens antikonzeptioneller Mittel. Zunächst soll der straffällig werden, der Gegenstände, die zu unzüchtigem Gebrauche bestimmt sind, öffentlich ankündigt, ohne weitere Rücksicht auf die Art der Ankündigung. Ausdrücklich statthaft aber wird geheißen das Ankündigen von antikonzeptionellen und Schutzmitteln an Ärzte oder in ärztlichen Fachzeitschriften sowie das Ankündigen von Schutzmitteln auch an Händler.

— Begriff der zu unzüchtigem Gebrauch bestimmten Gegenstände. Ärztliche Rechtsfragen. Berl. klin. Wochenschr. 1915, 35, S. 921. Wieviel Irrtümer und Zweifel sich im übrigen leider über den Begriff der zu unzüchtigem Gebrauch bestimmten Gegenstände eingenistet haben, zeigt ein jüngst darüber ergangener, in verständiger Weise grobe Übertreibungen reformierender Reichsgerichtsspruch. Es handelt sich um einen Angeklagten, der eine amerikanische Irrigatorspritze „Ladys Friend", ein Scheidespülmittel „Isis", einen Mutterspiegel und eine Uterusdusche angepriesen hatte. Das daraus verurteilende Berufungsgerichtsurteil hebt der 2. Strafsenat unseres obersten Gerichtshofs mit der Begründung auf, es würden Gegenstände dieser Art vielfach zu Reinlichkeits- und Heil- sowie zu ähnlichen Zwecken benützt. Hiernach handelt es sich um Dinge, die ihrer Gattung nach Mittel der Körper- und Gesundheitspflege seien. Freilich seien sie vermöge ihrer Beschaffenheit auch geeignet, unzüchtigem Gebrauch zu dienen, nämlich nach Vollziehung des Beischlafes den eingedrungenen männlichen Samen aus der Scheide zu entfernen. Zu unzüchtigem Gebrauch bestimmt sei eine Sache aber nicht schon deshalb, weil sie dazu mißbraucht werden könne und werde. Ob ein Gegenstand zu unzüchtigem Gebrauch bestimmt sei, richte sich vielmehr nach der Zweckbestimmung der Gattung, der der Gegenstand angehört. Gegenstände, die der allgemeinen Körper- und Gesundheitspflege des Weibes dienen, seien nicht zu unzüchtigem Gebrauch nach ihrer Gattung bestimmt. Daß sie im Einzelfalle von einem Ankündiger oder Anpreiser zu solchem Gebrauch empfohlen wurden, berühre die ihnen anhaftenden Eigenschaften nicht, Körperpflegemittel zu sein.

Loeb, H., Zirkumzision und Syphilisprophylaxe. Monatsschr. f. Harnkrankh. u. Sexualhyg. 1904, S. 245. Von den Patienten waren erkrankt:

	I. Nichtzirkumzidierte		II. Zirkumzidierte	
an Gonorrhoe	1215 = 60,75 %		397 = 84,9 %	
an Ulcus molle	181 = 9,0		8 = 1,8	
Sklerose	276 = 13,8		34 = 7,2	
Syphilis II	233 = 11,6	39,1 %	20 = 4,2	15,9 %
alter Syphilis	95 = 4,7		9 = 1,8	
	2000 99,85$_3$%		468 99,9 %	

Loeb, H., Über die Anwendung der Silberpräparate (speziell der modernen) bei der Gonorrhoe.
Monatsschr. f. Harnkr. 1915, S. 14. „6 Männer, die mit notorisch, 29, die mit wahrscheinlich gonorrhoisch erkrankten Frauen koitierten, sind durch die Prophylaxe vor
Infektion geschützt worden; in 5 Fällen trat Infektion ein." „Vielleicht ist diese etwas
erhöhte Ziffer im Vergleich zur Statistik Loebs zufällig", sagt Campagnolle.

Mahling, Der gegenwärtige Stand der Sittlichkeitsfrage. Vierteljahrsschr. f. inn. Miss.
Jahrg. 1916, Heft 1. Gütersloh 1916, Verl. v. C. Bertelsmann.

Marcuse, Julian, Unterdrückung der Schutzmittel durch Gesetzgebung und Rechtsprechung. Verhandl. d. 8. Jahresvers. d. Deutsch. Ges. z. Bekämpfung d. Geschlechtskrankh. Dresden 1911. Zeitschr. f. Bekämpfung d. Geschlechtskrankh. **13,** 1911, 160.
Diskussion: Dr. Alexander, Prof. Blaschko, Dr. Benario, Med.-Rat Thiersch,
Dr. Siebert, Prof. Flesch, Prof. Touton, Dr. Marcuse, Geh. Rat Neißer.

— Zwei Gerichtsurteile zum § 184, Abs. 3. Zeitschr. f. Bekämpfung d. Geschlechtskrankh.
12, 1912, S. 382.

— **Max,** Zur Stellung des Arztes gegenüber der Geburtenbeschränkung. Deutsche med.
Wochenschr. 1916, Nr. 9, S. 259. Kondome sind absolut notwendig.

Sanitätsberichte über die Kaiserl. Deutsche **Marine** 1907/08 bis 1910/11. Das Urteil über
die geübte Vorbeugung läßt sich dahin zusammenfassen, daß sie eine unschädliche
und durchaus erfolgreiche Maßnahme ist, daß die persönliche Prophylaxe unter den
obwaltenden Umständen als das sicherste Schutzmittel gegen Ansteckung angesehen
werden muß. Voraussetzung ist natürlich die rechtzeitige und technisch einwandfreie
Anwendung. Der Marine-Sanitätsbericht 1908/09 konstatierte: Der Erfolg der Schutz-
behandlung wird allseitig anerkannt. Gegen Tripper wird die angewandte Methode
für ausreichend befunden.

Maus, L. M., Prophylaxe der Geschlechtskrankheiten in der Armee und Marine. Papers
by offic. of the med. corps U. S. Army S. 48. Arch. f. Derm. u. Syph. Ref. **117,**
Heft 7, S. 593. Die Prophylaxe bestand anfangs in einer freiwilligen Anwendung
einer Quecksilbersalbe und einer 20 %igen Argyrollösung. Bei der Marine wurde
folgende Methode angewendet: Waschung mit Sublimatlösung (1 : 5000), Injektionen
von 20 % iger Argyrollösung oder 2 % iger Protargollösung in die Urethra, Applikation
von 25—35 %iger Kalomelsalbe. Bei 5000 Mann wurde innerhalb von fünf
Monaten keine einzige Infektion konstatiert. Versuche mit einer 30 %igen
Kalomelsalbe als Prophylaktikum bei gonorrhoischen Infektionen. Erprobung an
1200 Mann. Bei 594, die während des Manövers 1301 mal geschlechtlich verkehrt und
sich mit Kalomelsalbe prophylaktisch behandelt hatten, konnte keine Infektion nachgewiesen werden, während von 302 Mann, die 763 mal verkehrt hatten und ohne
prophylaktische Behandlung geblieben waren, in 26 Fällen Gonorrhoe, in 12 Fällen
Ulcera mollia und in 1 Fall Syphilis akquiriert wurden.

Meisel-Heß, Grete, Die sexuelle Krise. S. 214. Man vergleiche die Momente der Anmut
der Freiwilligkeit der Hingabe, losgelöst von allen Geldinteressen, mit dem gräßlichen
„Geschäft", das der Geschlechtsakt in der Prostitution für Mann und Weib bedeutet,
und man wird, wenn man ehrlich prüft und frei ist von Moralheuchelei und sexueller
Lüge, keinen Grund auffinden können, warum dieser entlastende Ausweg einer reifen
Kulturmenschheit nicht gegönnt sein sollte. Anstatt ein schmählicher Handel, anstatt
Ankauf oder „Miete" eines Körpers zwecks viehischer Benützung, tritt die freiwillige
Hingabe aus Freundschaft, Herzlichkeit, Sympathie. Und die Grenzen dieser Gefühle
der Liebe gegenüber sind ja keine starren, so daß ein Hinaufschwellen bis zu hohen
Gefühlen bei beiderseitiger freiwilliger Hingabe wohl möglich erscheint. Daß die
volle Beherrschung der Sexualhygiene und des Präventivverkehrs Voraussetzungen bilden, ist selbstverständlich. Aber alle Sozialreformer und
Hygieniker fordern die bewußten Vorkehrungen gegenüber den Folgen der Liebe ein-
schränkungslos und einstimmig heute schon und in jedem Geschlechtsverhältnis, auch
in der Ehe. Und nicht nur die schmähliche äußere Folge der Prostitution,
auch die inneren Qualen des erzwungenen Zölibates von Menschen, deren
Ekel vor der Prostitution zu groß ist, würde durch eine solche Möglichkeit behoben.

Moral wider Hygiene. Sexualprobleme. Jan. 1912, S. 49. Die „Augsburger Abendzeitung"
(Zentrum) vom 23. Oktober 1911 schreibt: Die Aufstellung dieser militärischen
Automaten zeigt mit erschreckender Deutlichkeit, wohin wir steuern. Wird diese

Verfügung des 18. Armeekorps auf alle Truppenteile ausgedehnt und bleiben diese militärischen Automaten auch nur eine Zeitlang jedem Soldaten zugänglich, so droht unserem deutschen Heere physische und moralische Verseuchung! Weiß doch jeder Student der Medizin, daß es kein absolutes Mittel der Prophylaxe gegen Geschlechtskrankheiten gibt. Der arme Soldat aber, der im Vertrauen auf pseudo-ärztliche und militärische Autoritäten hin sich jetzt gegen alle Gefahren geschützt glaubt, wird direkt zur Ausschweifung angereizt. . . . . In Wahrheit werden die Sünden der Väter heimgesucht bis ins dritte und vierte Glied, trotz „Ehrlich-Hata 606" und aller modernen Reklame der „Hygiene-Industrie". So führt der materialistische Geist der Schulmedizin (der ja alles Metaphysische leugnet) unser Volk in immer größeres, physisches und sittliches Verderben. Ist doch bereits von den Polizeiärzten in Berlin nachgewiesen worden, daß durch den „Salvarsan-Unfug" das Laster gefördert wurde.

Müller, Max, Persönliche Prophylaxe der venerischen Krankheiten. Sammlung zwangloser Abhandlungen aus dem Gebiete der Dermatologie usw. 3, Heft 6. Marhold-Halle S. 58. Bekämpfung der Geschlechtskrankheiten im Heere: Dort, wo nach Lage der örtlichen Verhältnisse und nach dem Ermessen der Truppenkommandeure weitergehende Maßnahmen angezeigt erscheinen, sind auf den Kasernenkrankenstuben vorbeugende Mittel vorrätig zu halten und solchen Leuten unentgeltlich zu verabfolgen, die sich trotz der Belehrung der Gefahr einer Ansteckung ausgesetzt haben. Die Truppen sind gegebenenfalls bei den Belehrungen auf diese Maßnahmen in geeigneter Weise hinzuweisen. Die Auswahl und die Art der Abgabe wirksamer und für die Gesundheit unschädlicher Mittel regeln die Truppenärzte nach Vortrag beim Truppenkommando. Dem Ermessen der Truppenkommandeure wird es anheimgestellt, Leute, die geschlechtlich erkranken, ohne von den bereitgestellten Mitteln Gebrauch gemacht zu haben, zu bestrafen. (Aus einer Verfügung des Kriegsministeriums Januar 1912.)

— Zur persönlichen Prophylaxe der venerischen Krankheiten. Zeitschr. f. Bekämpfung d. Geschlechtskrankh. 14, 1913, S. 253. Es kommt bei Einführung von Schutzbestecken bei den Prostituierten meines Erachtens für den Erfolg alles auf zwei Dinge an: erstens müssen die Besucher der Dirnen in geeigneter Form auf die Benutzung der Prophylaktika aufmerksam gemacht werden und zweitens muß den Dirnen selbst die Überzeugung beigebracht werden, daß die Benutzung der Prophylaktika seitens der Männer nicht nur in deren, sondern auch in ihrem eigenen Interesse gelegen ist. Beides ist hier in Metz, woselbst solche Schutzmittel seit mehreren Monaten bei den Dirnen eingeführt sind, in, wie ich glaube, sehr zweckmäßiger Weise folgendermaßen geschehen. Auf Anordnung der kaiserlichen Polizeidirektion ist in jeder Dirnenwohnung ein kleines Plakat angebracht mit folgendem Wortlaut: „Zur Verhütung der Ansteckung mit Geschlechtskrankheiten wird der Gebrauch des hier vorrätig gehaltenen Mittels vor und nach Vollziehung des Beischlafes dringend anempfohlen. Die Befolgung des Ratschlages liegt im eigenen Interesse. Preis 25 Pfennig. Wer den Beischlaf ausübt, obwohl er weiß oder annehmen kann, daß er geschlechtskrank ist, kann wegen Vergehens gegen §§ 223 oder 230, 232 des Reichsstrafgesetzbuches mit Gefängnis bestraft werden. Auch kann auf Verlangen der Verletzten nach § 231 des Reichsstrafgesetzbuchs neben der Strafe auf Geldbuße bis zum Betrage von 6000 Mark erkannt werden. Weitere Entschädigungsansprüche sind nicht ausgeschlossen."

— Persönliche Prophylaxe. 1902/04 in Peking: alle Maßregeln waren vergeblich bis zur Einführung der zwangsweisen Prophylaxe. Bei 1560 prophylaktischen Instillationen nur 15 Gonorrhoen.

Navy, Report of the surgeon general of the navy. The milit. surg 1914, S. 941. Wien. klin. Wochenschr. 1914 Nr. 32. S. 1206. Betont die Notwendigkeit, Prophylaxe anzuwenden.

Neißer, A., Über Versuche zur Verhütung der gonorrhoischen Urethralinfektion. Deutsche Medizinalztg. 1895, Nr. 69. Neißer empfiehlt als Prophylaktikum gegen Lues und Ulcus molle Kondome oder reichliche Einfettung des Gliedes, gegen Gonorrhoe das Blokusewskische Verfahren.

Neustätter, Otto, Die öffentliche Ankündigung der Schutzmittel. Referat. Zeitschr. f. Bekämpfung d. Geschlechtskrankh. 4, 1905, S. 203. II. Bei dieser Rechtslage ist nicht nur der rein geschäftsmäßigen und tatsächlich oft bedenklichen Ankündigung, sondern auch der im hygienischen Sinn betriebenen Aufklärung durch die Deutsche Gesellschaft zur Bekämpfung der Geschlechtskrankheiten die Möglichkeit genommen, sich an die Öffentlichkeit mit der Empfehlung von bestimmten Schutzmitteln zu wenden. III. Nun ist die Frage, ob dieses Ankündigungsverbot ein Schaden ist oder ob die Empfehlung solcher Schutzmittel überhaupt und deren öffentliche Ankündigung im speziellen wünschenswert ist. Diese Frage richtet sich je nach dem Standpunkt, den man der Frage der Bekämpfung der Geschlechtskrankheiten gegenüber einnimmt. Dieser kann ein zweifacher sein: 1. Ein idealistischer. Die Verfechter dieses Standpunktes zerfallen in drei Gruppen, je nachdem sie sich von a) religiösen, b) moralisierenden, c) sozial-ethischen Gründen leiten lassen. 2. Ein praktisch-sozialhygienischer. Die Anhänger dieser zwei Standpunkte stehen sich in der wesentlichen Frage diametral gegenüber, nämlich, ob durch die Erziehung und durch Aneiferung zu einem züchtigen Lebenswandel praktisch und vor allem in absehbarer Zeit bezüglich der Ausschaltung des außerehelichen Geschlechtsverkehrs und damit auch bezüglich der Verhütung der Geschlechtskrankheiten ein Erfolg zu erreichen ist. IV. Unter voller Würdigung der Tragweite ethischer und sozialer Besserungsversuche muß man sich mit der Deutschen Gesellschaft zur Bekämpfung der Geschlechtskrankheiten auf den Standpunkt der Tatsachen stellen und sich in der Entscheidung obiger Fragen von der nächstliegenden Erwägung leiten lassen, nämlich, ob jene Schutzmittel, ohne andererseits gesundheitlich etwas zu schaden, zu einer Eindämmung der Geschlechtskrankheiten beizutragen vermögen oder nicht, sich für oder gegen deren Empfehlung entscheiden. V. Es gibt Schutzmittel, welche, wenn auch nicht mit absoluter Sicherheit, so doch in erheblichem Maße und ohne anderweitigen Schaden, der geschlechtlichen Ansteckung vorbeugen können. Ein Teil der jetzt vielfach empfohlenen und angekündigten Prophylaktika ist gesundheitlich bedenklich. VI. Würdigung der einzelnen Mittel und Methoden. Für einen volkshygienischen Erfolg ist es wesentlich, daß die Kenntnis der wirksamen Mittel eine möglichst weitverbreitete und ihre Verwendung eine möglichst allgemeine wird. VII. Der beste Weg zu diesem Ziele ist eine von höheren Gesichtspunkten aus erlaubte und geregelte öffentliche Ankündigung der Schutzmittel. VIII. Um diesen Weg gangbar zu machen, bedarf es einer Änderung des bestehenden gesetzlichen Zustandes, dahingehend, daß die öffentliche Ankündigung der zur Vorbeugung und Heilung von Geschlechtskrankheiten dienenden Mittel unter gewissen Vorsichtsmaßregeln gegen Ausbeutung oder Irreführung freigegeben wird. Am besten würde die Regelung dieser Ankündigung nicht für sich, sondern im Zusammenhang mit der notwendigen Ordnung der Ankündigung von Heil- und Schutzmitteln im allgemeinen erfolgen. Das beste wäre aber ein jenen Verordnungen gegenüber auch materiell verbessertes Gesetz von Reichswegen. Dieses müßte einer obersten Sanitätsbehörde (etwa dem Kaiserlichen Gesundheitsamt) die Befugnis einräumen, derartige Ankündigungen nach Prüfung auf Inhalt und Form zuzulassen.

v. Notthafft, Versuche sexueller Prophylaxe beim Heer im 17. Jahrhundert. Zeitschr. f. Bekämpfung d. Geschlechtskrankh. **6,** 1908, S. 333.

Odstrčil, J., Die Prophylaxe der Geschlechtskrankheiten beim k. k. Heer. Revue d. böhm. Med. 1, 1909, Heft 3. In der österreichisch-ungarischen Armee erkranken jährlich 17000 bis 20000 Mann an verschiedenen Geschlechtskrankheiten. Am traurigsten sind diese Verhältnisse in Temesvar, wo 90—100 % der Soldaten erkranken, während in den Alpenländern und in Bosnien nur 40 % erkranken. Seit dem Jahre 1904 wurde in größeren Garnisonen eine Prophylaxe in der Weise durchgeführt, daß in den Kasernen ein Lokal bestimmt ist, wo sich der Soldat gleich nach dem Koitus bei seiner Rückkehr nach Hause eine 3 %ige Albarginlösung in die Harnröhre einträufeln und das Glied mit einer 1 %₀igen Sublimatlösung abwaschen kann, worauf er während der Inkubationsdauer unter ärztlicher Aufsicht bleibt. Da auf diese Weise die Infektion auf 62 % herabgedrückt wurde, führte man diese Prophylaxe vor einem Jahre bei allen Regimentern ein. Einer wirksamen Prophylaxe steht einerseits die Indolenz vieler Soldaten, anderseits der Umstand im Wege, daß die Verhältnisse des Kasernenlebens eine extragenitale Infektion mit Syphilis ermöglichen. (Dermat. Zentralbl. 1909, S. 370.)

Schalek, Alfr., Prophylaxis of Syphilis and professional ethics. The Urologic and cutaneous review. 17, 1913, Nr. 10.

Piper, (N. u. L.), The public and private hygiene of gonorrhea and syphilis. Ref. in Ann. mal. vén. 1909, S. 480.

Porosz, M., Die Verhütung der Blennorrhoe. Monatsber. f. Urol. 9, Heft 2. 1—2 %ige Lösung von (50 %) Ac. nitr. Injektion. Deutsche med. Wochenschr. 1904, Nr. 14, S. 519.

Prussak, Neue Chancen im Kampf gegen die Syphilis. Russk. Med. 1890. Ref. Deutsche Med.-Ztg. 1890, S. 928. Prussak empfiehlt „prophylaktische antisyphilitische Läppchen". Es sind dies Watte- oder Barchentlappen, welche erst in einer 5 %igen Sublimatlösung, dann in einer 5 %igen spirituösen Salizylsäurelösung gelegen haben. Das Desinfizienz ist in dieser Form portativ und nicht als Gift zu gebrauchen. Zum Zweck der Desinfektion werden die Läppchen in Wasser getaucht, welches dann auf den fraglichen Körperteil ausgedrückt wird. Nach dieser Abspülung folgt die Abreibung eventuell auch Einhüllung mit dem Läppchen selbst. Der Verfasser hat die antisyphilitischen Läppchen schon seit Jahren vielfach empfohlen und bei denen, die sie gebraucht haben, trotz der häufigen Gelegenheit zur Infektion, keine syphilitische Ansteckung bemerkt.

Raymond, Henry L., Prophylaxis under G. O. § 31 war departement 1912 f. das Hawai-Geschwader. The Military surg. 1914, S. 134. Wien. klin. Wochenschr. 1914, Nr. 35, S. 1258.

Reginald, B. Henry, Calomel in Gonorrhoe prophyl. Med. Record 1912. 82, S. 198. Modific. Kalomel-Lanolin-Salbe. 529 Kohab. mit 4 Gonorrhoen (bei gar keiner oder schlechter Anwendung. Schiff in Ostasien).

Renault, A., Die Häufigkeit der Prophylaxe der Syphilis. Revue de hyg. et de police sanitaire. 30, 1908.

Richter, Ed., Zur Prophylaxe der geschlechtlichen Krankheiten. Dermat. Zentralbl. 5, S. 162. Die neue prophylaktische Methode besteht 1. in einer vorbereitenden Reinigung und 2. der prophylaktischen Vornahme. Nach jeder Kohabitation wird zunächst die Urethra durch Urinieren gereinigt, wobei gleichzeitig die Corona glandis usw. mit Urin gewaschen wird, insbesondere die Frenulumtaschen. Diese werden sodann mit nasser Seife eingerieben und mit Wasser (oder in Ermangelung dessen) mit Urin gewaschen, darauf die gewaschenen Stellen abgetrocknet. Die wichtige Entfaltung der Frenulumtaschen erhält man dadurch, daß man sie über den untergestülpten Finger ausspreizt. Ist Wasser und Seife nach der Kohabitation nicht zufällig vorhanden, so wasche man zunächst, wie gesagt, mit Urin und hole zu Hause die Seifenwaschung nach. Dann wird eine prophylaktische Kerze aus 40 % grauer Salbe und 1/4 % Resorzin eingeführt und außerdem die Eichel und besonders die Taschen neben dem Bändchen gut eingefettet. Außerdem sind die Kerzen mit einem Puder von reinem Borsäurepulver und Zinkoxyd überzogen. Was den Erfolg betrifft, so hat ein mir befreundeter junger Mensch zu Versuchszwecken innerhalb vier Wochen 18 öffentliche und geheime prostituierende Weiber (mit etwa 40 Kohabitationen) unter den bezüglichen Kautelen benutzt. Unter diesen Prostituierten waren zwei akut gonorrhoisch und eine wies Tonsillarschanker auf. Die mit Gonorrhoe behafteten steckten alsdann noch andere junge Leute an; er selbst blieb von jeder Infektion verschont.

— Die nächsten praktischen Ziele und Aufgaben bei der Bekämpfung der Geschlechtskrankheiten. Zeitschr. f. Bekämpfung d. Geschlechtskrankh. 15, 1914, S. 373. Kosten dürften für weniger Bemittelte überhaupt nicht entstehen. Und zuguterletzt, aber in allererster Linie nötig wäre die Aufklärung aller dieser Kranken in den geschilderten Anstalten von Mensch zu Mensch, vom Arzt zum Kranken, wobei der Hinweis auf die persönliche Prophylaxe die Hauptrolle zu spielen haben würde. Man sage nicht: „Was nützt es, den Brunnen zuzudecken, wenn das Kind ertrunken ist."

Rohleder, Der Neomalthusianismus. Die fakultative Sterilität in der ärztlichen Praxis. Monatsschr. f. Harnkrankh. usw. 1905, S. 129. Die chemischen Mittel. Die Urethrophortube nach Dr. Strebel-München. Vertrieb Firma Steinmetz u. Co. Köln, Eifelstr. 33. Das Mittel ist nicht genug zu empfehlen, es dient 1. zur Behandlung der Gonorrhoe, 2. zur Prophylaxe derselben apud coitum und 3. als neomalthusianisches Mittel. Es besteht aus einer Zinntube mit besonderem Ansatz. In Ermangelung einer langen Beschreibung will ich nur erwähnen, daß man denselben, je nach Bedarf, mehr oder weniger tief in die Harnröhre einsenken kann und durch Pressen den Tubeninhalt — unter Herausziehen des Ansatzes der Harnröhre — langsam einverleibt. Natürlich hat dies im antineomalthusianischen Sinne „ante coitum" zu geschehen, ist aber in kurzer Zeit ausführbar. Die ganze Tube nimmt außerordentlich wenig Platz ein und ist ebenso wie die prophylaktischen Trippermittel (Phallokos usw.) leicht bei sich zu führen. Ich empfehle die Strebelsche Pastenmischung nur mit verstärktem Protargolgehalt, also

Protargoli 2,0 (statt Strebel 1,0),
Glycer. 50,0
Bol. alb. 25,0
mf. pasta.

Das Mittel ist auch insofern eines der besten, weil keine Gefühlsstörung wei bei den mechanischen Mitteln, verursacht wird, also der Koitus in normaler Weise abläuft. 2. Auch den von der Gesellschaft „Viro" vertriebenen Protargolcrême zur Behandlung und Verhinderung der Gonorrhoe habe ich einige Male zwecks Erreichung fakultativer Sterilität verwenden lassen, kann jedoch noch kein abschließendes Urteil mir erlauben.

Rost, G. A., Die Verhütung der venerischen Krankheiten in der kaiserlichen Marine. Zeitschr. f. Bekämpfung d. Geschlechtskrankh. 15, 1914, S. 125/26. Wie aus der Tabelle ersichtlich nehmen die Zugänge an venerischen Krankheiten in der Kaiserlichen Marine seitdem von Jahr zu Jahr ab; 1906/07 betrugen sie bereits nur noch die Hälfte gegen zehn Jahre früher. Wenn es sich nun auch nicht leugnen läßt, daß die Anwendung der eigentlichen prophylaktischen Mittel das Wesentlichste der Geschlechtskrankheitsverhütung darstellt, so hat sich diese doch, um günstige Erfolge zu erzielen, auf breiterer Basis aufzubauen. Es bedarf des Zusammenwirkens aller dabei in Betracht kommenden Faktoren, und es muß ausdrücklich betont werden, daß die Bekämpfung der Geschlechtskrankheiten nicht ausschließlich Sache des Arztes ist, daß auch jede Kommandostelle selbst ein großes Interesse daran hat. Für die deutsche Marine ist dies allgemein anerkannt. . . . . Erfolg werden solche Bestrebungen naturgemäß in der Hauptsache bei dem jüngeren Teile der Mannschaft haben. In ethischer Beziehung auf diese, Rekruten, Schiffsjungen, Seekadetten, einzuwirken, ist die besondere Aufgabe der militärischen Vorgesetzten und der Seelsorger. Ihnen liegt es ob, die ihnen anvertrauten Leute zu sittlicher Lebensführung zu erziehen und anzuhalten. Von je 1000 Mann der Kopfstärke waren geschlechtskrank:

Rapport-	Heimat		Ausland
jahr	an Land	an Bord	an Bord
1898/99	82,8	93,9	229,2
1899/00	78,5	88,6	193,4
1900/01	75,5	57,7	172,2
1901/02	71,6	57,5	139,3
1902/03	66,0	54,3	141,1
1903/04	56,7	55,9	115,0
1904/05	56,1	57,5	94,2
1905/06	57,8	58,8	113,3
1906/07	54,8	49,4	121,8
1907/08	57,4	61,5	113,4
1908/09	53,6	57,7	100,7
1909/10	57,2	51,6	78,5

Ruß, Die Prophylaxe der venerischen Erkrankungen im Heere. Der Militärarzt 1909, 23.

Schereschewsky, Prophylaxisversuche (gegen Syphilis) mit Chininsalben. Abschnitt XVI aus: A. Neißer, Beiträge zur Pathologie und Therapie der Syphilis. Springer, Berlin 1911.

Scheuer, Oskar, berichtet in Geschlechtskrankheiten und Klerikalismus. Zeitschr. f. Bekämpfung d. Geschlechtskrankh. Sexualprobleme 1911, S. 553. Ansturm der Klerikalen gegen die Prophylaktika, die vom Militär eingeführt werden sollten. „Es ist klar, daß Offiziere und Mannschaft sich mit Entrüstung gegen solche Zumutungen werden wenden müssen. Denn das Militär ist eine Zuchtanstalt, keineswegs aber eine Unzuchtanstalt. Es wird hoffentlich auch bald dem Dep. VI sowie dem Landesverteidigungsministerium klar gemacht werden, daß die Sache für solche Dep. . . . . Stücke doch zu ernst ist und es militärischen Vorgesetzten nicht zugemutet werden darf, die Rolle von Bordellvätern zu übernehmen. Wir können nur die Hoffnung aussprechen, daß dieser skandalöse, die österreichische Armee kompromittierende Erlaß unverzüglich zurückgenommen werde."

Scheven, Katharina, Zur Schutzmittelfrage. „Der Abolitionist." 1916, Nr. 1. Die Deutsche Gesellschaft zur Bekämpfung der Geschlechtskrankheiten, die an einen erfolgreichen Kampf gegen die Geschlechtskrankheiten ohne ein derartiges technisches Hilfsmittel nicht glaubt, hat schon seit Jahren für Aufklärung in dieser Beziehung und für die Erleichterung seines Gebrauchs durch Bereitstellung und bequem erreichbaren Verkauf sehr intensiv gearbeitet. Sie ist in dieser Hinsicht für unser Gefühl und unseren Geschmack entschieden zu weit gegangen. Wenn es eine Zeitlang gestattet war, auf unseren Kriegsschiffen und in Kasernen und deren Höfen Automaten mit diesen Mitteln aufzustellen, so ist damit entschieden die Grenze einer zulässigen ärztlichen Aufklärung überschritten worden, und wir Abolitionisten haben mehrfach gegen ein derartiges Vorgehen energisch protestiert und bei den zuständigen Stellen petitioniert. Glücklicherweise mit Erfolg. Der schärfere Zug gegen diese aufdringliche Propaganda, der gegenwärtig von oben herunter weht, ist aber nicht aus sittlicher Entrüstung über diese zur Ausschweifung direkt einladende Bereitstellung antivenerischer Mittel entstanden, sondern aus der Besorgnis, daß diese Praktiken, wenn sie einmal zur Gewohnheit geworden sind, naturgemäß in der Ehe fortgesetzt werden, hier natürlich mit dem Zweck, die Kinderzahl willkürlich zu beschränken. Dieser Gesichtspunkt ist allein maßgebend gewesen für den von allen Parteien mit Ausnahme der Sozialdemokratie unterzeichneten Gesetzesvorschlag „betreffend den Verkehr mit Mitteln zur Verhinderung der Geburten".

— Geburtenrückgang. Der Abolitionist. 1916, S. 35. Das Gesetz gegen den Verkauf und die Ankündigung antizeptioneller Mittel halte ich für einen Fehlschlag und sogar für gefährlich, da ich aus meiner Arbeit in der Prostitutionsfrage weiß, daß man damit zugleich der Gesellschaft die Anwendung des wirksamen technischen Mittels gegen die Geschlechtskrankheiten erschwert. Man würde also hier nur den Teufel mit Belzebub austreiben. Ich halte jedoch die Einschränkung für nötig, daß öffentliche Anpreisung und Reklame und der Vertrieb durch Hausierer und in Automaten verboten sein muß. Aber käuflich müssen diese Mittel sein, da sie im Kampf gegen die Geschlechtskrankheiten einen wichtigen Faktor bilden. Die abolitionistische Bewegung, die das Eingreifen des Staates in überwachender, reglementierender Form bekämpft, muß logischerweise die Forderungen der individuellen Prophylaxe gelten lassen.

Scholtz, Die Bevölkerungsfrage. Deutsche med. Wochenschr. 1916, Nr. 9, S. 273. Mit Bezug auf Geschlechtskrankheiten.

Schuftan, Zur Prophylaxe des Trippers. Allg. Med.-Zentralztg. 1899, S. 704.

Schultze, Prophylaxe der Geschlechtskrankheiten, speziell des Trippers. Besprechung einiger Methoden. Deutsche med. Wochenschr. 1902, S. 815.

Seeleute, Die Geschlechtskrankheiten unter den Seeleuten und ihre Bekämpfung. Mitt. d. Deutsch. Ges. z. Bekämpfung d. Geschlechtskrankh. 7, 1909, S. 7 und 73. Persönliche Prophylaxe S. 11. Bericht über die in der Kaiserl. Marine erzielten Erfolge. Dr. Opper, Dr. Müller, Dr. Hahn. Energische Befürwortung der Schutzmittel durch Dr. Möhring, Dr. Sannemann, Dr. Opper, Dr. Hahn, Dr. Müller. Direktor Schauseil (Leiter der Seekasse) wendet sich gegen eine Verabreichung von Schutzmitteln an die Mannschaften. „Man würde der Seeberufsgenossenschaft, wenn sie Geld für Schutzmittel aufwende, vorhalten können, daß sie den außerehelichen Geschlechtsverkehr billige." Auch Konsul Sieg bemerkt: „Die Neubestimmung der Seemannsordnung, daß die Rhedereien auch bei Geschlechtskrankheiten die Heilkosten zu tragen habe, habe unheilvoll gewirkt; die Leute nehmen sich jetzt weit weniger in acht."

Siebert, W., Zur Prophylaxe der Geschlechtskrankheiten. Verhandl. d. Naturforscherversamml. 1908. Köln. Ref. in d. Deutsch. med. Wochenschr. 1909, 15. Von 475 Instill. 2 Gonorrhoen.

— **Konr.,** Experimentelle Untersuchungen und praktische Vorschläge zur persönlichen Syphilisprophylaxe. Abschnitt XV aus: A. Neißer, Beiträge zur Pathologie und Therapie der Syphilis. Springer, Berlin 1911. Wichtigkeit der persönlichen Prophylaxe. I. Abtötung des luetischen Virus in vitro. II. Desinfektionsversuche an Affen. II. Allgemeines über Salbendesinfektion. Die individuelle Syphilisprophylaxe. Metschnikoffs Kalomelsalbe. Amylum-Traganth-Gelatinesalbe mit Sublimat. Erwägungen über die praktische Durchführbarkeit. Literaturverzeichnis.

Singer, E., „Kreuz-Schutz". Monatsschr. f. Harnkrankh. 1907, S. 194.

Spillmann, A propos de la prophylaxie des maladies vénériennes; l'état sanitaire dans le bassin de Briey. Rev. méd. de l'Est. Nancy 1909, 41, 72—79. Ann. des mal. vén. 1910, Nr. 1, S. 76.

Spear, R., The prevention of veneral Diseases in the navy. United States naval med. Bull. 1910, 4, Nr. 2. Arch. für Schiffs- u. Tropenhyg. **15,** 1911, S. 85. Es gelang die Mannschaften fast frei von Geschlechtskrankheiten zu halten, während 25 % auf den anderen Schiffen waren.

Steckel, Prophylaxe und Therapie der Blennorrhoe. Monatsschr. f. prakt. Derm. 1901, S. 34. Salbenbehandlung.

Tandler, G., Ein Beitrag zur Prophylaxe der Geschlechtskrankheiten. Der Militärarzt. Beilage der Wien. med. Wochenschr. 1905, Nr. 7.

Theilhaber, Felix, Zur Prophylaxe der Geschlechtskrankheiten. Reichs-Med.-Anz. **35,** Nr. 26. Sexualprobleme 1911, S. 218. Verf. betont und begründet die Unzulänglichkeit der ärztlichen Untersuchung der Prostituierten, insbesondere der Bordelldirnen. Zum Schutze derer, „die im festen Glauben an unsere ärztliche Kunst sich die schwersten Krankheiten zuziehen", empfiehlt er folgende Bestimmungen: „In jedem konzessionierten Bordellzimmer bzw. -Raume, den eine öffentliche, d. h. der ärztlichen Kontrolle unterstellte Person bewohnt, muß ein Anschlag angebracht sein. In diesem Anschlag muß in einer passenden Form darauf hingewiesen werden, daß die ärztlichen Untersuchungen wohl viele, nicht aber alle kranken Elemente ausschalten können, daß vielfach Übertragungen erfolgen. Vorsicht sei daher geboten! Es kann hier allenfalls kurz auf die Gefährlichkeit der Geschlechtskrankheiten verwiesen werden. Deshalb sei jedem Besucher der Gebrauch von Gummiartikeln dringendst angeraten. In einem daneben befindlichen, sehr gut sichtbaren Automat sind stets für 20 Pfennig Präservativs zu erhalten, außerdem für 10 Pfennig Quecksilber- und Vaselinsalben (mit Gebrauchsanweisung). Kleine Automaten gibt es schon für ein paar Mark. Ihre Aufstellung und Füllung usw. kann leicht kontrolliert werden. Das ist lediglich eine Sache der Technik. Außerdem ist polizeilich Vorsorge für größte Sauberkeit zu treffen. Es sind alle Häuser anzuhalten, vorzügliche Gelegenheiten für gründliches Waschen der einzelnen Personen in den Zimmern einzurichten und allen hygienischen Erfordernissen Tür und Tor zu öffnen." Verf. bekämpft kurz die Einwände, die gegen diese recht verständigen, aber gar nicht neuen Vorschläge zu erwarten sind, unterschätzt aber dabei die Macht unserer offiziellen und konventionellen Heuchelei und Pseudomoral, die eine rationelle sexuelle Hygiene für unsittlich ausgibt.

Vaerting, M., Wie ersetzt Deutschland am schnellsten die Kriegsverluste durch gesunden Nachwuchs? 3. Über die Bekämpfung der Geschlechtskrankheiten. „Der Arzt als Erzieher". Heft 38, S. 47. Verl. d. Ärztl. Rundschau. Otto Gmelin, München.

Veneeral Prophylaxis a Failure? The Urolog. and Cutan. Rev. **20,** 1916, Nr. 3, S. 176.

Vertun, Zur Prophylaxe der Geschlechtskrankheiten. Monatsschr. f. Harnkrankh, 1904. S. 210.

Vogel, Jul., Die Prophylaxe und Abortivbehandlung der Gonorrhoe. Berl. klin. Wochenschr. 1905, Nr. 33.

Vorberg, Zur Geschichte der persönlichen Syphilisverhütung. Otto Gmelin, München 1911.

Warren, E., Putmann, Zur Verhütung der Syphilis. Amer. Journ. of Derm. and Genitourinary diseases. 1909. Bordelle sind mit Prophylaktika auszustatten.

Weißenberg, S., Die Formen des ehelichen Geschlechtsverkehrs. Arch. f. Rass.- u. Ges.-Biol. 1912, S. 612.   Art des Geschlechtsverkehrs.

Geschlechtsverkehr	Jüdinnen	Russinnen
Normal	55	80
Coitus interruptus	25	5
Kondom	9	6
Schwamm oder Wattetampon	2	—
Spülungen	1	3
Arzneitabletten	3	1
Arzneitabletten mit darauffolgender Spülung	2	1
Intrauterinpessar	—	1
Okklusivpessar	—	1
Verschiedene Methoden	2	1
Enthaltsamkeit	1	1
Summa	100	100

Wicker, Prophylaxe gegen Geschlechtskrankheiten. United States Naval. Med. Bull. 1, Heft 3. Arch. f. Schiffs- u. Tropenhyg. 1900, S. 135. Erst die Einführung der Zwangsprophylaxe, bestehend in Waschung mit Wasser und Seife und Sublimatlösung, 2 % iger Protargoleinträufelung und Einreibung mit 50 % Kalomel-Lanolin gab bessere Resultate. Jeder von Urlaub zurückkehrende Mann mußte sich im Lazarett melden und wurde befragt, ob er sich der Gelegenheit zur Ansteckung ausgesetzt habe. Auf 922 Beurlaubungen kamen 426 Prophylaxeanwendungen. In den bei Niederschrift der Arbeit seit Einführung der Zwangsprophylaxe verflossenen fünf Monaten kam keine Neuerkrankung an Syphilis vor, obwohl der größte Teil der Zeit in stark verseuchten chinesischen Häfen verbracht wurde. Von 14 Trippern waren 8 in den Philippinen erworben, wo Prophylaxe nicht geübt wurde. Der Rest fällt meist auf solche, die wegen Urlaubsüberschreitungen oder aus anderen Gründen die Prophylaxe nicht anwendeten.

Williams und **Brown,** Veneral diseases and practical engenies in swall communities. Med. Record 1913, 84, S. 1018. Allgemeine Besprechung. Entschieden für Prophylaxe, besonders auf Grund der bei der Marine gemachten Erfahrungen.

Wolff, Fr., Zur Bekämpfung der Geschlechtskrankheiten. Dermat. Wochenschr. 1915, 34, S. 818. Sein Standpunkt: 1. Die Kasernierung und die freie Prostitution bleibe bestehen, doch ist die erstere vorzuziehen und dort, wo möglich, einzurichten; dabei seien die Zimmer der Bordelle sanitär besser als bisher einzurichten, die Besucher durch geeignete Anschläge in den Zimmern auf die Gefahren aufmerksam zu machen und den Puellis publicis die als wirksam erprobten Schutzmittel zum Verkauf an die „Kundschaft" zu überlassen, und endlich muß der Alkoholausschank in den Bordellen verboten sein.

Zedlers „Gr. Univers.-Lexikon". Früherer Standpunkt zur Syphilis. Deutsche med. Wochenschr. 1902, S. 614.

Zeuner, Neuere Mittel zur Verhütung der Geschlechtskrankheiten. Deutsche Med.-Presse 1905, Nr. 3. Monatsschr. f. Harnkr. usw. 1905, S. 196. Die „Amorkugeln" geben also nicht nur gegen Gonorrhoe, sondern auch gegen Ulcus molle mit seinen Folgeerscheinungen und gegen Syphilis die Möglichkeit eines höchst erwünschten Schutzes und haben außerdem eine vorzügliche antikonzeptionelle Wirkung.

Fünfter Abschnitt.

b) Aufstöberung der Infektionsquellen.

Von besonderer Wichtigkeit ist als Vorbeugungsmittel gegen die Weiterverbreitung der Geschlechtskrankheiten eine möglichst weitgehende Aufstöberung aller Infektionsquellen, namentlich bei sich Prostituierenden.

Wir fordern daher einen gesetzlichen Zwang für die Ärzte, die Infektionsquellen zu erforschen und dem Gesundheitsamt zu melden. Voraussetzung dabei ist eine gesetzlich gewährte Sicherheit, daß, wenn es sich um weibliche Personen handelt, nicht eo ipso Polizeiaufsicht (Inskription) über die Gemeldeten verhängt wird, sondern daß je nach Lage der Dinge das Gesundheitsamt selbständig entscheidet.

Es läßt sich freilich nicht verkennen, daß man sich nicht einen vollen Erfolg von dieser Bestimmung versprechen darf:

1. Wissen in verhältnismäßig wenig Fällen die Männer und natürlich noch viel seltener die Weiber die Namen, Wohnungen oder sonstige Merkmale,

die zur Auffindung derjenigen führen können, von denen sie sich angesteckt glauben. Wie oft findet Annäherung wie Verkehr im betrunkenen Zustande statt!

2. Dazu treten die absichtlich falschen Angaben, sowohl seitens der Männer wie der Frauen, deren Zahl sich häufen wird, je mehr bekannt wird, daß dem eventuell schädigenden Beischlaf eine eventuelle Vorladung nachfolgen könnte.

3. Viele Männer wollen auch die Namen usw. nicht nennen, sie finden die „Denunziation" häßlich, selbst wenn sie infiziert sind. Es liegt eine gewisse Ritterlichkeit darin, daneben wohl auch die Überlegung, daß sie ja wußten, daß der Beischlaf gefährlich sein könnte.

4. Die Erfahrung hat gelehrt, wieviel Denunziationen aus Rache und Bosheit den Behörden gemacht wurden. Trotzdem z. B. in Dänemark die Behörde solchen Denunziationen nur mit größtem Takt und nach sorgfältiger Prüfung nachgegangen ist, ehe sie die als Infektionsquelle bezeichneten Personen vorgeladen hat, haben sich bei recht vielen keinerlei die Denunziation rechtfertigenden Krankheitserscheinungen feststellen lassen.

5. Schließlich aber sind die Schwierigkeiten zu berücksichtigen, die sich wissenschaftlich einer genauen Feststellung der Infektionsquelle entgegenstellen. Sobald der Verkehr des Mannes oder der Frau nicht mit einer, sondern mit mehreren Personen des anderen Geschlechts erfolgt ist, wird es meist kaum möglich sein, mit voller Sicherheit diejenige zu bezeichnen, welche die infizierende war.

Am einfachsten liegen die Verhältnisse bei Ulcus molle, da hier in der Regel — aber auch nicht immer — kurze Inkubationszeiten zwischen dem Infektionstermin und dem Auftreten der Geschwüre vorliegen. Aber jeder von uns hat Fälle gesehen, wo die Patienten mit aller Sicherheit behaupteten, daß der letzte Beischlaf schon vor vielen Wochen erfolgt sei, und daß sie erst seit kurzer Zeit sichere Krankheitserscheinungen bemerkt hätten.

Auch bei der Gonorrhoe können die Inkubationszeiten ungemein wechselnd sein, zumal auch hier Beobachtungsfehler der Patienten in Betracht gezogen werden müssen. Es kommt hinzu, daß manche Patienten glauben, sich frisch angesteckt zu haben, während es sich in Wahrheit um ein durch Exzesse bedingtes Aufflackern eines scheinbar abgeheilten, gleichsam latent gewordenen chronischen Trippers handelt.

Am allerschwersten ist die Beurteilung, wann die Ansteckung erfolgt sein könnte, bei der Syphilis. Hier sind, streng genommen, eigentlich nur die Fälle verwertbar, wo im Laufe mehrerer Monate der betreffende Patient nur mit ein und derselben (männlichen oder weiblichen) Person verkehrt hat. Nur in solchen Fällen wird man mit Sicherheit sagen können, daß seine Lues von dieser Person herstammt — vorausgesetzt, daß man dem Patienten glauben kann, daß er die volle Wahrheit sagt. Wenn irgendwo, so trifft aber für diese Verhältnisse das alte Wort zu: quivis syphiliticus mendax.

Besonders schwierig ist es bei Frauen, etwas Genaues über den sie infizierenden Mann anzugeben, weil sie selbst oft kaum in der Lage sind, über ihren eigenen Krankheitszustand klar zu werden. Bei der großen Schwierigkeit, ihre eigenen Genitalien genau zu beachten, werden sie gewöhnlich erst durch größere subjektive Beschwerden darauf hingewiesen, an Krankheit zu denken, und so können unter Umständen Wochen, ja Monate vergehen, in denen sie trotz bestehender Krankheit nichts davon wissen.

Trotz all dieser Bedenken würde ich die Einführung einer Gesetzesbestimmung befürworten,¹ wonach den Ärzten zur Pflicht gemacht wird, nach Möglichkeit die Ansteckungsquellen ihrer Patienten festzustellen. Jede aufgedeckte Infektionsquelle ist ein Vorteil für die allgemeine Gesundheit.

Aber immer wieder muß ich betonen: Ich kann dieses ganze Verfahren nur befürworten unter der Bedingung, daß nicht jede als Infektionsquelle aufgedeckte weibliche Person eo ipso als Prostituierte unter Kontrolle gestellt wird. Sie dürfen höchstens der Sanitätskommission zum Zwecke einer sanitären Überwachung vorgeführt werden.

Möller (Über die Verschwiegenheitspflicht des Arztes, über Meldepflicht usw. Zeitschr. f. Bekämpfung d. Geschlechtskrankh. 5, 1906, S. 300) berichtet über die Resultate der Nachforschung wegen der Ansteckungsquelle bei ansteckenden Geschlechtskrankheiten in Stockholm folgendes:

4. Die Männer der Arbeiterklasse erwerben ihre Geschlechtskrankheiten hauptsächlich durch Verbindungen ganz zufälliger Art. Name und Adresse der ansteckenden Weiber waren den Patienten in über 65 % der Fälle unbekannt, der Beruf derselben in 55 %.

5. Als Ansteckungsquelle spielt die Prostitution, und nicht am wenigsten die kontrollierte, eine dominierende Rolle. Von den infizierenden Frauen, deren Beruf den Patienten bekannt war, waren „unter Kontrolle" 18,9 % und „in Stellung" 43,3 %. Auch von diesen letzteren hatten mehr als der fünfte Teil Bezahlung verlangt.

6. Die gelegentlichen und daher gefährlichen Verbindungen werden meistens draußen (auf der Straße usw.) gestiftet, worauf die Paare gewöhnlich „ins Hotel gehen". Der Beischlaf hatte in mehr als einem Drittel der sämtlichen Fälle in einem sogenannten Partiehotel, zu einem Fünftel im Freien, zu einem Fünftel in der Wohnung des Mannes, zu einem Siebentel in der Wohnung des Weibes stattgefunden. Von den Kontrollmädchen hatten etwa die Hälfte „im Hotel verkehrt".

7. Wenn der Beischlaf im Freien oder im Hotel stattgefunden hatte, waren Name und Adresse des Weibes den Patienten in nur 8—13 % der Fälle bekannt, dagegen in etwa 25 % bei Beischlaf in der Wohnung des Mannes und in 70 % bei solchen in der Wohnung des Weibes. Beischlaf in der Wohnung des Mannes oder des Weibes hatte in einem Drittel der Fälle mit „Mädchen in Stellung" stattgefunden.

8. Bei etwa einem Fünftel dieser 661 Infektionen waren die Aufklärungen betreffs der Ansteckungsquelle hinreichend bestimmt, um mit Aussicht auf Erfolg eine Nachforschung vornehmen zu können.

9. 67,7 % der Männer gaben an, bei der Infektionsgelegenheit betrunken gewesen zu sein.

10. Alkoholmißbrauch, Straßenprostitution sowie die Industrie sogenannter Partiehotels zu halten, sind Faktoren, die in Stockholm die Ausbreitung ansteckender Geschlechtskrankheiten in sehr hohem Grade fördern.

Sechster Abschnitt.

c) Anzeigepflicht, Anzeigerecht. § 300.

Eine Ergänzung der vorstehend besprochenen Maßregeln wäre die gesetzliche Einführung einer namenlosen Anzeigepflicht aller an Geschlechtskrankheiten erkrankten Personen seitens der Ärzte und Heilanstalten. Auf einem behördlich festgesetzten Schein wäre zu vermerken: Anfangsbuchstaben des Vor- und Zunamens, Geburtstag und Geburtsjahr (also z. B.: A. N. 22. I. 1855), genaue Diagnose, Angabe der Infektionsquelle und der Stadt, wo die Infektion stattgefunden hat.

Die Durchführung derartiger Meldepflicht würde für die Statistik von unschätzbarem Werte sein. Wir brauchen eine solche Statistik, um den Erfolg irgendwelcher hygienischer Maßnahmen gegen die Verbreitung von Geschlechtskrankheiten und die Notwendigkeit solcher beurteilen zu können.

Auch Otte verlangt, um stets über die venerischen Erkrankungen auf dem Fortlaufenden zu bleiben, die Aufstellung einer jährlichen Statistik hierüber als durchaus notwendig. Diese Statistik ist unter Mitwirkung der Kassenärzte zu vollziehen, und zwar empfiehlt es sich, daß die Kassenärzte sämtliche in ihre Behandlung getretenen Fälle besonders verzeichnen bzw. der Kasse zur Kenntnis bringen, mithin auch bei Angehörigen, und zwar jedweden Stadiums der Erkrankung. Ausdrücklich sei hierbei bemerkt, daß der Arzt in solchen Fällen (wo er entweder aus Anlaß der Ausstellung des Krankenscheines oder vermöge seiner sonstigen Pflichten gegenüber der Krankenkasse, dieser ein etwaiges Verschulden des Kranken anzeigt) sich gegen § 300 des Strafgesetzbuches **nicht** verfehlt.

Ich trete aber auch ein für Anzeigerecht der Ärzte für diejenigen Kranken, die in gemeingefährlicher Weise trotz ihrer Erkrankung geschlechtlich verkehren oder sich der ärztlichen Behandlungsanordnung nicht fügen. Es ist daher gesetzlich zu bestimmen: „Jeder Arzt ist befugt, durch ihr Verhalten gemeingefährliche Geschlechtskranke dem Gesundheitsamt zu melden. — Erst das Gesundheitsamt entscheidet über die gegen die gemeldeten Kranken zu ergreifenden Maßnahmen.“

Ich bin für ein Anzeigerecht und nicht für eine Anzeigepflicht, wenn ich mir auch bewußt bin, daß der Arzt dadurch eine recht weitgehende Befugnis erhält und vielleicht auch unlautere Elemente verführt werden könnten, auf ihre Kranken einen unerlaubten Zwang auszuüben. Ich glaube aber andererseits, daß dadurch, daß die Meldung an das Gesundheitsamt geht, welches erst seinerseits selbst je nach Berücksichtigung aller Umstände weitere Entscheidung zu treffen hat, und welchem auch Ärzte angehören, solchen erpresserischen Versuchen unehrenhafter Ärzte vorgebeugt wird.

Andererseits wird auch den gemeldeten Personen ein Schutz gegen eventuell zu strenges Eingreifen der Polizei gewährt. Gelingt es dem Gesundheitsamt, die notwendigen rein ärztlichen Maßnahmen durchzusetzen, so bleibt die gemeldete Person vollkommen unbehelligt.

Es ist dabei natürlich eine Änderung des Seuchengesetzes notwendig, welches jetzt ja nur ein Einschreiten gegen die von Geschlechtskranken herrührenden Gefahren gestattet, sofern die Personen gewerbsmäßig Unzucht treiben, d. h. nachdem sie durch den Richter bereits einer polizeilichen Aufsicht unterstellt sind.

Ich habe diese Frage ausführlich Seite 248—253 behandelt.

Die Frage der Anzeigepflicht oder des Anzeigerechts ist eine viel umstrittene.

Gegner sind die meisten deutschen Autoren, die sich zu dieser Frage geäußert haben (Bernstein, Bettmann, Blaschko, Goldwater, Gottheil, Korn, Lesser, Siebert).

Anhänger sind u. a. Flesch, Jellinek, Kiefer, Lenz, Maude, Merck, Morrow.

In New York und im Staate Jova (Nordamerika) ist die Anzeigepflicht sogar schon eingeführt.

Ich selbst möchte die Einführung einer allgemeinen namentlichen Meldepflicht aller Venerischen nicht befürworten. Was soll denn das Gesundheitsamt, wenn es auch wirklich alle Namen und Diagnosen erfährt, mit allen diesen Gemeldeten anfangen? Zweck hat die Meldung doch nur, wenn sich ihr eine gesundheitliche Kontrolle der Einzelnen anschließt. Diese Kontrolle ist aber doch nur da erwünscht, wo der behandelnde Arzt sie für notwendig erachtet und selbst dem Kranken gegenüber nichts ausrichten kann. Mir scheint, daß das von mir geforderte **Melderecht an das Gesundheitsamt** das Weitgehendste ist, was man tun kann. Ich kann mich demgemäß auch Flesch nicht anschließen, der ohne weiteres die Unterstellung der venerischen Krankheiten unter das Reichsseuchengesetz verlangt, nach Aufhebung der „Reglementierung" — wobei ich bemerke, daß mir der innere Zusammenhang zwischen diesen beiden Wünschen nicht recht einleuchtet. Ich wünsche für eine gewisse Kategorie von Prostituierten die „Reglementierung" beizubehalten, will aber daneben das Melderecht mit eventuell nachfolgender sanitärer Überwachung.

Zu den Gegnern einer irgendwie gestalteten Anzeige (Anzeigepflicht oder Anzeigerecht) gehören wesentlich alle diejenigen, die starr und unentwegt an der unveränderten Aufrechterhaltung des § 300 festhalten und in der Schweigepflicht des Arztes eine gerade für das Gebiet der Geschlechtskrankheiten wichtiges und unentbehrliches Hilfsmittel erblicken, um die Kranken zum Arzt zu bringen.

Wenn ich in eine kurze Besprechung dieser Frage eintrete, so sehe ich hier ab von denjenigen, die eine Änderung des Paragraphen deshalb für überflüssig halten, weil sie annehmen, daß jetzt schon die Ärzte befugt seien, in gewisser Weise ein Anzeigerecht auszuüben, wenn es sich um die Verhütung von Schädigungen anderer Personen oder gar um öffentliche Interessen handelt. Auf diesem Standpunkt steht z. B. Homburger.

Der § 300 genügt vollständig; denn er ermöglicht, daß der Arzt Handlungen eines Patienten, von denen er erfährt und die geeignet sind, andere Personen zu gefährden, dadurch verhindert, daß er dem Gefährdeten gegenüber sein Schweigen bricht, ohne sich einer strafbaren Handlung wegen unbefugten Offenbarens schuldig zu machen. Es ist sogar auf alle anderen Personen zu erweitern, die beruflich mit Kranken zu tun haben.

Andere meinen, eine Notwendigkeit, irgend eine Abänderung am § 300 zu schaffen, liege deshalb nicht vor, weil die im gegenwärtigen Strafrecht und bürgerlichen Recht vorgesehenen Möglichkeiten, gegen verbrecherische und leichtsinnige Geschlechtskranke vorzugehen, vollständig ausreichten, um im Kampfe gegen die Geschlechtskrankheiten alles das zu erreichen, was man durch gesetzliche Vorschriften überhaupt erreichen könne.

Dem möchte ich entgegenhalten, daß doch wohl im Strafrecht wie im Zivilrecht recht empfindliche Lücken bestehen. Aber abgesehen davon, scheint es mir doch richtiger, überhaupt möglichst wenig zu strafen und lieber durch einen milden Zwang — und das ist ja der Grundgedanke des Anzeigerechts und des gewünschten Gesundheitsamts — die Begehung eines Unrechts zu verhüten und die anderen drohenden Gefahren abzuwenden, als nachträglich für begangenes Unrecht haftbar zu machen und zu strafen.

„Und was nützt dem Erkrankten die Bestrafung dessen, der ihn angesteckt hat? Ist es nicht milder und humaner, statt dessen den unvernünftigen oder leichtsinnigen Kranken selbst gegen seinen Willen zu heilen, was ihm ja unbequem sein kann, aber doch keine Strafe darstellt? Könnte man sich darauf verlassen, daß ein jeder Kranker wirklich darauf bedacht wäre, alle Übertragungsmöglichkeiten strengstens zu vermeiden, dann könnte man ihm das Recht, krank zu bleiben, zugestehen. Wie aber die Menschen sind, resultiert aus solcher Respektierung der „persönlichen Freiheit" nur Unheil für die Gesamtheit." (Neißer, Abänderung des § 300, S. 16.)

Ich kann mich aber überhaupt, wie ich bereits 1904 auseinandergesetzt habe, der Anschauung, daß der § 300 gerade mit seiner den Ärzten auferlegten Schweigepflicht im allgemein-hygienischen Interesse von so eminenter Wichtigkeit sei, nicht anschließen.

Zunächst möchte ich darauf hinweisen, daß nach meiner persönlichen und speziell auf diesen Punkt gerichteten Erfahrung die allerwenigsten Menschen, ja nicht einmal Angehörige der gebildeten Kreise von der Existenz dieses Schweigeparagraphen eine Ahnung haben, und natürlich trifft das für die große Masse des Volkes erst recht zu.

Und wie läßt sich mit der Behauptung, daß die Existenz des § 300 das Vertrauen des Publikums zu dem Arzt stärke oder gar begründe, die Tatsache vereinigen, daß gerade die zu keinerlei Verschwiegenheit verpflichteten Kurpfuscher einen so enorm großen Zuspruch aus allen Kreisen des Volkes gerade seitens Geschlechtskranker finden?

Ebensowenig habe ich feststellen können, daß bei vielen Geschlechtskranken, die sich überhaupt nicht behandeln lassen, etwa die Angst vor etwaiger Anzeige durch den Arzt die Ursache dieser Vernachlässigung gewesen sei. Stets war allgemeine Indolenz und Indifferenz, Angst vor Schmerzen usw. die Ursache. Andererseits bin ich überzeugt, daß auch ohne Schweigepflicht alle einigermaßen vernünftigen Kranken aus Sorge für ihre Gesundheit sich in ärztliche Behandlung begeben würden. Wenn jetzt die Ärzte in ihrer großen Mehrzahl die Vertrauenspersonen ihrer Patienten sind, so beruht das nicht auf der Existenz des Strafparagraphen 300, sondern auf dem dem Publikum wohlbekannten Anstandsgefühl der Ärzte, die seit jeher, von der Wichtigkeit dieses Vertrauensverhältnisses durchdrungen, in allen ihren vornehmeren Elementen es stets als eine selbstverständliche Ehren- und Anstandspflicht ansahen, den Kranken nicht nur ärztlicher Berater, sondern auch ein verschwiegener Freund zu sein.

Im übrigen könnte man durch ein **strenges gesetzliches Kurpfuschereiverbot** die Befürchtungen der Anhänger des § 300 so gut wie ganz aus der Welt schaffen.

Ich halte aber den § 300 nicht bloß nicht von so eminenter Bedeutung, sondern er kann geradezu schädlich wirken, und zwar, wenn man es mit solchen Personen zu tun hat, die aus Leichtsinn und verwerflichster Frivolität oder aus Dummheit und Indolenz trotz alles Zuredens der Ärzte durch ihr sexuelles Verhalten hygienisch gemeingefährlich bleiben, und den Ärzten nicht folgen, weil sie sich durch den § 300 geborgen fühlen. Wäre den Ärzten ein Anzeigerecht in die Hände gegeben, so könnten sie vielleicht zur Raison gezwungen werden. Gegen einen Mißbrauch und eine zu scharfe Anwendung dieses eventuell ermöglichten Anzeigerechtes ist das Publikum durch das eigene Interesse der Ärzte geschützt und schließlich durch meinen Vorschlag, daß die Meldung nicht ans Gericht, sondern an das Gesundheitsamt gehen solle.

Wieder andere meinen, daß im Falle der Aufhebung des § 300 der Arzt vor eine sehr schwere und häufig unlösbare Aufgabe gestellt sei, nämlich sich entscheiden zu müssen, ob er von dem Anzeigerecht Gebrauch machen solle oder nicht. Dieser schwierigen Entscheidung sei er durch den § 300 enthoben.

Mir will scheinen, daß es für einen gewissenhaften Arzt sehr häufig viel schwerer ist, in solchen Fällen, in denen er reden und anzeigen möchte, zu schweigen — und oft genug setzt er sich ja auch im vollsten Gefühl, daß er sich strafbar macht, über den § 300 hinweg — als umgekehrt zu prüfen, ob er von einem gesetzlich vorhandenen Anzeigerecht im einzelnen Falle Gebrauch machen solle.

So komme ich denn heute, wie damals 1904, trotzdem mir wohl so ziemlich die von allen Seiten erschienenen, meist gegenteiligen Äußerungen bekannt sind, zu dem Schlusse: daß zwar der alte § 300 erhalten bleiben soll, damit das ethische Prinzip der Verschwiegenheitspflicht nach wie vor zum gesetzlichen Ausdruck gelange, daß aber in einem Zusatz ebenso ausdrücklich anerkannt werde, daß der Arzt befugt sei, solche Tatsachen ausnahmsweise zu offenbaren,

1. wo der Arzt durch Offenbarung der ihm bekannt gewordenen Tatsachen gesundheitliche Schädigungen, deren Eintritt anderenfalls zu erwarten steht, verhüten kann;

2. wo in einem Prozeß über Recht oder Unrecht der Partei durch den Richter ohne freie Bekundung des Arztes eine zutreffende Entscheidung nicht gefällt werden kann.

Der zweite Absatz wird wesentlich Ehetrennungssachen betreffen. Der erste Absatz dagegen die Frage des Anzeigerechts regeln.

In der Formulierung des von mir gewünschten Zusatzes wäre besonders wichtig, festzulegen, daß die Meldung eines Arztes an das Gesundheitsamt unter keinen Umständen als unbefugt angesehen werden könne.

Selbstverständlich ist strengste Vorsicht zu treffen, daß auch die Meldung der Ärzte an das Gesundheitsamt noch innerhalb des Rahmens dieser Geheimhaltung bleibt. Alle vor dem Gesundheitsamt stattfindenden Verhandlungen finden mit schärfstem Ausschluß der Öffentlichkeit statt. Das Amt selbst soll an den § 300 gleichsam gebunden sein und sich erst durch eine Beschlußfassung auf Grund einer Verhandlung zu weitergehenden Meldungen entschließen. Auch entbindet die Meldung an das Amt den Arzt nicht von den sonstigen Verpflichtungen des § 300. Auch dieses bedingte und beschränkte

Anzeigerecht der Ärzte ist natürlich durch Gesetz festzulegen. Erst das Gesundheitsamt als Oberinstanz entscheidet, ob gegen einen Kranken in irgend welcher Form vorzugehen ist.

Ich kann F. Sieberts Bedenken (Bekämpfung der Geschlechtskrankheiten S. 490, Jesionek, Ergebnisse II) gegen meinen Vorschlag, daß man das ganze Nationale angeben soll, nicht teilen. Er meint: „Bei allem Vertrauen, das ich als Arzt den in einer von Neißer gedachten Kommission tätigen Kollegen entgegenbringe, diese können es aber nicht von mir verlangen, daß ich dasselbe Vertrauen in ihre Schreibhilfen habe, in die Sicherheit ihrer Schränke, daß nicht Dinge, die dort in den Listen stehen, Unbefugten zur Kenntnis kommen können."

Trotz aller Bedenken glaube ich aber an dem modifizierten Anzeigerecht festhalten zu sollen, weil ich glaube, daß die Einfügung des gleichsam als höhere Instanz fungierenden Gesundheitsamts (die ja nur ärztlichen und nicht polizeilichen Charakter hat), den Erfolg haben wird, daß Härten und Mißbräuche in der Ausübung der Anzeigepflicht vermieden werden und schon die Tätigkeit der Gesundheitskommission selbst den ihr gemeldeten Individuen gegenüber in sehr vielen Fällen letztere zur Vernunft bringen wird.

Für Preußen wäre übrigens dieses beschränkte Anzeigerecht der Ärzte nichts Neues; schon das Regulativ von 1835 schrieb in seinem § 65 vor:

Anzeige der Kranken.

Die Anzeige an die Ortspolizeibehörde (§ 9) ist nicht bei allen an syphilitischen Übeln leidenden Personen ohne Unterschied erforderlich, sondern nur dann, wenn nach Ermessen des Arztes von der Verschweigung der Krankheit nachteilige Folgen für den Kranken selbst oder für das Gemeinwesen zu befürchten sind. In diesen Fällen ist der betreffende Arzt dazu verpflichtet, und eine Vernachlässigung seiner desfallsigen Obliegenheiten soll mit einer, in Wiederholungsfällen zu verdoppelnden, Geldstrafe von 5 Talern geahndet werden.

Dagegen sind sämtliche Medizinalpersonen, mit Einschluß der Vorstände von Krankenanstalten, verpflichtet, vierteljährlich in den einzureichenden Sanitätsberichten über die Anzahl der ihnen überhaupt vorgekommenen syphilitisch Kranken, die Zahl der Geheilten usw. ohne Nennung der Namen an die Ortspolizeibehörde Bericht zu erstatten.

Syphilitisch kranke Soldaten müssen von den sie etwa behandelnden Zivilärzten dem Kommandeur des betreffenden Truppenteils oder dem dabei angestellten Oberarzt angezeigt werden.

Hinsichtlich der Anzeige syphilitischer Weibspersonen in öffentlichen Häusern verbleibt es bei den im Allgemeinen Landrecht, T. II, Tit. 20, § 1013 seq. enthaltenen gesetzlichen Bestimmungen.

Allerdings kamen diese Bestimmungen so gut wie nie weder seitens der Privatärzte, noch seitens der Krankenhausärzte zur Ausführung, es mußte denn sein, daß es sich um schon recht verkommene Subjekte beiderlei Geschlechtes [1]) handelt. Trotzdem kann ich in dieser Tatsache kein Moment sehen, welches gegen den jetzt von mir geforderten Modus spricht, denn ich stelle meine Anforderungen für ganz veränderte Bedingungen auf. Das alte Regulativ rechnete stets mit der mehr oder weniger sich drückend erweisenden, wenn auch vielleicht vom Gesetzgeber nicht beabsichtigten Polizeiaufsicht mit all ihren schädigenden Folgen, **während wir dagegen die Anzeige an eine rein ärztliche Behörde zu rein ärztlichen Zwecken fordern,** und es ist daher anzunehmen, daß die Ärztekreise unter den veränderten Umständen eher zur Durchführung zu bringen sein werden.

---

[1]) Siehe die Mitteilung von Harttung, Brüssel. II. Konfer., Diskuss. Kom.

Meines Erachtens müssen auch **ergänzende gesetzgeberische Maßnahmen** getroffen werden, um den durch ein Anzeigerecht möglicherweise entstehenden Schädigungen vorzubeugen.

1. Ich denke hierbei zunächst an ein gesetzliches **Verbot der Kurpfuscherei.** Ein solches würde sicherlich nicht nur an und für sich und namentlich bei Geschlechtskrankheiten sehr viel Unheil verhüten, es würde auch den Ärzten die Anzeige erleichtern, da weder sie selbst noch der Gesetzgeber alsdann nicht in demselben Maße wie gegenwärtig die Befürchtung hegen brauchten, daß die Kranken von der Inanspruchnahme ärztlicher Hilfe überhaupt Abstand nehmen würden. Es wäre auch denkbar, die Kurierfreiheit nicht allgemein aufzuheben, sondern nur für die Geschlechtskrankheiten, da sie in die Gruppe der ansteckenden Krankheiten fallen. So sieht auch die norwegische Gesetzgebung eine strenge Bestrafung aller nicht staatlich approbierten Personen vor, welche solche gefährliche epidemische oder ansteckende Krankheiten behandeln, die nach dem besonderen Gesundheitsgesetze unter die Vorsorge der öffentlichen Behörden fallen. Desgleichen schreibt schon das vortreffliche preußische Regulativ vom 5. August 1835 in § 72 vor: „Auf genaue Befolgung des im § 17 enthaltenen Verbotes der Behandlung ansteckender Krankheiten durch unbefugte Personen ist mit besonderer Sorgfalt bei der Syphilis zu halten und sind die Polizeibehörden und approbierten Medizinalpersonen zur vorzüglichen Aufmerksamkeit in dieser Hinsicht verpflichtet."

Die Apotheker werden auf die denselben gegebenen Vorschriften gegen die Bereitung von Arzneien auf Anordnung unbefugter Personen und gegen den Handverkauf von Arzneimitteln, die Merkurialia und andere heftig wirkende Substanzen enthalten, verwiesen.

2. Ferner kommt in Betracht die **Einführung des Gesundheitsgefährdungsparagraphen.** Siehe darüber S. 128.

Literatur.

Adamsen, Ergänzung des Reichsseuchengesetzes von 1905. Korresp. f. d. Arb. u. Heb. d. Sittlichkeit. 1915, Nr. 6. S. 47—48. Zeitschr. f. Strafrechtswissensch. 1915, Heft 6. S. 216.

Balzer, Bekämpfung der Geschlechtskrankheiten und die obligatorische Anzeigepflicht in den skandinavischen Staaten. Bull. de la Soc. de Prophyl. san. et mor. 13, 1913, S. 37.

Bernstein, Ärztliches Berufsgeheimnis und Geschlechtskrankheiten. Zeitschr. f. Bekämpfung d. Geschlechtskrankh. 4, S. 29.

Berufsgeheimnis und Geschlechtskrankheiten. Diskussion zu den Referaten Neißer, Bernstein, Flesch. Zeitschr. f. Bekämpfung d. Geschlechtskrankh. 4, S. 52 ff.

Bettmann, S., Die ärztliche Überwachung der Prostituierten. Handb. d. soz. Med., herausgegeben von M. Fürst und F. Windscheid, 7, I. Teil. Fischer, Jena 1905. Die Einführung einer bedingten ärztlichen Meldepflicht der Geschlechtskranken in großem Umfange müßte deshalb notwendig durch die Einrichtung einer Zentralinstanz ergänzt werden, die eine sorgfältige Prüfung aller einlaufenden Meldungen vorzunehmen hätte, ehe ein weiteres Einschreiten speziell seitens der Polizei erfolgen dürfte. Aber auch bei dem allergrößten Zutrauen zu der Gewissenhaftigkeit der Ärzte, die überflüssige Meldungen vermeiden möchten, und der möglichen Wirksamkeit jener Zentralinstanz, die als Barriere gegen unnötiges Vorgehen den Behörden dienen müßte, halte ich den Standpunkt für berechtigt, der prinzipiell dem Arzte nur eine beratende Stellung seinen Kranken gegenüber einräumt,

und ihn da, wo der Klient in ihm den persönlichen Helfer sucht, nicht zum verfolgenden
Vertreter einer Behörde machen will.

Flesch, Das ärztliche Berufsgeheimnis und die Geschlechtskrankheiten. Zeitschr. f. Bekämpfung d. Geschlechtskrankh. **4,** S. 32.

— **Max,** Welche strafrechtlichen Folgen würden sich aus der Unterstellung der venerischen Krankheiten unter das Reichsseuchengesetz nach Aufhebung der Reglementierung ergeben? Zeitschr. f. Bekämpfung d. Geschlechtskrankh. **16,** 1915, Nr. 5, S. 141
bis 152. Zeitschr. f. Sexualwissensch. 1915, Heft 6, S. 216.

Goldwater, S. S. (New York), Erleichterung der Krankenhausbehandlung der Geschlechtskrankheiten. New York med. Journ. 17. 5. 1913. Gegen die obligatorische Anzeigepflicht.

Gottheil, William, Die Anzeigepflicht bei venerischen Erkrankungen. The Journ. of cut.
dis. März 1913, S. 145. Gottheil hebt hervor, daß der Gesundheitsrat der Stadt
New York auch die Anzeigepflicht bei Geschlechtskrankheiten einführen wolle. Gegen
die Nützlichkeit dieser Maßregel sprechen folgende Punkte: 1. Die Geschlechtskrankheiten gelten als ein Makel. Die Kenntnis, die der Arzt durch den Kranken erfährt,
sei so heilig, wie die dem Geistlichen gemachten Angaben. 2. Geschlechtskrankheiten
können der Grund materieller Schädigungen, Ehescheidungen usw. werden. 3. Das
Publikum macht keinen Unterschied zwischen den durch eigenes Verschulden oder
ohne ein solches erworbenen Geschlechtskrankheiten. 4. Die Ärzte setzen wenig Vertrauen in die Geheimhaltung der gemeldeten Krankheiten durch den Gesundheitsrat.
5. Die Statistiken über die Geschlechtskrankheiten in der Form, wie dies geschehen
könnte, haben keinen großen Wert. 6. Der Gesundheitsrat hat kein Recht, für die
freie Behandlung derer zu sorgen, die es bezahlen können. 7. Diese Maßregeln werden
viele Kranke den Kurpfuschern in die Arme treiben.

Hansberg, Vorschläge zur Abänderung des R.G.B. bezüglich der Heilkunde. Monatsschr.
f. Kriminalps. **3,** S. 799. Das Ausführungsgesetz sieht nur Maßnahmen gegen weibliche Personen, die gewerbsmäßig Unzucht treiben, also gegen Prostituierte, vor.
Diese Bestimmung kann angesichts der enormen Verbreitung der Geschlechtskrankheiten, ihrer deletären Wirkung auf das Volkswohl nur so erklärt werden, daß der
Staat dem Geschlechtskranken jede Scheu vor dem Arzte, jede Besorgnis vor dem
Bekanntwerden seiner Krankheit von vornherein nehmen will, daß er sich von einer
strengen Wahrung des Berufsgeheimnisses in der Bekämpfung der Geschlechtskrankheiten weit größeren Erfolg verspricht, als von einem gesetzlichen Anzeigerecht oder
gar einer Anzeigepflicht, die lediglich dem Kurpfuschertum die Wege ebnen würde.
Grundsätzlich muß dieser Auffassung unbedingt zugestimmt werden, es ist aber
doch zu bedauern, daß das Ausführungsgesetz nicht auf das preußische
Regulativ zurückgegriffen hat, da damit dem Arzte jede gesetzliche Handhabe fehlt, solchen Geschlechtskranken beizukommen, die aus Leichtsinn
oder Indolenz sich einer grundsätzlichen Behandlung nicht unterziehen, dabei in
frivoler oder wohl gar ausgesprochen böser Absicht, wie das sicher auch vorkommt,
vom Geschlechtsverkehr nicht lassen wollen, trotzdem sie von ihrem Arzt ganz genau
wissen, daß sie damit sicheres Verderben über ihre Mitmenschen bringen. Derartige
Menschen sind gemeingefährlich, sie sind vielleicht viel gefährlicher als mancher
mit dem Dolche bewaffneter Verbrecher, da die Schäden, welche sie ihren Mitmenschen
an Gesundheit und Leben zufügen, in ihren Folgen ganz unberechenbar sind. Ich kann
daher Neißer nur zustimmen, wenn er für solche Fälle, die immerhin zu den Ausnahmen gehören und im allgemeinen selten sein dürften, falls alle anderen Versuche
erfolglos geblieben sind, ein gesetzlich festgelegtes Anzeigerecht verlangt.

v. Issendorf, Zur rechtlichen Frage der Prostitutionsfrage. Zeitschr. d. deutsch-evangel.
Vereins zur Förderung der Sittlichkeit. Berlin. 29 Jahrg., Nr. 4, April 1915.

Jeanselme, Über die antisyphilitische Prophylaxe durch die Salvarsanbehandlung. Bull.
de la soc. de prophylaxie san. et mor. **13,** 1913, S. 63.

Kiefer, Guy., Bericht des Komitees über die Kontrolle der venerischen Krankheiten durch
den Magistrat. The Journ. of the Amer. Med. Assoc. 23. 9. 1911, S. 1052. Arch. f.
Derm. u. Syph. Referate 1912. **112,** Heft 6, S. 730.

Korn, Strafrechtsreform oder Sittenpolizei? Schmollers Jahrb. f. Gesetzgbg. XXI,
1897.

Lenz, Bemerkungen (S. 221), verlangt diskrete Meldepflicht der Ärzte. Der dadurch zu erreichende Vorteil würde zehnfach größer sein als eventuelle Nachteile, an die man denken könnte. Gerade die verderblichsten Volksseuchen hat man von dem Seuchengesetz ausgeschlossen. Es ist eine ungeheure Schmach für unsere gepriesene Kultur, daß man hier nichts Ernstliches tut, sei es aus „moralischen" oder weiß Gott was sonst für Gründen.

Lieske, Hans, Gewissenszweifel in Fragen der Schweigepflicht gegenüber Geschlechtskranken. Dermat. Wochenschr. 1915, Heft 49, S. 1119. Petition.

Maude, Die Regulierung der Prostitution mit spezieller Beziehung auf § 79 der Page-Bill. New York med. Journ. 31. Dez. 1910. Monatsh. f. prakt. Derm. **52,** 1911, Nr. 12, S. 657. Wünscht allgemeine Maßnahmen, darunter Anzeigepflicht.

Medlroy, A. L., Einige Probleme bei der Behandlung von venerischen Erkrankungen. Mängel in der prophylaktischen Bekämpfung der venerischen Infektion. Einführung der Anzeigepflicht für alle solche Fälle. B. m. J. 14. 3. 1914. Dermat. Wochenschr. 1915 Heft 34, S. 819. Verlangt Prophylaxe. Anzeigepflicht?

Meldepflicht jedes Falles von venerischer Erkrankung seitens der Ärzte ab 1. Januar d. J. im Staate Jowa Nordamerika. Derm. Wochenschr. 1914, 5. Sexual-Probleme 1914, Märzh. S. 200.

Merk, L., Die Anzeigepflicht bei venerischen Krankheiten ist leicht durchführbar! Münch. med. Wochenschr. 1914, Nr. 38, .S 1971. Statistik.

Möller, M., Über die Verschwiegenheitspflicht des Arztes, über Meldepficht bzw. Melderecht, und über die Ermittlung der Ansteckungsquelle bei ansteckenden Geschlechtskrankheiten. Zeitschr. f. Bekämpfung d. Geschlechtskrankh. **5,** 1906, 241 u. 283. S. 300. 2. In Dänemark und Norwegen hat der Arzt obligatorisch nicht nominative Meldepflicht bei ansteckenden Geschlechtskrankheiten und bedingtes nominatives Melderecht. In das dänische Gesetz von 1906 wegen Bekämpfung ansteckender Geschlechtskrankheiten ist sogar bedingte nominative Meldepflicht eingeführt. In Norwegen sind die Ärzte verpflichtet, sich zu bemühen, die Ansteckungsquelle auszuforschen und anzumelden. 3. In Schweden gibt es gleichfalls Gesetzesbestimmungen (das kgl. Zirkular vom 10. Juni 1812, die kgl. Instruktion vom 13. Juni 1822, § 10, und vom 31. Oktober 1890, § 28) wegen nominativer Anmeldung und wegen Ausforschung von Ansteckungsquellen in gewissen Fällen, aber diese Bestimmungen sind mit Rücksicht auf die provinziellen Verhältnisse einer vergangenen Zeit entstanden. Um den heutigen Bedürfnissen zu entsprechen, dürften sie dahin abzuändern sein, daß jeder Arzt a) das gesetzliche Recht erhält, bei der zuständigen medizinisch-hygienischen Behörde (Gesundheitsamt, Medizinalbeamten) zu prophylaktischem Zwecke solche Personen mit ansteckenden Symptomen von Geschlechtskrankheit anzumelden, die durch ihre Lebensweise oder auf Grund anderer Verhältnisse in hygienischer Beziehung als gefährlich angesehen werden müssen; b) verpflichtet wird, für statistischen Zweck bei derselben Behörde jeden Fall ansteckender Geschlechtskrankheit anzumelden, aber ohne den Kranken namhaft zu machen; und c) die Pflicht hat, bei jedem frischen Fall von ansteckender Geschlechtskrankheit sich zu bemühen, die Ansteckungsquelle auszuforschen und derselben Behörde anzumelden.

Morrow, Prince A., Die Kontrolle der Geschlechtskrankheiten von seiten des Gesundheitsamtes. New York med. Journ. 15. 7. 1911. Verf. ist in erster Linie der Ansicht, daß die Geschlechtskrankheiten anzeigepflichtig sein sollen, natürlich unter Wahrung des ärztlichen Berufsgeheimnisses, indem die Sanitätsbehörde von allen Ärzten Angaben darüber verlangt, wieviel Fälle sie in Behandlung hätten, über die mutmaßliche Infektionsquelle u. a. m., ohne daß Name oder Wohnung des Patienten angegeben werden. Jedes Krankenhaus und jede Poliklinik sollte ebenfalls diese Verpflichtung haben. Eine genaue statistische Zusammenstellung würde sehr wertvolles Material zur Erziehung des Publikums bezüglich der enormen, durch diese Krankheiten verursachten Morbidität und der Notwendigkeit von Präventivmaßregeln liefern. Weiterhin müßten auch — männliche und weibliche — Individuen, die trotz Kenntnis ihrer venerischen Krankheit sich einer Weiterverbreitung schuldig machen, eventuell zwangsweise der Behandlung zugeführt oder bestraft werden.

Neißer, A., Abänderung des § 300 des Reichsstrafgesetzbuches und ärztliches Anzeigerecht in ihrer Bedeutung für die Bekämpfung der Geschlechtskrankheiten. 2. Kongr. d. Deutsch. Gesellsch. z. Bekämpfung d. Geschlechtskrankh. München 1905.

New York. Eine Anzeigepflicht für Geschlechtskrankheiten ist seit dem 1. Mai nach Beschluß des Board of Health vom 9. Februar in Kraft, nachdem im Juli 1911 die Errichtung eines Krankenhauses für Geschlechtskranke beschlossen worden war. Vorsteher und andere Beamte an öffentlichen Hospitälern und Anstalten haben
alle Krankheitsfälle von Syphilis, Ulcus molle und Gonorrhoe unter Angabe des
Namens, Familienstandes und der Wohnung des Patienten, der Diagnose und
möglichst auch der Quelle der Infektion dem Departement of Health anzuzeigen. Eine
gleiche Meldung wird von den Ärzten bezüglich der Privatpraxis erbeten (unter
Wegfall des Namens und der Adresse des Patienten). Bei gemeldeten Fällen,
deren Anzeige natürlich streng vertraulich behandelt wird, erfahren alle nötigen bakteriologischen und serologischen Untersuchungen eine kostenfreie Ausführung. Deutsche
med. Wochenschr. 1912, Nr. 24, S. 1152.

Otte, Richard, Welche Maßnahmen haben die Krankenkassen des Deutschen Reiches auf
Grund der Gesetzgebung zu treffen im Interesse ihrer Mitglieder gegenüber ansteckenden
Geschlechtskrankheiten? Internat. Kongr. Brüssel September 1899, S. 226.

Pollack, Alfr., Syphilis und Anzeigepflicht in Österreich. Münch. med. Wochenschr. 1909,
Nr. 22, S. 1147. Wien. med. Wochenschr. 1909, 17.

Schmölder, Robert, Die Prostitution, ihre alsbaldige Regelung ein dringendes Bedürfnis.
Flugschriften d. Deutsch. Ges. z. Bekämpfung d. Geschlechtskrankh. Heft 14, S. 19.

Siebert, F., Bekämpfung der Geschlechtskrankheiten. 5. Absatz: Das ärztliche Berufsgeheimnis. Aus Jesionek, Praktische Ergebnisse auf dem Gebiete der Haut- und
Geschlechtskrankheiten. 2. Jahrg. Bergmann, Wiesbaden 1912.

Siebenter Abschnitt.

d) Gesundheitsgefährdung.

**Als prophylaktische Maßregel verlangen wir die Einführung
des sogenannten „Gesundheitsparagraphen" und zwar in folgender Form:**

**„Wer wissentlich oder in erheblichem Grade fahrlässig han-
delnd einen anderen der unmittelbaren Gefahr der Ansteckung
mit einer Geschlechtskrankheit aussetzt, wird dem Gesundheitsamt vorgeführt, welches je nach den Umständen erkennt auf
1. Verwarnung, 2. Verweis, 3. Anklage bei dem Richter."**

**„Ist infolge dieses Verhaltens eine andere Person angesteckt
worden, so kann mit Gefängnis bis . . . . bestraft werden.
Außerdem haftet der Ansteckende für die in den ersten drei
Krankheitsjahren erwachsenden Kurkosten und ist zu einer Entschädigung an den Angesteckten verpflichtet."**

**„Ist die Handlung von einem Ehegatten begangen, so ist
eine Verhandlung nur auf Antrag des anderen Ehegatten einzuleiten. Sonst erfolgt dieselbe durch das Gesundheitsamt."**

Nach dem bisherigen Recht ist eine Bestrafung der durch eine Geschlechts-
krankheitsübertragung entstandenen Gesundheitsschädigung nur möglich
durch Anwendung der allgemeinen, sich auf Körperverletzung beziehenden
Strafparagraphen, da spezielle, die Geschlechtskrankheiten betreffende Gesetzesbestimmungen nicht existieren.

Die diesbezüglichen Körperverletzungsparagraphen würden auch auf die
vorsätzliche und fahrlässige Ansteckung zu beziehen sein, und zwar kommen

in Betracht die §§ 229, eventuell 223 und 224; letztere sowohl bei Syphilis wie bei Gonorrhoe. Einen Fortschritt stellen die §§ 228 und 229 des Vorentwurfs zum neuen Strafgesetzbuch dar, und zwar würde speziell § 228 auf eine vorsätzliche Übertragung von Syphilis und Gonorrhoe zutreffen.

Vorsätzliche Übertragungen werden allerdings kaum vorkommen, höchstens auf Grund des auch jetzt immer noch verbreiteten Aberglaubens, daß man sich durch Geschlechtsverkehr mit einem unberührten Mädchen von seiner Krankheit befreien könne.

Siehe hierüber Wilhelm, Zeitschr. f. Bekämpfung d. Geschlechtskrankh. **15**, 1., Lieske, daselbst, **16**, S. 153.

Es liegt daher der Gedanke nahe, um Abhilfe zu schaffen, nicht den Tatbestand der erfolgten und nachgewiesenen Infektion unter Strafe zu stellen, sondern schon denjenigen zu fassen und ev. zu bestrafen, der als noch Kranker, bzw. noch nicht Geheilter, sei es durch Beischlaf, sei es auf sonstigem Wege, mittelbar oder unmittelbar, einen anderen der Gefahr einer (genitalen oder extragenitalen) Ansteckung aussetzt.

Es wäre demgemäß auch nicht nur derjenige zu bestrafen — z. B. Barbier, Zahnarzt usw. — der durch Gegenstände einen an diesen haftenden Infektionsstoff überträgt und Krankheit erzeugt, sondern auch der, welcher die erforderliche Vorsicht, diese Gegenstände infektionsuntüchtig zu machen, unterlassen hat.

Für uns kommt hier wesentlich in Frage, ob schon die bloße Tatsache des Geschlechtsverkehrs eines Geschlechtskranken zu bestrafen sei, ohne Rücksicht darauf, ob eine Ansteckung erfolgt oder nicht. Für den Richter wird dann die bei dem Körperverletzungsparagraphen in Betracht kommende Frage, ob mit Sicherheit der Beschuldigte die Infektionsquelle darstelle, ausgeschaltet, und es wäre lediglich die Krankheit, das Wissen des Kranken, daß er noch gefährdend wirken könne, und die Tatsache des stattgehabten Geschlechtsverkehrs des Täters nachzuweisen. —

So verlockend auf den ersten Blick die Einführung einer derartigen Bestimmung in das Strafgesetzbuch erscheint, so sind doch sehr erhebliche Bedenken dagegen nicht zu verkennen.

In erster Linie erhebt sich eine rein ärztlich-medizinische Frage: wie soll der Begriff des Krankseins bzw. Nochnichtgeheiltseins gefaßt werden?

Diese Frage zerfällt in zwei Unterfragen:

a) Wieweit fällt Krankheit und Ansteckungsfähigkeit bei den Geschlechtskrankheiten zusammen? Denn es könnte natürlich nur die noch ansteckungsfähige Erkrankung für den Paragraphen in Betracht kommen.

b) Wie kann überhaupt und mit welchem Grade von Sicherheit die wissenschaftliche Medizin (und ihre Vertreter, die Ärzte) das Nochvorhandensein von Krankheit oder andererseits die eingetretene Heilung feststellen?

Am einfachsten liegt die Sache beim weichen Schanker, Ulcus molle. Hier ist durch einfache Besichtigung festzustellen, ob eine noch bestehende Wunde noch den spezifisch infektiösen Charakter der Erkrankung trägt und ob sie schließlich vollständig geheilt sei.

Sehr viel schwieriger ist die Frage bei der Gonorrhoe zu entscheiden. Hier muß darauf hingewiesen werden, daß hier nur der Nachweis der Anwesenheit von Gonokokken, sei es auf mikroskopischem, sei es auf kulturellem Wege, nie dagegen auf makroskopisch-klinischem Wege, einen Aufschluß über die vorhandene Ansteckungsfähigkeit eines Gonorrhoekranken geben kann. So leicht es aber ist, aus positiven Befunden die noch vorhandene Ansteckungsfähigkeit der untersuchten Person festzustellen, so schwierig ist es, aus negativen Befunden mit absoluter Sicherheit den positiven Schluß verschwundener Infektiosität zu ziehen. Denn in sehr vielen Fällen, wenn nicht mit ganz besonderer Sorgfalt und in sachverständiger Weise die Untersuchung vorgenommen ist, wird der Einwand gemacht werden können, daß man bei den betreffenden Untersuchungen zwar keine Gonokokken gefunden habe, daß sie aber vielleicht nur zeitweise verschwunden seien oder wegen ihrer Spärlichkeit übersehen worden wären.

Am allerschwierigsten ist die Sachlage bei Syphilitikern, deren Krankheit mehr als 2—4 Jahre besteht. Wir wissen zwar, daß derartige Fälle fast ausnahmslos als geheilt und als nicht infektiös anzusehen sind, wenn eine sehr gute, lange und energisch durchgeführte (Salvarsan-Quecksilber) Behandlung vorausgegangen ist und wenn mehrere Blutuntersuchungen negativ ausgefallen sind, aber Ausnahmen kommen auch hier vor. Bei kürzerer Krankheitsdauer muß natürlich die Infektionsmöglichkeit viel höher geschätzt werden, wobei freilich die mehr oder weniger große Sorgfalt der Behandlung mit in Rechnung gestellt werden muß.

Es ergibt sich also, daß in einer großen Anzahl von Gonorrhoe- wie Syphilisfällen selbst genaue ärztliche, die neuesten Fortschritte der Wissenschaft berücksichtigende Untersuchungen nicht imstande sind, mit absoluter Sicherheit die vollkommene Ungefährlichkeit einer Person, die tripper- oder syphiliskrank gewesen ist, für den Geschlechtsverkehr festzustellen. Ein Urteil über die Wahrscheinlichkeit und deren Grad, ob ein Geschlechtsverkehr gesundheitlich gefährdend sei, läßt sich freilich fast immer abgeben.

Kann denn aber für die Laien, um die es sich doch in praxi handelt und die das Objekt des in Rede stehenden Paragraphen bilden, diese wissenschaftlich-ärztliche Erkenntnis als Maßstab für ihre eventuelle Verschuldung in Betracht kommen? Wie der Gesetzesparagraph auch gefaßt werden möge, immer wird es heißen, daß die betreffende Person „wissend" oder „weil sie nach den Umständen hätte wissen müssen", daß sie an einer ansteckenden Geschlechtskrankheit leidet, die Gesundheitsgefährdung ausgeübt hat, und man kann doch nur denjenigen zur Rechenschaft ziehen, von dem man mit Recht annehmen darf, daß er einmal von dem Vorhandensein und ferner von der Bedeutung irgend welcher Krankheitserscheinungen, insbesondere von der Möglichkeit, daß diese Erscheinungen noch ansteckungsfähig und daher gefährdend seien, gewußt habe.

Wer käme also für die Bestrafung in Betracht?

Bei an den Geschlechtsteilen sitzenden, deutlich ausgebildeten Geschwürsprozessen, Wucherungen, Eiterungen und Eiterausflüssen kann wohl bei jedem Manne, welchen Bildungsgrades auch immer, angenommen werden, daß diese Krankheitserscheinungen ihm bekannt waren. Es ist kaum denkbar, daß solche für Männer so leicht objektiv wahrnehmbare und stets mit Beschwerden einhergehende Prozesse dem Träger entgehen.

Bei Frauen ist die Sachlage nicht immer so klar. Denn sie können zumeist ihre Genitalien schlecht oder gar nicht besichtigen. In den meisten Fällen freilich werden subjektive Beschwerden und Schmerzen die Aufmerksamkeit erregen. Treten solche schmerzhafte Erscheinungen nach außerehelichem Verkehr auf, so wird auch die Deutung, um was es sich handeln könnte, naheliegen. Es ist auch bei den meisten dieser Personen zu bedenken, daß es sich nicht um vollkommen unschuldige, ganz unwissende Menschen handelt, sondern um solche, bei denen schon ein mehr oder weniger reichlicher Geschlechtsverkehr stattgefunden hat. Natürlich wird dieses Moment, wieweit man schon gewisse Erfahrungen auf diesem Gebiete voraussetzen kann, für den Richter von Bedeutung sein müssen.

Wenn also Menschen mit solchen Erscheinungen weiter Geschlechtsverkehr treiben, ohne zum mindesten vorher einen Arzt zu fragen, so wird man wohl folgern dürfen, daß sie etwas von ihrer Geschlechtskrankheit wußten; zum mindesten aber wird anzunehmen sein, daß sie fahrlässig handelten.

Auch hier wird man die Eigenschaften der einzelnen Geschlechtskrankheiten in Betracht ziehen müssen. Bei der Syphilis kann es sehr wohl vorkommen, daß selbst deutlich ausgeprägte Erscheinungen übersehen werden, weil dieselben mit sehr geringen subjektiven Erscheinungen einhergehen.

Sitzen aber Krankheitserscheinungen nicht an den Geschlechtsteilen, so wird man nur bei den speziell Belehrten verlangen können, daß sie mit genügender Sorgfalt auf solche oft ganz unbedeutende Affektionen hätten achten und sich über deren Bedeutung und eventuelle Gefährlichkeit beim Arzt unterrichten sollen. Das allgemeine Bildungsniveau der einzelnen Personen kann als Maßstab für die Urteilsfähigkeit nicht ohne weiteres in Betracht kommen. Denn wenn auch in den letzten Jahrzehnten, dank der Aufklärungsarbeit der Deutschen Gesellschaft zur Bekämpfung der Geschlechtskrankheiten, sich eine wesentliche Verbesserung dieser Verhältnisse eingestellt hat, so herrscht doch auch heute immer noch eine geradezu unglaubliche Unkenntnis über die Eigenschaften der Geschlechtskrankheiten auch in den sogenannten gebildeten Kreisen.

Es ergibt sich daraus

1. einerseits die Notwendigkeit, die allgemeine Belehrung der großen Masse in ungeschwächter Intensivität fortzuführen, und

2. die besondere Aufgabe für die Ärzte — eventuell muß ihnen das gesetzlich zur Pflicht gemacht werden — alle bei ihnen in Behandlung tretenden Kranken eingehends zu belehren.

Wie soll aber mit den Menschen verfahren werden, die aus irgendwelchen Gründen überhaupt nicht in ärztliche Behandlung gehen?

Die Kurpfuscher ließen sich durch ein entsprechendes Gesetz leicht ausschalten.

Kann man aber jeden Menschen gesetzlich zwingen, sich behandeln zu lassen?

Kann man es als große Fahrlässigkeit ansehen, wenn jemand bei einer Geschlechtskrankheit, obgleich dieselbe gemeingefährlich ist, nicht für ärztliche Behandlung sorgt? Hat es einen Zweck, einen solchen Paragraphen ins Gesetz aufzunehmen?

Ich selbst habe geglaubt, diese Frage im Prinzip **bejahen** zu sollen (siehe § I). Abgesehen davon, daß doch in einzelnen Fällen von solchen Strafbestimmungen würde Gebrauch gemacht werden können, gäbe eine solche gesetzliche Bestimmung allen, die öffentlich und im einzelnen sich mit der Aufklärung und Belehrung des Volkes befassen, eine mächtige Waffe in die Hand, um die Wichtigkeit und Notwendigkeit einer sorgsamen ärztlichen Behandlung darzulegen.

Auch würden gerade die gewissenhaften Menschen, die schon jetzt sich sorgsam behandeln lassen, unter Umständen dem Gesetz gegenüber schlechter wegkommen, als die Indolenten, Frivolen, Leichtfertigen, wenn das Sichnichtbehandelnlassen den Einzelnen straffrei machte.

Andererseits müßte dann allgemein der Grundsatz, der auch im Gesetz Aufnahme zu finden hätte, Geltung haben, daß derjenige, der sich ärztlicher Beobachtung und Behandlung in der vom Arzt ausgesprochenen Anordnung fügt, nicht als fahrlässig handelnd angesehen wird.

Insbesondere wäre bei den Prostituierten aller Grade und Schattierungen Fahrlässigkeit nicht anzunehmen, wenn sie sich nachweislich den ärztlichen Vorschriften entsprechend verhalten. Ohne diese Bestimmung würde sonst jede Prostituierte jeden Tag wegen Übertretung des Gefährdungsparagraphen sich strafbar machen.

Deshalb habe ich, gerade mit Bezug auf die Prostitution, in meinem Vorschlage nicht nur gesagt: „Wer wissentlich usw.", sondern auch: „in erheblichem Grade fahrlässig handelnd".

„Von einer strafbaren Fahrlässigkeit kann nur die Rede sein, wenn der Infizient vorher wegen dieses Leidens sich in ärztliche Behandlung begeben hat, und wenn er von diesem Arzte darauf aufmerksam gemacht wurde, was seine Pflichten während seiner Krankheit sind und welche Folgen eine Pflichtverletzung nach sich ziehen kann. Wenn ein solcher Patient in der Ansicht, die Warnung des Arztes sei aus irgend einem Grunde zunächst als Beispiel genommen, weil er keine Schmerzen mehr spürt, hinfällig geworden, die Vorsicht nicht mehr walten läßt, sondern wieder geschlechtlich verkehrt, dann wird eine strafbare Fahrlässigkeit anzunehmen sein" (Homburger, S. 26).

Aber andererseits könnte man in Zukunft die inskribierten Prostituierten, die sich den sanitätspolizeilichen Vorschriften nicht fügen, wegen Gesundheitsgefährdung, nicht mehr wegen Übertreten der sanitätspolizeilichen Vorschriften, strafen.

Diese Möglichkeit berücksichtigt besonders der Vorschlag Lindenaus, welcher folgende Fassung des neuen Paragraphen vorgeschlagen hatte:

„Wer wissend, daß er an einer ansteckenden Geschlechtskrankheit leidet, den Beischlaf ausübt, der Gewerbeunzucht nachgeht oder auf andere Weise einen Menschen der Gefahr der Ansteckung aussetzt, wird mit Gefängnis nicht unter einem Monat bestraft. Die Verfolgung tritt nur auf Antrag ein, wenn die Handlung zwischen Ehegatten begangen ist."

Von manchen Seiten war gemeint worden, die Strafandrohung solle sich nur gegen die Prostituierten richten. Davon kann natürlich keine Rede sein, wie auch Dohrn und Langheimer wie folgt, betonen:

„Eine solche einseitige Strafdrohung, wie sie noch im § 425 des Tessiner Strafgesetzbuches vom Jahre 1873 und im § 509 des heute noch geltenden österreichischen Strafgesetzbuches von 1852 bestand, übersieht, daß die Reform vor allem auch gegen die Männer sich richten muß, die ihrerseits zur Verseuchung der Prostitution so gewaltig beitragen, die aber namentlich in gewissenlosester Weise Geschlechtskrankheiten in ihre Familien hineinzutragen pflegen."

Auch Frau Jellinek (86/87), wenn sie auch die Vortrefflichkeit des Gefährdungsparagraphen, besonders im Interesse der Frauen, die eine Ehe einzugehen im Begriffe sind, und der Ehefrauen anerkennt, fürchtet, „daß er auf dem Gebiete der Prostitution sich viel mehr gegen die Frau als gegen den Mann zu kehren geeignet ist. Die Frau, welche hier angesteckt hat, wird ungleich leichter zu eruieren sein, als der Mann — insbesondere in den großen Städten. Auch das wird wohl hierbei vorauszusehen sein, daß die Prostituierte (die, wie wir hoffen, künftig nicht reglementiert wird), die sich nun aber vom Strafgesetz bedroht sieht, sich wohl wird untersuchen lassen, um mit diesem nicht in Kollision zu gelangen. Ja sie wird sich vermutlich häufiger dem Arzt vorstellen, als dies heute der Reglementierten gegenüber verlangt wird. Aber sie wird dies freiwillig tun, und gestraft kann sie nur werden, wenn sie wirklich Unheil angerichtet hat, nicht schon von vornherein, wie jetzt. Es ist eben subjektives, nicht objektives Verfahren. Daß übrigens die Hygiene bei diesem letzteren mehr auf ihre Rechnung kommt, da doch hier die Prostituierte sich fortwährend in jedem einzelnen Falle verantwortlich fühlt, ist leicht einzusehen."

In der Tat könnte der neue Paragraph sehr wohl die von der Verfasserin erwähnten ärztlichen Untersuchungen der Prostituierten herbeiführen und würde dann also das erreichen, was wir Reglementaristen verlangen. Die Erfahrung wird freilich erst lehren, ob die Prostituierten wirklich so vernünftig sind, dieser in ihr freiwilliges Handeln gestellten „Kontrolle", welche sie vor der Bestrafung nach dem neuen Paragraphen schützt, sich zu unterziehen.

Unverständlich ist nur die Bemerkung: „sie kann nur bestraft werden, wenn sie wirklich Unheil angerichtet hat, nicht schon von vornherein, wie jetzt". — Jetzt schon ist der Zustand der folgende: die Prostituierte wird nicht bestraft, wenn und weil sie Unheil angerichtet hat, sondern nur, wenn sie sich nicht regelmäßig untersuchen und behandeln läßt. Und ganz dasselbe würde, wenn der Lisztsche Vorschlag Gesetz wird, in Zukunft der Fall sein. Denn mit Bezug auf die Prostituierten könnte der Paragraph überhaupt nicht in Kraft treten — es würde ja jeden Tag jede Prostituierte gesundheitsgefährdend und jeder Beischlaf strafbar sein —, wenn nicht das Befolgen vorgeschriebener ärztlicher Kontrolle sie von vornherein straffrei machte.

Sofort erhebt sich aber eine neue Frage: ist die Machtfülle, die nun die Ärzte als Sachverständige erhalten, nicht gar zu groß? Muß man nicht, um ihnen die Größe der Verantwortlichkeit recht deutlich zum Bewußtsein zu bringen, sie für durch falsche Beurteilung des einzelnen Falles entstehende Schädigungen — wenn sie also Geschlechtsverkehr erlaubt haben und doch hinterher Ansteckung von dieser Person ausging — verantwortlich machen? Die Folge würde sicherlich sein, daß kein Arzt die Verantwortung mehr übernehmen und nie „Heilung", „Ungefährlichkeit" aussprechen würde, höchstens unter ausdrücklichem Vorbehalt. Die Frage ist also zu verneinen.

Aber selbst wenn man die Ärzte nicht regreßpflichtig machte, würden nicht gerade die besten und sorgsamsten Ärzte in ihrer Gewissenhaftigkeit leicht zu weit gehen und zu strenge sein? Während umgekehrt unlautere Elemente unter der Ärzteschaft sich durch große Liberalität einen großen Zulauf von leichtsinnigen Männern und Frauen verschaffen? Eine Abhilfe hierin zu schaffen, wird sehr schwer sein. Denn es wäre ganz unmöglich, irgendwie festzustellen, ob solche Ärzte aus wirklicher Überzeugung oder aus irgend einem unlauteren Motiv so häufig ein zu günstiges, dem Patienten erwünschtes Gutachten abgeben; abgesehen davon, daß die Anschauungen der verschiedenen Ärzte sehr weit auseinandergehen, ist es auch tatsächlich oft ganz unmöglich, objektiv den wirklichen Grad von Gefährlichkeit eines Infizierten festzustellen.

Und weiter: bei uns in Deutschland sind noch immer — wegen der ungenügenden Vertretung des Faches auf den Universitäten und in den Prüfungen — viele praktische Ärzte nicht imstande, in den so überaus schwierigen Fragen, die mit der Beurteilung der „Gefährdung" Geschlechtskranker und geschlechtskrank Gewesener zusammenhängen, den Sachverständigen abzugeben. Nicht einmal alle Spezialärzte sind wirklich gut ausgebildet und entsprechend zuverlässig. Es käme also in Frage, eine staatliche Spezialapprobation einzuführen.

Es werden aber auch von juristischer Seite sehr erhebliche Bedenken gegen diesen Gesundheitsparagraphen erhoben. In Deutschland sind dieselben sowohl in dem Vorentwurf zum Reichsstrafgesetzbuch wie in den Beschlüssen der Strafrechtskommission zum Ausdruck gekommen. Die Argumentation dieser Gegner ist folgende:

„Ist, meinen die Motive, eine Ansteckung nicht erfolgt, so wird die Tat sehr selten überhaupt zur Kenntnis des Verletzten (wer ist der „Verletzte", wenn eine Ansteckung nicht erfolgt ist?) kommen können. Noch seltener wird von anständigen Personen aus Rücksicht auf ihren Ruf eine Anzeige erstattet werden, zumal sie nicht geschädigt sind. Dagegen würde die Gefahr von vexatorischen Anzeigen oder Erpressungen entstehen. Da endlich an der Schweigepflicht der Ärzte aus naheliegenden Gründen nichts zu ändern sein wird, würde das Strafverbot weniger durch seine Anwendung als durch sein Dasein wirken können. Diesem geringen und ungewissen Gewinn würde der Nachteil gegenüberstehen, daß die Vorschrift einen sehr erheblichen Anreiz zu Erpressungsversuchen und grundlosen oder doch unerweislichen, oft auch zu wissentlich falschen Anzeigen bieten würde, welche öffentlich zu großen Unzuträglichkeiten für das Publikum führen könnten, wenn die Verfolgung von Amtswegen einträte. Würde sie aber an einen Antrag des Verletzten gebunden, so wäre der gegenwärtige Rechtszustand kaum gebessert. Denn die Fälle eingetretener Ansteckung werden, wie gezeigt, schon durch das jetzige Recht gedeckt, für Fälle nicht erfolgter Ansteckung aber würde die neue Vorschrift ganz unpraktisch bleiben" (Lieske).

Ein ganz besonders scharfer Gegner des Gefährdungsparagraphen ist Dr. Ernst Emil Schweitzer, welcher in seinem Aufsatz: „Ein Ausnahmegesetz gegen die deutsche Frau" („Die Frauenfrage" 18. Jahrg. 1916, 9) ausführt:

„Das Schlimmste der Nachteile (des neuen Paragraphen) ist die Gefahr von Erpressungsversuchen und von fahrlässig oder gar wissentlich falschen Anzeigen. Der Gegenentwurf bemerkt hierzu: „Das allgemeine Interesse des Volkes an der wirksamen Bekämpfung der Geschlechtskrankheiten muß höher stehen als die Unbequemlichkeiten, die sich für den einzelnen aus ihr ergeben." Unbequemlichkeiten! Ja merken denn die Herren gar nicht, worum es sich handelt? Haben sie gar kein Gefühl dafür, was es heißt, wenn ein anständiges Mädchen aus guter Familie auf Grund der Anzeige eines verschmähten Liebhabers oder einer eifersüchtigen Freundin die Aufforderung bekommt, sich beim Gesundheitsamt oder bei der Strafbehörde wegen einer angeblich erfolgten, von ihr verschuldeten venerischen Ansteckung zu verantworten? Und wenn ein solches Mädchen dann schließlich auch freigesprochen wird und den Beweis ihrer Gesundheit und meinetwegen sogar ihrer Jungfräulichkeit erbringt — wer entschädigt denn so ein armes Ding für all die entsetzliche Not, die sie vorher ausgestanden hat? Dieses ganze Gesetz würde ein Gesetz des Hasses und der Tränen sein! Jedes Mädchen, das eine Liebschaft hat — es braucht noch nicht einmal eine wirkliche Liebschaft zu sein: jedes Mädchen, das nur in den Verdacht einer solchen gerät, ist der Gefahr ausgesetzt, von irgendeinem heimtückischen Feinde in den widrigsten, schmutzigsten Prozeß hineinverwickelt zu werden." . . .

„Wenn der Entwurf der Gesellschaft zur Bekämpfung der Geschlechtskrankheiten bemerkt: „Die Gefahr von Erpressungsversuchen kann gegen jede Strafandrohung geltend gemacht werden", so ist diese Replik ebenso falsch, wie sie billig ist. Es dürfte nicht häufig vorkommen, daß Erpresser die Strafandrohung wegen Diebstahls oder wegen Raubes benützen, um einem Kommerzienrat oder einem Arzt oder einer Dame der Gesellschaft Angst einzujagen. Die besten Waffen liefert der Gesetzgeber immer dem Erpresser durch Bestimmungen, bei denen nicht nur die erfolgte Verurteilung, sondern schon die bloße Tatsache des Strafverfahrens den Beschuldigten in seinen Kreisen unmöglich macht. So ist der anachronistische § 175 des Strafgesetzbuches eine unerschöpfliche Fundgrube für Erpresser, eben weil dieses Gesetz zwar nur einen engen Kreis von verhältnismäßig seltenen Handlungen unter Strafe stellt, damit aber eine ganze Klasse von Menschen ächtet, so daß selbst der Schuldlose oft lieber dem Erpresser die verlangte Summe bezahlt, ehe er sich in ein solches Verfahren überhaupt hineinverwickeln läßt. Ebenso ist es mit dem jetzt vorgeschlagenen Gesetz. Für den Mann allerdings ist die Sache in dem Augenblicke erledigt, wo er sein Gesundheitsattest erbringt; für die Frau ist sie aber damit noch lange nicht zu Ende. Das Mädchen aus guter Familie ist in den Augen der sogenannten guten Gesellschaft aufs schwerste geschädigt, sobald ihr ein intimer Verkehr in einem Strafverfahren vorgeworfen wird, und die Frage der Gesundheitsschädigung tritt demgegenüber völlig in den Hintergrund.

Darum wäre dieses neue Gesetz nicht seinem Wortlaute, nicht seiner Tendenz, wohl aber seiner Wirkung nach das brutalste Ausnahmegesetz, was je ein moderner Gesetzgeber gegen die Frau ersonnen hätte. Schon heute ist ja derjenige, der, „obwohl er weiß, daß er geschlechtskrank ist", die Krankheit auf einen gesunden Menschen überträgt, wegen vorsätzlicher oder zum mindesten wegen fahrlässiger Körperverletzung strafbar. Aber sowenig wie heute irgendein anständiges Mädchen daran denkt, gegen ihren Liebhaber Strafantrag zu stellen, so wenig würde auch nach Inkrafttreten des neuen Gesetzes eine Strafanzeige von anständigen Frauen gegen Männer erstattet werden. Es würde das Gesetz immer nur eine Waffe sein, die ihre Spitze gegen die Frau kehrt.

Selbstverständlich verdient jede Maßregel, die geeignet ist, der Ausbreitung der Geschlechtskrankheiten Einhalt zu tun, wohlwollendste Erwägung und gewissenhafteste Prüfung. Solange aber im gesellschaftlichen Leben eine Moral herrscht, die das Weib um dessentwillen ächtet, was bei dem Mann erlaubt, ja selbstverständlich ist, solange werden wir jedes Gesetz als indiskutabel ablehnen müssen, das dazu führt, die Geheimnisse des Schlafzimmers vor den Stuhl des Richters zu zerren."

Gegen diese Stellungnahme hat bereits der Gegenentwurf in energischer Weise protestiert, und auch ich möchte mich dieser Anschauung des Gegenentwurfs anschließen. Gewiß besteht die Möglichkeit, daß Denunziations- und Erpressungsversuche vorkommen werden; aber hier steht nicht bloß Überzeugung gegen Überzeugung, d. h. auf der einen Seite v. Bar, Wilhelm und die Verfasser des Vorentwurfs, welche dem Gefährdungsparagraphen gegenüber sich ablehnend verhalten, auf der anderen Seite v. Liszt, Auer, v. Lilienthal, Kohler, Kitzinger, Löffler, Mittermaier, Goldschmidt, Homburger, Laubheimer, die Bearbeiter der österreichischen und schweizerischen Strafgesetzentwürfe, die Erfahrungen, die bereits in Dänemark, Schweden und Norwegen gemacht worden sind; auch die deutsche Reichstagskommission stellte sich 1892, ebenso wie der 1897 eingebrachte Zentrumsantrag, auf den Standpunkt des Gefährdungsparagraphen.

Der neue Paragraph sieht eine Strafverfolgung von Amtswegen vor. Gerade das hat besondere Bedenken erregt.

Dohrn bemerkt dazu:

Ob es notwendig ist, mit Liszt im allgemeinen Strafverfolgung von Amtswegen — nicht nur auf Antrag — zu fordern, kann bezweifelt werden. Für den Verkehr von Ehegatten untereinander könnte jedenfalls nur das Antragsdelikt in Betracht kommen.

Gänzlich straflos bleiben müßte ohne Zweifel der Verkehr infizierter Personen untereinander.

Für jene Fälle, in denen der nicht infizierte Teil vor erfolgtem Geschlechtsverkehr von der Infektion des anderen Teiles Kenntnis hat, wird eine Altersunterscheidung angebracht sein: Während gegenüber einem Erwachsenen — Mann oder Weib — sobald er von der Krankheit des anderen Teils Kenntnis hat, die Schutzaufgabe des Gesetzes ihren Sinn verliert, erscheint der Unmündige auch dann noch des strafrechtlichen Schutzes bedürftig, weil von ihm noch keine volle Einsicht in die Gefahren der Ansteckung erwartet werden darf. Solange noch die geschlechtliche Aufklärung der Jugend so selten und so spät geübt wird wie heute, werden in diesem Sinne alle Minderjährigen unter die Unmündigen zu rechnen sein.

v. Bar fürchtet, daß gerade auf diese Weise besonders leicht Erpressungsversuche zustande kommen könnten. Diesen Bedenken gegenüber sagt (in Übereinstimmung mit v. Liszt, Schmölder, v. Lilienthal) Laubheimer, „daß die Möglichkeit einer Erpressung kaum größer sein dürfte, ob nun infolge eines solchen Gefährdungsdeliktes das Erfordernis des Strafantrages, das v. Bar nicht missen will, wegfällt oder nicht. Ja selbst wenn dieser Wegfall eine Vermehrung der Erpressungsgefahr zur Folge haben könnte, so kann diese Gefahr letzten Endes auch nicht größer werden, als sie schon bei anderen Strafbestimmungen ist, z. B. bei der widernatürlichen Unzucht oder gar dem unerlaubten Geschlechtsverkehr überhaupt, und ferner, daß schließlich das Allgemeininteresse an der wirksamen Bekämpfung der Geschlechtskrankheiten höher stehen muß als die Unbequemlichkeiten, denen das Einzelindividuum durch solche Bestimmungen ausgesetzt wird.“

Auch Lieske (sonst ein Gegner des Gefährdungsparagraphen) erklärt:

„Die Furcht vor den Erpressern teile ich nun freilich nicht; sie wirkt in dem Vorentwurf auch um so befremdlicher, als sie dort, wo sie in der Tat von den Erkenntnissen der Zeit längst überholte Gesetze hätte in Grund und Boden rennen müssen, nämlich bei der der Homosexualität geltenden Strafandrohung, nichts ausgerichtet hat. Drei andere Faktoren aber erscheinen mir allerdings als arge Widersacher der proponierten Regelung abhold zu sein.“

Auf dem Standpunkt des Gefährdungsparagraphen steht auch Kohler; er fügt aber seinem ersten Paragraphen, welcher folgendermaßen lautet:

„Wer wissend, daß er an einer Infektionskrankheit leidet, mit jemandem derart geschlechtlich verkehrt, daß eine Gefahr der Ansteckung entsteht, wird bestraft“,
einen zweiten Paragraphen hinzu:
„Wer wissend, daß ein anderer geschlechtskrank ist, mit ihm in einer Weise geschlechtlich verkehrt, welche die Gefahr der Ansteckung herbeiführt, wird bestraft. — Bei einer gewerbsmäßigen Dirne steht Fahrlässigkeit dem Wissen gleich. — Unter Ehegatten findet hiergegen eine Verfolgung nicht statt“,
um durch diese zweite Bestimmung etwaigen Erpressungsversuchen, die aus der ersten Bestimmung abgeleitet werden könnten, vorzubeugen.

v. Bar führt als ferneren Einwand an, die ganze Gesetzesbestimmung werde selten zur Anwendung kommen. „Demgegenüber weisen wir auf das, was zuerst v. Liszt klar erkannt hat und was Löffler noch besonders unterstreicht, daß die Bedeutung der Strafe sich keineswegs in der Wirkung des Strafvollzuges (spezialpräventiv also) erschöpfe; die erste und nicht geringste Wirkung der Strafe liege in der Strafdrohung selbst. Diese enthalte, indem sie das sozialethische Unwerturteil über die unter Strafe gestellte Tat in feierlicher Form ausspreche, eine Warnung an die Staatsbürger, deren Wirkung uns in der vollendeten Gestalt gerade dann entgegentreten würde, wenn die Strafe selbst niemals verhängt zu werden brauchte.“

Übrigens ist das Prinzip, die Gesundheitsgefährdung in gewisser Weise unter Strafe zu stellen, doch auch im Reichsstrafgesetzbuch nicht ganz neu. Mittermaier macht mit Recht darauf aufmerksam, daß der § 361, 6 die Prostituierte, welche den zur Sicherung der Gesundheit erlassenen polizeilichen Vorschriften zuwiderhandelt, zwar sehr milde, aber doch bestraft. Auch meint er, daß man bei Verursachung von Gemeingefahr sehr wohl den § 327 des Reichstrafgesetzbuches anführen könnte: „Wer die Absperrungs- oder Aufsichtsmaßregeln oder Einfuhrverbote, welche von der zuständigen Behörde zur Verhütung des Einführens oder Verbietens einer ansteckenden Krankheit angeordnet worden sind, wissentlich verletzt, wird mit Gefängnis bis zu zwei Jahren bestraft.“ Es könnten sehr wohl auch de lege lata die Verwaltungsbehörden durch Ausnutzung und Ausgestaltung des ihnen in § 327 gegebenen Blanketts sich sehr große Verdienste erwerben.

Ich möchte ferner betonen, daß der Grundgedanke dieses Gefährdungsparagraphen schon im § 1568 des Bürgerlichen Gesetzbuches zum Ausdruck kommt; derselbe lautet: „Ein Ehegatte kann auf Scheidung klagen, wenn der andere Ehegatte durch schwere Verletzung der durch die Ehe begründeten Pflichten oder durch ehrloses und unsittliches Verhalten eine so tiefe Zerrüttung des ehelichen Verhältnisses verschuldet hat, daß dem Ehegatten die Fortsetzung der Ehe nicht zugemutet werden kann.“
Heller (in seiner ausgezeichneten Arbeit: „Krankheit und Ehetrennung“ in: „Krankheit und Ehe“) bemerkt dazu: „In allen Fällen, in denen der kranke Ehegatte die Art seiner Krankheit kennt — die Art und Zeit der Erwerbung ist dabei irrelevant — und trotz dieser Kenntnis geschlechtlich mit dem gesunden Ehegatten verkehrt, ist der § 1568 für eine eventuelle Ehescheidung maßgebend. **Die Gefährdung des gesunden Ehegatten durch den Geschlechtsverkehr ist zweifellos eine schwere Verletzung der durch die Ehe begründeten Pflichten.“**
„Das Reichsgericht hat nicht nur in der Infektion der Frau mit Lues, sondern auch in der Gefährdung durch Wiederaufnahme des Geschlechtsverkehrs vor der völligen Heilung einen Ehescheidungsgrund nach § 1568 gesehen.“

Was die von mir vorgeschlagene Fassung anbetrifft, so möchte ich nochmals besonders betonen, daß ich glaube, dadurch der Möglichkeit entgegenzutreten, daß etwa auf Grund dieses Paragraphen inskribierte Prostituierte dauernd mit dem Gesetz in Kollision kämen. Meines Erachtens würden sie nicht „fahrlässig" handeln, wenn sie bei regelmäßiger Beobachtung der polizeiärztlich erlassenen Vorschriften Geschlechtsverkehr ausüben.

Was meine Forderung betrifft, daß solche Personen, die dem Gefährdungsparagraphen unterliegen, dem Gesundheitsamt vorgeführt werden sollen, so entspricht dieselbe ungefähr auch dem Vorschlage Blaschkos, dessen Vorschlag lautet:

„Wer, obwohl er weiß oder den Umständen nach vermuten muß, daß er an einer Geschlechtskrankheit leidet, andere der Gefahr einer Ansteckung aussetzt, kann

1. durch die Gesundheitsbehörden angehalten werden, bis zur erfolgten Heilung in regelmäßigen Pausen eine amtsärztliche Bescheinigung über seinen Gesundheitszustand beizubringen;

2. einer zwangsweisen Behandlung, eventuell in einem Krankenhaus, unterworfen werden, wenn er nicht den Nachweis einer ausreichenden ärztlichen Behandlung erbringen kann;

verurteilt werden, dem Geschädigten Schadenersatz zu leisten, wenn durch ihn eine Ansteckung erfolgt ist. Die Festsetzung der Schadenhöhe erfolgt im Verlaufe des Strafprozesses.

Trotzdem wollen wir nicht leugnen, daß tatsächlich Schwierigkeiten, die sich der Einführung des Gesundheitsgefährdungsparagraphen entgegenstellen, bestehen.

Aber allen diesen Bedenken ist entgegenzuhalten: Es steht nun einmal fest, daß durch den in sehr vielen Fällen wissentlich und unzählige Male fahrlässig ausgeführten Beischlaf geschlechtliche Ansteckungen erfolgen, und daß dadurch der Verbreitung der Geschlechtskrankheiten ungemein Vorschub geleistet wird. Es muß also versucht werden, diesem Übel entgegenzutreten, und da kaum je eine Anklage und demgemäß eine Verurteilung wegen stattgefundener Infektion erfolgt, weil zwischen dem Infizierten und einer bestimmten angeklagten (fahrlässig oder wissentlich handelnden) Person die ursächliche Beziehung nicht nachgewiesen werden kann, so muß man die leichter festzustellende Tatsache, daß eine bestimmte Person sich des Vergehens der Gesundheitsgefährdung schuldig macht, strafrechtlich zu verwerten suchen.

Jedenfalls glaube ich fest an einen großen erzieherischen Nutzen einer solchen gesetzlichen Bestimmung:

1. Für die Allgemeinheit im Sinne einer Stärkung des Verantwortlichkeitsgefühls, indem mit klaren Worten ausgesprochen wird, daß ein solches Verhalten eines Geschlechtskranken strafbar ist. Mit Recht will v. Liszt, daß eventuell auch auf den Verlust der bürgerlichen Ehrenrechte erkannt werden kann, um das Schimpfliche und Ehrlose einer solchen Handlungsweise zu charakterisieren.

2. Für den einzelnen Fall, indem die Ärzte in ganz anderer Weise auf ihre Patienten belehrend und warnend einwirken können.

Mit Recht sagt v. Liszt: „Den jungen Männern aus allen Schichten des Volkes, die eine Zukunft vor sich haben, wird die Strafandrohung eine ernste Warnung sein. Die statistischen Erhebungen haben gezeigt, daß unserer männlichen Jugend die Erkenntnis von dem verbrecherischen Charakter einer Gefährdung der Gesundheit anderer durch Geschlechtsverkehr im infizierten Zustand völlig verloren gegangen ist. Hier handelt es sich darum, das schlaff gewordene Gewissen wieder zu stärken. Gerade das soll und wird eine Strafandrohung bewirken. Sie wird sich in erster Linie nicht an die Dirne, sondern an den Mann wenden. Sie wird ihm ins Gedächtnis zurückrufen, was er vergessen hat, weil auch keiner seiner Freunde und Bekannten daran zu denken gewohnt war: daß er nicht nur eine sittlich verwerfliche, sondern auch eine vom Staate gebrandmarkte Tat begeht, wenn er, um ein augenblickliches Bedürfnis zu befriedigen, einen seiner Nebenmenschen der Gefahr aussetzt, die Gesundheit vielleicht für sein ganzes Leben einzubüßen. Dieser hohen Bedeutung des Gesetzes gegenüber kann", so schließt v. Liszt, „auch der Einwand nicht ziehen, daß gar mancher Schuldige sich der Bestrafung entziehen wird."

Lieske nennt es zwar nur „volltönende, aber hohle Worte", wenn die Vertreter des Gegenentwurfs v. Liszt, Goldschmidt, Mittermaier, v. Lilienthal sagen: „Denn gerade darauf kommt es an, das Volksbewußtsein zu klären und zu leiten; in ihrer prophylaktischen Wirkung liegt vor allem die Rechtfertigung dieser Strafandrohung. Die Gefahr von Erpressungsversuchen kann dagegen ebensowenig ins Gewicht fallen wie die von unerweislichen oder gar wissentlich falschen Anzeigen; das Allgemeininteresse des Volkes an der wirksamen Bekämpfung der Geschlechtskrankheiten muß höher stehen als die Unbequemlichkeiten, die sich für den Einzelnen daraus ergeben."

Aus meiner ärztlichen Praxis heraus aber glaube ich doch behaupten zu können, daß die Existenz eines solchen Gefährdungsparagraphen erzieherisch von äußerstem Nutzen sein würde.

Es taucht hierbei die Frage auf, ob die Ärzte, falls ihre Warnung und Belehrung erfolglos bleibt, und sie erfahren, daß trotz ihres Verbotes Kranke geschlechtlichen Verkehr treiben, solche Fälle dem Gesundheitsamt melden dürften.

Meiner Überzeugung nach dürften das Ärzte jetzt schon tun, weil eine solche Meldung auch im Sinne des § 300 als „befugt" anzusehen wäre. Schweigsame Ärzte werden freilich auch hier bei leichtsinnigen Patienten sich größerer Beliebtheit erfreuen als gewissenhafte.

Wir verlangen ja aber, um volle Klarheit zu schaffen, ein Anzeigerecht an das Gesundheitsamt. Siehe S. 120.

Ich meine also: es muß sich für die Gesetzgebung ein Weg finden, um diesem zum Himmel schreienden Notstand, daß unzählige, die Gesundheit gefährdende Personen durch Geschlechtsverkehr den Gesundheitszustand des Volkes nicht nur gefährden, sondern auch tatsächlich schädigen, Abhilfe zu schaffen.

Es muß ein Gesetz gegen die Gesundheitsgefährdung eingeführt werden, aber man muß bei der Fülle der Einzelfragen, die sich in jedem einzelnen Falle erheben, der Behörde eine große Freiheit, zu individualisieren, geben. Die Behörde wird jeden Gefährdenden zu beurteilen haben

1. nach seiner Intelligenz und nach dem persönlichen Eindruck der Zuverlässigkeit, ob er bona fide gehandelt habe,

2. nach der Art seines Krankheitszustandes,

3. nach der Sorgsamkeit, mit welcher der behandelnde Arzt eine Belehrung vorgenommen hat.

Ich schlage demgemäß vor, daß die wegen Gesundheitsgefährdung Beschuldigten nicht dem ordentlichen Richter, **sondern auch erst dem Gesundheitsamt** vorgeführt werden sollen. Auch dort soll nicht sofort schematisch gestraft, sondern erst eine Warnung oder eine bedingte Verurteilung erfolgen, Anklage resp. eine Bestrafung durch den ordentlichen Richter erst im Wiederholungsfalle.

Was die Art der Bestrafung betrifft, soll außer auf Gefängnis auch auf hohe Geldstrafen erkannt werden können. Es heißt zwar, daß vor dem Gesetz kein Unterschied nach Stand und Vermögen gemacht werden soll; aber ich finde, daß gerade die gleichmäßige Verhängung von Gefängnisstrafen für alle Stände eine Ungleichheit und Ungerechtigkeit ist. Für Männer und Frauen aus niederen Ständen stellt eine Haft- oder Gefängnisstrafe meist keinen schweren Eingriff in ihre soziale Stellung dar, während unter Umständen die gesamte Existenz einer Familie durch eine Gefängnisstrafe einer Person aus höheren Gesellschaftskategorien vernichtet wird. Freilich kann man auch andererseits sagen, daß Menschen aus besseren Kreisen auf Grund ihrer größeren Bildung und Erziehung ein ausgeprägteres Verantwortlichkeitsgefühl haben müßten und daher sich verhältnismäßig mehr strafbar machten als solche, deren Milieu von vornherein laxere Anschauungen, namentlich auf sexuellem Gebiet, gezeitigt hat.

Tritt Infektion ein, dann würde ich es für richtiger halten, nicht strafrechtlich eine schärfere Ahndung eintreten zu lassen, sondern dem Anstifter aufzuerlegen, den Geschädigten zivilrechtlich durch Tragung aller Kurkosten, Schmerzensgelder usw. zu entschädigen.

Allerdings bedürfte es hierbei einer gesetzlichen Festlegung dahin, daß für eine über einen bestimmten Zeitpunkt hinaus auftretende Folgeerscheinung die Haftbarkeit nicht mehr bestünde. Eine derartige Bestimmung ist schon deshalb notwendig, weil der Verlauf der Krankheit, speziell der Syphilis, in sehr erheblicher Weise von den individuellen Eigenschaften des Erkrankten, von seiner gesamten Lebensweise und von der Art der Behandlung abhängt. —

Im übrigen habe ich mich in der Fassung meines Vorschlages am meisten der von Lilienthal gewählten Form angeschlossen. Ich habe also erstens die Unmittelbarkeit der Gefahr als notwendiges Erfordernis für die eventuelle Bestrafung hingestellt, und zweitens nicht nur die Gefährdung durch geschlechtlichen Verkehr, sondern durch jede Ansteckungsmöglichkeit betonen wollen.

Auch die Deutsche Gesellschaft zur Bekämpfung der Geschlechtskrankheiten hat beantragt, in den 17. Abschnitt des zweiten Teils des Strafgesetzbuches (Körperverletzung) eine Bestimmung aufzunehmen, wonach **die unmittelbare Gefährdung durch Ansteckung mit einer Geschlechtskrankheit** mit Strafe bedroht wird.

Begründung.

Um die schuldhafte Übertragung von Geschlechtskrankheiten zu verhüten, bedarf es einer besonderen Strafbestimmung. Zwar haben die Verfasser des Vorentwurfs die Aufnahme einer dahingehenden Bestimmung abgelehnt, aber die in der Begründung S. 665 dafür angeführten Gründe sind nicht überzeugend. Die Bestimmungen über Körperverletzung (§ 223 und 230 des Reichsstrafgesetzbuchs) reichen selbst in dem Falle nicht aus, daß die Ansteckung tatsächlich erfolgt ist, da der ursächliche Zusammenhang zwischen der ausgebrochenen Krankheit und dem stattgehabten Geschlechtsverkehr fast niemals zu beweisen ist. Die Gefahr von Erpressungsversuchen kann gegen jede Strafdrohung geltend gemacht werden. „Am wenigsten schlägt als Einwand durch die Behauptung der Verfasser des Vorentwurfs, daß die Strafdrohung weniger durch ihre Anwendung als durch ihr Dasein wirken würde; denn es kommt gerade darauf an, das Volksbewußtsein zu klären und zu leiten." (Begründung zu § 274 des von Kahl, v. Lilienthal, v. Liszt und Goldschmidt aufgestellten Gesetzentwurfs.) So enthalten denn auch der österreichische Strafgesetzbuchentwurf (§ 304) und der zitierte Gegenentwurf (§ 274) eine solche Strafbestimmung. Auch der schweizerische Vorentwurf, Artikel 79, enthielt sie, und wenn sie neuerdings von der Expertenkommission gestrichen worden ist, so ist das in der Hauptsache mit Rücksicht darauf geschehen, daß der schweizerische Vorentwurf in Artikel 153 eine allgemeine Strafdrohung gegen die Verbreitung gemeingefährlicher ansteckender menschlicher Krankheiten enthält.

Neuerdings tritt übrigens in der Leipziger Zeitschrift für deutsches Recht, Jahrgang 1916, S. 198, Ministerialrat Meyer aus München, einer der Verfasser des Vorentwurfs, mit Rücksicht auf die durch den Krieg geschaffenen Verhältnisse für Wiederherstellung des Gefährdungsparagraphen ein.

Übrigens ist während des Krieges ein solcher Versuch mit dem Gefährdungsparagraphen gemacht worden. In einer vom Oberbefehlshaber Ost, Generalfeldmarschall v. Hindenburg erlassenen Verordnung vom 22. Juni 1915 werden Frauenspersonen (auch nicht Prostituierte), die mit Männern geschlechtlich verkehren, obwohl sie wissen, daß sie geschlechtskrank sind, mit Gefängnis von zwei Monaten bis zu einem Jahr bestraft. Es wird also auch ohne erfolgte Ansteckung der Geschlechtsverkehr — die Kenntnis der eigenen Erkrankung vorausgesetzt — bestraft. Auch tritt die Strafverfolgung unabhängig vom Strafantrag der gefährdeten Personen von Amtswegen ein.

Bedauerlich an dieser Verordnung ist nur, daß sich dieselbe nur auf weibliche und nicht auch auf männliche Personen erstreckt. Die Erfahrung hat leider überall gelehrt, daß auch den Männern gegenüber eine solche Strafandrohung gar sehr am Platze wäre. (Siehe dazu die Bemerkung Wedemeyers, Deutsch. Jurist.-Ztg. 21, 1916, Nr. 1/2. Siehe ferner den Antrag 2 v. Bissing (Herrenhaus 1916, 8. Juni).

Auch **Blaschko** beschäftigt sich in einem kleinen Aufsatz: „Wie muß der Geschlechtsverkehr Venerischer bestraft werden?" (Doutsche med. Wochenschr. 1916, S. 18) mit der Gesundheitsgefährdung. Anknüpfend an eine Bemerkung Fritz Schäfers (Münch. med. Wochenschr. 1915, Nr. 49) erklärt er im Einverständnis mit diesem, wie außerordentlich wünschenswert eine Strafbestimmung gegen den geschlechtlichen Verkehr Venerischer wäre, weist jedoch auf die großen praktischen Schwierigkeiten hin, namentlich wenn das Vorgehen kein Antragsdelikt sein soll. Besonders fürchtet er, daß der Paragraph im wesentlichen eine Bestimmung gegen die Frauen bleiben würde. Er schlägt dann einen anderen Weg vor, indem er zwar auch den geschlechtlichen Verkehr Venerischer bestraft wissen will, aber nicht mit den üblichen Geld- und Freiheitsstrafen, sondern mit sichernden Maßnahmen: strenger ärztlicher Überwachung und, wenn nötig, Zwangsbehandlung in einem Krankenhaus.

In derselben Nummer bespricht Reichsgerichtsrat **Ebermayer** den Blaschkoschen Vorschlag. Auch er verwirft, wie Blaschko, die Verfolgung ex officio. „Verlangt man aber einen Antrag, der doch nur vom Verletzten, also hier vom Gefährdeten, gestellt werden könnte, so wird die Verfolgung in der Regel doch wieder nur in den Fällen wirklich erfolgter Ansteckung eintreten, da eine Gefährdung andernfalls schwer nachzuweisen sein wird. Ist aber die Ansteckung erfolgt, so stehen die Bestimmungen über Körperverletzung zur Verfügung, die insofern noch weitergehen, als, wenigstens bei der vorsätzlichen Körperverletzung, ein Antrag nicht nötig ist. Die Fälle, in denen ein Gefährdeter, ohne angesteckt zu sein, Strafantrag stellt, würden überaus selten sein, schon um deswillen, weil er in den meisten Fällen von der Gefährdung, solange sie keine Folgen hatte, gar keine Kenntnis haben wird. Eine weitere Schwierigkeit würde sich ergeben im Verkehr zwischen Ehegatten, auf die nur nebenbei hingewiesen sei." — Er macht aber auch juristisch formelle Bedenken geltend, namentlich die beabsichtigte Verquickung der sichernden Maßnahmen mit der Strafe, oder vielmehr die Charakterisierung der sichernden Maßnahmen als Strafe, deren scharfe Unterscheidung er unter allen Umständen aufrecht erhalten haben will; und „hier handelt es sich keineswegs um theoretische Bedenken, sondern um Aufrechterhaltung der grundlegenden Unterschiede im Strafensystem. Was Blaschko vorschlägt, ist überaus beachtenswert; solche Maßregeln zu treffen, ist aber nicht Sache des Strafrichters, sondern der Polizei, die ja erforderlichenfalls die nötige unmittelbare Zwangsgewalt besitzt, ihren Maßnahmen Beachtung zu verschaffen; soweit sie aber solche nicht besitzen sollte, könnte dadurch geholfen werden, daß dem, der sich solchen Polizeimaßregeln widersetzt oder ihnen nicht nachkommt, gerichtliche Strafe angedroht wird. Die sichernden Maßnahmen aber in ihrer Mannigfaltigkeit durch den an die Vorschriften der Strafprozeßordnung gebundenen Richter im ordentlichen gerichtlichen Verfahren als Strafe erkennen zu lassen, daran wird wohl nicht gedacht werden können."

Neben der strafrechtlichen Verfolgung der durch Infektion entstandenen Körperverletzung kommt noch die **zivilrechtliche** hinzu. Ich würde sogar glauben, daß man diese in den Vordergrund schieben sollte. Der Geschädigte wenigstens hat von der strafrechtlichen Bestrafung gar keinen Vorteil, wohl aber von der Entschädigung für den ihm zugefügten Schaden.

Ich halte mich hier an das von Hellwig für den ersten Kongreß der Deutschen Gesellschaft zur Bekämpfung der Geschlechtskrankheiten erstattete Gutachten. Dasselbe (Zeitschr. f. Bekämpfung d. Geschlechtskrankh. 1, 1903, S. 26) bespricht in seinem ersten Abschnitt die zivilrechtliche Haftbarkeit wegen Übertragung der Geschlechtskrankheiten, und zwar in

§ 1. Das für die Haftung erforderliche Verschulden.
§ 2. Übertragung ohne geschlechtlichen Verkehr.
§ 3. Übertragung der Geschlechtskrankheiten im Wege des geschlechtlichen Verkehrs.
§ 4. Die ärztliche Pflicht zur Verschwiegenheit.
§ 5. Den Umfang der Schadenersatzpflicht.

Im einzelnen führt Hellwig aus:

1. Nach § 823 des Bürgerlichen Gesetzbuches gilt die Verletzung des Körpers oder der Gesundheit als eine Handlung, die zu Schadenersatz verpflichtet, wenn die Verletzung vorsätzlich oder fahrlässig geschah. Daß die Übertragung einer Geschlechtskrankheit objektiv eine solche Verletzung bildet, unterliegt keinem Zweifel.

2. Der Kreis der Fälle aber, in denen man für die Übertragung der Geschlechtskrankheiten verantwortlich ist, erweitert sich durch die Vorschrift des § 823 Zusatz 2, wonach die Schadenersatzpflicht auch denjenigen trifft, der gegen ein den Schutz eines anderen bezweckendes Gesetz verstoßen hat; und ein solches Gesetz würde auch das oben besprochene sein, welches den Geschlechtsverkehr seitens eines Geschlechtskranken zu einem selbständigen Vergehen macht.

3. Das uns haftbar machende Verschulden kann auch darin bestehen, daß wir einen anderen, der einen Schaden in Ausführung einer ihm aufgetragenen Verrichtung verursachte, unter Außerachtlassung der erforderlichen Sorgfalt zu dieser Verrichtung bestellt oder die Ausführung dieser Verrichtung nicht genügend überwacht haben. Ein Beispiel hierfür wäre es, wenn wir eine Amme, die durch ihre Krankheit einen Säugling ansteckt, nicht genügend untersucht hätten.

4. Es sei noch besonders darauf aufmerksam gemacht, daß die verschuldete Übertragung einer Geschlechtskrankheit dem Schuldigen die Ersatzpflicht nicht nur dem ersten Infizierten gegenüber aufbürdet, sondern unter Umständen auch dazu führen kann, daß er weiteren von dem ersten Kranken Infizierten haftbar wird.

5. Nach den unser Privatrecht beherrschenden Prinzipien tritt aber die Schadenersatzpflicht nicht ohne Verschuldung und bis auf Ausnahmefälle nur bei Zurechnungsfähigkeit ein.

6. Was die Übertragung ohne geschlechtlichen Verkehr betrifft, z. B. die Übertragung der Syphilis vom Säugling auf die Amme oder umgekehrt, das fahrlässige Herumliegenlassen von benützten und dadurch infektiös gewordenen Gegenständen, die dann auch von anderen Personen benützt werden, das Küssen etc., so lassen sich in weitestgehender Weise die Schuldigen, also in dem Beispiel der Amme die Eltern oder der Arzt, haftbar machen.

7. Aber auch wenn die Übertragung der Geschlechtskrankheit im Wege des geschlechtlichen Verkehrs stattfindet, haftet der erkrankte Teil dem angesteckten auf Schadenersatz und es ist dabei ganz gleichgültig, ob der Geschlechtsverkehr an sich ein erlaubter oder unerlaubter ist. Nötig ist nur, daß der Infizierende seine Krankheit und ihre Übertragbarkeit gekannt hat oder bei gehöriger Aufmerksamkeit hätte kennen müssen.

Der § 823 lautet:

„Wer vorsätzlich oder fahrlässig das Leben, den Körper, die Gesundheit, das Eigentum oder ein sonstiges Recht eines anderen widerrechtlich verletzt, ist dem anderen zum Ersatze des daraus entstehenden Schadens verpflichtet.

Die gleiche Verpflichtung trifft denjenigen, welcher gegen ein den Schutz eines anderen bezweckendes Gesetz verstößt. Ist nach dem Inhalte des Gesetzes ein Verstoß gegen dieses auch ohne Verschulden möglich, so tritt die Ersatzpflicht nur im Falle des Verschuldens ein."

Hellwig schließt seine Ausführungen:

„Das Ergebnis der bisherigen Untersuchungen bezüglich der Schadenersatzpflicht wegen Übertragung von Geschlechtskrankheiten ist sonach: Der Stand der Gesetzgebung ist vollkommen befriedigend. Es kommt nur darauf an, daß die Praxis die gesetzlichen Vorschriften in freiem und großem Geiste anwendet. In der Natur der Verhältnisse liegt es, daß gar mancher wohlbegründete Schadenersatzanspruch in dem Bestreben, die ihn veranlassenden

unseligen Verhältnisse geheim zu halten, gerichtlich nicht geltend gemacht
wird. Um so mehr ist es Sache der Gerichte, sich der hohen Verantwortlichkeit bewußt zu sein, die sie in solchen Fällen dem Einzelnen wie der Allgemeinheit gegenüber tragen."

Hierzu ist noch folgendes vom ärztlichen Standpunkte aus zu bemerken: Auf welche Zeit soll sich die Haftbarkeit des Schuldigen
erstrecken? Bei Tripper, namentlich aber bei Syphilis, gibt es Krankheiten,
die zwar im direkten ursächlichen Zusammenhang mit der vorausgegangenen
Infektion stehen, aber oft erst nach Jahren und Jahrzehnten auftreten. Soll
ein Tabiker berechtigt sein, die Person, die ihn vielleicht vor 20 Jahren nachweislich oder zugestandenerweise infiziert hat, haftbar zu machen?

Und wie soll sich die Judikatur zu dem vom Verklagten geltend gemachten
Einwurf verhalten, daß der Kläger selbst fahrlässig gehandelt habe
durch Unterlassung der derzeitig für erforderlich gehaltenen Behandlung und
dadurch die Nachkrankheit selbst verschuldet habe; eine Nachkrankheit, die
bei genügender Sorgfalt wohl hätte vermieden werden können?

Auch die ärztliche Zuverlässigkeit kommt dann in Betracht. Was
soll geschehen, wenn ein Arzt mitgewirkt hat, der zwar nach der jeweilig herrschenden Ansicht falsch oder ungenügend behandelt hat, aber doch keinen
eigentlichen Kunstfehler beging und „nach seinem besten Wissen" gehandelt
hat? Oder wenn der Patient sich einem Antimerkurialisten oder Salvarsan-
gegner anvertraut hat? Derselbe hat vielleicht nach seiner besten Überzeugung
gehandelt, wenn auch nach der Ansicht der Mehrheit der Ärzte der Patient
dadurch zu Schaden, d. h. zu seiner Nachkrankheit gekommen ist?

Ich meine also im Gegensatz zu Hellwig, daß noch eine Anzahl Fragen der Erledigung harren.

Achter Abschnitt.

Besondere prophylaktische Maßregeln sind notwendig zum Schutze der Ehe und der Nachkommenschaft vor den Geschlechtskrankheiten.

Die Bestrebungen, die Ehe vor Krankheiten zu bewahren, die für die
Frau und die Nachkommenschaft, sei es durch echte Vererbung krankhafter
Eigenschaften, sei es durch (meist intrauterine) Übertragung von Krankheits-
erregern, schädigend sein könnten, sind wesentlich von rassehygienischen,
eugenischen Gesichtspunkten ausgegangen und beziehen sich wesentlich auf
die Geisteskrankheiten, Epilepsie usw. Erst später, und auch nicht überall,
hat man die Infektionskrankheiten: Tuberkulose und insbesondere die Geschlechtskrankheiten mit in diesen Kreis von Leiden einbezogen, deren Einschleppung in die Ehe man durch alle möglichen Maßnahmen (Sterilisation
der Eltern, Eheverbote u. dgl.) verhüten wollte.

Es ist hier nicht der Platz, diese Fragen, so wichtig und interessant sie
auch sind, in aller Ausführlichkeit zu besprechen. Ich verweise auf die aus-

gezeichneten Arbeiten besonders Góza's, v. Hoffmann's, wo das Problem nach allen Richtungen hin erschöpfend behandelt ist. Uns interessieren hier allein die Geschlechtskrankheiten.

Die Gefahren der Geschlechtskrankheiten für die Ehe können bestehen:

1. in einer Ansteckung und Erkrankung des anderen Ehegatten,

2. in einer sowohl quantitativen wie qualitativen Schädigung der Nachkommenschaft

> a) durch Verhinderung und Störung der Konzeptionsfähigkeit bei der Frau (durch Tripper),
>
> b) durch vorzeitiges Absterben der Früchte im Mutterleibe bei Syphilis der Mutter,
>
> c) durch Späterauftreten kongenitaler syphilitischer Erkrankungen bei am Leben gebliebenen Kindern,
>
> d) durch Verminderung und völlige Aufhebung der Potentia coeundi wie generandi beim Manne (durch Tripper),

3. in vorzeitigem Sterben oder vorzeitig einsetzender Erwerbsunfähigkeit und dauerndem Siechtum bei den Eltern, wodurch die wirtschaftliche Lage der Familie bzw. der Hinterbliebenen sehr wesentlich in Mitleidenschaft gezogen werden kann (wesentlich infolge der syphilitischen Nachkrankheiten in den inneren Organen: Herz, Leber, Niere und besonders im Zentralnervensystem und der Tripper-Erkrankung der inneren Genitalien bei der Frau).

4. Schließlich kann die Aufgabe und der Zweck der Ehe, durch die innige Lebensgemeinschaft und durch die Teilung aller Leiden und Freuden eine gegenseitige Steigerung des Glücksgefühls und der menschlichen wie bürgerlichen Leistungsfähigkeit der in der Ehe vereinigten Menschen zu erzielen, gestört und vernichtet werden.

Es kommt erschwerend hinzu das psychische Moment, daß die durch Ansteckung erworbene Erkrankung des angesteckten Ehegatten nicht nur wie irgendeine andere beliebige Erkrankung als ein trauriges Schicksal empfunden wird, sondern daß sich eine bittere, leicht zu innerer Entfremdung, wenn auch nicht immer zu äußerer Scheidung führende Empfindung einstellt, die das Glück der Ehe oft für alle Zeiten zerstört. Ist auch oft der heiratende, die Krankheit in die Ehe bringende Teil „moralisch" entschuldigt, weil er von seiner Krankheit und den durch sie erzeugten Gefahren nichts wußte, oder weil er auf Grund ärztlicher Beratung glaubte, die Ehe eingehen zu dürfen, so bleibt für den anderen, durch die Ansteckung erkrankten Teil doch immer die Tatsache und das Gefühl zurück, daß der schon krank Heiratende die Ursache des eigenen Leidens ist, wenn auch von einer Schuld nicht immer gesprochen wird.

Eine „Vererbung" der Geschlechtskrankheiten auf die Kinder findet sich nur bei der Syphilis, nicht beim Tripper. Wohl aber kommt die bekannte Übertragung der mütterlichen Gonorrhoe auf die Augenbindehaut des Kindes während der Geburt vor.

Es bedarf keiner weiteren Darlegung, daß diese Blennorrhoen sowohl durch die Schwere der Erkrankung selbst, wie durch die drohende Gefahr der Erblindung des ergriffenen Auges ein Gegenstand lebhaftester Sorge für die Eltern sein müssen, zumal ja auch hier die Erkrankung des Kindes zurückzuführen ist auf die mehr oder weniger durch eigene Schuld der Eltern erzeugte elterliche Krankheit.

So erschreckend auf der einen Seite immer noch die große Zahl der Erblindungen ist, die durch Blennorrhoea neonatorum zustande kommt — man wird nach den in den Blindenanstalten aufgenommenen Statistiken[1] entnehmen können, daß mindestens immer noch ein Viertel aller Erblindungen durch Gonorrhoe zustande kommt — so hat auf der anderen Seite gerade diese Tripperform durch die Erfolge des Credéschen Verfahrens viel an Schrecknis verloren[2]. Sehen wir doch, daß in allen Gebäranstalten, in denen das Credésche Verfahren oder ein analoges geübt wird, so gut wie gar keine Blennorrhoefälle mehr vorkommen! Leider aber ist das Verfahren, bei uns in Deutschland wenigstens, nicht obligatorisch, und so ist denn an eine Ausrottung der Blennorrhoe vorderhand nicht zu denken. In Breslau beispielsweise konnte Hermann Cohn auf Grund einer sehr sorgsamen, mit Hilfe aller Ärzte Breslaus angestellten Statistik feststellen, daß im Jahre 1896 noch 300 Blennorrhoen vorkamen, d. h. 25 auf 1000 geborene Kinder. So fürchterlich solche Ziffern sind — muß man doch sich immer klar machen, daß die Krankheit bei Anwendung des Credéschen Verfahrens mit Leichtigkeit hätte vermieden werden können —, so geben sie andererseits einen dankenswerten Hinweis darauf, wie häufig eben noch unerkannte und sich selbst überlassene Gonorrhoen bei Frauen, vielleicht auch bei deren Männern vorliegen, und sie sind ein willkommener Hinweis auf die Gefahren der Gonorrhoe für alle diejenigen, die auch heute immer noch die Trippererkrankung für eine harmlose, wenig beachtenswerte Affektion hinstellen!

Auch bei Syphilis können, wie beim Tripper (Vulvovaginitis der kleinen Mädchen) Ansteckungen der Kinder durch die pflegende Mutter durch zufällige Berührungen kranker Stellen stattfinden, und diese kindliche, im frühesten Lebensalter erworbene Syphilis ist leider oft, weil sie unerkannt bleibt, der Ausgangspunkt für weitere Ansteckungen der Pflegerinnen, Ziehmütter usw.

Wir haben es also mit ungemein einschneidenden sozialen Schädigungen für den Einzelnen wie — namentlich durch die weitgehende Herabminderung der Nachkommenschaft — für die Allgemeinheit und den Staat zu tun, so daß der dringende Wunsch, Abhilfe zu schaffen, durchaus gerechtfertigt erscheint.

---

[1] In Blindenanstalten betrug die Zahl der infolge Gonorrhoe Erblindeten

im Jahre 1881	23,28 %
1890	23,71 „
1895	28,05 „
1900	25,03 „
1902	29,90 „
1905	28,96 „

In den Blindenanstalten Deutschlands war in 25,83 % der Erblindungsfälle die Gonorrhoe die Ursache.

[2] Vor Einführung des Credéschen Verfahrens erkrankten etwa 12 % der Neugeborenen an Konjunktivalblennorrhoe.

Wir haben zwei Gruppen zu unterscheiden:

1. die Ehen, in denen erst nach der Verheiratung eine Geschlechtskrankheit in die Ehe eingeschleppt wird, und

2. die Fälle, in denen es sich um die Verheiratung eines bereits vor der Ehe Infizierten handelt.

Die sanitären Schädigungen sind bei beiden Gruppen prinzipiell nicht verschieden, so lange es sich um noch ansteckende Formen der Erkrankungen handelt. In sehr weitgehender Weise differieren die juristischen sich an die betreffende Erkrankung anknüpfenden Folgen. Bei der zweiten Gruppe kommt wesentlich die Anfechtbarkeit, bei der ersten mehr die Frage der Ehescheidung in Betracht. Ich komme darauf noch einmal zurück.

Es ist nun kein Zweifel, daß unendlich viel Unheil verhütet würde, wenn ungeheilte Syphilitiker und Gonorrhoiker nicht heirateten. —

I. Läßt sich das durch einen freiwilligen Verzicht der Betreffenden erreichen?

Leider hat die Erfahrung gelehrt, daß das für das Gros der Fälle nicht zutrifft. Sehr viele können sich nicht zu einer so hohen moralischen Kraft emporschwingen, daß sie auf ihnen winkende Vermögens- und soziale Vorteile, die mit der Verheiratung verknüpft sein würden, verzichten, namentlich dann, wenn auch noch eine aufrichtige Liebe mit im Spiele ist. Leichtsinn und törichter Optimismus läßt sie alle Warnungen vergessen und sie fürchten die durch den Rücktritt von der Verlobung entstehende öffentliche Bloßstellung mehr, als die, wie sie hoffen, doch vielleicht nicht eintretende Ansteckung der Frau. Hin und wieder kommt dazu, daß bereits ein geschlechtlicher Verkehr mit dem Mädchen stattgefunden hat, daß vielleicht sogar eine Gravidität vorliegt.

Häufiger handelt es sich darum, daß die Betreffenden gar nicht wissen, in welchem die Ehefrau gefährdenden Zustand sie sich noch befinden. Viele wissen überhaupt nicht, daß sie syphiliskrank sind; andere halten sich von der früheren Krankheit für geheilt, da sie weder von der in ihnen steckenden Syphilis noch von den minimalen Resten des Trippers irgendwelche Beschwerden oder augenfällige Erscheinungen haben, und fragen daher auch gar nicht einen Arzt um Rat.

II. Wenn man sich nun weder auf die Freiwilligkeit noch auf die Kenntnis der Betreffenden verlassen kann, **gibt es nicht eine Möglichkeit, durch gesetzliche Zwangsmittel zu erreichen, daß alle noch ansteckungsfähigen Männer und Frauen vom Eingehen der Ehe abgehalten werden können?**

Hier liegen zwei Möglichkeiten vor:

I. Man verhindert die Eheschließung in allen Fällen, in denen der Gesundheitszustand die Ehe gefährdet, und zwar auf dem Wege irgend einer erzwungenen Offenbarung der vorausgegangenen Krankheit seitens derjenigen, die früher krank waren, oder auf dem Wege der ärztlichen Feststellung der bestehenden Ungefährlichkeit sowohl bei denjenigen, die wissentlich früher nicht krank waren, wie auch bei früher Erkrankten.

II. Straf- und zivilrechtliche Strafen für die durch Geschlechtserkrankung in der Ehe angerichteten Schädigungen.

ad I. Wir beschäftigen uns erst mit dem ersten sub I genannten Wege:

A. Man könnte hier an eine eidesstattliche mündliche oder schriftliche Erklärung beider Teile, daß sie nie an einer Geschlechtskrankheit gelitten hätten, denken. Aber hiergegen ist einzuwenden, daß gar zu leicht wissentlich oder fahrlässig Meineide geschworen werden könnten. Und dann: soll man auch von Mädchen aus guter Familie eine solche Erklärung fordern? Oder soll man nach den Ständen Unterschiede machen?

B. Soll der Mann sich — es wird sich wesentlich um die Männer handeln — unter allen Umständen und in jedem Falle in irgend einer Form über seine frühere Geschlechtskrankheit offenbaren? Das Bürgerliche Gesetzbuch steht auf dem Standpunkt, eine Offenbarungspflicht der Heiratenwollenden nicht zu fordern; aber die Gerichte lassen eine Ansteckungsklage wegen jeder vorehelichen Geschlechtskrankheit, ohne Rücksicht auf den Zustand der Krankheit zur Zeit der Eheschließung zu, falls der kranke Ehegatte seiner Offenbarungspflicht nicht genügt hat. Also: trotzdem die Gesetzgebung keine Offenbarungspflicht fordert, legt sie die Folgen der Unterlassung der Offenbarung dem Unterlassenden auf. Sie überläßt es dem Zufall, ob vielleicht nach der Verheiratung die geheim gehaltene voreheliche Geschlechtskrankheit offenkundig wird und dann nach § 1333 des Bürgerlichen Gesetzbuches von dem anderen Ehegatten als Trennungsgrund benutzt wird.

Auch Havelock Ellis (zitiert nach Loewenfeld) ist der Ansicht, daß die Beibringung eines Gesundheitsattestes vor der Eheschließung sich zwar als freiwillige Maßregel empfehle, daß man jedoch mit der zwangsmäßigen Einführung solcher Atteste für die Ehefähigkeit nicht den Anfang machen solle. Er glaubt, daß zuerst die Begeisterung für Gesundheit, das Gewissen für die Sache der Fortpflanzung in der Gemeinschaft verbreitet werden müsse. Was wir brauchen, ist nach dem Autor nicht ein neuer Gesetzesparagraph, sondern die Bildung des Gefühls individueller Verantwortlichkeit der Gesellschaft gegenüber, damit die Ehe als Tatsache, nicht als Form beeinflußt wird.

Vom ärztlichen Standpunkt ist gegen dieses ganze Verfahren einzuwenden, erst durch nach der Verheiratung einsetzende Maßregeln einzugreifen, daß dann das Unglück eben schon erfolgt ist, daß das Gesetz also für eine tatsächliche Verhütung der Einschleppung in die Ehe nur auf dem Umwege der Strafandrohung etwas tut. Jedenfalls scheint mir dieser indirekte Weg, noch ansteckungsfähige Menschen von der Verehelichung abzuhalten, nicht ausreichend, zumal die zutreffenden Gesetzesbestimmungen durchaus nicht in der Allgemeinheit bekannt sind.

Wer weiß denn etwas davon, daß schon jetzt Geschlechtskrankheiten des einen Teils, die dem anderen vor Eingehung der Ehe nicht offenbart worden waren, Anfechtungsgründe sein können?

daß jedem Ehekandidaten das Recht zugestanden wird, die Ehe zu lösen, wenn er befürchten muß, angesteckt zu werden?

daß die vom Arzte gegebene Heiratserlaubnis die Anfechtung der Ehe wegen Irrtums (§ 1333) nicht hindert?

daß das Ausbleiben irgendwelcher Folgeerscheinungen der früheren Geschlechtskrankheit für den anderen Teil und für die Nachkommen den Erfolg der Anfechtungsklage nicht beeinflußt?

daß die Anfechtung der Ehe zulässig ist, auch wenn zwischen Infektion und Eheschließung ein Zwischenraum liegt, der nach allgemein ärztlicher Annahme als zur relativen Heilung nicht genügend angesehen wird?

Kurz, nach den bisherigen Bestimmungen lassen die Gerichte die Anfechtungsklage wegen jeder vorehelichen Geschlechtskrankheit ohne Rücksicht auf den Zustand der Krankheit zur Zeit der Eheschließung zu, vorausgesetzt, daß der kranke Ehegatte seiner Offenbarungspflicht nicht genügt hat.

Es scheint aber auch dem Gerechtigkeitsgefühl zu entsprechen, eine solche Offenbarung unter allen Umständen zu fordern. In der Tat ist die Frage berechtigt: Ist durch die von einem Teil einseitig eingeholte Erlaubnis zur Heirat den berechtigten Wünschen Beider Rechnung getragen? Mag man die ärztliche Kunst und ihre Leistungen, die Sorgfalt und Gewissenhaftigkeit des untersuchenden Arztes noch so hoch einschätzen, die Möglichkeit, daß der Arzt sich irren kann, wenn er den Ehekonsens erteilt, kann nie ganz weggeschafft werden. Und so kommt man bei dieser Sachlage zu dem Verlangen, daß bei einer Verheiratung ebenso wie bei jedem anderen Vertrage beide Teile in voller Kenntnis des noch bestehenden Risikos ihre Entschließung treffen können. Diese Forderung, daß nicht nur der Mann den ärztlichen Ehekonsens einholt, sondern daß auch das Mädchen genau orientiert sein muß, ist um so mehr berechtigt, als die schädlichen Folgen einer vielleicht doch eintretenden Ansteckung nicht vom Manne, sondern wesentlich von der Frau getragen werden. Moralisch ist ja der Mann durch den eingeholten Ehekonsens entlastet, aber den tatsächlichen Schaden trägt doch die ganz unschuldig zu ihrer Erkrankung gekommene Frau.

Es würden auch viele Ehetrennungen vermieden werden, wenn jeder Gatte gewisse körperliche Fehler und krankhafte Eigenschaften des anderen schon vor der Verehelichung kennte und so die Heirat vermiede.

Es scheint also ganz klar zu sein, daß es richtig ist, eine Offenbarung unter allen Umständen zu fordern.

Und doch würde die Offenbarung häufig nicht nur nichts helfen, sondern sogar schaden.

Die Offenbarung würde nichts oder wenig helfen, da die Rechtsprechung zurzeit noch eine Anzahl schwer erfüllbarer Bedingungen an die Gültigkeit der Offenbarung knüpft.

Einmal wird verlangt eine ausführliche und eingehende Mitteilung über die vorausgegangene Krankheit, über ihre Bedeutung und alle ihre möglicherweise eintretenden Folgen. Heller berichtet: „In zwei von mir ausführlich behandelten Fällen war eine Mitteilung vor Eingehung der Ehe erfolgt; die Gerichte nahmen aber an, daß die allgemeine Mitteilung nicht genügend gewesen sei, daß die anfechtungsberechtigten Ehegatten die Tragweite der früheren Krankheit nicht erfaßt hätten."

Auch gibt es keine Verjährung. „Die Gerichte nehmen an, daß eine Kenntnis erst von dem Augenblick an datiert, in dem ein sachverständiger Arzt oder Anwalt die gesunden Ehegatten über die eventuellen Folgen der vorehelichen Krankheit des anderen Teils aufgeklärt haben."

Ferner nehmen manche Gerichte an, daß es nicht genüge, daß die gesetzlichen Vertreter eines Mädchens Kenntnis von der vorausgegangenen Erkrankung des Bräutigams haben, sondern daß auch die minderjährige Tochter selbst genau Bescheid wissen müsse.

Die Offenbarung kann auch erheblich schaden. In sehr vielen Fällen führt sie zu einer Zerrüttung der Ehe. Ich zitiere hier Hellers Worte: „Der Arzt, der Zeuge so vieler Ehetragödien ist, weiß, welch furchtbare Waffe in der Hand des nicht krank gewesenen Ehegatten diese Kenntnis der früheren Geschlechtskrankheit ist. Jede eigene, jede Krankheit der Kinder wird als Schuld des früher kranken Gatten angesehen. Wir brauchen die Szenen, die sich am häuslichen Herd abspielen, nicht auszumalen; die Versicherung des Arztes, daß die Krankheitserscheinungen nicht mit der früheren Krankheit des Gatten zusammenhängen, wird gegenüber den Einflüsterungen irgend einer guten Freundin oder alten Tante nicht beachtet.‟

In der Tat, jeder Kenner der Verhältnisse weiß, wie oft eine alte Geschlechtskrankheit hervorgesucht wird, um eine aus ganz anderen Gründen gewünschte Ehetrennung herbeizuführen.

Es kann auch kein Zweifel darüber bestehen, daß sehr viele Männer — und gerade die sorgsamen und gewissenhaften — sich von der Verheiratung zurückschrecken lassen würden, wenn eine Offenbarungspflicht eingeführt würde.

Die Lösung dieses Dilemmas, sich für oder wider die Offenbarungspflicht entscheiden zu sollen, würde wesentlich erleichtert werden durch Berücksichtigung folgender Forderungen und Gesichtspunkte:

1. Es müßte die mißbräuchliche Heranziehung einer vorausgegangenen Geschlechtskrankheit als Ausrede für die durch die Anfechtungsklage angestrebte Ehetrennung beseitigt werden. Heller berichtet, daß nach dieser Richtung hin durch eine neue Reichsgerichtsentscheidung ein wesentlicher Fortschritt angebahnt sei. Es wurde dem gesunden Ehegatten zwar das Recht zugesprochen, die Ehe wegen Irrtums mit Erfolg anzufechten, gleichzeitig aber wurde dem gesunden Ehegatten die Möglichkeit genommen, mit dieser Eheanfechtung persönliche materielle Vorteile für sich herauszuschlagen und die frühere Krankheit als mühsam hervorgerufenen Grund für die angestrebte Ehetrennung zu benutzen.

2. Es müßte die Feststellung, daß eine Ehe schon längere Zeit bestanden hat, ohne daß auf die frühere Geschlechtskrankheit zu beziehende Schädigungen des anderen Ehegatten oder der Nachkommenschaft eingetreten sind, genügen, um die Anfechtungsmöglichkeit wegen vorausgegangener Geschlechtskrankheit auszuschließen, während jetzt das Ausbleiben irgendwelcher Folgeerscheinungen der früheren Geschlechtskrankheit den Erfolg der Anfechtungsklage nicht beeinflußt.

Auch Wilhelm, ein Jurist, betont, wie häufig die Gerichte nicht genügend unterscheiden, wenn es sich um die Nichtigkeitserklärung der Ehe wegen einer vor der Heirat erworbenen Geschlechtskrankheit handelt, die Fälle mit noch bestehender Ansteckungswahrscheinlichkeit und die ganz oder relativ geheilten. Auch weist er auf den Widerspruch hin, „daß der größte Schuft in der ansteckendsten Periode seiner Krankheit heiratet und Frau und zukünftige Kinder krank und unglücklich macht, andererseits droht dem „relativ Geheilten‟ und für seine Familie Ungefährlichen das Damoklesschwert der Eheauflösung beim Verschweigen seiner früher erworbenen Krankheit‟; und

„Nicht darauf kommt es an, Ehen zu trennen, weil ein Ehegatte eine Geschlechtskrankheit erworben hatte, sondern Ehen zu verhüten, die infolge der Gefahr der Ansteckung durch einen Ehegatten tief unglücklich werden können.‟

Eine geheilte Geschlechtskrankheit dürfte also für eine Anfechtungsklage überhaupt nicht in Frage kommen.

Hier erhebt sich die schwere Frage: Was ist unter Heilung zu verstehen? Und wie soll dieselbe festgestellt werden? Hiermit begeben wir uns einmal auf ein rein ärztliches Gebiet, und es wird ferner vom Richter abhängen, wieweit er sich auf eine vorliegende ärztliche Bekundung, eventuell auch auf eingeholte Obergutachten verlassen will.

Daß hier tatsächliche Schwierigkeiten bestehen, ist nicht zu leugnen; aber ebensowenig, daß gerade die Forschungen der letzten Jahrzehnte sowohl für den Tripper wie für die Syphilis solche Fortschritte mit sich gebracht haben, daß man wohl mit einer recht großen Sicherheit ein von wirklich sachverständiger Seite abgegebenes Gutachten der richterlichen Entscheidung zugrunde legen kann. Es kann mit Zuhilfenahme der modernen Untersuchungsmethoden in fast jedem Falle mit der allergrößten Wahrscheinlichkeit das Bestehen oder Nichtvorhandensein eines noch ansteckenden Stadiums festgestellt werden. Beim Tripper durch ausgiebige mikroskopische und Kultur-Untersuchungen mit Zuhilfenahme aller möglichen Provokationsmethoden mechanischer, chemischer Natur und von Injektionen von Gonokokkenvakzinen; bei der Syphilis wesentlich durch Heranziehung der Wassermannschen Reaktion, bei der freilich nicht schematisch weder eine negative Reaktion im Sinne der absoluten Heilung, noch eine positive im Sinne einer Gefährdung für die Ehe verwertet werden darf. Auch wird man sich nicht zu viel auf rein theoretisch konstruierte Möglichkeiten einlassen dürfen, sondern den seit Jahrzehnten in der Praxis bewährten und auch durch die Zuhilfenahme der Wassermannschen Reaktion unterstützten Beobachtungen Rechnung tragen müssen.

So sehr ich also anerkenne, daß jedem die Berechtigung zugesprochen werden muß, sich von einem Ehegatten trennen zu können, der ihn gesundheitlich gefährdet, so ist doch zu verlangen, daß diese Furcht, gefährdet zu werden, einigermaßen berechtigt sei und von sachverständiger Seite als solche begründet anerkannt werde.

3. Ebenso ist anzuerkennen, daß Krankheiten, die „ekel- und abscheuerregend sind und dadurch die eheliche Gemeinschaft erschweren oder unmöglich machen", als Anfechtungsgründe anerkannt werden müssen.

Ich meine aber, man wird auch hier dem ärztlichen Gutachten Rechnung tragen müssen, ob einer dieser „abscheuerregenden" Zustände nicht nur in der Einbildung des Anfechtenden beruht, wenn z. B. eine harmlose Hautkrankheit oder ein ganz gleichgültiger Harnröhrenkatarrh, weil fälschlich als Tripper gedeutet, als ansteckend angesehen wird. Ferner müßte in Betracht gezogen werden, wann nach dem Zeitpunkt der Eheschließung die Empfindung des ekel- und abscheuerregenden Zustandes sich bei dem Klagenden eingestellt hat. Wenn, was gegenwärtig rechtens ist, der kranke Ehegatte eine körperliche Untersuchung verweigert, so begibt er sich damit eines Abwehrmittels gegen die Klage.

Ich wiederhole also: In der Tat ist es durchaus notwendig, daß die Rechtsprechung viel mehr dem Stande der ärztlichen Wissenschaft, die gerade auf diesem Gebiete der Geschlechtskrankheiten im Laufe der letzten zehn Jahre so unendliche Fortschritte gemacht hat, Rechnung trage. Ich sehe sonst keine Möglichkeit, aus dem Dilemma, dem Nutzen einer Offenbarungspflicht für die Gesundhaltung der Ehe einerseits und dem durch die Offenbarungspflicht angerichteten Schaden andererseits, herauszukommen.

Stellen wir uns auf den Standpunkt der Offenbarungspflicht, so liegen für ihre Durchführung zwei Möglichkeiten vor:

1. Man überläßt beiden Teilen, wie sie sich den ihnen offenbarten Mitteilungen gegenüber verhalten wollen.

Die Offenbarung ist obligatorisch und geht vor sich direkt von Partei zu Partei, oder, falls dies nicht schon vor der Anmeldung beim Standesamt geschehen ist, auf Veranlassung und durch Vermittlung des Standesamtes.

Die Braut, resp. deren Eltern und Vormünder entscheiden sich auf Grund eines ihnen vorgelegten Attestes selbständig mit oder ohne Zuziehung ihres Vertrauensarztes, oder

2. der Staat verbietet die Eheschließung solange, bis ein ärztliches Attest, das die eingetretene Heilung bekundet, vorliegt.

Meiner Ansicht nach — ebenso denken Max Marcuse, der Bund für Mutterschutz, Weygandt, Novy, Redlich, Gruber — ist nur der erste Weg gangbar. Wird auch in beiden Fällen die ärztliche Auskunft die entscheidende Rolle spielen, so besteht doch dann, wenn es dem freien Ermessen der beiden Kontrahenten überlassen ist, die beigebrachten ärztlichen Atteste zu verwerten — die Möglichkeit, nach allen Richtungen hin sich zu informieren, und, wenn das eine Attest nicht genügend erscheint, weitere Atteste einzufordern.

Ich brauche nur daran zu erinnern, wie häufig bei der Syphilis, und namentlich bei den sogenannten „chronischen Trippern" die Entscheidung verschiedener Ärzte, ob ein Mann noch infektiös sei oder nicht, auseinandergeht; wie sogar die wissenschaftliche Medizin über gewisse Fragen in ihren Anschauungen auseinandergeht. Soll man etwa einen obersten ärztlichen Gerichtshof schaffen, der in solchen Streitfragen über heiraten oder nicht heiraten entscheidet?

Es kommen aber noch andere Fragen als die der Kontagiosität in Betracht: die der Potenz des Mannes (sowohl Potentia coeundi wie generandi), die Gebärfähigkeit des Weibes, Vaginismus, psychische Anomalien der sexuellen Sphäre usw.

Beschränkt man die Institutionen darauf, daß nur jeder der sich verehelichen wollenden Teile ein Gesundheitsattest, welches dem anderen Kontrahenten vorgelegt wird, beibringen muß, so wird erreicht, was ich vorhin forderte, daß beide Teile in voller Erkenntnis des Vorlebens beider Teile den Schritt, sich zu verehelichen, tun. Natürlich müßte gefordert werden, daß, wie bei Lebensversicherungsanträgen, jeder Kontrahent alle seine früheren Ärzte, bei denen er in Behandlung war, nennen müßte, und daß diese unter Aufhebung der Verschwiegenheitspflicht ihre Beobachtungen und Ansichten über etwaige vorausgegangene Erkrankungen mitteilen müßten.

Historisch interessant sind die Berichte Eisenstadts und Ratners über die Hygienevorschriften für die Eheschließung bei den alten Juden.

Für ein staatliches Eheverbot treten ein E. Rüdin (in zahlreichen Besprechungen anderer Arbeiten im Archiv für Rassen- und Gesellschaftsbiologie) Haskovec, Francken, Wilhelm, Schmidt-Gibichenfels,

Pinard, Lederer, Loewenfeld, Hansen, Koßmann, Bergen, Martius, Hegar, Schallmeyer.

Wilhelm sagt: „Zwar würden durch dieses Verfahren neue bisher ungebräuchliche Bahnen beschritten, statt des bekannten Geleises des Strafrechts, aber der Erfolg, der ziemlich sicher zu erwarten steht, dürfte den Versuch dieser Neuheit wohl lohnen. Allerdings sind es nicht bloß die Geschlechtskrankheiten, sondern noch andere Krankheiten und Gebrechen (z. B. Tuberkulose, Geistes- und Nervenkrankheiten usw.), welche eine Zerrüttung der Ehe und kranke Nachkommen zur Folge haben und den Träger dieser Schäden als zur Ehe untauglich erscheinen lassen können, es möchte auch wünschenswert sein, daß eine ärztliche Erlaubnis zum Eheabschluß alle derartigen Gebrechen berücksichtigte. Bei der heutzutage aber noch bestehenden Ungewißheit über die größere oder geringere Wahrscheinlichkeit der Vererbung der verschiedenen Krankheiten dürfte es angezeigt sein, daß die ärztliche Untersuchung vor Eheabschluß nur die hinsichtlich der Übertragbarkeit bestgekannte Gruppe, die Geschlechtskrankheiten, in Betracht zöge.“

Gegen die Nichteinführung eines Eheverbotes macht E. Rüdin in der schärfsten Weise Front. Er sagt:

„Bei dem verhängnisvollen stetigen Sinken der Geburtenrate bzw. des Geburtenüberschusses müssen wir darauf sehen, möglichst viele optimale Zeugungsresultate zu bekommen. Und die Kinderzeugung ist es doch in erster Linie, welche die eheliche und außereheliche Verbindung zur eminent öffentlichen Angelegenheit erhebt. Wo also eine Zeugung das öffentliche Wohl in empfindlicher Weise schädigt, müssen dem hygienisch blinden Egoismus Schranken gesetzt werden können. Was würde man wohl zu etwa folgender „Resolution“ sagen:

„Der Staat fordert aufs dringendste die Einführung von Gesundheitsattesten vor Einstellung ins Heer. Diese Gesundheitsatteste sollen aber, auch wenn sie von einem ungünstigen Gesundheitszustande Zeugnis ablegen, niemals zur Ausschließung vom Militärdienst führen dürfen.“

Wäre das nicht ein offenbarer Widersinn? Derselbe Widersinn aber ist in der Resolution des Bundes für Mutterschutz enthalten und wird nur von demjenigen nicht als solcher empfunden werden, welcher der Überzeugung ist, daß die Ehe und ihr hoffentlich noch anerkannter Hauptzweck, die Kinderzeugung, lediglich eine Privatangelegenheit ist, ein Rechtsgeschäft, wo nur der Wille der beiden Kontrahenten ausschlaggebend ist, wesensähnlich jenem Willenseinklang der Duellanten, sich gegenseitig umzubringen, ohne Rücksicht auf Rechtsansprüche Dritter, ohne Rücksicht darauf, ob andere dadurch unglücklich oder geschädigt werden. Jedoch mit Leuten, die auf diesem Standpunkte stehen, wollen wir nicht erst reden.

Ich möchte Herrn Dr. Marcuse, der in seinem Vortrage gesetzliche Eheverbote lebhaft bekämpfte, wünschen, daß er etwas mehr praktische Erfahrung der Tatsachen besäße, auf die sich die Aufstellung der Wünschbarkeit dieser Verbote stützt. Ich möchte ihm wünschen, daß er sich um Trinkerehen, Ehen von Geisteskranken, Verbrechern, von Entarteten, Ehen von Syphilitikern usw. nicht in der Theorie allein, sondern auch in der Praxis in systematischer Weise kümmere. Ich möchte ihm ferner sagen, daß es eine erschrecklich große Zahl von Gesundheitszuständen gibt, deren hochgradige Krankhaftigkeit selbst jeder medizinische Stümper ohne weiteres feststellen kann und eine Unmenge von Zuständen, für die der Staat mit absoluter Ruhe die „moralische Verantwortung“, von der gesprochen wird, übernehmen könnte. Denn nicht um die zweifelhaften oder gar nicht feststellbaren Zustände handelt es sich in dieser Frage — man entschuldige, daß solche Trivialitäten hier noch gesagt werden müssen — sondern um das sicher Feststellbare. Und schließlich muß jeder Biologe wissen, nicht bloß, daß die unehelichen Zeugungen, deren Vermehrung im Gefolge von Eheverboten man prophezeit, im Rassenprozeß der höchstkultivierten Völker eine verhältnismäßig geringe Rolle spielen und vital den ehelichen gegenüber in jeder Beziehung zu kurz kommen, sondern er muß auch einmal davon gehört haben, daß Eheeinschränkungen nachgewiesenermaßen nicht zu einer Ver-

mehrung der unehelichen Geburten führen müssen, und daß eine solche Vermehrung für
die in Frage stehenden Beschränkungen unter gewissen Kautelen wohl sicher zu vermeiden wäre.

Ich kann schließlich Herrn Dr. Marcuse nur empfehlen, das schöne Wort in seinen
Konsequenzen sich zu überlegen, welches nach dem Bericht, der mir vorliegt, Dr. Helene
Stöcker in ihrem Vortrag gesprochen hat: Wahre Liebe sei innere Gebundenheit und
verpflichte zu allem dem, wozu rohe Menschen erst den Zwang des Gesetzes brauchten.

Hieraus folgt, daß, solange es noch rohe — übrigens nicht bloß solche, sondern
auch schwache, sorglose und unwissende — Menschen gibt, welche sich in der Liebe innerlich so wenig gebunden fühlen, daß sie ohne Rücksicht auf das Wohl der Nachkommenschaft heiraten und zeugen, wir auch den Zwang der Gesetze brauchen.

Eheverbote sind rassenhygienisch allein da entbehrlich, wo beide zur Kinderzeugung
ungeeigneten Partner sich in Liebe verbinden wollen, vorausgesetzt, daß sie willens sind,
durch Vorbeugung die entsprechenden Konsequenzen zu ziehen. In diesem Falle müßte
auch, was ich schon früher betont, behördlicherseits dafür gesorgt werden, daß ein etwaiges,
trotz aller Vorsicht erfolgtes „Unglück“ zur Zufriedenheit der Betroffenen wieder gut
gemacht werden dürfte. Das ist eine Konzession, welche die Rassenhygiene an die „Freiheit der Liebe“, an die „allerpersönlichsten und allerintimsten Angelegenheiten“ wohl
machen kann, wenn man erst einmal vorurteilsfrei über all diese Dinge denkt. (Arch. f.
Rass.- u. Ges.-Biol. 1907, S. 136—138.)

Es erhebt sich aber sofort die Frage: wer soll das ärztliche Attest,
das dem Eheverbot zugrunde gelegt werden soll, ausstellen? Ist
der Kranke schon längere Zeit in Behandlung, dann könnte es wohl der ihn
bisher behandelnde Arzt tun. Wenn aber das nicht der Fall ist, soll man irgend
einem beamteten Arzt diese verantwortungsvolle und, wenn sie einigermaßen
brauchbar sein soll, äußerst zeitraubende und mühevolle Untersuchung vor
der Eheschließung zuweisen? Soll es gar keine Appellinstanz gegen das amtsärztliche Gutachten geben? Welche Anforderungen werden dann an die medizinische und auch an die menschliche Zuverlässigkeit des Untersuchers gestellt!

Man könnte, um eine möglichst hohe Sicherheit zu erreichen, daß das
ärztliche Gutachten soweit als möglich der Wahrheit nahe komme, daran denken,
den Arzt, auf dessen Gutachten hin die Heirat und in unglücklichen Fällen
eben die Infektion erfolgt ist, zur Verantwortung zu ziehen. Ob das möglich ist, wird davon abhängen, ob ihm irgend eine Fahrlässigkeit bei der
Untersuchung nachgewiesen werden kann, ferner aber von der Form, in der
er dem Fragenden seine Ansicht mitgeteilt hat.

Das würde aber sicher zur Folge haben, daß kein Arzt mehr einen wirklich positiven Ehekonsens erteilen würde, oder höchstens so verklausuliert,
daß dem Patienten damit nicht gedient wäre. Vielleicht aber würde das wieder
den nützlichen Erfolg haben, daß auch der Patient, um der Verantwortung
zu entgehen, häufiger als bisher schon vor der Verlobung die wahre Sachlage
dem anderen Teile mitteilen und sich so von der Verantwortlichkeit entlasten
würde. Als schädliche Folge könnte andererseits resultieren, daß die Männer,
weil sie eigentlich immer nur einen ihnen ungünstigen oder einen nur zweifelhaften Bescheid vom Arzte bekommen, überhaupt nicht mehr ärztlichen Rat
einholen würden, und daß somit auch die Ausschaltung der wirklich für die
Ehe gefährlichen Fälle nicht mehr erfolgen würde.

Andererseits wird man zugeben müssen, daß wieder Privatärzte, wie
z. B. Moll und Schallmeyer, betonen, gar zu sehr der Verführung ausgesetzt
sind, in irgend einer Form nicht ganz zuverlässige Atteste auszustellen.

Wilhelm wünscht die Untersuchung durch einen beamteten Arzt unter Zuziehung eines Spezialisten für Geschlechtskrankheiten, und die beiden Ärzte hätten unter Berücksichtigung der Angaben der Heiratskandidaten, der Verwandten usw. sich zu entscheiden, ob die Erlaubnis zum Eheabschluß zu erteilen wäre. Der Standesbeamte dürfte dann die Ehe nicht eher vollziehen, bis die ärztliche Erlaubnis beigebracht wäre.

Und wann sollte eine solche Untersuchung ausgeführt werden? Liegt sie viele Wochen oder gar Monate vor der Heirat zurück, so können in diesem Zeitraum noch neue Infektionen erworben werden. Ja selbst die von manchen Seiten aufgestellte Forderung, daß das Attest und die Untersuchung zehn Tage vor der Eheschließung ausgestellt werden solle, hat Bedenken. Innerhalb dieser zehn Tage können immer noch Gonorrhoe und Ulcus molle erworben werden und eine vielleicht drei Wochen alte Syphilisansteckung noch nicht zum Vorschein gekommen sein.

Es bestehen also auf ärztlichem Gebiete recht erhebliche Schwierigkeiten. Aber doch nur in zweifelhaften und strittigen Fällen, und so wird man Wilhelm recht geben müssen, wenn er sagt:

„Jedenfalls wären die empörendsten Fälle unmöglich, gegen welche heute auch die vor der Ehe von den Kranken konsultierten Ärzte machtlos sind, die Fälle, in denen Ehekandidaten, trotzdem sie sich in der ansteckendsten Periode einer Geschlechtskrankheit befinden, ja oft die gefährlichsten äußeren Symptome an sich tragen, allen Mahnungen und Verboten des Arztes zuwider, eine Ehe eingehen."

Ob man bei gesetzlichem Zwang nach Vorlegung eines ärztlichen Attestes vor der Eheschließung die beamteten Ärzte wird ganz ausschalten können, scheint mir zweifelhaft, wenn man die Frage aufwirft, wer denn für die große Masse der unbemittelten Ehekandidaten das Attest ausstellen soll? Ein einfaches Ausfragen durch den Arzt ist natürlich gänzlich unzureichend, eine eingehende Untersuchung aber erfordert viel Zeit und Mühe, zumal es sich bei den niederen Ständen nicht nur um die Untersuchung der Männer, sondern in unzähligen Fällen auch der Mädchen, deren vorehelicher Geschlechtsverkehr notorisch feststeht, handelt. Freilich auch eine der schwierigsten Aufgaben für den Arzt, einerseits diese sehr zahlreichen Fälle untersuchen zu wollen, die Geschlechtsverkehr bereits getrieben, andererseits das Schamgefühl der vielleicht noch Unberührten zu schonen.

Weitere Bedenken gegen Eheverbote sind folgende:

Was wird geschehen, wenn einem jungen Manne das Gesundheitsattest verweigert wird? Möglicherweise wird er nun — vielleicht im Einverständnis mit seinen künftigen Schwiegereltern — für eine noch weitere sorgfältige Behandlung sorgen. Aber es kann auch sein, daß er nun einen weniger zuverlässigen Arzt aufsucht und sich auf diese Weise ein Gesundheitsattest verschafft. Oder er bleibt unverehelicht, treibt weiter außerehelichen Geschlechtsverkehr und verschleppt seine eigene Krankheit womöglich noch in weitere Kreise. Auch ist eine Zunahme von Konkubinaten, des außerehelichen Verkehrs überhaupt, nicht mit Unrecht zu erwarten.

Es wird ferner eingewendet, daß die uneheliche Fruchtbarkeit und die gesundheitliche Schädigung unehelicher, von kranken Eltern erzeugter Kinder durch ein gesetzliches Eheverbot gar nicht getroffen würden.

v. Hoffmann bespricht auch gewisse Einwände ideologischer und gefühlsmäßiger Natur.

„Die Verbote widersprächen dem Grundsatze der persönlichen Freiheit; sie seien kaltblütig und herzlos."

Demgegenüber sagt er:

Der Staat schützt die Ehe; so sollte man meinen, er habe auch die Pflicht,
eine Verwahrung einzulegen, wenn die vertragschließenden Teile zur Erfüllung
des Hauptzweckes der Ehe nicht geeignet sind. Es gilt heute als selbstverständlich, daß der Staat die Geisteskranken und sonst gemeingefährlichen
Personen ihrer Freiheiten beraubt, es erregt keinen Anstoß, daß eine Heirat
zwischen gewissen Blutsverwandten nicht stattfinden darf; ebenso besitzt der
Staat ein Recht, die rassenschädlichen Eheschließungen zugunsten aller zukünftigen Geschlechter zu verbieten.

Stichhaltiger ist die Befürchtung, die Einhaltung der Eheverbote sei
aus dem Grunde nicht zu erwarten, weil das persönliche Glück zu sehr auf
dem Spiele stehe.

Eheverbote aus rassenhygienischen Gründen sind jedoch nicht die einzigen
Ehehindernisse, die trotz dieser Erwägungen befolgt werden. Wenn, abgesehen
vom Verwandtschaftsgrade und anderen gesetzlichen Ehehindernissen, pekuniäre
oder soziale Rücksichten meist mächtig genug sind, um das Eingehen von unvorteilhaften Verbindungen zu verhindern, so sollte man glauben, daß die
Rücksichtnahme auf die Gesundheit der Kinder zumindest ebenso schwer in
die Wagschale fällt, wenn nur einmal die Öffentlichkeit über die Gefahren der
erblichen Belastung genügend aufgeklärt sein wird.

Dem Einwande: „Zwangsmaßregeln sind zu verwerfen" begegnet er:
„Gewiß, ein Zustand der Freiwilligkeit muß das ideale Ziel unserer Bestrebungen sein ... Heute aber kommen wir jedoch weder ohne Strafgesetze aus,
noch ist zu erwarten, daß sich in absehbarer Zeit die Masse der Bevölkerung
ohne staatliche Eingriffe von rassenhygienischen Gesichtspunkten bei der Eheschließung leiten lassen wird, ganz abgesehen von den Minderwertigen selbst."

Den Einwendungen der Unausführbarkeit von den in Rede stehenden
Eheverboten gegenüber wird auf das Beispiel· Nordamerikas hingewiesen,
wo in vielen Staaten derartige eugenische Ehegesetze bereits bestehen.

Aber aus eben diesen Staaten liegen Berichte vor, welche die absolute
Nutzlosigkeit der bisherigen Gesetze ergeben, derart, daß in manchen Staaten
die Gesetze nach kurzer Zeit wieder abgeschafft worden sind. Ich zitiere hier
aus einem Aufsatz v. Hoffmanns (Regelung der Ehe, Arch. f. Rassen- u.
Gesellsch.-Biol. 9, 1912, S. 746):

Tatsächliche Anwendung der Gesetze.

„Wir haben Erkundigungen eingezogen über die Anwendung des Gesetzes in Michigan,
dem einzigen Staate, wo die Eheschließung für Geschlechtskranke seit genügend langer
Zeit verboten ist, um das Gesetz erproben zu können. Laut Zeugenschaft führender Persönlichkeiten, die für die Unterdrückung derartiger Krankheiten eintreten, hat das Gesetz
keinen praktischen Wert." (Dike, Samuel W., in Annual Report of the National
league for the Protection of the Family 1911, S. 16. Verfasser steht der Eheregelung wohlwollend gegenüber.)

„Michigan hat ein Gesetz, welches die Ehen von Geisteskranken, Idioten und solchen
Personen verbietet, die mit Syphilis oder Tripper behaftet sind. Was für Beweise haben
wir jedoch dafür, daß die Heiratslustigen diesen Vorschriften entsprechen oder frei von

diesen Gebrechen sind?" (Shumway, The Importance of the Registration of the Marriage Certificates, S. 218. Verf. ist Sekretär des staatlichen Gesundheitsamtes in Michigan und tritt für Eheverbote ein.)

„Indiania hat ein Gesetz, welches geschlechtskranken Personen die Eheschließung verbietet, aber es ist ein toter Buchstabe. Ich bezweifle, ob es überhaupt in einem einzigen Falle strenge eingehalten worden ist, da ich von einem Paare, dem die Trauung aus diesen Gründen verweigert worden wäre, nie gehört habe, und wir wissen, daß das Gesetz täglich und stündlich verletzt wird." (Floyd, Our Social and Moral Scourge, S. 273. Verf. spricht sich weder für noch gegen die Eheverbote aus.)

„In gewissen Staaten, wie in Michigan, könnte die Geistlichkeit auf Grund der bestehenden Gesetze vorgehen, welche die Ehen von Personen mit übertragbaren Krankheiten verbieten. Das Gesetz ist allerdings ein toter Buchstabe, wurde nie eingehalten und kann auch nicht eingehalten werden, weil für ärztliche Untersuchungen und Gesundheitszeugnisse keine Vorsorge getroffen ist; immerhin bietet es der Geistlichkeit eine Handhabe, um Trauungen kranker Personen zu verweigern." (Bishop Charles D. Williams, Make the Physician Responsible. Verf. ist für Eheverbote.)

Selbst ein so energischer Vertreter rassenhygienischer Bestrebungen wie E. Rüdin, verlangt von dem Lobredner Hans W. Maier der nordamerikanischen Gesetze, daß es doch dringend notwendig wäre, erst zu wissen, ob und wie denn nun diese Gesetze in Wirklichkeit zur Anwendung und Befolgung gelangen, ob sie de facto zu vielen Strafverfolgungen geführt haben.

Er sagt: Dem Lob, das Verf. der amerikanischen Ehegesetzgebung spendet, wollen wir beistimmen. Allein es würde doch auf das lebhafteste interessieren, ob und wie denn nun diese Gesetze in Wirklichkeit zur Anwendung und Befolgung gelangen, ob sie de facto zu vielen Strafverfolgungen geführt haben, oder ob sie nur abschreckend wirken und wirklich zur Verminderung unzweckmäßiger Eheschließungen geführt haben oder ob sie nur, wie das ja selbst von wohlwollenden Beurteilern amerikanischer Verhältnisse nur allzu oft zugegeben werden muß, in dieser oder jener Weise umgangen werden (Bestechung, Trauung in anderen Staaten usw.). Kurz, wir wissen, daß uns Amerika in Gesetzesparagraphen auf diesem Gebiete voran ist, es wäre eine außerordentlich verdienstvolle Arbeit, wenn der Verf. nach seiner bisherigen nützlichen Zusammenstellung noch eine Untersuchung über die tatsächliche Handhabung und die tatsächlichen Folgen dieser Gesetze durch Juristen und Ärzte veranlassen wollte, welche mit amerikanischen Verhältnissen vertraut sind und welche genau wissen, „wie es gemacht wird".

Weil wir ähnliche Gesetze in Europa anstreben, wünschen wir die praktischen Erfahrungen, die damit anderorts gemacht wurden, zu kennen, da wir uns in Europa keinesfalls dazu entschließen würden, die Einführung von Gesetzen zu befürworten, von denen wir nicht von vornherein auch die Bürgschaft ihrer peinlich genauen Durchführung und positiven segensreichen Wirkung übernehmen können. (Arch. f. Rass.- u. Ges.-Biol. 1911, S. 816/17.)

Ich komme damit zu der Frage: **kann man nicht auf andere Weise, und zwar durch allgemeine Aufklärung, dasselbe Ziel erreichen,** so daß die Eltern freiwillig sich nicht nur um die sozialen und finanziellen Verhältnisse ihrer Schwiegersöhne und Schwiegertöchter bekümmern, sondern auch um ihre gesundheitlichen?

Daß auf diesem Wege etwas gefördert werden kann, haben die letzten Jahrzehnte schon gelehrt. Viel häufiger und viel sorgfältiger als früher wird dank der durch die Deutsche Gesellschaft zur Bekämpfung der Geschlechtskrankheiten in die weitesten Kreise getragenen Belehrung vor der Eheschließung die gesundheitliche Frage geprüft, und zwar nicht nur von den Eltern, sondern auch von den heiraten wollenden Männern. Nur hat der gegenwärtige Zustand den Nachteil, daß zurzeit die an den Schwiegersohn gerichtete Frage sehr peinlich ist und unter Umständen als direkte Beleidigung aufgefaßt werden kann, während ein gesetzlich gefordertes Gesundheitsattest, welches in jedem Falle beizubringen wäre, über diese Schwierigkeit hinweghelfen würde.

Darüber, daß ein in irgend welcher Form gefordertes, vor der Ehe einzureichendes Attest in ausgezeichneter Weise aufklärend und warnend wirken würde, kann kein Zweifel bestehen, und so würde von diesem Standpunkte aus die Einführung eines solchen gesetzlichen Zwanges irgend welcher Art sicherlich von den segensreichsten Folgen sein.

Als weiteres Mittel zum Schutz der Ehe hat man sich eine Anzeigepflicht, resp. ein Anzeigerecht des Arztes, also mit Aufhebung oder Modifikation des § 300 des Strafgesetzbuches gedacht.

Von einer Anzeigepflicht kann wohl nicht ernsthaft die Rede sein. Ich will nur darauf hinweisen, daß z. B. bei den sogenannten „chronischen Trippern" von einer diagnostischen Unfehlbarkeit des Arztes nicht immer die Rede sein kann, und ferner darauf, daß in unzähligen Fällen die Patienten gar keinen oder nur einen falschen Namen ihrem Arzt sagen, jedenfalls sagen würden, wenn etwa dem Arzt die Verpflichtung auferlegt würde, auch ungefragt warnend durch Anzeige einer bestehenden geschlechtlichen Erkrankung einzugreifen.

Berechtigter erscheint die Forderung, dem natürlichen Wunsche der Eltern, ihr Kind vor einer ehelichen Ansteckung zu schützen, dadurch entgegenzukommen, daß für den Fall einer Verheiratung der Arzt von der ihm durch § 300 des Strafgesetzbuches auferlegten Schweigepflicht befreit werde, wenn er gefragt wird.

Es ist kein Zweifel, daß zurzeit jeder Arzt bestraft werden würde, wenn er, dem § 300 zuwiderhandelnd, dem einen sich verehelichen wollenden Teil Aufschluß über die Erkrankung des anderen, ihm als krank bekannten Teiles geben würde. Es ist hier nicht der Platz, ausführlich alle Gründe, die für und wider die Berechtigung der Wünsche, eine Änderung des § 300 eintreten zu lassen, sprechen, zu behandeln. Doch möchte ich die Meinung aussprechen, daß mir — gerichtliche Fälle, in denen von der ärztlichen Auskunft und seinem Gutachten oft allein die Urteilssprechung abhängt, ausgenommen — in praxi die Bedeutung des Paragraphen nicht so groß erscheint, daß um seine Aufhebung oder Beibehaltung ein großer Kampf angebracht wäre. Entweder findet der Arzt überhaupt gar nicht Gelegenheit, sich zu äußern, weil er von Heiratsplänen früherer oder vielleicht seit kurzem in Behandlung stehender Patienten gar nichts erfährt; ja er kennt vielleicht ihre Namen nicht einmal. Er könnte also, auch wenn das Gesetz es ihm gestattete, doch keine Warnung aussprechen. Oder er kann trotz des gegenwärtig in Kraft stehenden Paragraphen, wenn er gefragt wird, seine Warnung anbringen, selbst wenn er an dem Standpunkt, jede Auskunft zu verweigern, festhält. Ich suche es sogar stets zu vermeiden, den Namen dessen, nach dem gefragt wird, zu erfahren, damit nicht von vornherein meine Auskunftsverweigerung als Ausdruck einer meinem Klienten ungünstigen Antwort gedeutet werde. Aber ich darf dem Frager sagen: „Veranlassen Sie denjenigen, nach dessen Gesundheit Sie sich erkundigen wollen, mit Ihnen zusammen zu mir zu kommen. Wenn der Betreffende in Ihrer Gegenwart mich autorisiert, Auskunft über ihn zu erteilen, dann werde ich alles sagen, was ich eventuell weiß" [1].

---

[1] Das französische Gesetz verbietet solche Auskunftserteilung selbst dann, wenn der Klient dem Arzt die Erlaubnis erteilt.

Damit ist für jeden Verständigen eine klare Situation ermöglicht; denn verweigert der einer Krankheit Verdächtige dem Arzt die Erlaubnis, sich offen und frei auszusprechen, so wird für den Fragenden (vielleicht den zukünftigen Schwiegervater) der Grund, warum die Auskunft verweigert wird, wohl nicht mehr unklar sein.

Es wird sich also nur darum handeln, möglichst weite Kreise auf die Gefahren, die durch die Geschlechtskrankheiten in die Ehe gebracht werden können, aufzuklären, um möglichst viele Eltern zu veranlassen, sich über die Gesundheitsverhältnisse desjenigen, dem sie ihre Tochter anvertrauen wollen, zu informieren. Mir scheint dieser Weg wenigstens ebenso aussichtsvoll, das durch Tripper und sonstige Geschlechtskrankheiten die Ehe bedrohende Unheil zu verhüten, als wenn man den § 300 modifizieren wollte, — was ich persönlich ohne weiteres befürworten würde.

Man hat daran gedacht, durch Flugblätter die gewünschte allgemeine Aufklärung zu geben. Ich drucke den Entwurf einer solchen Karte ab, die die französische „Gesellschaft für sanitäre und moralische Prophylaxe" zur Verteilung durch den Standesbeamten bei Ausfertigung der zur Verheiratung notwendigen Papiere den sich verheiraten Wollenden, resp. den Eltern, aushändigen lassen will.

Anweisung für zukünftige Eheleute.

Ihr seid im Begriffe euch zu verheiraten und eine Familie zu gründen.

Ihr habt auf Grund eurer gegenseitigen Zuneigung und eurer materiellen Verhältnisse beschlossen, ein gemeinsames glückliches Eheleben zu führen.

Aber es ist ebenso wichtig, an eure Gesundheit zu denken, von der auch die Gesundheit eures Ehegatten und eurer Kinder abhängen wird.

Vielleicht hattet ihr das Unglück, euch eine jener ansteckenden Krankheiten zuzuziehen, die man im Volksmunde „Krankheiten der Jugend", „venerische Krankheiten" und sehr mit Unrecht „schändliche und geheime Leiden" nennt.

Zwei von diesen, die „Gonorrhoe oder der Tripper" und die „Syphilis oder Lustseuche", können für eine Familie die schlimmsten Folgen haben.

Wenn ihr euch in einem noch ansteckungsfähigen Stadium einer dieser Krankheiten verheiratet (Tripper — bei noch bestehendem Ausfluß Syphilis — bei bestehenden Ausschlägen am Körper oder Papeln auf den Schleimhäuten), wenn ihr also mit vollem Bewußtsein und absolut sicher eurer Leiden auf das Wesen, das euch vertraut, übertragt, so ist dies ein Verbrechen. Wer sich einer derartig gemeinen Handlung schuldig macht, geht einer Zukunft voll Schande und Unannehmlichkeiten, geht eventuell einer gerichtlichen Trennung der Ehe und des gemeinsamen Besitzes entgegen.

Der Tripper wird durch Ausfluß aus der Harnröhre, oder auch nur durch einen unschuldigen Morgentropfen übertragen, und kann vornehmlich bei der Frau Anlaß zu einer Reihe von Komplikationen geben (Gebärmutterentzündung, Bauchfellentzündung). Er bedingt oft ein langes Krankenlager, zuweilen schwere operative Eingriffe und fast mit absoluter Sicherheit die Unfruchtbarkeit, in sehr vielen Fällen Erblindung der neugeborenen Kinder.

Die Syphilis, die mit einer kleinen wunden Stelle beginnt und dann des weiteren zu Ausschlägen am Körper und auf den Schleimhäuten führt, kann in ihrem Verlaufe alle Organe befallen und bedingt, wenn das Gehirn in Mitleidenschaft gezogen wird, nur allzu häufig Gehirnerweichung und Irrsinn. Den Kindern der Syphilitischen droht bereits im Mutterleibe der Tod oder sie kommen mißgebildet zur Welt. Sie können ihre Amme, ihre Umgebung anstecken, und so kann es zu Schadenersatzklagen und damit zu einem öffentlichen Skandal kommen.

Bedenkt wohl, daß selbst nach einer energischen Behandlung, selbst nach einer Reihe von Jahren, die Heilung der Krankheit eine nicht ausreichende und unvollständige sein kann.

Es ist also die erste Pflicht eines ehrenhaften Menschen, sich von einem Arzte untersuchen zu lassen. — Hütet euch aber vor den Kurpfuschern! Ihr werdet dann wissen, ob ihr vollständig geheilt seid und eure Ehe mit gutem Gewissen und unbesorgt eingehen könnt, oder ob ihr dieselbe noch aufschieben müßt. So werdet ihr ein großes Unglück vermeiden können!

Ledermann glaubt, daß behördlicherseits dadurch etwas geschehen kann, um diejenigen kranken, bzw. ungeheilten Personen, welche eine Ehe schließen wollen, zu warnen, daß man ihnen beim Aufgebot ein gedrücktes Formular einhändige, auf welchem die warnenden Worte ständen:

„Alle Personen, welche eine Ehe eingehen wollen, werden in eigenem, sowie im Interesse ihrer zukünftigen Ehegatten und etwaiger Nachkommenschaft darauf hingewiesen, ihren Gesundheitszustand vorher ärztlich begutachten zu lassen. Bei dem Bestehen ansteckender Krankheiten ist die Eheschließung bis zur vollendeten Heilung aufzuschieben, um eine Übertragung der Krankheit zu verhüten."

Noch kürzer und praktischer scheint mir das „Eugenische Merkblatt der Hamburger Ortsgruppe", schon weil es den Vorzug hat, durch die Aufführung auch anderer Krankheiten das Odium der Geschlechtskrankheiten von der einzelnen Person zu nehmen. Es lautet:

Eltern und Brautleute, denkt an euch und eure Kinder!

1. Eltern und Brautleute! Sorgt dafür, daß vor der Eheschließung ein zuverlässiger Arzt Körper und Geist der Eheschließenden untersucht.

Hierbei kommen in erster Linie in Betracht:

    a) Lungenkrankheiten,
    b) Geschlechtskrankheiten und geschlechtliche Abweichungen,
    c) Seelische Störungen mit Einschluß der Neigung zum Alkoholmißbrauch.

2. Nur körperlich und geistig gesunde Menschen haben das Recht auf Fortpflanzung.

In der Tat würde man in allen für die Eheschließung vorzuschreibenden Attesten eine spezielle Hervorhebung der Geschlechtskrankheiten vermeiden müssen und stets nur von ansteckenden und vererbbaren Krankheiten überhaupt zu reden haben.

Die Verteilung von Flugblättern hat aber folgende Nachteile: wann sollen sie verteilt werden? Wenn sie erst der Standesbeamte den bereits Verlobten in die Hände gibt, ist bereits der Zeitpunkt, unauffällig und ohne Schwierigkeiten die Heirat der beiden sich heiraten Wollenden zu verhindern, vorüber.

Sehr beachtenswert — in der Ausführung nur leider sehr kostspielig — scheint mir der von Zinsser (Köln) gemachte Vorschlag (Zeitschr. f. Bekämpfung d. Geschlechtskrankh. 14, 1913, S. 332):

Die Deutsche Gesellschaft zur Bekämpfung der Geschlechtskrankheiten wolle in regelmäßigen Zwischenräumen in den gelesensten deutschen Tagesblättern und vor allem auch in den Lokalblättern der größeren Städte im Anzeigenteil eine Veröffentlichung etwa folgenden Inhaltes erlassen:

„Die Deutsche Gesellschaft zur Bekämpfung der Geschlechtskrankheiten macht Eltern und Vormünder darauf aufmerksam, daß es ihre Pflicht ist, sich vor Erteilung ihrer Einwilligung zur Vermählung ihrer Kinder oder Mündel davon zu überzeugen, daß die zukünftigen Ehegatten gesund sind. Dieses geschieht am zweckmäßigsten durch die Einforderung eines ärztlichen Gesundheitszeugnisses. Zu näheren Anweisungen ist die Geschäftsstelle Berlin W 66, Wilhelmstraße 48, bereit."

Loewenfeld (Über das eheliche Glück, S. 336/37) macht den Vorschlag, „da die erwähnten Mißstände der Staat auf dem Wege der Gesetzgebung nicht ganz beseitigen könne, solle er die Massen darauf hinweisen, daß das Eingehen einer Ehe eine Angelegenheit ist, die ernsteste Erwägung erheischt und nur auf Grund längerer persönlicher Bekanntschaft erfolgen sollte. Zu diesem Zwecke würde sich die Einführung einer Wartezeit, ähnlich wie sie gegenwärtig schon für Witwen besteht, für alle Verlobten, von gewissen Ausnahmen abgesehen, empfehlen. Die Wartezeit sollte nicht unter sechs Monate betragen, von dem Tage der Anmeldung der Verlobung resp. beabsichtigten Eheschließung bei der zuständigen Behörde an gerechnet, und in Fällen, in welchen der Mann weniger als 25 Jahre alt ist, derart verlängert werden, daß sie für Individuen von 21 Jahren auf ein Jahr sich ausdehnt. Es ist sehr wünschenswert und auch leicht durchführbar, daß hiermit Bestimmungen verknüpft werden, welche den Rücktritt von einer Verlobung erleichtern, da unseres Erachtens ein solcher entschieden einer Ehe mit der Aussicht auf ungünstigen Verlauf vorzuziehen ist. Die Anmeldung der beabsichtigten Eheschließung sollte zunächst keine weiteren Schritte seitens der zuständigen Behörde nach sich ziehen und für diese ein Amtsgeheimnis bilden. Erst wenn nach Ablauf von wenigstens zwei Drittel der Wartezeit seitens der Verlobten keine Anzeige von einer Lösung der Verlobung stattfindet, sollten die Schritte eingeleitet werden, die jetzt sofort bei der Anmeldung einer beabsichtigten Eheschließung geschehen. Die Einleitung dieser Schritte müßten jedoch von dem Ergebnisse einer ärztlichen Untersuchung abhängig gemacht werden, der sich beide Teile nach Ablauf der ersten Hälfte der Wartezeit zu unterziehen haben.“

Ein weiterer Vorschlag geht dahin, es solle sich jeder, der sich verheiraten will, in eine Lebensversicherungsgesellschaft aufnehmen lassen. Da hierbei auch das ganze gesundheitliche Vorleben der Betreffenden in Betracht gezogen wird, würde allerdings sich die Möglichkeit für eine Prüfung ergeben, ob eine Gefährdung der Ehe vorliegt oder nicht. Auch hier müßte verlangt werden, daß eventuell die jeweiligen Akten der anderen Partei zur Kenntnisnahme vorgelegt würden.

Diesem Vorschlage ist entgegenzuhalten, daß, vorderhand wenigstens, die große Masse des Volkes nicht gewillt und auch nicht in der Lage ist, eine Lebensversicherung einzugehen. Es müßten nach dieser Richtung hin auch neue Einrichtungen und neue gesetzliche Bestimmungen getroffen werden.

Einen ganz eigenartigen Vorschlag macht v. Clanner; er wünscht eine Organisation der Gesunden und sagt:

..... „Warum bildet sich nicht eine Organisation, diesen schlimmsten Feinden des Menschengeschlechts entgegenzutreten, eine Assoziation, die den Mitgliedern keine andere Verpflichtung auferlegte als die, aus ihrem Gesundheitszustand kein Geheimnis zu machen, denselben der Kontrolle seitens der Assoziation freiwillig zu unterwerfen? — Das materielle Opfer bestünde in einem geringfügigen Jahresbeitrage zur Deckung der Ärztekosten und Regieauslagen. Der Vorteil aber, den sie ihren Mitgliedern böte, wäre bei Personen, welche frei sind von einer übertragbaren oder vererblichen Krankheit, die wesentliche Steigerung ihres Anwertes als Heiratswerber, das Recht, sich über den Gesundheitszustand des anderen

Teiles zu informieren und hiermit gewissermaßen die Garantierung einer gesunden Nachkommenschaft."....

...... „Hat der Gedanke einmal Wurzel geschlagen, dann wird der Staat, der aus naheliegenden Gründen ein eminentes Interesse an dem Gedeihen der Organisation hätte, nicht länger zögern, helfend einzugreifen und die politischen und Polizeibehörden, insbesondere eigene Amtsärzte in den Dienst der Sache zu stellen."....

...... „Gesunde! Organisiert euch! Wahret eure und eurer Nachkommen Interessen! Im Kampfe um die Zukunft unseres Geschlechts, um die Erhaltung seiner Kraft und Gesundheit laute der Ruf: „Freiwillige vor!"

Schließlich ist daran zu denken, etwaige in der Ehe erfolgende Ansteckungen **straf- und zivilrechtlich** zu ahnden und so durch das Moment der Furcht teils für Vermeidung gefährdeter Ehen, teils für sorgfältigste Behandlung vorausgegangener Geschlechtskrankheiten, zum mindesten bis zum erfolgten Ungefährlichmachen, zu erzwingen.

Strafrechtlich kann die erfolgte Ansteckung nach dem § 223 u. f. (XVII. Abschnitt) verfolgt werden.

Wegen des Gesundheitsgefährdungsparagraphen verweise ich auf die Ausführungen Seite 128 u. f. Ich bemerke hierzu nur, daß nach allgemeiner Anschauung die Anklage wegen Gesundheitsgefährdung in der Ehe nur vom Ehegatten erhoben werden soll.

Auch betone ich nochmals, daß das Prinzip der Gesundheitsgefährdung durch den § 1568 des Bürgerlichen Gesetzbuches anerkannt ist, und daß das Reichsgericht bereits ein diesbezügliches Urteil gefällt hat. Das Reichsgericht hat nicht nur in der Infektion der Frau mit Syphilis, sondern auch in der Gefährdung durch Wiederaufnahme des Geschlechtsverkehrs vor der völligen Heilung einen Ehescheidungsgrund nach § 1568 gesehen (Heller S. 999).

Was das Zivilrecht betrifft, so sieht dasselbe, wenn der kranke Ehegatte die Krankheit vor Schließung der Ehe gehabt hat, Anfechtung der Ehe vor, Scheidung, wenn die Ansteckung erst nach Eingehung erworben worden ist.

Was die Eheanfechtung anlangt, so gehören die Geschlechtskrankheiten zu denjenigen persönlichen Eigenschaften des Ehegatten (§ 1333), welche den anderen Ehegatten bei Kenntnis der Sachlage und verständiger Würdigung des Wesens der Ehe von der Eingehung der Ehe abgehalten haben würden.

Auf die Einzelheiten gehe ich hier nicht weiter ein, da im vorstehenden schon mehrfach alle einschlägigen Möglichkeiten erörtert worden sind.

Was die Ehescheidung anlangt, so kommen Geschlechtskrankheiten insofern in Betracht, wenn sie durch außerehelichen Geschlechtsverkehr oder durch unsittliches Verhalten erworben sind. Zufällige, z. B. im Beruf erworbene Krankheiten sind kein Scheidungsgrund, selbst wenn die Krankheit übertragen wird. Auch vor der Ehe erworbene Geschlechtskrankheit gibt keinen Scheidungsgrund, wenn ein Arzt vorher die Heiratserlaubnis gegeben hat; doch wird, wie vorher ausgeführt, dann eine Anfechtungsklage angestrengt werden können.

Übrigens ist schon der außereheliche Geschlechtsverkehr als solcher wegen des Ehebruchs in den meisten Fällen ein genügender Grund für die Scheidung.

Einschlägige Bestimmungen des Bürgerlichen Gesetzbuches.

§ 1333.

Eine Ehe kann von dem Ehegatten angefochten werden, der sich bei der Eheschließung in der Person des anderen Ehegatten oder über solche persönliche Eigenschaften des anderen Ehegatten geirrt hat, die ihn bei Kenntnis der Sachlage und bei verständiger Würdigung des Wesens der Ehe von der Eingehung der Ehe abgehalten haben würden.

§ 1334.

Eine Ehe kann von dem Ehegatten angefochten werden, der zur Eingehung der Ehe durch arglistige Täuschung über solche Umstände bestimmt worden ist, die ihn bei Kenntnis der Sachlage und bei verständiger Würdigung des Wesens der Ehe von der Eingehung der Ehe abgehalten haben würden. Ist die Täuschung nicht von dem anderen Ehegatten verübt worden, so ist die Ehe nur dann anfechtbar, wenn dieser die Täuschung bei der Eheschließung gekannt hat.

Auf Grund einer Täuschung über Vermögensverhältnisse findet die Anfechtung nicht statt.

§ 1343.

Wird eine anfechtbare Ehe angefochten, so ist sie als von Anfang an nichtig anzusehen. Die Vorschrift des § 142 Abs. 2 findet Anwendung.

Die Nichtigkeit einer anfechtbaren Ehe, die im Wege der Klage angefochten worden ist, kann, solange nicht die Ehe für nichtig erklärt oder aufgelöst ist, nicht anderweit geltend gemacht werden.

§ 1345.

War dem einen Ehegatten die Nichtigkeit der Ehe bei der Eheschließung bekannt, so kann der andere Ehegatte, sofern nicht auch ihm die Nichtigkeit bekannt war, nach der Nichtigkeitserklärung oder der Auflösung der Ehe verlangen, daß ihr Verhältnis in vermögensrechtlicher Beziehung, insbesondere auch in Ansehung der Unterhaltungspflicht, so behandelt wird, wie wenn die Ehe zur Zeit der Nichtigkeitserklärung oder der Auflösung geschieden und der Ehegatte, dem die Nichtigkeit bekannt war, für allein schuldig erklärt worden wäre.

Diese Vorschrift findet keine Anwendung, wenn die Nichtigkeit auf einem Formmangel beruht und die Ehe nicht in das Heiratsregister eingetragen worden ist.

§ 1346.

Wird eine wegen Drohung anfechtbare Ehe für nichtig erklärt, so steht das im § 1345 Abs. 1 bestimmte Recht dem anfechtungsberechtigten Ehegatten zu. Wird eine wegen Irrtums anfechtbare Ehe für nichtig erklärt, so steht dieses Recht dem zur Anfechtung nicht berechtigten Ehegatten zu, es sei denn, daß dieser den Irrtum bei der Eingehung der Ehe kannte oder kennen mußte.

§ 1578.

Der allein für schuldig erklärte Mann hat der geschiedenen Frau den standesmäßigen Unterhalt insoweit zu gewähren, als sie ihn nicht aus den Einkünften ihres Vermögens und, sofern nach den Verhältnissen, in denen die Ehegatten gelebt haben, Erwerb durch Arbeit der Frau üblich ist, aus dem Ertrag ihrer Arbeit bestreiten kann.

Die allein für schuldig erklärte Frau hat dem geschiedenen Manne den standesmäßigen Unterhalt insoweit zu gewähren, als er außerstande ist, sich selbst zu unterhalten.

§ 1579.

Soweit der allein für schuldig erklärte Ehegatte bei Berücksichtigung seiner sonstigen Verpflichtungen außerstande ist, ohne Gefährdung seines standesmäßigen

Unterhalts dem anderen Ehegatten Unterhalt zu gewähren, ist er berechtigt, von den zu seinem Unterhalte verfügbaren Einkünften zwei Drittel, oder, wenn diese zu seinem notdürftigen Unterhalte nicht ausreichen, soviel zurückzubehalten, als zu dessen Bestreitung erforderlich ist. Hat er einem minderjährigen unverheirateten Kinde oder infolge seiner Wiederverheiratung dem neuen Ehegatten Unterhalt zu gewähren, so beschränkt sich seine Verpflichtung dem geschiedenen Ehegatten gegenüber auf dasjenige, was mit Rücksicht auf die Bedürfnisse sowie auf die Vermögens- und Erwerbsverhältnisse der Beteiligten der Billigkeit entspricht.

Der Mann ist der Frau gegenüber unter den Voraussetzungen des Abs. 1 von der Unterhaltungspflicht ganz befreit, wenn die Frau den Unterhalt aus dem Stamme ihres Vermögens bestreiten kann.

Alle Fragen der rechtlichen Bedeutung der Geschlechtskrankheiten für die Ehe, soweit das Bürgerliche Gesetzbuch dabei in Frage kommt, hatte Hellwig in einem ausführlichen Gutachten für den I. Kongreß der Deutschen Gesellschaft zur Bekämpfung der Geschlechtskrankheiten (Frankfurt a. M.) erörtert und hatte seine Erörterungen mit dem Bemerken geschlossen, daß nach dem gegenwärtigen Stande der deutschen Gesetzgebung diese dem Ehegatten genügende Mittel gewähre, um sich gegen die schlimmen Folgen zu schützen, die die Fortsetzung der Ehe mit einem Geschlechtskranken haben würde.

Aber nicht mit Unrecht wird ein noch größerer Schutz vor mehr oder weniger leichtsinnig in die Ehe gebrachten Erkrankungen dadurch zu erreichen gesucht, daß man gerade die geschlechtlichen Erkrankungen als besonderen Ehescheidungsgrund gelten lassen soll, während zurzeit, und zwar seit Einführung des Bürgerlichen Gesetzbuches in verstärktem Grade die Geschlechtskrankheiten und unter diesen wieder die Trippererkrankungen, nur mit den größten Schwierigkeiten als ein Scheidungsgrund geltend gemacht werden können. Und doch ist mit Sicherheit anzunehmen, daß viele durch vorausgegangene geschlechtliche Erkrankung für die Ehe gefährliche Männer nicht heiraten oder wenigstens vorher in viel sorgfältigerer Weise für eine völlige Heilung ihres Tripperleidens sorgen würden, wenn sie fürchten müßten, die für ihre bürgerliche Stellung immer mehr oder weniger peinliche Situation einer zu ihren Ungunsten ausgehenden Ehescheidung über sich ergehen lassen zu müssen.

In dieser Frage kann ich mich den Ausführungen Flesch-Wertheimers nach jeder Richtung hin anschließen. So kraß der Satz klingt, daß die geschlechtlich infizierte Frau in den allermeisten Fällen auch rechtlos wird, und daß sie in den meisten Fällen auch nicht einmal eine Entschädigung zu verlangen berechtigt ist, so entspricht dies doch den Tatsachen.

Flesch-Wertheimer stellen folgende Sätze auf: „Dadurch, daß die Medizin die theoretische Möglichkeit der Erwerbung der Gonorrhoe und Syphilis seitens der Frau auch auf andere Weise als durch Geschlechtsverkehr für nicht ausgeschlossen erklärt, wird die Rechtslage der von ihren Männern infizierten Frauen so verschlechtert, daß man diese Armen geradezu als rechtlos bezeichnen muß, weil beim geltenden Prozeßverfahren der Beweis, daß die Frau vom Mann infiziert worden ist, nicht immer zu erbringen ist."

„Es muß daher gefordert werden, daß Gonorrhoe und Syphilis, wenn sie während der Ehe bei einem Ehegatten direkt oder indirekt auftreten, eo ipso als Scheidungsgrund gelten, ohne daß es des Nachweises des Ehebruches bedarf.‘‘

„Die zweite Forderung ist die Zulassung der Eideszuschiebung als Beweismittel in allen den Ehescheidungsgründen, die auf das Auftreten von Syphilis und Gonorrhoe gestützt sind, für die Tatsachen, welche sich auf die Entstehung und Art der Krankheit beziehen.‘‘

„Endlich ist zu verlangen, daß der den geschlechtskranken Ehegatten behandelnde Arzt in Ehesachen, die auf das Auftreten von Syphilis und Gonorrhoe gestützt sind, als Sachverständiger resp. als sachverständiger Zeuge vor Gericht von der Wahrung des Berufsgeheimnisses ohne weiteres entbunden ist.‘‘

„Wird eine Ehe für nichtig erklärt, so muß dem Ehegatten, der vom anderen angesteckt worden ist, ein Anspruch auf Unterhaltsgewährung zustehen, und zwar kann die Forderung auf Schadenersatz erhoben werden, ganz unabhängig davon, ob der Ansteckende sich seiner Erkrankung bewußt war oder bewußt sein konnte. Die Tatsache, daß die Ansteckung erfolgt ist, muß genügen.‘‘

„Zum mindesten aber müßte dem ansteckenden Ehegatten als dem Urheber des Schadens die Beweislast dafür aufgebürdet werden, daß der Schaden (also die Ansteckung) trotz der von ihm angewendeten ordnungsmäßigen Sorgfalt eingetreten ist, während zurzeit der Angesteckte beweisen muß, daß der Ansteckende vorsätzlich oder fahrlässig die Ansteckung verursacht habe.‘‘

Auch für den § 1334 verlangen Flesch-Wertheimer eine Reform. Nach diesem kann die Ehe wegen Täuschung angefochten werden. Eine solche arglistige Täuschung liegt vor, wenn der Verlobte die an ihn gerichtete Frage, ob er geschlechtlich erkrankt sei, bewußt wahrheitswidrig verneint hat. Andererseits aber darf man nicht jede Nichtoffenbarung einer nach Ansicht des Verlobten geheilten geschlechtlichen Erkrankung als eine arglistige Täuschung betrachten. Eine Täuschung durch Unterdrückung der Wahrheit ist nur dann anzunehmen, wenn man nach den Umständen des Falles die Gelegenheit und die Pflicht zum Reden gehabt hätte. Demnach kann auch in dem Schweigen über eine früher vorhandene, nach Ansicht des Verlobten aber völlig geheilte Geschlechtskrankheit keine Täuschung im Sinne des § 1334 gefunden werden. Hiervon kann nach Lage der Verhältnisse auf Seite des Mannes ebensowenig die Rede sein, wie auf Seite der Braut und ihrer Eltern davon, daß sie durch sein Schweigen über frühere Erkrankungen zu dem Entschluß, die Ehe einzugehen, bestimmt worden seien.

Flesch-Wertheimer verlangen dagegen, daß unter allen Umständen die Mitteilung der Tatsache einer stattgehabten Geschlechtskrankheit erfolge und daß aus der Unterlassung dieser Mitteilung seitens des später in der Ehe angesteckten Gatten zivilrechtliche Ansprüche an den ansteckenden Teil erhoben werden dürften.

Fasse ich all das Gesagte zusammen, so komme ich zu dem Schlusse, daß trotz aller Bedenken und Einwände ich mich doch auf den Standpunkt stellen muß, als prophylaktische Maßregel gegen die Einschleppung von Geschlechtskrankheiten in die Ehe zu fordern:

einen gesetzlich eingeführten Zwang für beide Parteien, ein ärztliches Attest über den Gesundheitszustand auf einem von der Behörde vorgeschriebenen Formular vorzulegen, welches spätestens bei der Anmeldung zum Standesamt vorgelegt und beiden Parteien ausgehändigt wird.

Ferner haben beide Parteien — ähnlich wie bei den Lebensversicherungsanträgen — die Namen aller Ärzte, welche bisher die betreffenden Personen behandelt haben, anzugeben, zugleich mit der Erklärung, daß die genannten Ärzte von der Schweigepflicht des § 300 entbunden sind.

Alle weiteren Schritte bleiben der freien Entschließung beider Parteien überlassen.

Stellt sich nach der Verheiratung heraus, daß eine der Parteien eine vorausgegangene wesentliche Erkrankung bzw. Behandlung bei einem Arzt verschwiegen hat, so kann die Ehe ohne weiteres angefochten und als nichtig erklärt werden, mag Ansteckung in der Ehe erfolgt sein oder nicht.

Auf alle diese Bestimmungen und alle die übrigen im Bürgerlichen Gesetzbuch enthaltenen Möglichkeiten, inwiefern Geschlechtskrankheiten Eheanfechtung und Ehescheidung zur Folge haben können, hätte der Standesbeamte bei der Anmeldung zur Verheiratung durch Überreichung einer alle diesbezüglichen Gesetzesbestimmungen in gemeinfaßlicher Form enthaltenden Druckschrift beide Parteien aufmerksam zu machen.

Ich würde es ferner für nützlich halten, daß alle die in den §§ 1333, 1334, 1343, 1345, 1346, 1578 und 1579 allgemein geltenden Bestimmungen in dem neuen Sondergesetze mit besonderer Berücksichtigung der Geschlechtskrankheiten wieder aufgeführt würden.

Leider hat Loewenfeld (Über das eheliche Glück, S. 329/30) nur allzu recht, wenn er darauf hinweist, wie sehr „die gesetzgebenden Faktoren in allen Kulturländern in bezug auf das Eherecht zum äußersten Konservatismus neigen und selbst unbedeutende Änderungen auf diesem Gebiete nur nach langen Kämpfen zu erreichen sind. Und doch kann kein nüchtern Denkender sich der Überzeugung verschließen, daß der Staat seiner Aufgabe, für die Wohlfahrt der Bürger Sorge zu tragen, bei uns und zum Teil auch in anderen zivilisierten Ländern auf dem Gebiete der Ehe nur sehr wenig gerecht geworden ist. Er hat fast nichts getan, um das durch Krankheiten in die Ehe hineingebrachte und oft auf die Nachkommenschaft übertragene Elend zu mildern, verbrecherische Individuen von der Ehe auszuschließen und die schmählichste Prostitution in der Form der Ehe zu verhindern."

Vielleicht wird auch hier das Vorgehen der skandinavischen Staaten — siehe die Mitteilungen von Bergen und Hansen — Früchte tragen.

Literatur.

Adami, J. G. und **Mc Gill, Sc. D.,** Eine Studie über Eugenetik. „Bis ins dritte und vierte Geschlecht". (The Lancet 2. 11. 1912, S. 1199.) Arch. f. Derm. **115,** S. 1142.

Amerika, siehe Seite 177.

Anonymus, Über Vererbung und Entartung. Von einem praktischen Arzte. Leipzig 1900. Tritt für die Notwendigkeit gesetzlicher Maßregeln ein. Er hält es nur für eine Frage der Zeit, daß der Staat eine amtsärztliche Beglaubigung der körperlichen und geistigen Tauglichkeit für die Ehe zu ihrer rechtsgültigen Anerkennung fordern wird.

Bergen, Legal Certificates of Health before Marriage. (The Eugenics Rev. Jan. 1913, S. 8.) Arch. f. Rassen- u. Ges.-Biolog. 1913, S. 552. Gedrängte Darstellung der auf Einführung von Gesundheitszeugnissen für die Eheschließung gerichteten Bewegung in Norwegen seit 1908. Die Frauenvereinigung zu Stavanger verlangte, daß 1. das Mindestheiratsalter gesetzlich festgelegt werde, und zwar nicht zu niedrig; 2. die Absicht der Eheschließung eine gewisse Zeit vorher angekündigt werden muß; 3. vor der Eheschließung ein ärztliches Zeugnis beschafft werden muß, um festzustellen, ob Defekte vorhanden sind, die eine Gefahr für den Ehemann oder die Ehefrau oder die Nachkommenschaft bedeuten würden. Dieser dritte Punkt aber, der am radikalsten und am neuesten erscheint, hat für Norwegen schon einen kleinen Vorläufer: sexuell erkrankte Personen müssen nach erfolgter Heilung einen Revers unterschreiben, daß sie vor jedem Verkehre dem anderen Teile von der früheren Erkrankung Kenntnis geben und vor Ablauf einer — je nach der Schwere der Erkrankung — bestimmten Frist keine Ehe eingehen werden. Die Außerachtlassung der Verständigung von der früheren Erkrankung wird bestraft, die Eingehung der Ehe kann aber weder verhindert noch bestraft werden, was allerdings unlogisch ist. Der „Nationalrat" hat auf diese Eingabe für die nächste Zeit seine Beschlüsse in dieser „wichtigen und für das Land so bedeutungsvollen Frage" angekündigt. Dem Beschlusse des Nationalrates wird das Storthing irgendwie Beachtung schenken müssen, um so mehr, als die Frauen auch jetzt Storthingwählerinnen sind. Es folgte 1913 eine von Dr. A. Mjöen (auf Veranlassung der Frauenorganisationen?) verfaßte Petition betr. Ergänzung des Ehegesetzes an den Storthing, worin verlangt wird, daß alle Personen, die eine Ehe schließen wollen, vor einem Arzt die von ihren Eltern oder Vormündern beglaubigte Erklärung abgeben müssen, ob sie an einer für den anderen Ehegatten oder die voraussichtlichen Nachkommen schädlichen Krankheit oder Schwäche leiden. Ob bei Bestand einer solchen Krankheit oder Schwäche die Eheschließung gesetzlich verboten sein solle, geht aus dem Berichte nicht hervor. Die Abgabe falscher Erklärungen wird nicht befürchtet.

Berolzheimer, Fritz, Moral und Gesellschaft des 20. Jahrhunderts. München 1914, Ernst Reinhardt. 91/92. „Gutgemeint, im darwinischen Höherzüchtungsideal gründend, jedoch abzulehnen sind die Vorschläge auf Schaffung gesetzlicher Ehehindernisse gegen Phthisiker oder mit Geisteskrankheit Belastete usw. Denn erstens tritt die Vererbung nur potentiell ein; zweitens kann das Recht nur die Ehe verbieten, nicht die Kindererzeugung hemmen; drittens endlich verträgt sich der Geist derartig weitreichender Bevormundung nicht mit der neuzeitlichen Freiheitsidee."

Breitfeld, Apotheker zu Ranis in Thüringen, verlangt eine Ergänzung des Gesetzes über die Beurkundung des Personenstandes und der Eheschließung vom 6. Februar 1875 dahingehend: § 45, Abs. 2 erhalte folgenden Zusatz (Insbesondere haben die Verlobten in beglaubigter Form beizubringen 1,. 2.,) „3. je eine Bescheinigung eines approbierten Arztes, nicht älter als sechs Monate, dahin lautend, daß der (die) Verlobte eine ärztliche Beratung im Hinblick auf die beabsichtigte Eheschließung in Anspruch genommen hat." § 45, Abs. 3 hätte dann zu lauten: „Der Beamte kann die Beibringung der Urkunden zu 1 und 2 erlassen usw." (Arch. f. Rass.- u. Ges.-Biol., 1910, S. 130.)

Briggs, John E., Social legislation in Jowa. Jowa City 1915, State Historical Soc. of Jowa 14, 444 S., 2 Dollar. Ref. in Zeitschr. f. Sexualwissensch. 2, 1916, S. 476.

Christow, N., Beseitigung der Ursachen zur Verbreitung von Geschlechtskrankheiten. Derm. Wochenschr. 1916, Heft 17, S. 402. Außer den bisher angeführten Mitteln könnte der Gesetzgeber auch eine Beschränkung im Eingehen von Ehen der syphilitischen Heiratskandidaten erfolgreich in die Wege leiten. Diese Maßregel, welche die Weiterverbreitung aller möglichen Infektionskrankheiten, die einen derartigen Einfluß auf die Degeneration eines Volkes ausüben, paralysiert, wurde in der letzten Zeit in einem großen Teil der westeuropäischen Staaten eingeführt, dieselbe Maßregel wird heute nunmehr auch uns auferlegt, weil wir durch sie imstande sind, einerseits unserem Volke die öffentliche Sicherheit und Gesundheit zu garantieren, und andererseits der schwindenden Moralität der jungen Generation aufzuhelfen, um so mehr, als in der Eparchie von Rustschuk diese Maßregel schon längst eingeführt ist und

glänzende Resultate gezeitigt hat. Es ist daher im Interesse einer vernünftigen Rassen-
und Kulturpolitik erforderlich, den Klauseln der Anordnungen des Exarchats eine
weitere Klausel anzugliedern, nach welcher alle Ehen an erster Stelle von den entsprechenden medizinischen Behörden bestätigt werden müssen, und daß diejenigen,
welche den Anforderungen entsprechen, eine medizinische Bestätigung erhalten, nach
deren Vorweisung der betreffende Priester die Trauung zu vollziehen berechtigt ist.
Widrigenfalls sollte jede geschlossene Ehe, die ohne Rücksicht auf diesen wichtigen
und wesentlichen Umstand eingegangen ist, als illegitim gelten, und derjenige, der
die Trauung vollzogen hat, disziplinarisch bestraft werden. Auf diese Weise werden
wir nicht nur die Möglichkeit gewinnen, durch ein ganz radikales Mittel die Verbreitung aller möglichen Infektionskrankheiten zu beschränken, sondern hauptsächlich
auch unser Volk vor der bevorstehenden Degeneration zu bewahren, wozu es eines
regen Interesses der verantwortlichen Kreise für diese Fragen bedarf.

v. Clanner, Stefan R., Organisation der Gesunden. Arch. f. Rass.- u. Ges.-Biol., 1911, S. 224.

David, Geschlechtskrankheiten und Eherecht. Zeitschr. z. Bekämpfung d. Geschlechtskrankh. 14, 1913, S. 332.

Eberstadt, Die sozialpolitische Bedeutung der sanitären Verhältnisse in der Ehe. S. 825
in „Krankheiten und Ehe" (Senator-Kaminer). München, Lehmann 1904. Frage
des Gesundheitsscheines und Eheverbots.

v. Ehrenfels, Erwiderung auf Dr. A. Ploetz, Bemerkungen zu meiner Abhandlung über
die konstitutive Verderblichkeit der Monogamie. Arch. f. Rassen- u. Ges.-Biol. 1908,
5. Jahrg., S. 103/104. Das Hauptingredienz aller solcher rassentherapeutischer
Medizinalverfahren bildet bekanntlich das Heiratsverbot für konstitutiv Minderwertige. Aber — ganz abgesehen davon, daß, bei der konstant abnehmenden Geburtenrate unserer abendländischen Kulturvölker, der Anwendbarkeit dieses Mittels
von vornherein die engsten Grenzen gezogen sind — würde jede monogamische
Gesellschaft einen nur irgend erheblichen Ausschluß Minderwertiger von der Ehe als
unerträglichen Eingriff in die individuelle Freiheit empfinden und zurückweisen.
Seit dem Aufkommen der Prohibitivmittel bedeutet ja doch Ehe keineswegs schon
Zeugung. Und wenn der Staat (oder die Gesellschaft) auch Minderwertigen den pro-
hibitiven außerehelichen Sexualverkehr nicht verbietet und nicht verbieten kann
— wo will er das Recht hernehmen, ihnen den ehelichen zu untersagen? — Ehen mit
Kinderverhütung können also den Minderwertigen auf keinen Fall verboten werden.
— Wenn aber das nicht: — Soll sich dann der Staat in die lächerliche Situation bringen,
daß er die Gatten mit Strafen belegte, wenn in einer derartigen, als kinderlos gestatteten
Ehe nun, dem Verbote zum Trotz, dennoch ein Kind zum Vorschein käme? — Kann
man Derartiges vernünftigerweise für durchführbar halten? Somit wird die Anwendbarkeit eines Eheverbotes für Minderwertige immer auf eine kleine
Minderzahl von extremsten Fällen beschränkt bleiben — von offenbar
Geisteskranken, von Alkoholikern des höchsten Grades, von ungeheilten Syphilitikern
u. dgl., — wo nicht nur die Nachkommenschaft, sondern schon die andere Ehehälfte
durch die Hinfälligkeit der einen bedroht erscheint. Daß das Eheverbot hier am
Platze und mit Freuden zu begrüßen ist, soll durchaus nicht bestritten
werden. Geradezu verderblich aber, weil als Narkotikum für unser
generatives Gewissen wirkend, ist die Fiktion, als könne damit unserer
— durch unsere feminine Sexualmoral bis ins Mark erschütterten —
Volksgesundheit wieder auf die Beine geholfen werden.

Eisenstadt, H. L., Die Renaissance der jüdischen Sozialhygiene. Arch. f. Rass.- u. Ges.-
Biol. 1908, S. 707. Einem Maimonides haben wir noch die Idee der ärztlichen Untersuchung von Ehekandidaten zu verdanken. Wie Nossig (Einleitung zum Studium
der sozialen Hygiene, Deutsche Verlagsanstalt 1894, S. 119) angibt, wies Maimonides
im „Jad Hazakah" auf Symptome hin, an welchen geschlechtliche Reife, Unfruchtbarkeit
und Hermaphroditismus erkannt werden. „Braut und Bräutigam müssen von den
Verwandten desselben Geschlechts in einem öffentlichen Bade untersucht werden;
gibt es kein öffentliches Bad in der betreffenden Stadt oder hat der Bräutigam keine
Frauen in seiner nahen Verwandtschaft, so muß die Untersuchung der Braut würdigen
und hierzu tauglichen Frauen überwiesen werden, denen Glauben geschenkt werden
kann." Diese Bestimmungen, welche übrigens, wie Dozent Dr. E. Baneth mich unterrichtet hat, nicht einem eigenen Vorschlag Maimonides', sondern einer jüdischen

Volkssitte entsprachen, kommen in der Tat einer ärztlichen Untersuchung in einer Zeit, wo es noch nicht so viele Ärzte wie heute gab, äußerst nahe. Es ist dabei, im Gegensatz zu dem Fehlen jeglicher Untersuchung, welches der jetzigen Zivilehe eigen ist, in gewissen Beziehungen ein bewußter Betrug ausgeschlossen, der leider der Heiligkeit der Ehe Abbruch tut. Ich erinnere daran, daß Prof. Neugebauer in Warschau (Zentralbl. f. Gynäk. 1899, Nr. 19) 40 Ehen zusammengestellt hat, bei denen später sich zeigte, daß die Geschlechter der Eheleute gleich waren; ich erinnere an sonstige sichtbare Mißbildungen der Geschlechtsteile, an Homosexualität und absolute, dem Träger wohl bekannte Impotentia coeundi, an die infektiösen sichtbaren Geschlechtskrankheiten, was alles zurzeit kein Ehehindernis abgibt.

Bevorstehende Zunahme von Ehescheidungen (wegen Geschlechtskrankheiten). Die neue Generation 1914, S. 403.

Engel, Siegmund, Eheverbote. („Grundfragen des Kinderschutzes" S. 73.) Monatsschr. f. Krim. Psych. u. Strafrechtsform, 9. Jahrg., Heft 11/12, S. 738. Wir bedürfen eines Schutzes der künftigen Generationen gegen die geschlechtlichen Unvernünftigkeiten und gegen den übertriebenen geschlechtlichen Egoismus. „Wer den Körper eines anderen Menschen verletzt, wird bestraft. Der Alkoholiker, der Syphilitiker dagegen, der ein Kind erzeugt, geht straflos aus, obzwar die Folgen seiner Handlung um vieles schädlicher sind" (S. 21). Beachtenswert sind die Ausführungen über Ehe und Vererbung (S. 66 ff.), sowie über die Gefahr der Ansteckung in und außer der Ehe (S. 71), wenn auch seine Forderungen betreffs Eheverbote (S. 73) zu weit gehen dürften.

England, Beschluß der 1913 eingesetzten Königlichen Kommission zur Bekämpfung der Geschlechtskrankheiten. Punkt 6: Die Ärzte sind durch ein Gesetz zu ermächtigen, Personen, die mit einem Geschlechtskranken eine Ehe eingehen wollen, in vertraulicher Weise von diesem Umstand Mitteilung zu machen. Punkt 7: Geschlechtskrankheiten sind als Ehehindernis zu erklären.

Fernet, Mortalité par Syphilis et alcoolisme à Paris. Bull. Soc. prophyl. 1907, S. 265.

Flesch, Max und **Wertheimer, Ludw.,** Geschlechtskrankheiten und Rechtsschutz. Fischer, Jena 1903.

Flesch, Max, Ein Gutachten über Gonorrhoe als Grund zur Anfechtung der Ehe. Zeitschr. f. Bekämpfung d. Geschlechtskrankh. 10, 1910, S. 317.

Forel, Aug., Die sexuelle Frage. Eine naturwissenschaftliche, psychologische, hygienische und soziologische Studie für Gebildete. München 1905, Ernst Reinhardt. Ref.: Arch. f. Rass.- u. Ges.-Biol. 1905, S. 895. (Im Interesse der Rassenhygiene.)

Francken, Wynaendts C. J., Erwünschte Heiratsverbote. Verlag Theenk Willink, Haarlem. (Die neue Generat. 1908, Nr. 1, S. 30.) Gehört es zur Pflicht, Unglückliche zu schützen, so ist es ebenfalls Pflicht, die Fortpflanzung dieser Kranken, soweit es möglich ist, zu verhindern. Hierdurch wird das Leiden solcher Menschen nicht vergrößert, sondern es wird ihnen erspart, das Elend einer verkommenen Nachkommenschaft ansehen zu müssen. Wer für sich wahre Sittlichkeit in Anspruch nimmt, muß bei Angelegenheiten, welche von so fundamentaler Wichtigkeit wie die Fortpflanzung sind, seine eigenen Wünsche der Allgemeinheit opfern können. Die wünschenswerten Heiratsverbote sollen in Zukunft treffen: Irrsinnige, Tuberkulöse und Geschlechtskranke (vor völliger Ausheilung), Trunksüchtige und eventuell erblich belastete Verbrecher. Schließlich verlangt Dr. Wynaendts Francken ein hohes Minimalheiratsalter und ein Minimum der Altersunterschiede. R. B. W. (Der Bund für Mutterschutz schlägt statt der Heiratsverbote ein anderes Mittel vor, er verlangt u. a. Gesundheitsatteste vor der Eheschließung. Die Heiratsverbote vermögen doch auch nur die eheliche, aber nicht die außereheliche Fortpflanzung zu verhindern, auf die im Interesse der Rasse doch ebenso eingewirkt werden muß. D. Red.)

An unsere Frauen. Belehrungen und Mahnungen, herausgegeben von der K. K. Gesellsch. d. Ärzte in Wien. (W. Braumüller, 1908.)

Galton, Francis, Entwürfe zu einer Fortpflanzungshygiene. Heiratsbeschränkungen. Arch. f. Rass.- u. Ges.-Biol. 1905, S. 814.

Goldstein, K., Über Rassenhygiene. Berlin 1913, Jul. Springer.

Gruber, Max, Hygienische Bedeutung der Ehe. Senator und Kaminer, Krankheiten und Ehe. München 1904, J. F. Lehmann.

— Hygiene des Geschlechtslebens. 13. Bd. d. Gesundheitspflege. Stuttgart 1915, Ernst Heinrich Moritz. Alles dieses über die venerischen Krankheiten Gesagte möge sich

nicht allein der Ehekandidat vor Augen halten, sondern auch die Frau, um die geworben
wird, bzw. ihre Eltern und Vormünder. Sie sollen unbedingt verlangen, daß der Braut-
werber sein Freisein von venerischen Krankheiten durch ein ärztliches Zeugnis nachweist. Eigentlich sollte keine Ehe geschlossen werden, bevor beide Brautleute ärztlich
untersucht, gesund und frei von gefährlicher erblicher Belastung befunden worden
sind. Unendliches Unheil könnte dadurch verhütet werden! Einen gewissen Schutz
gegen die Verehelichung mit Kranken wird es schon gewähren, wenn es zur allgemeinen
Gewohnheit wird, was ja auch aus wirtschaftlichen Gründen dringend zu empfehlen
ist, daß die Gatten bei Abschluß der Ehe ihr Leben versichern und die Ehe unterbleibt,
wenn die Versicherung versagt wird, was in der Regel auf Grund eines ungünstigen
Ergebnisses der ärztlichen Untersuchung geschieht. Möge sich wenigstens dieser Gebrauch rasch einbürgern (S. 99). Er fährt fort: „Es muß ins allgemeine Bewußtsein
kommen, daß es eines der schlimmsten Verbrechen ist, Kinder zu erzeugen, von denen
man vorher wissen kann, daß sie verkümmert, verkrüppelt, krank oder mit schwerer
Krankheitsanlage behaftet sein werden." (S. 25.) Rüdin bemerkt dazu: „Wir sind
damit einverstanden und erlauben uns die Frage, ob Gruber diese Rücksichtslosen,
„Verbrecher", ruhig gewähren lassen will? Etwa wie man bisher die Syphilitischen
und Gonorrhoischen ihre Frauen ruhig anstecken ließ, was Verf. so sehr verurteilt? Wie
man bis vor kurzem noch die notorischen Trinker ruhig über Gesundheit und Leben
ihrer Frauen und Kinder schalten und walten ließ, wie sie eben mochten? Wie man
früher eine Menge von Handlungen, die jetzt als Verbrechen bestraft werden, nicht
ahndete, weil es eine „Beschränkung der individuellen Freiheit" gewesen wäre? Wir
geben ja gerne zu, daß viele Menschen heutzutage sich die Freiheit, unglückliche Kinder
zu zeugen, noch nicht nehmen lassen wollen und daß die öffentliche Meinung (die übrigens
zum großen Teil von gänzlich Ununterrichteten gemacht und ungezählte Male auf dem
wirklichen Schauplatz des Lebens verleugnet wird) sie darin vielfach unterstützt. Um
so mehr Grund aber haben wir, mit Verf. an der endlichen Umkehr dieser
öffentlichen Meinung zu arbeiten und das Vorbringen von Einwänden
zu vermeiden, die nur die Trägen, Unwissenden und Rücksichtslosen in
ihrem Tun und Lassen ermutigen, nicht aber unser Reformwerk fördern können.
Die historische Entwicklung hat ja doch in unzähligen Fällen zu unserem großen Glück
gezeigt, daß sie über „individuelle Freiheiten" dieser Art kraftvoll, wenn auch nicht
allzu schnell, hinwegschreitet. (Arch. f. Rass.- u. Ges.-Biol., 1906, S. 157.)

Guiard, Education spéciale du public sur les garanties sanitaires du mariage. Syph. et
Blenorrh. 1915, 1, 1. fasc., S. 239.

A. C. Hagedoorn-Vorstheuvel la Brand und **A. L. Hagedoorn** (Bussum), Ärztliche Untersuchung vor der Heirat. Tijdschr. voor Geneesk. 6. 12. 1913. Die Versuche, ärztliche
Untersuchung vor Eingehung der Ehe einzuführen, sind gut zu heißen, soweit es sich
um die Feststellung ansteckender Krankheiten handelt. Eine Ausdehnung der Untersuchung auf Fragen der Eugenetik, die ernstlich angestrebt wird, ist zu verwerfen.

Hallermeyer, August, Rassenveredlung und Sexualreform. Sexual-Probleme, 9. Jahrg.,
1913, S. 165.

Hammacher, Emil, Hauptfragen der modernen Kultur. Leipzig und Berlin 1914,
B. G. Teubner. XII. Kap. Der Staat hat aber auch die Pflicht und daher
das Recht, über die Nachkommen zu wachen. Wir haben bereits davon gesprochen, welche Hoffnungen wir gewinnen können, wenn Menschen mit sicher vererbbaren schweren Krankheiten aufhören zu heiraten oder wenigstens Kinder zu erzeugen. Ein staatlicher Zwang in dieser Beziehung, der an sich wünschenswert wäre,
wird doch kaum ausführbar sein, da die Möglichkeit des Irrtums und vor allem die
Gefahr eines jetzt ganz unkontrollierbaren außerehelichen Verkehrs zu groß ist.

Hansen, Sören, Skandinavische Ehegesetzgebung. Arch. f. Rass.- u. Ges.-Biol. 1913,
Heft 5, S. 645. Gesetzentwurf über die Eingehung und Lösung der Ehe, der von einer
kombinierten Kommission dänischer, norwegischer und schwedischer Rechtsgelehrter
ausgearbeitet ist. Geisteskranken oder in höherem Grad Schwachsinnigen ist es verboten, die Ehe einzugehen. Während das Verbot für Schweden und Norwegen absolut
ist, hat man in Dänemark die Möglichkeit der Dispensation geschaffen, wenn sie nach
eingeholter Erklärung der ersten sachkundigen Autorität mit Rücksicht auf die Art
der Krankheit und die geringe Gefahr kranker Nachkommenschaft sowie mit Rücksicht
auf die Fähigkeit des Betreffenden, die Bedeutung der Ehe zu beurteilen, zu verant-

worten ist. . . . . . . Wer an Geschlechtskrankheit leidet, die noch Ansteckungsgefahr bietet, darf nach dem schwedischen Vorschlag keinesfalls heiraten, wenn nicht
triftiger Grund zur Erlaubnis besteht. Nach dem dänischen und norwegischen Vorschlag darf er die Ehe nicht eingehen, ohne daß der andere Part mit der Krankheit
bekannt gemacht ist und beide Partner von einem Arzt über die Gefahren der Krankheit mündlich unterrichtet sind. Eine Ehe ist auf Erfordern des einen Eheteils um-
zustoßen, wenn der andere ohne sein Wissen bei Eingehen der Ehe an einer Geschlechtskrankheit litt, die noch Ansteckungsgefahr aufwies. Sie ist durch Urteilsspruch auf-
zulösen, wenn der andere Eheteil mit Kenntnis oder Vermutung der noch Ansteckungsgefahr bietenden Geschlechtskrankheit durch den Beischlaf den Ehegenossen der Ansteckung ausgesetzt hat, es sei denn, daß der Ehegenosse mit Kenntnis der Ansteckungsgefahr sich ihr freiwillig ausgesetzt hat. Die Sache muß innerhalb sechs Monaten, nachdem der Ehepartner erfahren hat, daß er der Ansteckung ausgesetzt ist, anhängig gemacht werden, und kann, wenn der Ehepartner nicht infiziert wurde, nicht anhängig
gemacht werden, nachdem die Krankheit aufgehört hat, ansteckungsfähig zu sein. . . . . .
Man erkennt ohne weiteres, daß sie nur in geringem Grad den Forderungen der Rassenhygiene entgegenkommen, und namentlich muß man beklagen, daß man weder im
dänischen noch im norwegischen Vorschlag ein absolutes Verbot der Ehe zwischen
Personen eingeführt hat, die an ansteckender Geschlechtskrankheit leiden.

Haskovec, Zeitschr. f. Sozialwiss. 7, 1904, S. 265, stellte in Übereinstimmung mit Prof.
Hegar in der tschechischen Ärztekammer den Antrag, es sei eine Enquête einzu-
berufen, um den Entwurf eines Gesetzes für das Königreich Böhmen, event. für die
im Reichsrat vertretenen Königreiche und Länder des Inhalts auszuarbeiten, daß ein
jeder, der die kirchliche oder Zivilehe einzugehen beabsichtigt, sich einer ärztlichen
Untersuchung zu unterziehen und vor dem Eheschlusse den betreffenden kirchlichen
und Zivilbehörden ein ärztliches Zeugnis über seinen körperlichen und geistigen Gesundheitszustand vorzulegen habe.

Hegar, Alfred, Die Wiederkehr des Gleichen und die Vervollkommnung des Menschengeschlechts. Arch. f. Rass.- u. Ges.-Biol. 1911, S. 72.
— Die Untauglichkeit zum Geschlechtsverkehr und zur Fortpflanzung. Polit.-An-
thropol. Revue 1, S. 86. Die Belehrung und Aufklärung allein genügen nicht, man
muß sich an die Gesetzgebung wenden. Der Staat solle die Schließung der Ehe den
dazu Untauglichen verbieten, insbesondere bei Lues und Gonorrhoe. Gegenüber Personen, die erkrankt sind und sich dennoch auf Geschlechtsverkehr einlassen, sollte
man strenger vorgehen, gleichzeitig auch dem Benachteiligten die Möglichkeit geben,
eine Entschädigung zu erlangen.

Heller, Julius, Einige praktisch wichtige Fragen aus dem Kapitel: Geschlechtskrankheiten
und Eherecht. Zeitschr. f. Bekampfung d. Geschlechtskrankh. 14, 1913, S. 314.
— Krankheit und Ehetrennung. Krankheit und Ehe, 2. Aufl., S. 953.

Hellwig, Die zivilrechtliche Bedeutung der Geschlechtskrankheiten (Gutachten). Zeitschr.
f. Bekämpfung d. Geschlechtskrankh. 1, 1903, S. 26. Zweiter Abschnitt. Die rechtliche Bedeutung der Geschlechtskrankheiten für die Ehe. § 6. Die Anfechtung der
Ehe wegen Irrtums. § 7. Die Anfechtung wegen Täuschung. Offenbarungspflicht.
§ 8. Irrtum und Täuschung des gesetzlichen Vertreters. § 9. Die Ehescheidung wegen
Geschlechtskrankheit. § 10. Die rechtlichen Folgen der Ehescheidung und der durchgeführten Anfechtung. § 11. Schlußbemerkung. Wir schließen hiermit die Erörterung
über die Folgen, die die Geschlechtskrankheit auf die Ehe nach der gegenwärtigen
deutschen Gesetzgebung hat. Sie gewährt dem Ehegatten genügende Mittel, um sich
gegen die schlimmen Folgen zu schützen, die die Fortsetzung der Ehe mit einem Geschlechtskranken haben würde. Besser würde es natürlich sein, wenn verhütet werden
könnte, daß ein geschlechtlich Erkrankter vor genügender Heilung eine Ehe einzugehen
ṭn der Lage wäre. Ein derartiges Präventivmittel bietet, soweit ich sehe, die heutige
deutsche Gesetzgebung nicht. De lege ferenda könnte die Frage aufgeworfen
werden, ob sich die Vorschrift empfiehlt, daß der Standesbeamte die
Vorlegung eines ärztlichen Attestes über die Freiheit von Geschlechtskrankheiten zu verlangen habe. Einem solchen Vorschlage wird man zunächst
entgegenhalten, daß die Notwendigkeit, sich ein solches Zeugnis ausstellen zu lassen,
zu einer sehr bedenklichen Verletzung des Schamgefühls führen muß. Würde man
sich hierüber hinaussetzen oder das Attest nur von dem künftigen Ehemanne verlangen,

so bliebe doch jedenfalls höchst zweifelhaft, ob die Vorschrift durchgreifenden Erfolg
haben würde. Die Resultate, die man anderweitig mit dem Untersuchungszwange
erzielt hat, sind nicht gerade ermutigend. Und doch handelt es sich bei der Untersuchung von Prostituierten um solche Fälle, in denen schon der dringende Verdacht
der Erkrankung besteht. Aus diesen Erwägungen wird ein Attestzwang bei der Verheiratung nicht zu empfehlen sein.

Huizinga, M., Ärztliche Untersuchung vor dem Heiraten. Deutsche med. Wochenschr.
1908, Nr. 50, S. 2181.

v. Hoffmann, G., Anregung zur Einführung von Gesundheitszeugnissen in Ungarn. Arch.
f. Rass.- u. Ges.-Biol. 1913, Heft 5, S. 696.

Jullien (rapporteur), Garanties sanitaires du mariage et discussion. Bull. soc. franc. de
prophyl. sanit. et mor. 1903, Heft 6 ff.

Koßmann, Menstruation, Schwangerschaft, Wochenbett, Laktation und ihre Beziehungen
zur Ehe. Krankheiten und Ehe, II. Abt. Im Hinblick darauf, „daß der Zweck der
Ehe nicht schlechthin die Erzeugung von Nachkommenschaft überhaupt, sondern einer
lebenskräftigen, auch ihrerseits fortpflanzungswürdigen Nachkommenschaft ist", meint K.:
„Es kann wohl nicht bestritten werden, daß die Verhütung minderwertiger Geburten
für das Staatswohl beträchtliche Vorteile böte. Doch würde für die Durchführung
dieses züchterischen Prinzips denn doch in erster Linie ein Verehelichungsverbot, nicht
aber die Abtreibung in Frage kommen."

Langhlin, H. A., Eugenics record office, Bulletin 10 a. I. The scope of the committee's
work. New York 1914, Cold Spring Harbour, Long Island, 64 S., 20 Cents. Ref. in
Arch. f. Rassen- u. Ges.-Biol. 11, 1914/15, S. 658. Kap. 3: Mittel zur Eindämmung
der Fortpflanzung Minderwertiger. Von Ehebeschränkungen erwartet Verf. keinen
besonderen Erfolg.

Lederer, Musterung der Frauen zur Ehe. Der Frauenarzt 18, S. 3. „Wie der Pfarrer die
Heiratskandidaten auf dem Gebiet der Religion prüfen solle, ebenso sollte, die Ge-
meindevertretung ein Zeugnis des gesunden Körperbaues verlangen, ehe sie die Heirats-
bewilligung geben dürfte."

Ledermann, Reinh., Die Untersuchung von Ehestandskandidaten mit Bezug auf voran-
gegangene Geschlechtskrankheiten. Allg. Med. Zentral-Zeitung 1902, Nr. 12/13.

Leonhard, Stephan, Die Prostitution. (München, E. Reinhardt.) S. 293. Rassenhygiene.

Loewenfeld, Über das eheliche Glück. Medizin. Schutzmaßregeln. Ehegesetzgebung. Max
Marcuse ist Gegner der Einführung gesetzlicher Eheverbote. Aber er hat bei seinen
Ausführungen, wie Loewenfeld bemerkt, lediglich die Ansicht jener berücksichtigt,
deren Forderungen viel zu weit gehen und deshalb nicht nur praktisch undurchführbar
sind, sondern auch zu sehr üblen Konsequenzen führen müßten. Es ließe sich in der
Tat nicht übersehen, wenn man nach v. Ehrenfels auf diese Weise 20—30 % aller
Zeugungsfähigen von der Ehe ausschließen wollte. Loewenfeld will das gesetzliche
Eheverbot, aber es ist nur auf die dringendsten Fälle zu beschränken,
d. h. auf alle jene Krankheitszustände, durch welche der gesunde Partner und die
Nachkommenschaft in eminenter Weise gefährdet werden: Syphilis in der An-
steckungsperiode, floride Tuberkulose, Epilepsie usw.

Markuse, M., Gesetzliche Eheverbote für Kranke und Minderwertige. Soc. Med. u. Hyg.
2, Heft 2. M. schlägt vor, es solle ein Gesundheitsattest der Eheschließenden ebenso
gesetzmäßig gefordert werden, wie die Geburtsurkunde und andere Ausweise; wenn
aber die Ehekandidaten die Ehe eingehen wollen, auch trotzdem der eine Teil, oder
beide, notorisch gesundheitlich defekt sind, so soll ihnen auch hierzu die Möglichkeit
gegeben sein.

Martius, Friedrich, Die Bedeutung der Vererbung für Krankheitsentstehung und Rassen-
erhaltung. Arch. f. Rass.- u. Ges.-Biol. 1910, S. 470. Ganz falsch und für die Menschheit verhängnisvoll aber wäre es, wenn man von dieser Überzeugung aus jede Zeugungs-
hygiene überhaupt für überflüssig, weil doch machtlos, hinstellen wollte. Es muß die
Zeit kommen, vielleicht erleben wir oder doch wenigstens die jüngeren unter uns sie
noch, in der der Staat sich dazu aufrafft, in seinem eigensten Interesse, d. h. im Interesse
seiner künftigen wirtschaftlichen, militärischen und kulturellen Leistungsfähigkeit
gesetzliche Maßnahmen zu schaffen, die den bürgerlichen Ehekonsens, abgesehen von den sonstigen Normativbestimmungen, abhängig machen von der
Beibringung eines ärztlichen Zeugnisses, daß die schlimmsten ehelich

übertragbaren Krankheiten bei den Ehekandidaten ausschließt. Die Forderung eines glatten Eheverbots für alle an einer manifesten Geschlechtskrankheit leidenden Individuen muß schon jetzt mit aller Bestimmtheit erhoben werden. Und zwar kommt dabei nicht nur die bisher als Beispiel genannte Syphilis in Betracht, auch die von zahllosen jungen Männern selbst der gebildeten Stände immer noch als verhältnismäßig harmlos angesehene Gonorrhoe (der Tripper) muß hervorgehoben werden. Unsägliches, in aller Stille getragenes Familienelend, manches jammervolle Frauenmartyrium wird vermieden werden, wenn die lauen Anschauungen gerade dieser Krankheit gegenüber sich brechen ließen. Wer bewußt mit einer floriden Gonorrhoe in die Ehe tritt, begeht ein Verbrechen an der Menschheit, eine niederträchtige Gemeinheit an dem wehrlosen unschuldigen Weibe. Und wer im guten Glauben der Heilung heiratet, ohne dieselbe durch exakte sachverständige Untersuchung feststellen zu lassen, handelt mindestens mit unverantwortlichem Leichtsinn.

Möller, Magnus, Über ansteckende Geschlechtskrankheiten und Ehegesetzgebung. Zeitschr. f. Bekämpfung d. Geschlechtskrankh. **12**, 1912, S. 417. Zusammenfassung. 1. Eine ausdrückliche Angabe bestimmter Krankheiten im Gesetz als Grund für die Auflösung der Ehe scheint gewisse Vorzüge zu besitzen, teils vom Gesichtspunkt der Anwendung des Gesetzes aus, teils auch in rein erzieherischer Hinsicht. 2. Sämtliche drei ansteckenden Geschlechtskrankheiten dürften unter die fraglichen Krankheiten eheauflösender Natur aufzunehmen sein, jedoch nur, wenn sie sich in ansteckendem Stadium befinden, d. h. wenn ansteckende Symptome noch vorhanden sind oder ein neues Hervortreten derartiger Symptome zu befürchten ist. 3. Die genannten Krankheiten in ansteckendem Stadium dürften als Hindernis für die Zulassung der Ehe aufzustellen sein und ebenso einen Grund für die Auflösung der Ehe zu bilden haben, sofern nicht die Krankheit insonderweise erworben worden ist. 4. Die Einführung eines obligatorischen Zeugnisses, qualifizierten oder nicht qualifizierten, über vorgenommene ärztliche Untersuchung als Bedingung für die Zulassung zur Ehe würde einen allzu schweren Apparat erfordern. Das durch diese Maßregel erstrebte Ziel, die Aufklärung des Betreffenden, dürfte auf andere Weise zu erreichen sein. 5. Eine Strafe wäre für denjenigen festzusetzen, der, trotzdem er von seiner Krankheit weiß oder sie vermutet, durch geschlechtlichen Verkehr oder anderswie unter Ausübung von Unzucht einen andern der Gefahr, angesteckt zu werden, aussetzt. Auf das Vergehen dürften die strafgesetzlichen Bestimmungen Anwendung nur finden, sofern der Benachteiligte selbst Anzeige erstattet. 6. Die Kenntnis der eventuellen gesetzlichen Bestimmungen müßte unter dem Volke durch die Ärzte, sowie im Zusammenhang mit einer allgemeinen Volksaufklärung durch Vorträge und Volksschriften verbreitet werden.

Moll, Sexualwissenschaften, 9. Hauptabschn., S. 917.

Müller-Lyer in Adele Schreiber, Mutterschaft, S. 154. Vor allem aber muß im Volk die Einsicht verbreitet werden, daß die Fortpflanzung krankhafter Anlagen eines der größten Verbrechen ist und fast schlimmer als ein Mord. Alle, die mit vererbbaren krankhaften Anlagen oder Krankheiten belastet sind, mit Geisteskrankheiten, Tuberkulose, Krebs, Gicht, Fettsucht, chronischem Gelenkrheumatismus, Syphilis, Kropf, Augenfehlern, Zahnfraß, Stillunfähigkeit, Zuckerkrankheit, Hämophilie, Körperschwäche, Kurzlebigkeit, Mißbildungen usw. müssen es als eine Pflicht empfinden lernen, sich nicht fortzupflanzen. Durch solche vernünftige Prophylaxe braucht niemand um sein Lebens- und Liebesglück gebracht zu werden. Denn so gut reiche Leute nach dem zweiten Kind in neumalthusischer Ehe leben, ohne sich unglücklich zu fühlen, könnten erblich Belastete sich auch von vornherein diese Pflicht auferlegen. Die neue Moral würde vielleicht sich schneller verbreiten, wenn auf die Übertragung Strafen gesetzt würden. So hat man z. B. in mehreren Staaten von Nordamerika bereits begonnen, Geistesgestörte, Verbrecher usw. durch die Vasektomie an der Fortpflanzung zu verhindern. Von Bedeutung wäre es auch, wenn Staat oder Gemeinde Stammbäume anlegten. Auch sollte jeder gewissenhafte Familienvater, wenn seine Tochter heiratet, von dem Freier ein ärztliches Gesundheitszeugnis sich verschaffen. Doch wird auch hier wieder der erste Fortschritt nicht von der Gesetzgebung zu erwarten sein, sondern vielmehr davon, daß die Idee der Eugenik in immer weitere Volkskreise getragen wird, so daß die Übertragung erblicher Belastung im Volksempfinden ebenso als eine Schande gilt, wie etwa früher die Schwängerung für die ledige Mutter. Wenn aber die Einsicht allgemein geworden sein wird, daß die Hauptaufgabe der Ehe Rassenveredlung ist,

d. h. die Erzeugung gesunder, schöner und kraftvoller Kinder, so wird sich vielleicht
in der Zukunft die Ehe zu Formen erheben, die moralisch ebenso hoch über unserer
gegenwärtigen Monogamie stehen, als diese über der Gruppenehe und der Polygynie
der Naturvölker. (Die näheren Ausführungen, Belege, Quellen usw. für die obige
Skizze findet man im dritten und vierten Bande meiner Soziologie: „Die Formen der
Ehe, der Familie und der Verwandtschaft", München 1911; „Die Familie", München
1911 und dem baldig erscheinenden fünften Bande: „Die Phasen der Liebe".)

Zu den Zielen des Bundes für **Mutterschutz.** Arch. f. Rass.- u. Ges.-Biol. 1907, S. 136.
Auf der ersten Generalversammlung des Bundes im Jahre 1907 wurden nach Anhören
der Vorträge von Dr. Helene Stöcker (Die heutige Form der Ehe), Prof. Flesch-
Frankfurt (Unehelichkeit und Prostitution), Adele Schreiber (Heiratsbeschränkungen,
besondere Geißelung der Standesvorurteile) und Dr. Max Marcuse (Eheverbote)
folgende Resolution gefaßt: Es wird gefordert 1. in der gesetzlichen Ehe völlige Gleichstellung für Mann und Frau, auch ihrer Stellung dem Kinde gegenüber. 2. Erleichterung
der Ehescheidung. 3. Gesetzliche Anerkennung der freien Ehe insofern a) als diese
freien Verbindungen behördlichen Eingriffen unterworfen und die Eltern in ihrem
Elternrecht nicht angetastet werden dürfen; b) als die aus ihnen hervorgehenden Kinder
rechtlich denen der legalen Ehe völlig gleichgestellt werden. Schließlich fordert
der Bund für Mutterschutz aufs dringendste die (wohl obligatorische?) Einführung von Gesundheitsattesten vor Eingehung der Ehe. Diese Gesundheitsatteste sollen aber, auch wenn sie von einem ungünstigen Gesundheitszustande
Zeugnis ablegen, niemals zu einem Eheverbot führen dürfen.

Neißer, A., Danger social de la blennorrhagie. Conférence internationale pour la prophylaxie de la syphilis et des maladies vénériennes. Brüssel, September 1899.

— Trippererkrankungen und Ehe. In: „Krankheiten und Ehe", I. u. II. Aufl. (J. F. Lehmann, München.)

— Welche Lehren können wir aus den während des Krieges gewonnenen Erfahrungen
für den weiteren Kampf gegen die Geschlechtskrankheiten ziehen? Mitteil. d. Deutsch.
Ges. z. Bekämpfung d. Geschlechtskrankh. **13**, Nr. 5 u. 6.

Novy, Die Ziele der Eugenetik. Casop. lék. cesk. Nr. 5 u. 6. Fürsorge für Idioten, Schwachsinnige, Imbezille, Blinde, Gründung von Alkoholikerheimen. Obligatorische Untersuchung des Gesundheitszustandes beider Teile vor Eingehen der Ehe,
Schaffung von Gesetzen behufs Kastration und Sterilisation zur Verhinderung der
Fortpflanzung mit hereditären Krankheiten behafteter Leute.

Paulsen, Friedrich, System der Ethik mit einem Umriß der Staats- und Gesellschaftslehre.
2. Berlin 1896. Verl. von Wilh. Hertz (Bessersche Buchhandlung). S. 263. Hat die
staatsbürgerliche Gesellschaft die Auflösung der Ehe von ihrer gesetzmäßigen Zustimmung abhängig gemacht, so hat sie dagegen die Eheschließung mehr und mehr
in die Willkür der einzelnen gestellt. Abgesehen von gewissen Hinderungs-
gründen, zu naher Verwandtschaft, zu jugendlichem Alter, und von der Forderung
elterlicher oder vormundschaftlicher Einwilligung innerhalb gewisser Grenzen, besteht
jetzt im Gebiet des deutschen Reichsrechts vollständige Heiratsfreiheit. Namentlich
gibt es keine Ehehindernisse aus wirtschaftlichen Gründen, keine obrigkeitliche Genehmigung (außer für Militär und Beamte), kein Einspruchsrecht der Gemeinde oder des
Armenverbandes. — S. 264. Ich gestehe, ich bin nicht völlig überzeugt, daß die Gesellschaft
bei dem Prinzip der Nichteinmischung sich in aller Zukunft beruhigen wird. — S. 265
Ich bin fern davon, mich auf den Standpunkt zu stellen — und doch scheint es auch ein
bedenklicher Standpunkt zu sein — die Erzeugung von Nachkommen als ein absolutes
und allgemeines Menschenrecht und gleichzeitig ihre Erhaltung als eine absolute Pflicht
der Gesellschaft anzusehen. Vielleicht wird die neue biologische Anschauung von der
Bedeutung der Erblichkeit einer neuen Auffassung von dem Recht oder der Pflicht
der Gesamtheit gegen das Individuum und die Zukunft den Weg ebnen. Sind Laster
und Krankheiten nicht individuelle Zufälle, sondern in beträchtlichem Umfange erb-
liche Ausstattung von Familien, dann wird sich die Behandlung dieser Dinge dieser
Überzeugung allmählich anpassen; die Gesamtheit wird sich im Interesse der Selbst-
erhaltung nach prophylaktischen Maßregeln gegen Fortpflanzung und Ausbreitung
der Entartung umtun.

Pinard verteidigte im Juni 1900 in der Académie de médecine die These, daß die Heirat
allen denen untersagt werden müsse, die an einer ansteckenden Krankheit leiden oder

in gefährlicher Weise erblich belastet seien. In Übereinstimmung mit Dr. Cagalis fordert er die obligatorische Leibesuntersuchung für alle, die sich verheiraten wollen und ein Gesetz mit folgendem Wortlaut: Die Ehe ist allen Kranken, die an einem schweren, auf die Frau oder das künftige Kind übertragbarem Übel leiden, absolut verboten. In der französischen Deputiertenkammer wurde im Jahre 1900 ein diesbezüglicher Antrag eingebracht. Ähnlich war im Unionsstaat Norddakota im Jahre 1899 ein Gesetz eingebracht gewesen, nach welchem jeder Ehekandidat zur Erhaltung der Staatserlaubnis ein Zeugnis des Kreisphysikus über seine körperlichen und geistigen Fähigkeiten beizubringen habe. (Zeitschr. f. Sozialwiss. 7, 1904, S. 265.)

Placzek, S., Ärztliches Berufsgeheimnis und Ehe. S. 792 in Senator-Kaminer „Krankheiten und Ehe". München 1904.

Posner, C., Geburtenrückgang. — Heeresersatz. — Ehefragen. Die Hygiene des männlichen Geschlechtslebens. Verlag von Quelle & Meyer, Leipzig 1916, S. 123.

— Ärztlicher Heiratskonsens (erwünscht). Die Hygiene des männlichen Geschlechtslebens. Verl. von Quelle u. Meyer, Leipzig 1916. S. 66.

Priester, Oskar, Ernste Lehren zur Vererbungsgefahr oder ein Vorschlag zur Erweiterung des Rechts- wie Pflichtenkreises der Standesbeamten. Köln a. Rh., Karl Fulde. 1904. Der Autor fordert gesetzliche Maßregeln zur Verhinderung der Verheiratung und Fortpflanzung von Epileptikern, angeblich geheilten Geisteskranken, Neurasthenikern, chronischen Alkoholisten, Verbrechern, Syphilitikern und Tuberkulosekranken. Und gerade der Standesbeamte soll hier als das gesetzlich wie ethisch legitimierte Organ sozialsanitärer wie moralischer Kontrolle funktionieren. . . . . Das würde denn doch den Gefahren der Laienwissenheit in medizinischen Dingen und der Beamtenwillkür Tür und Tor öffnen. Nein! Soll, was wir sehnlich wünschen, das Institut der Ehe in absehbarer Zeit durch eine gewissenhafte Prüfung der Tauglichkeit der Kandidaten zur Erzeugung tüchtiger Nachkommen seine rassenhygienische Weihe erhalten, so kann dies einzig und allein nur Sache der Ärzte, und zwar eines biologisch und anthropologisch geschulten, amtlich dafür vereidigten und in jedem Einzelfalle in gerichtlichem Sinne unbefangenen Ärztekollegiums sein. E. Rüdin. (Arch. f. Rass.- u. Ges.-Biol. 1905, S. 600/01.)

Ratner, Wie die alten Juden die Politik der Vermehrung der Volkskraft betrieben. (Hyg. Rundsch. 1916, Nr. 4.) Med. Klinik 1916, Heft 12, S. 323. Im Altertum, aber auch noch in späteren Zeiten, bis zum Anfang des vorigen Jahrhunderts, war die Volksvermehrung eine gewichtige Sorge der Staatsregierung, respektive der Gemeinden der Juden. Als Faktoren der Hebung der Volkskraft kamen in Betracht: Obligatorische Heirat mit spätestens 18 Jahren, Verbot der Prostitution, des außerehelichen Geschlechtsverkehrs, aller Perversitäten und aller Präventivmittel, Ausschluß aller geschlechtlich Untauglichen aus der Gemeinde, vernünftiger Mutterschutz in der Ehe. Schon vor Jahrtausenden wußten die Juden, daß künstliche Sterilität Selbstmord für ein Volk sei, Fruchtbarkeit und Vermehrung dagegen Zuwachs an Kraft und Ansehen bedeute.

Redlich, Emil, Über das Heiraten nervöser und psychopathischer Individuen. Med. Klinik 1908, Nr. 7. Mit Bezug auf die Syphilis vom neurologischen Standpunkt aus sagt Verf.: „Es wäre verfehlt, ja es wäre grausam, jedem gewesenen Syphilitiker etwa die Ehe zu verbieten, trotz der unleugbaren Gefahren, die selbst bei geheilten Fällen für den Betreffenden und auch für seine Nachkommenschaft bestehen. Denn es kann heute als sichergestellt gelten, daß eine ganze Reihe nervöser Kinderkrankheiten, unter anderem Epilepsie, zerebrale Kinderlähmung, Geistesstörungen mit der Syphilis der Eltern zusammenhängen kann, wenngleich dieser Zusammenhang in seiner Häufigkeit und Bedeutung sich noch nicht feststellen läßt. Daneben denke man an die Erbsyphilis, kindliche Rückenmarksschwindsucht und Gehirnerweichung. Auch wenn Kinder von an Gehirnerweichung oder Rückenmarksschwindsucht leidenden Eltern, wie wir heute wissen, nicht selten nervöse oder psychische Störungen aufweisen, kommt dies zum Teil auf das Konto der Syphilis." „Man möchte es darum beinahe als ein Glück bezeichnen, daß die Ehen von Syphilitikern nicht selten überhaupt steril bleiben. Aber wie gesagt, allzu rigoros können wir schon wegen der enormen Häufigkeit der Syphilis nicht sein. Man wird aber die Vorsicht walten lassen, erst mehrere Jahre nach den letzten Erscheinungen der Syphilis abzuwarten und dann noch eine energische Kur vorausgehen lassen. Alles Unheil wird man freilich dadurch nicht verhüten." Rüdin bemerkt dazu: Aus welchen Redewendungen doch eigentlich folgt, daß Syphilitiker

und solche, die es gewesen, am besten überhaupt keine Kinder zeugen sollen. Wir
Ärzte müssen den Mut haben, die Konsequenzen aus den unheilschwangeren Tatsachen
dem Publikum gegenüber offen zu ziehen. Das ist segensreicher als eine verklausu-
lierende Gelehrsamkeit. Nicht energisch genug Stellung nehmen kann man nach der
Meinung Redlichs gegen die Heirat von Personen, die an beginnender Rückenmarks-
schwindsucht oder Gehirnerweichung, an Hypomanie, Schwachsinn, Jugendverblödung
(Dementia praecox), periodischen Psychosen, manisch-depressivem Irresein leiden.
(Arch. f. Rass.- u. Ges.-Biol. 1908, S. 836/37.)

Die **Rumänische Regierung** (nach M. Marcuse) hat in neuerer Zeit eine gesetzliche Vorlage
eingebracht, wonach Tuberkulösen, Epileptikern und Syphilitikern die Ehe verboten.
werden soll.

Schalck, Alfred, Prophylaxis of Syphilis and Professional Ethics. The Urolog. and Catan.
Review **17,** 1913, Nr. 10, S. 519.

Schallmeyer, Wilh., Vererbung und Auslese im Lebenslauf der Völker. 3. Teil der Preis-
schriftensammlung „Natur und Staat", herausg. von Prof. H. E. Ziegler in Verbindung
mit d. Prof. Conrad und Haeckel. Jena 1903, Gustav Fischer.

— Infektion als Morgengabe. Zeitschr. f. Bekämpfung d. Geschlechtskrankh. **2,** 1903/04,
S. 389.

— Die soziologische Bedeutung des Nachwuchses der Begabteren und die psychische
Vererbung. Arch. f. Rass.- u. Ges.-Biol. 1905, S. 36. Eine gesetzliche Verhinderung der
Eheschließung Geschlechtskranker sollte jetzt schon geschaffen werden. Die Aufklärung allein wird viele zum freiwilligen Verzicht bringen. Aber eine Notwendigkeit
auch des erzwungenen Schutzes ist unabweislich, und zwar nicht nur gegen Personen
von großer Gesinnungsroheit, sondern auch gegen den Durchschnittsmenschen. Denn
nur wenige besitzen ein solches Maß von sittlicher Kraft, um in diesen schweren Kon-
flikten das zu tun, was die Pflicht verlangt. Alle anderen bedürfen in solchen Fällen
einer äußeren Instanz, die sich dem Unheil drohenden Gange der Dinge hemmend in
den Weg stellt. Mindestens sollte jeder Ehekandidat ein amtsärztliches
Zeugnis beibringen müssen, des Inhalts, daß er nicht mit einer ansteckenden Krankheit behaftet sei. Der Verfasser schließt sein 12. Kapitel mit der Forderung der Ernennung eines medizinisch und biologisch gebildeten Gesundheitsministers,
dem die Verwirklichung seiner Ideale am Herzen läge. (E. Rüdin.)

Schmidt-Gibichenfels, Wen soll ich heiraten? Eine neue Antwort auf die alte Frage. Berlin
1907. Herm. Walther. Verfasser tritt für Ehegesetze gegen Syphilitische, Tuberkulöse,
hochgradige Alkoholisten und schwer Nerven- und Geisteskranke ein. Zum Zweck der
Ehe gehört nach ihm nicht bloß, wie es im Bürgerlichen Gesetzbuch heißt, Erzeugung
von Nachkommenschaft, sondern die Erzeugung von gesunder Nachkommenschaft.

Schroeder, Henry H., Syphilis und Lebensversicherung. Medical Record 1914, April 18,
S. 691. Arch. f. Derm. u. Syph. Ref. **122,** Heft 3, S. 307.

Siebert, F., Die Bekämpfung der Geschlechtskrankheiten. 6. Abs. Geschlechtskrankheiten
und Ehe. (Aus Jesionek, Praktische Ergebnisse auf dem Gebiete der Haut- und
Geschlechtskrankheiten. 2. Jahrg. Bergmann, Wiesbaden 1912.)

Unter welchen Bedingungen darf man **Syphilitischen** die Ehe gestatten? Eine Rundfrage.
Zeitschr. f. Bekämpfung d. Geschlechtskrankh. **10,** 1910, S. 270 u. 302.

Anregung zur Einführung von Gesundheitszeugnissen in **Ungarn.** Es wird die Einführung
solcher Gesundheitszeugnisse folgendermaßen angeregt: „Die Staatsgewalt muß
sich vor allem ausdrücklich und ohne Zögern auf den Standpunkt stellen, welcher heute
noch nicht genügend zur Geltung kommt, daß im Interesse der öffentlichen Gesundheit nötigenfalls die weitestgehende Einschränkung der persönlichen
Freiheit am Platze ist. . . . Die Verpflichtung zu einer obligatorischen Untersuchung vor der Eheschließung und zur Vorweisung eines ärztlichen Zeugnisses wäre
im Interesse der Einschränkung sowohl der venerischen Krankheiten als auch der Lungen-
schwindsucht von größter Bedeutung. Die Teilnehmer der Besprechungen bezeichneten
diese Neuerung einhellig als eine äußerst wichtige Maßnahme, ohne deren Einführung
bedeutende Erfolge auf diesem Gebiete überhaupt nicht zu erreichen sind." Arch. f.
Rass.- u. Ges.-Biol. 1913, S. 696.

Weygandt, W., Verhütung der Geisteskrankheiten. IV. Band, 6. Heft der Würzburger
Abhandlungen aus dem Gesamtgebiet der praktischen Medizin. Würzburg 1904,
A. Stubers Verlag. E. Rüdin bemerkt dazu: Schon mit dem behördlich obligatori-

schen Austausch von Eheattesten (W. spricht anerkennend von Eheattesten, aber betont nicht das Obligatorium derselben, was wir für wesentlich halten), in welchen lediglich ärztliche Auskunft über die gesundheitlichen Verhältnisse des Partners und seiner Familie (Psychosen, Neurosen, Syphilis, Alkoholismus, Gonorrhoe, Tuberkulose) gegeben würde, könnten wir meiner Ansicht nach vorläufig zufrieden sein. Arch. f. Rass.- u. Ges.-Biol. 1904, S. 768.

Wilhelm, E., Strafrecht und Geschlechtskrankheiten. Ärztliche Eheerlaubnis. Zeitschr. f. Bekämpfung d. Geschlechtskrankh. 15, 1914, S. 1.

Amerikanische Literatur.

Amerika, Social Hygiene Legislation in 1915. Social Hygiene. 2, April 1916, S. 245.

Davenport, Charles, State laws limiting marriage Selection. (Eugenics Record office Bulletin Nr. 29.) Arch. f. Rass.- u. Ges.-Biol. 1913, Heft 4, S. 531. Der Bericht stellt eine wertvolle Ergänzung des vor kurzem bei Lehmann-München erschienenen Berichtes von G. von Hoffmann über die Rassenhygiene in den Vereinigten Staaten von Nordamerika dar. Abgesehen von der dem Leser dieser Zeitschrift geläufigen allgemeinen Begründung der Notwendigkeit der Beschränkung der Heiratserlaubnis sind von besonderem Interesse die Verbote der Verwandtenehen in den verschiedenen Staaten, die Bestimmungen gegen Ehen mit Negern und Mongolen. Das Literaturverzeichnis ist im Vergleich mit dem von Hoffmanns etwas dürftig.

Feilchenfeld, W., Die Bestrebungen der Eugenik in den Vereinigten Staaten von Nordamerika und ihre Übertragung auf deutsche Verhältnisse. (Med. Reform.) Soz. Hyg. u. prakt. Med. 1913, Nr. 26, S. 479.

v. Hoffmann, G., Die Rassenhygiene in den Vereinigten Staaten von Nordamerika. J. F. Lehmanns Verlag, München 1913.

— Die rassenhygienischen Gesetze des Jahres 1913 in den Vereinigten Staaten von Nordamerika. Arch. f. Rass.- u. Ges.-Biol. 1914, Heft 1, S. 21.

— Die Rechtsgültigkeit der Sterilisierungsgesetze und der einschränkenden Ehegesetze in den Vereinigten Staaten von Nordamerika. Zeitschr. f. d. ges. Strafwissensch. 34, Heft 8, S. 900, 1913. In einigen Sätzen sei die Frage der Verfassungsmäßigkeit in Amerika beleuchtet. In den Verfassungen ist unter anderem der Grundsatz der persönlichen Freiheit ausgesprochen, ferner das Verbot, grausame Strafen zu verhängen. Als die ersten Sterilisationsgesetze — und rassenhygienischen Eheverbote — erlassen wurden, warf man die Frage auf, ob sie mit den persönlichen Freiheiten vereinbart werden könnten und ob die Sterilisierung keine grausame Strafe darstelle. Diese Fragen sind nun beantwortet, und zwar zugunsten der betreffenden Maßnahmen.

— Die Regelung der Ehe im rassenhygienischen Sinne in den Vereinigten Staaten von Nordamerika. Arch. f. Rass.- u. Ges.-Biol. 1912, S. 730. Sehr zahlreiche Literatur.

— Das Sterilisierungsprogramm in den Vereinigten Staaten von Nordamerika. Arch. f. Rass.- u. Ges.-Biol. II. Jahrg. 1914, Heft 2, S. 184.

Maier, Hans W., Die nordamerikanischen Gesetze gegen die Vererbung von Verbrechen und Geistesstörung und deren Anwendung. Jurist.-psych. Grenzfragen 8, 1911. Arch. f. Rass.- u. Ges.-Biol. 1911, S. 815.

Literatur und Material zur Frage:
Einfluss des Trippers auf die Geburtlichkeit.

Adrian, Die Sterilität des Mannes und ihre Behandlung. Deutsche med. Wochenschr. 1911, Nr. 45, S. 2106.

Baisch (Menge-Opitz S. 307): „Der Anteil der männlichen und weiblichen Gonorrhoe an der Sterilität der Ehen wird mit 70 % nicht zu hoch geschätzt."

Barrucco, Nicolo, Die sexuelle Neurasthenie und ihre Beziehungen zu den Krankheiten der Geschlechtsorgane. Deutsch von Ralf Wichmann. Berlin 1899. Otto Salle.

Belfield, W., Über einige Ursachen der Sterilität und Impotenz beim Manne. (The Journ. of the Americ. Assoc. 19. 10. 12.) Arch. f. Derm. (Referate) **115**, Heft 8, S. 944.

Benzler (Arch. f. Derm. 45) fand an einem großen Material folgende Zahlen:

	Absolute Sterilität %	Einkind-Sterilität %	Summa %
nach einfacher Gonorrhoe	10,0	17,3	27,8
nach einseitiger Hodenentzündung .	14,7	13,5	36,9
nach doppelseitiger Hodenentzündung	41,7	20,8	62,5

Danach waren unter 1000 Ehen tripperkrank gewesener Männer (wenn 10 % der Gonorrhoiker eine Hodenentzündung bekommen): ganz sterile Ehen 124, Einkindehen 187. In 311 Ehen wurden also insgesamt nur 187 Kinder geboren. Wenn wir eine durchschnittliche Kinderzahl von nur 4 als normal annehmen, so beträgt der Ausfall somit auf 1000 Ehen Gonorrhoischer 1057 Kinder, d. h. mit anderen Worten, ein Kind auf jede gonorrhoische, ein Kind auf jede zweite großstädtische Ehe.

	zur absoluten Sterilität %	zur Einkinder-Sterilität %	Summe der Erkrankungsfälle %
1. Einfache Gonorrhoe des Mannes (363 Fälle) führt in	10,5	17,3	27,8
2. Einseitige Hodenentzündung (111 Fälle) führt in	23,4	13,5	36,9
3. Doppelseitige Hodenentzündung (24 Fälle) führt in	42,7	20,8	63,3

Berg, Betrachtungen zum Artikel Erbs „Zur Statistik des Trippers beim Mann und seiner Folgen für die Ehefrauen". Therapie der Gegenw., März 1907, S. 125.

Bierhoff, Geschlechtskrankheiten ein sanitäres und soziales Problem. (New York med. Journ. 16. 11. 12.) Ref. Derm. Wochenschr. 1912, Heft 21, S. 608.

Blaschko, A., Über die Häufigkeit des Trippers in Deutschland. Münch. med. Wochenschr. 1907.

— Die Verhütung und Bekämpfung der Schädigung der Volkskraft und Volksgesundheit durch Geschlechtskrankheiten. (Bericht über die 7. Hauptvers. d. Deutsch. Medizinalbeamten-Vereins, Berlin 1909, Fischers med. Buchhandl.) Monatsh. f. prakt. Derm. **51**, 1910, Nr. 2, S. 95.

— Zur Verbreitung der Geschlechtskrankheiten in Deutschland. Halbmonatsschr. f. soziale Hyg. u. Med. 1910.

— Geburtenrückgang etc. Auf meine Veranlassung hat Herr Dr. L. Lilienthal, ein sehr beschäftigter Spezialist in Berlin, diesen Prozentsatz auszurechnen versucht. Er hat bei seiner Klientel unter 2000 Gonorrhoikern etwa 6,8, d. h. also durchschnittlich 7 % Fälle von Epididymitis gefunden. Nun ist in Wirklichkeit der Prozentsatz wesentlich größer, da ein großer Teil der Arbeiterbevölkerung — und aus dieser stammt zum größten Teil das L.'sche Material — im Falle einer Komplikation wie die Hodenentzündung ohne weiteres das Krankenhaus aufsucht. Man kann daher den Prozentsatz der Hodenentzündungen auf etwa 9—10 % aller Gonorrhoiker annehmen. . . . . . . Nach Fürbringer bestand unter 242 Fällen 207 mal, nach Liégois unter 83 Fällen 75 mal, nach Godard unter 38 Fällen 34 mal Azoospermie, so daß man also sagen kann, daß in 9 von 10 Fällen Unfruchtbarkeit die Folge sein kann.

Brahmann, Das Problem der geschlechtlichen Prophylaxe. (Medical Record 1912, August.) Ref. Arch. f. Derm. 1913, Heft 5, p. 524.

Brasch, Martin, Über die zur Bekämpfung der Gonorrhoe und deren Folgekrankheiten erforderlichen sanitätspolizeilichen Maßregeln. Deutsche Vierteljahrsschr. f. öff. Gesundheitspflege **30**, 1898, S. 532.

Brauser, (Über die Häufigkeit des Vorkommens von Urethralfäden. Deutsch. Arch. f. klin. Med. **66,** 1899) untersuchte 300 beliebige Leute und fand in 50 % (163 mal) Tripperfäden mit Leukozyten, in 28 % (83 mal) Schleim und Epithel, 10 mal noch Gonokokken.

Brauser, Zur Gonorrhoefrage. Münch. med. Wochenschr. 1909, Nr. 52, S. 2713.

Bromann, J., Über geschlechtliche Sterilität und ihre Ursachen, nebst Anhang über künstliche Befruchtung bei Tieren und beim Menschen. (Verlag J. F. Bergmann, Wiesbaden 1912.) Berl. klin. Wochenschr. 1912, Nr. 37, S. 1777.

Bru, P., l'insexuée. Siehe Bull. soc. franc. prophyl. san. **3**, S. 491.

Bull, P., Potentia generandi trotz doppelseitiger tuberkulöser Epididymitis. Deutsche med. Wochenschr. 1912, Nr. 40, S. 1882.

Bumm, Über die Bedeutung der gonorrhoischen Infektion für die Entstehung schwerer Genitalaffektion bei der Frau. „Frauenarzt", Berlin 1891.

— Über die Tripper-Ansteckung beim weiblichen Geschlecht und ihre Folgen. Münch. med. Wochenschr. 1891, S. 853 u. 875.

— (Handb. d. Gynäk. von J. Veit, 2. Aufl., Wiesbaden 1907, S. 82) berechnet die Zahl der durch Gonorrhoe bedingten Fälle von Sterilität unter 110 Fällen auf 30 %, bei 200 sterilen Ehen findet er später nur 20 % auf Gonorrhoe beruhend. An einer anderen Stelle („Über Behandlung und Heilungsaussichten der Sterilität bei der Frau", Deutsche med. Wochenschr. 1904, Nr. 48) äußert er, daß $^2/_3$ der sterilen Ehen auf Hemmungsbildungen der weiblichen Genitalien beruht.

Burkard (Zeitschr. f. Bekämpfung d. Geschlechtskrankh. **12**, Heft 7, 1911) hat festgestellt, daß aus **249 Tripperehen** — bei durchschnittlich 8,71 jähriger Dauer einer Ehe — **523** Kinder hervorgegangen sind; aus **356 tripperfreien Ehen** — bei einer Durchschnittsdauer von 8,89 Jahren — **1119**. Während also auf 100 tripperfreie Ehen im Durchschnitt **318** Kinder entfallen, kommen auf je 100 Tripperehen nur **210** Kinder d. h. ein Kind oder 33 % weniger.

Caspar, Neue Erfahrungen und Beobachtungen über die Gonorrhoebehandlung. Monatsb. über d. Gesamtl. a. d. Geb. d. Krankh. d. Harn- u. Sexualapp. **5**, 1900, S. 405.

Cohn, H., Über Verbreitung und Verhütung der Augeneiterung der Neugeborenen in Deutschland, Österreich-Ungarn, Holland und in der Schweiz. Berlin 1896, Oskar Coblentz.

Colombini, P., Della frequenza della prostatite, della vescicolite, della deferentite pelvica nella epididimite blenorragica e di un caso di prostatite, di vescicolite, di deferentite senza epididimite. „Policlinico" **2**, M. Fasc. 9, 1895.

Mc Connell, George G., Der Einfluß einer gonorrhoischen Prostatitis auf das spätere Leben. (The urolog. and cutan. Rev. 1914.) Zeitschr. f. Urolog. **10**, Heft 3, S. 111.

Dercum, F. X., Nervöse Symptome bei Erkrankung der Prostata. (Ther. Gazetta 15. 2. 1913.) Derm. Wochenschr. 1913, S. 1168.

Doktor, Ist die Syphilis eine schwerere Krankheit als der Tripper? Zentralbl. f. Gynäk. 1905, Nr. 48, S. 1475.

Duchastelet, „Goutte militaire" und Ehe. (Bull. de la soc. franc. d. prophyl. san. et mor. 4. 11. 1910.) Ref. Monatsschr. f. prakt. Derm. **52**, Nr. 11, S. 600.

Dunning, L. H., Blennorrhoe bei der Frau. Ihre Diagnose, Häufigkeit und ihr Einfluß auf die Erzeugung von Sterilität und schweren Veränderungen der Beckenorgane. (Amer. med. Assoc. Journ. 4. 11. 1905.) Ref. Monatsh. f. prakt. Derm. **42**, S. 475.

Emödi, Aladar, Beiträge zur Kenntnis der infolge bilateraler Epididymitis auftretenden Sterilität. Folia urolog. **4**, 1910, Nr. 8. Ref. Monatsh. f. prakt. Derm. **50**, 1910, S. 402. Fand in 13 Fällen 9 mal Azoospermie.

— Zur Sterilität nach bilateraler Epididymitis. Urologia. Nr. 4. Beibl. des Budapesti Orvosi Ujság 1908. Monatsh. f. prakt. Derm. **49**, 1909, Nr. 2, S. 72.

Engel, Siegmund, Über die Gefahr der Ansteckung in und außer der Ehe. „Grundfragen des Kinderschutzes" S. 71. Monatsschr. f. krim. Psych. u. Strafrechtsreform. 9. Jahrg. Heft 11/12, S. 738.

Über die Häufigkeit der **Epididymitis** haben wir keine sichere Kenntnis. Zwar kommen die meisten Fälle von Epididymitis zur ärztlichen Kognition und demgemäß zur statistischen Verwertung; wir können aber diese Epididymitiszahlen nicht vergleichen mit einer die Gonorrhoeverbreitung richtig angebenden Ziffer. Vergleicht man die vorliegenden Statistiken, so muß man von vornherein die aus Krankenhäusern und Kliniken vorliegenden Angaben trennen von denen aus Ambulatorien und Privatpraxis.

Tabelle I (Kliniken und Krankenhäuser).

Material-Autor	Zahl der Gonorrhöen	Zahl der Epididymitiden	
		Absolute Zahl	% der Gon.
Berliner Klinik, 4 Jahre	2 895	1 138	39,3
Bonner Klinik, 5 Jahre	228	34	14,8
Breslauer Klinik, 9 Jahre, 1877—1885 . .	547	137	25,04
Breslauer Klinik, 10 Jahre	1 745	484	27,7
Breslau, Hospital zu Allerheiligen, 7 Jahre	697	189	27,11
Magnieu	2 425	678	27,95
Rollet	2 425	678	27,95
Castelnar	1 172	265	22,61
Finger	1 844	548	29,71
Wiedener Krankenhaus 1875—1883	1 541	433	28,09
K. K. allgem. Krankenhaus in Wien, 12 Jahre	{ 4 094 { 3 734	1 279 } 1 409 }	33,06
Wiener Krankenanstalten, 5 Jahre, 1892 bis 1896	6 654	1 900	28,55
Petersen	975	386	39,69
Weber (Würzburger Klinik)	541	153	28,28
Sigmund	327	114	34,86

Diese Ziffer ist natürlich viel zu groß, denn in allen Kliniken und Krankenhäusern werden naturgemäß die Aufnahmen wegen Nebenhodenentzündung unverhältnismäßig hoch gegenüber den zur Aufnahme gelangenden unkomplizierten Gonorrhoen. Der Wahrheit nähern sich daher mehr die Ziffern aus

Tabelle II (Polikliniken und Privatpraxis).

Material-Autor	Zahl der Gonorrhöen	Zahl der Epididymitiden	
		Absolute Zahl	% der Gon.
Bonner Poliklinik, 5 Jahre	789	84	10,6
Göttinger Poliklinik, 3 Jahre	102	13	12,7
Königsberger Poliklinik, 2 Jahre	345	38	11,0
Breslauer Poliklinik, 10 Jahre	4 626	543	11,7
Breslauer Poliklinik, 8 Jahre, 1878—1885 .	2 146	322	15,0
Breslauer Studentensprechstunde, 3 Jahre, 1896—1898	348	13	3,73
Statistik der Breslauer Ärzte 1896	3 023	269	8,89
Breslauer Garnison 1896	118	21	17,79
Tarnowsky	5 203	637	12,24
Englische Armee (Home) 1860—1871 . . .	95 221	13 629	15,3
Italienische Armee 1876—1894	101 332	17 433	17,2
Belgische Armee	37 399	2 717	7,8
Gebert (für die Blaschkosche Poliklinik) . .	—	—	7,0
Wagapow (Privat)	—	103	8,4
Tanaka	674	75	11,1
Jordan	812	91	11,7
Pezzoli und Porges (Poliklinik Finger) . .	—	—	14,2
Moskauer Stadtambulatorium	2 336	406	17,3

Aber auch hier sind die hohen Ziffern gewiß zu groß, weil eben den Epididymitiszahlen viel zu niedrige Gonorrhoezahlen gegenüberstehen. Sehr bedauerlich ist, daß bei all diesen Statistiken ein sehr wichtiger Faktor gar nicht zur Geltung kommt, nämlich die Art und Weise, wie vor dem Eintreten der Nebenhodenentzündung die Gonorrhoe behandelt worden war. Es ist wohl unzweifelhaft, daß die Häufigkeit der Epididymitis wie überhaupt aller Komplikationen sehr wesentlich von der Art der Therapie der akuten Gonorrhoe abhängt und demgemäß ganz enorm heruntergedrückt werden könnte durch eine sachgemäße Behandlung der Gonorrhoe von ihrem ersten Auftreten an.

Erb, W., Antikritisches zu meiner Tripperstatistik. Münch. med. Wochenschr. 1907.

Eulenburg, A., Neuropathia sexualis virorum. Klin. Handb. d. Harn- u. Sexualorgane, herausgeg. von Zuelzer. 4. Abt., S. 1. Leipzig 1894, F. C. Vogel.

Feleki, H., Über sogenannte latente Gonorrhoe und die Dauer der Infektiosität der gonorrhoischen Urethritis. Intern. Zentralbl. Harn- u. Sexualorgane. 4, 1893.

Ferria, L., Blennoerra e matrimonio. Milano 1894, F. Vallardi. 19, S. 8.

Finger, Lehrbuch. Unter 3136 Epididymitiden fanden sich 211 doppelseitige = fast 7 %; ferner: unter 242 Männern mit Epididymitis gonorrhoica duplex 207 mal, also in 80,54 % permanente Azoospermie. Die Untersuchung, wie oft die Gonorrhoe in den sterilen Tripperehen die Sterilitätsursache ist, ist bei Noeggerath nicht gemacht worden. Dasselbe trifft auch für andere Autoren zu, die das post hoc mit dem propter hoc verwechselten, wie z. B. für Glünder, der auf Grund 87 steriler Ehen (poliklinisches Material), von welchen 62, d. h. also 71,3 % gonorrhoisch waren, zum Schluß kommt: 87 : 62 = 12 : x, also 8 % aller Ehen werden infolge der Gonorrhoe steril. (Zit. nach Peller, Soz. Bedeutung etc., S. 10.)

— **Ernst,** Die Blennorrhoe der Sexualorgane und ihre Komplikationen. Leipzig u. Wien 1896, Franz Deuticke.

Flatau, Über fakultative Sterilität. Berl. klin. Wochenschr. 1909, Nr. 52, S. 2359.

Flesch, Die volkswirtschaftliche Bedeutung der Geschlechtskrankheiten. Ref. Monatsh. f. prakt. Derm. 1908.

— **M.,** Die Frauen und die Geschlechtskrankheiten. „Kultur u. Fortschritt", 1913, Nr. 481.

Fraipont, De la stérilité dans le mariage. Le scalpet et Liége méd. Nr. 28. Ref. Berl. klin. Wochenschr. 1910, Nr. 6, S. 263.

Fritsch, Zur Lehre der Tripperinfektion beim Weibe. Arch. f. Gyn. 10, 1896.

Fruhinsholz, A., De la blennorrhagie dans ses rapports avec la grossesse et le puerpéralité (le nouveauné excepté). Thèse de Nancy, 1902.

Fürbringer, Die funktionellen Störungen des männlichen Geschlechtsapparates. Handb. d. prakt. Med. 3, 1. (Ebstein-Schwalbe.) Vorl. Ferd. Encke. Stuttgart. Fand bei 600 Männern steriler Frauen 83,3 % Azoospermie bzw. bedenkliche Oligospermie. Epididymitis duplex fand sich in 7 % aller Nebenhodenerkrankungen.

— Untersuchungen über die Natur, Herkunft und klinische Bedeutung der Urethralfäden. Deutsch. Arch. f. klin. Med. 33, 1883, S. 75.

— Über Prostatafunktion und ihre Beziehung zur Potentia generandi der Männer. Berl. klin. Wochenschr. 1886, Nr. 29.

— Die Störungen der Geschlechtsfunktionen des Mannes in „Spezielle Path. u. Ther.", herausgeg. von Nothnagel. 19, 3. Teil. Wien 1895, Alfred Hölder.

— Sterilität des Mannes. Eulenburgs Real-Enzyklopädie. 4. Aufl.

— Zur Frage der Zeugungsfähigkeit bei bilateraler Nebenhodentuberkulose. Deutsche med. Wochenschr. 1913. Nr. 29, S. 1393.

Goldberg, Berth., Prostatitis und Sterilität. Die Heilkunde 1902, Heft 11, S. 490/491. Disk.: Derm. Zentralbl. 9, S. 867.

Góth, Entzündliche Adnextumoren. Arch. f. Gyn. 92, Heft 2.

Grünwald, stellte als Ursache der weiblichen Sterilität in 53 % Endo- und Perimetritis fest.

Hagner, Amer. Journ. of Urol. 3, 1908, Nr. 10.

Hannes, W., Bedeutung der Gonorrhoe für die moderne Wochenbettdiätetik. Zeitschr. f. Geb. u. Gyn. 73, Heft 2.

Heidingsfeld, Blennorhoe und Syphilis in der Lehre von der Ursache der Sterilität beim Manne. Lancet-Clin. 1905, Juli. Monatsh. f. prakt. Derm. 42, S. 363.

Heine, G., Unbewußte Gonorrhoe trotz Striktur und doppelseitiger Epididymitis. Derm. Wochenschr. 55, Nr. 52, S. 1585.

Hoffmann, Claude G., Neisserian Infektion: With special reference in pre-nuptial examination of the male. The Urol. and Cutan. Rev. 1915, Nr. 11, S. 613.

Horrocks, P., Eine Vorlesung über Sterilität. Lancet 1904, S. 4193. Ref. Deutsche med. Wochenschr. 1904, Nr. 4, S. 150.

Hottinger, R., Über chronische Prostatitis und sexuelle Neurasthenie. Korrespondenzbl. f. Schweiz. Ärzte 1896, Nr. 6.

Hühner, M., The practical scientific diagnosis and treatment of sterility in the male and female. Med. Record 9. 5. 1914. Zeitschr. f. Urol. **10,** Heft 3, S. 122.

Hymann, A. und **A. S. Sanders,** Über chronische Entzündung der Samenbläschen. New York med. Journ. 29. 3. 13. Derm. Wochenschr. 1913, Nr. 39, S. 1167.

Ivens, Fr., Das Vorkommen von Gonorrhoe in gynäkologischer Hospitalpraxis. The Brit. Med. Journ. 1909, Juni 19, S. 1476. Arch. f. Derm. u. Syph. **98,** S. 469. Unter 1052 poliklinisch behandelten Frauen fand Verf. 149 Fälle = 14 % von Gonorrhoe. Von diesen 149 waren 47 = 30 % steril; eine beträchtliche Zahl hatte bloß ein Kind. Von 157 klinischen Patienten, meist Operationsfällen, waren 39 = 24 % gonorrhoisch. Von diesen waren 13 = 33 % steril.

Janes, Importance d'un diagnostic très précis des uretrites. Journ. d'urol. **3,** 1913, Nr. 1. Ref. Zeitschr. f. Urol. **7,** Heft 6, S. 484.

Janet, Jules, Conduite á tenir en cas de blennorrhagie matrimoniale. Journ. d'Urol. **2,** Nr. 4, 1912. Zeitschr. f. Urol. **7,** Heft 6, S. 482.

Johnson, J. T., Die Wirkung der Blennorrhoe auf die weiblichen Fortpflanzungswerkzeuge. Amer. med. Assoc. Journ. 11. März 1905. Ref. Monatsh. f. prakt. Derm. **42,** 1906, S. 475.

— Über den Einfluß des Gonokokkus auf die Sterilität in beiden Geschlechtern. The Urol. and Cutan. Rev. Dez. 1913. Zeitschr. f. Urol. **10,** 1916, Heft 3, S. 112.

Mac Uaugthon Jones, Sterility in Women. Practitioner. The Urol. and Cutan. Rev. 1915, Heft 11, S. 628. Gonokokken eine der Hauptursachen.

Jullien, Blennorrhagie et Mariage. Paris 1898, J. B. Baillière et fils. Unter 2160 Fällen von Epididymitis waren 1011 rechtsseitig, 982 linksseitig und 165 doppelseitig. Bei 85 Fällen von doppelseitiger Epididymitis fanden sich nur bei 9 nachträglich Spermatozoen.

— Garanties sanitaires du mariage. Jullien (rapporteur) et discussion. Bull. soc. franc. de prophyl. sanit. et morale. 1903, Heft 6 ff.

— Traité pratique des maladies vénériennes. Baillière et fils, Paris 1879.

Kammerer fand 83 % Endo- und Perimetritis als Ursache der weiblichen Sterilität.

Kehrer fand bei 96 untersuchten Ehen unter den Ehemännern 29 mal Azoospermie = 30,21 %.

— **F. A.,** Ein eigenartiger Fall von Azoospermie. Münch. med. Wochenschr. 1900, Nr. 36.

Keyes, Edward L., Der Einfluß der Geschlechtskrankheiten auf die öffentliche Gesundheit. New York med. Journ. 1. Jan. 1910. Monatsh. f. prakt. Derm. **2,** 51, S. 94. Sieht Blennorrhoe in großen Städten als endemisch an. Das Verhältnis von Männern zu Weibern ist 16 : 1 und betrafen nahezu ein Drittel der Fälle (bei Weibern) verheiratete Frauen, welche von ihren Ehemännern infiziert worden sind.

Kisch, Heinrich E. (Prag), Das Geschlechtsleben des Weibes in physiologischer, pathologischer und hygienischer Beziehung. Zweite vermehrte u. verbesserte Aufl. mit 122 zum Teil farb. Abb. Berlin u. Wien, Urban u. Schwarzenberg, 1907, 728 S. Ref. J. Klein (Straßburg i. E.).

Kopp, N., Zur Beurteilung der Erbschen Statistik des Trippers usw. Münch. med. Wochenschr. 1906.

Kornfeld, Gonorrhoe und Ehe. Wien. med. Wochenschr. 1902, S. 36—41.

Koßmann, R., Zur Statistik der Gonorrhoe. Münch. med. Wochenschr. 1906.

Kroner, Über die Beziehungen der Gonorrhoe zu den Generationsvorgängen. Bresl. ärztl. Zeitschr. **9,** 1887, S. 17.

Lehrich, Albert, Die Azoospermie. Inaug.-Diss. Kiel 1891.

Leven, Zur Frage der Blennorrhoeheilung und des Ehekonsenses bei Gonorrhoe. Monatsh. f. prakt. Derm. **41,** 1905, S. 87.

Levy, Die männliche Sterilität. Leipzig 1889, Max Spohr.

Liégeois, Influence des maladies du testicule et de l'epididyme sur la composition du sperme. Ann. de Derm. 1, 1869, S. 410, et Soc. de chir. 1869. Doppelseitige Epididymitis haben

Liégeois	unter	83	Fällen	75 mal	Azoospermie
Noeggerath	„	28	„	7 „	„
Gosselin	„	20	„	19 „	„
Godard	„	38	„	34 „	„
Neißer	„	8	„	7 „	„
Giacomini	„	20	„	20 „	„
Lier und Ascher	„	75	„	75 „	„

gefunden, d. h. unter 306 Fällen von doppelseitiger Epididymitis 253 mal Azoospermie, d. h. in rund 83 %.

Liehr, H. und **S. Ascher,** Beiträge zur Sterilitätsfrage. Zeitschr. f. Geb. u. Gyn. 18, 1890, S. 262 f.

Lohnstein, H., Über die Reaktion des Prostatasekrets bei chronischer Prostatitis und ihren Einfluß auf die Lebensfähigkeit der Spermatozoen. Vortrag: Verein f. inn. Med. zu Berlin 1900. Deutsche med. Wochenschr. 1900, S. 841. Posner, Diskussion ibid. Allg. med. Zentr.-Ztg. 1900, S. 1049.

Mandl, J., Über die soziale Bedeutung der venerischen Krankheiten. Wien. med. Wochenschr. 57.

Marcuse, Max, Die Zeugungsunfähigkeit des Mannes. Sexualprobl. April 1912.

Menge verlangt besonders große Sorgfalt mit Bezug auf Gonorrhoe für die Ehekonsensuntersuchungen.

Mibelli, Vittorio, La blenorragia dal punto di vista medico sociale. Relazione. XIV. Congr. med. intern. di Madrid. Aprile 1903.

Neißer, A., Über die Dauer der Ansteckungsfähigkeit der Gonorrhoe. Intern. Kongr. Kopenhagen 1884. Sect. de derm. et syph. 108—110. Straßb. Naturforschervers. 1885.

— Welchen Wert hat die mikroskopische Gonokokkenuntersuchung? Deutsche med. Wochenschr. 1893, Nr. 29 u. 30.

— Über die Bedeutung der Gonokokken für Diagnose und Therapie der weiblichen Gonorrhoe. (Frankfurter Gonorrhoe-Debatte.) Zentralbl. f. Gyn. 1896, Nr. 42.

— Danger social de la blennorrhagie. Conférence internationale pour la prophylaxie de la syphilis et des maladies vénériennes. Brüssel, Sept. 1899.

— Umfrage über Begriff und Behandlung der chronischen Gonorrhoe. Med. Klinik 1907, Nr. 21.

— Trippererkrankungen und Ehe. Krankheiten und Ehe. 2. Aufl. Häufigkeit der Epididymitis und Bedeutung der Azoospermie S. 594 f. Beziehungen des Trippers zur Impotentia gignendi S. 603. Störungen der Potentia coeundi S. 604. Gonorrhoe als Sterilitätsursache S. 613.

— und **Putzler,** Zur Bedeutung der gonorrhoischen Prostatitis. Verhandl. d. IV. Deutsch. Derm. Kongr. Wilhelm Braumüller, Wien.

Neuberger, Gonorrhoe und Ehekonsens. Wien. klin. Rundschau 1899, Nr. 50.

Noeggerath, Die latente Gonorrhoe beim weiblichen Geschlechte. Bonn 1872.

— Über latente und chronische Gonorrhoe beim weiblichen Geschlecht. Deutsche med. Wochenschr. 1887, S. 49.

— Zur Abwehr und Richtigstellung in Sachen chronischer Gonorrhoe. Arch. f. Gyn. 32, 1888.

Olshausen, R., Über Fortpflanzungsfähigkeit, Schwangerschaft und Geburt. Klin. Jahrb. 11, 1903, S. 117 f.

Peller, Sigismund, Die soziale Bedeutung der Gonorrhoe. Beihefte d. Wochenschr. „Das österr. Sanitätswesen". 1913, Nr. 38.

Petit, Paul, La blennorrhagie et la responsabilité civile et pénale. Bull. de la soc. franç. de proph. sanit. et morale. Janvier 1903, S. 34.

Pfannenstiel, Über den Einfluß der Geschlechtskrankheiten auf die Fortpflanzungsfähigkeit des Weibes. Zeitschr. f. Bekämpfung d. Geschlechtskrankh. 6.

Pincus, Über Azoospermie. Deutsche med. Wochenschr. 1905, Nr. 39, S. 1581.

Pinkus, L., Wichtige Fragen zur Sterilitätslehre. Arch. f. Gyn. 80, 1907.

Posner, C., 1. Die diagnostische Hodenpunktion. 3. Die Prognose der Azoospermie. Berl.
klin. Wochenschr. 1905, Nr. 35. Sachv.-Ztg. 1910, Nr. 12. Arch. f. Derm. 1912, 113.
— und **Cohn, J.,** Zur Diagnose und Behandlung der Azoospermie. Deutsche med. Wochenschr. 1904, Nr. 29, S. 1062.
Prinzing, Die sterilen Ehen. Zeitschr. f. Sozialwissensch. 1904. P. hat folgende Berechnung
aufgestellt: In Deutschland wurden im Jahre 1901 2 097 838 Kinder geboren, darunter
1 918 155 eheliche. Die Zahl der Ehen, in denen die Frauen im Alter von 15—50 Jahren
standen, war bei der Volkszählung im Dezember 1900 7 447 228; bei vorsichtiger Schätzung
kann man annehmen, daß in 10 $^0/_0$ dieser Ehen, d. h. in 744 723 Ehen, keine Kinder
geboren werden (tatsächlich sind es 12—15 $^0/_0$ und mehr); darnach würde die Zahl der
Ehen, in welchen in Deutschland während des Jahres 1901 Geburten erwartet werden
konnten, 6 702 500 betragen; es kämen demnach auf eine fruchtbare Ehe jährlich
0,286 Kinder. Unter Zugrundelegung dieses Koeffizienten würden sich für die unfruchtbaren Ehen 220 000 Kinder berechnen. Von den oben berechneten 10 $^0/_0$ =
744 700 sterilen Ehen ist in 6,3 $^0/_0$ = 46 900 die Ursache der Sterilität durch das höhere
Alter der Frau bedingt; es bleiben demnach rund 700 000 Ehen übrig, auf die wir die
durch ärztliche Untersuchung festgestellten Ursachen der Sterilität übertragen können.
Da nun in etwa 40—50 $^0/_0$ der kinderlosen Ehen die Gonorrhoe der Männer die Kinderlosigkeit direkt oder indirekt bedingte, so müssen wir annehmen, daß in Deutschland
etwa 350 000 (also 4 $^0/_0$) der Ehen, in welchen die Ehefrau im Alter von 15—50 Jahren
steht, infolge von Geschlechtskrankheit des Mannes kinderlos blieben. Der jährliche
Ausfall an Geburten würde dann gegen 100 000 betragen. Zu diesen 300 000 bzw.
100 000 tritt nun noch der Ausfall durch die Einkindsterilität. Der Gesamtverlust
durch die Gonorrhoe ist also ein ganz ungeheurer.
Richter (Königsberg), Die Bevölkerungsfrage. Med. Klinik 1916, Heft 3, S. 82.
Rohleder, Hermann, Vorlesungen über Sexualtrieb und Sexualleben des Menschen. Berlin
1901. Fischers Med. Buchhandl.
— Die Funktionsstörungen der Zeugung beim Manne. Leipzig 1913. Azoospermie usw.
S. 186—232.
Roßmann, Zur Statistik der Gonorrhoe. Münch. med. Wochenschr. 1907, Nr. 51, S. 2535.
Rosthorn, Über die Folgen der gonorrhoischen Infektion bei der Frau. Prager med.
Wochenschr. 1892, 17, 12, 23.
— **Schäffer,** Münch. med. Wochenschr. 1906, Nr. 52, S. 2582. Münch. med. Wochenschr.
1904, Nr. 13, S. 585.
Runge, E., Ätiologie und Therapie der weiblichen Sterilität. Arch. f. Gyn. 87, Heft 3.
Roubaud, Traité de l'impuissance et de la stérilité chez l'homme et chez la femme. 2e édit.
Paris 1872. 3e édit. 1876.
Royer, Des oblitérations des voies spermatiques et de la rétention spermatique. Thèse
de Paris 1857.
Saalfeld, Edm., Wann dürfen Gonorrhoische heiraten? Fischers Med. Buchhandl. Berlin
NW. 6. 1894.
— Geschlechtskrankheiten und Ehe. Hyg. Volksbl. 1903, Nr. 6.
Sänger, Die Tripperansteckung beim weiblichen Geschlecht. Leipzig 1889.
Schäffer, Pathologie der Gonorrhoe. Lubarsch-Ostertag. 7. Jahrg. 1900/1901.
— **R.,** Häufigkeit etc. S. 52. Von der Gesamtzahl der beobachteten 500 primär-sterilen
Ehen sind abzuziehen 49. Somit bleiben für die Berechnung eines Prozentverhält-
nisses 451. Von diesen 451 litten (rein oder vergesellschaftet mit anderen Erkrankungen) an Gonorrhoe oder fast ausschließlich auf Gonorrhoe zurückführbaren entzündlichen Erkrankungen der inneren Genitalien 304 = 67,3 $^0/_0$, an verschiedenen
anderen Ursachen 147 = 32,7 $^0/_0$. Unter den hier zusammengestellten 304 Fällen befinden sich die sämtlichen zur Untersuchung gelangten Sterilen, welche deutlich nach-
weisbare, entzündliche peri- oder parametritische Veränderungen der inneren Genitalien oder floride Gonorrhoe aufwiesen. Es war oben ausgeführt, daß der von mir
begangene Fehler der Einrechnung aller dieser Fälle in die gonorrhoische Ätiologie
nur ein geringer sein kann. Mit Bewußtsein wurde dieser Fehler nie begangen, höchstens
liegt in dem einen oder anderen Falle ein Irrtum meiner Diagnose vor. Die speziali-
sierte Aufzeichnung in Tabelle 1 läßt erkennen, daß in vielen Fällen eine ganze
Reihe konzeptionsbehindernder Leiden mit dem gonorrhoischen Leiden vergesellschaftet
war. Der von mir in Tabelle II gefundene Prozentsatz von 67,3 $^0/_0$ Gonorrhoischer

unter den 451 sterilen Frauen kann und soll also nicht bedeuten, daß in allen diesen
304 Fällen die Gonorrhoe die einzige Ursache der Sterilität war. Wenn aber auch
aus den angegebenen Gründen eine genaue Prozentzahl sich überhaupt nicht angeben
läßt, so geht doch die überragende Bedeutung der Gonorrhoe für die Entstehung der
Sterilität aus dieser Zahl klar hervor. In einer weiteren Tabelle berichtet Schäffer
über 596 Verheiratete ohne lebende Kinder, die bereits geboren oder abortiert
hatten. Hiervon abzuziehen: 218. Es kommen also für die Prozentberechnung in
Frage 378. Es litten an Gonorrhoe und entzündlichen Anhangserkrankungen 271.
Zu Nr. II dieser Tabelle ist zu bemerken, daß, während bei den primär Sterilen an
der gonorrhoischen Ätiologie in der überwiegenden Mehrzahl der Fälle gar nicht zu
zweifeln war, hier die zweite Ursache derartiger entzündlicher Zustände, die puerperale
Veranlassung, mit in Frage tritt. Wenn auch die puerperalen Erkrankungen häufig
auf dem Boden einer bereits bestehenden gonorrhoischen Infektion erst entstehen,
so läßt sich doch diese Häufigkeit nicht einmal abschätzen. Auch die acht Tuben-
graviditäten und die 25 vorausgegangenen Laparotomien lassen nicht erkennen, wie
häufig sie durch Gonorrhoe bedingt sind. Die 271 hier zusammengestellten Fälle,
welche 71 % der in Betracht kommenden Fälle ausmachen, beweisen daher nur, welche
verhängnisvolle Bedeutung der Entzündung der inneren Genitalien für das Zustandekommen der Unfruchtbarkeit zukommt. Azoospermie, Hodenentzündung des Ehemannes, Ejaculatio praecox, Nekrospermie war die Ursache der Sterilität in 21 Fällen.
Schließlich berichtet Schäffer über sekundär sterile Frauen, über Sterilität
klagend in 96 Fällen. a) Davon waren leidend an Gonorrhoe, Adnextumoren, Peri-
Parametritis, Perioophoritis 49 Fälle; b) leidend an Lues 1 Fall; c) Azoospermie, Nekrospermie, Hodenentzündung, Ejaculatio praecox des Ehemanns lag vor in 9 Fällen,
im ganzen 96 Fälle. Aus dieser Tabelle ersehen wir: 1. daß auch bei den über Kinderlosigkeit klagenden sekundär sterilen Frauen, die an Gonorrhoe und entzündlichen
Anhangserkrankungen leidenden mehr als die Hälfte bilden. Erwähnt mag noch werden,
daß in den Protokollen dieser 96 Frauen sich achtmal die Bemerkung verzeichnet
findet: Ehemann entzieht sich der Untersuchung.

van Schaick, George G., The frequency of gonorrhoea in married women. New York med.
Journ. 1897. 30. Okt.

Schallmayer, W., Infektion als Morgengabe. Zeitschr. f. Bekämpfung d. Geschlechtskrankh.
2, 1903/04, Nr. 10.

Schenk, Pathologie und Therapie der Unfruchtbarkeit des Weibes. 1903. In 110 sterilen
Ehen lag die Ursache beim Manne 51 mal = 46,4 %.

Schmidt, Louis E., Relative Impotency due to Chronic Urethritis of the Posterior Urethra.
Journ. of cut. and gen. ur. Dis. 1002, S. 105.

Schoenfeld, Beziehungen der chronischen Gonorrhoe zur Impotenz. Wien. med. Wochenschr. 1901, S. 5 f.

Scholtz, Welche Gesichtspunkte sind bei der Beurteilung der Infektiosität chronischer
postgonorrhoischer Urethritiden maßgebend? Arch. f. Derm. u. Syph. 1901, **56,**
S. 233.

— **W.,** Vorlesungen über die Pathologie und Therapie der männlichen Gonorrhoe. Jena
1904, G. Fischer.

— Über Geschlechtskrankheiten und Ehe. Deutsche med. Wochenschr. 1908, Nr. 51,
S. 2244.

— Beiträge zur Lehre von der Sterilität des Mannes. Arch. f. Derm. **101,** 1910, Heft 1.

— Lehrbuch der Haut- und Geschlechtskrankheiten für Studierende und Ärzte. Verl.
S. Hirzel, Leipzig 1913. Zeitschr. f. Sexualwissensch. **2,** Heft 2, 1915. Verf. konstatiert
als Folge einer doppelseitigen Epididymitis Azoospermie in etwa 50 % der Fälle, hebt
aber hervor, daß auch nach einseitiger Epididymitis sowie nach follikulärer und paren-
chymatöser Prostatitis vollständige Azoospermie gar nicht so selten vorkommt und
dann wohl durch Eiterherde am Samenhügel und dadurch bedingten narbigen Verschluß der Ductus ejaculatorii herbeigeführt wird. Den Prozentsatz der Tubeninfek-
tionen und demgemäß der Sterilität bei weiblicher Gonorrhoe schätzt er auf 20 %
der Gesamtheit aller Gonorrhoefälle.

— Gonorrhoe und Ehekonsens. Allg. Med. Zentralztg. 1900, Nr. 45. Sch. untersuchte 100
poliklinische Patienten und fand in 20 % chronische Urethritis. 10 % waren infektiös.

Simmonds, Die Ursachen der Azoospermie. Arch. f. klin. Med. **61.** Fand bei 1000 Leichen, bei denen er die Hoden auf Sperma untersuchte, 33 mal Azoospermie, darunter 22 mal sicher gonorrhoischen Ursprungs.

Schottmüller und **Barfurth,** Zur Ätiologie der eitrigen Adnexerkrankungen. Beitr. z. Klinik d. Infektionskrankh. etc. **2,** Heft 1, S. 45.

Schultz, Beiträge zur Pathologie und Therapie der weiblichen Gonorrhoe. Arch. f. Derm. u. Syph. **36,** 1896.

Steinbüchel, Einfluß der Gonorrhoe auf das Wochenbett und die Augenerkrankungen der Neugeborenen. Wien. klin. Wochenschr. 1892, 21, 22.

Steinschneider, Über den Sitz der gonorrhoischen Infektion beim Weibe. Berl. klin. Wochenschr. 1887, Nr. 17.

Torkel, K., Sterilität des Weibes. Monatsschr. f. Geb. u. Gyn. **26,** 1907.

Valentine und **Townsend,** Ehekonsens nach überstandener Gonorrhoe. Journ. of Amer. Assoc. Nr. 23, 1908. Ref. Deutsche med. Wochenschr. 1908.

Vörner, Statistik des Trippers beim Manne, seine Folgen für die Ehefrauen. Münch. med. Wochenschr. 1907, Nr. 5, S. 219.

H. Wansly Bayly (London), Chronische Gonorrhoe. Brit. med. Journ. 14. März. Der Autor gibt ausführliche Anweisung zur Untersuchung und Behandlung bei chronischer Gonorrhoe, die er für eine der Hauptursachen der abnehmenden Geburtenziffer ansieht.

Webster, De la stérilité chez l'homme. Royal med. and chir. Soc. of London. Gar. des hôp. 1863, 339.

Welander, Über die Untersuchung der Frauen in Hinsicht auf die Diagnose der Gonorrhoe. Hygiea 1896, **58.**

Wertheim, Beitrag zur Kenntnis der Gonorrhoe beim Weibe. Wien. klin. Wochenschr. 1890, Nr. 25.

— Die aszendierende Gonorrhoe beim Weibe. Arch. f. Gyn. **42,** Heft 1.

Winter, G., Unsere Aufgaben in der Bevölkerungspolitik. Zentralbl. f. Gyn. 1916, Nr. 5. Die Konzeption wird gefährdet durch die eheliche Sterilität; der Verlust an kindlichem Leben durch dieselbe ist ungeheuer. Wenn wir in Deutschland die Zahl der Ehen auf zirka 11 Millionen schätzen und die sterilen Ehen mit zirka 10 % annehmen, so kann man bei mittlerer ehelicher Fruchtbarkeit von drei Kindern den Verlust auf zirka 3 Millionen kindlicher Leben durch die eheliche Sterilität berechnen. Dazu kommt die nicht zu berechnende Einbuße an Kindern infolge nicht ausgeschöpfter ehelicher Fruchtbarkeit bei Ein- und Zweikindersterilität. Über die Ursachen der ehelichen Sterilität sind wir in den letzten Jahren zu ziemlich eindeutiger Klarheit gekommen; sie liegt, wie übereinstimmende Untersuchungen ergeben haben, für zirka ein Drittel der Fälle in Azoospermie der Männer, welche fast ausschließlich der Gonorrhoe ihren Ursprung verdankt; von den auf die Frau entfallenden zwei Dritteln steriler Ehen ist wiederum ungefähr ein Drittel auf die gonorrhoischen Salpingitiden, Perimetritiden und Katarrhe zurückzuführen, so daß man getrost zirka zwei Drittel der ehelichen Sterilität mit der Gonorrhoe des Mannes in Verbindung bringen kann. Die Bedeutung der Syphilis ist eine andere; sie gefährdet nicht die Konzeption, sondern den Nachwuchs. Die hereditäre Syphilis zerstört eine große Zahl kindlicher Leben. Gegenüber der Gonorrhoe treten alle anderen Ursachen der ehelichen Sterilität in ihrer Bedeutung zurück.

Wossidlo, Hans, Die Gonorrhoe des Mannes und ihre Komplikationen. Berlin 1903. Otto Enslin.

Yudice, Zur Statistik des Trippers usw. Dermat. Zentralbl. **10.** Fand in 117 von 377 Tripperehen (d. h. in 31 %) absolute Sterilität und in 72 (d. h. in 19,09 %) die Einkindehe. Ein Vergleich des Prozentsatzes absolut steriler, resp. Einkindehen bei unterleibsgesunden und unterleibskranken Frauen ergab 34,6 resp. 13,82 % (zusammen 48,42 %) bei ersteren und 62,5 resp. 12,5 % (zusammen 75 %) bei letzteren. Bei 230 unterleibsgesunden Frauen gonorrhoisch nicht infizierter Männer waren 17,83 % absolut steril (mit 41,46 % davon aus unbekannten Gründen) und 17,39 % (mit 60 % davon aus unbekannten Gründen) gehörten in die Einkind-Rubrik (zusammen also 35,22 %). Berechnen wir auf Grund dessen den Prozentsatz der Null- und Einkindehen bei unterleibsgesunden Frauen ehemalig gonorrhoisch infiziert gewesener Ehemänner einerseits und gesunder Männer andererseits, finden wir: Es gehörten in die Gruppe der Null- und Einkindehen in Prozenten ausgesprochen:

Von den unterleibsgesunden Frauen			
gonorrhoisch gewesener Ehemänner		gesunder Ehemänner	
im allgemeinen	aus unbekannten Gründen	im allgemeinen	aus unbekannten Gründen
48,42	27,47	35,22	17,74

Also sowohl der Prozentsatz der Null- und Einkindehen im allgemeinen, wie auch der Prozentsatz der Null- und Einkindehen aus unbekannten Ursachen ist größer bei den unterleibsgesunden Frauen gonorrhoisch gewesener Männer, und zwar um rund 13, resp. rund 10, von welchem Überschusse Yudice nur einen Teil auf die Gonorrhoe zurückführen will. Vedeler setzt 70 $\%$ der Sterilität auf Rechnung des Mannes, Schuwarski 40,8 $\%$, Olshausen 50 $\%$, Rosthorn 40 $\%$, Chrobak 34 $\%$. Nach Lier-Ascher sind besonders die Männer und diese wieder auf Grund gonorrhoischer Erkrankungen an der Unfruchtbarkeit der Ehe schuld. Sie fanden bei 132 Ehen, bei denen Mann und Frau einer Untersuchung unterzogen worden sind, unter den Ehemännern 42 = 31,8 $\%$ Azoospermie, 11 = 8,3 $\%$ impotente. 41 hatten ihre Frauen gonorrhoisch infiziert, demgemäß ist die Gesamtschuld des Mannes an der Sterilität mit 71,2 $\%$ zu berechnen. Neben diesen 132 Frauen wurden noch 95 Ehefrauen wegen primärer Sterilität untersucht. Darunter fanden sich 53 mit Gonorrhoe behaftet. Eine Untersuchung der 95 zugehörigen Männer konnte aus verschiedenen Gründen nicht ausgeführt werden. Gonorrhoisch krank waren also unter den gesamten 132+95=227 primär sterilen Frauen = 41 $\%$. Eine zweite Serie betrifft 197 unfruchtbare Ehen mit erworbener Sterilität der Frauen. Zieht man hiervon 48 Fälle von Coitus reservatus ab, so bleiben 149 Ehen übrig. Unter diesen war eine Schuld des Ehemannes vorhanden in 37 = 24,9 $\%$ (2 Fälle von Azoospermie, 35 mal gonorrhoische Ansteckung der Frau). Schenk berichtet aus dem Sängerschen Material über 110 Fälle, in denen beide Ehegatten untersucht wurden, und fand: ad 1. Sterilität, bedingt durch Impotenz, Azoospermie und Oligospermie 51 = 46,4 $\%$. ad 2. Übertragung der Gonorrhoe auf die Frau 14 Fälle = 12,7 $\%$, demgemäß ad 3. Sterilität, bedingt durch die vorausgegangene Erkrankung des Mannes in 59,1 $\%$. In 287 Fällen primärer Sterilität kamen nur die Frauen zur Untersuchung, und dabei wurde Gonorrhoe 107 mal, d. h. in 34,8 $\%$ der Fälle konstatiert. Nicht weniger wie 79 dieser Frauen (25,1 $\%$) hatten bereits Adnexerkrankungen. Viel geringer schlägt Dunning (Indianapolis) und namentlich Erb die Gefahr der Gonorrhoe für die Ehe an. Er berichtet über 400 Fälle, wo die Männer verschieden lange Zeit vor der Heirat an Tripper gelitten hatten; er konnte nur bei 4,25 $\%$ eine sichere oder sehr wahrscheinliche Gonorrhoeerkrankung der Ehefrauen feststellen, zu denen noch 2 $\%$ nicht sicherer Fälle hinzutraten. Über die Kinderzahlen berichtet er, daß unter 370 Ehen früher tripperkranker Männer 68 $\%$ mit 2 oder mehr Kindern, sogar 25 $\%$ mit vier oder mehr Kindern waren. Daß diese Ziffern keine allgemeine Bedeutung haben, sondern nur für das Erbsche Privatmaterial gelten, geht aus der sehr sorgfältigen Arbeit Burkhards hervor, dessen Statistik sich auf Material aus Arbeiterkreisen aufbaut.

Zusammenstellung bei Peller, Soziale Bedeutung der Gonorrhoe etc. S. 10:

Balin fand in sterilen Ehen   74 mal = 36,5 $\%$
S. Groß unter 192 sterilen Ehen 33 „ = 17,0 „
Busch   „   100   „   „ 27 „ = 27,0 „
Lewy   „   60   „   „   3 „ = 5,0 „

Azoospermie als Ursache der Sterilität. Torkel gibt an, daß bei Zusammenstellung der Resultate mehrerer Autoren (9) in 26 $\%$, also in etwa einem Viertel aller sterilen Ehen Azoospermie, Aspermatismus und Mißbildungen der männlichen Geschlechtsorgane vorkommen. Casper fand bei 33 Männern = 33 $\%$ Azoospermie, bei 13 = 40 $\%$ Oligospermie und bei 9 = 27 $\%$ Polyspermie. Busch bei 27 $\%$ Azoo-, 39 $\%$ Oligo- und 34 $\%$ Polyspermie.

Zusammenstellung in The Urologic and Cutaneous Riview. Dez. 1913: Johnson schätzt die Verbreitung der Gonorrhoe unter den Männern der amerikanischen Städte zwischen

18 und 28 Jahren auf 75 %, viele andere sogar auf 95 %. Hagner glaubt, daß unter
6 Fällen einmal der Mann die Schuld an der Sterilität der Ehe trägt. Groß fand
in 192 Fällen von Ehesterilität in 18 % die Schuld in gonorrhoischer Erkrankung
des Mannes, Brothers in 20 %, Reis in 30 %. Vedder-Christiania findet 70 %
Gonorrhoe bei Mann und Frau als Ursache der Sterilität. Morrow hält die Gefahr
der Gonorrhoe für die unfreiwillige Sterilität in Ehen für gefährlicher als die Syphilis.
Cleveland konstatiert 30 % Infektionen der Ehefrauen von Männern in seiner Privatpraxis. Janet hält die Gefahr der Gonorrhoe für hundertmal größer als die der
Syphilis, teils durch ihre kolossale Verbreitung, teils durch die Schwere ihrer Erscheinungen. Williams glaubt, daß 73 % aller Aborte auf gonorrhoische Endometritis
zurückzuführen sind.

Einfluß der Syphilis auf die Nachkommenschaft (insbesondere bei Paralytikern) und auf das Lebensalter.

D'Autnay berechnet als Durchschnittszahl 45 % Aborte, indem er die von verschiedenen
Autoren gefundenen Werte zusammenstellte (zitiert nach Sprinz). Lebensfähigkeit der Frühgeburten. Von sämtlichen 127 syphilitischen Frühgebdrten waren
102 — genau $^4/_5$ — totgeboren. Aber auch das Schicksal des übrigen Fünfteils war
bald entschieden, denn bis zum Ende des ersten Monats waren alle bis auf drei gestorben. Lebensfähigkeit der reifen, lebendgeborenen Kinder. Kassowitz
berechnete, daß 34 % aller Kinder mit vererbter Lues schon während der ersten
Monate sterben. Nach Werner-Hamburg starben von 67 rechtzeitig geborenen
48 = 72 % innerhalb des ersten Jahres. Im Findelhause zu Budapest: von 178
Kindern mit hereditärer Syphilis 80 = 46 %.

Barré, A. und **P. Gastinal,** Studium einer Familie von Heredoluetischen. Presse med.
1910, Nr. 65. Monatsh. f. prakt. Derm. **52,** 1911, Nr. 4, S. 203.

Boas, Harald und **Henning Rönne,** Untersuchungen über familiäre Syphilis bei paren-
chymatöser Keratitis. Hospitalstidende 1914, Nr. 3. Med. Klinik 1914, Nr. 7, S. 302.

Bull, St. Ch., Die zunehmende Häufigkeit der Erbsyphilis und die außerordentliche Wichtigkeit früher Diagnose bei kleinen Kindern vom Standpunkte des Augenarztes. Med.
Record. 7. Jan. 1911. Monatsh. f. prakt. Derm. **53,** 1911, Nr. 2, S. 109.

Cassel, Statistische Beiträge zur hereditären Syphilis. Arch. f. Kinderheilk. **50.** Beispiele von großer Polymortalität. Anführen will ich nur (I) das Schicksal der
Familie M.: 10 Graviditäten. I, II und III ausgetragen, an Lues cong. gestorben,
IV und V totgeboren, VI, VII, VIII ausgetragen, an Lues gestorben, IX Abort, X ausgetragen, an Lues gestorben. Kein Kind lebt, vier sind von uns an Lues behandelt
worden. Die Kinder starben fast alle während der Behandlung an Eklampsie (1893,
1896, 1898, 1902). (II.) Familie H.: 6 Graviditäten: I und II Partus praematurus
im 5. Monat, III, IV, V vorzeitig lebend geboren, an Lebensschwäche gestorben, VI an
Lues von uns behandelt, lebt allein. (III.) Familie S.: I und II ausgetragen, sechs
Wochen alt, defunkt, III und IV totgeboren im 8. Monat, V ausgetragen, lebt, VI
12 Tage alt, defunkt, VII von uns an Lues behandelt, defunkt. Statistik auf die erste
Attacke der Fälle von Lues hereditaria der Säuglinge, die Rezidive der folgenden Jahre
und die Lues tarda hingegen sind ausgeschaltet. Es ergaben sich nach den Zusammenstellungen folgende Zahlen: Gesamtzahl der Kinder 36 518, Gesamtzahl der Säuglinge
17 448, syphilitische Säuglinge 207 (1,18 % der Säuglinge), legitime Säuglinge
15 181, illegitime Säuglinge 2 267, legitime syphilitische Säuglinge 173 (1,13 %
der legitimen Säuglinge), illegitime syphilitische Säuglinge 34 (1,5 % der
illegitimen Säuglinge). Die Aufstellung lehrt also erstens, daß 1,18 % unserer Säuglinge an Lues hereditaria litten. Zweitens ergibt sich die ganz bemerkenswerte Tatsache, daß zwischen ehelichen und unehelichen bezüglich der Häufigkeit der Syphilis
nur ein ganz geringer Unterschied besteht (1,13 % bei den ehelichen, 1,5 % bei
den unehelichen).

Ehlers, E., Gegen die Kindersterblichkeit durch Erbsyphilis. Scientifica 1914, Nr. 74.
Derm. Wochenschr. 1915, Heft 47, S. 1082. An der Hand von Tabellen zeigt Ehlers
den verderblichen Einfluß der Syphilis auf die Nachkommenschaft und beschreibt
das von Welander gegründete Asyl für erbsyphilitische Kinder.

Faust, Statistik zur hereditären Lues der Unehelichen. Deutsche med. Wochenschr. 1913, Nr. 52, S. 2576. Von 111 mit Syphilis behafteten Ziehkindern sind 40 gestorben.

Fouqueraie, Descendance comparée des alcooliques et des syphilitiques. Journ. de méd. et de chir. prat. 25. Sept. 1907. Ann. des mal. vén. 1908, S. 768.

Fournier, Alfred, Die Vererbung der Syphilis. Deuticke, Wien 1892. S. 2. (Fingers Übersetzung.) Die Vererbung der Syphilis hat ein soziales Interesse. Und dieser Ausdruck ist nicht übertrieben angesichts der erschreckenden Mortalität, die die hereditäre Syphilis bedingt. Wenn sich nun diese Mortalität zum Range einer direkten Ursache der Entvölkerung erhebt, ist sie dann nicht ein wirklicher sozialer Schaden, bedingt sie dann nicht wirklich prophylaktische, soziale Maßnahmen?

— La syphilis des honnêtes femmes. In: Bull. de l'Acad. de méd. 1906, Nr. 32, S. 190. Auf fünf syphilitische Frauen kam eine verheiratete ehrbare syphilitische Frau.

Freund, Sterblichkeit der hereditär-syphilitischen Säuglinge. Ref. Zentralbl. f. allg. Path. **13,** 1902, S. 58. Jahrb. f. Kinderheilk. 52. Erg.-Heft. Die Prognose ist bei guter Behandlung nicht schlecht.

Harman, U. B., The influence of Syphilis on the Chances of Progeny. Brit. med. Journ. 5/2, 1916. (Siehe auch Tabelle II und III auf Seite 190.)

Tabelle I.

Zahl der Graviditäten für die einzelne Mutter	Zahl der Familien	Gesunde Kinder	Aborte	tot geboren	nachträglich gestorben	Syphilis-krank
18	1	10	—	—	7	1
17	1	6	2	7	1	1
16	1	1	—	—	14	1
15	1	6	2	1	5	1
14	3	11	5	7	13	6
13	5	17	4	10	26	8
12	4	21	6	7	11	3
11	10	50	8	6	33	13
10	7	32	8	3	18	9
9	10	33	11	7	22	17
8	16	54	24	7	17	27
7	15	50	9	4	18	24
6	14	24	3	8	14	25
5	11	23	3	6	6	17
4	17	22	4	5	19	18
3	13	16	2	1	3	17
2	10	4	1	1	3	11
1	11	—	—	—	—	11
—	150 mit 1101 Graviditäten	390	92	80	229	210

Haskell, Robert, Syphilis conjugale et parésie. D. Ann. Arbor Michigan, Etats-Unis. Annal. de Mal. Vén. 1915, Heft 10, S. 637.

— Familial syphilitic infection in General Paresis. (Familiensyphilitische Infektion bei Paralyse.) The Journ. of the Amer. Med. Assoc. **64,** Nr. 11. Med. Klinik 1915, Heft 26, S. 735.

Heller, Jul., Über die Häufigkeit der hereditären Syphilis in Berlin. Berl. klin. Wochenschr. 1909, S. 1315. Seit 1903 gibt es in Berlin genauere Zahlen über die Häufigkeit der kongenitalen Syphilisfälle. Todesfälle allein an kongenitaler Syphilis in Berlin: 1903 = 103, 1904 = 152, 1905 = 139, 1906 = 163, 1907 = 175. Die Zahl der auf erworbener Syphilis beruhenden Todesfälle betrug: 1903 = 29, 1904 = 33, 1905 = 58, 1906 = 58, 1907 = 55. Auf den besonderen Meldekarten war die Zahl der Todesfälle, bei denen Syphilisverdacht gemeldet wurde, 427. Nimmt man in Berlin die Zahl der Säuglinge gleich der Zahl der im Jahre Geborenen mit 50 000 an, so sterben etwa

Tabelle II. Harman.

Zahl der Graviditäten für jede Mutter	Zahl der Mütter	Gesunde Kinder	Aborte	Totgeboren	nachträglich gestorben
17	1	9	3	—	5
16	1	11	3	—	2
15	2	19	1	3	7
14	1	12	2	—	—
13	3	28	4	—	7
12	3	25	4	3	4
11	6	55	2	2	7
10	6	40	6	3	8
9	7	51	4	1	7
8	9	55	8	—	9
7	6	31	5	—	6
6	17	83	6	1	12
5	15	62	5	2	6
4	17	57	4	—	7
3	25	68	3	1	3
2	20	35	1	1	3
1	11	10	—	—	1
	150* mit 826 Graviditäten	654	61	17	94

Tabelle III vergleicht Tabelle I und II, auf 1000 berechnet.

	Gesunde Kinder	Aborte	Totgeboren	nachträglich gestorben	
Syphilis-Familien	390	92	80	229	210
Gesunde „ . . .	791,7	73,8	20,5	113,8	—

0,3% an Erbsyphilis. Die Zahl ist in Wahrheit viel zu klein, da viele Fälle unter der Bezeichnung Lebensschwäche und Atrophie sich verbergen, 12,5% aller Neugeborenen starben aber 1879—1880 an Lebensschwäche. Bemerkenswert ist die Tatsache, daß 1900—1903 in Groß-, Mittel- und Kleinstädten fast die gleiche Anzahl Neugeborener an Lebensschwäche starben. Die Zahl der 1903 in Berlin an Lebensschwäche gestorbenen Kinder beträgt 2109. Die uns am meisten interessierenden Zahlen betreffen aber die hereditär syphilitischen Kinder, die von der Krankheit nur so weit getroffen werden, daß sie Objekt einer Behandlung und eventuellen Heilung sein können. Über ihre Zahl ist natürlich keine Angabe, die der Wirklichkeit entspricht, zu machen (Fournier, Rapports S. 20). Syphilis und Fortpflanzung. Anzahl der Fehl- und Totgeburten im Durchschnitt: bei väterlicher Syphilis = 28 %, bei mütterlicher Syphilis = 60 %, bei elterlicher Syphilis = 68 %. Bei ungünstigen sozialen Verhältnissen häufig 86 %, bisweilen sogar 100 % (!!). Im ersten Jahre der Infektion = 97 % Fehl- und Totgeburten. Von 100 syphilitischen Schwangerschaften endeten mit Tot- und Fehlgeburten = 71,6 % (Seitz), = 34,0 % (Hyde), Totgeburten = 40,0 % (Fournier). Von 100 Schwangerschaften hereditär Syphilitischer endeten 59 % mit Tot- bzw. Fehlgeburten bzw. sind Kinder bald gestorben. Die Häufigkeit der Erbsyphilis ist statistisch kaum zu erfassen. Bekannt sind die furchtbaren Verluste, die unser Volk in seiner Vermehrung durch die Aborte infolge von Syphilis erleidet. Krömer berechnet, daß 10 % der Abortfälle auf Syphilis beruhen. Cassel stellte fest, daß in Familien mit Syphilis auf 100 Kinder 23,7 Aborte fallen. Obwohl erfahrungsgemäß gerade syphilitische Aborte verhältnismäßig leicht und in ihrer großen Mehrzahl ohne ärztliche Inanspruchnahme verlaufen, beträgt die Zahl der 1889 bis 1892 allein in den Universitätskliniken behandelten Abortfälle 766—1329 pro Jahr... Im Jahre 1902—1903 wurde die geburtshilfliche Klinik von 2552 Frauen (vgl. Keller, Charité-Annalen 1902) aufgesucht. Bei 96 = 3,8 % wurde Syphilis bei Mutter und Kind oder Mutter oder Kind festgestellt. Im vorangehenden Jahre betrug der Prozentsatz sogar fünf.

Hochsinger, Karl, Die gesundheitlichen Lebensschicksale erbsyphilitischer Kinder. Wien. klin. Wochenschr. 1910, Nr. 24,25. Ref. Arch. f. Rass.- u. Ges.-Biol. 1910, S. 516. Die Syphilis der Vorfahren übt einen schweren schädigenden Einfluß auf die körperliche und geistige Entwicklung der Nachkommenschaft aus, wie sie bei keiner anderen Erkrankung beobachtet werden kann. Die soziale Bedeutung der Erbsyphilis, die körperlich Minderwertige und geistig Abnorme, mit krankhaftem Charakter und verminderter Intelligenz, schafft, ist noch viel zu wenig gewürdigt worden. Die Syphilisverhütung energisch in Angriff zu nehmen, ist dringendst geboten.

Häufigkeit der **Idiotie** bei hereditärer Lues auf Grund klinischer Feststellung. Von 924 Idiotiefällen hatten 172 = 18,6 % eine positive Wassermannreaktion. Mit Zuhilfenahme der körperlichen Untersuchung gelang es sogar bei 33,8 % der Idioten Lues nachzuweisen. Hinzu kommen noch die Fälle von Epilepsie, zerebrale Kinderlähmung, Paralyse etc. (Zit. nach Sprinz, Derm. Wochenschr. 1912, S. 405.)

Jaeger, O. (Kiel), Morbidität im Wochenbett bei vorzeitigem Fruchttod und bei Syphilis der Mutter. Münch. med. Wochenschr. Nr. 35. An der Kieler Universitätsfrauenklinik beträgt die Gesamtmorbidität der Wöchnerinnen etwa 17 %; in den Fällen von Foetus maceratus jedoch 36 %, darunter mehrere schwere Puerperalerkrankungen und zwei tödliche Ausgänge. Für die Infektion ist neben der Mazeration der Frucht ätiologisch die in derartigen Fällen häufig vorkommende Retention von Eihautresten verantwortlich zu machen; auch scheint die doch meist vorhandene Lues den Verlauf des Wochenbettes ungünstig zu beeinflussen.

Karcher, Schicksal der hereditär-syphilitischen Kinder. Arch. f. Derm. **63**, 1902, S. 398. Bei Behandlung ist die Prognose nicht schlecht.

Kaufmann-Wolf, Marie (Heidelberg), Schicksal Syphiliskranker und ihrer Familien. Zeitschr. f. klin. Med. **75**, Heft 3 u. 4. Bericht über 47 Personen mit 15 Todesfällen. Bei den Männern war Erkrankung der Zirkulationsorgane häufig Todesursache, bei den Frauen seltener. Das Durchschnittsalter der Luetiker ist verkürzt, einzelne hohe Lebensalter kommen vor. Die Infektion des Ehegatten ist häufig. Drei, vier und sieben Jahre nach der Infektion wurde noch der Ehegatte infiziert. Die Häufigkeit der Aborte und Sterilität ergibt sich auch hier.

— Weiterer Beitrag zur Kenntnis des Schicksals Syphiliskranker und ihre Familien. Zeitschr. f. klin. Med. **76,** 1912.

— (Sichelstiel, Inaug.-Diss.). Sie berichtet in zwei Studien über ihre durch Katamnese von geeignetem Material aus verschiedenen Heidelberger Kliniken gewonnenen Resultate. In der ersten Studie handelt es sich um 19 Patienten, bei denen Syphilis occulta diagnostiziert worden war und Manifestationen des tertiären Stadiums vorlagen. Die Gesamtzahl der Schwangerschaften der 19 Ehen betrug 81; darunter waren 28 Aborte bzw. Früh- und Totgeburten; 20 Kinder sind gestorben, 34 leben noch; unter den lebenden sind 31 gesund, 3 sind erblich belastet. In der zweiten Studie handelt es sich um 9 Patientinnen, bei denen die Diagnose progressive Paralyse gestellt war. Es konnte das Schicksal von insgesamt 20 Eheleuten festgestellt werden, insofern als zu den 9 eigentlichen Patientinnen 9 Ehemänner und infolge von Wiederverheiratung verwitweter Ehemänner 2 weitere Ehefrauen hinzukamen. Die Patientinnen starben an ihrer Paralyse, von den 9 Ehemännern sind 5 gestorben, 2 an Tabes resp. Paralyse. Bei der Mehrzahl waren Erscheinungen von seiten des Zirkulationssystems vorhanden. Auf die 11 Ehen kommen 66 Schwangerschaften, darunter sind 33 Aborte bzw. Früh- und Totgeburten und 33 lebend geborene Kinder. Von diesen 33 lebend geborenen Kindern sind 20 gestorben, und zwar 14 in frühester Jugend. Es leben somit noch 13 Nachkommen, von denen nur 2 körperlich, geistig und moralisch völlig intakt zu sein scheinen.

Mc Kay, Hereditary Syphilis in Feeblemindedness (Schwachsinn). III. Med. Journ. The Urol. and Cutan. Rev. 1915, Heft 11, S. 634. In 8,5 % lag kongenitale Syphilis vor.

Kiaer, A. N., Statistische Beiträge zur Beleuchtung der ehelichen Fruchtbarkeit. (Videnskabs-Selskabets Skrifter. II. Historisk-Filosofisk Klasse 1903, Nr. 1.) Christiania. In Kommission bei Jacob Dybwad. 1903. Ref. Arch. f. Rass.- u. Ges.-Biol. 1905, S. 434.

Knabe, Untersuchungen über die Lebensdauer nach erworbener Syphilis. Inaug.-Diss. Jena 1902.

Leroux, Feststellung hoher Sterblichkeit unter den Kindern infolge von Heredosyphilis. Berl. klin. Wochenschr. 1911, Nr. 8, S. 365.

Lesser, Fritz, Über familiäre Syphilis; zugleich ein Beitrag zur Keratitis parenchymatosa. Münch. med. Wochenschr. 1914, Nr. 7.

— und **Paul Carsten,** Über familiäre Syphilis, zugleich ein Beitrag zur Keratitis parenchymatosa. Deutsch. med. Wochensch. 1914, Nr. 15.

Martin, Statistische Untersuchungen über die Folgen infantiler Lues (acquirierter und hereditärer). Berl. klin. Wochenschr. 1902, Nr. 25, S. 1037.

Mott, Rapport de la syphilis congénitale avec la mortalité infantile. London internat. Congr. 1913. Med. Record. 30. 8. 1913. Ref. Annal. d. mal. vén. 1914, S. 288.

Neumann und **Oberwarth,** Häufigkeit der hereditären Syphilis. Arch. f. Kinderheilk. **42,** 64. Die Frequenz der Poliklinik auf der inneren Abteilung betrug in 15 Jahren von 1890—1904 inkl. 69 226 Fälle; darunter 632 hereditär-luetische Kinder. Davon entfielen 111, d. i. 17,5 % auf uneheliche Kinder. Es litten von 7703 legitimen Kindern des Jahres 1904 79 an Erbsyphilis = 1,04 %, von 552 illegitimen 14 = 2,53 %. Ein großer Teil der Unehelichen scheidet bald durch den Tod oder Legitimation aus, so daß wir selten jenseits der ersten Lebensjahre Uneheliche zu behandeln haben . . . Von 2269 ehelichen Kindern des ersten Lebensjahres zeigten im Jahre 1904 64 hereditäre Syphilis = 2,81 %, von 408 unehelichen Säuglingen 14 = 3,43 %. Wenn das Auftreten der Syphilis bei etwa 3 % der Säuglinge (78 : 2677) an und für sich nicht sehr erheblich scheint, so gibt diese Zahl doch noch keine Andeutung von dem Unheil, welches die Syphilis in den einzelnen betroffenen Familien verursacht. Häufigkeit der hereditären Syphilis in Kinderpolikliniken: Leipzig: Neues Kinderkrankenhaus 1901: 0,36; 1902: 0,62; 1903: 0,46. Hamburg-Eimsbüttel: Kinderpoliklinik: 1902: 0,4, 1903: 0,4. München-Nord: Kinderspitalverein 1902: 0,52; 1903: 0,28. Basel: Kinderspital 1902: 0,71; 1903: 0,55. Pest: Stefani-Armenkinderspital; medizinisch-chirurgische Fälle, einschließlich der Erkrankungen von Nase, Hals und Ohren 1902: 1,09, 1903: 0,77.

Pick und **Bandler,** Rückblick auf das Schicksal von Syphiliskranken. Arch. f. Derm. u. Syph. **101.**

Plaut, F. und **M. H. Göring,** Untersuchungen an Kindern und Ehegatten von Paralytikern. Münch. med. Wochenschr. 1911, S. 1959. Ref. Arch. f. Rass.- u. Ges.-Biol. 1911, S. 685.

Port, Schicksal hereditär-syphilitischer Kinder. Deutsche med. Wochenschr. 1901, S. 53. Mortalität in der Privatpraxis 21 %. Von 354 in der Poliklinik und 58 in der Privatpraxis = 412 behandelten hereditär-syphilitischen Kindern sind 54 gestorben.

Post, A., Über die Mortalität der hereditären Syphilis. Boston Med. and Surg. Journ. 1914, **170,** Nr. 4. Münch. med. Wochenschr. 1914, Nr. 23, S. 1301.

Reiche, Adalbert, Lues congenita bei Frühgeburten. Zeitschr. f. Kinderheilk. **12,** 1915, Heft 6. Münch. med. Wochenschr. 1915, Heft 42, S. 1432. Auffallend viel Syphilis, sehr hohe Mortalität.

Sichelstein (Inaug.-Diss. Würzburg 1913) hat seinen Nachforschungen die Krankenjournale von 1865—1890 des Juliusspitals zu Würzburg zugrunde gelegt. Durch seine Umfragen erhielt er Auskunft über das Schicksal von 699 wegen sekundärer und 23 wegen tertiärer Syphilis behandelten Kranken.

Sprinz, O., Die Lebensaussichten der kongenital-luetischen Kinder. Derm. Wochenschr. **54,** 1912, Nr. 13, S. 368.

Stiner, O., Ergebnisse der Serumdiagnostik bei kongenitaler Lues. Korrespondenzbl. f. Schweizer Ärzte. 1912, Nr. 16. S. 595. Bei 154 verdächtigen Kindern fand sich 44 mal positive Reaktion.

Stoll, H. F., Die Späterscheinungen der hereditären Syphilis unter besonderer Berücksichtigung der Arterienerkrankungen. Journ. Amer. med. Assoc. 31. Okt. 1914. Derm. Wochenschr. 1915, Nr. 47, S. 1082. Bei 68 Patienten, teils Erwachsenen, teils Kindern (mit Ausschluß von Säuglingen), hat Verf. seine Untersuchung durch Anwendung der Luetinprobe ergänzt und bei 52 auch die Wassermannsche Reaktion ausgeführt; er erhielt mit letzterer 17 $\%$ und mit ersterer 56 $\%$ positive Resultate.

Stolte, Karl, Über das frühzeitige Sterben zahlreicher Kinder einer Familie. Jahrb. f. Kinderheilk. **73,** Heft 9. Münch. med. Wochenschr. 1911, Nr. 19, S. 1024. Große Bedeutung der Syphilis, aber wesentlich nur für das erste Halbjahr.

Süßenguth, Die Folgen der Lues. Inaug.-Diss. Göttingen 1906.

Zusammenstellung.

Autor	Zahl der Ehen	Zahl der Graviditäten	Aborte und Totgeburten	Tod im 1. Lebensjahr	Überlebend	Überlebend gesund	Bemerkungen
Finger	1700	200 gesund 153 syphil.	579=34% 8=3,8% 120=78,4%	956=56% 99=47,4% 25=16,3%	105=10% 102=48,8% 8=5,3%		
Jullien		390	141		249		
Kaufmann-Wolf	19	81	28	20 (im 1.—3. Jahre)	34 darunter: 31		5 Ehen waren kinderlos, in 4 Ehen starben alle Kinder=34% aller Ehen ohne leb. Deszendenz.
Kaufmann-Wolf	11	66	33	20 (14 in früher Jug.)		13	
Leroux	136	413	126 {49,8%} 85				
Post	30	168	53	44	71 darunter: 39		
Boas	33	132	37		39 manif. Σ 8 Re $+$		
Haskell		32,5 % steril	12,7 %		123 20 starb. vor dem 11. Lebensjahr, 25% syphilit., 25% psychopath. u. Deg.-Ersch.		
Haskell	86	45,3 % steril					
Haskell		167	42				
Sichelstein	139	517	4	90 = 17,5%			55 Kinder wurden mit kongen. Syphil. geb., bei 4 Kindern ist d. Schicksal unbekannt. Von den übrigen 51 starben 39, davon 31 im 1. Lebensjahr.

Autor	Zahl der Ehen	Zahl der Graviditäten	Aborte und Totgeburten	Tod im 1. Lebensjahr	Überlebend	Überlebend gesund	Bemerkungen
Hochsinger	134	569	253		263 krank	53	Von den 263 Kindern starben 55 vor dem 4. Lebensjahr. — Schließl. blieben nur 51 übrig, die in jeder Beziehung tadellos waren..
Fournier	500	1127	$\overline{527 = 46\%}$		600		
Le Pileur	in syphil. in gesund.		36 %		5 % 50 %		
Cassel	160 Σ 125 oh. Σ	562 (3,5) 728 (5,8) pro Mutter	133=23,7% 93=12,7%		64,2 % 72,0 %		
Koebner	17	47	15	7			
Hugenin	125	361	103	73			
Couth	200	1156	376	396			
Ruge			83 %				
Stolz			67 %				
Kassowitz			80 %				Die Lebensfähigkeit der Lebend-Geborenen ist schwer zu bestimmen, da die äußeren Umstände und die Behandlung eine zu große wechselnde Rolle spielen.

Nachkommenschaft von Paralytikern.

Ballet, Gilbert, La descendance des paralytiques généraux. Acad. de méd. séance du 27. Avril 1909. Ann. des mal. vén. 1909. Nr. 6, S. 467.

Die Häufigkeit der kinderlosen Ehen bei Paralytischen. Kaes fand Kinderlosigkeit bei fast einem Drittel aller Ehen Paralytischer; Wollenberg konstatierte eine absolut sterile Ehe bei 41 unter 117 paralytischen Frauen (36 %), Hirschl fand absolut sterile Ehen nur in 31 von 175 Fällen (17,7 %) — doch handelte es sich nur um paralytische Männer — Hübner dagegen sogar bei 32 von 70 paralytischen Frauen (45,7 %), Herrmann gibt nach dem Material der Münchener psychiatrischen Klinik 1905—1907 die Zahl der kinderlosen Ehen auf 28 unter 120 = 23,3 % an, Kraepelin neuerdings auf Grund der weiteren Beobachtungen an demselben Material die Zahl der unfruchtbaren Ehen auf 46 unter 257 = 17,9 % (Männer = 33 unter 184 = 17,9 %, Frauen = 13 unter 73 = 17,8 %). Die Zusammenstellungen Hirschls und Kraepelins über sterile Ehen stimmen völlig miteinander überein, Kraepelin fand auch für beide Geschlechter die gleichen Prozentzahlen.

Hauptmann, A., Serologische Untersuchungen von Familien syphilogener Nervenkranker. Zeitschr. f. d. ges. Neurol. u. Psych. 8, 1911, S. 36—80.

Herrmann, Paralytikerkinder. Münch. med. Wochenschr. 1909, Nr. 20, S. 1025.

Hirschl, Die Ätiologie der progressiven Paralyse. Jahrb. f. Psych. u. Neurol. 14, 1896, S. 480.

Hübner, Artur Hermann, Zur Tabes-Paralyse-Syphilis-Frage. T. Beitrag. Neurolog. Zentralbl. 1906, S. 250.

Jolowicz, E., Die Wassermannreaktion bei Angehörigen von Luetikern, insbesondere Paralytikern. Es kamen 33 Familien mit 71 Personen ausschließlich der Patienten zur Untersuchung. 29 Patienten waren sichere Paralytiker, 1 Tabiker, 2 Lues cerebri, 1 latente Lues. Alle hatten Wassermann + im Blute, die Paralytiker auch Wassermann + im Liquor, in einem Falle wurde konjugale Paralyse gefunden. Von den 33 Familien waren die 4, deren Patienten nicht Paralytiker waren, frei von serologischen Lueszeichen. Unter den 29 Paralytikerfamilien reagierte in 12 Familien = 41,4 % mindestens ein Mitglied im inaktiven Serum +, bei Mitrechnung vom aktiven Serum kommt man auf 17 = 58,6 %. (Neurol. Zentralbl. 1916, Nr. 4.)

Junius und **Arndt,** Über die Deszendenz der Paralytiker. Zeitschr. f. d. ges. Neurol. u. Psych. 17, 1913, Heft 2 u. 3. In Beobachtung standen 1036 paralytische Männer und 452 paralytische Weiber. Von den 1036 paralytischen Männern waren verheiratet 783 mit 843 Ehen. Auf diese 783 verheirateten Männer kamen 221 = 28,22 % mit völliger Sterilität oder nur ein Abort, 41 = 5,23 % mit nur Aborten und Totgeburten, 33 = 4,21 % mit lebend geborenen, aber alle gestorbenen Kindern. Es hatten also 295 Männer = 37,66 % keine lebende Deszendenz, 488 hatten 1172 lebende Kinder. Von den 452 Weibern waren verheiratet 350. Hiervon waren steril oder hatten einen Abort 124 = 38,51 %, hatten nur Aborte und Totgeburten 27 = 8,39 %, hatten lebend geborene Kinder, welche aber alle gestorben sind 50 = 15,53 %. Also bei 201 Weibern = 62,43 % keine lebende Deszendenz, 121 hatten zusammen 232 lebende Kinder. Die Zahl der kinderlosen Ehen ist bei Paralytischen sehr viel größer als bei der gesunden Bevölkerung, und zwar ist dies in viel stärkerem Maße der Fall, wenn die Frau als wenn der Mann der paralytische Teil der Ehe ist. Wir fanden unter den Ehen der paralytischen Männer 29—33 %, unter denen der paralytischen Frauen 47—49 % kinderlose, während die kinderlosen Ehen der gesamten Bevölkerung Berlins nur etwa 16—20 % aller Ehen betragen. . . . Auch die Zahl der absolut sterilen Ehen ist bei den Paralytischen sehr viel größer als bei der übrigen Bevölkerung: Unter den Ehen der paralytischen Männer waren 23—26 %, unter denen der paralytischen Frauen 36—40 % absolut steril; bei Zählungen in verschiedenen Frauenkliniken wurden dagegen nur 7—15 % aller Ehen absolut steril gefunden. Die eheliche Fruchtbarkeit der Paralytischen steht ganz bedeutend hinter dem für die Gesamtbevölkerung ermittelten Durchschnittswert zurück. Als mittlere Kinderzahl einer Ehe wurden für die Ehen der paralytischen Männer 2, für die der paralytischen Frauen 1,5 Kinder borechnet, während die durchschnittliche Kinderzahl aller Berliner Ehen 3 Kinder beträgt. Bei Fortlassung der absolut sterilen Ehen entfallen auf die Ehen der paralytischen Männer durchschnittlich 2,6, auf die der Frauen 2,4 Kinder, während auf alle Berliner Ehen, sofern sie überhaupt mit Kindern gesegnet waren, im Durchschnitt 4 Kinder kamen. Die durchschnittliche Kinderzahl einer Paralytikerehe ist also um 1,5 geringer als die mittlere Kinderzahl einer Ehe der Gesamtbevölkerung. Diese Differenz ist größer, wenn die Frau, als wenn der Mann der paralytische Teil der Ehe ist. Die Zahl der zur Zeit der paralytischen Erkrankung der Eltern noch am Leben befindlichen Kinder verhält sich zu der der schon gestorbenen bei den paralytischen Männern wie 66—69 zu 34—31, bei den paralytischen Frauen wie 54—47 zu 46—53. Dieses Verhältnis wird für die lebenden Kinder natürlich noch sehr viel ungünstiger, wenn man den verstorbenen Kindern auch die Aborte und Totgeburten hinzurechnet. Die lebenden Kinder aus den Ehen männlicher Paralytiker bilden dann nur 46—49 %, die aus den Ehen der weiblichen gar nur 27—31 % aller Früchte. . . . . Die Fehl- und Totgeburten zusammen bilden in den Familien der männlichen Paralytiker 29 bis 30 %, in denen der weiblichen 42 % aller Geburten. Aus 6 % der Ehen paralytischer Männer und aus 13 % der Ehen paralytischer Frauen gingen nur Aborte oder Totgeburten hervor. . . . Aus einem erheblichen Teil der Paralytikerehen gehen nerven- und geisteskranke Kinder hervor . . . Die bei den Paralytikerkindern zur Beobachtung kommenden geistigen und nervösen Störungen sind zum weitaus größten Teil auf die ererbte bzw. angeborene Syphilis zurückzuführen. Wir sind eher geneigt, der von Semper und anderen vertretenen Meinung beizupflichten, daß die der syphilitischen Infektion am nächsten geborenen Kinder, also in der Regel die ältesten, am ehesten Gefahr laufen, psychoneurotisch geschädigt zu werden.

Kaes, Über die Häufigkeit der kinderlosen Ehen bei Paralytischen. Allg. Zeitschr. f. Psych. **49,** 1893, S. 635.

Kraepelin, Lehrbuch, 8. Aufl. 1910, 2 (I), 488.

Kaufmann-Wolf, Marie, Beitrag zur Kenntnis des Schicksals Syphiliskranker und ihrer Familien (Katamnesen zu den Krankengeschichten einer Arbeit von W. Fleiner, „Über Syphilis oculta" aus dem Jahre 1891.) Deutsch. Arch. f. klin. Med. 48. Zeitschr. f. klin. Med. **75,** 1912, S. 187.

— Schicksal Syphiliskranker und ihrer Familien. Zeitschr. f. klin. Med. **76,** 1913, Heft 3 und 4. Es handelt sich um Untersuchungen der Katamnesen von Patientinnen der Heidelberger psychiatrischen Klinik. Hier treten die schweren Erkrankungen der Zirkulationsorgane zurück gegen eine große Anzahl Todesfälle an Erkrankungen des Nervensystems. Einige konjugale Erkrankungen und eine überaus traurige Beschaffenheit der Nachkommen werden konstatiert. Gegenüber der Syphilis occulta scheint die Lues nervosa die schwereren Folgen zu haben.

Meggendorfer, Über Syphilis in der Aszendenz von Dementia-praecox-Kranken. Deutsche Zeitschr. f. Nervenheilk. **51,** Heft 3—6. Münch. med. Wochenschr. 1914, Nr. 27, S. 1522. Aus der vorstehenden Zusammenstellung einerseits der Dementia-praecox-Fälle mit Tabes und Paralyse in der Aszendenz, andererseits der Dementia praecox in der Paralytikerdeszendenz scheint hervorzugehen, daß immerhin einige Prozent der Dementia-praecox-Fälle mit Tabes oder Paralyse belastet sind. Bedenkt man nun aber, daß die Metalues überhaupt nur etwa 5 % der an Lues erkrankten befällt, so kommt man, sofern man der Tabes und Paralyse an sich kein belastendes Moment zuerkennen will, zu dem Ergebnis, daß Lues bei den Eltern von Dementia-praecox-Kranken ein viel häufigeres Vorkommnis ist, als bisher angenommen wurde. Die Lues latens entzieht sich den Nachforschungen eben viel leichter als die auch den Laien auffallende Metalues.

Mendel, Neurologisches Zentralbl. **20,** 1901, S. 19. Von 252 tabischen Frauen waren 32,9 % kinderlos, 21,8 % steril.

Plaut und **Göring,** Untersuchungen an Kindern und Ehegatten von Paralytikern. Münch. med. Wochenschr. 1911, S. 1959. Die Verfasser untersuchten ohne besondere Auswahl, rein nach der Reihenfolge der Aufnahme in die psychiatrische Klinik München, 54 Paralytiker (Gehirnerweichung) beiderlei Geschlechts (42 Männer und 12 Frauen) mit 46 dazu gehörenden Ehegatten und 100 Kindern auf eine Reihe von Punkten hin, die für die Rassen- und Individualhygiene von der allergrößten Bedeutung sind. In den 54 Familien sind 244 Geburten verzeichnet, wovon 20 % Aborte oder Totgeburten, 26,8 % meist in frühem Alter verstorben und 53,2 % (130 Kinder) zur Zeit der Untersuchung noch am Leben waren. Von den 130 überlebenden Kindern konnten 100 untersucht werden. Von ihnen hatten 62 das 10. Lebensjahr nicht überschritten, befanden sich also in einem Alter, in dem mit der Möglichkeit eines späteren Auftretens von Symptomen erblicher Spätsyphilis noch zu rechnen ist. Von diesen Kindern hat, nach dem Ergebnis der durch die Verf. angewandten serologischen Methode der Untersuchung des Blutes etwa ein Drittel als sicher oder wahrscheinlich von den Eltern angeboren syphilitisch angesteckt zu gelten. Von den Ehegatten der paralytischen Kranken zeigten 32,6 % die Syphilisreaktion im Blut, und zwar 31,6 % der Frauen paralytischer Männer und 37,5 % der Männer paralytischer Frauen. In Wirklichkeit ist aber die Ansteckung sicherlich öfter erfolgt als diese Zahlen dartun, denn die Syphilisreaktion im Blute verschwindet oft später und dauert mitunter nur kurze Zeit an. Zieht man z. B. für die 42 Mütter, von denen 38 serologisch untersucht wurden, alle Momente in Betracht, welche für ihre syphilitische Ansteckung sprechen, so ergibt sich für sie ein Prozentsatz von 64,3. Von den 100 Kindern erschienen körperlich oder seelisch oder auf beiden Gebieten geschädigt 45. Besonders häufig fanden sich schwächliche, blasse, zurückgebliebene Kinder mit allerlei psychopathischen Zügen, mit überaus ängstlichem, scheuem, weinerlichem oder jähzornigem Wesen und unruhigem Schlaf, wohl auch nächtlichem Aufschrecken (Pavor nocturnus), 12 davon litten an heftigen Kopfschmerzen. Intellektuell aber waren diese Kinder im allgemeinen recht gut veranlagt. Nur vier logen und stahlen. Intellektuelle Minderwertigkeit wurde bei 17 Kindern festgestellt. In 32 % der Kinder, zumeist bei denen mit Syphilisreaktion im Blute, wurden Zahnkrämpfe festgestellt, vereinzelt Bettnässen (6 %), epileptiforme Anfälle (5 %) und Wasserkopf (5 %).

Raven, Wilhelm, Serologische und klinische Untersuchungen der Syphilitikerfamilien. (Deutsche Zeitschr. f. Nervenheilk. **51**, 1914, Heft 3/6.) Derm. Wochenschr. 1914, Nr. 50, S. 1384. Nonnes seit Hauptmanns Arbeit gesammeltes einschlägiges Material umfaßt 117 Familien . . . Unter diesen 117 Familien waren nur bei 27 sämtliche Angehörigen völlig, d. h. somatisch, psychisch und serologisch gesund. Nur in 23 $\%$ aller untersuchten Familien blieb also die Lues auf diejenige Person beschränkt, die primär infiziert war, in 77 $\%$ wurde die übrige Familie in Mitleidenschaft gezogen. In Worten ausgedrückt zeigt sich also, daß von den Früchten der untersuchten Syphilitikerehen, ganz allgemein betrachtet, d. h. ohne Rücksicht auf den Gesundheitszustand der Eltern, 47,7 $\%$ vorzeitig starben oder vor Beendigung der Gravidität ausgestoßen wurden. 52,3 $\%$ der Kinder blieben am Leben, doch waren, soweit sie der Untersuchung zugeführt werden konnten, nur 10,3 $\%$ gesund, 23,7 $\%$ geschädigt. Nimmt man für die nicht untersuchten Kinder dasselbe Verhältnis von gesunden und geschädigten an, so würden sich 16,5 $\%$ normale Kinder gegen 35,8 $\%$ pathologische ergeben. Zusammenfassend finden wir also, daß unter 117 untersuchten Syphilitikerfamilien in 77 $\%$ die Familie mehr oder weniger in Mitleidenschaft gezogen war, nur in 23 $\%$ blieb die Wirkung der Lues auf das primär infizierte Familienmitglied beschränkt. Der primär infizierte Gatte erkrankte häufiger an einem syphilogenen Nervenleiden als der sekundär infizierte. Gleichartige Erkrankung beider Gatten wurde sehr selten beobachtet. Die sekundäre Infektion erfolgte meist latent, wenn der primär infizierte Gatte syphilogen nervenkrank war. Mit manifesten Symptomen verlief die sekundäre Infektion relativ häufig dann, wenn der primär infizierte Gatte kein syphilogenes Nervenleiden hatte. Diese Beobachtung spricht für eine Virulenzabnahme der Lues bei Passage durch das Nervensystem. Von den Ehehälften der primär infizierten Gatten wurden 46,15 $\%$ syphilogen nervenkrank, 24,6 $\%$ hatten positive Wassermannreaktion im Blut, nur 29,25 $\%$ blieben gesund. Von den Kindern der untersuchten Syphilikerehen starben 47,7 $\%$ klein oder waren Aborte und Frühgeburten. Die übrigen waren zu fast einem Drittel gesund, über zwei Drittel waren krank. Erkrankung der Mutter gefährdet die Nachkommenschaft weit mehr als eine Erkrankung des Vaters. Je schwerer die Eltern unter den Folgen der Lues zu leiden hatten, desto weniger waren die Kinder geschädigt. Die zuerst geborenen Kinder werden im allgemeinen durch die elterliche Lues am meisten gefährdet. Bis zu 16 Jahren nach der primären elterlichen Infektion wurden geschädigte Kinder gezeugt. Einige Male konnte ein syphilogenes Nervenleiden bei der Zeugung geschädigter Kinder als bereits vorhanden angenommen werden.

Ricard, Félix-Philippe, Contribution à l'étude de la descendance des paralytiques généraux. Thèse Bordeaux 1900.

Schacherl, Max, Über Luetikerfamilien. Festschr. Wagner. Jahrb. f. Psych. u. Neurol. **36**, S. 521. Ther.! S. 547.

Scholtens, J., Hereditaire belasting en Progressive Paralyse. Psych. en Neurol. Bladen. 1900, Nr. 1, 52.

Semper, Maurice, Les enfants des paralytiques généraux. Thèse Paris 1904.

Spillmann und **Perrin** untersuchten 51 Paralytikerehen. Davon waren 8 steril, in den restlichen 43 kam es zu 132 Graviditäten, wovon 27 Fehlgeburten und 13 Totgeburten waren; 28 Kinder starben vor der Zeit der Untersuchung. Von den 64 damals lebenden Kindern litten 5 an Lues hereditaria, 4 waren Dégénérés. Von 47 Tabikerehen waren 9 steril. Die anderen 38 umfaßten 166 Graviditäten: davon waren 34 Aborte, 12 Totgeburten, 42 starben später, so daß 58 Kinder zur Zeit der Untersuchung am Leben waren. Von diesen hatten 8 hereditäre Lues, 1 Littlesche Krankheit, 1 Chorea mit Tiks, mehrere waren debil und unterentwickelt. Die Verfasser berechnen hiernach die Sterilität von Paralytikerehen auf 15,68 $\%$, von Tabikerehen auf 19,5 $\%$ gegen 6,8 $\%$ bei Tuberkulösen und 2,8 $\%$ bei Gesunden. Die Zahl der Geburten bleibt gegen normale Verhältnisse zurück, die der Aborte und Totgeburten steigt, so daß bei Paralytikern nur 48 $\%$ lebende Kinder, bei Tabikern 40 $\%$ gefunden werden gegen 60 $\%$ bei Tuberkulösen und 70 $\%$ bei Gesunden.

Wahl, Paul Lucien, Contribution à l'étude de la descendance des paralytiques généraux. Thèse. Paris 1898.

Wollenberg, Statistisches und Klinisches zur Kenntnis der paralytischen Geistesstörung beim weiblichen Geschlecht. Arch. f. Psych. u. Nervenkrankh. **26**, 1894, 205.

Syphilis als Ursache von Nacherkrankungen und frühzeitigem Tode.

Blaschko, A., Der Einfluß der Syphilis auf die Lebensdauer. IV. Intern. Kongr. f. Versicherungs-Med. Berlin, 11.—15. Sept. 1906. Unter den 5574 geprüften Todespapieren fanden sich

$$\text{sichere Lues} \left\{ \begin{array}{l} \text{44 Tabes,} \\ \text{218 Paralyse,} \\ \text{33 Aortenerkrankungen} \end{array} \right\} 295$$

$$\begin{array}{l} \text{höchstwahrsch.} \\ \text{Lues} \end{array} \left\{ \begin{array}{l} \text{Herz-, Leber-, Nieren-} \\ \text{Erkrankungen} \end{array} \right\} 127$$

Wenn wir annehmen, daß von unseren 5574 Gestorbenen 20 %, das sind 1115 Versicherte, Syphilis hatten, so beträgt der Prozentsatz der an den Folgen der Syphilis Gestorbenen nach dieser Rechnung nicht 33 % bzw. 52 %, sondern nur 26,5 % der Fälle, die sicher, bzw. 40 %, die mit mehr oder minder großer Wahrscheinlichkeit an ihrer Syphilis gestorben sind. Wenn ich den Mittelwert zwischen diesen beiden Ziffern nehme, so kann man sagen, daß wahrscheinlich 33, also rund ein Drittel aller versicherten Syphilitiker früher oder später an ihrer Syphilis zugrunde gegangen sind.

Browning, Carl H., Untersuchungen über Syphilis als Faktor der Beeinflussung der Volksgesundheit, vorgenommen an 3000 Fällen. Brit. med. Journ. 10. Jan. 1914. Med. Klinik 1914, Nr. 5, S. 214. Notwendigkeit der Wassermannreaktion.

Igersheimer, Syphilis als Erblindungsursache bei jugendlichen Individuen. Münch. med. Wochenschr. 1911, Nr. 30, S. 1640. Bei 187 Zöglingen der Blindenanstalt waren 17,2 syphilitisch, in 13,4 war die Syphilis die Ursache der Erblindung.

Knabe, Untersuchungen über die Lebensdauer nach erworbener Syphilis. Inaug.-Diss. Jena 1902. Bestätigt den hohen Prozentsatz der Todesursachen von Syphilitikern an Lungentuberkulose sowie die Verkürzung der Lebensdauer (in der Matthesschen Arbeit).

Mariani, G., Syphilis und Ehe. Hereditäre Syphilis. Syphilis durch Stillen. Klin. statist., anatom.-patholog. u. gerichtl.-mediz. Studie. Pavia 1911. Verlag Mattei, Speroni u. Co.

Matthes, Folgen der Lues. Münch. med. Wochenschr. 1902. Matthes bearbeitete das Material der Jenaer medizinischen Klinik vom Jahre 1860 an. Er fand 1570 Kranke verzeichnet, die in diesem Zeitraum behandelt worden waren und erhielt durch Umfragen über 698 frühere Patienten Auskunft. Als Todesursache stellte er fest: Syphilis der Zirkulationsorgane mit 16 %. Rund 1 % Tabes und 1,8 % progressive Paralyse. Matthes hat folgende Berechnung an dem Jenenser Material vorgenommen:

Zahl der Kranken	Durchschnittsalter zur Zeit der Infektion	Es müßten leben	müßten gestorben sein	sind aber gestorben	im Durchschnittsalter von Jahren
150	17,2	131	19	26	33,3
286	25,1	246	40	73	39,0
76	34,1	63	13	21	46,0
39	44,7	30	9	19	54,3
14	54,6	10	4	8	64,3
2	66,5	1	1	2	73,5
zus. 567	—	481	86	149	—

Es müßten also gestorben sein von den an sekundärer Lues behandelten Syphilitischen 86, es sind aber gestorben 149, das sind statt 15 % = 26 %. Von den 130 tertiären Fällen müßten leben 109 und gestorben sein 29; es sind aber 52 gestorben, d. h. statt 16,5 % = 40 %! Zitiert nach Blaschko.

Mattauschek und **Pilcz,** Über die weiteren Schicksale 4134 katamnestisch verfolgter Fälle luetischer Infektion. Med. Klinik 1913, Nr. 38. Endresultate: Von 4134 in den

Jahren 1880—1900 an Syphilis erkrankten Offizieren sind bis 1. Januar 1912 198 paralytisch geworden, 113 tabisch, 132 erkrankten an Lues cerebrospinalis, 80 an verschiedenen Psychosen, darunter 8 an arteriosklerotischen, 147 starben an Tuberkulose, 17 an Aortenaneurysmen, 101 erkrankten bzw. starben an Myodegeneratio und arteriosklerotischen Veränderungen, wenn man 12 Fälle von chronischer Schrumpfniere hinzurechnet; die unmittelbare Todesursache bildete die Syphilis in 20 Fällen, ebensooft bedingte sie die Ursache dauernder Berufsunfähigkeit. Zählt man die progressive Paralyse, die Tabes, die Lues cerebrospinalis, die Syphilis maligna praecox und inveterata, ferner — mit Blaschko — das Aortenaneurysma zu den sicher auf luetischer Basis entstandenen Krankheiten, die arteriosklerotischen Affektionen zu jenen, deren Zusammenhang mit der Lues wahrscheinlich ist, so haben wir insgesamt 12 % Luetiker, die sicher an der Infektion zugrunde gegangen bzw. in schweres Siechtum verfallen sind. Dazu kommen 2,64 %, welche infolge ihrer Lues wahrscheinlich dasselbe Schicksal erlitten, wenn wir den ursächlichen Zusammenhang zwischen Syphilis und Arteriosklerose als wahrscheinlich annehmen. Sehen wir endlich, wie verheerend die Tuberkulose bei sekundär Syphilitischen verläuft, so gewinnen wir an der Hand dieses unseres Materials allein schon einen Einblick in die eminente Bedeutung der Syphilis nicht nur vom Standpunkt der Individualgesundheit, sondern vom sozialwirtschaftlichen Standpunkte aus. Um nur ein Beispiel noch herauszugreifen, ergibt sich nach übereinstimmenden Daten von Versicherungsakten, daß den Luetikern eine bedeutende Übersterblichkeit zukommt, beiläufig 130 gegen 100; die Akten der Gothaer Lebensversicherungsgesellschaft ergeben sogar fast die doppelte Mortalität des Gesamtdurchschnitts für die 36er bis 50er Jahre.

Pick und **Bandler,** Rückblick auf das Schicksal von (2017) Syphiliskranken. Arch. f. Derm. u. Syph. **101,** S. 60. Von den an sekundärer Lues behandelten Personen waren 165 verheiratet, in Betracht gezogen sind nur die Krankheiten nach der Infektion, die im Alter von 20—30 Jahren stattgefunden. Diesen Ehen sind 528 Kinder entsprossen, es waren unfruchtbar 19 Ehen. Unter den 528 Geburten sind 37 Kinder tot zur Welt gekommen, also 7 %, und zwar 13 von syphilitischen Vätern, 24 von solchen Müttern stammend. Von den 491 lebend zur Welt gekommenen Kindern sind ohne nähere Angaben über die Ursachen 95 im ersten Lebensjahre gestorben, das sind 19,4 % der Lebendgeborenen. Ferner starben an Gehirn- und Nervensyphilis 21 Personen, an Paralyse 28 Personen, an Tabes 23 Personen, an Herz- und Gefäßerkrankungen 33 Personen, an Leber- und Nierenerkrankungen 15 Personen, also 120 Todesfälle vermutlich an Syphilis. Davon starben im Alter von 30—39 Jahren 46, im Alter von 40—49 Jahren 60 Personen, also 104 Personen unter 50 Jahren.

Runeberg in Helsingfors prüfte 734 Todesfälle der Finnischen Lebensversicherungsgesellschaft. Von den Versicherten hatten 78 bei der Aufnahme Syphilis angegeben, 656 nicht. Von diesen 78 sind 20 an anderweitigen Krankheiten zugrunde gegangen: an Syphilis 58, von den übrigen 656 sicher an Syphilis 26, so daß im ganzen 84 = 11,4 % an Syphilis gestorben waren. Außerdem wahrscheinlich an Syphilis 47, also im ganzen 131 = 15 %. Es waren also nach seinen Befunden 11,4 % sämtlicher Versicherten sicher, etwa 15 % mit mehr oder minder großer Wahrscheinlichkeit an Syphilis verstorben. Von den 84 sicher an Syphilis zugrunde Gegangenen waren gestorben im Todesalter von 21—30 Jahren 5, 31—40 Jahren 33, 41—50 Jahren 29. Zitiert nach Blaschko.

Sichelstiel, Karl, Dauerbeobachtungen über das Schicksal von Syphiliskranken. Statistische Erhebungen über die im Juliusspital zu Würzburg während der Jahre 1865 bis 1890 an Syphilis behandelten Personen. Inaug.-Diss. Würzburg 1913.

Süßenguth, Die Folgen der Lues. Inaug.-Diss. Göttingen 1906. Studierte das Schicksal der syphilitisch infizierten Personen, die während der Jahre 1873—82 in der medizinischen Klinik zu Göttingen behandelt worden waren. Er fand 486 Patienten, von denen 297 weiter verfolgt werden konnten. An sogenannten metasyphilitischen Erscheinungen erkrankten 7,5 % aller Infizierten, 2,5 % an Tabes und 5 % an progressiver Paralyse.

Waldvogel und **Süßenguth,** Über die Folgen der Lues. Berl. klin. Wochenschr. 1908, Nr. 26.

White, W. Hale, Zur Prognose der Syphilis. Lancet 187, S. 141. Wien. klin. Wochenschr. 1914, Nr. 51, S. 1631. Syphilis durch 2 Jahre behandelt, ein Jahr symptomlos, ergibt zwischen 3 und 5 Jahren 139 % der nach dem Durchschnitt zu erwartenden Todesfälle, zwischen 5—10 Jahren 174 %, nach 10 Jahren 217 %. Nicht behandelte Syphilis zwischen 2—5 Jahren 284 %, zwischen 5—10 Jahren 212 %, nach

10 Jahren 129 %, zweifelhafte Syphilis nach mehr als 2 Jahren 138 %. Die Gothaische Versicherungsgesellschaft weist aus, daß von 1778 Männern, welche eine antiluetische Behandlung durchmachten, 487 starben, gegen die berechnete Zahl von 290. **Syphilis als Todesursache.** Es starben in einer deutschen Lebensversicherung (Viktoria) mindestens 5,0 % an postsyphilitischen Erkrankungen (nur 20 % von diesen hatten Syphilis bei der Aufnahme angegeben); in finnischen Versicherungen: 11,4 % an sicher postsyphilitischen Erkrankungen, 15,0 % an wahrscheinlich postsyphiliitschen Erkrankungen. (Blaschko, Hyg. d. Prostit., S. 3.) Todesursache war:

$$\left.\begin{array}{ll}\text{Progressive Paralyse} = \text{ca. } 75\,\% \\ \text{Tabes} \qquad\qquad = \text{ca. } 18\,\% \end{array}\right\} 51\,\% \text{ in Finnland}$$

Aortenaneurysma = ca. 7 %

(Blaschko, Zeitschr. f. Bekämpfung d. Geschlechtskrankh. **6**, S. 7.)

Syphilis als Todesursache:

Autor	Paralyse	Tabes	Σ der Zirkulationsorgane
Mathes	1,8 %	1 %	16 %
Sichelstiel	2,1 „	0,85 „	15 „
Pick	1,3 „	2,5 „	10,1 „
Plaut	1—2 „	1,1 „	19,4 „

Neunter Abschnitt.

Geschlechtskrankheiten und ärztlicher Ehekonsens.

Der Arzt, welcher die Frage des „Ehekonsenses" in bezug auf etwaige durch Geschlechtskrankheiten für die Ehe entstehende Gefahren beantworten soll — sei es, daß die ihn fragende männliche oder weibliche Person sich selbst verheiraten, aber sicher sein will, nicht eine Gefahr in die Ehe zu bringen, sei es, daß die Eltern im Interesse ihrer Tochter ihn um Rat fragen — hat drei Momente ins Auge zu fassen:

1. **Kann durch die Eheschließung der andere Ehegatte oder die Nachkommenschaft infolge der Erkrankung geschädigt werden?**

2. **Sind durch die Erkrankung Veränderungen entstanden, welche den Geschlechtsverkehr und die Erzeugung von Nachkommenschaft unmöglich machen?**

3. **Besteht die Gefahr, daß durch eine erst später, nach der Verheiratung in die Erscheinung tretende Nachkrankheit der vorausgegangenen Infektion dauerndes Siechtum und Erwerbsunfähigkeit — mit allen ihren das Glück der Familie zerstörenden Folgen — eintreten?**

Bei der Beantwortung dieser Fragen muß sich jeder Arzt klar werden darüber, daß man in solchen Situationen sich nicht damit begnügen darf, einen rein wissenschaftlichen theoretischen Standpunkt einzunehmen. Nur gar zu oft muß der Arzt der dem Fragenden — mit Recht oder Unrecht — unvermeidlich erscheinenden Tatsache, daß er zu einem bestimmten Termin heiraten „müsse", Rechnung tragen, wenn er auch am liebsten die Verheiratung verhindern möchte. Er muß daher, um ein eventuelles Unglück, wenigstens soweit als irgend möglich, zu verhüten, Ratschläge erteilen, wenn er auch das Gesamtverhalten des ihn Fragenden verurteilt. Ich glaube auch nicht, daß sich ein Arzt auf den Standpunkt stellen darf, die Verhandlung in solch sicherlich oft unerfreulichen Fällen einfach abzubrechen; denn der Fragende würde dann zu einem anderen Arzte gehen, der ihn vielleicht schlechter beraten könnte. In ganz krassen Fällen freilich wird zu erwägen sein, ob der Arzt nicht trotz der im § 300 ausgesprochenen Schweigepflicht durch Warnung des anderen Teils die Eheschließung zu verhindern habe. Sicher wird es in allen Fällen gut sein, in irgend einer Form schriftlich festzulegen und dem ihn Fragenden bekanntzugeben, welche Bedenken er mit Bezug auf den Ehekonsens geäußert hat, ob und unter welchen Bedingungen er seine Zustimmung zur Verheiratung erteilt habe, oder ob er nicht klar seine ärztliche Zustimmung zu der beabsichtigten Verheiratung verweigert habe. Er muß eventuell betonen, daß er jede Mitverantwortung abgelehnt habe. Ich pflege dem Fragenden einen eingeschriebenen Brief, in dem ich den Inhalt der vorausgegangenen Unterredung wiederhole, zu übersenden.

A. Ulcus molle. Weicher Schanker.

Am einfachsten liegen die Verhältnisse beim Ulcus molle, da diese Infektion nie eine konstitutionelle, d. h. den ganzen Körper ergreifende Erkrankung, sondern nur eine mehr oder weniger verbreitete örtliche Affektion darstellt.

Die offen zutage liegenden eitrigen, durch die Ducrey-Unna-Kreftingschen Streptobazillen erzeugten Geschwüre werden natürlich zur Verweigerung einer Kohabitations-Erlaubnis führen, wenn ein damit Behafteter — Mann oder Frau — eine solche Frage aufwerfen sollte. Die Verheiratung als solche braucht allerdings nicht verboten zu werden, denn der Geschlechtsverkehr kann ja nach der mehr oder weniger schnellen Abheilung der Geschwüre ohne weiteres gestattet werden. Aber selbst für diesen, vom Arzt natürlich nicht zu billigenden, Fall käme in Frage, ob nicht durch Benützung eines Kondoms die Infektionsgefahr für den anderen Teil ausgeschlossen werden könnte.

Es ist aber zu fragen, ob ein mit Ulcus molle behafteter Patient, der sich vielleicht erst 1—2 Wochen oder wenige Tage vor der beabsichtigten Verheiratung angesteckt hat, wirklich nur mit diesem Schankergift infiziert ist, oder ob nicht zugleich eine Syphilisinfektion erfolgt ist, die sich entsprechend der längeren Entwicklungszeit der Syphilis erst später, nach Wochen, also nach vollzogener Eheschließung, herausstellen werde. Einem so frisch mit Syphilis Infizierten würde natürlich nie eine Heiratserlaubnis gegeben werden können. Leider lassen in solchen Fällen die sonst brauchbaren Untersuchungsmethoden fast immer im Stich. Auch die Blutuntersuchung führt, da es sich um ganz kurze Perioden nach der eventuellen Syphilisinfektion handelt, nicht zur Klarheit.

Für den Arzt wird hier eine definitive Entscheidung und das Übernehmen einer Verantwortung natürlich ganz unmöglich sein. — Aber er wird, da die Verheiratung doch meist nicht aufgeschoben wird, helfen müssen, und zwar durch eine sofortige energische Syphilisbehandlung, und zwar besonders mit Salvarsan. Die Erfahrung lehrt, daß gerade solche ganz frische Syphilisfälle mit Salvarsan (plus Quecksilber) in so sicherer Weise sofort geheilt werden können, daß in einem solchen Falle, wie in dem vorliegend ge-

schilderten, die Gefahr für die Ehe vielleicht ganz beseitigt werden kann.
Natürlich darf man sich, selbst wenn keinerlei Syphiliserscheinungen auftreten,
mit dieser einen Behandlung nie beruhigen, sondern man muß durch fortgesetzte, sehr häufig wiederholte Blutuntersuchungen feststellen, ob nicht etwa
später, trotz der in den Anfangsstadien kupiert erscheinenden Syphilis, immer
noch Syphilisgift im Körper steckt und einer weiteren Behandlung bedarf.
Für die Ehefrau würde aber doch in den meisten Fällen die Gefahr einer sofortigen
Übertragung durch unser Vorgehen ausgeschlossen werden können.

Nachkrankheiten des Ulcus molle gibt es nicht, man müßte denn die
allerdings nicht selten hinterher auftretenden Herpeseruptionen hinzurechnen wollen; Eruptionen, die ja vorübergehend für den Akt der Kohabitation lästig sein können, aber sonst ohne jede Bedeutung sind.

B. Gonorrhoe.

Die Gefahren, die durch eine Gonorrhoe für die Ehe entstehen können,
sind dreierlei Art:

1. Die Übertragung der Erkrankung auf den Ehegatten,
2. Verminderung oder Vernichtung der Potentia coeundi beim Manne,
3. Verminderung oder Vernichtung der Potentia generandi bzw. der
   Potentia gignendi.

Die Frage ad 1.: „Gefahr der Übertragung auf den Ehegatten"
spitzt sich vollständig zu auf die Erledigung des Problems: sind Gonokokken
noch vorhanden oder nicht?

Wenn es gelänge, alle gonorrhoisch-infizierten Personen vollständig
von ihrer Erkrankung zu heilen, so würde die Antwort auf die Frage: wann
dürfen Gonorrhoiker sich verheiraten? ohne weiteres und leicht dahin zu beantworten sein: erst nach vollständiger Beseitigung aller überhaupt
nachweisbaren Krankheitserscheinungen.

Beim Mann hat man durch Besichtigung des Urins, wenn viele Stunden
vorher keine Urinentleerung stattgefunden hat, ein verhältnismäßig einfaches
Mittel, um festzustellen, ob eine solche vollständige Heilung eingetreten ist
oder nicht. Denn auch ganz unbedeutende katarrhalisch-entzündliche Affektionen äußern sich in der Anwesenheit von Flocken und Fäden im Urin, und
werden immer die Aufmerksamkeit auf sich lenken. Ist der Urin dagegen
dauernd fäden- und flockenfrei, so sind auch die Harnröhre und
ihre Adnexe ganz sicher gonokokkenfrei.

Bei der Frau liegen die Verhältnisse leider nicht so einfach; denn hier
geben weder die Anwesenheit noch das Fehlen von Flocken und Schleimfäden
im Urin einen Anhalt für irgend eine Diagnose. Fäden im Urin können fehlen
bei Gebärmuttererkrankungen und sie können vorhanden sein bei irgend einem
nichtgonorrhoischen Scheiden- usw. Katarrh. Man wird keinesfalls auch
bei vollständig negativem makroskopischen Befund an den Genital-
organen auf eine nicht vorliegende Infektiosität schließen dürfen.

Sehr oft aber ist auch beim Mann die Beantwortung nicht leicht, da
immer noch durch die ungenügende Behandlungsmethode so vieler Ärzte und
durch die Unachtsamkeit und den Leichtsinn der Patienten sehr viele Tripper
nicht schlankweg ausheilen, sondern Rückstände hinterlassen. Es ist aber
über jeden Zweifel erhaben festgestellt, daß äußerlich erkennbare Ver-

änderungen der Gewebe absolut nicht geeignet sind, ein Urteil über die Infektiosität abzugeben. Es ist ganz sicher, daß die makroskopisch-klinische Untersuchungsmethode nicht genügt, um die Heilung oder die Ansteckungsfähigkeit eines früher Tripperkranken zu konstatieren. Einerseits ist zu betonen, daß bei scheinbar „gesunden" Männern, die nichts von ihrer Krankheit spüren, ein noch vollständig ansteckender Prozeß vorhanden sein kann.

Andererseits kann auch nicht energisch genug betont werden, daß durch den gonorrhoischen Erkrankungsprozeß Schleimhautveränderungen und Krankheitserscheinungen eintreten können, welche auch nach vollständiger Beseitigung aller Tripperbakterien bestehen bleiben. Selbst wenn also solche Krankheitserscheinungen als Folge vorausgegangener Tripperkrankheit sich nachweisen lassen, so darf man daraus nie den Schluß ziehen, daß auch noch eine Infektiosität bestehe und daraufhin eine Heirat nicht erlaubt sei. Die Tatsache, daß unzählige Menschen mit solchen zurückgebliebenen Schleimhauterkrankungen geheiratet haben, ohne im Laufe einer vieljährigen Ehe zu irgend einer Schädigung des anderen Ehegatten geführt zu haben, sind Beweis genug für diese unsere Behauptung.

Wenn also die makroskopisch-klinische Untersuchung beim Mann, wie namentlich bei der Frau vollständig versagt, so ist es ebenso sicher, daß man fast in jedem Falle durch den Nachweis der An- oder Abwesenheit von Gonokokken sich eine Grundlage für die Beurteilung des Heiratskonsenses verschaffen kann. Nur auf diese Weise ist die Frage der Ansteckungsfähigkeit einer früher gonorrhoischen Person zu beantworten.

Freilich ist die mikroskopische Untersuchung durchaus nicht leicht.

So leicht es unter Umständen ist, die Anwesenheit von Gonokokken nachzuweisen, so schwierig ist es, mit Sicherheit ein Urteil darüber abzugeben, daß Gonokokken sicher nicht vorhanden sind. Mit der einfachen Mitteilung an den Patienten: „Ich habe Gonokokken nicht gefunden", ist ihm nicht gedient.

Negative Befunde können zustande kommen dadurch, daß so wenige Gonokokken da sind, daß sie selbst mehrfachen Untersuchungen entgehen. Ferner kann es sich um abgekapselte Gonokokkennester handeln, die man erst wieder auf die Schleimhautoberfläche bringen muß, um sie einer Untersuchung zugänglich zu machen. Man wird sich um so weniger beruhigen, wenn die noch vorhandenen Fäden und Flocken verhältnismäßig reichlich Eiterkörper enthalten. Ich möchte aber hier noch einmal auf das nachdrücklichste betonen, daß ich trotz aller entgegenstehenden Behauptungen auf Grund von tausenden und abertausenden Untersuchungen daran festhalte, daß die Anwesenheit von Eiterkörperchen allein nicht genügt, um daraus auch auf die Anwesenheit eines infektiösen Prozesses zu schließen. Aber es ist zu verlangen, daß in jedem solchen Falle, in welchem man einigermaßen deutliche entzündliche Erscheinungen nachweist, mit ganz besonderer Sorgfalt nach Gonokokken zu suchen ist.

Um die erstgenannte Schwierigkeit: „eventuelle Spärlichkeit der Gonokokken" zu überwinden, wird man das mikroskopische Suchen durch das Kultivieren der verdächtigen Fäden, Flocken, Schleimpartikel ergänzen.

Von besonderer Bedeutung für die Untersuchung aller Fälle sind die provokatorischen Methoden. Ausgehend von der Erfahrung, daß gleichsam zur Ruhe gekommene, kaum noch schleimbildende, anscheinend schon gonokokkenfreie oder ganz gonokokkenarme Urethritiden wieder starke Eiterung und dann auch wieder reichlich Gonokokken zeigen, wenn sie durch starken Alkoholgenuß, Beischlaf, durch starke körperliche Anstrengung u. dgl. in Reizzustand geraten sind, machen wir absichtlich in allen zu untersuchenden Fällen eine Reizung der Schleimhaut.

Selbstverständlich ist, daß nicht nur die Harnröhre, sondern auch jedesmal der durch Ausdrücken gewonnene Schleim der Vorsteherdrüse, mögen subjektive Beschwerden vorliegen oder nicht, und die Samenbläschen untersucht werden; eventuell auch Samen, stets mikroskopisch, wenn möglich auch mit dem Kulturverfahren.

Jedenfalls wird sich bei der Größe der Verantwortung, die der untersuchende Arzt auf sich nimmt, jeder auf den Standpunkt stellen, jede die Sicherheit der Entscheidung steigernde Methode zu benützen: stets mikroskopisch und auf dem Wege der Kultur zu untersuchen; stets zu wiederholten Malen, ja man muß sagen, stets so oft der Patient es irgendwie ermöglichen kann, und stets mit Zuhilfenahme der Provokation. Gewiß werden auch bei Anwendung all dieser Methoden noch Irrtümer vorkommen, namentlich wenn Patient und Arzt nicht Geduld genug haben, um die Untersuchung recht oft zu wiederholen. Aber ich würde es für ein sehr großes Unrecht halten, wenn man nicht immer und immer wieder auf die Notwendigkeit derartiger Untersuchungen vor einer Eheschließung hinweisen wollte. Natürlich ist es für den Arzt bequemer, in jedem Falle, in dem auch nur die geringste pathologisch-anatomische und klinische Läsion nachzuweisen ist, den Ehekonsens zu verweigern. Aber in praxi würde ein solches Verfahren darauf hinauskommen, daß man, um zwei oder drei Fehler zu vermeiden, 97 der Fragenden zu Unrecht den Ehekonsens verweigerte. Das Endresultat eines so krassen Vorgehens würde das Wiedereintreten des früheren Zustandes sein, wo alle diese Leute auf Grund ihres subjektiven Wohlbefindens überhaupt nicht zum Arzte gingen, sondern heirateten. Jeder Arzt und namentlich jeder Frauenarzt weiß aber, welche Fälle von Unglück früher durch die so unendlich häufigen Übertragungen der Gonorrhoe in die Ehe zustande gekommen sind.

Unendlich viel schwieriger als beim Manne liegen die Verhältnisse bei der Frau, wenn es sich um die Feststellung einer alten Gonorrhoe handelt; um frische Formen dürfte es sich wohl nie handeln. In den äußeren Geschlechtsteilen der Frau sind so viele Schlupfwinkel für Gonokokken vorhanden, ohne daß irgendwelche Erscheinungen auf ihre Anwesenheit hinwiesen, daß man kaum je mit Sicherheit die Abwesenheit der Gonokokken wird verbürgen können. Hier wird also nur das immer wieder erneute mikroskopische und kulturelle Suchen nach Gonokokken in abgekratztem Schleim von den verschiedensten Schleimhautpartien helfen können. Dieses Abkratzen ist um so notwendiger, je sorgfältiger eine Frau — vielleicht absichtlich — für ihre Reinlichkeit sorgt und so allen Schleim von der Oberfläche entfernt. Wenn möglich, wird man also, wenn man eine derartige Untersuchung vornehmen will, dafür sorgen müssen, daß tagelang keine Reinigung und Ausspülung stattfindet, und besonders wird man die Zeit unmittelbar nach dem Ablauf einer Menstruation zur Untersuchung wählen müssen.

Jedenfalls wird man immer, wo klinisch-verdächtige Symptome vorliegen, nach Gonokokken suchen müssen. Die Erwägung, daß bei der zu untersuchenden „Dame" eine Gonorrhoe „ausgeschlossen" sei, darf keine Rolle spielen. Gibt es doch sicher auch nicht durch den Geschlechtsverkehr erworbene weibliche Gonorrhoen. Bei Erwachsenen ist hier vielleicht an eine zufällige Infektion des Mastdarms und vom Mastdarm aus der Genitalien zu denken; bei jüngeren Mädchen kann leicht auch eine zufällige Gonokokkeninfektion der Scheide vorkommen. Ferner können Gonokokken jahrelang, auch ohne bemerkenswerte Störungen zu verursachen, auf der Schleimhaut persistieren, ja selbst von in der Kindheit erworbenem Tripper her.

2. Die Frage, ob ein Gonorrhoiker heiraten darf, ist aber nicht nur vom Standpunkt der eventuellen Kontagiosität aus zu betrachten, sondern hat die sehr wichtige Tatsache zu berücksichtigen,

> a) daß durch Folgezustände die Manneskraft, die Potentia coeundi so leiden kann, daß der Mann nicht mehr imstande ist, seine „ehelichen Pflichten" zu erfüllen,
>
> b) daß die Erzeugung der Nachkommenschaft in Frage gestellt wird.

Ad a) ist zu berücksichtigen, daß durch Eiterungen im Gewebe des Gliedes Störungen der Erektionsfähigkeit entstehen können.

Im Gefolge chronischer Harnröhrenkatarrhe und chronischer Vorsteherdrüsenentzündung können sich nervöse, oft zu hochgradigster Neurasthenie führende Störungen entwickeln, die auch zu einem vollständigen Verlust der Potenz führen können.

Es kann sich dabei um wesentlich psychische Vorgänge handeln, oft aber vielmehr um chronisch-entzündliche Reizzustände der Schleimhaut des Blasenhalses, die insofern zu einer „Impotenz" führen, als sich zwar Erektionen einstellen, aber von so geringer Kraft und so schnell wieder verschwindend, daß eine Einführung des Penis so gut wie unmöglich wird, oder, falls diese stattfindet, eine so vorschnelle Entleerung des Samens eintritt, daß von einer wirklichen, die geschlechtliche Erregung befriedigenden Kohabitation, namentlich von seiten der Frau, nicht gesprochen werden kann. Sehr viele solcher Ehen sind daher trotz eines sogenannten Geschlechtsverkehrs steril. Zu solchen Zuständen gesellen sich dann die schon erwähnten neurasthenisch-psychischen Zustände, die die Gesamtsituation natürlich ungemein erschweren.

Sehr schwer freilich ist die Entscheidung, ob solch erkrankten Männern eine Verheiratung gestattet werden darf. Einerseits werden sicherlich viele solche Männer durch die Einflüsse der Ehe gesunden, und der Geschlechtsverkehr mit der dem Manne sympathischen Frau wird oft ein — wenn auch nicht übermäßig reichlicher, so doch normaler, zur Befruchtung führender werden; freilich vorausgesetzt, daß die Frau verständig ist und sich in ihren sexuellen Wünschen dem Manne anpaßt.

Wie aber soll man vorauswissen, ob solche Hoffnungen und Voraussetzungen sich erfüllen werden? Muß der befragte Arzt nicht die Möglichkeit, wie leicht unter solchen Umständen eine unbefriedigte, unglückliche Ehe resultieren könne, dem Klienten vor Augen führen?, wodurch freilich der psychische, auf solchen Männern lastende Druck noch erheblich verstärkt und der sexuelle Zustand noch verschlechtert werden wird. — Unter allen Umständen wird man, wenn man noch Zeit hat, vor einer Entscheidung den ganzen therapeutischen Apparat, der zur Verfügung steht, ausnützen und sich etwas nach dem erzielten Erfolg richten können. Zu dem oft schnell, um nicht zu sagen vorschnell gegebenen, für den Mann — und die Frau! — aber so leicht verhängnisvollen Rat: „Heiraten Sie nur! es wird schon alles gut gehen" kann ich mich, je mehr ich gerade solche Ehen zu sehen Gelegenheit habe, so ohne weiteres nicht entschließen. Man wird eventuell vor dem Versuch unter Umständen nicht zurückschrecken dürfen, dem Mann eine Art „Probezeit" mit einem „Verhältnis" anzuempfehlen.

Freilich ist hier, selbst wenn man alle sogenannten moralischen Bedenken beiseite lassen will, zu bedenken, daß ein solcher geschlechtlicher Verkehr mit einem „Verhältnis" leicht die Quelle einer Neuinfektion werden könnte. Wie soll man dem Ehekandidaten irgend eine Garantie gewähren, ein gesundes Verhältnis zu finden?

Ist eine Verheiratung schon festgelegt, so kann der Arzt dem Manne für sein Verhalten der Frau gegenüber äußerst wertvolle Ratschläge geben, wenn er auch dem Manne gegenüber nicht strikte bei der Wahrheit bleibt: „Er solle nicht glauben, daß gleich beim ersten Versuch der Beischlaf stets gelinge, daß im Gegenteil sehr häufig durch die Aufregung des Mannes und das Verhalten der unkundigen Frau Tage vergingen, bis beide Ehegatten sich an die Situation gewöhnt hätten; er hätte bei einem Mißerfolg also den Mut nicht zu verlieren. Er müsse von vornherein den Geschlechtsverkehr in mäßigen Grenzen halten und seine Frau entsprechend erziehen." In solchen Fällen wird man auch Stimulantien anwenden. Es kommt alles darauf an, einen psychischen Effekt auf den ängstlichen, sich mißtrauenden Mann hervorzurufen und ihn speziell über die ersten Tage der Ehe hinwegzubringen.

3. Fast noch gewichtiger als diese Störung der Potentia coeundi sind die schädlichen Einflüsse der Gonorrhoe auf die Erzeugung der Nachkommenschaft.

Bei Männern setzt jede gonorrhoische Erkrankung des Samenstranges und des Nebenhodens eine sehr große Gefahr für die Funktionserhaltung des zugehörigen Hodens. Kann durch Verschluß des Ausführungsweges der Samen nicht mehr in die Harnröhre gelangen, so ist der Hoden, wenn seine eigene Funktion auch gar nicht gestört ist, als Zeugungsorgan ausgeschaltet. Daher ja die ungemeine Häufigkeit der durch den Mann verursachten Sterilität der Ehe bei doppelseitiger Nebenhodenentzündung. Aber auch bei anscheinend einseitiger Erkrankung kann sie vorkommen. Schließlich ist in Betracht zu ziehen, daß durch krankhaft verändertes Prostatasekret die zur Befruchtung notwendige Beweglichkeit der Samentierchen leiden kann.

Über alle diese Fragen gibt die möglichst bald nach einer Samenentleerung vorgenommene mikroskopische Untersuchung des „Samens" klare Antwort. Aber sehr schwer ist die Frage zu beantworten, wie sich der Arzt verhalten soll.

Sind sehr spärlich Samentierchen vorhanden und bei schlechter Lebensfunktion derselben wird man die bestehenden Bedenken nicht verschweigen dürfen, aber doch die Möglichkeit der Zeugungsfähigkeit betonen müssen, zumal ja therapeutische Maßnahmen nicht aussichtslos sind.

Wie aber bei vollständigem Fehlen aller Samentierchen, das man eventuell durch mehrfache Untersuchungen als sicher vorhanden konstatiert hat? Nicht immer kann man die psychische Wirkung einer solchen Mitteilung voraussehen, namentlich wenn solche Fragen seitens vornehm denkender Männer erst nach einer Verheiratung gestellt werden. Viele Männer setzen sich freilich leichtsinnig und frevelhaft, das Lebensglück ihrer künftigen Frau aufs Spiel setzend, über alle Bedenken hinweg; das sind meistens diejenigen, die eigentlich die Ursache gar nicht erfahren wollen. — Manche haben auch den Rat gegeben, den Männern die Unmöglichkeit der Zeugungsfähigkeit nie als eine absolute hinzustellen, „die Frau könne doch vielleicht von einem anderen Manne gravid werden".

Eine Therapie dieses Zustandes nach doppelseitiger Nebenhodenentzündung halte ich für so gut wie ausgeschlossen, trotz der von amerikanischer Seite berichteten operativen Erfolge.

Auf die Frage einer eventuellen künstlichen Befruchtung gehe ich hier nicht ein. Ich verweise auf Rohleders höchst instruktive Darlegung: „Über künstliche Befruchtung bei Epididymitis duplex". (Deutsche med. Wochenschr. 1912, Nr. 36.)

Was die Störung der Gebärfähigkeit der Frau anlangt, so hat man früher sicher die Häufigkeit dieser Gefahr für die Fortpflanzungsfähigkeit überschätzt. Aber die Tatsache ist doch allseitig anerkannt, daß unter den sterilen Ehen mindestens 25—30 % ihre Ursache in einer Trippererkrankung der Frau haben, wozu noch die 25 % treten, die durch die durch Gonorrhoe entstandene Azoospermie der Männer entstehen. Zu der gonorrhoischen Sterilität der Frau, entstanden durch gonorrhoische Erkrankung der Gebärmutterschleimhaut usw., tritt hinzu die sogenannte Ein-Kind-Sterilität, erzeugt durch ein bei der ersten Entbindung entstandenes „gonorrhoisches Puerperalfieber", welches weitere Graviditäten verhindert.

C. Syphilis.

Die für einen Ehekonsens für die Syphilis in Betracht kommenden Fragen betreffen:

1. die Möglichkeit einer Übertragung der Krankheit auf den anderen Ehegatten,
2. die Möglichkeit der kongenitalen Übertragung auf die Nachkommenschaft,
3. die Möglichkeit später, jahrelang nach der Verheiratung auftretender Nacherkrankungen, und zwar dreierlei Art:
    a) infolge Vernichtung der Manneskraft durch Gehirn- und Rückenmarkserkrankung, wodurch eine Ausübung der ehelichen Pflichten unmöglich gemacht wird,
    b) entstellende geschwürige Zerstörungen der Haut, der Schleimhäute, der Knochen usw., die als „ekelerregende" Erkrankungen einen Grund für eine Ehescheidung abgeben können,
    c) Nacherkrankungen am Herz und den großen Gefäßen, am Gehirn und am Rückenmark, welche die Erwerbsfähigkeit herabsetzen und vollständig zerstören, eine Abkürzung der Lebensdauer herbeiführen und durch schweres, Jahre andauerndes Siechtum Unglück und Elend in die Familie bringen können.

Die einfachste Lösung der ganzen Frage ist natürlich die, zu sagen, daß ein Syphilitiker überhaupt nicht heiraten dürfe. Aber diese krasse Forderung ist vom ärztlichen Standpunkte unter allen Umständen abzulehnen; denn wir wissen, daß die Syphilis eine sicher heilbare Krankheit ist und tatsächlich in sehr vielen Fällen ganz ausheilt. Man kann umgekehrt sagen: Fast jeder Syphilitiker wird heiraten dürfen, wenn bestimmte, noch zu formulierende Voraussetzungen erfüllt sind.

Verständlicher erscheint die Forderung, daß kein Syphilitiker heiraten dürfe, der nicht vollständig von seiner Krankheit geheilt sei; eine Forderung, die wir jetzt, nachdem wir dank der Ehrlichschen Entdeckung viel leichter und sicherer die Möglichkeit zu heilen in Händen haben, viel zuversichtlicher aufstellen dürfen, als vor wenigen Jahren.

Es ist hier nicht der Platz, mich ausführlich über das Salvarsan zu äußern; aber meiner vollen Überzeugung, daß das Salvarsan ein ganz ausgezeichnetes und das Quecksilber an Wirksamkeit nach vieler Richtung hin übertreffendes Heilmittel sei und die Heilungsmöglichkeit ungemein erleichtert habe, möchte ich doch Ausdruck geben.

Aber wir haben auch dieser zweiten Forderung gegenüber die Tatsache festzustellen, daß viele mit Syphilis infizierte und ungeheilt gebliebene Menschen geheiratet haben, ohne daß irgend ein Schaden zutage getreten ist. Wird man aber jedem noch ungeheilten Syphilitiker, der mit der Frage, ob er heiraten dürfe, an uns herantritt, eine in naher Zeit beabsichtigte Verheiratung oder überhaupt eine Verheiratung verbieten dürfen und müssen? Diese Frage ist in ihrer Allgemeinheit jedenfalls zu verneinen; aber es muß von Fall zu Fall geprüft werden, am sorgsamsten bei denjenigen, deren Infektionstermin nur wenige Jahre (3—5) zurückliegt,

1. ob man den Ehekandidaten als geheilt betrachten darf, oder
2. ob und inwieweit man auch bei Ungeheilten an einen Ehekonsens denken darf.

Als geheilt betrachten darf man alle diejenigen möglichst lange ohne sichtbare Erscheinungen gebliebenen Syphilitiker, welche bei vier- bis fünfmal hintereinander, im Verlaufe von 1—1$^1/_2$ Jahren vorgenommenen serodiagnostischen Blutuntersuchungen stets eine klare negative Reaktion aufgewiesen haben; eine negative Reaktion, die ohne therapeutische Beeinflussung festgestellt und auch nach einer provozierenden 606-Einspritzung nicht nach der positiven Seite wieder umgeschlagen ist. Den Standpunkt, negativen Reaktionen überhaupt jede Bedeutung abzusprechen, halte ich für vollkommen falsch. Erkennt man die positive Reaktion als beweisend für das Bestehen einer Syphilis an, so muß auch die negative Reaktion eine Beziehung zum Verschwinden der Krankheit haben. Nun wissen wir freilich, daß eine einzige negative Reaktion nicht vollständige Heilung beweist. Wenn aber viele Monate, ja Halbjahre hindurch die Reaktion bei immer wiederholter Untersuchung und trotz künstlicher Provozierungsversuche stets negativ bleibt, so hat man nach den bisher vorliegenden Erfahrungen die Berechtigung, zum mindesten für die praktischen Fragen des Lebens der negativen Reaktion eine entscheidende Bedeutung zuzusprechen.

Ungeheilt sind

1. alle mit sichtbaren Symptomen behafteten Personen und

2. alle latent-syphilitischen, äußerlich gesunden, welche noch positiv reagieren.

Stammen die vorliegenden Symptome aus den ersten Jahren nach der Ansteckung, so ist die Kontagiositätsmöglichkeit eine so große, daß eine Heirat unter allen Umständen verboten werden muß. Selbst die Versicherung, daß die größte Vorsicht ausgeübt und jede kleine Affektion, besonders an den Lippen und Genitalien, dem Arzte gezeigt werden würde, darf uns von diesem strengen Standpunkt nicht abweichen lassen. Denn wir sehen gar zu häufig Infektionen zustande kommen, selbst ohne daß man die kontagiöse Stelle, welche die Ansteckung vermittelt hat, feststellen konnte.

Auch die tertiären Spätsymptome können kontagiös sein, wie in den letzten Jahren durch Tierversuche und den Nachweis von Spirochäten nachgewiesen worden ist. Trotzdem spielen die tertiären Symptome in ihrer Allgemeinheit für die Frage der Kontagiosität eine nur unbedeutende Rolle. Erstens treten sie oft erst in so späten Jahren nach der Ansteckung auf, daß wir von vornherein mit einer sehr geringen Parasitenmasse im ganzen Menschen und mit einem minimalen Spirochätengehalt in der tertiären Affektion selbst zu rechnen haben. Zweitens sind sie so deutlich sichtbar und auffallend, daß kein Mensch sie übersehen kann, und nur ganz besonders leichtfertige Menschen dann nicht alle Vorsicht aufwenden werden, um die behaftete Stelle vor Berührung mit einem anderen Menschen zu schützen. Drittens sind die tertiären Symptome häufig so lokalisiert (Rücken, Beine usw.), daß überhaupt kaum eine Berührung mit anderen stattfinden kann.

Man wird also unter Umständen sehr wohl einen mit tertiären Symptomen behafteten Menschen heiraten lassen können, vorausgesetzt, daß er sich in einer späten Periode der Krankheit befindet, und um so mehr, wenn auf Grund einer reichlichen Vorbehandlung anzunehmen ist, daß nur eine geringe Spirochätenmenge im ganzen Körper vorhanden ist. Treten die tertiären Affektionen in sehr frühen Jahren der Krankheit auf, so würde ich mich auf denselben Standpunkt stellen, als wenn es sich um Frühsymptome handeln würde. Denn den tertiären Prozessen gegenüber sind, wie schon gesagt, die Frühsymptome als äußerst gefährlich aufzufassen. Diese sitzen gerade an Genitalien und Lippen, also an den Stellen, die besonders häufig mit anderen Personen in Berührung gebracht werden; sie enthalten gewöhnlich sehr reichlich Spirochäten, und, was die Hauptsache ist, sie treten in so unscheinbarer und in so uncharakteristischer Form auf, daß sie entweder nicht als syphilitisch erkannt werden oder überhaupt unbeachtet bleiben.

Aber auch die von manifesten Erscheinungen freien Syphilitiker, die sogenannten Latenten (ohne manifeste Erscheinungen mit positiver Reaktion), müssen als gefährlich betrachtet werden, allerdings nur unter bestimmten Voraussetzungen:

1. Spielt das Alter der Erkrankung eine besondere Rolle. Je jünger die Krankheit, desto größer ist die Masse der Spirochäten, die im Körper vorhanden ist und desto größer somit die Gefahr einer Übertragungsmöglichkeit. Jeder Latente bietet außerdem die Gefahr, daß sich ein Rezidiv einstellen kann.

2. Bei latenten Syphilitikern, die sich verheiraten wollen, ist aber auch besonders zu berücksichtigen, daß das Sperma, der Samen, kontagiös sein kann. Ist es bisher auch nur in wenigen Fällen gelungen, diese Kon-

tagiosität des Sperma im Tierversuch nachzuweisen, so muß doch mit der Möglichkeit einer solchen Übertragung. namentlich im ehelichen häufigen Geschlechtsverkehr, gerechnet werden. Ist aber die Mutter angesteckt, so ist auch die Nachkommenschaft aufs äußerste gefährdet, falls nicht eine sehr energische Behandlung der Mutter stattfindet. Aber gerade solche eheliche Infektionen der Frau, anscheinend durchs Sperma, jedenfalls in einer unaufgeklärten Weise, verlaufen häufig ohne irgendwelche äußeren Erscheinungen. Und doch ist an der Tatsache, daß solche Frauen (mit kongenital-syphilitischer Nachkommenschaft) wohl alle krank sind, nicht zu zweifeln; sie haben positive Reaktionen. Diese merkwürdigen Infektionen der Frauen sind eine Hauptgefahr sowohl für die Nachkommenschaft wie für die Frau selbst. Da infolge der anscheinenden Gesundheit von Vater und Mutter eine die Frucht schützende und rettende vorbeugende Behandlung der Mutter meist unterbleibt, so wirkt die unbehandelte Syphilis der Mutter äußerst deletär auf die Nachkommenschaft, sich äußernd in der sogenannten Polyletalität (Vielsterblichkeit) der Früchte. Aborte, Frühgeburten, Totgeburten, mit Syphilis behaftete, lebendgeborene, aber früher oder später alle Formen der Syphilis darbietende Kinder vernichten oft acht bis zehn Früchte, ehe — meist erst nach und durch eine Behandlung — ein gesundes überlebendes Kind erhalten bleibt.

Auch die Mutter hat oft unter den schweren Folgen solcher Syphilis schwer zu leiden, weil man ihre Syphilis ganz übersieht und natürlich unbehandelt läßt. Selbst wenn schwere Schädigungen innerer Organe oder des Nervensystems eintreten, überläßt man sie oft mangels Kenntnisse und Berücksichtigung der syphilitischen Ursache ihrer bösartigen Weiterentwicklung. — Der durch die Aborte, Frühgeburten usw. entstehenden Gefährdung sei nur kurz gedacht.

Aber dieser einen Tatsache gegenüber, daß jeder Latente, namentlich in den ersten Jahren der Krankheit, wie ein Ungeheilter beurteilt werden muß, dürfen wir die andere Tatsache nicht vergessen, daß wir sehr häufig Männer sehen, die seit Jahrzehnten verheiratet sind, immer noch eine positive Reaktion aufweisen, und doch nach keiner Richtung hin ihrer Familie einen Schaden zugefügt haben; die Frauen sind gesund und haben eine erwachsene gesunde Nachkommenschaft. Die positive Reaktion stammt in solchen Fällen von Spirochätennestern her, die in irgend einem Organ (Leber, Milz, Aorta usw.) sitzen, von denen aus eine Auswanderung an die Körperoberfläche oder in das Sperma aber nicht möglich ist, so daß auch keine Infektion zustande kommen kann.

Eine positive Reaktion ist also nicht eo ipso ein Ehehinderungsgrund vom Standpunkt der Übertragung auf Frau und Kinder aus, sondern es muß stets das Gesamtverhalten des ganzen Falles betrachtet werden, speziell wie alt die Syphilis ist und ob eine entsprechende Vorbehandlung stattgefunden hat.

Vorsichtshalber wird man natürlich in jeder Ehe, in der der Mann noch eine positive Reaktion hat, auch das Blut bei Frau und eventuell Kindern untersuchen müssen, weil es eben, wie schon gesagt, gar zu häufig vorkommt, daß in der Ehe Infektionen der Frauen vorkommen, die der Beobachtung absolut entgehen, sei es, daß wirklich äußere Symptome nicht auftreten, sei es, daß sie undiagnostiziert, sei es, daß sie unbeachtet bleiben.

Spielt also die Anwesenheit einer positiven Reaktion keine besondere Rolle für die Frage der Übertragung der Krankheit auf den anderen Ehegatten, so spielt sie aber eine eminent wichtige Rolle für die Frage der Gefährdung durch eventuell mögliche Nachkrankheiten, die als schwere Veränderungen am Herzen und an den großen Gefäßen, im Gehirn als Paralyse, im Rückenmark als Tabes auftreten können. Jeder positiv reagierende Syphilitiker schwebt in dieser Gefahr, wenn sie auch nicht in jedem Falle wirklich eintritt. Aber der Bruchteil von Syphilitikern, der an Tabes und Paralyse und Herzgefäßsyphilis erkrankt und vorzeitig zugrunde geht, ist doch recht erheblich. Damit eröffnet sich unter Umständen die Perspektive für eine vollkommene Zerrüttung des Familienlebens, für eine vollkommene Zerstörung der Erwerbsfähigkeit; also Momente, die jeden sich seiner Verantwortung bewußten Menschen zu der ernsten Prüfung veranlassen müssen, ob er unter solchen Umständen das Schicksal eines anderen Menschen an das seinige knüpfen dürfe.

Auch der Arzt wird dem Patienten den Ernst der Sachlage nicht verschweigen dürfen. Er wird darauf drängen müssen, daß nicht nur sein Klient, sondern auch die Braut oder deren Eltern unter Zuziehung ärztlicher Beratung sich schlüssig machen, ob sie das Risiko eingehen wollen. Er wird besonders für eine sorgsame weitere Behandlung, nicht bloß bis zur Verheiratung, sondern über die Verheiratung hinaus sorgen müssen, um nach Möglichkeit dem Auftreten dieser Nachkrankheiten vorzubeugen oder ihre vielleicht schon bestehenden, wenn auch nicht erkennbaren und erkannten Anfänge zu beseitigen.

Es läßt sich nicht leugnen, daß für den beratenden Arzt hier nicht bloß medizinische, sondern auch sozialfinanzielle Momente in Betracht kommen. Wird der Familienvater später z. B. durch Tabes oder Paralyse erwerbsunfähig, so ist das Los der Frau und der Kinder ganz verschieden, je nach den obwaltenden Vermögensverhältnissen.

Man sieht aus all dem die ungemein große Bedeutung der Wassermannschen Entdeckung für die Ehe und damit für die jetzt unser besonderes Interesse erregende Bevölkerungsfrage. Sie ermöglicht es uns, bei Menschen, die äußerlich nach jeder Richtung hin gesund erscheinen, uns ein Urteil zu bilden, ob und wieweit sie selbst und mit ihnen zusammengehörige Personen durch eine Syphilisinfektion gefährdet sind.

Durch diese diagnostische Möglichkeit, uns jederzeit einen objektiven Einblick über den Krankheitsstatus zu verschaffen, ist ein Moment, welches früher für die Beurteilung der Verheiratungsmöglichkeit besonders in Betracht kam, ziemlich in den Hintergrund getreten, nämlich die Art und Sorgsamkeit der Vorbehandlung. Freilich wird man auch heute noch im großen ganzen den Syphilitiker, der eine wirklich sorgsame und gründliche, womöglich jahrelange chronisch-intermittierende Behandlung genossen hat, für ungefährlicher halten können, als denjenigen, der schlecht oder gar nicht behandelt ist. Aber wir sehen nur gar zu häufig, daß zwar eine chronisch-intermittierende Behandlung stattgefunden hat, aber mit so unzureichenden Methoden und Mengen, daß sie nicht zur Austilgung der Krankheit und zur Beseitigung der positiven Reaktion geführt hat.

Die Forderung, nur nach einer sehr sorgfältigen Vorbehandlung eine Heiratserlaubnis auszusprechen, war ein Notbehelf, weil wir uns gar kein Bild über den wirklichen Status eines früher syphilitischen Menschen verschaffen konnten. Wir suchten dann wenigstens alle die Vorbedingungen, welche eventuell den von uns gewünschten Erfolg hätten herbeiführen können, zu erfüllen. Und deshalb war früher eine der Hauptforderungen für die Erteilung eines Ehekonsenses: sehr sorgfältige, langjährige, vier bis fünf Jahre hindurch durchgeführte Quecksilberbehandlung.

Es ist kein Zweifel, daß durch die Einführung des Salvarsans nach jeder Richtung hin die Chancen für die Erreichung eines Heilerfolges gestiegen sind. Aber auch jetzt wird in jedem Falle die Reaktion, die ja meist in so ausgezeichneter und bequemer Weise eine wirkliche Diagnose des Status gestattet, anzuwenden sein.

Ich habe noch eine Anzahl von einzelnen Fragen zu besprechen, die für unsere Frage von Bedeutung sind:

1. Ich habe schon oben darauf hingewiesen, daß man in jedem Falle mit der Infektiosität des Spermas zu rechnen habe. Es ist heiratenden Syphilitikern, deren Kontagiosität als noch nicht erloschen betrachtet werden darf, zu raten, solange wie möglich eine Gravidität zu vermeiden und jedenfalls erst eine weitere Behandlung abzuwarten. Sollte trotzdem eine Gravidität eintreten, so ist bei der Frau durch wiederholte Blutuntersuchungen festzustellen, ob eine Infektion eingetreten sei. Sobald die Reaktion positiv wird und damit der Beweis gebracht wird, daß auch die Frau trotz Fehlens äußerer Erscheinungen infiziert ist, ist mit der Behandlung zu beginnen. Eine Behandlung der Frau während der Gravidität, und zwar in ganz energischer Weise mit Salvarsan und Quecksilber, ist nach keiner Richtung hin für die Nachkommenschaft gefährlich; im Gegenteil, es ist durch eine Menge von Beobachtungen nachgewiesen, daß die Chance, gesunde Kinder zur Welt zu bringen, durch Behandlung während der Gravidität ganz unendlich gesteigert wird.

Natürlich wird man auch das Kind, selbst wenn es scheinbar gesund ist, sorgsamst nicht bloß klinisch, sondern auch hier mit Zuhilfenahme der Wassermannreaktion untersuchen, und zwar längere Zeit nach der Geburt hindurch. Denn auch hier haben wir immer mit latenten Formen zu rechnen, die sich erst viele Monate, ja jahrelang später (als tertiäre Erscheinungen, Tabes usw.) zeigen können.

2. Dürfen die Eltern gestatten, daß eine in der Kindheit extrauterin oder kongenital infizierte Tochter sich verheiratet? Besteht eine Gefahr für die Nachkommenschaft? Besteht eine Gefahr für den Mann?

Diese Fragen sind nach den oben aufgestellten Grundsätzen zu beantworten. Ist die Reaktion dauernd negativ, so wird man kein Bedenken tragen brauchen, die Ehe zu gestatten. Ist die Reaktion aber noch positiv, so wird man jedenfalls durch möglichst energische Behandlung die Krankheit zu tilgen suchen. Freilich wissen wir, daß alte, jahrelang im Körper bestehende, inveterierte Syphilis sehr schwer, bisweilen gar nicht therapeutisch zu beeinflussen ist; wahrscheinlich deshalb, weil die Medikamente an die irgendwo abgekapselten Spirochätennester oder deren Generationsformen nicht heran können. Die Gefahr, die von einer derartig mit alter Lues behafteten Mutter bei einer Verheiratung für die Nachkommenschaft ausgehen könnte, ist ja allerdings sehr gering, aber doch nicht absolut auszuschließen.

Eine Übertragung der Krankheit auf den Mann darf wohl als sicher ausgeschlossen betrachtet werden.

Sorgsamste Beobachtung und Blutuntersuchung der Nachkommenschaft ist stets anzuraten.

3. Jedem Syphilitiker, der heiratet, ist einzuschärfen, daß er von seiner Krankheit dem anderen Ehegatten, oder, wenn er das nicht will, wenigstens seinem Hausarzt oder einem intimen Freunde berichte. Gar zu häufig erlebt man es, daß bei irgend einer Erkrankung der Arzt aus Unkenntnis der Vorgeschichte auf die Idee, es könne sich um Syphilis handeln, gar nicht kommt und auf diese Weise die allerbeste und wichtigste Zeit für die Behandlung verstreichen läßt. Welche Schädigung z. B. bei einem apoplektischen Anfall daraus resultieren kann, bedarf keiner ausführlichen Darlegung.

Am besten ist es freilich, daß beide Ehegatten über das etwaige Bestehen der Krankheit Bescheid wissen, schon um die Durchführung eventuell notwendiger Kuren zu erleichtern. Gar zu häufig erlebt man es, daß namentlich die Männer von weiteren Kuren Abstand nehmen, um die Frau, die bisher von der Krankheit nichts erfahren hat, über dieselbe nicht aufklären zu müssen. Es läßt sich freilich nicht leugnen, daß oft auf diese Weise der Frau eine Waffe in die Hand gegeben wird, falls sie später aus irgend einem Grunde etwa eine Ehescheidung einleiten will; oft genug kommt es dann auch zu einer Verurteilung des Mannes, selbst wenn die alte Infektion ohne jede schädliche Folge für die Ehe geblieben ist und nach menschlichem Ermessen auch bleiben wird.

4. Auch nach der Verheiratung wird es ratsam sein, wenn von Zeit zu Zeit mehrere Jahre hindurch immer wieder eine Blutuntersuchung stattfindet. Fällt dieselbe negativ aus, so kann eine solche Tatsache nur zur Beruhigung des sich Ängstigenden führen; fällt sie positiv aus, so weiß man genau, welchen Weg man zu gehen hat, und kann allen möglichen Gefahren vorbeugen. Es muß eben jedem Syphilitiker klar gemacht werden, daß, solange die Krankheit noch im Körper steckt, mag sie auch jahrelang geschlummert haben, immer eine Gefahr für ihn besteht und daß durch spezifische Herz- und Aortenerkrankungen, durch Tabes und Paralyse eine sehr erhebliche Verkürzung der Lebenszeit nur gar zu oft eintritt. Aber allen diesen Möglichkeiten kann vorgebeugt werden durch möglichst früh nach der Ansteckung eingeleitete und energisch und lange genug durchgeführte Salvarsan-Quecksilber-Behandlung.

Aber es läßt sich nicht verkennen, daß, so wichtig und dringend nötig es wäre, in jedem Falle alle die besprochenen Kautelen anzuwenden, es kaum möglich sein wird, sie in praxi bei der Unzahl von geschlechtskrank gewesenen Menschen durchzuführen. Die Untersuchungen kosten viel Zeit und — auch Geld, und so könnte dieser ärztliche Ehekonsens, namentlich in den Kreisen der Arbeiter und kleinbürgerlichen Bevölkerung, vielfach an den materiellen Schwierigkeiten scheitern. Wieweit die Krankenkassen für die Kosten einer solchen ärztlichen prophylaktischen Untersuchung aufkommen würden, ist fraglich, aber sicherlich würden sie durch Verhütung von Familienerkrankungen sehr viel Geld sparen.

Ferner: die Überweisung an einen Spezialisten scheitert — abgesehen von der Geldfrage — häufig aber auch an den örtlichen Verhältnissen, an der Entfernung zum Wohnort desselben, an der Notwendigkeit wegen der wiederholten Untersuchung mehrfach die Reise zu unternehmen, und dergleichen.

So wird denn häufig die ideale Untersuchung, wie wir sie oben formuliert haben, nicht durchführbar sein. Aber eine einmalige Gonokokkenuntersuchung würde auch schon viel Unglück verhüten. Vielleicht wird sich auch manchmal der Ausweg finden, daß der praktische Arzt nur die Präparate sorgfältig herstellt und sie irgend einem Institut oder einer Spezialklinik zur Untersuchung einsendet.

Die Hauptsache wird aber immer bleiben, in den ersten Stadien der Erkrankung für eine möglichst sorgfältige Behandlung zu sorgen und so die späten und die latenten Stadien der Gonorrhoe wie der Syphilis von vornherein auszuschalten.

Im vorstehenden habe ich nur die ärztlichen Seiten des Ehekonsens-Problems besprochen.

Sie bedürfen aber einer sehr wichtigen Ergänzung durch die Erörterung der Frage, wie nach unserem deutschen Recht die Geschlechtskrankheiten zu einer Ehescheidung führen können.

Siehe darüber S. 162.

Zum Schluß muß ich noch mit einigen Worten auf die Gefahren eingehen, die dem Glück und den wirtschaftlichen Verhältnissen der Ehe durch die Geschlechtskrankheiten drohen.

Neben der Befriedigung des sexuellen Triebes und der Erzeugung gesunder Nachkommenschaft muß als Zweck der Ehe hingestellt werden, daß die beiden in dauerndem Zusammenleben zur Gründung eines Hausstandes und einer Familie zusammentretenden Menschen durch eben diese Gemeinschaft erstreben und hoffen, ein glücklicheres und sorgenfreieres Leben sich gestalten zu können.

Was den **Tripper** betrifft, wie leicht aber kann das Glück einer Familie gestört und zerstört werden durch das Ausbleiben des seitens der Frau so herbeigesehnten Kindersegens, durch sexuelles Unbefriedigtbleiben der Frau bei Impotentia coeundi des Mannes, durch dauernde Kränklichkeit und schweres Siechtum, wie, es die schweren sexuellen Neuropathien beim Manne oder die gefürchteten Erkrankungen der inneren Geschlechtsorgane bei der Frau erzeugen. Die Lebensfreude nicht nur des Betroffenen selbst, sondern beider Ehegatten und der ganzen Familie wird gestört, und oft genug auch zieht mit der Krankheit und verminderten oder ganz zerstörten Arbeits- und Erwerbsfähigkeit schwere ökonomische Sorge in die Familie ein.

Am härtesten trifft dieses Los naturgemäß die armen Familien, besonders wenn die Frau wegen zu geringen Verdienstes des Mannes

am Erwerb und an der Unterhaltung der Familie sich beteiligen
muß. Könnte die am Tripper erkrankende Frau in den Anfängen der Krankheit, besonders im ersten Wochenbett, sich schonen, so würde sie vielleicht
mit einem kurzen Leiden davonkommen. So aber muß sie arbeiten, und dadurch entwickelt sich eine Kette von Siechtum, Not und Elend. Denn so
wenig von Belang in den allermeisten Fällen die Urethral- und Zervikal-
gonorrhoe ist, so bedeutungsvoll wird die Erkrankung, wenn erst einmal die
Innenfläche des Uterus ergriffen ist, zumal dann von ärztlicher Hilfe kaum
noch die Rede sein kann. Denn trotz rastloser Bemühungen, durch aktives
Eingreifen die die Erkrankung verursachenden Gonokokken zu vernichten
und so die Leiden zu beseitigen, stehen die meisten Frauenärzte auf Grund der
Erfahrungen auf dem Standpunkt, daß nur möglichste Schonung und
Bettruhe am Platze sei und Abwarten die sicherste und schnellste
Aussicht auf Heilung biete. Nun sind es aber gerade die uns beschäftigenden
Frauen der ärmeren Klassen, welche, weil sie so häufig miterwerben und den
ganzen Hausstand allein führen müssen, am wenigsten diesen Vorschriften
der wochen- und monatelangen Bettruhe folgen, und so entwickeln sich natürlich viel häufiger bei den Frauen der ärmeren Klassen die schweren, oft lebensgefährlichen Zustände, welche einerseits zu Sterilität führen — eine Folge, die
nicht am wenigsten schwer empfunden wird —, oft genug aber große, schwere
Operationen indizieren, wobei die Operation nicht nur vom rein ärztlichen,
sondern auch vom allgemein menschlich-sozialen Standpunkte noch als der
beste Ausweg angesehen werden muß; denn die operative Entfernung der die
Krankheit und das Siechtum veranlassenden Organe führt am sichersten und
schnellsten zur Gesundung und Arbeitsfähigkeit. Oft aber hat sich schon vorher
der Ruin der Familie eingestellt. Wird die Frau, d. h. bei den Arbeitern und
„kleinen Leuten" meist die einzige für den Hausstand und für das Wohlsein
des Mannes sorgende Kraft krank, elend, mißmutig und nervös, bettlägerig,
oder muß sie wochen- und monatelang ins Hospital, so ist die Verführung für
den Mann, das Wirtshaus dem unbehaglichen eigenen Heim vorzuziehen und
anderen weiblichen Verkehr aufzusuchen, zu groß, als daß ihr nicht sehr viele
Männer erliegen sollten.

Auch der großen Geldausgaben, die das Kranksein der Frau und die Behandlung erfordert, ist zu gedenken.

Denken wir ferner an die frischen, erst während der Ehe erworbenen
Infektionen, so sind — abgesehen von der Ansteckungsgefahr für die Frau —,
die eine Erwerbsunmöglichkeit des Mannes oft lange Zeit ausschließen-
den Erkrankungen des Nebenhodens, der Prostata, der Gelenke, des Herzens usw.
in Betracht zu ziehen; Erkrankungen, die sich oft wochen-, ja monatelang
hinziehen. Glücklicherweise heilen ja die meisten dieser Komplikationen und
Metastasen vollkommen aus, aber es bleibt doch immer noch zu oft eine Gruppe
chronisch Kranker und dauernd in ihrer körperlichen Leistungsfähigkeit Geschädigter übrig; um so mehr, als solche Verheiratete bisweilen, teils um ihre
Krankheit zu verbergen, teils ihres „schlechten Gewissens" halber, die Behandlung nicht so sorgsam betreiben und sich nicht schonen.

Von nicht sehr erheblicher Bedeutung ist die Gefahr einer Lebensver-
kürzung durch postgonorrhoische Erkrankungen, aber sie kann wohl eintreten bei den schweren Strikturen der Männer und deren Folgeerkran-

kungen in Blase, Niere, bei den postgonorrhoischen Unterleibserkrankungen und Mastdarmgeschwüren der Frauen, bei den gonorrhoischen Herzklappenleiden.

Bei der **Syphilis** kommen wesentlich die in späten Jahren nach der Ansteckung auftretenden — wenn auch in frühen Krankheitsstadien nicht ausbleibenden — Erkrankungen der inneren Organe: Herz und große Blutgefäße, Niere, Leber und namentlich des Gehirns und Rückenmarks in Betracht. Unter letzteren wieder sind die gefürchtetsten die Paralyse und die Rückenmarksschwindsucht (Tabes). Es bedarf keiner ausführlichen Darlegung, welches Unglück gerade solche Erkrankungen an Tabes und Paralyse, da sie der Behandlung schwer, oft auch gar nicht zugänglich sind, in Familien anrichten können. Für den Begüterten sind solche Schicksalsschläge schon furchtbar. Wie aber, wenn von der Gesundheit des Erkrankten der Wohlstand der Familie, die Sorgen für den Hausstand und die Erziehung und Pflege der Kinder abhängt. Es fehlt nicht nur der Ernährer oder die Hausmutter, sondern das jahrelang sich hinziehende Siechtum verursacht unendliche Ausgaben. Und immer wieder muß daran erinnert werden, daß neben dem traurigen Gefühl des durch die Krankheit erzeugten Elends sich oft genug den Beteiligten der Gedanke aufdrängt, daß das ganze Unheil durch das eigene Verhalten verursacht wurde und vielleicht hätte vermieden werden können.

Anhang.
Anzahl der Verheirateten unter den Geschlechtskrankheiten.

Berlin. Von den poliklinischen Patienten waren verheiratet

Männer = 20,0 %,
Frauen = 47,5 „

(Blaschko, Hyg. d. Prostit. 8, 35.)

Wien. Von mehr als 10 000 Patienten der Fingerschen Poliklinik waren verheiratet

Männer = 12 %,
Frauen = 7 „

(Brandweiner, Österr. Enquete S. 66.)

Brüssel. Von über 2000 in Hospitälern behandelten Syphilitischen waren verheiratet

Männer = 30 % (26 % außer der Ehe infiziert!)
Frauen = 36 „

(Bayet, Zeitschr. f. Bekämpfung d. Geschlechtskrankh. 8, S. 302.)

Statistisches Amt Breslau: In ärztlicher Behandlung befindliche Geschlechtskranke (vom 20. Nov. bis 20. Dez. 1913):

Überhaupt: 3898,   davon verheiratet 1339 = 34,5 %,
Männer: 2736 = 70 %, „   „   915 = 33,6 „
Weiber: 1162 = 30 „ „   „   424 = 36,5 „

Flesch, Statistische Erhebungen über die Verbreitung der Syphilis in Frankfurt a. M. Münch. med. Wochenschr. 1910, Nr. 45, S. 2371.

	Männer	Weiber
ledig	1149	287
verheiratet	330	175
zusammen	1479	462
	1941	

Statistisches Amt Leipzig, S. 16. In der Zeit vom 20. November bis zum 20. Dezember 1913 waren in ärztlicher Behandlung: Bei Privatärzten und in Krankenhäusern zusammen:

männlich:

ledig	2542
verheiratet	1139 = 27,7 %
unbekannt	96
(838)	4115

weiblich:

ledig	748
verheiratet	507 = 38,5 %
unbekannt	6
(60)	1321

Zusammen:

ledig	3290
verheiratet	1646 = 33 %
unbekannt	500
(398)	5436

Die eingeklammerten Zahlen bezeichnen die Fälle, für die nähere Angaben nicht gemacht worden sind und die deshalb nicht bei allen Spalten berücksichtigt werden konnten. In den Gesamtzahlen sind sie mit enthalten.

München. Münch. med. Wochenschr. 1914, Nr. 28. In der Zeit vom 7. Januar bis 6. Februar 1914 wurden bei 90 % Beteiligung der Ärzte 3600 geschlechtskranke Personen gemeldet. Von diesen lebten in München 3052, also 4,77 %/oo der Münchener Bevölkerung. Von den 3600 Personen waren 2495 Männer, 1105 Weiber, und zwar 67,89 % ledig und 31,25 % verheiratet. Es litten 49,11 % an Tripper (70,06 Männer, 36,94 Weiber), 1,39 % an Ulcus molle, 49,50 % an Syphilis.

Peller, S., Die soziale Bedeutung der Gonorrhoe. Beiheft der Wochenschrift: „Das österreichische Sanitätswesen" 1913, Nr. 38. Daß die gonorrhoische Vergiftung der Ehe nicht eine Seltenheit ist, ist sofort einzusehen, wenn man bedenkt, daß unter den sozusagen im akut-floriden Stadium sich befindenden geschlechtskranken Personen nach Fleschs Angaben ein Drittel aller auf die Ehemänner entfällt, welche Zahl auch von anderen Autoren bestätigt wurde. So ergab sich nach Ferdinand Winkler (Wien) für die Eisenbahner dieselbe Zahl; Blaschko gibt (Hygiene der Prostitution) an, daß von 919 männlichen Geschlechtskranken 20 % verheiratet waren. Brandweiner fand unter den Gonorrhoikern der Klinik Finger zirka 12 % verheiratet.

Die wichtigste prophylaktische Maßregel ist: durch Sorge für leicht zugängliche und gute Behandlung möglichst viele Anstekkungsquellen zu beseitigen, und

insbesondere eine möglichst weitgehende Sanierung und gesundheitliche Überwachung aller sich Prostituierenden zu erreichen.

Zehnter Abschnitt.

Leicht zugängliche und gute Behandlung.

Um die Forderung einer möglichst leicht zugänglichen, ausgiebigen und ausreichenden Behandlung zu erfüllen, bedarf es

1. Schaffung von Krankenhausabteilungen für Geschlechtskranke in allen größeren Krankenhäusern und von zahlreichen Ambulatorien, beide unter Leitung fachärztlich gut ausgebildeter Ärzte.

Beide Einrichtungen sind notwendig und haben sich zu ergänzen: die Ambulatorien, weil ein sehr großer Teil der Kranken (besonders der Syphiliskranken) in vorzüglichster Weise auch ohne Einbringung in ein Krankenhaus ohne Störung seines Berufes behandelt und geheilt werden kann; die Krankenhausabteilungen, weil manche Krankheitsformen wiederum durchaus einer Hospitalbehandlung bedürfen.

Bei diesen Einrichtungen wird dafür gesorgt werden müssen, daß einerseits die allgemeinen Verhältnisse im Krankenhaus, andererseits die Sprechstunden nach Ort und Zeit so geregelt werden müssen, daß die Kranken gern und willig alle diese Behandlungsstätten aufsuchen. Es wird wesentlich Sache der städtischen Verwaltung und der Kasse sein, diesen Bedürfnissen Rechnung zu tragen.

Was die **Behandlung in den Krankenhäusern** betrifft, so ist einerseits zu bedenken, daß es sich in allen großen Städten um Hunderte, ja Tausende von Personen handelt, die eventuell in Betracht kommen, nicht weil ihre Krankheit einer Krankenhausbehandlung erfordert, sondern um sie als Infektionsverbreiter unschädlich zu machen.

Andererseits besteht bei nicht schmerzhaften und beschwerlichen Krankheiten sehr oft ein großer Widerwillen gegen das Krankenhaus, und so ist es von größter Bedeutung, die Beseitigung all derjenigen Momente, welche die Bevölkerung, und besonders die weibliche, vor jeder Inanspruchnahme ärztlicher Hilfe in Ambulatorien und namentlich im Krankenhaus zurückschrecken, zu erstreben. Denn dann wird sich jeder um so williger dem Zwange fügen und um so weniger den Versuch machen, sich durch alle möglichen Kniffe irgendwelchen obligatorischen Maßregeln zu entziehen.

Welches sind die Gründe, welche die Kranken und namentlich die weiblichen vor einer ärztlichen Behandlung zurückschrecken?

Viele gehen nicht in ärztliche Behandlung aus Scham, aus Angst vor der Untersuchung oder einer vielleicht mit Schmerzen verbundenen Behandlung, oder weil sie kein Vertrauen zur ärztlichen Geheimhaltung haben.

Hier wird die Anstellung weiblicher Hilfskräfte, von Ärztinnen, von Nutzen sein können.

Eine Rolle spielt die Bezeichnung der Anstalt. Überall werden die Anstalten, Krankenhäuser wie Polikliniken, gemieden, aus deren Inanspruchnahme der Charakter der Erkrankung ohne weiteres hervorgeht. Deshalb sind Spezialhospitäler und Ambulatorien nur „für Geschlechtskrankheiten" unzweckmäßiger als Spezialabteilungen in großen Allgemein-Hospitälern oder Abteilungen, Polikliniken, Fürsorgestellen usw. für „Haut- und Geschlechtskrankheiten" oder für „Frauen- und Geschlechtskrankheiten".

Auch nach anderen Richtungen ist mit dem allgemeinen Vorurteil, welches die Geschlechtskrankheiten als schimpfliche beurteilt (ohne in gleicher Weise gegen den außerehelichen Geschlechtsverkehr Stellung zu nehmen) zu rechnen und dem Wunsche der Kranken nach Verschwiegenheit, wenn sie sich in irgendwelchen öffentlichen Anstalten behandeln lassen wollen, Rechnung zu tragen. Der wahre Name des Kranken braucht z. B. nur dem ordinierenden Arzt, allenfalls einem Verwaltungsbeamten, die zur Geheimhaltung zu verpflichten wären, bekannt gegeben zu werden.

Es ist auch durchaus überflüssig, daß der Name des Kranken den übrigen in demselben Krankensaale liegenden Patienten bekannt wird. Auch das fast überall geübte Anschreiben der Diagnose an die Bettafel ist überflüssig und kann vermieden werden. Auch in der Poliklinik kann zwischen Arzt und Patienten ein Name, um die Führung einer Krankengeschichte zu ermöglichen, oder die aus Geburtsdatum und Jahreszahl kombinierte Ziffer (12, 12, 60 = 12. Dezember 1860) verabredet werden.

Auch hierfür habe ich in Breslau Erfahrungen sammeln können. Die einfache Tatsache, daß im städtischen Hospital eine Prostituiertenabteilung existiert, hält viele weibliche Kranke davon ab, die dort sonst nach jeder Richtung hin vorzügliche Pflege aufzusuchen; sie fürchten entweder im Kreise ihrer Bekannten als Prostituierte angesehen zu werden, oder fürchten, daß sie selbst der Polizei gemeldet werden könnten.

Deshalb wünsche ich, daß nur die eigentlichen, rettungslos der Prostitution verfallenen Gewerbsprostituierten, die unter Polizeiaufsicht stehen, eigene Hospitäler bekommen. Alle übrigen aber sollen, soviel als möglich von diesem Odium verschont bleiben und, wie schon gesagt, als gewöhnliche Kranke in beliebigen Hospitälern Aufnahme finden können.

Alle Verhältnisse, welche den Aufenthalt im Krankenhaus den Kranken unsympathisch erscheinen lassen, müssen beseitigt werden [1].

Als selbstverständlich erachte ich es, daß alle diejenigen Maßregeln, welche zuungunsten der Geschlechtskranken oder der Prostituierten in vielen Krankenhäusern bestehen, in Wegfall kommen. Beköstigung, Art der Betten, der Zimmer, Benützung der Gärten usw. müssen dieselben sein, wie für alle andern Kranken.

Es sollte aber auch für besonders gebildetes Wartepersonal gesorgt werden, teils der positiverzieherischen Einwirkung wegen, die sehr wohl von guten Schwestern und Pflegern ausgehen kann, teils um die Kranken gegen die überall verbreitete und oft genug auch beim Pflegepersonal in Frage tretenden Vorurteile, daß Geschlechtskranke wie Strafgefangene und moralisch Verworfene malträtiert werden dürften, zu schützen.

Auch für Arbeitsgelegenheit müßte überall gesorgt sein.

Sache der Ärzte wird es sein, zu bestimmen, wie die einzelnen Personen zu verteilen sind, z. B. bei Prostituierten, ob sie mitten unter den übrigen Kranken oder in für Prostituierte reservierten Abteilungen unterzubringen sind. So richtig es ist, daß im allgemeinen z. B. solche Personen, welche die Prostitution als Erwerb treiben, von anderen — Nichtprostituierten — zu trennen sind, ebenso falsch ist es, alle Prostituierten nach dieser Richtung hin gleichmäßig als schlechte, für die Umgebung verderbliche Elemente zu betrachten. Noch sehr viele unter den Prostituierten sind für gute Behandlung empfänglich und besserungsfähig, jedenfalls nicht schlimmer zu beurteilen und zu ver-

---

[1] Siehe die ausführlichen Referate von Finger und Jadassohn. II. Brüsseler Konferenz 1902.

urteilen, wie junge Männer, die vorübergehend einem leichtsinnigen und arbeitsscheuen Leben sich hingeben.

Auch bei der Beurteilung dieser Frage sind allgemeine Normen nicht aufzustellen. Wie in jeder einzelnen Stadt geradezu als „anständig" zu bezeichnende Prostituierte neben den allergemeinsten und nicht zu bändigenden Personen existieren — oft genug sind sie nebenbei Hehlerinnen, Verbrecherinnen, Säuferinnen oder psychisch Kranke — so wechselt auch der Charakter der Prostituierten von Stadt zu Stadt.

Auch hier kommt in Betracht der Gedanke, den wahren Namen der Kranken überall zu verheimlichen; in vielen Ländern werden die Prostituierten nie mit ihrem wahren Namen, auch nicht in den Listen geführt, sondern mit einem „nom de guerre".

Derart gestalteter, manchem vielleicht übertrieben gut erscheinender Behandlung schreibt es Zinßer, sicherlich mit Recht, zu, daß die Zahl der freiwillig zur Behandlung kommenden Prostituierten im Zunehmen begriffen ist. **Im vorletzten Jahr haben sich 70, im Jahre 1905 75 Prostituierte freiwillig in das Krankenhaus aufnehmen lassen.** (Die freiwillig eintretenden werden selbstverständlich der Polizei nicht gemeldet und werden auch dann nicht zurückgehalten, wenn sie gegen den ärztlichen Rat das Krankenhaus wieder verlassen wollen. Meistens gelingt es, sie bis zur vollendeten Heilung in der Anstalt zu behalten. Strafen, wie Einsperrung, Kostentziehung usw. gibt es in der Anstalt nicht. Die einzige Strafe, von der gelegentlich Gebrauch gemacht wird, ist das Aussetzen der ärztlichen Behandlung.) [Zinßer, Die Prostitutionsverhältnisse der Stadt Köln. Monatsschr. f. Kriminalpsychol. 3, S. 26.]

Was die **ambulante Behandlung**[1]) betrifft, so hat dieselbe ja in sehr vielen Fällen den Nachteil, daß die Behandlung nicht sorgfältig genug durchgeführt wird und daß durch die fehlende Internierung viele Geschlechtskranke trotz aller Belehrungen und Warnungen den Geschlechtsverkehr fortsetzen werden. Ich gebe also ohne weiteres zu, daß, wenn es möglich wäre, alle in Betracht kommenden Kranken im Hospital zu behandeln, das hygienische Resultat unendlich viel besser sein würde als bei ambulanter Behandlung. Es ist aber zum mindesten doch die Hoffnung nicht ausgeschlossen, daß, da jetzt nur ein kleiner Teil der Kranken, namentlich der kranken Mädchen, zu einer solchen Hospitalbehandlung gebracht werden kann, man vielleicht zu einem viel besseren Gesamtresultat kommen könnte, wenn man versucht, die Zahl der sich überhaupt in Behandlung Begebenden zu vergrößern, als wenn man bei einer Minderzahl ein besseres Einzelresultat erzielt.

Ich mache also folgende Vorschläge:

1. Es sollen je nach der Größe der Stadt ein oder viele Ambulatorien, Polikliniken für Männer und Fürsorgestellen — letzterer Name scheint mir

---

[1]) Bloch berichtet in seinem „Sexualleben" S. 350: Sehr interessant ist das wohl nur in wenigen Exemplaren nach Deutschland gelangte (eins davon ist in meinem Besitz), auch in Portugal sehr seltene Werk des Dr. Francisco Ignacio dos Santos Cruz über die Prostitution in Lissabon, in dem das ganze portugiesische Prostitutionswesen mit besonderer Berücksichtigung der Hauptstadt eine mustergültige Darstellung gefunden hat. Santos Cruz berücksichtigt besonders die legislative Seite der Frage. Er ist der erste, der die neuerdings von Lesser wohl ohne Kenntnis dieses Vorläufers ausgesprochene Idee der Einrichtung von Polikliniken zur unentgeltlichen Behandlung der Prostituierten in Erwägung zieht.

der beste — „für an Frauen- und Geschlechtskrankheiten leidende Mädchen und Frauen“ eingerichtet werden. Allein „Geschlechtskrankheiten“ zu sagen, möchte ich nicht empfehlen.

2. Als Ärzte an diesen Fürsorgestellen sind natürlich nur spezialistisch ausgebildete Ärzte und Ärztinnen anzustellen. Ihnen zur Seite müssen je nach Bedarf eine oder mehrere geschulte Wärterinnen tätig sein.

Die Ärzte müssen derartig bezahlt sein, daß sie täglich vormittags wie nachmittags mehrere Stunden und, was besonders wichtig ist, auch mehrmals wöchentlich während der Abendstunden sich ganz dieser amtlichen Tätigkeit der Beratung und Behandlung widmen, womöglich auf Privatpraxis verzichten können. Die Abendsprechstunden sind wichtig, um den Kranken den Besuch ohne Störung ihres Erwerbes zu ermöglichen.

3. Neben den freiwillig in Behandlung tretenden Personen werden auch von den polizeilichen Organen überwiesene Personen in Behandlung genommen, soweit es sich um von den Polizeiorganen aufgegriffene, aber noch nicht eingeschriebene Personen handelt; Personen, die man vorderhand also nur dem Behandlungszwang unterwerfen will.

4. Für die inskribierten Puellae wünsche ich auch die Kontrolle und die nachher noch zu schildernde Behandlung in „Fürsorgestellen“ vorgenommen zu sehen. Aber diese poliklinischen Anstalten sollen von den für die freiwillig sich Meldenden und noch nicht Inskribierten getrennt bleiben.

5. Die Ambulatorien haben Krankenjournale zu führen und sich gegenseitig die Namen und Diagnosen der Klientinnen mitzuteilen, um, falls die Patienten den Arzt wechseln — gegen einen gar zu häufigen Wechsel müßten allerdings Hinderungsmaßregeln getroffen werden — eine einheitliche Beobachtung und Behandlung zu ermöglichen. Die Krankenhausbehandlung soll selbstverständlich bleiben, wo es aus ärztlichen oder persönlichen Gründen notwendig ist. Nur soll sie, wo es möglich ist, durch die ambulatorische Behandlung ersetzt oder ergänzt werden.

6. Überall müssen an den Frauenambulatorien Polizeiassistentinnen und Fürsorgeschwestern mitwirken, einerseits um die Ärzte in ihren Bestrebungen für eine regelmäßige Behandlung zu unterstützen, die von der regelmäßigen Behandlung Fortbleibenden aufzusuchen, andererseits um den Mädchen in sozialer Weise beizustehen, zu raten und zu helfen.

Ich verweise hier auf die ausführlichen Darlegungen von Charlotte Stemmler: „Die Tätigkeit der Polizeipflegerin“ (Zeitschr. f. Bekämpfung d. Geschlechtskrankh. 16, S. 31).

Bettmann befürwortet, sich anlehnend an einen Gedanken Fourniers, auch Hebammen den Untersuchungsstellen zuzuweisen. Überhaupt wäre es, entsprechend dem Ministerialerlaß vom 7. September 1899, im höchsten Grade wünschenswert, wenn die Hebammen viel gründlicher in der Erkenntnis der Geschlechtskrankheiten ausgebildet würden.

Was die ärztliche Frage, ob und inwieweit ambulante Behandlung möglich ist, betrifft, so sind hier Männer und Weiber gesondert zu betrachten.

Männer.

Unkomplizierte Gonorrhoen und Ulcera mollia (weiche Schanker) können bei vernünftiger Lebensweise und bei nicht starken Körperanstrengungen meist ambulant behandelt werden, wenn es sich um einigermaßen zuverlässige Patienten, die die Behandlung pünktlich durchführen, handelt. Freilich besteht immer die Gefahr einer Verschleppung durch Krankheit auf andere Organe: Nebenhoden, Vorsteherdrüse, Drüsen, so daß vom rein ärztlichen Standpunkt immer Krankenhausbehandlung befürwortet werden muß, namentlich wenn kompliziertere Behandlungsmethoden in Anwendung kommen müssen.

Unendlich viel einfacher liegt die Sachlage bei der **Syphilis.** Patienten mit ansteckenden offensichtlichen Erscheinungen wird man natürlich, um zufällige Weiterverschleppungen zu verhüten, möglichst im Krankenhaus isolieren. Sobald aber dieses manifeste Stadium vorüber ist, kann ambulante Behandlung in wirksamster und bequemster Weise „ohne Störung des Berufs" und ganz unauffällig durchgeführt werden. (Alle 8—10—14 Tage intravenös Salvarsan und subkutan-intramuskulär Hg-Injektionen.)

Frauen.

Etwas schwieriger ist die Sachlage bei den Frauen, namentlich denjenigen, die in irgendwelcher Form Prostitution, eventuell zum Zwecke des Erwerbes, treiben.

Kann ambulant die von all diesen sich prostituierenden Frauen ausgehende venerische Gefahr bekämpft werden?

1. Was die **Ulcera mollia** betrifft, so können fast alle Fälle durch sorgsame Untersuchung entdeckt werden. Wenn bei den Inskribierten die Untersuchung zweimal wöchentlich stattfindet, so kann kaum ein Ulcus, da ja die Inkubation durchschnittlich drei Tage dauert, der Beobachtung entgehen.

Jedes entdeckte Ulcus wird sofort mit reiner Karbolsäure auf das sorgfältigste ausgewischt und mit einem kleinen Wattebausch, der mit 10 %iger Protargolvaseline bedeckt ist, belegt (das spezifisch wirksame Jodoform ist, so vorzüglich es ist, seines nie ganz zu verdeckenden Geruches halber unbrauchbar). — Nach 24 Stunden hat wieder eine Untersuchung stattzufinden. Dann hat der Arzt, je nach dem Resultat der 24 Stunden vorher stattgefundenen Ätzung, zu entscheiden, ob die weitere Behandlung ambulant vor sich gehen kann oder im Krankenhaus fortgesetzt werden muß. Hält man letzteres für überflüssig, so ist jedenfalls weitere tägliche Besichtigung und Behandlung (eventuell mit nochmaliger Karbolsäureauswischung) notwendig. Auch ist der Patientin einzuschärfen, stets für reichliche Einfettung des Vaginaleinganges — mit reiner Vaseline — zu sorgen. Ich rechne also, wie man sieht, mit der Möglichkeit, daß das Mädchen weiter Geschlechtsverkehr treibt, glaube aber, daß reichliche Einfettung nicht nur den besuchenden Mann vor der Ansteckung schützt, sondern auch das Mädchen selbst vor der Weiterverschleppung und dem Neuauftreten von weiteren Ulcera mollia in der Nachbarschaft.

Oft wird die Schmerzhaftigkeit der Ulcera oder beginnender Bubonen dazu führen, daß die Mädchen sich des Geschlechtsverkehrs freiwillig enthalten oder freiwillig ein Hospital aufsuchen.

2. Mit Bezug auf die **Gonorrhoe** glaube ich mit Bestimmtheit, daß eine reichliche Einfettung des Vaginaleinganges, speziell der Harnröhrenöffnung, einen gewissen Schutz gegen gonorrhoische Infektion darstellen müßte. Jedenfalls aber muß eine Verhütung der Portio- und Gebärmutter-Gonorrhoe durch

einen an den Muttermund eingelegten, fettdurchtränkten Vaginaltampon möglich sein. Letzterer wird auch die Männer vor einer Infektion durch eine Uterus-Gonorrhoe schützen. Es besteht also die (theoretische) Möglichkeit, solche Prostituierte, die sonst ihrer Zervikal- und Uterin-Gonorrhoe halber oft monatelang im Hospital verbleiben müssen, eher zu entlassen, ohne daß sie Unheil anrichten können.

Aber auch für die mit Urethral-Gonorrhoe Behafteten kann die Frage aufgeworfen werden, ob alle einer Hospitalbehandlung unterworfen werden müssen und nicht wenigstens viele schon eher, als das jetzt der Fall ist, entlassen werden könnten.

Alle leidlich vernünftigen Personen, die sich Spülungen machen und sich einer täglichen Behandlung unterziehen, kann man durch diese tägliche Behandlung so gut wie unschädlich machen. Auf letzteres kommt es an, da man sich nie darauf wird verlassen können, daß sie sich des Geschlechtsverkehrs enthalten werden.

Die von mir vorgeschlagene Behandlung besteht im Einlegen von Urethralstäbchen [1]), die 10—20 % Protargol enthalten und nach folgender Vorschrift hergestellt sind:

| Protargol | 10—20 % | Tragakanth | 4,0 |
| Amyli | 30,0 | Gummi arabic. | 20,0 |

Diese Stäbchen sollen ein-, noch besser zweimal täglich eingelegt werden.

Es wird dann etwas Watte vorgelegt, so daß die schmelzende Masse möglichst lange in der Urethra verbleibt. Das Einführen der Stäbchen können viele Mädchen selbst leicht lernen.

Über die therapeutische Wirkung der Stäbchenbehandlung kann kein Zweifel bestehen. Freilich wird es nicht immer gelingen, alle Gonokokken schnell oder auf einmal zu beseitigen. Für die in Rede stehenden Personen ist aber doch der wesentliche Zweck erreicht, daß die Kontagiosität ungemein herabgemindert, oft sicher so gut wie ganz beseitigt ist; durch längere Zeit fortgesetzte Behandlung wird auch sicherlich vollkommene Ausheilung möglich sein. Wenn nun die Prostituierten sich täglich eine solche leicht und schmerzlos durchführbare Stäbchenbehandlung, eventuell von der eigenen Wirtin, ausführen lassen, so werden sie so gut wie sicher der Hospitalbehandlung entgehen und doch, was für uns das Wichtigste ist, viel weniger oder gar nicht infektiös sein.

Eine Reizung der Schleimhaut oder sonstige Erscheinungen — die zu einer „Störung des Berufs" führen könnten — sind mit all diesen Prozeduren nicht verbunden.

Es wird also darauf ankommen, die Mädchen durch Belehrung und Überredung, eventuell durch Zwang an diese neue Art der „Kontrolle" zu gewöhnen. Da sie sehr bald merken werden, daß sie hierbei sehr viel seltener ins Hospital geschickt werden, und daß der Hospitalaufenthalt sich wesentlich verkürzt, so werden die allermeisten sich binnen kurzem fügen.

---

[1]) Diese Stäbchen hält die Engelapotheke Breslau, Scheitnigerstraße 28, vorrätig. Auch Beiersdorf (Hamburg) liefert entsprechend protargolhaltige Gonostyli für die weibliche Harnröhre.

3. Am einfachsten sind die Maßnahmen, um die von der **Syphilis** der Prostituierten ausgehenden Gefahren zu bekämpfen.

Um die Prostituierten selbst vor der Infektion zu schützen, genügen Einfettungen der Schleimhaut und der Umgebung des Vaginaleinganges. Obwohl ich glaube, daß es sich wesentlich um einen durch die Fettschicht bewirkten mechanischen Schutz handelt, braucht doch auf die desinfizierende Wirkung etwaiger in der Salbe befindlicher Chemikalien nicht verzichtet werden.

Metschnikoff hat bekanntlich eine 33 %ige Kalomelsalbe für diese Zwecke empfohlen. Ich glaube jedoch, daß die von Siebert[1]) nach ausgedehnten Desinfektionsversuchen hergestellte, eine wässerige Sublimatlösung enthaltende „Neißer-Siebertsche Desinfektionssalbe" (Chemische Werke vorm. Dr. Heinrich Byk, Charlottenburg) wirksamer ist.

Aber kein Kenner der Prostituierten wird sich darauf verlassen, daß die einzelnen Personen stets sich dieser Schutzmaßregeln bedienen werden; man wird immer mit neuen Syphilisinfektionen oder mit infektiösen Rezidiven rechnen müssen.

Diesen von den kranken Prostituierten ausgehenden Gefahren läßt sich aber, wie ich mit Sicherheit glaube, in so weitgehender Weise durch prophylaktische Salvarsan- oder auch Arsenophenylglyzin-Behandlung begegnen, daß ich immer wieder auf diesen — übrigens schon mehrfach von mir geäußerten — Vorschlag zurückkommen muß.

Wenn wir auch wissen, daß latente, also von manifesten Symptomen freie Syphilitiker nicht absolut ungefährlich sind, und daß auch von ihnen Infektionen ausgehen können, so steht doch ebenso fest, daß sie ungleich ungefährlicher sind als die mit äußeren Symptomen behafteten.

Und ebenso fest steht die Tatsache, daß man durch geeignete Behandlung mit den genannten Arsenikalien die Erkrankten in kürzester Frist symptomfrei machen und lange Zeit hindurch erhalten kann.

Ich meine aber, man sollte nicht nur diejenigen Erwerbsprostituierten, deren Syphilis schon feststeht, sondern alle einer derartigen Behandlung unterwerfen. Man würde dadurch bei diesen Personen jede etwaige Ansteckung im Keime ersticken und eine etwa bestehende, aber unbekannt gebliebene Syphilis ungefährlich machen, eventuell heilen.

Will man so weit nicht gehen, so soll man wenigstens bei allen Prostituierten, deren Syphilis nicht schon sicher feststeht, ein- bis zweimal im Jahre eine Wassermannreaktion-Untersuchung vornehmen und sie der Behandlung unterwerfen.

Die Behandlung würde in jährlich dreimal zu wiederholenden Injektionszyklen von je vier bis fünf Injektionen bestehen.

Wählt man Salvarsan, so kommt nur die intravenöse Methode in Betracht; denn sie ist die einzige, welche sich die Prostituierten gefallen lassen würden. Sowohl die wässerigen Salvarsaninjektionen wie „Joha" (Schindler) verursachen, wenn sie nicht in ganz geschickter Weise vorgenommen werden, oft Schmerzen und, wie wir wissen, hin und wieder ja auch starke Infiltrate und mächtige Nekrosen.

---

[1]) Abschnitt XV in A. Neißer, Beiträge zur Pathologie und Therapie der Syphilis. Berlin 1911.

Intravenöse Injektionen sind aber nicht immer leicht zu machen. Sobald etwas Lösung vorbeigeht, entstehen sehr störende Verhärtungen usw. Es kommt auch hin und wieder zu Blutaustritt aus der Vene und dadurch zu auffallenden, lange sichtbaren Verfärbungen, welche die Prostituierten als „berufsstörend" sehr scheuen, so daß sie auch aus diesem Grunde sich freiwillig einer Behandlung nicht unterziehen würden.

Man kann aber an Stelle des Salvarsans[1]), wie ich an anderer Stelle auseinandergesetzt habe, das von P. Ehrlich hergestellte Arsenophenylglyzin (418) wählen. Auch dieses hat eine gute spezifische Wirkung auf die Syphilisspirochäten und wirkt fast ebensogut wie das Salvarsan präventiv und abortiv heilend. Vor dem Salvarsan hat es für die in Rede stehenden Zwecke folgende Vorzüge:

Wäßrige Lösungen, namentlich bei Zusatz von 1 $\%$ Novokain, sind, intraglutäal injiziert, absolut schmerzlos und machen nie auch nur die geringsten Infiltrate. Ich habe bei wohl mehr als tausend Injektionen auch noch nicht ein einziges Mal irgendeine örtliche Störung erlebt. Das Präparat wurde, richtig angewandt, stets ausgezeichnet vertragen.

Eine Kur besteht gewöhnlich aus fünf Injektionen. Bei der ersten Injektion nimmt man je nach der Konstitution der Patientin 0,2 bis 0,3, bei den späteren 0,4 bis 0,5 pro dosi. Die Injektionen werden alle acht Tage einmal intraglutäal verabfolgt. Das in luftleeren Ampullen gelieferte gelbliche Pulver wird (wie das Neo-Salvarsan) derart gelöst, daß immer 0,1 auf 1 ccm 1 $\%$ige Novokainlösung kommt. Wichtig ist, daß, ebenso wie beim Neosalvarsan, die Lösung unmittelbar nach Öffnen der Ampulle hergestellt und sofort injiziert wird. Alles längere Stehen an der Luft muß absolut vermieden werden, weil sonst durch Oxydation stark giftige Arsenverbindungen entstehen.

Leider ist es ungemein schwer, das Arsenophenylglyzin herzustellen, so daß die Höchster Farbwerke das Präparat noch nicht in den Handel bringen können. Auch ist bei unachtsamer Behandlung des Präparates die ungemein schnell einsetzende Oxydation zu fürchten. — So werden wir uns also vorderhand an das Salvarsan und seine vorzügliche Heilwirkung halten müssen.

Auf die Frage der Gefährlichkeit der Salvarsan- oder Arsenophenylglyzin-Behandlung gehe ich hier nicht ein. Ich glaube, für die ungeheure Mehrzahl aller Ärzte ist es nun entschieden, daß eine gut geleitete und von einem Sachkenner durchgeführte Salvarsanbehandlung ebenso ungefährlich ist wie die Behandlung mit irgendeinem anderen wirklich wirksamen Medikament. Diese Tatsache der Ungefährlichkeit muß aber hier um so energischer betont werden, als ich ja verlange, daß auch unter Umständen Prostituierte, deren Krankheit noch nicht oder nicht mehr absolut feststeht, in Behandlung genommen werden sollen. Ich könnte mich auf den brutalen Standpunkt stellen, zu sagen, daß gegenüber einem für Tausende erwachsenden Nutzen es nicht darauf ankäme, ob einmal eine Einzelne zu Schaden käme; ich habe aber die feste Überzeugung, daß die Gefährdung durch eine gute Salvarsan- oder Arsenophenylglyzinkur so ungeheuer gering ist, daß ich sie unbedenklich für die von mir ins Auge gefaßte hygienische Maßregel empfehle.

---

[1]) Arch. f. Derm. **121.**

Viel schwieriger erscheint mir die Entscheidung über die **juristische Frage: Darf eine Prostituierte, namentlich wenn ihre Syphiliserkrankung noch nicht sicher feststeht, zwangsweise behandelt werden?** Ich will diese Frage hier nicht diskutieren und kann sie noch viel weniger beantworten; ich habe nur die feste Überzeugung, daß bei den allermeisten der in Frage kommenden Personen ein Zwang nicht notwendig sein wird, wenn im Laufe der Monate dieser ganze Personenkreis sehen wird, daß er durch diese ambulante Behandlung viel weniger, als das bisher der Fall war, in seiner Freiheit verkürzt, speziell im Hospital interniert wird. Wir haben hier in Breslau schon derartige Erfahrungen machen können. Durch das freundliche Zureden der Stationsärzte haben sich viele Puellae publicae freiwillig von Zeit zu Zeit in der Ambulanz eingefunden, um eine Quecksilberkur vorzunehmen. Wieviel aussichtsvoller ist es, ein solches Sich-Freiwilligmelden und Sich-der-Kur-Unterziehen zu erreichen, wenn es sich um die unendlich viel bequemere, schmerzlosere und seltener zur Anwendung kommende Salvarsan- oder Arsenophenylglyzin-Behandlung handelt!

Die mit der Durchführung meiner Vorschläge entstehende finanzielle Belastung des Staates oder der Städte hat meines Erachtens gar keine Rolle zu spielen. Ich habe nicht den geringsten Zweifel darüber, daß durch diese ambulante und präventive Behandlung so viel Unkosten, die sonst die Behandlung der kranken Mädchen und der von ihnen angesteckten Männer seitens der Gemeinden, der Krankenkassen, der Unfall- usw. Gesellschaften verursacht, erspart werden, daß die für die Prophylaxe erforderliche Ausgabe, die ich vorschlage, viel geringer sein wird als die jetzt notwendige, um den einmal angerichteten Schaden einigermaßen wieder gut zu machen.

Eine wichtige Ergänzung meiner Vorschläge würde es sein, wenn alle die in Behandlung stehenden Mädchen die Seite 67 besprochene **Ausweiskarte** erhielten. Diese Karte soll aber nicht, um es zu wiederholen, wie dies früheren derartigen Vorschlägen zugrunde lag, gleichsam eine Gesundheits-Bescheinigung bedeuten, sondern es soll aus ihr nur zu ersehen sein, daß das Mädchen sich in regelmäßiger ärztlicher Beobachtung befinde. Wenn auch, wie aus meinen obigen Ausführungen hervorgeht, nicht jede solche Person, trotzdem sie sich in ärztlicher Behandlung befindet, vollständig gesund sein wird, so wird doch die Chance, bei diesen Personen eine verhältnismäßig Ungefährliche zu treffen, für den Mann ungemein größer sein als bei denjenigen, die sich nicht in ärztlicher Beobachtung befinden und eine regelrecht ausgefüllte Ausweiskarte nicht vorzeigen können.

Den Hauptvorteil würde ich, um es noch einmal zu betonen, bei einer eventuellen Durchführung meiner Vorschläge darin sehen, daß sehr viel weitere Kreise der weiblichen Bevölkerung einer ärztlichen Beobachtung und Behandlung unterworfen würden, und daß trotz aller Zwangsmaßregeln, die ich für die Durchführung der ärztlichen Behandlung angewendet zu sehen wünsche, man doch nur einen sehr viel kleineren Kreis von wirklich echten Prostituierten aus der großen Masse der sich freiestem, prostitutionsartigem Verkehr hingebenden Mädchen würde herausgreifen und inskribieren müssen.

Auf die Frage, wieweit bei widerspenstigen, also wesentlich Prostituiertenelementen eine Regelmäßigkeit wird durch Zwang durchgesetzt werden müssen, gehe ich hier nicht ein. Ich meine, daß es einmal sehr von der Art und Weise, wie die Ärzte und ihre Hilfskräfte mit den Patienten menschlich umzugehen verstehen werden, abhängig sein wird, was sie erreichen. Ferner habe ich nicht den geringsten Zweifel, daß sich eine ambulante Behandlung bei den Prostituierten sehr leicht einführen wird, sobald diese Personen sehen werden, wie oft sie dadurch der Internierung im Hospital entgehen. Ich würde sogar nichts dagegen haben, den Prostituierten, die man, nur um die regelmäßige Behandlung zu erreichen, ins Hospital aufnehmen muß, den Aufenthalt nicht gerade besonders behaglich zu gestalten. Man könnte sehr leicht für solche Prostituierte eine „zweite" Klasse mit weniger guten Zimmern, Betten, Verpflegung usw. einrichten, während für die übrigen, die aus ärztlichen Gründen oder freiwillig eintreten, die Bedingungen möglichst günstig gestaltet werden müssen.

Man wird also allgemein gültige Bestimmungen nicht aufstellen können. Zurzeit, wo die Hospitalbehandlung die allein in Gebrauch befindliche Maßnahme ist, wird es sich darum handeln, die ambulante Behandlung als neue Einrichtung zu gestalten und von Fall zu Fall, je nach den ärztlichen Anordnungen und der Eigenart der einzelnen Personen zu gestalten.

Siehe auch Finger und Jadassohn, II (Brüsseler internat. Kongreß 1902).

Literatur.

Block, Zeitschr. f. Bekämpfung d. Geschlechtskrankh. **6,** 19.

Buschke, A., Über die ambulatorische Nachbehandlung Geschlechtskranker im Rudolf Virchow-Krankenhaus in Berlin. Deutsche med. Wochenschr. 1914, S. 705.

Davis, Michael M., Ausreichende Polikliniken, eine notwendige Forderung zur Beseitigung der venerischen Erkrankungen. The Journ. of the Amer. Med. Assoc. **65,** Nr. 23.

Gaucher, Traitement ambulatoire des vénéries à l'hôpital Saint-Louis. Bull. franç. d. derm. 1914, Nr. 6, S. 325.

Goldwater, S. S., Erleichterung der Krankenhausbehandlung der Geschlechtskrankheiten. New York med. Journ. 17. Mai 1913.

Güth, Zeitschr. f. Bekämpfung d. Geschlechtskrankh. **6,** 75.

Jeanselme, E., Création de deux dispensaires de prophylaxie antisyphilitiques à l'hôpital Broca. Bull. de la soc. de derm. 1914, S. 197.

Ledermann, R., Über die Einrichtung ambulatorischer Behandlungsstätten für Geschlechtskranke. Zeitschr. f. Bekämpfung d. Geschlechtskrankh. 8, S. 295.

Müller, Max, Die Notwendigkeit einer obligatorischen Einführung der Blutuntersuchung nach Wassermann bei der Kontrolle der Prostituierten und deren Bedeutung für die allgemeine Prophylaxe der Syphilis. Münch. med. Wochenschr. 1913, 6, S. 299.

Neißer, A., Zur Blutuntersuchung und 606-Behandlung der Prostitution. Zeitschr. f. Bekämpfung d. Geschlechtskrankh. **12,** 6, S. 201.

Le Pileur, M., A propos du traitement des prostituées par l'arsenobenzol. Soc. franç. de prophyl. 1914, Nr. 2, S. 36.

Ravogli, A., Die Notwendigkeit allgemein gleicher staatlicher Verordnungen über die Behandlung venerischer Erkrankungen zur Verhütung des sozialen Mißstandes. Interstate Med. Journ. 1910, Nr. 3.

Stern, C., Zeitschr. f. Bekämpfung d. Geschlechtskrankh. **6,** 113.

Strömberg, C., Die gemischte stationär-ambulatorische Syphilisbehandlung der Dorpater Prostituierten. Ref. Zeitschr. f. Bekämpfung d. Geschlechtskrankh. 2, 1903, 333.

Viele scheuen, obwohl sie die Nützlichkeit und Notwendigkeit der Hospitalbehandlung einsehen, doch die Aufnahme wegen der **erwachsenden Kosten,**

wollen aber auch, selbst wenn dieselben aus öffentlichen Mitteln gezahlt werden
könnten, durchaus nicht, daß die Kassen, denen sie angehören, oder Gemeinden,
die eventuell zahlungspflichtig wären, oder Eltern und Vormünder herangezogen werden, weil auf diese Weise die Tatsache und der Charakter ihrer
Krankheit offenkundig würde.

Es ist demgemäß in erster Reihe notwendig, daß gesetzlich jedem
Geschlechtskranken sofortige Aufnahme, ohne Rücksicht auf die Frage:
wer wird später zahlen? und eventuell auch unentgeltliche Behandlung
im Hospital ermöglicht würde. Aber auch späterhin müßte eine rücksichtslose
zwangsweise Eintreibung der Kosten, sei es von den Kranken selbst, sei es von
Eltern, Vormündern u. dgl. ohne Erlaubnis des Kranken unstatthaft sein.
Die Erfahrung lehrt uns tagtäglich, daß gerade dieses Moment die Kranken
abhält, in Hospitäler und Polikliniken sich aufnehmen zu lassen. Sehr häufig
können die Kranken nur momentan nicht zahlen, sind aber gern bereit, die
erwachsenden Kosten allmählich abzuzahlen. Aber fast alle unsere öffentlichen
Verwaltungen sind genötigt, sich sofort die Zahlung zu sichern und verweigern,
falls nicht alle möglichen Formalitäten erledigt sind, die Aufnahme, es müßte
denn sein, daß vom Arzt bescheinigt wird „Notfall“, d. h. daß eine schwere
gesundheitliche Schädigung durch Nichtaufnahme eintreten würde. Aber auch
in solchen „Notfällen“ werden sofort alle eventuell zur Zahlung verpflichteten
Personen und Verbände von der Tatsache der Erkrankung des ins Hospital
Aufgenommenen in Kenntnis gesetzt. Das Resultat ist, daß die davon unter-
richteten Kranken erklären, lieber unbehandelt oder schlecht behandelt außerhalb des Hospitals zubringen zu wollen, als sich dieser „Schande“ und den
Vorwürfen, welche die Geschlechtskrankheit ihnen zuziehen könnte, auszusetzen, oder daß sie noch tagelang herumlaufen und damit ihren Zustand verschlimmern, bis sie irgendwo Geld sich verschafft haben.

Man hat gemeint, daß eine jedem Geschlechtskranken auf Wunsch gewährte unentgeltliche Behandlung mißbräuchlich auch von begüterten Personen zu Ungunsten der öffentlichen Mittel und der Ärzte ausgenützt werden
könnte. Kein Kenner der Verhältnisse wird annehmen, daß das in irgendwie
erheblichem Maße der Fall sein wird. Da selbstverständlich die unentgeltliche Behandlung bloß in der billigsten der in jedem Krankenhaus vorhandenen
Klassen gewährt werden wird, so ist wohl nicht anzunehmen, daß ein irgendwie
Begüterter sich entschließen wird, sich den unermüdlichen Unbequemlichkeiten
einer solchen Hospitalpflege auszusetzen, wenn er in der Lage ist, durch eigene
Zahlung sich ein besseres eigenes Zimmer und etwas feinere Kost in einem
Krankenhause zu verschaffen.

Manche Ärztekreise haben gemeint, daß die von uns geforderte unentgeltlich zu gewährende Behandlung die Einnahmen der Ärzte schädigen
würden. In Polikliniken und Ambulatorien kann leicht, wie das selbst schon
geschieht, vorgesorgt werden, daß der Begüterte daselbst überhaupt gar nicht
oder nur in ganz besonderen Ausnahmefällen behandelt werde. Aber selbstverständlich müssen die Ärzte, die solchen Ambulatorien vorstehen, aus allgemeinen Mitteln besoldet werden; unentgeltliche Behandlung der
Kranken bedeutet nicht unentgeltliche Leistung seitens des angestellten
Arztes.

Die soeben ausgesprochene Forderung ist keine Utopie. In Dänemark besteht schon seit dem Jahre 1874 ein Gesetz, dessen § 1 lautete:

„Geschlechtskranke haben das Recht, sich auf öffentliche Kosten behandeln zu lassen, mögen sie begütert sein oder nicht. Andererseits haben sie die Pflicht, sich zur Behandlung in einer öffentlichen Anstalt zu melden, wenn sie nicht nachweislich in geeigneter ärztlicher Pflege sind."

Ähnliche Gesetze bestehen in Schweden, Norwegen, Ungarn, Rumänien.

In Deutschland sind der Einführung einer solchen unentgeltlich zu gewährenden Fürsorge die Wege schon so geebnet wie in keinem anderen großen Reiche.

Denn Deutschland hat durch seine Krankenkassen-Gesetzgebung schon für so viele Millionen von in Betracht kommenden kranken Personen gesorgt, daß, wenn wir noch hinzurechnen die durch die Ortsarmenverbände versorgten und die selbst zahlungsfähigen Personen, die Zahl derjenigen, die dann noch übrig bleiben und vom Staate eine unentgeltliche Behandlung forderten, eine sehr geringe sein wird.

Ich will in eine Diskussion darüber, wer die Kosten für diese unentgeltlich zu gewährende Behandlung tragen soll — ob der Staat oder die Gemeinden u. dgl. — hier nicht eintreten, muß mich aber der von Blaschko[1]) aufgestellten Forderung anschließen, daß diese unentgeltliche Behandlung in Polikliniken und Krankenhäusern nicht als ein Akt der Armenpflege (womit vielfach der Verlust bürgerlicher und politischer Rechte verbunden ist) angesehen werden dürfe, sondern jedem Hilfesuchenden als öffentliches Benefizium zu gewähren sei.

Auch die Zusammenstellung des Königlich Statistischen Bureaus ergibt, daß schon jetzt die venerisch kranken Männer in der überwiegenden Anzahl teils auf öffentliche Kosten, teils auf Kosten der Krankenkassen verpflegt werden. Bei den weiblichen Personen dagegen treten deshalb, weil die Gesamtzahl der Prostituierten in ihnen enthalten ist, die Krankenkassen zurück; die Hauptsumme der Verpflegungskosten fällt hier den Gemeinden zu.

In den allgemeinen Heilanstalten wurden im Jahre 1899 im Staate (Preußen) behandelt

	Männer	Frauen
im ganzen	15 181	14 405
darunter auf eigene Kosten	13,17 %	8,95 %
„ „ öffentliche Kosten	30,04 „	71,83 „
„ „ Kosten der Krankenkasse . .	55,04 „	14,83 „
„ „ Dienstboten-Abonnement . . .	0,33 „	3,01 „
„ „ Kosten der Wohltätigkeit . .	0,90 „	0,76 „
ohne Angabe	0,52 „	0,62 „

„Die vorliegenden Zahlen gestatten die sozialwichtige Folgerung, daß die Kosten für die Behandlung und Verpflegung der Kranken, welche an venerischen Krankheiten leiden und in die allgemeinen Heilanstalten aufgenommen werden, von den Krankenkassen und der öffentlichen Armenpflege der Gemeinden getragen werden müssen."

Merkwürdigerweise erhebt sich auch gegen diesen Punkt von abolitionistischer Seite lebhafter Widerspruch. Warum soll gerade, so wird eingewendet, den Geschlechtskranken ein Benefizium zuteil werden, welches man anderen Kranken nicht gewährt? Darauf ist zu erwidern: erstens handelt es sich nicht

---

[1]) Siehe Blaschko, Referat II. Brüsseler Konferenz. 1902.

darum, dem Einzelnen ein Benefizium anzutun, sondern der Allgemeinheit einen Nutzen zu schaffen, denn nur aus diesem Gesichtspunkte heraus kümmern wir uns in intensiver Weise um den einzelnen Geschlechtskranken; nicht um seiner selbst willen. Ferner aber tun wir ja ganz dasselbe jetzt schon bei allen übrigen Krankheiten, welche durch ihre Übertragbarkeit und epidemische Verbreitung einen gemeingefährlichen Charakter tragen. Das ist ja gerade das, was wir wünschen, den als Endemien hausenden venerischen Seuchen dieselbe Stellung in der allgemeinen und sanitätspolizeilichen Gesetzgebung zu verschaffen, wie den übrigen Infektionskrankheiten!

Jedenfalls muß aber unentgeltliche Behandlung allen denjenigen gewährt werden, welche wider ihren Willen dem Hospital zugeführt werden; es müßte denn sein, daß sie ganz aus eigenen Mitteln mit Leichtigkeit die Kosten tragen können.

Bei den Prostituierten scheint es mir sicherlich das allein Richtige, alle Behandlung vollkommen gratis zu gewähren.

Es ist mir wohlbekannt, daß an vielen Orten von den Prostituierten für jede einzelne Untersuchung, und zwar je nachdem, ob dieselbe im polizeilichen Untersuchungslokal oder in der Wohnung der Prostituierten stattfindet, ein verschieden hoher Satz erhoben wird. Mir scheint ein solches Verfahren schon im Interesse der Würde des ärztlichen Standes nicht geeignet, ganz abgesehen davon, daß die Bezahlung vermieden werden sollte, weil sie die schon an sich widerwillig zur Untersuchung erscheinenden Prostituierten in ihrem Widerstreben bestärken könnte.

Unter allen Umständen ist es für die Ärzte bedeutend leichter, gegen die Klagen der Prostituierten über langen Hospitalaufenthalt sich abweisend zu verhalten und die nun einmal notwendige Internierung fortzusetzen, wenn dadurch nicht der Kranken selbst schwere und unerschwingliche Kosten auferlegt werden.

Ferner: bei Prostituierten hat der Versuch, das Geld nachträglich einzuziehen, sehr häufig dazu geführt, solche Personen, welche bestrebt waren, ihr Prostituiertengewerbe zu verlassen, und die sich eine Stellung in einem Haushalte, in einem Geschäft usw. bereits verschafft hatten, wieder ihrem alten Gewerbe in die Arme zu treiben. Die Dienstherrschaft wurde durch das Erscheinen des geldeinziehenden Beamten mißtrauisch gemacht, zog Erkundigungen ein und entließ die Betreffende aus ihrer Stellung, so daß sie oft genug wider ihren Willen tatsächlich wieder zur Prostituierten wurde. (In Breslau hat sich daher seit vielen Jahren die Stadtverwaltung entschlossen, die Verpflegung der Prostituierten freizugeben, eine im höchsten Grade dankenswerte und segensreiche Maßregel. Könnte man es auf andere Weise nur noch ermöglichen, solchen Prostituierten, welche einen anderen Lebenswandel beginnen wollen, Arbeit und Unterhalt zu verschaffen; sicher eine nützlichere und wirkungsvollere Aufgabe, als moralpredigend in Wort und Schrift gegen die Prostitution zu donnern.)

Die kostenlose Behandlung sollte natürlich nicht nur die Hospital-, sondern auch die ambulatorische Behandlung betreffen, d. h. Übernahme der Kosten für den Arzt, die Medikamente und Verbandstoffe.

Dem Recht auf kostenlose Behandlung müßte nun gegenüberstehen die Verpflichtung, sich den ärztlichen Anordnungen zu fügen, und zwar sowohl mit Bezug auf

1. die Art der Behandlung,
2. die Dauer der Behandlung.

ad 1. Es ist bekannt, daß häufig Kranke, Männer wie Frauen, aus irgendwelchen Gründen und Vorurteilen sich bestimmten ärztlichen Verordnungen und Eingriffen widersetzen.

Handelte es sich bei dem Erkrankten um eine Privatangelegenheit des Kranken, so würde man sein Recht, über seinen Körper zu verfügen, gleichviel ob zu seinem Schaden oder nicht, anerkennen müssen. Wie aber, wenn öffentliche Interessen in Betracht kommen? Wenn vorzeitige Erwerbsunfähigkeit aus der durch den Kranken verschuldeten ungenügenden Behandlung eintritt und er nun öffentliche Mittel in Anspruch nimmt?

Durch die ungenügend und schlecht behandelten Geschlechtskranken wird auch nicht nur das persönliche Wohl des Kranken betroffen, sondern durch das Bestehenbleiben der Ansteckungsfähigkeit auch die Allgemeinheit, welche an der möglichst schnellen und sicheren Behandlung jedes Geschlechtskranken, insbesondere jeder Prostituierten, lebhaft interessiert ist.

In Fällen solchen Widerspruchs einzelner Kranken gegen die Behandlung erheben sich große Schwierigkeiten rein menschlicher und juristischer Natur, namentlich auch aus dem Grunde, daß die ärztliche Wissenschaft nicht mit absolut geltenden, unfehlbaren Anschauungen über das, was therapeutisch gut oder schlecht ist, rechnen kann. Ich stehe allerdings auf dem Standpunkt, daß zwar jeder Privatarzt tun und lassen kann, was er will — freilich würde ich selber hier Einschränkungen wünschen —, daß aber beamtete Ärzte sich gegen von der großen Allgemeinheit der Ärzte und Sachverständigen anerkannte therapeutische Grundsätze nicht ablehnend verhalten dürfen.

'Auch Patienten haben sich solchen Grundsätzen zu fügen oder sie müssen die Folgen ihrer Weigerung, nämlich verspätete Entlassung aus dem Krankenhaus, über sich ergehen lassen. Denn keinesfalls darf die Entlassung aus dem Hospital ins Belieben der Kranken gestellt werden, vorausgesetzt, daß vom allgemeinen hygienischen Standpunkt aus keine schwerwiegenden Bedenken gegen die Entlassung sprechen. Man wird mit gutem Grund dem oben geforderten Recht auf Behandlung aus öffentlichen Mitteln eine Pflicht, sich im öffentlichen Interesse behandeln zu lassen, gegenüberstellen. Auch das dänische Gesetz fordert diese Gegenleistung und gibt der Polizei die Befugnis, die Behandlung eventuell zu erzwingen. Der eigene, durch eine vorzeitige Abbrechung der Krankenhausbehandlung für den Kranken selbst erwachsende Schaden gibt dem Arzte gesetzlich nicht das Recht, dem Kranken die Entlassung zu verweigern. Dagegen müßte die Möglichkeit bestehen, den Kranken zurückzubehalten,

1. dann, wenn er unter solchen (namentlich Wohnungs-) Verhältnissen lebte, daß er im Familienleben, als Mieter, Schlafbursche u. dgl. für seine Umgebung eine Gefahr werden könnte,

2. wenn genügende Verdachtsmomente vorliegen, daß er durch nichtentsprechende Abstinenz vom Geschlechtsverkehr gemeingefährlich werden könnte.

Es würde jedoch wohl zu weit gehen, den Ärzten eine derartige Machtvollkommenheit, in die persönliche Freiheit des Einzelnen einzugreifen, zu erteilen; auch hier sehe ich in dem neu zu beschaffenden „Gesundheitsamt" die geeignete, sowohl die hygienischen Interessen der Allgemeinheit wie die persönliche Freiheit des Einzelnen genügend berücksichtigende Instanz, welche zu entscheiden haben wird.

Meines Erachtens müßten sogar sämtliche Kranken, ohne Rücksicht darauf, ob sie auf öffentliche oder private Kosten verpflegt werden, einer solchen Entscheidung des Gesundheitsamtes sich unterwerfen, falls der von der Entlassung abredende Arzt oder der Patient, der die Entlassung wider den Rat des Arztes fordert, die Entscheidung desselben anruft. Es liegt in der Natur der Verhältnisse, daß in der Regel die auf eigene Kosten sich verpflegenden Patienten häufiger die im Interesse der Allgemeinheit liegende Garantie für eine vernünftige Lebensweise geben werden als die ungebildeteren Kreise der ärmeren Bevölkerung. Doch muß darauf hingewiesen werden, daß man leider auch in der Privatpraxis unter den sogenannten Gebildeten auf frivole Anschauungen über das, was im Geschlechtsverkehr erlaubt und unerlaubt ist, stößt, welche die Vorführung eines solchen Mannes vor das Gesundheitsamt erwünscht erscheinen lassen.

Die Bedeutung der Zwangsbehandlung bzw. wie notwendig es wäre, Kranke auch wider ihren Willen bis zur Heilung im Hospital behalten zu können, geht aus folgenden Ziffern hervor: bei Zusammenstellung sämtlicher in den allgemeinen Heilanstalten Preußens erzielten Behandlungsergebnisse wurden entlassen

	Männer:		Weiber:	
	geheilt	ungeheilt bzw. gebessert	geheilt	ungeheilt bzw. gebessert
im Jahresdurchschnitt 1879—88	74,12 %	17,48 %	83,06 %	6,84 %
„ „ 1889—98	62,91 %	28,47 %	75,39 %	14,71 %
im Jahre 1899	58,62 %	33,29 %	74,76 %	15,86 %

Schon aus diesen Ziffern geht hervor, daß **Frauen, weil die Prostituierten eingerechnet sind,** durch die bei letzteren ermöglichte Zwangsbehandlung in einem erheblich größeren Maße als geheilte entlassen wurden, als die Männer.

Noch klarer wird dies, wenn man die Behandlungsergebnisse für die venerischen Krankheiten in der Station für Geschlechtskranke im städtischen Obdach zu Berlin während der Jahre 1896/97, 1897/98 und 1898/99 bei Männern und Frauen, welch letztere fast nur Prostituierte sind, vergleicht.

	Geheilt entlassen wurden:		
	1896/97	1897/98	1898/99
Männer	49,22 %	38,91 %	10,23 %
Frauen:	88,27 %	86,96 %	84,47 %

(Siehe Guttstädt, Preuß. Stat. Bureau, Erg.-Heft XX.)

Es soll also nach allen möglichen Gesichtspunkten hin dafür Sorge getragen werden, daß weder die ärztliche Behandlung außerhalb des Hospitals, noch der Hospitalaufenthalt selbst den Kranken objektiv Nachteile bringt oder ihnen subjektiv in berechtigter Weise zu Klagen Veranlassung gibt. Um so mehr aber glaube ich für einen gewissen Zwang im allgemeinen hygienischen Interesse, Kranke auch wider ihren Willen einer dringend notwendig erscheinenden Hospitalbehandlung oder ärztlichen Überwachung zuzuführen, eintreten zu dürfen. Ja wir verlangen sogar, daß, wenn überhaupt auf ärztliche Überwachung hinzielende Zwangsmaßregeln eingeführt werden, sie auch mit Energie angewendet, im Notfalle sogar, wo der sanfte, vom Arzte ausgehende Einfluß nicht ausreicht, durch Strafe erzwungen werde.

Wir verlangen also folgende Bestimmung:

Das Gesetz soll jedem, auch dem Bemittelten, ohne nachträgliche Einziehung der Kosten die Möglichkeit freier Hospital- wie ambulatorischer Behandlung gewähren; dagegen wird die Verpflichtung auferlegt, sich den ärztlichen Anordnungen zu fügen.

Da sich nicht überall die Gelegenheit für spezialärztliche Behandlung finden wird, so muß dafür gesorgt werden, daß **alle Ärzte über das notwendige Maß von Kenntnissen auf diesem Gebiete verfügen.** Es ist dabei besonders zu berücksichtigen, daß die allermeisten Kranken, ehe sie zum Spezialarzt gehen, zuerst einen praktischen Arzt aufsuchen; wenn aber dieser nicht sofort in den allerersten Stadien der Erkrankung die richtige Diagnose stellt und die richtige Behandlung einleitet, so geht die für den definitiven Heilerfolg kostbarste und wichtigste Zeit verloren.

Leider bleibt nach dieser Richtung hin in Deutschland noch viel zu wünschen übrig, obgleich in den letzten 15—20 Jahren ein weitgehender Fortschritt erzielt worden ist. Besonders hat sich die Zahl der wirklich gut ausgebildeten Spezialärzte, dank der Zunahme der Spezialkliniken an den Universitäten, vermehrt. Aber bei der großen Verbreitung der Geschlechtskrankheiten im ganzen Volke ist es ein Unding, die Behandlung der Geschlechtskrankheiten ganz ausschließlich in die Hände der Spezialärzte legen zu wollen.

Wir verlangen daher:

1. Einrichtung von Spezialkliniken an allen Universitäten.

2. Einfügung des Faches der Geschlechtskrankheiten sowohl ins ärztliche Staatsexamen wie in das Examen der beamteten Ärzte.

Spezialärzte wird es natürlich immer geben und geben müssen. Es sollte aber Vorsorge getroffen werden, daß diejenigen, die sich Spezialärzte nennen, und durch dieses Aushängeschild in erhöhtem Maße von Geschlechtskranken aufgesucht werden, auch wirklich durch das Maß ihrer Kenntnisse zu dieser sie bevorzugenden Bezeichnung berechtigt sind.

Es wäre demgemäß eine Spezial-Approbation erwünscht, erreichbar entweder durch ein besonderes Examen oder auf Grund einer vorgeschriebenen Mindestausbildung.

Ein weiterer Schritt auf dem Wege, überall für möglichst gute und sachgemäße Behandlung zu sorgen, wäre das seit Jahren herbeigesehnte **Verbot der Behandlung Geschlechtskranker durch Nichtärzte.**

Mag man aber die für die Behandlung der Kranken notwendigen und geeigneten Einrichtungen in noch so vortrefflicher Weise schaffen, **es ist eine feststehende, allen Ärzten bekannte, statistisch auch von Philip-Hamburg festgestellte Tatsache, daß leider ein sehr erheblicher Prozentsatz der Syphilis- und**

Gonorrhoekranken — bis zu 90 vom Hundert — nicht bis zur völligen Heilung behandelt wird. Das liegt

1. an der Unkenntnis der Kranken ihrer Krankheit gegenüber;
2. sehr häufig an einer trotz gegebener Belehrung nicht zu überwindenden leichtsinnigen Indifferenz der Kranken;
3. oft aber auch an den Ärzten, die noch an den alten Anschauungen hängen, daß symptomlose Stadien der Syphilis nicht behandelt werden brauchen, oder auch über die in den letzten Jahrzehnten gemachten Fortschritte auf dem Gebiete der venerischen Krankheiten nicht genügend unterrichtet sind.

Diese Verhältnisse bringen es naturgemäß mit sich, daß trotz aller Fortschritte der wissenschaftlichen Erkenntnis, auf Grund deren man den weitaus größten Teil der Kranken schnell und sicher heilen könnte, wenn man sie nur zeitig genug in Behandlung bekäme und lange genug in Behandlung behalten könnte, die venerischen Krankheiten den gegenwärtigen Grad der Verbreitung erreicht haben; wobei ich in diesem Augenblick absehe von denjenigen Personen — Männern und Frauen —, die, obgleich sie wissen, daß sie noch krank und ansteckend sind, in verbrecherischer und unehrenhafter Weise geschlechtlichen Verkehr treibend, andere gefährden und anstecken.

Wie soll man nun dem berührten Übelstande abhelfen?

In erster Reihe müßten die Ärzte helfen. Sie müßten, was die Syphilis betrifft, selbst von der strikten Notwendigkeit einer längere Zeit in Form mehrerer Kuren fortgesetzten Behandlung durchdrungen sein und müßten aus dieser Überzeugung heraus immer und immer wieder ihre Kranken belehren, daß subjektives Wohlbefinden, Freisein von äußerlich bemerkbaren Erscheinungen, nicht ohne weiteres Heilung bedeute. Immer von neuem muß man dem Patienten die fast jedem aus seiner Bekanntschaft bekannten Beispiele von Spätrückfällen und vom Auftreten der Tabes und Paralyse trotz jahre- und jahrzehntelanger Gesundheit vorhalten. Ich sage dem Patienten: „Sie sind wie ein Mensch, der eine geladene Patrone bei sich herumträgt; Jahre und jahrelang können Sie dabei ohne Schaden wegkommen und Sie haben auch gar keine Belästigung davon — bis die Patrone plötzlich einmal losgeht und Sie in schwerster Weise schädigt."

Ganz besonders unheilvoll wirkt hier manchmal die Wassermannreaktion. „Ich bin negativ", sagen die Leute, und sind oft nicht davon zu überzeugen, daß das nicht ein Zeichen vollkommener Heilung sei, und daß man, namentlich bei frischen Krankheitsstadien, immer mit der Möglichkeit von Rückfällen rechnen müsse.

Freilich — und das ist die wichtigste Voraussetzung — die Ärzte selbst müssen von der Notwendigkeit dieser mehrfachen Kuren überzeugt sein. Die rein symptomatische Behandlung ist, seitdem ich im Jahre 1881 zum erstenmal in Deutschland für die Fournierschen Lehren eintrat, allmählich in einem jahrzehntelangen, mit großer Heftigkeit für und wider geführten Kampf der chronisch-intermittierenden Methode gewichen und hat sich bei den meisten Fachleuten und Ärzten Anerkennung verschafft. Die Entdeckung der Serodiagnose hat dann dem Schema der chronisch-intermittierenden Methodik insofern ein Ende gemacht, als die

Resultate der Serum- und Liquoruntersuchungen mehr oder weniger als Führer für das therapeutische Vorgehen und insbesondere für die Dauer der Behandlung benutzt werden konnten. Wir haben dabei gelernt, daß das alte schematische, nicht individualisierende Vorgehen überflüssig sei, da man nun von Fall zu Fall sich über die Notwendigkeit weiterer Kuren entscheiden konnte.

Ein Schema für das Minimum der Behandlung müssen wir aber doch festhalten, und für seine Befolgung treten viele mit mir auf das Energischste ein:

Selbst bei den günstigsten Chancen — d. h. bei sehr bald nach der Infektion festgestellter Diagnose und daraufhin beginnender Behandlung — und selbst bei gut und energisch durchgeführten Salvarsan- und Quecksilberkuren soll man sich nie auf diese eine Kur verlassen, sondern stets, trotz subjektiven und objektiven Wohlbefindens und trotz negativer Reaktion zwei oder drei Kuren folgen lassen.

Auch das Salvarsan hat den Patienten gegenüber unserem Bestreben für die Durchführung dieses Programms oft Schwierigkeiten mit sich gebracht. Viele Patienten halten durchaus an dem Glauben fest, daß schon ein oder zwei Einspritzungen zur vollständigen Syphilisaustilgung genügen könnten. So wenig ich bezweifle, daß das in einzelnen Fällen und bei genügend großen Dosen und einer gewissen Methodik möglich ist, so wäre es doch absolut falsch, sich auf diesen ganz absonderlich günstigen Fall zu verlassen. Auch für die Salvarsanbehandlung ist ein gewisser Grad der Gesamtdosierung, unter welcher das Salvarsan nicht nur nichts nützt, sondern sogar schaden kann, notwendig, und leider wird von dieser Regel oft abgewichen.

Die vorher aufgestellte Forderung, sich niemals mit einer Kur zu begnügen, ist meiner Überzeugung nach das ganze Geheimnis einer erfolgreichen Syphilisbehandlung, d. h. der Syphilisheilung. Derart behandelte Fälle werden in der großen Mehrzahl völlig geheilt werden.

Auch diese Tatsache, daß die Syphilis völlig ausgeheilt werden kann, muß dem Patienten immer und immer wieder beigebracht werden; denn oft genug vernachlässigen Kranke diese Kuren, weil sie sie doch für aussichtslos halten.

Es wäre nun sehr verlockend, hier auseinanderzusetzen, was unter einer guten und energischen Kur zu verstehen ist; ich muß mich jedoch hier darauf beschränken, kurz folgende Sätze aufzustellen:

1. Es bedarf stets mehrerer, je nach der Einzeldosis vier oder fünf oder sechs Salvarsaninjektionen, um die erwünschte Wirkung herbeizuführen. Leider machen manche Kassenvorstände Schwierigkeiten, diese ihnen zu groß und überflüssig erscheinenden teueren Salvarsandosen zu gewähren.

2. Für die Quecksilberbehandlung scheinen mir diejenigen Methoden die besten, die mit der geringsten Störung für den Patienten verbunden sind und eine absolut sichere Zufuhr des Quecksilbers gewährleisten. Aus diesem Grunde bevorzuge ich rückhaltlos die Injektionsmethoden, zumal sie auch eine sichere Dosierung des Medikaments ermöglichen.

Unter den zur Injektion brauchbaren Quecksilberformen bevorzuge ich auf Grund vieljähriger Erfahrung das eine Suspension von metallischem Quecksilber darstellende graue Öl (Merzinol) wegen seiner langsamen und daher eine protrahierte Wirkung herbeiführenden Resorption. Die durch schnell resorbierbare Quecksilberpräparate — und dazu gehören sowohl die löslichen Quecksilbersalze wie auch Salizylquecksilber und Kalomel — eintretende akute Heilwirkung wird bei der kombinierten Kur durch .das Salvarsan besorgt.

Auf die Bequemlichkeit in der Durchführung der Kur — der Patient hat höchstens einmal wöchentlich beim Arzt zu erscheinen — und die Unauffälligkeit für die Umgebung lege ich den größten Wert, da es sonst noch viel schwerer wird, die Patienten zur Durchführung ihnen vielleicht überflüssig erscheinender Kuren zu bringen.

Also, wie gesagt, von den Ärzten wird es wesentlich abhängen, ob es ihnen gelingt, ihre Patienten zu beeinflussen. Die Kranken merken sehr wohl, ob der Arzt selbst wirklich von der zwingenden Notwendigkeit dessen, was er rät, überzeugt ist, und, wenn ich so sagen darf, mit vollem Herzen dafür eintritt. Freilich muß der Arzt auch als Mensch und Persönlichkeit die Fähigkeit besitzen, sich Autorität und Vertrauen zu erwerben.

Was die **Gonorrhoe** anlangt, so begnügen sich leider noch viele Ärzte mit der einfachen Feststellung, ob noch Ausfluß oder Schmerzen bestehen, und entlassen den Patienten, wenn diese Symptome beseitigt erscheinen. Aber schon während der Behandlung wird oft vernachlässigt, daß der Krankheitsprozeß von der vorderen auf die hintere Harnröhre, Blase und Vorsteherdrüse ungemein häufig übergreift, und daß zur Behandlung dieser Lokalisation die einfache Injektionstherapie nicht ausreicht, da die eingespritzte Flüssigkeit gar nicht nach hinten (über den Schließmuskel) hinwegkommt. So werden sehr viel Gonorrhoiker trotz scheinbarer Heilung in Wahrheit ungeheilt entlassen oder, was natürlich noch häufiger vorkommt, sie bleiben aus der Behandlung weg, weil die restierenden Symptome von den Kranken als zu unbedeutend nicht mehr beachtet werden. — Andererseits werden sehr viele, nach unseren heutigen Kenntnissen gänzlich harmlose „chronische Katarrhe" für chronischen „Tripper" erklärt und immer weiter behandelt, namentlich wenn man auf dem Standpunkt steht, daß Eiterkörperchengehalt der Fäden und Flocken noch ein Zeichen von wirklicher „Gonorrhoe" sei. Nach meiner Überzeugung bedürfen solche Fälle einer mehrfach wiederholten, sehr sorgfältigen Untersuchung, und zwar nicht nur mit dem Mikroskop, sondern, wenn möglich, auch mit Zuhilfenahme des Kulturverfahrens und der Provokation durch mechanische und chemische örtliche Reizmethoden und durch Zuhilfenahme von intramuskulären oder intravenösen Arthigoninjektionen, um mit einer an Sicherheit grenzenden Wahrscheinlichkeit festzustellen, daß Gonokokken fehlen. Ist eine solche Feststellung aber gemacht, dann gebe ich wenigstens die Behandlung auf, es müßten denn Strikturen oder sonstige anatomische Gewebsveränderungen, die im Interesse des Kranken beseitigt werden müssen, vorliegen. Der Hauptgrund, der mich zu diesem „Gehenlassen" bestimmt, ist der, daß ich die Überzeugung gewonnen habe, daß die meisten derartigen Fälle doch nicht ganz zur Norm zurückzubringen sind, und daß mir der Aufwand von Mühe und Kosten, die mit endoskopischen und dergleichen Methoden verbunden sind, in keinem Verhältnis zu stehen scheint zu der Wichtigkeit (richtiger gesagt: Unwichtigkeit) des Leidens.

Im Gegensatz zu den Spezial-Spezialisten auf diesem Gebiete habe ich nach eigenen Erfahrungen und der Beobachtung so vieler trotz aller von ausgezeichneten Endoskopikern behandelter, aber ungeheilt gebliebener Fälle die Überzeugung gewonnen, daß die meisten solcher postgonorrhoischer Urethriden unheilbar sind (ebenso wie der chronische Rachenkatarrh), daß aber auch eine Behandlung gar nicht notwendig sei. Das einzige, was mich bei diesen Katarrhen bedenklich macht, ist die Frage, ob die fast immer vorhandenen (gram-negativen) Kokken und Bazillen irgendwelche pathogenen Eigenschaften bei Frauen haben könnten; eine Frage, die bisher nicht mit Sicherheit in positivem oder negativem Sinne entschieden ist.

Bei der weiblichen Gonorrhoe liegen die gesamten Verhältnisse noch schwieriger, da hier die Möglichkeit, daß spärliche oder verdeckte Gonokokkenherde der Untersuchung entgehen, noch viel größer ist als bei der männlichen Gonorrhoe, und auch die Heilungsaussichten, wenn der Prozeß erst über den Cervix nach oben fortgeschritten ist, noch geringer sind.

Bei akuten Gonorrhoen ist bei Mann wie bei Frau die Aussicht, eine Gonorrhoe schnell und sicher zu heilen, so viel größer, daß man eigentlich sagen kann: das ganze Problem, das durch den Tripper bei Mann und Weib so oft angerichtete Unheil zu verhüten, steht und fällt mit der Möglichkeit, die Fälle so zeitig wie möglich nach der Infektion in Behandlung zu bekommen. Die akute Gonorrhoe zu heilen ist ebenso leicht, wie es schwer ist, mit den chronisch gewordenen Formen fertig zu werden.

Wer diese tatsächlichen Verhältnisse kennt, wird leicht begreifen, daß es leider sehr oft nicht gelingt, schnell und sicher eine Heilung der Gonorrhoe zu erzielen, und daß Nachuntersuchungen und längere Zeit fortgesetzte Kontrolle durchaus notwendig sind und nützlich sein müssen; Nachuntersuchungen, die natürlich der behandelnde Arzt selbst vornehmen könnte.

Aber oft genug versagt alle Liebe und Sorgsamkeit des Arztes. Leichtsinn, Gleichgültigkeit und Dummheit, törichtes Gerede der Kameraden lassen den Patienten alle Warnungen und Vorschriften des Arztes vergessen, zumal ja nichts den Patienten an seine Krankheit erinnert.

Ferner kommen in Betracht alle die Fälle, wo die Patienten hoffen, daß gerade ihnen ein besonders günstiger Verlauf der Krankheit beschieden sein und die Unterlassung der Wiederholungskuren nichts schaden werde.

Schließlich kommen hinzu zwei Kategorien von Kranken:

1. die eine Syphiliskur nicht wiederholen wollen, weil sie das „Gift" des Salvarsans und Quecksilbers fürchten;

und:

2. derjenigen, die nichts so sehr fürchten, als daß jemand von der Existenz ihrer Geschlechtskrankheit etwas erfahren könnte, und schon deshalb neue Kuren verabscheuen.

Sollte es nun nicht gelingen, bei diesen, teils aus Unwissenheit, teils aus Unvernunft lässigen Menschen durch irgendwelchen Zwang zu erreichen, was sowohl in ihrem eigensten Interesse wie in dem der Allgemeinheit so dringend erwünscht wäre: Beobachtung und Behandlung bis zur völligen Heilung? In diesem Sinne wünschte ich eine gesetzliche Bestimmung:

Jeder Geschlechtskranke und jeder, welcher nach Lage der Umstände wissen muß, daß er sich mit einer Geschlechtskrankheit angesteckt hat, soll verpflichtet sein, sich von einem in Deutsch-

land approbierten Arzt beobachten bzẃ. behandeln zu lassen und auf Verlangen dem Gesundheitsamt den Nachweis zu liefern, daß dieses der Fall ist." (Auch durch diesen Paragraph ist das Verbot nichtärztlicher Behandlung durch Kurpfuscher und Naturheilkundige, durch Abgabe von Medikamenten durch Apotheker, Drogisten usw. ausgesprochen.)

„Zuwiderhandelnde werden dem Gesundheitsamt gemeldet, welches entsprechend seinen gesetzlichen Befugnissen verfährt."

Kann man sich von einer solchen Gesetzesvorschrift irgendeinen Nutzen versprechen?

Ich glaube ja; denn es wird dadurch die Möglichkeit geschaffen, eine Behandlung zu erzwingen, ohne daß — und das geschieht durch die Zwischeninstanz des Gesundheitsamts — sofort eine Bestrafung für den Zuwiderhandelnden, der nicht für seine Behandlung gesorgt hat, erfolgt.

Eine solche mildere Behandlung ist um so notwendiger, als namentlich bei Frauen mit der Tatsache gerechnet werden muß, daß sie wirklich von ihrer geschlechtlichen ansteckenden Krankheit nichts wissen, da die ohne Beschwerde und Schmerzen verlaufende Krankheit leicht ihrer eigenen Beobachtung entgeht.

Erst wenn die besonderen Umstände des Einzelfalles das erfordern, wird das Gesundheitsamt, nachdem es die Mittel der Warnung und Belehrung und der sanitären Aufsicht erschöpft hat, dazu schreiten, eine Bestrafung durch die Polizei zu beantragen.

Bekanntlich haben die **Landesversicherungsanstalten** den großzügigen Plan gefaßt und zum Teil schon in die Tat umgesetzt, sogenannte **„Beratungsstellen"** zu schaffen mit der Aufgabe, eine fortlaufende Beobachtung und Behandlung der Kranken seitens der Ärzte durch fortgesetzte Mahnungen und Wiederbestellungen zu erreichen, wo durch irgendwelche Umstände, namentlich die Unkenntnis und Gleichgültigkeit der Kranken, die Behandlung vorzeitig unterbrochen wird. Ich selbst habe mich in einer ausführlichen Besprechung dieser Fragen (Ärztl. Vereinsbl. 1916, Nr. 1066, 1067) geäußert und habe folgende Schlußsätze aufgestellt:

1. Es sollen die geplanten Kontrollstellen geschaffen werden und es ist mit größtem Dank zu begrüßen, daß die Landesversicherungsanstalten die durch die neuen Einrichtungen erwachsenden Kosten übernehmen wollen.

2. Die Kontrolle soll sowohl eine bureaumäßige Registrierstelle wie eine ärztliche Beratungsstelle sein.

3. Die Aufgabe dieser Kontrolle ist, dafür zu sorgen, daß die an Geschlechtskrankheiten erkrankten Kassenmitglieder und solche Kranke, die sich freiwillig bei ihr melden, solange beobachtet und eventuell einer Behandlung zugeführt werden, bis eine völlige Heilung erzielt ist oder weitere Behandlung nicht mehr erforderlich erscheint.

4. Um dieses Ziel zu erreichen, sollen alle Ärzte und Krankenanstalten, sei es direkt, sei es durch Vermittlung der Kasse, der Zentralstelle die Namen der aus der jeweiligen Kur Entlassenen melden, zugleich mit der Angabe des Termins, zu welchem der Arzt eine erneute Untersuchung oder Behandlung vorzunehmen wünscht. Die Zentralstelle hat dann in geeigneter Weise den Kranken zu mahnen, sich entweder bei dem behandelnden Arzt oder in der Beratungsstelle vorzustellen.

5. Ärzte, die selbst die fortlaufende Beobachtung besorgen wollen, haben dies der Zentralstelle mitzuteilen, doch müssen sie regelmäßig Meldung erstatten, ob die Kranken sich auch wirklich vorgestellt haben oder nicht.

6. Es ist eine wissenschaftliche Verständigung zwischen der Beratungsstelle und den Ärzten über die Prinzipien, nach denen die fortlaufende Behandlung durchzuführen ist, herbeizuführen. Denn einerseits muß versucht werden, die zurzeit als richtig erkannten

Methoden der Syphilis- und Gonorrhoebehandlung durchzuführen, andererseits muß nach jeder Richtung hin die Mitarbeiterschaft der Ärzteschaft angestrebt werden, da ohne deren Hilfe das gesteckte Ziel absolut unerreichbar ist. Das Prinzip der freien Ärztewahl ist durchaus, soweit es die sachlichen Umstände zulassen, durchzuführen.

7. Auch muß die Organisation der neuen Einrichtung so unauffällig und die Behandlung so bequem eingerichtet werden, daß die Kranken ohne Widerstreben von den Beratungsstellen Gebrauch machen.

8. Die Beratungsstelle soll unter keinen Umständen selbst behandeln, sondern nur beraten. Es wird von der Wahl des jeweiligen Beraters und von den mit der Ärzteschaft getroffenen Abmachungen abhängen, wieweit sich die beratende Tätigkeit erstrecken soll.

Das neue Gesetz würde dieses Vorgehen der Landesversicherungsanstalten wesentlich unterstützen, indem es den Kranken gegenüber ein Machtmittel schüfe, um die ärztlich für notwendig erachteten Forderungen durchzusetzen. Doch möchte ich hier schon bemerken, daß auch jetzt schon den Kassen gewisse Machtmittel zur Verfügung stehen, um die Kranken zur Befolgung der ärztlichen Anordnungen zu zwingen. Das Seuchengesetz 1905 freilich sieht mit Geschlechtskrankheiten behafteten Personen gegenüber nur dann Zwangsmittel vor, wenn diese Personen „gewerbsmäßige Unzucht" treiben. Die in dem alten Regulativ vom Jahre 1835 vorgesehene Möglichkeit, allen geschlechtskranken Personen gegenüber Zwangsmittel anzuwenden, ist leider durch das Seuchengesetz beseitigt worden.

Eine gewisse Abhilfe schaffen aber die beiden Paragraphen 1272 und 529 der Reichsversicherungsordnung; dieselben lauten:

„Entzieht sich ein Erkrankter ohne gesetzlichen oder sonst triftigen Grund dem Heilverfahren (§ 1269), und wäre die Invalidität durch das Heilverfahren voraussichtlich verhütet worden, so kann die Rente auf Zeit ganz oder teilweise versagt werden, wenn der Erkrankte auf diese Folge hingewiesen worden ist."

Und:

„Gegen einen Versicherten, der die Krankenordnung oder die Anordnungen des behandelnden Arztes übertritt oder die ihm nach § 190 obliegende Mitteilung unterläßt, kann der Vorstand der Kasse Strafen bis zum dreifachen Betrage des täglichen Krankengeldes für jeden Übertretungsfall festsetzen.

Die gleiche Befugnis hat der Vorstand einer knappschaftlichen Krankenkasse und einer Ersatzkasse gegen ein versicherungspflichtiges Mitglied, das die Krankenordnung oder die Anordnungen des behandelnden Arztes übertritt.

Auf Beschwerde entscheidet das Versicherungsamt endgültig."

So können also Kranke, die auf die erste Einladung nicht erscheinen, auf die Folgen der genannten Paragraphen und auf die durch die Krankenordnung vorgesehenen Strafbestimmungen hingewiesen werden. Die Krankenkassen können ihren Mitgliedern die Meldung bei der Beratungsstelle durch die Krankenordnung zur Pflicht machen.

Auch folgende Entscheidungen zur Reichsversicherungsordnung geben unvernünftigen Kranken gegenüber gewisse Machtmittel in die Hand:

„Solange ein Kassenmitglied sich weigert, der gesetzlich begründeten Einweisung in ein Krankenhaus Folge zu leisten, steht ihm keinerlei Unterstützungsanspruch gegen die Krankenkasse zu." (Entscheidg. d. sächs. L.V.A. vom 15. Mai 1915. „Ortskrankenkasse" 1915, Heft 22, S. 857.)

„Ein Erkrankter kann, abgesehen von dem Fall wiederholter Verstöße gegen die Krankenordnung, nur dann ohne seine Zustimmung in einem Krankenhause untergebracht werden, wenn er wiederholt den Anordnungen des behandelnden Arztes zuwidergehandelt hat." (Entscheidg. des O.V.A. Hamburg vom 24. Juni 1915. „Ortskrankenkasse" 1915, Heft 22, S. 857.)

Schon einmal erwähnte ich die Schwierigkeit, daß viele weibliche Kranke von einer erfolgten Ansteckung und Erkrankung nichts wissen oder etwaige Beschwerden für so unbedeutend halten, daß sie den für sie peinlichen Gang zum Arzt schon aus diesen äußerlichen Gründen unterlassen. Hier gilt es vor allem, durch Aufklärung und Belehrung der Arbeiterinnen usw. auf die Gefahren jedes außerehelichen Geschlechtsverkehrs und auf die Notwendigkeit, auch bei den geringsten Beschwerden ärztlichen Rat einzuholen, hinzuweisen. Andererseits sind auch die Einrichtungen mit besonderer Berücksichtigung gerade dieser weiblichen Elemente zu treffen: durch Anstellung von Ärztinnen.

Wichtig ist ferner, daß alle die freiwillig zur Behandlung sich Meldenden nur im Notfalle auch nur dem Gesundheitsamt gemeldet werden, um einen möglichst großen Zuspruch seitens weiblicher Kranker beim Ambulatorium zu erreichen.

Elfter Abschnitt.

Gesundheitliche Überwachung der Prostituierten.

Von besonderer Bedeutung ist als prophylaktische Maßregel eine möglichst weitgehende Sanierung und gesundheitliche Überwachung aller sich Prostituierenden.

Von vornherein will ich erklären, daß ich nach wie vor ein Anhänger des Prinzips der Präventivkontrolle bin, und zwar für alle Arten dessen, was wir jetzt neuerdings als „Prostitution" ansehen müssen. Nur soll diese ärztliche Kontrolle so oft und so lange als möglich von dem Gesundheitsamt und nur im Notfalle von der Polizei ausgeführt werden.

Unter „Prostituierten" müssen wir jetzt verstehen nicht nur die offiziellen inskribierten Frauen und Mädchen, sondern alle in mehr oder weniger wahlloser Weise im häufigen Wechsel Geschlechtsverkehr Treibenden, gleichgültig, ob damit alleiniger, hauptsächlicher oder gar kein Erwerb verbunden ist. Da es sich um hygienische Zwecke handelt, so sind alle diese Personen, wenn sie auch häufig nur leichtsinnige und leichtlebige Mädchen sind, oft auch nur aus Sinnlichkeit und Vergnügungssucht sich dem Geschlechtsverkehr hingeben, oft in Form der sogenannten losen „Verhältnisse", sanitär gefährlich.

Demgemäß halte ich auch für alle diese (der Kürze halber immer als „Prostituierte" bezeichneten) Personen eine ärztliche Fürsorge und Überwachung für notwendig. Es sollen also möglichst vielen alle Maßnahmen der Polizeiaufsicht (im engeren Sinne) mit all ihren bürgerlich schädigenden und demoralisierenden Folgen erspart werden, wenn sie sich den Vorschriften der rein ärztlichen Überwachung und Behandlung fügen.

Die Überwachung aller dieser Personen, die man, soweit es irgend möglich ist, nicht inskribieren, aber doch sanitär überwachen möchte, hat zum Prinzip: **die sanitäre Aufsicht rein ärztlich und so milde wie möglich zu gestalten, um möglichst viele Personen dieser sanitären Kontrolle zu unterwerfen.**

Von diesem Prinzip geht auch der sehr dankenswerte Erlaß der beiden Minister vom Jahre 1907 aus. Dieser stützt sich wieder auf Vorschläge, die ziemlich zu gleicher Zeit sowohl von Block-Hannover (Volkmannsche Hefte 1901, N. 317) und von E. Lesser 1903 (Mitteilungen der Deutschen Gesellschaft zur Bekämpfung der Geschlechtskrankheiten I, 64) gemacht worden sind.

Lesser schreibt:

Ich möchte vorschlagen, unter Beibehaltung der Sittenpolizei, deren Einrichtung aber unbedingt einer erheblichen Reformierung und Verbesserung unterzogen werden müßte, eine Gelegenheit zur unentgeltlichen Behandlung für die nicht der Sittenpolizei unterstellten Prostituierten zu schaffen.

Von dieser Behandlungsstelle erfolgt nicht nur keine Anzeige an die Sittenpolizei über die sich daselbst einstellenden Mädchen, sondern im Gegenteil, die Behandlung in dieser Anstalt ist ein Freibrief für das betreffende Mädchen gegenüber der Sittenpolizei, die das Recht verliert, dieses Mädchen in ihre Listen einzuschreiben. Ja, man könnte noch weiter gehen und die Einrichtung treffen, daß jedes von der Sittenpolizei inskribierte Mädchen, welches sich verpflichtet, in dieser freiwilligen Behandlungsstelle regelmäßig den Anordnungen des Arztes sich zu fügen, aus der sittenpolizeilichen Kontrolle entlassen werden und von der Sittenpolizei unbehelligt bleiben muß, solange es sich den ärztlichen Anordnungen fügt.

Mit wenigen Worten möchte ich noch auf einige Einzelheiten dieser mir vorschwebenden Einrichtung eingehen:

Es würde diese Stelle eine Art Poliklinik sein, mit dem ausgesprochenen Zweck, geschlechtskranke Prostituierte zu behandeln. Selbstverständlich müßte die Behandlung unentgeltlich sein und ebenso müßten die Medikamente unentgeltlich verabfolgt werden. Jede Kranke mit erheblichen Erscheinungen einer ansteckenden Geschlechtskrankheit wird dem Krankenhaus überwiesen, in welchem sie unentgeltlich aufgenommen wird. Nach ihrer Entlassung wird das Krankengeld weder von ihr noch etwa von ihrer Heimatsgemeinde eingetrieben.

Kranke, welche sich freiwillig den Anordnungen des Arztes fügen, erhalten über alle diese Dinge, über den Krankenhausaufenthalt und die regelmäßigen Besuche in der Poliklinik, eine Bescheinigung in dem für jedes einzelne Mädchen ausgestellten Erkennungsbuche. Wird nun ein solches Mädchen wegen des Vergehens der Prostitution von der Polizei aufgegriffen und vermag sie durch ihr Buch nachzuweisen, daß sie den ärztlichen Anordnungen in der Poliklinik nachgekommen ist, so muß die Sittenpolizei sie unbehelligt gehen lassen. Wird dagegen ein Mädchen wegen Prostitution aufgegriffen, welches diesen Nachweis nicht zu bringen vermag, so verfährt die Sittenpolizei nach den Umständen, und wenn anders die Umstände danach sind, wird die Betreffende der sittenpolizeilichen Kontrolle unterstellt.

Das ist der Hauptgrund, aus welchem ich die Beibehaltung der Sittenpolizei für notwendig halte.

Die Mädchen werden auch der ärztlichen Vorschrift, ins Krankenhaus zu gehen, Folge leisten, wenn sie wissen, daß die Hauptgründe fortfallen, die sie bisher von dem Krankenhausaufenthalt abschreckten — die Einziehung der Kosten und das Bekanntwerden ihrer Krankheit bei den Behörden, vor allem aber das Bekanntwerden ihrer Person bei der Sittenpolizei, wenn gerade umgekehrt sie durch ihren freiwilligen Eintritt in das Krankenhaus jeden Konflikt mit der von ihnen am meisten gefürchteten Behörde, der Sittenpolizei, vermeiden und die Sittenpolizei ihnen gegenüber ihre Macht völlig einbüßt. Daß damit nun nicht die völlige Zügellosigkeit der Prostitution gewährleistet wird, daß trotzdem selbstverständlich die Polizei nach wie vor das Recht und die Pflicht hat, alle Verstöße gegen den öffentlichen Anstand zu bestrafen und nach Möglichkeit zu verhüten, das bedarf wohl keines weiteren Wortes.

Preußischer Ministerialerlaß zur Handhabung der Sittenpolizei.

Erlaß der Minister des Innern und der usw. Medizinalangelegenheiten vom 11. Dez. 1907 — M. d. I. II a 10418, M. d. g. A. M. 14792 — an sämtliche Herren Regierungspräsidenten.

I. In das Gesetz, betreffend die Bekämpfung übertragbarer Krankheiten vom 28. August 1905 (Gesetzsamml. S. 373) sind auch die Schutzmaßregeln aufgenommen worden, welche gegen die Verbreitung der Geschlechtskrankheiten durch Gewerbsunzucht treibende Personen zu ergreifen sind. Die Behörden sind dadurch in den Stand gesetzt, von diesen Maßregeln ganz unabhängig von der Frage Gebrauch zu machen, ob gemäß § 361 Ziff. 6 des Strafgesetzbuches eine sittenpolizeiliche Aufsicht zu verhängen ist. Sie können die gesundheitliche Überwachung der Prostitution als vorwiegend ärztliche Einrichtung von den besonderen zur Aufrechterhaltung der Sittlichkeit erforderlichen Maßnahmen trennen, sie dadurch von manchen lästigen Nebenwirkungen befreien und doch gleichzeitig zum Besten der Volksgesundheit in weiterem Umfange zur Durchführung bringen.

Die §§ 8, Ziff. 9, und 9, Abs. 2 des Gesetzes vom 28. August 1905 sehen vor:

1. daß gewerbsmäßig Unzucht treibende Personen, welche in bezug auf Syphilis, Tripper und Schanker krankheits- oder ansteckungsverdächtig sind, beobachtet,

2. daß Gewerbsunzucht treibende Personen, welche von einer der genannten Krankheiten ergriffen sind, auch abgesondert und zwangsweise behandelt werden dürfen.

Die Ausführungsbestimmungen vom 7. Oktober 1905 erläutern den § 9 dahin:

„Personen, welche gewerbsmäßig Unzucht treiben, sind anzuhalten, sich an bestimmten Orten und zu bestimmten Tagen und Stunden zur Untersuchung einzufinden. Wird bei dieser Untersuchung festgestellt, daß sie an Syphilis, Tripper oder Schanker leiden, so sind sie anzuhalten, sich ärztlich behandeln zu lassen.

Es empfiehlt sich, durch Einrichtung öffentlicher ärztlicher Sprechstunden diese Behandlung möglichst zu erleichtern. Können die betreffenden Personen nicht nachweisen, daß sie diese Sprechstunden in dem erforderlichen Umfang besuchen, oder besteht begründeter Verdacht, daß sie trotz ihrer Erkrankung den Betrieb der gewerbsmäßigen Unzucht fortsetzen, so sind sie unverzüglich in ein geeignetes Krankenhaus zu überführen und aus demselben nicht zu entlassen, bevor sie geheilt sind.“

Im Verfolg dieser Bestimmungen ersuchen wir ergebenst, zu veranlassen, daß in allen Orten Ihres Bezirks, in welchen eine Überwachung der Prostitution erforderlich erscheint, unverzüglich ermittelt wird, ob Gelegenheit zur unentgeltlichen ärztlichen Behandlung Geschlechtskranker vorhanden ist, und, wo solche fehlt, Sorge zu tragen, daß durch Vereinbarungen mit geeigneten Ärzten oder Krankenhäusern öffentliche ärztliche Sprechstunden zu diesem Zwecke eingerichtet werden.

Die zum ersten Male wegen des Verdachts der Gewerbsunzucht polizeilich angehaltenen Personen sind unter Aushändigung eines Verzeichnisses der vorhandenen öffentlichen Sprechstunden mit der Auflage zu entlassen, sich dort vorzustellen und entweder unverzüglich ein Gesundheitszeugnis vorzulegen oder bis zur Heilung einer vorhandenen Geschlechtskrankheit den Nachweis zu erbringen, daß sie in ausreichender ärztlicher Behandlung stehen oder der erhaltenen ärztlichen Anweisung entsprechend ein Krankenhaus aufgesucht haben. Der polizeiärztlichen Untersuchung sind zum ersten Male betroffene Prostituierte nur dann zu unterwerfen, wenn besondere Umstände von vornherein den Verdacht rechtfertigen, daß sie sich der freien Behandlung entziehen werden. Bei wiederholter Überführung der gewerbsmäßigen Unzucht sind die betreffenden Personen zu periodischer Vorstellung in den öffentlichen Sprechstunden anzuhalten. Die Befolgung dieser Vorschriften ist in geeigneter Weise zu kontrollieren.

Die zwangsweise Behandlung erkrankter Personen in einem Krankenhause ist allemal dann zu bewirken, wenn solche sich der regelmäßigen Vorstellung entzogen haben, sowie wenn begründeter Verdacht besteht, daß sie noch vor bewirkter Heilung der Unzucht wieder nachgehen.

Auch den Personen, welche der sittenpolizeilichen Aufsicht unterstehen, kann nachgelassen werden, sich durch Zeugnisse bestimmter polizeilich genehmigter Anstalten oder Ärzte fortlaufend über ihren Gesundheitszustand sowie über die Behandlung in Krankheitsfällen auszuweisen. Diese Vergünstigung darf aber nur solchen Prostituierten eingeräumt werden, deren persönliche und sonstige Verhältnisse einige Sicherheit dafür bieten, daß sie den ärztlichen Verordnungen nachkommen und während der Erkrankung nicht weiter Gewerbsunzucht treiben. Das Verfahren eignet sich besonders für Orte mit geringerer Einwohnerzahl und weniger lebhaftem Straßenverkehr, deren Polizeiverwaltungen vorschriftswidriges Verhalten der in freier Behandlung befindlichen Prostituierten leicht feststellen können.

Die bestehenden Vorschriften über die Behandlung von Prostituierten, welche das 21. Lebensjahr noch nicht vollendet haben, bleiben unberührt. Für die Versorgung geschlechtskranker Minderjähriger empfiehlt sich die Angliederung von Krankenabteilungen an Erziehungshäuser, in denen die im Wege der Fürsorgeerziehung oder der vormundschaftsgerichtlichen Anordnung untergebrachten Zöglinge Erziehung und Heilung zugleich finden.

II. Da das Gesetz vom 28. August 1905 den Prostituierten gegenüber ausgedehnte Befugnisse zur Sicherung der Gesundheit auch ohne Verhängung der sittenpolizeilichen Aufsicht gewährt, so erscheint vor Anordnung dieser einschneidenden und ernsten Maßnahme ein besonders gründliches und vorsichtiges Verfahren geboten, und trotz damit verbundener Verzögerung unbedenklich. Die Stellung unter polizeiliche Aufsicht gemäß § 361, Ziffer 6 des Strafgesetzbuches soll daher in Zukunft nur verfügt werden, wenn die Voraussetzungen durch gerichtliche Verurteilung wegen strafbarer Gewerbsunzucht zweifelfrei dargetan sind. Von dieser Einschränkung soll nur bei solchen Personen abgesehen werden, welche nach Entlassung aus der sittenpolizeilichen Aufsicht wieder der Prostitution anheimgefallen sind.

Um gefallenen Frauen und Mädchen die Rückkehr zu anständigem Lebenswandel zu erleichtern, ist die dauernde Mitwirkung einer mit den Bestrebungen der Rettungsvereine vertrauten Dame erwünscht und herbeizuführen, welcher Zutritt und freiester Verkehr mit den eingelieferten weiblichen Personen zu gestatten ist.

III. Grundsätzlich ist bei allen Anordnungen, welche die Beobachtung krankheitsoder ansteckungsverdächtiger sowie die Absonderung oder Zwangsbehandlung erkrankter Prostituierter betreffen, von allen die Rückkehr zu geordnetem Leben erschwerenden polizeilichen Maßnahmen abzusehen, soweit dadurch nicht der Erfolg der Anordnungen von vornherein in Frage gestellt wird.

Bei der Handhabung sowohl der sanitätspolizeilichen wie der sittenpolizeilichen Aufsicht ist nachdrücklichst darauf zu achten, daß die Prostituierten sich den regelmäßigen Untersuchungen nicht entziehen. Die Berechtigung der vorgebrachten Entschuldigungen muß nachgeprüft werden. Soweit Krankheit als Entschuldigungsgrund angegeben wird, ist einem Polizeiarzte die Prüfung der als Beweis der Krankheit eingereichten Atteste, Rezepte usw., erforderlichen Falles auch die Untersuchung der Prostituierten zu übertragen. Für unentschuldigte Versäumnis der ärztlichen Untersuchung wie für alle anderen Übertretungen der zur Sicherung der Gesundheit dienenden Kontrollvorschriften ist durch Vermittelung der Amtsanwaltschaft strenge Ahndung, möglichst die Überweisungsstrafe auf Grund des § 362 des Strafgesetzbuches zu erwirken.

Dagegen müssen bei verhängter sittenpolizeilicher Aufsicht Bestrafungen wegen unerheblicher Verstöße gegen die polizeilichen Reglements vermieden werden. Die Exekutivbeamten der Sittenpolizei sind anzuweisen, in solchen Fällen zunächst mit Warnungen einzuschreiten und Strafanzeigen nur bei fortgesetztem böswilligem Zuwiderhandeln zu erstatten. Die zum Schutze der öffentlichen Ordnung und des öffentlichen Anstandes erlassenen polizeilichen Vorschriften enthalten vielfach kleinliche und zu sehr in Einzelheiten gehende Beschränkungen, auf deren Beseitigung Bedacht zu nehmen ist. Im allgemeinen wird es genügen, wenn, abgesehen von den sanitätspolizeilichen Anforderungen, folgende Verhaltungsmaßregeln auferlegt werden:

1. Verbot, bestimmte Straßen, Plätze und Räumlichkeiten zu betreten — gegebenenfalls in der Beschränkung auf bestimmte Tages- oder Nachtstunden;

2. Verbot bestimmter Straßen oder Häuser als Wohnungen;

3. Verbot, in Familien mit schulpflichtigen Kindern Wohnung zu nehmen, mit minderjährigen Personen Verbindung anzuknüpfen, Zuhälter zu beherbergen;

4. Verbot auffallenden, anstoßerregenden oder zu Unzucht anreizenden Benehmens in der Öffentlichkeit.

Es ist dafür Sorge zu tragen, daß die Prostituierten zu den Wirten nur in mietsrechtliche Beziehungen treten, daß dagegen jeder weitere Einfluß der Vermieter auf die Prostituierten, jede Beteiligung an deren Einnahmen, jede Erschwerung des Auszuges sowie die Verabfolgung von Genußmitteln an die Mieterinnen oder deren Besucher unbedingt verhindert wird. Zuwiderhandlungen sind nach Maßgabe der §§ 180 des Strafgesetzbuches, 147, 1 der Gewerbeordnung[1]) unnachsichtlich zu verfolgen.

IV. Um zu verhüten, daß geschlechtlich erkrankte Personen, welche nicht Gewerbsunzucht treiben, ihr Leiden weiter verbreiten, empfiehlt es sich, deren Unterbringung in Krankenhäuser durch Verständigung der Gemeinde- und Kassenvorsteher sowie der Kassenärzte herbeizuführen nach Maßgabe des gemeinschaftlichen Erlasses vom 6. April 1893 — M. d. g. A. 12405, N. d. J. I. A. 2457, M. f. H. u. G. B. 1950 —, dessen Befolgung wir hierdurch in Erinnerung bringen. Geschlechtskranke, welche trotz Kenntnis ihres Zustandes durch Geschlechtsverkehr eine Ansteckung verursachen, müssen für ihr unverantwortliches und gemeingefährliches Verhalten auf Grund der §§ 223 ff, 230 des Strafgesetzbuches zur Bestrafung gebracht werden, wenn der gesetzliche Tatbestand irgend erweisbar ist.

Über die Durchführung dieses Erlasses sehen wir Ihrem Berichte binnen drei Monaten entgegen."

Ich füge an einige Bemerkungen Kirchners, die er auf der Jahresversammlung der Deutschen Gesellschaft zur Bekämpfung der Geschlechtskrankheiten gemacht hat:

„Er selbst war Mitglied einer Kommission, die vom Minister zum Studium des dänischen Gesetzes nach Kopenhagen geschickt worden war. Dieses Gesetz stellt jedes Bordellwesen, jedes Provozieren, jedes Verheimlichen unter sehr strenge Strafen; es ist ein sehr drakonisches Gesetz. Jeder kann zwangsweise in ein Krankenhaus überführt werden. Man gewinnt den Eindruck, als ob das ganze Volk unter der Reglementierung stünde, und das ist um so auffallender, weil es mit durch die Frauenbewegung und unter einem liberalen Ministerium erlassen worden ist. Für deutsche Verhältnisse sei jedenfalls ein solches Gesetz nicht passend. Wir wollen lieber auf dem beschrittenen Weg weitergehen. Die neuen Bestimmungen für die Reglementierung in Preußen entstanden im wesentlichen unter Mitwirkung des Vorstandes der Deutschen Gesellschaft, der auch geholfen hat, den bekannten Berliner Versuch in die Wege zu leiten. Als Grundprinzipien sind jetzt aufgestellt: 1. keine Bordelle mehr, und zwar unter keiner Form und unter keiner Bedingung; 2. keine oder sehr beschränkte Reglementierung; 3. weitgehendste sanitäre Beaufsichtigung der Prostituierten unter möglichster Betonung des Prinzips der Freiwilligkeit und des Wegfalles jeglichen Zwanges. So hofft man durch Gewährung unentgeltlicher Behandlung, Diskretion, durch die Freiwilligkeit und humane Behandlung auch im Krankenhause der gefährlichen heimlichen Prostitution Herr zu werden. Nach dem Erlaß soll sich die Sache etwa so abspielen: Das Mädchen konsultiert einen der Ärzte, die ihr von der Behörde empfohlen werden; ist sie krank, so gibt er ihr einen Ausweis über die stattgehabte Behandlung mit. Wird sie auf der Straße gestellt und kann den Beamten den Ausweis zeigen, so bleibt sie von jeder Chikane seitens der Polizei befreit; kann sie es aber nicht, so wird sie festgenommen, wenn möglich von einer Dame untersucht, und kommt erforderlichenfalls in ein Krankenhaus. Auch für ganz Jugendliche, die bei der bisherigen rücksichtslosen Behandlung womöglich noch tiefer in die Schande hineingestoßen wurden, wird jetzt besser gesorgt werden, sie kommen in Fürsorgeanstalten. Was die Mißstände im Wohnungswesen der Prostituierten betrifft, so sollen bestimmte Straßen freigehalten werden, aber die Mädchen sollen nicht gezwungen sein, bestimmte Straßen zu beziehen. Auch das Verhältnis der Mädchen zu den Vermietern ist jetzt so geordnet worden, daß Bordellhalter die Mädchen nicht mehr ausbeuten können. Die Rückkehr in geordnete Verhältnisse ist ihnen im ganzen erleichtert." (Ausschußsitzung der Deutschen Gesellschaft zur Bekämpfung der Geschlechtskrankheiten. Mitteil. der Deutschen Gesellschaft f. Bekämpfung d. Geschlechtskrankh. 6, 1908, S. 47.)

So dankbar wir die Fortschritte auf dem Gebiete der Prostitutionsbekämpfung, die der Erlaß anstrebt und teilweise auch tatsächlich mit sich

---

[1]) § 147, 1 der Gewerbeordnung. Mit Geldstrafe bis zu 300 Mark und im Unvermögensfalle mit Haft wird bestraft: 1. wer den selbständigen Betrieb eines stehenden Gewerbes, zu dessen Beginn eine besondere polizeiliche Genehmigung (Konzession, Approbation, Bestallung) erforderlich ist, ohne die vorschriftsmäßige Genehmigung unternimmt oder fortsetzt oder von den in der Genehmigung festgesetzten Bedingungen abweicht.

bringt, begrüßen, so bestehen doch auch Bedenken, ob er geeignet ist, das vorschwebende Ziel, eine möglichst auf sanitäre Aufsicht beschränkte sanitäre „Kontrolle" einzuführen und durchzusetzen.

Jedenfalls hat der Erlaß und die durch ihn ermöglichte „milde Kontrolle" die auf ihn gesetzten Hoffnungen nicht erfüllt.

Einmal aus dem Grunde, daß die Polizeibehörden doch immer auf eine polizeiliche Überwachung der der sanitären Aufsicht Überwiesenen nicht verzichtet haben; es wurde zwar die sogenannte „milde Kontrolle" eingeführt, derart, daß die Mädchen nicht zur polizeiärztlichen Untersuchung zu kommen brauchten und auch nicht offiziell inskribiert wurden, aber sie mußten sich mehr oder weniger oft auf der Polizei melden. Manche Polizeibehörden haben sich wohl auch nicht ganz aus den alten Anschauungen in die neue, dem Erlaß zugrunde liegende humanere Auffassung hineinfinden können.

Außerdem aber kann der Erlaß auch seine Wirksamkeit nicht voll entfalten, weil er mit noch geltenden gesetzlichen Bestimmungen in Widerspruch steht.

Der Erlaß vom 11. Dezember 1907 sagt zwar in seinem Absatz II, die Polizei solle vor der Stellung unter polizeiliche Aufsicht möglichst gründlich und vorsichtig verfahren, das Seuchengesetz gewähre ja Befugnisse auch ohne Verhängung der sittenpolizeilichen Aufsicht.

Aber nun betreffen alle die in diesen Gesetzen (und demgemäß auch im Erlaß) der Polizei gegebenen Befugnisse nur solche Personen, „sofern sie gewerbsmäßig Unzucht treiben", mag es sich um zwangsweise Behandlung (Preuß. Seuchengesetz vom 28. August 1905 § 9 Abs. 2), Absonderung (Ausführungsbestimmungen zum Reichsseuchengesetz § 14 Abs. 2), Beobachtung (Preuß. Gesetz § 8 Abs. 9) handeln. Dadurch ist die Befugnis der Polizei, gegen geheime Prostituierte vorzugehen, nicht mehr möglich resp. nur möglich, wenn sie sofort der strengen polizeilichen Kontrolle unterstellt werden.

Ein Dienstmädchen z. B. kann zwanzig Männer syphilitisch machen, man darf nichts gegen sie unternehmen, falls sie es „aus Liebe" getan und keinen klingenden Lohn für ihre Güte verlangt hat. Man darf sie nach heutigen Gesetzen nicht einmal zwangsweise einer Behandlung und Ausheilung zuführen. Ebensowenig kann irgend ein Mann gezwungen werden, sich behandeln zu lassen, auch wenn man weiß, daß er krank ist und Mädchen angesteckt hat. Nur wegen Körperverletzung dürfen die Ärmsten gegen ihn klagen, was sie jedoch meistens zu tun sich schämen. Wie sollte der Staat mit ihm verfahren? (Hessen, S. 209.)

So haben sich an der gesetzlichen Berechtigung dieser im Erlaß vorhandenen Annahmen erhebliche Zweifel geltend gemacht (z. B. v. Zinsser, Z. f. B. d. G. VIII, 428, Schmölder, Z. VIII, 421; C. Stern, Z. VI, 114; Galli), da es nach § 361, 6 eine gewerbsmäßige Unzucht ohne „polizeiliche Aufsicht" nicht gibt.

Auch das nachstehend abgedruckte Reichsgerichtsurteil steht auf demselben Standpunkt und beweist, daß nach dem gegenwärtig geltenden Gesetze eine Bekämpfung der gerade von der geheimen Prostitution ausgehenden Gefahren mit den im Erlaß zum Ausdruck gebrachten wohlmeinenden Bestimmungen nicht angängig ist.

„Es ist selbstverständlich die Befugnis zur Anordnung und deshalb auch zur Ankündigung körperlicher Untersuchungen für die mit der Überwachung der Prostitution, nicht mit der moralischen Führung von Frauenspersonen, betrauten Polizeibehörden nur dann begründet, wenn ein aus bestimmten Tatsachen abgeleiteter Beweis für die gewerbsmäßige Begehung der Unzucht erbracht ist, wenn also der zuständige Polizeibeamte nach seiner pflichtgemäßen Überzeugung eine Frauensperson für der gewerbsmäßigen Unzucht ergeben, somit der fortgesetzten Hingabe ihres Körpers an eine Mehrheit von Männern gegen Entgelt für überführt erachtet. Mangelnde sittliche Führung einer Frauensperson, das Unterhalten von Liebesverhältnissen, anstößiges Benehmen geben dazu an sich keine Berechtigung, solange nicht Tatsachen vorliegen, die dringend auf die Gewerbsunzucht hinweisen. Ganz ausgeschlossen ist es selbstverständlich, die körperliche Untersuchung lediglich zu dem Zwecke anzuwenden, um die Untersuchten des Geschlechtsumganges zu überführen; damit hat diese im Interesse der öffentlichen Gesundheit gegen Dirnen zugelassene Maßnahme nicht das geringste zu tun. Auch die Androhung oder „Ankündigung" der Untersuchung ist ein Mittel, das die Polizeibehörde als Nötigungsmittel überhaupt nicht (§ 339 des Strafgesetzbuches), sonst aber jedenfalls nur gegenüber den als Dirnen erkannten Frauenspersonen anzuwenden befugt ist."

Das Reichsgericht hat also festgestellt:

1. daß die Befugnisse der Polizeibehörden bei der zwangsweisen Unterstellung unter sittenpolizeiliche Aufsicht und bei den hier zugelassenen Zwangsmaßnahmen nicht unbestritten sind,

2. daß die Befugnis zur Anordnung und auch Ankündigung körperlicher Untersuchungen nur dann begründet ist, wenn es sich um nachweislich gewerbsmäßige Prostituierte handelt,

3. daß — im Gegensatz zu der an vielen Gerichten beliebten Rechtsprechung — der Begriff der gewerbsmäßigen Prostitution nicht in der einmaligen, sondern erst in der fortgesetzten Hingabe an eine Mehrheit von Männern gegen Entgelt zu sehen ist,

4. daß ein sogenannter leichtfertiger Lebenswandel, Unterhalten von Liebesverhältnissen und anstößiges Benehmen noch nicht als Tatsachen gelten, die auf gewerbsmäßige Unzucht hinweisen und daraus seitens der Polizeibehörden kein Anlaß zum Einschreiten sich ergibt,

5. daß die Vornahme körperlicher Untersuchungen lediglich nur zum Zwecke der Feststellung, ob die Untersuchten geschlechtlichen Verkehr gehabt haben, nicht zulässig ist,

6. daß die Ankündigung solcher Untersuchungen nur gegenüber gewerbsmäßigen Prostituierten gestattet ist.

Auch Wolzendorf betont ausdrücklich:

„Wenn die Polizei sich, gemäß der in Ziffer I wiedergegebenen Bestimmung, prinzipiell mit dem Nachweis einer ärztlichen Kontrolle begnügt, so handelt sie nicht nur pflichtwidrig, sondern auch strafbar, da es gemäß § 361, 6 ihre Pflicht ist, jede nicht unter Aufsicht stehende Prostituierte zur Bestrafung zu bringen."

Es gibt allerdings wohl den Ausweg, daß die Polizei selbst nicht jede aufgegriffene „Herumtreiberin" als Prostituierte anerkennt, namentlich wenn dies das erste Mal der Fall ist. Allerdings hat sie dem Gesetz nach in solchen milde aufgefaßten Fällen keinerlei Macht über diese Person, aber in vielen Fällen wird das „gute Zureden" doch den gewünschten Erfolg haben, das Mädchen zum mindesten der ärztlichen Behandlung zuzuführen.

So ist die Polizei widerspenstigen Personen gegenüber machtlos, weil sie nach dem Seuchengesetz (§ 9, Abs. 2 des preußischen Gesetzes) nur diejenigen Personen, die bereits gewerbsmäßig Unzucht treiben, also wegen derselben vom Richter bestraft und polizeilicher Aufsicht unterstellt worden sind, überhaupt irgend einer Aufsicht nur unterwerfen kann. Da nun aber gerade bei den Mädchen, die jetzt die Hauptgefahr für die Verbreitung der Geschlechtskrankheiten bilden (das Heer der sogenannten „heimlichen" Prostituierten) nicht so leicht immer der juristische Beweis für die Tatsache, daß

sie Unzuchtsgewerbe treiben, erbracht werden kann, muß die Polizei, wenn die
Mädchen sich nicht fügen wollen, machtlos beiseite stehen.

Andererseits darf die Polizei nicht Milde walten lassen, sondern muß,
falls gewerbsmäßige Unzucht nach ihrer Ansicht vorliegt, nach § 361, 6 eine
Bestrafung herbeiführen. Das milde Verfahren, welches der Erlaß ins Auge
faßt, steht also mit den Gesetzesbestimmungen im Widerspruch.

Andererseits betont Zinsser die großen Fortschritte, die der Erlaß mit
sich gebracht hat (Zeitschr. f. Bekämpfung d. Geschlechtskrankh. 8, S. 426):

„In allererster Linie wird aber mit Recht verlangt, daß die Prostituierten sich
unter keiner Bedingung der regelmäßigen ärztlichen Untersuchung entziehen dürfen, daß
vorgebrachte Entschuldigungen genau auf ihre Berechtigung geprüft werden müssen und
daß unentschuldigte Versäumnis streng bestraft wird, und daß alle Übertretungen der
zur Sicherung der Gesundheit dienenden Kontrollvorschriften durch Vermittlung der
Amtsanwaltschaft streng geahndet werden, möglichst durch die Überweisungsstrafe.

Der Hervorhebung der Kontrollentziehung gewissermaßen als Kapital-
verbrechen der Prostituierten muß man durchaus beipflichten, und man muß
entschieden damit einverstanden sein, daß für sie eine besonders strenge Bestrafung gefordert wird, während die Verstöße gegen die übrigen sittenpolizeilichen Reglements leichter
genommen werden dürfen. Diese Betonung der Bedeutung der ärztlichen Untersuchung
kann nur dazu dienen, das Gewissen der Prostituierten in bezug auf ihren Gesundheitszustand zu schärfen.

Die zahlreichen kleinen Polizeistrafen wegen sogenannter sittenpolizeilicher Kontra-
ventionen sind ja schon lange uns allen ein Dorn im Auge gewesen, ihre Nutzlosigkeit und
noch mehr ihre Schädlichkeit ist immer und immer wieder betont worden. Sie scheinen
aber schwer auszurotten zu sein. Am besten werden diese kleinen Strafen dadurch vermieden, daß die vielen kleinlichen und zu sehr ins einzelne gehenden Beschränkungen
der polizeilichen Vorschriften beseitigt werden. In der Tat gehen diese Vorschriften vielfach so weit, daß man sich wirklich fragen muß, was den Prostituierten denn überhaupt
noch gestattet ist, und deshalb ist es durchaus nicht überflüssig, daß der Ministerialerlaß
bestimmte Normen festsetzt, nach denen verfahren werden soll.“

Der Erlaß bedeutet ferner einen Fortschritt in der Richtung, daß in
viel nachdrücklicherer Weise als bisher der Polizei anbefohlen wird, Minderjährige in besonderer Weise zu behandeln. Es soll versucht werden, die Minderjährigen und damit die „Heimlichen“, also den gefährlichsten Teil der gefährlichen heimlichen Prostitution durch die Fürsorge-Erziehung unschädlich zu machen.

Demgegenüber ist zu bemerken:

I. Was aber geschieht denn mit den Minderjährigen, auf die das Fürsorgegesetz keine Anwendung finden kann, und die doch einen regelrechten
Prostitutionsbetrieb fortsetzen?

II. Und was geschieht mit den unzähligen jungen minderjährigen (und
auch großjährigen) Mädchen, die ihrer ganzen Lebensweise nach nicht reguläre
Prostituierte sind — sie haben feste Stellung, feste Wohnung, sind nicht ohne
weiteres für jedermann käuflich — und doch durch ihren häufigen, recht
wechselnden Verkehr hygienisch gefährlich sind? Soll man solche Mädchen
ohne weiteres zu „Prostituierten“ stempeln und dadurch erst recht auf die
abschüssige Bahn des Dirnentums hinabstoßen? Ja, selbst wenn man weiß,
daß sie geschlechtskrank sind, wird man Bedenken tragen müssen, sofort von
der schwersten Strafe, der Inskription, Gebrauch zu machen.

**Ich glaube, niemand, dem die Frage der Bekämpfung der Geschlechts-
krankheiten und der Prostitutionsgefahren ernst ist, wird sich dem Gedanken
verschließen können, daß hier eine Zwischenstufe: eine gesetzlich fest-**

gesetzte sanitäre Überwachung notwendig ist zwischen dem Nichtstun und Zusehen einerseits und der harten schweren Bestrafung mit Inskription andererseits.

Es ist ja richtig, daß auch jetzt schon, wie es auch Penzig schildert, der Inskription amtliche Warnungen vorausgehen. Aber es scheint mir, als wenn selbst für diese polizeiliche Maßnahme eine gesetzliche Grundlage fehle. Jedenfalls macht auch von dieser Warnung die Polizei nur Gebrauch, wenn sie glaubt, es mit einer schon „gewerbsmäßigen", wenn auch noch nicht nach § 361, 6 verurteilten Prostituierten zu tun zu haben.

Schließlich aber trifft die milden Bestimmungen des Erlasses den Minderjährigen gegenüber derselbe Einwand, wie oben: diese Bestimmungen sind ungesetzlich, da die Polizei verpflichtet ist, gegen jede der Gewerbsunzucht überführte Person energisch mit der vollen Strenge des Gesetzes vorzugehen.

So bleibt denn außer der, wenn ich so sagen darf, psychischen Einwirkung auf die Polizei, eine mildere menschlichere Auffassung den Prostituierten gegenüber walten zu lassen, als effektiver Fortschritt nur übrig die von den Ministern an die Polizei gegebene Vorschrift, daß die Stellung unter Polizeiaufsicht nur verhängt werden darf, wenn die Voraussetzungen durch gerichtliche Verurteilung wegen strafbarer Gewerbsunzucht zweifelsfrei dargetan sind.

Aber eben dadurch ist es der Polizei unmöglich gemacht, ohne offiziell ausgesprochene Kontrolle irgendeine sanitäre prophylaktische Maßregel zu treffen.

Auch haftet dem Erlaß der Fehler an — in diesem Kriege hat es sich freilich als sehr nützlich erwiesen, daß die Polizei durch vorübergehende Aufhebung des Erlasses freie Hand bekam und schnell zugreifen konnte —, daß es sich eben nur um einen jederzeit widerruflichen „Erlaß" und nicht um eine gesetzlich festgelegte Bestimmung handelt.

Es ist also anzustreben:
1. eine Änderung des Seuchengesetzes,
2. eine Änderung des § 361, 6.

Das Seuchengesetz.

Was das **Seuchengesetz** anlangt, so entnehme ich das nachstehende der Festschrift für den XIV. internationalen Kongreß für Hygiene und Demographie in Berlin 1907: Die gesetzlichen Grundlagen der Seuchenbekämpfung im deutschen Reiche von Ministerialdirektor Prof. Dr. Martin Kirchner (Jena, G. Fischer).

Siehe ferner:

Kurt Schneider, Das preußische Gesetz betreffend die Bekämpfung übertragbarer Krankheiten vom 28. August 1905 und die Ausführungsbestimmungen dazu in der Fassung vom 15. September 1906. Nebst dem Text des Reichsgesetzes, betreffend die Bekämpfung gemeingefährlicher Krankheiten vom 30. Juni 1900. (Verl.: J. U. Kerns Verlag [Max Müller] Breslau 1907.)

Das Regulativ vom 8. August 1835 (Ges.-Samml. 1835 S. 240), die frühere gesetzliche Grundlage der Seuchenbekämpfung nach preußischem Landesrecht, behandelte 18 Krankheiten in 13 Gruppen.

Von diesen Krankheiten sind drei in das Reichsseuchengesetz vom 30. Juni 1900 übernommen worden, nämlich Cholera, Pocken und Flecktyphus (der Typhus des Regulativs umfaßt Flecktyphus, Unterleibstyphus und Rückfallfieber), und drei ausländische sind im Reichsseuchengesetz dazugekommen, nämlich Aussatz (Lepra), Pest, Gelbfieber.

In das preußische Gesetz (28. August 1905) sind außerdem folgende neun Krankheiten des Regulativs hinübergenommen worden, nämlich 1. der Typhus als Unterleibstyphus, 2. übertragbare Ruhr, 3. Scharlach, 4. Körnerkrankheit (die kontagiöse Augenentzündung des Regulativs), 5. Syphilis, 6. Tollwut, 7. Milzbrand, 8. Rotz, 9. Lungen- und Kehlkopftuberkulose an Stelle der Schwindsucht des Regulativs. Die Ausführungsbestimmungen zu diesem Gesetz stammen vom 15. September 1906.

Neu aufgenommen in das preußische Gesetz sind folgende acht Krankheiten: 1. Diphtherie, 2. übertragbare Genickstarre, 3. Kindbettfieber, 4. Rückfallfieber, 5. Fleisch-, Fisch- und Wurstvergiftung, 6. Trichinose, 7. Tripper, 8. Schanker.

I. Anzeigepflicht. — Im ganzen sind es also 17 einheimische Krankheiten, welche das preußische Gesetz gegenüber den vorwiegend ausländischen Krankheiten des Reichsgesetzes behandelt. Davon sind jedoch **nicht** anzeigepflichtig die Erkrankungen an Lungen- und Kehlkopftuberkulose, sowie die Erkrankungen und Todesfälle an **Syphilis, Tripper und Schanker,** während nach § 65 des Regulativs eine bedingte Anzeigepflicht bei Syphilis, bei der Tripper und Schanker einbegriffen war, vorlag. Erstens waren nämlich diese Erkrankungen bei Soldaten anzeigepflichtig, zweitens bei allen Personen ohne Unterschied, wenn nach dem Ermessen des Arztes von dem Verschweigen der Krankheit nachteilige Folgen für den Kranken selbst oder das Gemeinwesen zu fürchten waren.

Der Verdacht einer dieser 17 Krankheiten ist nicht anzeigepflichtig. Natürlich steht nichts dem im Wege, daß die Ärzte auch den Verdacht sowie andere nicht im Gesetz erwähnte Krankheiten anzeigen; unter Umständen wird dies sehr verdienstlich sein. In allen solchen Fällen, ebenso bei Anzeigen von Geschlechtskrankheiten brauchen die Ärzte, wie aus der Reichsgerichtsentscheidung vom 16. Mai 1905 hervorgeht, nicht eine Bestrafung auf Grund des § 300 des Strafgesetzbuches zu befürchten, wenn eine solche Anzeige zur gewissenhaften Ausübung der Berufstätigkeit gehört hat. Denn durch § 3 des Gesetzes vom 25. November 1899 über die ärztlichen Ehrengerichte sind die Ärzte zur gewissenhaften Ausübung der Berufstätigkeit verpflichtet, und wenn sie dieser Pflicht nachkommen, handelt es sich bei einer solchen Anzeige nicht um eine unbefugte, sondern um eine **befugte** Offenbarung von Privatgeheimnissen. Bestraft wird aber nur die unbefugte Offenbarung.

Wenn die Ärzte aber aus besonderen Gründen eine Anzeige an die Polizeibehörde, die sie mit ihrem Namen decken müssen, scheuen, so können sie dem **zuständigen Kreisarzt vertrauliche Mitteilung** machen, welcher seinerseits sanitätspolizeiliche Maßregeln in die Wege leiten kann, ohne den Namen des betreffenden Arztes zu nennen. Noch besser wäre es allerdings, wenn die im Landtage angeregte **Änderung**

des § 300 des Strafgesetzbuches zustande käme, damit von vornherein jedes Bedenken für die Ärzte wegfiele.

Kirchner bemerkt hierzu (S. 24 u. 25): Für die Syphilis schrieb das Regulativ von 1835 nur eine beschränkte Anzeigepflicht vor, „wenn nach Ermessen des Arztes von der Verschweigung der Krankheit nachteilige Folgen für den Kranken selbst oder für das Gemeinwesen zu befürchten sind". Eine solche beschränkte Anzeigepflicht hat aber große Bedenken. Sie ist nach dem Regulativ in das Ermessen des Arztes gestellt und von Bedingungen abhängig gemacht, deren Vorhandensein oder Fehlen der Arzt in vielen Fällen gar nicht beurteilen kann. Infolgedessen haben die Ärzte diese Pflicht kaum jemals erfüllt. Das gleiche gilt von der Verpflichtung, welche § 65 Abs. 3 des Regulativs den Zivilärzten auferlegte, syphilitisch kranke Soldaten, welche sie behandeln, dem Kommandeur des betreffenden Truppenteiles oder dem dabei angestellten Oberarzt anzuzeigen.

Bei der Ausarbeitung des Entwurfes zu dem preußischen Seuchengesetze wurde zunächst wieder eine beschränkte Anzeigepflicht aufgenommen. Nach ihr sollte die Krankheit — und dasselbe wurde für Schanker und Tripper vorgeschlagen — nur bei Personen anzeigepflichtig sein, welche gewerbsmäßig Unzucht treiben; auch wurde die oben erwähnte Verpflichtung für Zivilärzte, Erkrankungen von Soldaten dem Truppenteile anzuzeigen, in den Entwurf übernommen. Bei Beratung des Entwurfes im Landtage wurden jedoch beide Bestimmungen fallen gelassen, und es wurde von der Einführung jeder Anzeigepflicht für Schanker, Syphilis und Tripper abgesehen. Die namentlich von hervorragenden Syphilidologen vertretenen Gründe dafür waren die Befürchtung, durch die Anzeigepflicht für diese so delikaten Leiden die Erkrankten vom Arzte fernzuhalten und in die Hände von Kurpfuschern zu treiben, und die Hoffnung, daß es durch Gewährung leicht zugänglicher, geeignetenfalls kostenloser Behandlung gelingen werde, die von der gewerbsmäßigen Unzucht lebenden Prostituierten auch ohne Einführung einer Anzeigepflicht für die Gesellschaft ungefährlich zu machen.

Für die Richtigkeit dieser Auffassung spricht die Tatsache, daß für Schanker und Tripper in keinem einzigen deutschen Bundesstaat die Anzeigepflicht besteht, für Syphilis aber nur in Sachsen-Meiningen, und zwar auch hier nur in beschränktem Umfange (Kirchner S. 24/25).

II. Beobachtung. — § 12 des Reichsgesetzes: Kranke und krankheits- oder ansteckungsverdächtige Personen können einer **Beobachtung** unterworfen werden. Eine Beschränkung in der Wahl des Aufenthalts oder der Arbeitsstätte ist zu diesem Zwecke nur bei Personen zulässig, welche obdachlos oder ohne festen Wohnsitz sind oder berufs- oder gewohnheitsmäßig umherziehen.

A. A. § 8 Abs. 9 des Preuß. Gesetzes: Einer Beobachtung können unterworfen werden:

2. kranke, krankheits- und ansteckungsverdächtige Personen, **sofern sie gewerbsmäßig Unzucht** treiben, bei Syphilis, Tripper und Schanker.

Dazu bemerkt Kirchner (S. 104—107):

Krankheitsverdächtig im Sinne der Seuchengesetze sind solche Personen,

welche unter Erscheinungen erkrankt sind, die den Ausbruch einer anzeige-
pflichtigen übertragbaren Krankheit befürchten lassen.

Ansteckungsverdächtig im Sinne der Seuchengesetze sind solche
Personen, bei welchen zwar Krankheitserscheinungen noch nicht vorliegen,
bei denen aber infolge ihrer nahen Berührung mit Kranken die Besorgnis gerechtfertigt ist, daß sie den Krankheitsstoff in sich aufgenommen haben.

Die Personen, auf welche die Beobachtung erstreckt werden darf, sind
bei den einzelnen übertragbaren Krankheiten verschieden. Bei den sechs Krankheiten des Reichsgesetzes sind sowohl die Kranken wie die krankheits- und
ansteckungsverdächtigen Personen einer Beobachtung zu unterwerfen. Von
den Krankheiten des preußischen Gesetzes ist nur bei Syphilis,
Tripper und Schanker eine so ausgedehnte Beobachtung zulässig.

Im Falle des Krankheitsverdachtes ist die Beobachtung, also auch die
Erzwingung einer bakteriologischen Untersuchung gesetzlich zu-
lässig unter den bakteriologisch aufgeklärten Krankheiten bei Aussatz, Cholera,
Pest, Rotz, Rückfallfieber und Typhus, sowie bei Syphilis und Tripper, sofern
es sich um Personen handelt, welche gewerbsmäßig Unzucht treiben
(Kirchner S. 104—107).

III. Absonderung. — § 14 des Reichsgesetzes: Für kranke und
krankheits- oder ansteckungsverdächtige Personen kann eine Absonderung angeordnet werden.

A. A. des Preuß. Gesetzes § 8. III. Einer Absonderung (§ 14 Abs. 2
des Reichsgesetzes) können unterworfen werden:

e) kranke Personen, welche gewerbsmäßig Unzucht treiben,
bei Syphilis, Tripper und Schanker.

Hierzu bemerkt Kirchner (S. 110):

Nach dem preußischen Gesetz ist die Anordnung der Absonderung bei
ansteckungsverdächtigen Personen ausgeschlossen, bei krankheitsverdächtigen
Personen ist sie nur zulässig bei Rotz, Rückfallfieber und Typhus. Bei kranken
Personen ist sie zulässig bei Diphtherie, übertragbarer Genickstarre, Rotz,
übertragbarer Ruhr, Rückfallfieber, Scharlach, Tollwut und Typhus, sowie bei
Schanker, Syphilis und Tripper, sofern die betreffenden Personen
gewerbsmäßig Unzucht treiben (Kirchner S. 110/111).

IV. Behandlung. — Preuß. Gesetz vom 28. August 1905, § 9 Abs. 2.
Bei Syphilis, Tripper und Schanker kann eine zwangsweise[1]) Behandlung der
erkrankten Personen, sofern sie gewerbsmäßig Unzucht treiben, angeordnet
werden, wenn dies zur wirksamen Verhütung der Ausbreitung der Krankheit
erforderlich erscheint.

Ausführungsbestimmungen. Zu § 9 Abs. 2. Personen, welche gewerbsmäßig Unzucht treiben, sind anzuhalten, sich an bestimmten Orten und zu
bestimmten Tagen und Stunden zur Untersuchung einzufinden. Wird bei

---

[1]) Durch die Zwangsmittel des § 132 des Gesetzes über die allgemeine Landesverwaltung vom 30. Juli 1883.

Eine Strafbestimmung zu § 9 ist im Preuß. Gesetz nicht enthalten.

Die Kosten der ärztlichen Behandlung hat in erster Linie der Kranke oder für
ihn Verpflichtete zu tragen, nur bei seiner Zahlungsunfähigkeit der Träger der Kosten
der örtlichen Polizeiverwaltung; auch können die Kosten anderweitig übernommen werden,
z. B. von den Gemeinden, den Kreisen, dem Staat.

dieser Untersuchung festgestellt, daß sie an Syphilis, Tripper oder Schanker leiden, so sind sie anzuhalten, sich ärztlich behandeln zu lassen.

Es empfiehlt sich, durch Einrichtung öffentlicher ärztlicher Sprechstunden diese Behandlung möglichst zu erleichtern. Können die betreffenden Personen nicht nachweisen, daß sie diese Sprechstunden in dem erforderlichen Umfange besuchen, oder besteht begründeter Verdacht, daß sie trotz ihrer Erkrankung den Betrieb der gewerbsmäßigen Unzucht fortsetzen, so sind sie unverzüglich in ein geeignetes Krankenhaus zu überführen und aus demselben nicht zu entlassen, bevor sie geheilt sind.

Über das Verfahren der Behörden sagt das Preuß. Gesetz vom 28. August 1905, § 12: Die in dem Reichsgesetze, betreffend die Bekämpfung gemeingefährlicher Krankheiten, und in dem gegenwärtigen Gesetze den Polizeibehörden überwiesenen Obliegenheiten werden, soweit nicht das gegenwärtige Gesetz ein anderes bestimmt, von den Ortspolizeibehörden wahrgenommen. Der Landrat ist befugt, die Amtsverrichtungen der Ortspolizeibehörden für den einzelnen Fall einer übertragbaren Krankheit zu übernehmen . . . .

Gegen die Anordnungen der Polizeibehörde finden die durch das Landesverwaltungsgesetz gegebenen Rechtsmittel[1] statt.

Die Anfechtung der Anordnungen hat keine aufschiebende Wirkung[2].

Die Durchführung der polizeilichen Anordnungen betreffend Absperrung und Aufsicht kann nötigenfalls auf Grund des § 132 des Gesetzes über die allgemeine Landesverwaltung vom 30. Juli 1883 erfolgen. Der § 132 lautet:

„Der Regierungspräsident, der Landrat, die Ortspolizeibehörde und der Gemeinde- (Guts-) Vorsteher (-Vorstand) sind berechtigt, die von ihnen in Ausübung der obrigkeitlichen Gewalt getroffenen, durch ihre gesetzlichen Befugnisse gerechtfertigten Anordnungen durch Anwendung folgender Zwangsmittel durchzusetzen."

Niemand wird die vielfachen Vorzüge des durch das Seuchengesetz geschaffenen Zustandes verkennen. Aber es läßt sich auch nicht leugnen, daß es für die Bekämpfung der Geschlechtskrankheiten im allgemeinen einen gewissen Rückschritt gegenüber dem alten Regulativ von 1835 bedeutet.

„Die Polizeibehörden haben dafür zu sorgen, daß die Ärzte und Wundärzte, besonders die bei den Krankenhäusern angestellten, wenn sie syphilitisch angesteckte Personen in die Kur nehmen, auszumitteln suchen und der Polizeibehörde anzeigen, von wem die Ansteckung herrühre, damit liederliche und unvermögende Personen, von deren Leichtsinn die weitere Verbreitung des Übels zu befürchten, und bei denen ein freiwilliges Aufsuchen ärztlicher Hilfe nicht zu erwarten ist, untersucht, in die Kur gegeben und überhaupt die zur Verhütung einer weiteren Verbreitung des Übels durch die Umstände gebotenen Maßregeln getroffen werden können.

---

[1] Die Rechtsmittel des Landesverwaltungsgesetzes vom 30. Juli 1883 (§§ 127 bis 131) sind die Beschwerde mit nachfolgender Klage oder von vornherein die Klage.

[2] Nach dem § 53 des Landesverwaltungsgesetzes vom 30. Juli 1883 hat die Anbringung der Beschwerde sowie der Klage bzw. des Antrages auf mündliche Verhandlung im Verwaltungsstreitverfahren, sofern nicht die Gesetze anders vorschreiben, aufschiebende Wirkung; die auf diese Weise angefochtenen Verfügungen, Bescheide und Beschlüsse können jedoch mit Ausnahme der Vollziehung von Haftstrafen zur Ausführung gebracht werden, sofern dieselben nach dem Ermessen der Behörde ohne Nachteil für das Gemeinwesen nicht ausgesetzt bleiben können. Diese Voraussetzung dürfte zwar meist bei der Seuchenbekämpfung zutreffen, indessen ist durch die Fassung des Schlußsatzes des § 12 jeder Zweifel beseitigt. Daß man bei der Seuchenbekämpfung mit der Ausführung einer Maßregel nicht warten kann, bis das meist langwierige Beschwerde- oder Klageverfahren zu Ende ist, dürfte klar sein.

Diese Verpflichtung liegt auch den Militärärzten ob.“

Abgesehen von der Beseitigung der Anzeigepflicht, mit der wir uns S. 119 beschäftigt haben, ließ der § 69 des Regulativs dem diskretionären Ermessen der Polizeibehörden einen weiten Spielraum, während jetzt ein Vorgehen mit polizeilichen Zwangsmitteln gegen Nichtprostituierte, aber auch gegen Gestellungspflichtige oder überhaupt gegen Männer, die geschlechtskrank befunden werden, nicht mehr möglich ist.

Güth freilich (Sittenpolizei und Hygiene der Prostitution, Zeitschr. f. Bekämpfung d. Geschlechtskrankh. 6, S. 77) verteidigt das neue Gesetz, indem er sagt:

„Beide Gesetze lassen zur Bekämpfung der venerischen Krankheiten amtliche Maßnahmen nur gegen solche Personen zu, die gewerbsmäßig Unzucht treiben, alle anderen Geschlechtskranken bleiben von sanitätspolizeilichen Eingriffen befreit. Sie bedeuten eben im Vergleich zu den professionell Prostituierten eine verhältnismäßig so geringe Gefahr für die öffentliche Gesundheit, daß die Staatsraison die Vorteile, welche der Allgemeinheit aus einer behördlichen Heilung auch dieser Individuen erwachsen würden, nicht als einen genügenden Anlaß zu den damit verbundenen Eingriffen in das Selbstbestimmungsrecht des einzelnen ansieht.“

Nach meiner Überzeugung aber wären die Bestimmungen des braunschweigischen Gesetzes denen des preußischen vorzuziehen.

§ 7 Abs. 2 lautet daselbst:

„Bei einer ansteckenden Geschlechtskrankheit (Syphilis, Tripper und Schanker), welche auf amtlichem Wege zur Kenntnis der Behörde kommt, kann eine zwangsweise Behandlung angeordnet werden, wenn solche zur wirksamen Verhütung der Ausbreitung der Krankheit erforderlich erscheint, und zwar gegebenenfalls in einem öffentlichen Krankenhause.“

Kirchner (S. 185) bemerkt hierzu:

Die Bestimmungen des braunschweigischen Gesetzes weichen von denjenigen des preußischen Gesetzes insofern ab, als der Vorbehalt, „daß die zwangsweise Anhaltung zur ärztlichen Behandlung nur bei Personen zulässig ist, welche gewerbsmäßig Unzucht treiben“, fehlt, nur ausdrücklich ausgesprochen ist, daß die zwangsweise Behandlung auch in einem öffentlichen Krankenhause stattfinden kann. Letzteres ist zwar nicht in dem preußischen Gesetz selbst, aber in den Ausführungsbestimmungen zu demselben zum Ausdruck gebracht worden.

Kurzum, ich wünsche eine Änderung des Seuchengesetzes in dem Sinne, daß alle durch ihre geschlechtliche Erkrankung Gemeingefährlichen oder die durch die Art ihres Geschlechtsverkehrs gemeingefährlich werden können, einer behördlichen Aufsicht, und zwar des Gesundheitsamtes, unterworfen werden können.

Der § 361, 6.

Wir haben soeben ausgeführt, daß eine wirksame und tatsächliche Durchführung des Erlasses sich leider nicht erzwingen läßt, solange der § 361, 6 zu Recht besteht.

Derselbe lautet:

„Mit Haft wird bestraft eine Weibsperson, welche wegen gewerbsmäßiger Unzucht einer polizeilichen Aufsicht unterstellt ist, wenn sie den in dieser Hinsicht zur Sicherung der Gesundheit, der öffentlichen Ordnung und des öffentlichen Anstandes erlassenen polizeilichen Vorschriften zuwiderhandelt, oder welche, ohne einer solchen Aufsicht unterstellt zu sein, gewerbsmäßig Unzucht treibt“, und bildet bekanntlich den Hauptangriffspunkt für alle, welche die Reglementierung abschaffen oder reformieren wollen. Denn er ist die Grundlage unserer jetzigen Reglementierung.

An diesem Paragraphen wird bemängelt:

1. Daß die Unterstellung unter polizeiliche Aufsicht nicht gesetzlich dem Richter übertragen ist, sondern von der Polizei selbständig verfügt werden kann. Es heißt, kurz gesagt: die Prostituierte ist rechtlos.

2. Daß für die zu erlassenden Polizeivorschriften keine gesetzlichen Bestimmungen getroffen sind, daß also die Polizei ganz auf Vorschriften der Verwaltungsbehörden angewiesen sei.

In der Tat ist nach Laupheimer „der erste Halbsatz von § 361, 6 ein reines Blankettstrafgesetz: „Wenn sie den in dieser Hinsicht zur Sicherung der Gesundheit usw. erlassenen polizeilichen Vorschriften! zuwiderhandelt.“ Eine Bestrafung nach § 361, 6 (speziell nach dem 1. Halbsatz) tritt also dann ein, wenn eine Kontrolldirne die von der zuständigen polizeilichen Behörde erlassenen Vorschriften, Verordnungen usw. verletzt. Voraussetzung der Anwendung des Gesetzes ist also immer die Verletzung einer in Wahrheit bestehenden polizeilichen Vorschrift. Damit ergibt sich, daß da, wo keine solche Vorschriften der Polizeibehörden existieren, eine Bestrafung nach § 361, 6 überhaupt nicht möglich sein kann; denn es liegt eben in der Natur des Blankettstrafgesetzes, daß es gleichsam in der Luft schwebt, sobald es an einer Vorschrift fehlt, deren Erlassung durch dieses Gesetz der Zuständigkeit einer gewissen Behörde anheimgegeben werden sollte.“

Diesen Mangel rügt besonders von Issendorf. Aber auch in sanitärer Hinsicht können, wenn die Polizeivorschriften unvollkommen sind, sich die größten Unzuträglichkeiten herausstellen.

Es fehlt z. B. häufig in den polizeilichen Vorschriften die Bestimmung „daß die Dirne sich bis zur völligen Herstellung der Zwangskur zu unterwerfen habe. Denn da die ordnungsmäßige Kur sehr lange dauert und gewöhnlich weit über die Zeit hinausgeht, in dem es schon an dem Nachweis positiver Merkmale der Krankheit fehlte, so entziehen sich dieser Zwangsbehandlung die Mädchen, wo sie können, um wieder ihrem Gewerbe nachzugehen. Dadurch wird die Gefahr der Verbreitung der Geschlechtskrankheiten wesentlich erhöht. Außerdem machen sie sich ja gar nicht dadurch strafbar; glaubten sie ja doch schon geheilt zu sein und entnahmen das vielleicht auch noch aus irgendeinem Ausspruch des Arztes über negativen Befund. Eine Vorschrift, daß sie bis zu ihrer Entlassung durch den behandelnden Arzt diesem Zwange unterstehen, existiert außerdem ja fast nirgends“. (Laupheimer.)

3. Daß nicht jede Person, die gewerbsmäßig Unzucht treibt, bestraft wird, sondern daß man straflos Prostitution treiben könne, wenn nur die Polizeivorschriften befolgt werden.

Man erblickt in dieser Bestimmung den Freibrief für die polizeilich konzessionierten Puella publicae, statt daß eine Bestrafung der Unzucht an sich eintrete.

v. Issendorf erblickt den Mangel der Vorschrift des § 361, 6 in seiner jetzigen Fassung hauptsächlich darin, daß sie nicht den Verstoß gegen die öffentliche Sittlichkeit selbst, sondern lediglich die Zuwiderhandlung gegen irgendwelche, von der Polizeiverwaltung nach deren Ermessen zu bestimmten Zwecken zu erlassenden Anordnungen treffen will; Anordnungen, bei deren Erlaß die zuständige Behörde sich nicht wesentlich von sittlichem Empfinden, sondern von beliebigen Zweckmäßigkeitsrücksichten leiten lassen kann. Er hat die Erfahrung gemacht, daß die Behörde manchmal vorwiegend das sogenannte „polizeiliche Interesse", d. h. das Interesse, sich selbst die Arbeit zu erleichtern und angenehmer zu gestalten, im Auge hat, und daß der Gesichtspunkt der Wahrung des sittlichen Volksbewußtseins fast ganz dahinter zurücktritt. Die Folge davon ist, daß durch die polizeiliche Erlaubnis zur gewerbsmäßigen Unzucht die Dirnen mit der Zeit die Erkenntnis des in ihrem Gewerbe liegenden sittlichen Unrechts verlieren, und daß dadurch die Zurückführung einer Dirne zu einem ehrenhaften Lebenswandel und in geordnete Lebensverhältnisse außerordentlich erschwert wird.

Hiernach gelangt er zu folgender Fassung:

„Bestraft wird, wer gewerbsmäßig Unzucht treibend die Gesundheit anderer gefährdet oder die öffentliche Ordnung oder den öffentlichen Anstand verletzt."

Diese Fassung trifft seiner Ansicht nach genau dasjenige, worauf es ankommt. Allerdings hat sie den Mangel, daß sie hinsichtlich ihrer Anwendung auf den einzelnen Fall dem richterlichen Ermessen einen reichlich weiten Spielraum läßt und dadurch einer gewissen Ungleichmäßigkeit der Rechtsprechung Vorschub leistet. Im Gegensatz hierzu zeigt die Schmöldersche Fassung das Bestreben, durch möglichst bestimmte Ausdrucksweise die Strafrechtsfälle scharf zu umgrenzen.

Demgegenüber bietet anscheinend die einfachsten Vorschläge Stenglein (zitiert nach Bettmann S. 248) in einem System, von dem er glaubt, daß es in gleicher Weise den Anforderungen der Moral, der rechtlichen Konsequenz und zugleich der Zweckmäßigkeit entspräche, und bei dem auch die Gesundheitspflege nur gewinnen würde.

Er verlangt vor allem:

a) Reduktion des § 361 Ziff. 6 des Strafgesetzbuches auf folgendem Wortlaut:
„Mit Haft bestraft wird 6. eine Weibsperson, welche gewerbsmäßig Unzucht treibt."

Es würde demgemäß die Verfolgung eintreten, wie bei jeder anderen strafbaren Handlung. Das richterliche Urteil würde festzustellen haben, ob eine Weibsperson sich fortgesetzt des Erwerbes halber der Unzucht preisgibt.

Bei Gelegenheit der Verfolgung könnte festgestellt werden, ob die Weibsperson geschlechtlich gesund sei oder nicht. Im Falle einer geschlechtlichen Erkrankung könnte die Zwangsheilung geboten und Bestrafung verhängt werden, wenn der geschlechtlich kranke Teil nachweisbar mit dem Bewußtsein der Erkrankung den Beischlaf vollzogen hat . . . Die Einzelfälle der Untersuchung würden gestatten, letztere gründlich vorzunehmen, was bei der jetzt erfolgenden Massenhaftigkeit der Untersuchung selten geschieht oder auch nicht geschehen kann.

b) Das System der Polizeiaufsicht würde wegfallen, jedoch das unanständige, der Unzucht sich darbietende Benehmen der öffentlichen Dirnen unter Strafe zu stellen sein.

c) Die Strafen für gewerbsmäßigen Betrieb der Unzucht würden wesentlich zu erhöhen sein.

Auch wir haben Wünsche bezüglich Umgestaltung der Polizeivorschriften, in denen jetzt die sanitären Maßregeln mit ein paar Worten abgemacht werden, die Verordnungen rein polizeilicher Art dagegen viele Seiten einnehmen.

4. Daß die Polizei gar nicht das gesetzliche Recht habe, so weitgehende Vorschriften, deren Überschreitung strafrechtlich bestraft wird, zu geben. (Siehe Galli, S. 290, Korn, S. 257.)

Arnstedt dagegen sagt:

Indem der § 361, 6 der Befugnis der Polizeibehörden unterstellt, liederliche Weibspersonen einer polizeilichen Aufsicht zu unterstellen, setzt diese Bestimmung voraus, daß jenen Behörden rechtlich die Möglichkeit gewährt sei, diese Befugnis in den einzelnen Fällen auszuüben. Dazu gehört aber notwendig, daß ihnen auch das Recht zugestanden wird, auch polizeilich noch nicht kontrollierte Dirnen, welche der gewerbsmäßigen Unzucht verdächtig sind, insbesondere also solche, welche unter verdächtigen Umständen im Verkehr mit Absteigequartieren von Polizeibeamten betroffen werden, zur Polizeiwache sistieren zu lassen, um dort die betreffenden Verhältnisse untersuchen und danach prüfen zu können ob Grund vorliegt, diese Personen unter Aufsicht der Sittenpolizei zu stellen. Vorschriften nach dieser Richtung zu geben, ist Sache der Landesgesetzgebung. Für Preußen folgt diese gesetzliche Befugnis der Polizeibehörden schon aus der allgemeinen Vorschrift des § 10 II 17 ALR.

5. Daß besonders der letzte Absatz: (Bestraft wird die Person), „welche, ohne einer solchen Aufsicht unterstellt zu sein, gewerbsmäßig Unzucht treibt" zu Unzuträglichkeiten Anlaß gäbe

a) weil dieser Satz einer Konzessionierung gar zu ähnlich sähe,

b) weil diese Worte etwaigen Mißgriffen der Polizeiorgane die rechtliche Basis gewähre.

6. Daß nur von „gewerbsmäßiger" Unzucht die Rede sei, nicht auch von dem gewohnheitsmäßigen, wilden, wahllosen Geschlechtsverkehr, daß also alle Unzucht, in der der Beweis der Bezahlung nicht zu erbringen sei, nicht an die Polizeivorschriften gebunden sei und demgemäß weder bestraft noch überwacht werden könne.

7. Daß nur von weiblichen Personen die Rede sei, während es doch auch eine Männerprostitution gäbe.

8. Daß es ganz überflüssig sei, für die Prostituierten besondere polizeiliche Vorschriften zu erlassen. Es wäre wohl möglich, in das allgemeine Seuchengesetz alle zur Sicherung der Gesundheit notwendigen Bestimmungen aufzunehmen, und ebenso die auf eine Sicherung der öffentlichen Ordnung und des öffentlichen Anstandes bezug nehmenden Maßregeln unter einem allgemeinen Strafrechtsparagraphen, z. B. § 327, festzusetzen. Durch solches Vorgehen würde auch die polizeiliche Willkür den Prostituierten gegenüber eingeschränkt werden.

Was soll nun an die Stelle treten?

Welche Verbesserungen können an dem fraglichen § 361, 6 angebracht werden?

Schmölder wünscht den § 361, 6 in folgender Fassung erhalten zu sehen:

Bestraft werden Personen, die gewerbsmäßig Unzucht treiben und dabei

1. ihr Gewerbe in ärgerniserregender Weise öffentlich zur Schau tragen, oder

2. mit Zuhältern, Dieben oder anderen Verbrechern in einer sie begünstigenden Weise Verkehr unterhalten, oder

3. nicht den Nachweis erbringen, daß sie sich in ärztliche Behandlung begeben und alle Anforderungen des Arztes befolgt haben, wenn sie mit einer ansteckenden Geschlechtskrankheit behaftet angetroffen werden.

Seine Begründung lautet:

Eine Frau, die sich jedem preisgibt, verletzt nur die eigene Geschlechtsehre. Sie begeht eine Selbstverletzung wie der Selbstmörder. Eine Selbstverletzung ist aber, mag sie vom Standpunkt der Moral noch so verwerflich erscheinen, rechtlich eine indifferente Handlung, und dabei bleibt es bei einer sich preisgebenden Frau auch dann, wenn sie ein Entgelt erhält oder gar fordert.

Nun verbinden Prostituierte aber mit ihrer Selbstverletzung vielfach einen Eingriff in die Rechte der Allgemeinheit nach verschiedenen Richtungen. Sie tragen ihr Gewerbe in ärgerniserregender Weise zur Schau und verletzen so den öffentlichen Anstand. Sie unterhalten Verkehr mit Dieben, Zuhältern und anderen Verbrechern, begünstigen deren Straftaten und gefährden so die allgemeine Sicherheit. Sie setzen ihr Gewerbe fort, nachdem sie geschlechtlich erkrankt sind und gefährden so die allgemeine Gesundheit. Deshalb muß eine Strafbestimmung, und zwar eine Strafbestimmung mit der vorgeschlagenen weiteren Einschränkung bestehen bleiben.

Eine etwas modifizierte Fassung wünscht **v. Issendorf.** Seine Ausführungen siehe S. 254/55.

Auch auf die Vorschläge **Gallis,** der auch eine scharfe Kritik am § 361, 6 übt, und seinen Gesetzentwurf gehe ich hier nicht ein. Siehe S. 290.

A. Korn empfiehlt eine Abänderung des § 361, 6 dahin: Mit Haft wird bestraft eine Weibsperson, welche gewerbsmäßig Unzucht treibt.

Hiermit wäre in kurzen Worten der Widerspruch zwischen § 180 und 361, 6 in der bisherigen Fassung, der Unterschied zwischen der strafbaren Handlung ohne Polizeiaufsicht und der straflosen Unzucht unter polizeilicher Kontrolle beseitigt und zugleich einer Forderung der Gerechtigkeit und Sittlichkeit Genüge geleistet.

Allerdings muß nun eine Polizei vorhanden sein, welche die Delinquentinnen feststellt und die Strafe zur Durchführung bringt. Das Reichsgericht aber läßt die Frage, inwiefern eine sittenpolizeiliche Kontrolle zulässig ist, offen und überläßt das dem Verfassungs- und Verwaltungsrecht der einzelnen Bundesstaaten. In Preußen besteht dieselbe gewohnheitsmäßig. Korn hält sie aber nach der Landesverfassung zu unrecht. Denn der Art. 5 der Verfassungsurkunde vom 31. Januar 1850 bestimmt: „Die persönliche Freiheit ist gewährleistet. Die Bedingungen und Forderungen, unter welchen eine Beschränkung derselben zulässig ist, werden durch Gesetz bestimmt.“

Ein solches Gesetz, welches die zulässigen polizeilichen Eingriffe in die persönliche Freiheit regelt, besteht vom 12. Februar 1850.

In diesem Gesetz ist aber nichts davon gesagt, daß die Polizeibehörde berechtigt sein soll, Personen, die der gewerblichen Unzucht verdächtig sind, unter Kontrolle zu stellen. Denn es handelt sich bei der Kontrolle nicht um Verbote für einen einzelnen bestimmten Fall, sondern um dauernde Freiheitsbeschränkung. Auch der § 10, Teil II, Tit. 17 des allgemeinen Landrechts: „Die nötigen Anstalten zur Erhaltung der öffentlichen Ruhe, Sicherheit und Ordnung und zur Abwendung der dem Publikum oder einzelnen Mitgliedern desselben bevorstehenden Gefahren zu treffen, ist Amt der Polizei“, berechtigt nur Polizeimaßregeln von vorübergehender Geltung für bestimmte Fälle.

Korn fordert also:

A. Es soll zwar jede gewerbsmäßige Unzucht strafbar sein, aber nicht ohne weiteres jede weibliche Person, die sich gegen Entgelt preisgibt, als gemeine Dirne behandelt werden. Es soll bei Anfängerinnen stets nur auf einen Verweis oder eine Verwarnung erkannt und dann nach Protokollierung entlassen werden.

Erst bei Wiederholung des Delikts soll Haftstrafe eintreten, jedoch muß Sorge dafür getragen werden, daß die Strafe bessernd, nicht verschlechternd wirkt.

Ist auch diese zweite Bestrafung mit Haft ohne Erfolg geblieben, so könnte neben Haft auf Zulässigkeit von Polizeiaufsicht erkannt werden. Dieselbe müßte außer den im § 39 des Strafgesetzbuches aufgeführten Folgen noch die weitere Wirkung haben, daß

1. die ihr unterworfenen Personen verpflichtet sind, die besonderen zur Wahrung der öffentlichen Ordnung und des öffentlichen Anstandes erlassenen polizeilichen Vorschriften zu befolgen;

2. die Landespolizeibehörde das Recht hat, solchen Weibspersonen nach verbüßter Strafe den Wohnsitz in bestimmten Orten bis zur Dauer von fünf

Jahren anzuweisen oder sie in besonderen Rettungsanstalten (Asylen) unterzubringen.

Weibspersonen, welche bereits unterPolizeiaufsicht gestellt waren, könnten bei nochmaliger Bestrafung wegen gewerbsmäßiger Unzucht zur Unterbringung in ein Arbeitshaus bis zur Dauer von 10 Jahren verurteilt werden.

Die sittenpolizeiliche Kontrolle würde also nicht mehr nach Ermessen der Polizei, sondern stets nur infolge richterlicher Bestrafung eintreten, und zwar erst nach zwei Vorstrafen.

B. Die Ärztekontrolle müßte als Aufgabe der Gesundheitspolizei im weitesten Sinne aufgefaßt und organisiert werden. Sie müßte sich nicht nur auf die unter Polizeiaufsicht gestellten, sondern auf alle des Geschlechtsverkehrs mit Männern überführten oder geständigen Weibspersonen erstrecken, sobald der Verdacht, daß sie eine geschlechtliche Krankheit verbreitet haben, gegen sie begründet erscheint.

Wir kommen zu den für das neue Reichsstrafgesetz geplanten Reformen im Vorentwurf und Gegenentwurf.

Der **Vorentwurf** (VE) enthält folgende Fassung (§ 305 Z. 4):

„Mit Haft oder mit Gefängnis bis zu drei Monaten wird bestraft eine Person, die, abgesehen von den Fällen des § 250, gewerbsmäßig Unzucht treibt, wenn sie die in dieser Hinsicht zur Sicherung der Gesundheit, der öffentlichen Ordnung oder des öffentlichen Anstandes erlassenen Vorschriften übertritt.

Der Bundesrat bestimmt die Grundsätze, nach denen diese Vorschriften zu erlassen sind."

Der Entwurf unterscheidet sich also hauptsächlich vom bisherigen Recht dadurch, daß er die Beschränkung auf Frauenspersonen grundsätzlich aufgibt, und auch die besonders in Großstädten vorhandene männliche Prostitution einbezieht, und indem er den Unterschied zwischen solchen Prostituierten, die einer polizeilichen Aufsicht unterstellt sind, und solchen, welche dies nicht sind, fallen läßt und die Strafdrohung des Blankettgesetzes gegen alle Personen richtet, die gewerbsmäßig Unzucht treiben. Ob letztere Voraussetzung zutrifft, wird daher vom Richter im einzelnen Falle zu beurteilen sein.

Lindenau (Strafrechtswissensch. **32**, S. 370) bemerkt dazu:

„Die sich aus dieser Fassung ergebende Erschwerung der Beweisführung ist dem Gesetzgeber bewußt. Die Begründung weist ausdrücklich darauf hin, es werde „vom Richter im einzelnen Falle zu beurteilen sein", ob die Voraussetzung des gewerbsmäßigen Unzuchtsbetriebes vorliegt. Zu dieser Umkehr hat offenbar das Bestreben geführt, einer der am häufigsten gegen das Inskriptionssystem erhobenen Anklagen zu begegnen, daß nämlich eine so eingreifende Entscheidung wie die Stellung unter sittenpolizeiliche Aufsicht mit ihren strafrechtlichen Folgen im Verwaltungswege angeordnet werden kann ohne die Garantien richterlicher Unabhängigkeit, öffentlicher mündlicher Behandlung, Zulässigkeit der Verteidigung usw."

Dem Vorentwurf gegenüber steht der **Gegenentwurf** (GE), welcher in seinem § 246 sagt:

„Eine weibliche Person, die bei Betreibung gewerbsmäßiger Unzucht den Vorschriften zuwiderhandelt, die zur Sicherung der Gesundheit, der öffentlichen Ordnung und des öffentlichen Anstandes erlassen sind, wird mit Gefängnis bis zu 6 Monaten bestraft. Die Grundzüge für diese Vorschriften werden durch Reichsgesetz bestimmt. In besonders leichten Fällen (vgl. § 88) kann von Strafe abgesehen werden."

Nach **Laupheimer** ist diese Fassung im ganzen vorzuziehen. — Zu betonen 'ist, daß nicht der Bundesrat, sondern ein Reichsgesetz die näheren Bestimmungen treffen soll.

Lindenaus Vorschlag, der nicht nur die Inskription, sondern zugleich die Gesundheitsgefährdung ins Auge faßt, siehe S. 298.

Ich komme schließlich zu **Blaschkos** Vorschlägen. Schon 1893 schlug er im Reichsseuchengesetz einen § 23 mit folgendem Wortlaut vor:

„Eine weibliche Person, welche eingestandenermaßen gewerbsmäßig Prostitution treibt, kann auf die Dauer von drei Monaten zu regelmäßig wiederholter Untersuchung durch einen beamteten Arzt angehalten werden."

Neuerdings hat **Blaschko** noch einen Gesetzesvorschlag gemacht, auf den ich genauer eingehen will.

Vorweg lehnt er die Forderung sowohl der „Sittlichkeitsfanatiker", die da wollen, daß man die Prostitution als ein Verbrechen mit schweren Strafen belege, wie die der krassen Abolitionisten ab. Er sagt:

Soll der Staat, wie die Abolitionisten wollen, die Prostitution vollkommen ignorieren, in der Hoffnung, daß die übrigen zur Bekämpfung der Geschlechtskrankheiten eingeschlagenen Maßnahmen ausreichen, um diese zu beseitigen? Auch das wäre ein falsches Vorgehen, denn nicht nur, daß es verkehrt wäre, im Kampfe gegen die Geschlechtskrankheiten den Hauptknotenpunkt der venerischen Infektion zu übersehen, lehrt auch die Erfahrung, daß in Ländern, wo die Prostitution überhaupt ignoriert wird, wie z. B. in den Vereinigten Staaten von Amerika, nicht nur die hygienischen Zustände sehr ungünstig sind, sondern daß auch alle diejenigen Nachteile, welche die Abolitionisten als eine Folge der Reglementierung hinstellen — Ausbeutung der Prostituierten, Entwicklung des Bordellwesens, der sexuellen Perversitäten, der Polizeiwillkür und Korruption — in verstärktem Maße auftreten.

Er wirft dann die Frage auf, „ob es nicht möglich ist, den Gefahren der Prostitution entgegenzutreten in der Weise, welche den Anforderungen der modernen Hygiene entspricht, den Zuständen des großstädtischen Milieus angepaßt ist und das moderne Rechtsempfinden nicht verletzt. Ich halte ein solches Verfahren sehr wohl für möglich. Freilich muß man sich hierbei immer vergegenwärtigen, daß mit keiner Maßnahme alle kranken Stellen eliminiert werden können, und, wie es heißt, „die Prostitution keimfrei gemacht werden kann". Welches Verfahren man auch immer einschlagen möge, immer wird man nur einen Teil der Kranken aus dem Verkehr ziehen können, und die Aufgabe der Hygiene kann immer nur darin bestehen, insbesondere diejenigen Elemente zu treffen, welche für die öffentliche Gesundheit am gefährlichsten sind.

Mit besonderer Genugtuung begrüße ich als „Reglementarist" diese Worte des von den Abolitionisten — wie mir scheint, mit Unrecht — zu sich gezählten **Blaschko**. Auch er meint also, daß gewisse Maßregeln der Reglementaristen wenigstens nicht ohne weiteres abgelehnt werden sollen.

Wie denkt sich nun Blaschko die positiven Bekämpfungsmaßnahmen?

In erster Reihe verlangt er, für alle Erkrankten die Gelegenheit zur Behandlung so bequem, so angenehm und billig wie möglich zu machen. Aber er wirft die Frage auf, was soll mit denjenigen Elementen geschehen, welche

1. sich nicht oder nur ungenügend behandeln lassen,

2. trotz vorhandener Erkrankung weiter geschlechtlich verkehren und ihre Erkrankung weiter verbreiten? und antwortet:

„Leute der ersten Kategorie wird man in einem modernen Gemeinwesen nicht durch Gewalt, sondern immer nur durch Aufklärung zur Behandlung bringen können. Ganz anders steht es mit denen, die aus Leichtsinn oder Böswilligkeit ihre Krankheit weiter verbreiten. Hier ist ein Eingreifen des Staates berechtigt und hierauf gründet ja auch die Reglementierung ihre Berechtigung. Doch selbst wenn man zugibt, daß in keiner Bevölkerungsschicht ein so großer Prozentsatz von Individuen ist, die sich in dieser Weise vergehen, wie unter den Prostituierten, so ist es ganz verfehlt, die anderen, die Gesamtheit schädigenden Individuen, sofern sie nicht Prostituierte sind, völlig frei schalten zu lassen und ausschließlich in den Prostituierten, und zwar in allen Prostituierten ohne weiteres, die schädlichen Elemente zu sehen."

Hierzu habe ich zu bemerken,

1. Wenn Blaschko das Eingreifen des Staates für berechtigt erklärt, so erkennt er eben das Grundprinzip der Reglementierung an.

2. Wenn, wie Blaschko selbst zugeben muß, die Geschlechtskrankheiten nirgends so verbreitet sind wie bei den Prostituierten, und wenn — das zu betonen unterläßt leider Blaschko — keine Bevölkerungsschicht so sehr durch die Art ihres Geschlechtsverkehrs zur Verbreitung der Geschlechtskrankheiten beiträgt, dann ist die Argumentation falsch, daß man diese gefährlichste Klasse von Menschen nicht besonders zu fassen versuchen solle, selbst wenn man — was ja übrigens gar nicht den Tatsachen entspricht — sich um die übrigen schädlichen Elemente gar nicht kümmerte. Im Gegenteil: man tut schon jetzt allen Geschlechtskranken gegenüber, Männern wie Weibern, was man irgend kann; daß man die Prostituierten wesentlich und in erster Reihe faßt, liegt daran, daß man hier etwas tun kann, weil ein objektiv nachweisbarer Tatbestand als Grundlage für das behördliche Vorgehen vorliegt.

Blaschko fährt fort:

„Ferner müßten diese Maßregeln beide Geschlechter billigerweise treffen — selbstverständlich einverstanden; nur muß noch gesagt werden, wie man das in praxi durchführen soll —, zweitens dürfte keine offizielle zwangsweise Abstempelung von weiblichen Personen zu öffentlichen Prostituierten stattfinden, es dürften keine Ausnahmegesetze gegen Prostituierte, keine Einschreibung, keine Kontrolle und keine Präventivvisite geschaffen werden, und drittens müßte die gesundheitliche Überwachung aller gesundheitsgefährdenden Elemente nicht durch die Polizei, sondern durch ein Gesundheitsamt ausgeübt werden. Die Polizei hätte nur eine Hilfsaktion zu entfalten."

Die zweite Forderung lehne ich ausdrücklich ab. Wollte und könnte Blaschko einen Weg zeigen, der erreichte, diejenigen Frauen, die schon unrettbare öffentliche Prostituierte sind, ehe sie „abgestempelt" werden, von ihrem Gewerbe abzubringen oder sonst unschädlich zu machen, so würde ich ihm gern beistimmen.

Die dritte Forderung haben andere und ich selbst (1903) schon ausführlich vertreten. Selbstverständlich halte ich sie auch jetzt auf das entschiedenste aufrecht. Siehe S. 263.

Blaschko fährt dann fort:

Es wäre dann zu fordern:

1. Daß Individuen beiderlei Geschlechts, welche verdächtig sind, eine venerische Infektion zu verursachen, angehalten werden, dem kommunalen Gesundheitsamt ein Gesundheitsattest eines öffentlich hierzu autorisierten Arztes beizubringen.

Verdächtig im Sinne dieser Bestimmung wären Individuen:

a) wenn beim Gesundheitsamt eine Anzeige einläuft, daß sie eine venerische Infektion verursacht haben,

b) wenn sie auf der Straße oder an einem öffentlichen Orte durch schamloses Benehmen (z. B. durch öffentliche Provokation zum Geschlechtsverkehr u. dgl.) öffentlichen Anstoß erregt haben.

2. Können die verdächtigen Personen ein solches Attest nicht beibringen, so ist zu verlangen, daß sie sich bis zum Nachweis erfolgter Heilung in ärztliche Behandlung begeben und dem Gesundheitsamt regelmäßig einen Nachweis dieser Behandlung bringen.

3. Eine Zwangsbehandlung würde nur eintreten, wo die Anordnungen des Gesundheitsamtes nicht befolgt werden.

In Wirklichkeit wird es dann gerade bei den jüngeren Prostituierten sehr häufig vorkommen, daß sie kein Gesundheitsattest beibringen können, weil sie eben krank sind, oder daß sie es nicht tun, weil sie moralisch verkommen sind, und wenn nur die Aktion des Gesundheitsamtes schnell genug verläuft, so kann binnen zwei Tagen eine Feststellung ihres Gesundheitszustandes und eventuelle obligatorische Behandlung durchgesetzt werden. Nun ist allerdings zuzugeben, daß trotzdem Fälle vorkommen, wo Prostituierte, namentlich Anfängerinnen, teils aus Unwissenheit oder weil die Not sie auf die Gasse treibt, wochenlang herumlaufen und Dutzende von Männern anstecken. Es würden auch Mädchen, die an Syphilis behandelt und zur Nachuntersuchung bestellt waren, sich dieser nicht selten entziehen und in der Großstadt schwer ausfindig zu machen sein. Es würde auch nicht gelingen, alle Prostituierten zu heilen, und man würde es nicht verhindern können, daß Syphilitische im infektiösen Stadium und Mädchen mit Gonokokken fortfahren, ihr Gewerbe zu betreiben.

Blaschko ist sich also klar darüber, daß auch seinen Maßnahmen viele Unvollkommenheiten anhaften.

Aber wenn er fortfährt:

„Aber alles das ist unter dem reglementaristischen Regime genau ebenso der Fall. Das sind Unvollkommenheiten, die wir durch kein Gesetz und durch keine Polizei der Welt verhindern können",

so verteilt er meines Erachtens Licht und Schatten zwischen den Erfolgen der beiden Systeme in einer den Tatsachen nicht entsprechenden Weise. Gewiß leistet auch das reglementaristische Regime nichts vollkommenes, aber

1. kann es, wenn man nur will, sehr wesentlich vervollkommnet werden und mehr leisten;

2. halte ich „die Frage, ob man bei diesem freiheitlichen Regime dauernd mehr Infektionsquellen aus dem Verkehr ausschalten kann, als unter der Herrschaft der Reglementierung", für klar und sicher entschieden zugunsten der Reglementierung, wenn ich freilich auch zugeben muß, daß statistische Beweise nicht vorliegen; allerdings ebensowenig zugunsten des Reglementarismus wie des Abolitionismus.

Den etwa von starr-reglementaristischer Seite gegen ein freiheitliches Verfahren erhobenen Einwurf, daß ja das in Preußen für die nicht regelmäßig kontrollierten und auch für die kontrollierten Mädchen neben der Reglementierung eingeführte milde Verfahren (cf. den Preuß. Ministerialerlaß vom 20. Dez. 1907) gescheitert sei, weist Blaschko zurück. Er meint:

„Gerade in Preußen sei die Einführung dieses Systems, welches ja ganz dem Geiste der Reglementierung widerspricht, an dem aktiven und passiven Widerstande nicht nur der Polizeiorgane, sondern auch der ganz auf die Reglementierung eingeschworenen Ärzte gescheitert. Nur in wenigen Städten habe man auf Grund dieses Erlasses den Versuch gemacht, eine solche rein hygienische Überwachung der Prostitution, wie sie schon früher von Block und Lesser vorgeschlagen war, einzuführen."

„Daß dieses System nicht ganz richtig funktioniert, liegt daran, daß die Polizei nur sehr wenig von dieser Einrichtung Gebrauch macht. Von den Anfängerinnen der Prostitution, welche dieser Behandlung am meisten bedürfen, werden den Ärzten nur sehr wenige überwiesen. Zumeist sind es eingeschriebene Prostituierte mit nicht infektiösen Leiden, von denen die Polizei gar noch verlangt, daß sie außer zu dem behandelnden Arzt auch noch auf die Polizei zur regelmäßigen Kontrolle gehen! Dadurch wird natürlich der Sinn der Institution, die ja eben die Kontrolle ersetzen soll, in sein Gegenteil verkehrt."

„Würde das Berliner System richtig ausgeübt werden, so wäre das schon ein sehr großer Fortschritt; aber es ist eben immer zu befürchten, daß, wenn mit dem alten System nicht völlig gebrochen wird, die Überwachungsorgane selbst den für sie bequemeren alten Modus vorziehen und durch Vernachlässigung des neuen Verfahrens dieses diskreditieren werden."

Nach meiner Kenntnis der Verhältnisse ist diese Erklärung Blaschkos des Mißerfolges dieser durch den Ministererlaß 1907 eingeführten milden Überwachung nicht ganz zutreffend.

1. Macht die Polizei so oft als möglich von dieser Einrichtung Gebrauch. Aber die Hände sind ihr gebunden, weil sie nach den Bestimmungen des Seuchengesetzes einen Zwang nur ausüben kann auf diejenigen, die bereits durch Gerichtsbeschluß unter polizeiliche Kontrolle gestellt sind.

2. Geht die Polizei überhaupt in den letzten Jahren viel milder — wie man fälschlich sagt: humaner — vor, und läßt so lange und so oft wie möglich die Herumtreiberinnen unbehelligt.

3. Irrt Blaschko, daß die zur milden Kontrolle verpflichteten Mädchen überall auch noch zur polizeilichen Untersuchung gehen müssen. Sie müssen sich — wenigstens in Breslau — zwar einmal wöchentlich melden, werden aber nicht untersucht.

Ich stimme aber Blaschko zu, daß auch diese polizeiliche Meldung wegfallen soll. Die Polizei ersieht ja aus dem Nichteintreffen der (in Berlin einzusendenden) Karte oder aus der in Breslau vorgesehenen ärztlichen Meldung, ob die „freiwillige" Kontrolle stattgefunden hat und mit welchem Resultat.

Blaschko hat seinen Vorschlag in Form eines Gesetzesparagraphen gebracht, der folgendermaßen lautet:

„1. Wer, obwohl er weiß oder den Umständen nach vermuten muß, daß er an einer Geschlechtskrankheit leidet, andere der Gefahr einer Ansteckung aussetzt, kann durch die Gesundheitsbehörde angehalten werden, bis zur erfolgten Heilung in regelmäßigen Pausen amtsärztliche Bescheinigungen über seinen Gesundheitszustand beizubringen; 2. kann er nicht den Nachweis einer ausreichenden ärztlichen Behandlung erbringen, so kann er einer zwangsweisen Behandlung eventuell in einem öffentlichen Krankenhaus unterworfen werden; 3. ist durch ihn eine Ansteckung erfolgt, so kann er verurteilt werden, dem Geschädigten Schadenersatz zu leisten. Die Festsetzung der Schadenhöhe erfolgt im Verlauf des Strafprozesses." (Wie man sieht, als Strafe weder Geldnoch Haftstrafe, sondern ausschließlich „sichernde Maßnahmen"!)

Auch ich betone immer wieder, daß die Reglementierung, wie ich sie wünsche, von Strafen absehen soll, soweit es sich um sich Prostituieren und um Geschlechtskrankheiten handelt, und daß alle Maßregeln sich auf die Einführung einer prophylaktisch wirkenden Organisation zu hygienischen Zwecken zuspitzen sollen.

Aber Blaschko muß sich noch äußern darüber, wie die Behörden der Personen, die er in seinem Gesetzesparagraph fassen will, habhaft werden soll. Von der Prostitution ist bei ihm gar keine Rede, und ebensowenig von den Mitteln, durch die sich die Behörde Gehorsam erzwingen soll.

Mein eigener Vorschlag hat folgende Fassung:

„Personen, welche Unzucht treiben oder sich durch ihr öffentliches Verhalten derselben stark verdächtig machen, werden dem Gesundheitsamt vorgeführt und der sanitären Überwachung desselben unterstellt, es sei denn, daß

der Nachweis erbracht wird, daß sie die allgemein geltenden sanitären Vorschriften (s. S. 238) regelmäßig befolgen."

Diese Bestimmung scheint mir in hygienischem Interesse durchaus notwendig. Denn sonst gäbe es keine Möglichkeit, eine sich öffentlich stets sittsam betragende Person sanitär zu überwachen.

Können die von den eigenen Organen des Gesundheitsamtes oder von der Polizei auf der Straße aufgegriffenen der (gewerblichen) Unzucht verdächtigen Personen diesen Nachweis nicht erbringen, so werden sie, falls sie zum ersten Male vorgeführt waren, nur verwarnt und belehrt. Es findet eine ärztliche Untersuchung statt; krank befundene Personen werden, je nach Entscheidung des Gesundheitsamtes, einem Krankenhaus übergeben oder ambulatorischer Behandlung zugewiesen. Personen, die schon mehrfach vorgeführt und vergeblich verwarnt worden sind, werden der Polizei übergeben zum Zwecke der Vorführung vor den Richter, der je nach den Umständen auf Haft, Gefängnis, Polizeiaufsicht und Überweisung an die Landespolizeibehörde oder Fürsorgeerziehung erkennen kann.

Ich verlange also für diese sich den rein ärztlichen Vorschriften nicht fügenden und doch einen gemeingefährlichen Lebenswandel fortsetzenden widerspenstigen Personen — aber nur für diese — eine Polizeiaufsicht, die sich sowohl auf die Durchführung sanitärer wie den Betrieb der Prostituierten regelnder Maßnahmen bezieht, also mit mehr oder weniger großen Modifikationen die alte „Kontrolle".

Als Neuerungen sind aber einzuführen folgende Maßregeln:
I. Auf sanitärem Gebiet.
Für die Sanierung und Überwachung der **Inskribierten** sind folgende Maßregeln zu fordern:
Die „Kontrolle" soll nicht bloß in Untersuchung, sondern soweit wie irgend möglich in Behandlung bestehen. Es sollen also Behandlungs- oder „Fürsorgestellen" geschaffen werden, in denen, soweit es der einzelne Krankheitsfall erlaubt, auch eine ambulatorische Behandlung stattfindet. Nicht zur ambulatorischen Behandlung geeignete Personen sind dem Krankenhaus zu überweisen.

Wenn irgend möglich, sollen alle diese ärztlichen Maßnahmen: Kontrolle, ambulante und Krankenhausbehandlung, in eine Hand gelegt werden, um die Verfolgung und Beurteilung, was im einzelnen Falle zu geschehen hat, leichter zu gestalten.

Alle mit der Kontrolle und Behandlung betrauten Ärzte oder Ärztinnen müssen gut ausgebildete Spezialärzte sein. Bei der gesamten Beaufsichtigung und Behandlung sollen weibliche Hilfskräfte (Assistentinnen und Fürsorgeschwestern) mitwirken, um auch eine möglichst ausgedehnte Fürsorgetätigkeit zu entwickeln.

II. In polizeilicher Beziehung
eine Verminderung der Bestrafungen wegen unerheblicher Verstöße gegen die Vorschriften, wie das auch der Erlaß verlangt. Ganz besonders schädlich scheint mir die Einweisung in das „Arbeitshaus", wie es heute noch, in Preußen

wenigstens, organisiert ist; eine Bestrafung, fast schlimmer und vernichtender als das Zuchthaus.

III. Ist gesetzlich festzulegen, daß die einfache Tatsache, daß eine Person, die einmal wegen Unzuchtsgewerbe unter polizeiliche Aufsicht gestellt und inskribiert war, nicht bei jeder späteren Gelegenheit, wo über das Vorleben der betreffenden Person verhandelt wird, wieder vorgeholt und ans Tageslicht gezogen werde; es müßten denn erhebliche Gründe für diese Feststellung vorliegen. Auch wäre bei solchen im Prozeß vorkommenden Mitteilungen die Öffentlichkeit auszuschließen.

Eine freiwillige Inskription verwerfe ich, weil dadurch der Charakter der Polizeiaufsicht und Inskription als schwere Strafen beseitigt wird und dies tatsächlich auf eine Konzessionierung hinauskommt.

IV. **Das neue Gesetz muß auch Handhaben bieten zur Überwachung des, sei es von inskribierten, sei es von sogenannten „heimlichen" Prostituierten, ausgeführten Prostitutionsbetriebes.** Hier scheint mir der von Lindenau (Zeitschr. f. Str.R.W. XXXII, 372) gemachte Vorschlag sehr zutreffend:

„Mit Gefängnis wird bestraft, wer öffentlich in einer Weise, die geeignet ist, das Sittlichkeitsgefühl zu verletzen, zur Unzucht auffordert oder sich anbietet."

Diesem Lindenauschen Vorschlag füge ich meinerseits bei den Zusatz:

„Bei Minderjährigen wird statt auf Gefängnisstrafe auf Überweisung an die Fürsorgeerziehung erkannt."

Eventuell käme auch folgende Fassung in Betracht:

„Wer Unzucht, insbesondere gewerbsmäßige, treibt, und dabei in anstoßerregender Weise öffentliches Ärgernis erregt, oder mit Zuhältern, Dieben oder anderen Verbrechern in einer sie begünstigenden Weise Verkehr unterhält, wird mit . . . . bestraft."

Diese Bestimmung entspricht ungefähr der von Schmölder vorgeschlagenen Fassung. Ich habe jedoch seine Beschränkung auf gewerbsmäßige Unzucht nicht festgehalten, weil immer mehr neben der eingeschriebenen Prostitution die sogenannte „geheime" sich in schlimmster Weise auf der Straße breit macht und für die Verbreitung der Geschlechtskrankheiten größere Bedeutung hat, als die gewerbsmäßige.

V. **Es wird sich ferner um den Erlaß polizeilicher Bestimmungen handeln, die eine möglichste Einschränkung der von sich prostituierenden Frauen ausgehenden aktiven (provokatorischen) Verführung ins Auge fassen.**

Bei letzterer ist zu denken:

1. an die Verführung weiblicher Kreise zur Prostitution;

2. an eine Verminderung der von den Prostituierten ausgehenden Verführung der Männer zum Geschlechtsverkehr durch möglichste Säuberung der öffentlichen Straßen von sich herumtreibenden, Geschlechtsverkehr suchenden Frauen.

VI. **Unter allen Umständen ist eine Änderung des gegenwärtig geltenden Gesetzes über das Wohnen der Prostituierten (§ 180) erforderlich.**

Hier hat die **Deutsche Gesellschaft zur Bekämpfung der Geschlechtskrankheiten** neuerdings wieder eine Petition an die Reichsbehörden gerichtet des Inhalts:

Zu § 180 des Reichsstrafgesetzbuches (Kuppelei) folgenden Absatz hinzuzufügen:

„Diese Vorschrift findet auf die Gewährung von Wohnung keine Anwendung, sofern nicht der Täter mit Rücksicht auf die Duldung der Unzucht einen unverhältnismäßigen Gewinn zu erzielen sucht."

„Begründung."

Die beantragte Gesetzesänderung schließt sich wörtlich an den von der Strafrechtskommission gebilligten Absatz 2 des § 251 des Vorentwurfs an. Zur Begründung kann auf die überzeugenden Ausführungen der Begründung zum Vorentwurf S. 694—695 verwiesen werden. Es gilt, einerseits dem unhaltbaren Rechtszustand ein Ende zu machen, wonach die Vermietung von Wohnungen an Dirnen strafbar ist, andererseits der Polizei freie Bahn zu schaffen, damit sie, wo sie es für angebracht hält, unter gleichzeitiger Verhinderung von Bordellen zu einer Lokalisation der Prostitution schreiten kann. Da erst eine solche Bestimmung der Polizei die notwendige Handhabe zur Regelung der Prostitutionsverhältnisse gibt, halten wir im Interesse des öffentlichen Wohls eine sofortige Annahme dieser Bestimmung für notwendig.

Es wird also hiermit das Einzelwohnen der Prostituierten gesetzlich erlaubt.

Schmölder hat aber diesen erlaubten Einzelwohnungen gegenüber erhebliche Bedenken. Er sagt: „Diese Wohnungen liegen in den, nun einmal den Ausschlag gebenden, großen Hauptstädten überall zerstreut in Mietskasernen neben den Wohnungen der kleinen Leute, der kinderreichen Arbeiterfamilien, der Handwerker und unteren Beamten. Sie wirken hier wie ein moralischer Pestherd. Die Erwachsenen gewöhnen sich an einen Betrieb, der ihnen anfangs Ekel erregt. Auf die Kinder aber wirken die glänzend erscheinenden Fähnchen, der Talmischmuck, der vornehme Besuch der Prostituierten geradezu berauschend."

Ferner: „Neben dem Bordell und der dem Unzuchtsbetrieb dienenden Einzelwohnung gibt es aber auch noch eine dritte Form, die der „Vorentwurf zu einem neuen Strafgesetzbuch" völlig unbeachtet läßt. Es ist dies das römische Lupanar, das französische Maison de passe, das deutsche Absteigequartier, bei der die Unzuchtstelle von der eigentlichen Wohnung der Prostituierten getrennt liegt, und gerade diese dritte Form bietet neben ihren Nachteilen auch einen Vorteil. Sie beläßt den Prostituierten ein reines Lebenszentrum, von dem aus sie jederzeit den Rückweg zu ehrbaren Bahnen oder doch einen gewissen Aufstieg nehmen können."

Solange es nun noch eine Prostitution gibt, will es als das Richtigste erscheinen, der Polizeibehörde den Einrichtungen der Kuppler gegenüber ein weites diskretionäres Ermessen gesetzlich einzuräumen, ein diskretionäres Ermessen, wie es die Behörde gegenwärtig ohne gesetzliche Unterlage und auch ohne Erfolg der Person, dem Körper einzelner Prostituierten gegenüber ausübt. Die Polizei muß der Kuppelei gegenüber das Recht erhalten, die örtlichen Verhältnisse zu berücksichtigen und dann überall zu bestimmen, welche Wohnungsform (unter Ausschluß des Bordellbetriebes) straffrei sein soll. Sie muß weiter das Recht erhalten, sowohl bei den dem Unzuchtsbetrieb dienenden Einzelwohnungen, wie bei den von der eigentlichen Wohnung der Prostituierten getrennt liegenden Unzuchtstätten die Anordnungen zu treffen, mit denen sie glaubt, die Schäden, die der Allgemeinheit aus der Prostitution erwachsen, am wirksamsten bekämpfen zu können. Diese Anordnungen werden sich dann keineswegs, wie es der Vorentwurf will, auf die Höhe des Mietzinses beschränken. Sie werden alles, die äußere Lage und die inneren Einrichtungen, ergreifen. Aus Gründen der Hygiene werden überall Veranstaltungen erfordert werden, die die peinlichste Sauberkeit garantieren.

Schmölders Forderung ist also folgender Zusatz zum Kuppeleiparagraphen:

Straffrei ist die Gewährung einer Wohnung außerhalb des Bordellbetriebes, sofern dabei alle Anordnungen der Polizeibehörde beachtet werden.

Diese Anordnung der Polizei hätte sich meiner Ansicht nach zu beziehen:

a) Auf eine möglichste Beseitigung des Straßenstriches. Wenn es auch nie gelingen wird, alle Prostituierten vom Straßenverkehr fernzuhalten, so halte ich es doch für unzweckmäßig, zu gestatten, daß sie in großen Horden ganze Straßen und Viertel unsicher machen und eigentlich jedem anständigen Manne, aber erst recht jeder anständigen Frau, das Betreten einer solchen Straße unmöglich machen. Für viel richtiger würde ich es halten, sie einzeln oder zu zweien beliebig, aber möglichst zerstreut verkehren zu lassen. Sie würden dadurch viel mehr in der allgemeinen Bevölkerungsmasse sich verlieren und weniger Unheil anstiften.

Ferner aber ist daran zu denken, den Geschlechtsverkehr suchenden und sich dazu anbietenden Personen gleichsam als „Börse" den Besuch bestimmter Kaffees und Restaurationen zu gestatten. Große öffentliche Ballokale würde ich dagegen für unzweckmäßig halten. Die vielfachen, z. B. in Berlin im Laufe der letzten Jahre gemachten Erfahrungen haben gelehrt, daß in solchen „Weiberkaffees" der äußere Anstand sehr wohl gewahrt werden kann. Schwieriger ist das sicherlich in Ballokalen, schon infolge des durch das Tanzen selbst erregten Sinneskitzels, zu erreichen. — Animierkneipen im eigentlichen Sinne des Wortes sind streng zu unterdrücken, es müßten denn die „Kellnerinnen" unter strenger sanitärer Aufsicht stehen.

. b) Auf das Gestatten der Einrichtung von Absteigequartieren. Während die eben genannten Kaffees gleichsam dem Börsenbetrieb dienen, hätten die Absteigequartiere dem Geschlechtsverkehr zu dienen. Diese Einrichtung ist nichts Neues, denn sie besteht in allen großen Städten, der Polizei mehr oder weniger bekannt, und hat bisher zu öffentlichem Ärgernis und zu Übelständen keinen Anlaß gegeben. Auch hier wäre es richtig, diese Hotels nicht in einer Stadtgegend oder in einer Straße zu konzentrieren, sondern sie möglichst zu verteilen und äußerlich möglichst unauffällig zu gestalten.

Den Einwand, daß sie auch vielen Nicht-Prostituierten, auch „anständigen" verheirateten Frauen, die Gelegenheit zum außerehelichen Verkehr erleichtern könnten, halte ich nicht für ausschlaggebend. Auch jetzt ist für jede Frau, die mit einem Liebhaber verkehren will, so reichlich und leicht Gelegenheit gegeben, daß die Absteigequartiere keine demoralisierende Änderung herbeiführen würden.

Absteigequartiere dagegen hätten den ungemeinen Vorteil, daß dadurch die Möglichkeit, den außerehelichen Verkehr hygienisch so gut wie ungefährlich zu machen, gegeben wird. Einmal kann erzwungen werden, daß in jedem Zimmer alle die für Reinlichkeits- und Desinfektionsmaßregeln notwendigen

Einrichtungen vorhanden sind, verbunden mit Anschlägen, die auf die Notwendigkeit solcher Vorsichtsmaßregeln hinweisen.

Es könnte aber auch in jedem solchen Hause ein „Desinfektionszimmer" eingerichtet werden, in welchem von geschultem Wartepersonal die Desinfektion nach dem Verkehr vorgenommen werden könnte. Es ist anzunehmen, daß nach dem Beischlaf sich alle Beteiligten viel eher solchen Vorsichtsmaßregeln unterziehen werden als in der erotischen Erregung vor demselben.

c) Auf die möglichste Lokalisierung der Prostitution auf bestimmte Straßen eventuell Häuser. Diese „Kasernierung" hätte vor dem typischen „Bordell" den großen Vorzug der vollständigen Unabhängigkeit der Inwohnerinnen vom Hausbesitzer, dem sie nur zur Mietzahlung verpflichtet sind.

Daß diese Form der Prostituiertenunterbringung als die bei weitem beste anzusehen ist, hat auch die Deutsche Gesellschaft zur Bekämpfung der Geschlechtskrankheiten jüngst wieder durch Annahme folgender Resolution bekundet:

Die am 29. Januar 1916 versammelte Sachverständigenkommission der Deutschen Gesellschaft zur Bekämpfung der Geschlechtskrankheiten ist der Meinung, daß das System der Unterbringung Prostituierter in geschlossenen Straßen mit Eigenwirtschaft, wie es in Bremen eingeführt ist, im Interesse der öffentlichen Gesundheit und des öffentlichen Anstandes soweit als möglich Ausdehnung finden sollte.

Die Resolution einer Minderheit lautete:

Auch die Minderheit (Gegner jeder Kasernierung) sieht in dem Bremer System gegenüber dem Bordell und dem durch venerische Ausbeutung und sittliche Schädigung der Umgebung schädigenden Einzelwohnen eine Minderung der Schäden, die aus diesen beiden Formen der Unterkunft der Prostituierten hervorgehen:

Frau Fürth, Fräulein Walz, Frau Dr. Schapiro, Fräulein Paula Müller, Frau Scheven, Prof. Flesch, Frau Dr Ferchland, Pastor Maetzold und Fräulein Dauber.

VII. Eine besondere Beachtung ist den Minderjährigen zuzuwenden. Während in früheren Jahren ohne Rücksicht auf das Lebensalter Inskription seitens der Polizei vorgenommen wurde, hat schon der Erlaß von 1907 bestimmt, daß Minderjährige bis zum 18. Jahre überhaupt nicht mehr eingeschrieben werden dürfen. Sie sollen der Fürsorgeerziehung durch den Vormundschaftsrichter überwiesen werden. Auch diese Bestimmung widerspricht (wie Galli betont) den gesetzlichen Bestimmungen des § 361, 6; denn die Polizeibehörde muß auch eine Minderjährige, von deren gewerbsmäßiger Unzucht ihr etwas bekannt wird, dem Richter vorführen, der sie nach § 361, 6 bestraft.

Selbstverständlich ist die Überweisung Minderjähriger, also meist erst kurze Zeit mit der Prostitution in Berührung gekommener Mädchen, in Fürsorgeerziehung, d. h. also der Versuch, sie dem Elend der Prostitution zu entziehen, das Beste, was geschehen kann und der Inskription vorzuziehen. Es muß nur Vorsorge getroffen werden, daß die Fürsorge unmittelbar eintritt, nachdem eine Minderjährige aufgegriffen und als unzuchtsverdächtig erkannt, eventuell wenn krank, als geheilt aus dem Krankenhaus entlassen wird.

Fehlt bis zum Eintritt der Fürsorge irgendeine Form der Internierung, so sind bekanntlich gerade die Minderjährigen, da sie ihr liederliches Treiben doch fortsetzen, in sanitärer Beziehung die Gefährlichsten. In irgend einer Form muß also dafür gesorgt werden, daß sie nicht weiter frei vagieren können.

Besonders wichtig ist es auch, daß minderjährige, der Prostitution verfallene Mädchen nicht mit älteren zusammengebracht werden, weder in Asylen noch in Krankenhäusern.

Ich muß zum Schluß noch einmal auf das oben (S. 62) besprochene **Gesundheitsamt** zurückkommen.

Es werden also nach dem Vorstehenden alle Funktionen, welche bisher die Polizei auch in sanitärer Beziehung ausübte, **einer von der Polizei nach jeder Richtung hin getrennten Behörde** übergeben, und dabei wird alles vermieden, was in den Augen der Bevölkerung eine Verquickung dieser Kommission mit der Polizei darstellen könnte. — Sie soll womöglich im Krankenhaus tagen.

Die Zusammensetzung der Kommission aus Ärzten, Geistlichen, auch Frauen, gibt auch eine größere Garantie dafür, daß die Unterstellung und Überwachung mit größerer Berücksichtigung der Individualität vor sich gehen wird, so daß tatsächlich nur diejenigen, welche jeder gütlichen und milden Behandlung unzugänglich sind, der ganzen Strenge des Gesetzes unterworfen werden müssen.

Es wird also eine „polizeiliche", d. h. von der Polizei allein verfügte Inskription nicht mehr geben, sie wird stets — und auch nur als letztes — Zwangsmittel auf Antrag des Gesundheitsamts vom Richter verhängt werden. Auch wird es eine Sittenpolizei im engeren Sinne des Wortes nicht mehr geben. Die sanitäre Überwachung soll nur — bei Männern und Frauen, bei sich prostituierenden und bei sich nichtprostituierenden — auf das hinwirken, was vernünftige Menschen und Kranke von selbst tun würden.

Allerdings glauben wir einen Zwang nicht entbehren zu können, wenn wir auch verlangen, daß möglichst selten von den gegebenen Zwangsmitteln rücksichtsloser Gebrauch gemacht werden soll. Wenn wir der individualisierenden Beurteilung einen gewissen Spielraum lassen, so ist dieselbe doch in den Händen teils der Ärzte, — welche aber nur dem Gesundheitsamt melden können — teils des Amtes, zu dem wir aber ein Zutrauen, daß sie den richtigen Mittelweg finden wird, haben dürfen; kein geringeres jedenfalls wie zu Richtern, die täglich über Recht und Unrecht entscheiden und das Strafmaß von Fall zu Fall festsetzen, und jedenfalls ein größeres wie zu subalternen Polizeibeamten, in deren Händen heutzutage die Durchführung der Prostitutionsaufsicht liegt.

Die sanitäre Kontrolle, die wir ausüben wollen, betrifft viel weitere Kreise und ist auch unter Umständen strenge gegen den Einzelnen, aber sie hat nicht die sozialen Schädigungen im Gefolge, wie die jetzt übliche Inskription.

Natürlich soll von einer direkten Einschreibung in eine „Dirnenliste" möglichst abgesehen werden, weil wir der Überzeugung sind, daß man durch eine rein ärztlich sanitäre Überwachung mehr im allgemein-hygienischen

Interesse leisten wird, als durch die rigorose Überwachung eines verhältnismäßig sehr kleinen Teiles eingeschriebener Prostituierter. Freilich wird eine Listenführung aller gemeldeten in Beobachtung und Behandlung befindlichen Personen unvermeidlich sein. Die Listenführung ist nichts anderes, wie die in jedem Krankenhaus und jeder Poliklinik übliche Eintragung zur Ermöglichung und Erleichterung der fortlaufenden Behandlung.

Einwände.

Der soeben von mir vorgetragene Plan, in dem Gesundheitsamt eine neue Instanz für die Ärzte und die Polizei und Zentralbehörde für das gesamte Überwachungswesen der Geschlechtskranken zu schaffen, wird von manchen Seiten als undurchführbar angesehen. Die einen halten das ganze System für viel zu kompliziert und sprechen von einem ewigen Hin- und Herschieben der zu Unterstellenden zwischen Polizei und Gesundheitsamt und Arzt. Ich bin überzeugt, daß in der Praxis sich diese Fragen in einfachster Weise lösen werden und sich leicht ein Weg finden wird, den Gedanken, der dem ganzen System zugrunde liegt: die Vorführung vor das Gesundheitsamt und die Überweisung an den Arzt, zur Ausführung zu bringen.

Andere fürchten, daß die Arbeit zu groß sein würde, als daß sie von einer Behörde erledigt werden könnte; wieder andere meinen, daß die bezweckte individualisierende Arbeit durch die Unmöglichkeit, sich mit jeder einzelnen Person so eingehend, wie es wünschenswert wäre, zu beschäftigen, doch nicht erreicht würde.

Ich halte alle diese Einwürfe, je länger ich mich mit dem Gegenstande beschäftige, für unberechtigt. Sicherlich wird das Amt ohne eine Anzahl fest angestellter Beamter nicht arbeiten können; aber die wesentliche Entscheidung wird und kann immer in den Händen von ehrenamtlich fungierenden Persönlichkeiten bleiben. Wie bei den Schöffengerichten und bei den Handelsgerichten wird eine größere Anzahl von Personen zur Auswahl vorhanden sein müssen; aus ihnen werden dann zu den vermutlich täglich stattfindenden Sitzungen immer die zwei oder vier notwendigen Beisitzer — vielleicht wöchentlich einmal — von dem präsidierenden Beamten einberufen. Gewiß wird der Vorsitzende, sei es nun ein Medizinalbeamter oder ein Richter oder ein Verwaltungsbeamter, stets den wesentlichen Einfluß in den Entscheidungen und dem ganzen Gang der Geschäfte haben; aber die ehrenamtliche Mitwirkung anderer Personen wie Ärzten, Geistlichen, Armenpflegern und Armenpflegerinnen wird doch verhüten, daß die einzelnen Fälle schematisch verhandelt und abgeurteilt werden.

Was die Befürchtung, die Arbeit würde durch eine Überzahl von gemeldeten und vorgeführten Personen zu groß werden, betrifft, so ist leicht durch die gleichzeitige Einrichtung mehrerer Kommissionen Abhilfe zu schaffen. Es wird doch auch heute schon von der Polizei durch verhältnismäßig wenige Beamte ein sehr wesentliches Stück derjenigen Arbeit, welche später dem Gesundheitsamt zufallen würde, geleistet. Die nachstehende Tabelle gibt einen ungefähren Überblick über einige Jahre der Tätigkeit der Breslauer mit der „Sittenpolizei" befaßten Abteilung. Gerade da aber, wo sich die größten Ziffern finden, „Verhaftungen im sittenpolizeilichen Interesse", wird in Zukunft eine wesentliche Verminderung eintreten. Durch Beseitigung all der unzähligen Beschränkungen, die jetzt den Prostituierten für den öffentlichen Verkehr auferlegt sind, werden die zurzeit häufigsten Gründe für diese Verhaftungen wegfallen.

	Jahre: 1890	1891	1892	1893	1894
Eingeschriebene Prostituierte am Anfang jeden Jahres	1630	1209	1162	1064	1045[1])
Unter Kontrolle wurden gestellt im ganzen	149	155	144	168	134
Aus Kontrolle wurden entlassen im ganzen	570	202	242	187	165
Und zwar wegen Eintritt in ein Dienst- oder Arbeitsverhältnis	67	77	85	62	44
oder wegen Fortzug	455	96	124	86	74
„ „ Verheiratung	26	12	15	13	31
„ „ Tod	22	17	18	26	16
„ „ anderen Ursachen	—	—	—	—	—
Es stellten sich der Kontrolle regelmäßig (bzw. entzogen sich nicht absichtlich)	510	491	502	514	528
Untersuchungen (ärztliche) an eingeschriebenen Prostituierten fanden statt	23149	22914	23561	23131	22782
Bei den regelmäßigen Untersuchungen an eingeschriebenen Prostituierten wurden venerisch krank befunden	336	243	218	254	225
Verhaftet wurden im sittenpolizeilichen Interesse im ganzen	1336	1570	1707	1768	1995
und zwar davon schon eingeschriebene Prostituierte	1197	1386	1497	1560	1621
und zwar davon früher Prostituierte	12	16	22	14	17
„ „ „ Frauenspersonen, die noch nicht unter Kontrolle stehen bzw. standen	127	168	188	194	357
Mit Überweisung an die Landespolizeibehörde wurden bestraft	144	162	154	135	143
verhaftete Frauenspersonen | Neu unter Kontrolle gestellt (Personen, welche noch nie unter Kontrolle standen) wurden	97	107	102	132	99
| Wieder unter Kontrolle gestellt wurden	13	16	9	12	14
Bei der ärztlichen Untersuchung im Polizeigefängnis wurden venerisch krank befunden	63	67	116	112	145
und zwar eingeschriebene Prostituierte	33	30	83	82	107
„ „ früher eingeschriebene Prostituierte	1	3	1	—	2
„ „ andere Frauenspersonen	29	34	32	30	36
Wegen Verdachts gewerbmäßiger Unzucht wurden vor die Polizeibehörde geladen	175	181	204	196	271
Von diesen wurden neu unter Kontrolle gestellt	39	32	33	24	21
„ „ „ wieder „ „ „	48	53	60	54	63
„ „ „ verwarnt und entlassen	175	189	196	216	224[2])
Bei der ersten ärztlichen Untersuchung wurden venerisch krank befunden	33	38	37	34	41

Die jetzt auf ein Untersuchungsamt fallende ärztliche Tätigkeit wird auf viele Ambulatorien und Ärzte dezentralisiert.

Sehr zunehmen werden dagegen die Verhandlungen mit Personen, welche wegen Verdachts gewerbsmäßiger Unzucht vor das

[1]) Ende jeden Jahres.

[2]) Inkl. der Verhafteten. In der Zahl der Verwarnten sind enthalten: Personen, welche verhaftet und ebenfalls verwarnt worden sind 1890: 87, 1891: 93, 1892: 85, 1893: 98, 1894: 37 Personen.

Gesundheitsamt geladen werden. Aber das ist ja gerade das, worauf es uns ankommt; möglichst viele Personen, von denen zu fürchten ist, daß sie der Prostitution verfallen könnten, zu verwarnen, zu schützen und sie wenigstens möglichst zeitig einer ärztlichen Überwachung und Behandlung zuzuführen.

In ganz großen Städten wird unter Umständen an die Einrichtung mehrerer auf verschiedene Stadtteile verteilter Gesundheitsämter zu denken sein.

Übrigens ist der Gedanke unseres „Gesundheitsamtes" nicht neu. Schon Mireur in seinem Buche: „Die Prostitution in Marseille" schlägt vor, eine Art Spezialtribunal einzurichten, welches sich mit dem Prostitutionswesen direkt zu beschäftigen und über die Inskription zu entscheiden hätte. „Dieses Tribunal oder diese Jury oder auch diese Kommission, wenn man diesen Namen vorzieht, wäre vom Präfekten zu wählen und sollte aus mehreren Beamten, einem Arzt, einem Rechtsanwalt und einem Vertreter der Polizei zusammengesetzt sein. Die Funktionen wären ehrenamtlich; der Vertreter der Sittenpolizei würde als Ankläger fungieren und stets müßte ein Advokat mit der Verteidigung der betreffenden Person betraut sein."

Beco (I. Brüsseler Konferenz, Enquêtes S. 889) spricht sich (für Belgien) gegen die Einrichtung solcher Kommissionen aus, um nicht die Verantwortlichkeit des einzelnen mit der Überwachung und dem Inskriptionsdienst betrauten Beamten zu mindern. „Wir lieben mehr das englische System, welches gestattet, ein Individuum persönlich für die schlechte Diensterfüllung seines Amtes verantwortlich zu machen. Man weiß dann, an wen man sich halten kann, während das nicht mehr der Fall ist, wenn eine unpersönliche Kommission irgend einen Beschluß oder irgend eine Handlung deckt. Man kann einen Beamten für Nachlässigkeit oder Mißbrauch strafen, aber nicht eine Kommission."

Sicherlich liegt etwas Richtiges in diesen Ausführungen. Aber sie passen nicht auf unsere preußischen Verhältnisse. Auch fürchten wir, daß, selbst wenn ein höherer Beamter mit diesen Funktionen betraut wird, die Gleichmäßigkeit der Beschäftigung ihn gar zu leicht zu einer interesselosen und schematischen Behandlung der Geschäftsführung verführt. Der stete Wechsel der Schöffen scheint uns das nützliche und notwendige Gegengewicht gegen solche, sicherlich verständliche, menschliche Schwäche.

Überhaupt ist in allen unseren Wünschen und Vorschlägen eigentlich nichts enthalten, was nicht schon in irgend einer anderen Form und Organisation existiert. Die „Sittenpolizeiabteilung" der großen Polizeipräsidien ist heute schon die Zentralinstanz, welcher die der heimlichen Prostitution verdächtigen Personen vorgeführt werden und von wo sie entweder verwarnt wieder entlassen oder auf Grund ärztlicher Krankheitskonstatierung einer Zwangsbehandlung und eventuell der Inskription (mit oder ohne richterliche Entscheidung) zugeführt werden. Schon heute besteht eine nahe Fühlung zwischen der Polizei und gewissen Wohltätigkeits- und Fürsorgevereinen derart, daß möglichst viele Personen nicht inskribiert, sondern diesen Vereinen zur weiteren Obhut und Fürsorge (in Asylen) übergeben werden. Schon heute werden hin und wieder geschlechtskranke und jede Behandlung widerspenstig ablehnende Personen der Polizeibehörde gemeldet, um eine Zwangsbehandlung, bei Verdacht der gewerbsmäßigen Prostitution auch Zwangsüberwachung zu erreichen.

Neu an unseren Wünschen ist also nur, daß alle diese jetzt einer gewissen Willkür unterliegenden Maßregeln in eine gesetzlich basierte und nach Möglichkeit gleichmäßig und regelmäßig funktionierende Organisation gebracht werden sollen, und daß eine andere, wesentlich ärztliche Behörde alle diese Funktionen zu rein sanitären Zwecken mit Vermeidung aller bürgerlich-schädigenden Aufsicht übernehmen soll, weil sich herausgestellt hat, daß der nach außen in die Erscheinung tretende polizeiliche Charakter des bisherigen

Systems nicht geeignet ist, den wesentlich hygienischen Aufgaben, welche erfüllt werden sollen, gerecht zu werden.

Ein weiterer Vorwurf ist der, daß mein „sanitäres System" gar zu sehr auf die Freiwilligkeit rechne. Meiner Ansicht nach muß aber in erster Reihe versucht werden, mit den der Prostitution verfallenden Personen so zu verkehren, wie mit anderen Kranken oder anderen Mitgliedern der menschlichen Gesellschaft, die Anspruch auf rechtliche Gleichstellung mit den übrigen Staatsbürgern haben. Versagt aber dieser Weg, dann beginnt für solche Elemente der Zwang, und zwar bei unserem System in einer viel ausgesprocheneren Weise als in den von Block und Lesser ausgehenden Vorschlägen. Die von uns geforderte sanitäre Überwachung ist eine ständige, auf gesetzliche Anordnung erfolgende und durch dauernde Warnung, wiederholten Hinweis auf die drohenden Zwangsmaßregeln unterstützte Überwachung — fortiter in re, suaviter in modo — durch die Ärzte; im Hintergrunde steht auch bei meinem Vorschlage nicht nur die polizeiliche Inskription, sondern schwere Bestrafung, Stellung unter Polizeiaufsicht im Sinne des Gesetzes und namentlich strafgesetzliche Bestrafung nach den neuen von uns, von Liszt etc. geforderten Paragraphen betreffend Gesundheitsgefährdung durch Geschlechtsverkehr (siehe S. 136). Andererseits finde ich unser System freundlicher und mehr den Eigenschaften und der Intelligenz der in Betracht kommenden weiblichen Kreise angepaßt als das Block-Lessersche System. Letzteres rechnet wirklich mit dem freiwilligen Besuch der neu zu schaffenden Polikliniken, ich dagegen will ständig eine Mahnung, ständig einen Hinweis auf die aus der Nichtbefolgung der ärztlichen Vorschriften resultierenden Folgen eintreten lassen.

Als ich 1903 alle diese Vorschläge machte, stieß ich auf besonders erbitterten, prinzipiellen Widerstand der Abolitionisten. Ich will heute diese Diskussion nicht fortsetzen, zumal ich glaube, daß die Abolitionisten sich heute ebenso von ihrem alten, schroffen Standpunkt ab- und einer mittleren Linie zuwenden, wie es der alte starre, Reglementarismus getan hat.

Die nachstehende Zusammenstellung, namentlich der ausländischen Gesetze und Entwürfe, schien mir nützlich, weil meiner Überzeugung nach eine Menge nutzbarer Anregungen und auch Vorbilder für das, was in Deutschland erreicht werden soll, darin zu finden ist. Auch geht aus ihnen hervor, wie oft die von uns aufgestellten Forderungen schon von anderer Seite erhoben und zum Teil in anderen Ländern auch schon durchgeführt sind.

Zwölfter Abschnitt.

Literatur, Vorschläge und Gesetz-Entwürfe betr. die Bekämpfung der Geschlechtskrankheiten und der Prostitution.

Ham, Prophylaxe der venerischen Krankheiten in **Australien** usw. Zentralbl. f. Bekämpfung d. Geschlechtskrankh. **15,** S. 371. 1. Nach der Meinung des Kongresses (Melbourne 1908) wird eine Zeit kommen, wo die obligatorische Anzeigepflicht zu einer Notwendigkeit wird. Die Gesundheitsämter der australischen Staaten sollten daher schon jetzt dieser Angelegenheit ihre ernsteste Aufmerksamkeit zuwenden, damit eine solche Anzeigepflicht eingeführt werden kann, wenn die Zeit reif ist. 2. Wer ohne praktische medizinische Bildung Geschlechtskrankheiten behandelt, macht sich strafbar. 3. Die staatlichen Behörden sollen aufgefordert werden, für eine vermehrte erleichterte Behandlung der Geschlechtskrankheiten zu sorgen. 4. Der Unterbringung der venerischen Patienten in den großen Krankenhäusern und Kliniken wird der Vorzug vor Spezialkrankenhäusern gegeben. 5. Eine Person, die weiß, daß sie geschlechtlich erkrankt ist und ihre Krankheit weiter verbreitet, macht sich strafbar. Viele Regierungen sind den Resolutionen bereits gefolgt und haben verbesserte oder neue Gesetze herausgebracht. In Queensland hat die Regierung die obligatorische Anzeigepflicht der Geschlechtskrankheiten für Brisbane und Nachbarschaft eingeführt. Diese Maßnahme ist am 1. April 1914 rechtskräftig geworden und ermächtigt den Leiter des Gesundheitsamtes, wenn er oder irgend ein Arzt den Verdacht hat, daß eine Person venerisch erkrankt ist, eine solche Person zur Untersuchung mittelst klinischen und bakteriologischen Methoden aufzufordern. Eine spezielle Poliklinik für die unentgeltliche Behandlung von Geschlechtskrankheiten ist in Verbindung mit dem Hauptkrankenhaus von Brisbane eingerichtet worden.

Belgien.

Le Jeune, Bull. de la Société générale des prisons. 20. Jan. 1904. Soc. de prophylaxie san. et mor. 1904, 4, S. 191. Diskussion über die Sittenpolizei. Des Autors Gesetzesvorschlag verbietet jede Inskription, die körperliche Untersuchung, die Disziplinarstrafen für Prostituierte; er verbietet die Bordelle und verlangt dafür folgende Gesetzesvorschriften: 1. Jede notorisch der Prostitution ergebene Frau, die durch Handlungen, Worte, Gebärden öffentlich zur Unzucht herausfordert, wird festgenommen und vor das Polizeigericht geführt. Wird die Tatsache der gewohnheitsmäßigen Prostitution und der öffentlich stattgefundenen Provokation erwiesen, so wird die Angeklagte der Regierung (gouvernement) überwiesen, und zwar als Vagabundin, um in einer dafür bestimmten Anstalt (dépot de mendicité) für mindestens drei, höchstens sieben Jahre eingesperrt zu werden, wenn sie das Alter von 18 Jahren überschritten hat; oder sie wird, wenn sie unter 18 Jahre ist, bis zu ihrem Mündigwerden einer Fürsorgewohlfahrtsanstalt überwiesen. 2. Jede minderjährige notorisch der Prostitution ergebene Person, mag sie einen bestimmten Wohnsitz haben oder nicht, wird durch das Polizeigericht der Regierung überwiesen. Sie wird für mindestens drei, höchstens sieben Jahre, wenn sie das Alter von 18 Jahren erreicht oder überschritten hat, dem Dépot de mendicité überwiesen, wenn sie jünger als 18 Jahre ist, bis zum Mündigwerden den Fürsorgestellen. 3. Mädchen unter 18 Jahren können der Fürsorge der Regierung bis zu ihrer Mündigkeit überwiesen werden, wenn die Personen, die für das Wohl des Mädchens zu sorgen haben, notorisch unzuverlässig sind, so daß die Gefahr besteht, daß sie der Prostitution überliefert werden. 4. Die durch die richterlichen Behörden verordneten Einsperrungen dürfen nicht verkürzt werden (wie das bei den Vagabunden und Bettlern möglich ist), wenn nicht vorher durch die ärztliche Untersuchung — die aber nicht erzwungen werden darf — festgestellt ist, daß die Betreffende frei von venerischer Krankheit ist. 5. Es wird auf diese Weise die Prostitution der Vagabundage angereiht und dadurch erreicht, daß in den Gerichtsakten weder von der Prostitution noch von der Provokation zur Unzucht die Rede ist.

Beratungsstellen.

Baum, Georg, Der Krieg und die Aufgaben der Versicherungsträger bei Bekämpfung der Geschlechtskrankheiten. Ortskrankenkasse 1915, Nr. 22, S. 826.

Blaschko, Beratungsstellen für Geschlechtskranke. (Ein neuer Weg zur Bekämpfung der Geschlechtskrankheiten.) Mitteilungen der Deutschen Gesellschaft zur Bekämpfung der Geschlechtskrankheiten 1916, Nr. 1/2.

Bruhns, C., Zur Eröffnung der städtischen Beratungsstelle für Geschlechtskranke in Charlottenburg. Derm. Wochenschr. 1916, Nr. 9.

Buschke, A., Über Beratungs- und Fürsorgestellen für Geschlechtskranke. Derm. Wochenschrift 1916, **62,** H. 23, S. 529.

Düttmann, Der Versicherungsbote, Oldenburg 1916, Nr. 1.

Fabry, Zur Einführung von Beratungsstellen für Geschlechtskrankheiten. Ärztl. Vereinsbl. 1916, Nr. 1074, Sp. 191.

Grosz, Siegfr., Die „Beratungsstelle für Geschlechtskranke" der Wiener Bezirkskrankenkasse. Derm. Wochenschr. 1916, H. 14, S. 328.

Dr. H., Einige Bemerkungen zu den Beratungsstellen für Geschlechtskranke. Ärztl. Vereinsblatt 1916, Nr. 1077, S. 218.

Hamburg, Bericht der Landesversicherungsanstalt der Hansestädte 1914. (Lübeck 1915, W e r n e r und H ö r n i g) S. 27: Fürsorgestelle Hamburg.

Kaufmann, Krieg, Geschlechtskrankheiten und Arbeiterversicherung. Berlin 1916, Verl. Franz Vahlen.

Lilienthal, Bekämpfung der Geschlechtskrankheiten. (Halbmonatsschr. f. soz. Hyg. u. prakt. Med. 24. Jahrg. Nr. 4.) Ortskrankenkasse 1916, Nr. 8, Sp. 298.

Neißer, A., Der Kampf gegen die Geschlechtskrankheiten und die Beratungsstellen der Landesversicherungsanstalten. Ärztl. Vereinsblatt 1916, Nr. 1066/67.

Medicus, Bemerkungen zur Bekämpfung der Geschlechtskrankheiten mit Hilfe der Landes-Versicherungs-Anstalten. Ärztl. Vereinsbl. 1916, Nr. 1071, Sp. 163.

v. Olshausen, Eine wichtige sozialhygienische Maßnahme. Med. Klin. 1916, H. 3, S. 83.

Pontzen, J., Die ärztliche Nachuntersuchung in der Praxis. Ortskrankenkasse 1916, Nr. 2, S. 78.

Reichsversicherungsamt, Zuschrift des, Zur Bekämpfung ·der Geschlechtskrankheiten. (Betrifft Beratungsstellen.) Ärztl. Vereinsbl. 1916, Nr. 1072, Sp. 165.

Richter, Paul, Syphilis, Krieg und Geschlechtskrankheiten. Med. Reform, 24. Jahrg., Nr. 5.

Stern, C., Zur Einrichtung der Beratungsstellen für Geschlechtskranke. Ärztl. Vereinsbl. 1916, Nr. 1078, Sp. 227.

Wichmann, Fortlaufende Kontrolle der Geschlechtskranken und Syphilisfürsorge. Hamburger Ärztekorrespondenz 1915, Nr. 50, S. 397. Siehe ferner: „Ortskrankenkasse" 1916, S. 269, 347, 423.

Geschlechtskrankheiten, Reichs-Versicherungsamt und die Frauen. „Die neue Generation" 12. Jahrg., H. 3/4, S. 95.

Bienenstock, Walter, Mittel und Wege zur Einschränkung der Geschlechtskrankheiten. Berlin, Wien 1902. Verlag Urban u. Schwarzenberg. Er verlangt: 1. Belehrung der Jugend in sexueller Hinsicht, von der Pubertät angefangen (womöglich schon in den letzten Schulklassen), bei strengster Individualisierung. Erziehung der Jugend zur möglichsten Abstinenz. 2. Lehrkanzeln für gemeinverständliche Kurse über die Licht- und Schattenseiten des Geschlechtslebens (für Männer, Frauen, Mädchen getrennt). 3. Praktische Kurse über Geschlechtskrankheiten für Prostituierte. 4. Obligatorische ärztliche Kontrolle der Prostituierten entsprechend dem F i n g e r s c h e n Referate. 5. Regelmäßige ärztliche Untersuchung (monatlich vier- bis fünfmal) der notorisch illegitimen Geschlechtsverkehr pflegenden Männer — in Fabriken etc. ähnlich der ärztlichen Visitation beim Militär. 6. Erziehung der „Lebemänner" durch die Frauen zur fakultativen ärztlichen Kontrolle. 7. Erziehung der geheimen Prostituierten durch die Männer zur ärztlichen Untersuchung. 8. Errichtung von staatlichen Bordellen mit ärztlichem Permanenzdienste (tägliche Untersuchung der Prostituierten, jedesmalige ärztliche Kontrolle der Besucher), Beschaffung der Mittel hierfür durch die bloßen Sperrgelder in den Bordellen. 9. Geschlechtlicher Verkehr der latent Luetischen untereinander. 10. Ärztliche Untersuchung der Ehekandidaten (zugleich auch auf Tuberkulose und Psychosen). 11. Ärztliche Untersuchung der Dienstmädchen etc. und anderer Teilnehmer eines Haushaltes, der Kellner etc., und der Angestellten sämtlicher Lebensmittelhandlungen mindestens bei jedesmaligem Dienstesantritt. 12. Möglichst baldige Aktivierung des einschlägigen Strafgesetzentwurfparagraphen.

Blaschko, Vorschläge zur Neuregelung des Prostitutionswesens (Deutsch. Strafr. Ztg. 1915, S. 507). B l a s c h k o schlägt einen neuen Kuppelei-Paragraphen vor: „Wer eine weibliche Person zur Ausübung käuflicher Unzucht verleitet, anwirbt oder anhält, wer sich zur Vermittlung käuflicher Unzucht anbietet, wird wegen Kuppelei mit Gefängnis nicht unter ………… bestraft." B e g r ü n d u n g : „Wir werden in der Bekämpfung der von der

Prostitution ausgehenden sozialen und hygienischen Schäden niemals einen Schritt vorwärts kommen, wenn wir nicht durch die Rechtsprechung die Möglichkeit offen lassen, daß die Prostituierte und deren Konsumenten sich sowohl zur Anknüpfung als zur Ausübung des Geschlechtsverkehrs in geschlossenen Räumen treffen können. Dabei denke ich nicht an Bordelle, vielmehr schweben mir Einrichtungen vor wie polizeilich überwachte Nachtcafés (als Marktstätten), hygienisch eingerichtete und polizeilich überwachte Gasthöfe (Absteigequartiere), ferner Kontrollstraßen nach Bremer Muster — jedenfalls Einrichtungen, bei denen irgendein von der Polizei zu kontrollierender Wirt die Rolle des Vermittlers übernehmen muß. Welcher Art die polizeilichen Anordnungen im einzelnen sein müssen, darauf will ich an dieser Stelle nicht näher eingehen. Solange aber der Wirt sich in den Grenzen dieser Anordnungen hält, solange er nur den Makler bildet zwischen zwei Parteien, die ohnehin die Absicht haben, in geschlechtliche Beziehungen zueinander zutreten, solange er nicht, um seinen Geschäftsbetrieb schwunghafter zu gestalten, dazu übergeht, Angebot und Nachfrage durch aktives Sichanbieten zur Vermittlung zu steigern und Frauen zur Prostitution zu verleiten, anzuwerben oder bei der Prostitution festzuhalten, so lange kann, glaube ich, der Staat auch die Tätigkeit des Wirtes dulden. Da die bloße Vermittlung zwischen der Prostituierten und ihren Konsumenten nicht mehr strafbar ist, ist nun die Polizei in der Lage, Anordnungen für den Prostitutionsbetrieb zu treffen, insbesondere kann sie in hygienischer Beziehung weitgehende Forderungen stellen. Aber meine Formulierung hat auch den Vorzug, daß sie Bordelle nicht zuläßt und somit der Ausbeutung der Prostituierten einen Riegel vorschiebt. Und weiter: dadurch, daß sie der Polizei nun das Recht zur Überwachung der Prostitutionsbetriebe gibt, ist dieser auch die Möglichkeit gegeben, die Fälle aufzudecken und zum größten Teile zu verhindern, wo gegen die Bestimmungen des neuen Gesetzes gefehlt wird und der Wirt wirklich zum Kuppler — im Sinne des Volkes — wird. Die vorgeschlagene Fassung würde ferner, wie ich glaube, den größten Teil der als Mädchenhandel bezeichneten Delikte treffen. Sie hat aber noch einen weiteren Vorteil. Sie macht den Wirt, welcher einer Prostituierten Unterstand und die Möglichkeit, mit ihren Konsumenten zu verkehren gibt, nicht abhängig von einer polizeilichen Konzession, soweit wenigstens nicht die allgemeinen Vorschriften der Gewerbeordnung für das Gastwirtsgewerbe in Frage kommen. Das werden manche als Mangel empfinden, welche in einer besonderen Konzession die Möglichkeit einer besonders wirksamen Überwachung durch die Polizei erblicken; aber ich halte gerade auf diesem Gebiete Konzessionserteilungen für gefährlich, nicht bloß, weil dadurch beim Publikum der Eindruck erweckt wird, als ob der Staat diese Einrichtungen ausdrücklich gutheiße, sondern auch weil erfahrungsgemäß das Privileg einzelner eine Quelle der Ausbeutung schafft und zur Korruption aller beteiligten Kreise führt. Die Polizei kann Anordnungen treffen, soweit es ihr erforderlich scheint, sie kann deren Nichtbefolgung mit hohen Strafen und mit Schließung des Betriebes ahnden, sie kann auch Leuten, die wegen Kuppelei auf Grund der obigen Bestimmung bestraft sind, die Konzession (im Sinne der Gewerbeordnung) verweigern. Aber die Frage der Konzessionserteilung und -Entziehung wird dann immer auf dem üblichen Wege des Verwaltungsstreitverfahrens entschieden werden können. Jedenfalls wäre freie Bahn geschaffen für eine den realen Bedürfnissen entsprechende Regelung des Prostitutionswesens, insbesondere für eine rationelle gesundheitliche Überwachung der Prostitution.“

Blaschko, A., Vorschlag zur Reform der Prostituiertenüberwachung. Deutsche Strafrechtsztg. 1916, Heft 1/2, Sp. 45, 46. Schon vor zwei Jahren habe ich auf dem 13. Internationalen Kongreß in London vorgeschlagen, den geschlechtlichen Verkehr Venersicher zwar zu bestrafen, aber nicht mit den üblichen Geld- und Freiheitsstrafen, sondern ausschließlich mit sichernden Maßnahmen: strenger ärztlicher Überwachung und sofortiger Zwangsbehandlung in einem Krankenhause. Mein Vorschlag lautete: „Wer, obwohl er wieß oder den Umständen nach vermuten muß, daß er an einer Geschlechtskrankheit leidet, andere der Gefahr einer Ansteckung aussetzt, kann 1. durch die Gesundheitsbehörde angehalten werden, bis zur erfolgten Heilung in regelmäßigen Pausen amtsärztliche Bescheinigungen über seinen Gesundheitszustand beizubringen, 2. kann er nicht den Nachweis einer ausreichenden ärztlichen Behandlung erbringen, so kann er einer zwangsweisen Behandlung eventuell in einem öffentlichen Krankenhaus unterworfen werden, 3. ist durch ihn eine Ansteckung erfolgt, so kann er verurteilt werden, dem Geschädigten Schadenersatz zu leisten. Die Festsetzung der Schadenhöhe erfolgt im Verlauf des Strafprozesses." Ich weiß nicht, ob es sonst in der Rechtspflege üblich ist, von Geld- und Freiheitsstrafen überhaupt abzusehen und nur sichernde Maßnahmen als Strafe festzusetzen. Soviel ich weiß, werden sichernde Maßnahmen nur als Zusatzstrafen erkannt. Aber ich meine, selbst wenn Gesetzgebung und Rechtsprechung diesen Weg bisher nicht beschritten haben, warum sollen sie es nicht in Zukunft tun, wenn er sich als zweckmäßig erweist? Denn nicht etwa besondere Weichherzigkeit den Übeltätern gegenüber, sondern nur die Rücksicht auf die Wirksamkeit des Verfahrens veranlaßt mich zu einer so eigenartigen Bestrafung, die meines Erachtens für die Verurteilten mindestens ebenso unangenehm sein würde als die heute üblichen kurzen Freiheitsstrafen. Natürlich müßte eine solche Gesundheitsbehörde, wie ich sie in meiner Strafbestimmung fordere, erst bei uns in Deutschland geschaffen werden. Aber ein derartiges Gesundheitsamt, wie es in Norwegen schon seit Jahren besteht und zur großen Zufriedenheit arbeitet, wird heute von allen, die sich eingehend mit der Frage der Bekämpfung der Geschlechtskrankheiten beschäftigen, dringend befürwortet. Es wäre dann zu fordern: 1. Daß Individuen beiderlei Geschlechts, welche verdächtig sind, eine venerische Infektion zu verursachen, angehalten werden, dem kommunalen Gesundheitsamt ein Gesundheitsattest eines öffentlich hierzu autorisierten Arztes beizubringen. Verdächtig im Sinne dieser Bestimmung wären Individuen: a) wenn beim Gesundheitsamt eine Anzeige einläuft, daß sie eine venerische Infektion verursacht haben, b) wenn sie auf der Straße oder an einem öffentlichen Orte durch schamloses Benehmen (z. B. durch öffentliche Provokation zum Geschlechtsverkehr u. dgl.) öffentlichen Anstoß erregt haben. 2. Können die verdächtigen Personen ein solches Attest nicht beibringen, so ist zu verlangen, daß sie sich bis zum Nachweis erfolgter Heilung in ärztliche Behandlung begeben und dem Gesundheitsamt regelmäßig einen Nachweis dieser Behandlung bringen. 3. Eine Zwangsbehandlung würde nur eintreten, wo die Anordnungen des Gesundheitsamtes nicht befolgt werden! — In Wirklichkeit wird es dann gerade bei den jüngeren Prostituierten sehr häufig vorkommen, daß sie kein Gesundheitsattest beibringen können, weil sie eben krank sind, oder daß sie es nicht tun, weil sie moralisch verkommen sind, und wenn nur die Aktion des Gesundheitsamtes schnell genug verläuft, so kann binnen zwei Tagen eine Feststellung ihres Gesundheitszustandes und eventuelle obligatorische Behandlung durchgesetzt werden.

Block, Felix, Welche Maßnahmen können behufs Steuerung der Zunahme der Geschlechtskrankheiten ergriffen werden? Samml. klin. Vorträge. 1901, Nr. 317. Leipzig, Breitkopf u. Härtel. Ich halte zur Bekämpfung der venerischen Krankheiten für notwendig den **Erlaß eines besonderen Gesetzes gegen die Verbreitung der ansteckenden Geschlechtskrankheiten,** etwa folgenden Inhaltes: **(Gefährdungsparagraph.)** Wer, wissend, daß er an einer ansteckenden Geschlechtskrankheit leidet, mit anderen Personen geschlechtlichen Umgang pflegt, ist strafbar. Ist infolgedessen bereits eine Ansteckung der anderen Person erfolgt, so treten dazu die Strafen für Körperverletzung § 223, 224, 226, 228, 229, 231, 232 des Strafgesetzbuches. Personen, die an ansteckenden Geschlechtskrankheiten leiden, sind bei Strafe verpflichtet, sich entweder in öffentlichen Anstalten (Krankenhäusern, Ambulatorien) oder von einem approbierten Arzte solange behandeln zu lassen, bis der behandelnde Arzt die Ansteckungsfähigkeit für wahrscheinlich erloschen erklärt. (Eine absolute Sicherheit gibt es hier leider nicht.) **(Meldepflicht.)** Die Ärzte sind verpflichtet, ansteckende Geschlechtskranke, falls sie sich vorzeitig ihrer Behandlung entziehen, oder ihnen verdächtig erscheinen, Geschlechtsverkehr zu treiben, der Behörde behufs zwangsweiser Unterbringung in einem Krankenhaus anzuzeigen. Nur approbierte Ärzte dürfen Geschlechtskranke behandeln und nicht auf brieflichem Wege; auch kann ihnen, falls sie sich bei dieser Behandlung anderer Methoden bedienen als solcher, die eine möglichst rasche Beseitigung der Ansteckungsfähigkeit erzielen, nach vorhergehender Verwarnung die Erlaubnis, derartige Kranke zu behandeln, von der Behörde entzogen werden. Ferner sollte dies Gesetz, wie erwähnt, die Regelung der Prostitution, sowie Schutzmaßregeln gegen die Ansteckung von Säuglingen durch syphilitische Ammen und umgekehrt von Ammen durch syphilitische Säuglinge enthalten, eine Verbreitungsweise dieser Krankheit, die noch anzuführen war. Als Behörde zur Überwachung der Ausführung dieses Gesetzes denke ich mir besondere **Gesundheitsräte,** vielleicht in zwei Instanzen, aus Richtern, Verwaltungsbeamten und Ärzten zusammengesetzt.

Lic. **Bohn** tritt in seiner Schrift: „Was dann? Positive Vorschläge zur Lösung der Prostitutionsfrage" (Berlin 1914, Verlag der Geschäftsstelle des deutschen Sittlichkeitsvereins) für folgende Punkte ein: 1. Ein grundlegendes Reichsseuchengesetz muß geschaffen werden, mit Einbeziehung der Geschlechtskrankheiten. Sie sollen unter Anzeigepflicht und Heilzwang gestellt werden. Für die Überwachung der Krankheiten kann eine diskrete Form gefunden werden. Die weitgehendste Möglichkeit poliklinischer **unentgeltlicher** Behandlung und Bekämpfung der Geschlechtskrankheiten soll geboten werden. Dem poliklinischen Heilzwang sollen vor allem solche Mädchen unterstellt werden, welche mehr oder weniger gewerbsmäßig Unzucht treiben. Langfristige Internierung in einem Krankenhaus bis zu wirklich gründlicher Ausheilung ist geboten. Auch für Männer, welche als krankheitsverbreitende Seuchenträger bekannt werden, soll die gleiche Maßregel gelten. Die höheren Internierungs- und Kurkosten gleichen sich aus durch die dadurch erzielte Verminderung der Infektionsgefahr. 3. Für die Mädchen, welche sich durch Gewerbsunzucht bemerkbar machen, wende man eine leichtere Form der Aufsicht mit regelmäßiger Verwarnung an. Auch freie Helferinnen sollen zu dieser Aufsicht herangezogen werden. Etwa vierteljährlich kann eine Vorladung und Verwarnung erfolgen. Der sanitäre Schutz soll durch das vorgeschlagene Reichsseuchengesetz ermöglicht werden. 6. Die unverbesserlichen Elemente sind durch Internierung unschädlich zu machen, und zwar in Arbeitshäusern oder in entsprechenden Anstalten auf drei bis fünf Jahre. Etwa ein Viertel bis zur Hälfte können die Insassen die Verwaltungs- und Unterhaltungskosten selbst verdienen. 8. Schwachsinnige Mädchen sollen der Prostitution dadurch entzogen werden, daß sie in leichter Form und in Heimen mit erziehlicher Grundlage, besonders mit landwirtschaftlicher Beschäftigung interniert werden, und auf diese Weise versorgt werden.

Dänemark.

Das **dänische** Gesetz hat für uns nach mehrfacher Richtung Interesse. Erstens weil es das Beispiel eines Sondergesetzes ist, wie ich es für Deutschland erstrebe.

Ferner wird es von den Abolitionisten häufig als das von der Reglementierung erlösende Werk hingestellt. Ich habe zu den einzelnen Paragraphen Anmerkungen (in Kursivschrift) zugefügt, die meines Erachtens erweisen, daß dieses Gesetz so reglementaristisch ist wie nur irgend eines, und daß, wenn es nicht so wirkt, dies nur von der in Dänemark geübten Handhabung seitens der Behörden abhängt.

Gesetz über die Bekämpfung der öffentlichen Unsittlichkeit und venerischen Ansteckung vom 11. Oktober 1906.

§ 1.

Jede polizeiliche Reglementierung des Unzuchtsgewerbes wird aufgehoben. Gegen denjenigen, der ein solches Gewerbe treibt, ist die Polizei berechtigt, nach den Bestimmungen des Gesetzes über Vagabondage einzuschreiten. Jedoch soll der Zwangsbefehl, der in diesem Gesetz (vom 3. März 1860 § 2) vorgesehen ist, nur nach vorausgegangener Verwarnung erlassen werden.

Der § 2 des Gesetzes vom 3. März 1860 über die Strafe von Landstreicherei und Bettelei lautet:

Von jedem, von dem man weiß, daß er kein Vermögen, keine Erwerbsquelle oder Stellung hat, die genügend Sicherheit dafür bietet, daß er seinen Unterhalt bestreite, ohne der Allgemeinheit zu schaden, kann die Polizeibehörde Auskunft darüber fordern, wie er sich unterhält. Erweist sich die Erklärung des Betreffenden entweder an und für sich oder nach angestellter Untersuchung unbefriedigend, so hat die Polizeibehörde ihm den Auftrag zu erteilen, sich einen gesetzmäßigen Erwerb zu suchen und, sofern er sich nicht selbst Arbeit verschaffen kann, ihm solche anzuweisen, wobei die Hilfe der Armenverwaltung in Anspruch zu nehmen ist. Die Polizeibehörde kann dabei Bestimmungen treffen, die sie instand setzen, überwachen zu können, ob er wirklich den von ihm angegebenen oder ihm überwiesenen Erwerb sucht. Die Polizei darf namentlich vorschreiben, sich zu bestimmten Zeiten vorzustellen und die nötige Auskunft zu erteilen. Die angeführten Anordnungen sind ins Polizeiprotokoll einzutragen mit ausdrücklicher Angabe, daß der Betreffende auf die der Übertretung folgende Strafe hingewiesen wurde. Derjenige, welcher die ihm gegebenen Anweisungen vernachlässigt, ist als Landstreicher zu betrachten.

Es liegt auf der Hand, daß man mit diesen Bestimmungen alles, was die Reglementierung wünscht, durchführen kann: Polizeiaufsicht und regelmäßige Beobachtung. Denn bei fast allen, jedenfalls den gefährlichsten Prostituierten treffen die im Vagabondagegesetz genannten Merkmale zu. Nimmt man dazu den § 10 des Gesetzes, so ist die „Kontrolle" fertig.

§ 2.

Wer in einer Weise zur Unzucht auffordert oder eine unsittliche Lebensweise derartig zur Schau trägt, daß das Anstandsgefühl verletzt und öffentliches Ärgernis erregt wird, oder falls Umwohnende belästigt werden, wird mit Gefängnis oder unter erschwerenden Umständen und im Wiederholungsfalle mit Zwangsarbeit bestraft. Liegen mildernde Umstände vor, so kann statt Gefängnis Geldstrafe verhängt werden.

Derselben Strafe verfällt die Frau, die Unzucht als Gewerbe betreibt, wenn sie eine erwachsene Mannsperson oder ein unmündiges Kind, das über 2 Jahre alt ist, bei sich zu Hause hat, oder zu unzüchtigem Zweck Besuch von Mannspersonen unter 18 Jahren empfängt.

Für denjenigen, der bisher wegen eines der hier angeführten Vorkommnisse weder bestraft noch verwarnt war, kann eine von der Polizeibehörde erteilte Warnung anstatt der Strafe treten. Jedoch darf eine Verwarnung nicht stattfinden, wenn der Beschuldigte ein richterliches Urteil verlangt.

Zu Absatz 2. Hier stelle ich die Frage; Ist das nicht auch ein „Paktieren mit der Unzucht"? Männer über 18 Jahren dürfen zur Unzucht zugelassen werden, unter 18 Jahren erfolgt Strafe! —

§ 3.

Es ist verboten, ein Bordell zu halten. Derjenige, welcher dieses Verbot übertritt, wird mit Besserungsstrafe oder Zwangsarbeit oder Gefängnis bei gewöhnlicher Gefängniskost bestraft. Derselben Strafe verfällt derjenige, welcher sich der Kuppelei schuldig macht.

Wer Gewinns halber Personen verschiedenen Geschlechtes Unterkunft gewährt, um dort Unzucht zu üben, oder wer Zimmer vermietet, die nicht zu dauerndem Aufenthalt dienen, sondern nur um Gelegenheit zur Unzucht zu geben, oder wer Frauen unter 18 Jahren, die durch Unzucht Erwerb suchen, bei sich aufnimmt, wird mit Gefängnis bestraft. Im Wiederholungsfalle kann die Strafe auf Besserungsstrafe bis zu 2 Jahren erhöht werden.

Es ist verboten, sich durch Bekanntmachung, durch das Aushängen von Schildern, Versenden von Beschreibungen usw. an das Publikum, an unbekannte oder unbestimmte Personen mit Verkaufsanerbietungen solcher Gegenstände zu wenden, die geeignet sind, den Folgen des Beischlafes vorzubeugen. Übertretungen werden usw. gestraft.

Art. 3, zu Absatz 2. Hier ist also die Wohnungskuppelei verboten, wenn die Prostituierte nicht die ständige Mieterin ist. — Ferner beachte man die Unterscheidung zwischen den unter und über 18 Jahre alten Frauen.

Absatz 3 verbietet nicht nur eine anstößige und Ärgernis erregende Ankündung, sondern jedwede Anpreisung von Vorbeugungsmitteln und macht damit ihre allgemeine Verwendung unmöglich.

§ 4.

Dieselbe Strafe, die im § 181 [1]) des allgemeinen bürgerlichen Strafgesetzes vorgesehen ist, kommt bei denjenigen zur Anwendung, welche unter den im besagten Paragraph genannten Verhältnissen mit ihrer Ehehälfte körperlichen Umgang haben, sofern diese dadurch angesteckt worden ist und binnen eines Jahres nach dessen Kenntnisnahme Anklage erhebt.

Wer sich nach dem § 181 des allgemeinen bürgerlichen Strafgesetzes oder der obenstehenden Bestimmung straffällig macht, ist, wenn eine Übertragung der Krankheit auf einen anderen stattgefunden hat und dieser nichts von der vorhandenen Ansteckungsgefahr wußte, nicht nur verpflichtet, dem Angesteckten die mit der Heilung verbundenen Kosten zu ersetzen, sondern auch für die durch die Krankheit verursachten Leiden und Verluste Ersatz zu leisten.

§ 5.

Personen, welche an einer Geschlechtskrankheit leiden, sind ohne Rücksicht darauf, ob sie Mittel haben, die Kosten ihrer Heilung selbst zu bezahlen oder nicht, berechtigt zu verlangen, auf öffentliche Kosten behandelt zu werden; andererseits sind sie verpflichtet, sich einer derartigen Kur zu unterziehen, wenn sie nicht beweisen können, daß sie sich in angemessene privatärztliche Behandlung begeben haben. Sind die Verhältnisse der erkrankten Personen derart, daß sich die Übertragung der Krankheit auf andere Personen nur durch Absonderung sicher vorbeugen läßt, oder befolgen sie nicht die ihnen zur Vorbeugung der Ansteckung gegebenen Vorschriften, so sind sie zur Kur in ein Krankenhaus zu bringen. Die Entscheidung ist nötigenfalls vom Amtmann (in Kopenhagen vom Polizeidirektor) unter Berufung an den Justizminister zu fällen und die Erfüllung der Verpflichtung kann durch Geldstrafen, eventuell durch die Polizei erzwungen werden.

Wer eine feste Armenunterstützung und an einer Geschlechtskrankheit leidend befunden wird, muß zur Kur in ein Krankenhaus aufgenommen werden.

Der § 5 gewährt einerseits jedem das Recht auf unentgeltliche Behandlung, andererseits spricht er für denjenigen, der von diesem Recht Gebrauch macht, den Zwang aus, sich behandeln zu lassen. Auch die Absonderung im Krankenhaus kann erzwungen werden.

§ 6.

Wenn es bei Behandlung der Krankheit oder am Schluß derselben aus Rücksicht auf die Ansteckungsgefahr für notwendig erachtet wird, daß der Patient fortdauernd beaufsichtigt wird, soll diesem vom Arzte der Auftrag erteilt werden, sich ihm zu bestimmten Zeiten vorzustellen oder ihm einen schriftlichen Beweis zu liefern, daß seine Behandlung von einem anderen autorisierten Arzt übernommen sei. Formulare zum Gebrauch für einen derartigen Auftrag können von dem betreffenden Amtsarzt bezogen werden. Befolgt der Betreffende diesen Auftrag nicht, oder will der Arzt ihn nicht länger behandeln, und zeigt er trotz Aufforderung keinen schriftlichen Beweis vor, daß seine Behandlung von einem anderen Arzt übernommen sei, so ist unverzüglich dem betreffenden öffentlichen oder visitierenden Arzt Anzeige zu erstatten, der dann den Betreffenden, in Übereinstimmung mit den Bestimmungen des § 13, ins Konsulationslokal vorladet.

Dieser Paragraph sieht also eine Zwangsüberwachung vor.

§ 7.

Es ist Pflicht eines jeden Arztes, der jemanden wegen Geschlechtskrankheit untersucht oder behandelt, ihn auf die Ansteckungsfähigkeit der Krankheit und die gerichtlichen Folgen aufmerksam zu machen, falls er jemanden ansteckt oder der

---

[1]) § 181 des Strafgesetzes. Wer weiß oder vermuten muß, daß er mit einer venerischen Krankheit behaftet sei und Geschlechtsverkehr mit einem anderen übt, wird mit Gefängnisstrafe, oder unter erschwerten Umständen mit Zwangsarbeit bestraft. (Diese Bestimmung entspricht dem von uns gewünschten Gefährdungsparagraphen.)

Ansteckung aussetzt, sowie den Betreffenden besonders zu warnen, in den Ehestand
zu treten, so lange eine Ansteckungsgefahr vorhanden ist. Formulare für Mitteilungen
hierüber können von dem betreffenden Amtsarzt der Stadt bezogen werden.

§ 8.

Jeder Arzt hat in den wöchentlichen Berichten an den Stadt- oder Kreisarzt ausdrücklich zu bescheinigen, daß er die Bestimmung des vorigen Paragraphen
befolgt habe, sowie anzugeben, wie vielen Personen er die in § 6 erwähnte Anordnung
erteilt habe.

Übertretungen der Bestimmungen in §§ 6, 7 und Absatz 1 dieses Paragraphs
werden mit Geldbußen bis zu 200 Kr. bestraft. Wer dem betreffenden Arzt einen
falschen Namen, Stand oder Wohnung angibt, wird nach § 155 des Strafgesetzes
bestraft.

§ 9.

Mit Syphilis behaftete Kinder dürfen nur von der eigenen Mutter gesäugt
werden. Auch darf keine Amme, welche weiß oder vermutet, daß sie von der Krankheit befallen sei, das Kind einer anderen Frau säugen. Vergehen hiergegen werden
mit der im § 181 des allgemeinen bürgerlichen Strafgesetzes bestimmten Strafe
belegt, wobei die Schuldige, wenn sich die Krankheit weiter verbreitet, nicht nur
verpflichtet sein soll, den Erkrankten die mit der Heilung verbundenen Kosten
zu erstatten, sondern sie auch für die durch die Krankheit verursachten Leiden und
Verluste zu entschädigen.

Dieselbe Ersatzpflicht trifft denjenigen, der ein Kind in Pflege gibt, von dem
er weiß, daß er von einer Geschlechtskrankheit ergriffen sei, oder wo Grund zum
Verdacht vorliegt, daß es an einer solchen Krankheit leide, oder wer ein einer solchen
Krankheit verdächtiges Kind in Pflege gibt, ohne daß die Pflegeeltern oder die
Amme, bevor die Unterbringung stattfindet, davon in Kenntnis gesetzt sind, daß das
Kind krank oder verdächtig sei, und davon, welche Ansteckungsgefahr damit ver-
bunden sei. Eine derartige Unterbringung ist nicht erlaubt, wenn dadurch andere
Kinder einer Ansteckungsgefahr ausgesetzt sind. Auf die Übertretung findet die
Bestimmung des 2. Satzes im 1. Stücke entsprechende Anwendung.

Diese Bestimmungen gelten auch den öffentlichen Behörden, welche Kinder
zur Pflege oder zum Aufsäugen unterbringen.

Ein Kind ist als der Syphilis verdächtig zu betrachten, selbst wenn sich an
ihm kein Anzeichen derselben gefunden hat, wenn eins der Eltern sich vor weniger
als 7 Jahren Syphilis zugezogen hat und nicht 3 Monate nach der Geburt vergangen
sind.

§ 10.

Jeder, der eines im 2. Satz der §§ 1, 2, 4 oder 9 dieses Gesetzes oder im § 181
des allgemeinen bürgerlichen Strafgesetzes behandelten Versehen beschuldigt wird,
kann auf Aufforderung der Polizei mit seiner ausdrücklichen Einwilligung einer ärztlichen Untersuchung unterzogen werden. Im Falle der
Weigerung bestimmt das Gericht durch Urteil, sofern es die Beschuldigung als
genügend begründet findet, daß die Untersuchung ohne Einwilligung stattfinden soll.

*§ 10 gewährt der Polizei bzw. dem Gericht das Recht, jeden Vagabunden (und
wie viele Prostituierte lassen sich nicht mit diesem Begriff fassen!), jede Prostituierte,
die Männer bei sich sieht, jede als Ansteckungsquelle erkannte Person ärztlich untersuchen zu lassen.*

*Theoretisch scheint die Bestimmung, daß gegen die von der Polizei verlangte
Untersuchung Einspruch erhoben und eine Entscheidung des Gerichts eingeholt werden
kann, als ein Fortschritt gegen unsere deutschen Verhältnisse. Wie bei uns wird es
aber wohl wesentlich von dem Verhalten der Polizei abhängen, ob viele derartige Be-
rufungen an den Richter erfolgen, und an Stelle der bei uns erfolgenden Inskription
kann die Polizei wiederholt, schließlich so oft diese einzelnen Zwangsuntersuchungen
vornehmen, daß die Drangsalierungen bei dieser Methode eher größer sind, als bei der
Inskription.*

Auch bei uns entscheidet der Richter über die Einschreibung, falls das Mädchen gegen die rein polizeiliche Einschreibung Widerspruch erhebt.

§ 11.

Die im § 10 erwähnten ärztlichen Untersuchungen sind an dem von der Polizei bestimmten Ort vom betreffenden Stadt- oder Kreisarzt oder von einem hierzu besonders angenommenen visitierenden Arzt vorzunehmen. Erzwungene Untersuchung ist — wenn der Betreffende nicht ausdrücklich darauf verzichtet — von einem Arzt des gleichen Geschlechts des Betreffenden vorzunehmen, sofern ein solcher in der betreffenden Stadt oder dem ärztlichen Distrikt oder in so unmittelbarer Nähe praktiziert, daß kein Aufenthalt von Bedeutung dadurch verursacht wird, und der betreffende Arzt gewillt ist, Untersuchungen dieser Art zu übernehmen. — Der betreffende Arzt erhält hierfür entweder eine jährliche Bezahlung, die von der Kommunalverwaltung bestimmt und vom Justizminister gutgeheißen wird, oder, wenn eine solche weder bestimmt noch gutgeheißen ist, eine Vergütung für jede Untersuchung, die für die erste Person auf 4 Kr. festgesetzt ist, welche zur gleichen Zeit und am gleichen Ort untersucht wird, und auf 1 Kr. für jede der folgenden, sowie eventuell Beförderungsvergütung. Für die Ausstellung einer Bescheinigung über den Untersuchungsbefund findet keine besondere Bezahlung statt.

§ 12.

Die öffentlichen oder visitierenden Ärzte haben außer dem Vornehmen der angeführten ärztlichen Untersuchungen auch sonst zu untersuchen und, wenn es nötig ist und ohne Aufnahme in ein Krankenhaus geschehen kann, jeden zu behandeln, der sich an einer Geschlechtskrankheit leidend an sie wendet oder gewiesen wird. Es darf hierfür dem Patienten keine Vergütung abgefordert oder von ihm entgegengenommen werden. Die Vergütung erfolgt aus öffentlichen Mitteln nach den obigen Bestimmungen.

In Kopenhagen muß immer für eine genügende Anzahl visitierender Ärzte gesorgt sein, die täglich zu einer bestimmten Zeit in den verschiedenen Teilen der Stadt nach den näheren Bestimmungen der Sanitätsbehörde Sprechstunde halten sollen.

§ 13.

In jedem Falle, wo der öffentliche oder visitierende Arzt aus Rücksicht auf die Ansteckungsgefahr es für nötig hält, hat er unter Benutzung der dazu bestimmten Formulare den Betreffenden anzuweisen, sich zu den näher zu bestimmenden Zeiten einzufinden.

Die Erfüllung dieser Anordnung soll eventuell durch Zwangsgeldstrafen erzwungen werden, die von dem Amtsmann (in Kopenhagen vom Polizeidirektor) unter Berufung an den Justizminister auferlegt werden und, wenn dies nicht fruchtet, durch die Meldung an die Polizei.

§ 13 enthält die Möglichkeit einer regelrechten Präventiv-Kontrolle. Der einzige Unterschied scheint darin zu bestehen, daß die Bestellung von einer Untersuchung zur folgenden stets von Fall zu Fall vor sich gehen muß, während bei der Reglementierung eine bestimmte Vorschrift ein für allemal erfolgt.

Und käme es nicht auf dasselbe heraus, wenn im Eingange des § statt „wo der Arzt aus Rücksicht auf die Ansteckungsgefahr für nötig hält" gesagt würde: „bei Prostituierten"?

Allerdings bin ich sehr einverstanden, daß nicht nur die offiziellen Prostituierten, sondern alle Personen in der gleichen Lage, Frauen wie Männer, in gleicher Weise getroffen werden sollen.

§ 14.

Wer auf öffentliche Kosten in einem Krankenhaus zur Behandlung für Geschlechtskrankheiten aufgenommen ist, darf das Krankenhaus nur mit ärztlicher Erlaubnis verlassen. Übertretungen dieser Bestimmung werden mit Gefängnis bei gewöhnlicher Gefängniskost bis zu 20 Tagen oder einfachem Gefängnis bis zu 1 Monat bestraft.

Also auch eine ziemlich weitgehende Zwangsmaßregel!

§ 15.

Die Polizei kann Hotelwirten, Gastwirten oder Wirten verbieten, Frauen zu beherbergen, die nach dem § 2 dieses Gesetzes bestraft sind, sowie derartige Frauen zur Unterhaltung oder Aufwartung der Gäste zu benutzen.

Übertretungen des Verbots werden mit Strafen bis zu 100 Kr., Gefängnis bei gewöhnlicher Gefängniskost bis zu 2 Monaten, oder mit Zwangsarbeit bis zu 3 Monaten bestraft. Ist der Betreffende bisher nicht bestraft oder gewarnt, so kann eine von der Polizeibehörde gegebene Verwarnung an Stelle der Strafe treten. Jedoch kann eine Verwarnung nicht gegeben werden, wenn der Beschuldigte ein richterliches Urteil verlangt.

§ 16.

Enthält Bestimmungen über das Verhandlungsverfahren.

§ 17.

Der Ausdruck „Geschlechtskrankheit" in diesem Gesetz schließt die in der Ärztewissenschaft als Syphilis, Gonorrhoea und Ulcus venereum bezeichneten Krankheitsformen in sich.

§ 18.

Betrifft die Zeit des Inkrafttretens des Gesetzes und der Aufhebung früherer Gesetze.

Meine Stellungnahme zu dem dänischen Gesetz habe ich schon kurz durch die den einzelnen Paragraphen angefügten Bemerkungen gekennzeichnet; ich kann den Bestimmungen von meinem reglementierungsfreundlichen Standpunkte aus zustimmen. Denn:

Es ist möglich, die Prostitution als „Vagabondage" zu fassen und unter Aufsicht zu stellen (§ 1), es ist für Sicherung der öffentlichen Ordnung gesorgt (§ 2), es besteht ein allgemeines Recht auf unentgeltliche Behandlung und ein entsprechender Behandlungszwang (§§ 5 und 14) mit Strafbestimmungen (§ 8) für Nichtbefolgung, es gibt sogar eine Zwangsüberwachung (§ 6), eine Zwangsuntersuchung (§ 10).

Viel kritischer äußert sich der abolitionistisch gesinnte Flexner (Seite 347 seiner Schrift) zu dem, wie er sagt, einen Kompromißstandpunkt einnehmenden dänischen Gesetz.

„Im Gegensatz zu der energischen Annahme des Freiwilligkeitsgrundsatzes (Italiens) trägt die dänische Politik noch gewisse Spuren eines polizeilichen Systems. Es ist vorbehalten z. B. das Recht zwangsweiser Untersuchung im Falle Frauen wegen professioneller Prostitution verhaftet worden sind; das dänische Gesetz gibt ferner der Polizei Vollmacht zu zwangsweisem Vorgehen bei venerischer Erkrankung usw.

Die dänischen Gesetzgeber waren augenscheinlich zu ängstlich, um energisch vorzugehen. Einerseits waren sie sich ganz klar darüber, daß Regulation verfehlt sei, nicht allein deshalb, weil sie Männer gar nicht und auch verhältnismäßig nur wenige Frauen traf, sondern auch, weil das Zusammenkoppeln von Krankheit mit eventueller Strafbarkeit dahin führe, die Krankheit zu verheimlichen. Sie sahen ein, daß man, um die Gesundheitsverhältnisse der Allgemeinheit zu bessern, an das Interesse, an die Intelligenz der Patienten selbst appellieren müsse; sie müßten gelehrt werden, daß sie ihrer selbst und nicht der anderen wegen behandelt werden, und daß die Behandlung von wissenschaftlichem Geiste geleitet, frei und für jedermann zugänglich sein müsse. Aber, wenn man der Polizei auch nur die allergeringsten Rechte einräumt, nie ist es dann ausgeschlossen, daß man auf Reglementierung zurückgreift, welche hauptsächlich nur für Frauen anwendbar ist — eine Politik, welcher wir unüberbrückbare Bedenken entgegensetzen."

Über die mit diesem 1906 in Kraft getretenen Gesetz erzielten Resultate liegen mehrfach Berichte vor.

Flexner selbst gibt folgende Tabelle:

Jahr	Zahl der Untersuchungen	Männer	Frauen	Krank befundene Männer	Krank befundene Frauen	Zahl der Personen, die wegen Nichtfortsetzung der Behandlung gemeldet wurden		Aufgegriffen wurden
						Männer	Frauen	
1907	410	22	388	21	172	154	37	68
1908	609	61	548	54	195	218	60	89
1909	739	36	703	28	226	238	95	112
1910	822	25	797	14	155	336	130	141
1911	780	40	740	24	160	364	117	133

und bemerkt dazu S. 356: Fünf Jahre hindurch hatten 1749 Personen unterlassen, sich wegen venerischer Krankheit behandeln zu lassen, nachdem sie von ihren Ärzten entlassen worden waren; 1310 von ihnen waren Männer, 439 Frauen. Es scheint deshalb, daß Männer weniger klug, einsichtig und gewissenhaft in der Verfolgung regelmäßiger und freiwilliger Behandlung sind, als Frauen. Jedes Geschlecht kann natürlich imstande sein, unbeschränkt Ansteckung zu verbreiten: Frauen, indem sie eine Menge Männer, Männer, indem sie eine Menge Frauen anstecken. Wenn deshalb (wie es bei der Reglementierung geschieht) zwangsweise medizinische Untersuchung und Behandlung nur bei einem Geschlecht angewandt wird, so müßte sie, nach Einsicht Kopenhagener Ziffern, eher bei Männern als bei Frauen angewendet werden. Denn Zwang, wenn er erwünscht ist, würde besser bei dem Geschlecht zur Anwendung kommen, welches den geringsten Gebrauch von der freiwilligen Behandlung macht.

Was die Zahl der angezeigten Krankheiten anlangt, so bewegen sie sich in Kopenhagen in Wellen, wie aus folgender Tabelle ersichtlich ist:

pro 10 000 Einwohner:

	Gonorrhoe	Ulcus venereum	Syphilis
1867—1871	141	63	49
1872—1876	157	59	37
1877—1881	193	43	37
1882—1886	214	56	55
1887—1891	155	28	38
1892—1896	126	19	35
1897—1901	130	21	49
1902—1906	119	13	39
1907	129	17	45
1908	142	26	56

Es ist also unzulässig, die Steigerung der Zahlen in den letzten zwei Jahren auf das neue Gesetz zu beziehen. Früher sind die Zahlen noch höher gewesen; auch die erweiterte Gelegenheit zu unentgeltlicher Behandlung hat ohne Zweifel

eine Steigerung der Anzeigen herbeigeführt, ohne daß deshalb notwendiger-
weise eine Mehrung der Krankheitsfälle vorhanden ist. Größere Bedeutung
kann man vielleicht den von Pontoppidan mitgeteilten Zahlen der in die
Spitäler aufgenommenen venerischen Patienten beilegen, und hier scheint es
wirklich, daß die Entwicklung in den letzten Jahren in falscher Richtung geht.
In die Abteilungen für Geschlechtskrankheiten der städtischen Krankenhäuser
zu Kopenhagen wurden aufgenommen:

1905	804	Männer	1774 Weiber
1906	858	„	1031 „
1907 . . . . :	1164	„	566 „
1908 . . . . . : . . . . :	1385	„	812 „

Diese Zahlen scheinen zu zeigen, daß die Weiber sich der Behandlung
entziehen, so daß dadurch die Ansteckungsgefahr vergrößert wird (Münch.
med. Wochenschr. 1909, S. 1203).

Ich lasse noch zwei Berichte von Pontoppidan und Svend Lomholt
folgen.

Pontoppidan berichtete auf dem Internat. med. Kongreß zu
London 1913 folgendes:

Vor 1906 war Dänemark — auf alle Fälle Kopenhagen — ein reglementiertes
Land. Aber die polizeiliche Reglementierung war in den letzten Jahren mehr und mehr
in sich selbst zusammengefallen, erstens weil der alte Typus der gewerbsmäßigen Prostituierten allmählich verschwand und ausgestorben ist; und obschon die Polizei einige
400 oder 500 meist alte und ehrwürdige (venerable) Prostituierte auf den Listen hat, so
sind doch die Halbprostituierten, welche sich entweder nicht einschreiben wollten oder
konnten, zehnmal größer und hundertmal gefährlicher. Zweitens waren die technischen
Schwierigkeiten für eine wirksam vorbeugende medizinische Untersuchung so augenscheinlich, daß selbst die strammsten Anhänger vorbeugender Kontrolle davon absehen
mußten. Sie gaben das alte System mit sehr wenig Bedauern auf und das Gesetz vom
30. März 1906 wurde bewilligt.

Wie ist nun seither die Sachlage?

Die Ärzte behandeln ihre Kranken meistens geradeso wie vorher; sie wollen nicht
als Polizeibeamte handeln und wünschen das Vertrauen ihrer Kranken zu behalten. Sie
beschränken ihre Macht auf Fälle, welche als eine besonders gefährliche Sorte anzusehen
sind: Halbprostituierte, Zuhälter und andere unsaubere Subjekte. Natürlich kommen
solche Fälle meist in der Hospitalpraxis und in den öffentlichen Sprechzimmern vor. Und
mit dieser, allerdings nicht vorgesehenen Einschränkung scheint das Gesetz, indem es
sich auf den medizinischen Standpunkt stellt, ganz guten Erfolg zu haben.

Wir Mediziner müssen nur einen festen Standpunkt gegen die Polizei und die Ge-
richtshöfe einnehmen, welche immer verlangen, daß das Gesetz als eine neue Art polizeilicher Überwachung anzuwenden sei. Dieselben Einflüsse haben dazu geführt, immer
mehr die Anwendung von Strafen einzuführen, welche seit 1906 immer mehr zugenommen
haben und meistens gegen die Frauen gerichtet sind. Hier haben ebenfalls die Ärzte einen
tüchtigen Widerstand geleistet und neuere Angriffe dieser Art haben nachgelassen. Es
ist dem ärztlichen Stande zu verdanken, welcher treu an seiner alten Auffassung festhält,
daß die Anwendung sehr scharfer Maßregeln soweit wie nur möglich auf solche Fälle zu
beschränken sind, wo solch strenges Vorgehen von Nutzen sein kann. Wäre anders verfahren worden, so unterliegt es keinem Zweifel, daß die Kranken, abgeschreckt durch die
Zwangsmaßregeln des Gesetzes, einfach nicht mehr die Ärzte aufsuchen und deren Behandlung soviel wie möglich vermeiden würden, geradeso wie es die Prostituierten vorher
machten, da sie die polizeiliche Einmischung, zwangsweise Hospitalbehandlung etc.
fürchten.

Der Teil des Gesetzes, welcher darauf hinzielt, die Kranken über die Art ihrer Krankheit und die Gefahr der Ansteckung etc. aufzuklären, hat guten Erfolg gehabt und jedermann ist damit zufrieden. Dasselbe könnte von den Maßregeln gesagt werden, welche es

den Kranken erleichtern, freie ambulatorische oder Hospitalbehandlung zu bekommen. Wir haben in Kopenhagen 12 Stellen, wo, teilweise auch abends, zuverlässige Männer jeden Tag konsultiert werden, und Frauenärzte speziell nur für Frauen. Kopenhagen hat mehr als 300 Hospitalbetten für venerische Kranke, welche gewöhnlich voll besetzt sind — die doppelte Anzahl von London.

Wenn Sie nun meine Ansicht wissen wollen über die sanitären Resultate, welche die Unterdrückung der Staatskontrolle zeitigt, da diese Kontrolle durch Maßregeln mehr allgemeiner Natur ersetzt wird, so bin ich um eine abschließende Antwort verlegen, da die Zeit der Beobachtung noch zu kurz ist. Persönlich bin ich der Meinung, daß die Dinge sich bis jetzt sehr wenig verändert haben, so wenig, daß ein Unterschied statistisch gar nicht erwiesen werden kann.

Deshalb glaube ich, daß die Staatskontrolle, insofern sie Reglementierung der Prostitution mit Zwangsmaßregeln in sich schließt, nur schlechte Dienste leistet. Zwang, Schroffheit und Strafe haben und werden niemals in dem Krieg gegen die venerischen Krankheiten Erfolg haben. Alles muß den Ärzten überlassen bleiben, welche erfolgreich gegen andere endemische Krankheiten gekämpft haben und hier auch dasselbe leisten werden, wenn man ihnen allein die Verantwortung überläßt. Wenn wir das Vertrauen unserer Kranken erwerben können, so sind wir besser fähig, unseren Weg zu verfolgen, und bereits scheint es auf diese Weise möglich zu sein, um ein Beispiel anzuführen, die kombinierte Salvarsanbehandlung einzuführen, welche, wie ich hoffe, mehr für das Erlöschen der Syphilis tun wird, als alle Staatskontrolle oder Zwangssysteme.

Dr. Svend Lomholt (Kopenhagen) berichtet über die Prophylaxe der venerischen Krankheiten in Dänemark zu Portsmouth auf dem Abolit. Kongreß 1914:

In Kopenhagen werden jetzt auf Grund des Gesetzes, daß jeder venerische Kranke das Recht hat, sich unentgeltlich behandeln zu lassen, 60 % sämtlicher venerischen Fälle auf öffentliche Kosten behandelt. (Kopenhagen hat jetzt ungefähr eine halbe Million Einwohner.) Vier Fünftel aller venerischen Fälle Dänemarks befinden sich in Kopenhagen. Daselbst ist auch die Bettenzahl jetzt so verstärkt (auf 240), daß ein Bett auf 1500 Einwohner kommt (überhaupt kommen acht Hospitalbetten auf 1000 Einwohner). Die Tatsache, daß so viele venerische Kranke sich in Hospitalbehandlung begeben, ist natürlich von größter Bedeutung mit Bezug auf die Verhütung weiterer Infektionen. Freilich kann nicht geleugnet werden, daß dadurch sehr große Unkosten erwachsen. Auch ist damit zu rechnen, daß manches junge Mädchen durch Berührung mit minderwertigen Elementen im Hospital auf schlechte Wege gerät.

Neben der Hospitalbehandlung besteht eine unentgeltliche, ambulatorische. Dieselbe wird durch 12 Ärzte, darunter zwei weibliche, die in verschiedenen Distrikten der Stadt ihre Sprechstunden halten, ausgeübt.

Was die im Gesetz von 1906 vorgesehenen Zwangsmaßregeln betrifft, so legt das Gesetz jedem Geschlechtskranken die Verpflichtung auf (unter Strafandrohung), ärztliche Hilfe und Behandlung zu suchen. Diese Bestimmung ist aber im Publikum sehr wenig bekannt und ist für kaum jemand der Beweggrund, ärztliche Hilfe aufzusuchen. Übrigens ist diese Bestimmung nicht von geringem praktischen Wert, soweit sie Kranke, ihre Behandlung und die geforderten Vorsichtsmaßregeln betrifft. Im Jahre 1912 wurden nicht weniger wie 457 Männer und 170 Frauen durch die Sanitätspolizei zwangsweise der Hospitalbehandlung zugeführt. Die Befürchtung, daß durch diese Maßregeln das Vertrauen der Patienten zu dem Arzt erschüttert werden könnte, kann nicht aufrecht erhalten werden. Jedenfalls beweist die große Zahl von Patienten, die sich in Behandlung begeben, daß die Strafbestimmungen sie nicht abschrecken.

Der eigentliche Prostitutionsbetrieb wird als solcher bekanntlich nicht bestraft. Er wird als Beschäftigung gesetzlich nicht anerkannt; die Prostituierten werden wie Landstreicher, die keine regelmäßige Beschäftigung suchen, behandelt. Ob diese Maßregel einen großen Wert hat, ist schwer zu beurteilen. Denn die Prostituierten verstehen es mit großem Geschick, irgendeine Scheinbeschäftigung vorzutäuschen, die eventuell einen Lebensunterhalt beschaffen könnte.

Wird eine Prostituierte als Vagabundin aufgegriffen und bestraft, so darf sie, wenn sie ihre Zustimmung erteilt, ohne weiteres vom Polizeiinspektor einer ärztlichen Untersuchung betreffs Geschlechtskrankheiten zugeführt werden. Verweigert sie diese Einwilligung, was aber nur in zwei bis drei Fällen vorgekommen ist, so entscheidet der Gerichtshof. 1912 wurden 721 solch ärztliche Untersuchungen vorgenommen und dabei 153 Krankheitsfälle, darunter 57 Fälle von Syphilis, festgestellt. Eine regelmäßige Kontrolluntersuchung schließt sich aber nicht an diese Feststellungen. Die meisten dieser einmal aufgegriffenen und behandelten Frauen kommt nie wieder zu ärztlicher Behandlung oder erst nach vielen Jahren, und auch dann immer wieder, weil sie als Vagabundinnen aufgegriffen und bestraft wurden. Der sanitäre Wert dieser ganzen Maßregel ist sicherlich nicht sehr groß, wenn auch zugegeben werden muß, daß von Zeit zu Zeit recht vernachlässigte Syphilisfälle der ärztlichen Behandlung zugeführt worden sind.

Noch eine dritte Gruppe von Bestimmungen bezieht sich auf die Übertragung der Krankheit. Bekanntlich soll jede Person, die weiß oder Grund hat zu der Annahme, geschlechtskrank zu sein, und mit anderen Personen geschlechtlich verkehrt, bestraft werden. Über den Wert dieser Strafbestimmung ist heftig gestritten worden. Manche wollen sie ganz abschaffen wegen der großen praktischen Schwierigkeiten, sie durchzuführen, woraus natürlich eine sehr ungleiche Handhabung und ein sehr geringer Wert resultiert.

Nach meiner Erfahrung ist das aber nicht der Fall. Natürlich werden viele Patienten, die an dieser chronischen Krankheit leiden, die Anordnung nicht befolgen, aber andererseits vermeiden doch viele unter dem Druck der Gesetzesbestimmungen geschlechtlichen Verkehr, oder befolgen zum mindesten alle Vorsichtsmaßregeln, die eine Krankheitsübertragung verhüten könnten. Zur Kenntnis der Behörde sind nach dieser Richtung hin im Jahre 1912 nur 50 Fälle gekommen, von welchen 36 verurteilt wurden.

Die Hauptfrage ist nun: Hat die Abschaffung der Reglementierung irgendwie den gesamten Zustand verschlechtert und hat das neue System mit Bezug auf den Gesundheitszustand Verbesserungen herbeigeführt? Ich beantworte die erste Frage mit „Nein“, die zweite Frage mit „Ja“.

(Folgen einige Statistiken über Ulcus molle, Gonorrhoe und Syphilis.)

Was die Syphilisstatistik betrifft, so kritisiert Lomholt sehr scharf und erkennt nur die als „III“ bezeichnete Kurve an, ohne spezielle Gründe dafür anzugeben, und er bestreitet demgemäß auch die sonst verbreitete Annahme, daß seit 1906 eine starke Zunahme der Syphilis in Kopenhagen stattgefunden habe.

Diese Berichte sind besonders interessant, als die Abschaffung der regelmäßigen Prostituiertenuntersuchung durch das dänische Gesetz vom 30. März 1906 gegen die Majoritäten der zur Vorbereitung der Reformen einberufenen Sachverständigenkommissionen beschlossen wurden.

Eine gesetzliche Regelung der uns beschäftigenden Materie strebt auch **Dreuw** in zwei jüngst erschienenen Publikationen an:

1. in seinem Buche: „Haut- und Geschlechtskrankheiten im Kriege und im Frieden“ (Verlag Fischer, Medizinische Buchhandlung Berlin W 62);

2. in einem Aufsatze über Bevölkerungspolitik (Allg. Med. Zentralzeitung 1915, Nr. 47).

Seine Forderungen entsprechen den hier mehrfach aufgestellten.

„An die Stelle der Polizei wird dabei zweckmäßig eine Behörde treten, deren Beamte bei hoher Strafandrohung durch Amtseid zur Verschwiegenheit verpflichtet werden. Diese Behörde müßte einen möglichst harmlosen Namen tragen, etwa „Statistisches Gesundheitsamt“, und sie müßte, um bei einer eventuell notwendig werdenden Mitteilung keinen Verdacht auf den Empfänger zu richten, sich auch noch mit der statistischen Überwachung anderer Krankheiten als der sexuellen befassen. Auch dürften die Beamten dieser Behörde nicht zu Bekundungen über Angelegenheiten ihrer Berufstätigkeit vor Gericht geladen werden. Aus der Tatsache, daß sie nichts aussagen, dürften keine Schlüsse gezogen werden, kurzum, sie müßten mit allen Mitteln gegen polizeiliche und gerichtliche Nachforschungen geschützt werden. Wäre diese Behörde vorhanden, so kämen folgende Vorschläge zu einer Reform der Bekämpfung der Geschlechtskrankheiten in Frage.

1. Jeder, der an einer Geschlechtskrankheit leidet, ist verpflichtet, einen Arzt aufzusuchen. Jeder Arzt muß auf einem verschlossenen, gedruckten Formular, das frei laut Ablösung durch die Post versandt wird, der Behörde Namen und Art der Erkrankung mitteilen. Er ist verpflichtet, dem Patienten das Formular auszuhändigen, zugleich mit einem Merkblatt, auf welchem die wichtigsten Bestimmungen vermerkt sind, mit dem ausdrücklichen Hinweis, daß der Patient keine Indiskretionen zu befürchten habe. ·

2. Jeder Erkrankte hat wöchentlich einmal durch ein solches Schreiben, das vom Arzte gratis ausgefüllt wird, der Behörde anzuzeigen, daß er sich in Behandlung befindet. Am Ende der Behandlung sendet er ein Schlußattest ein. Die Formulare dürfen nur den Ärzten von der Behörde übermittelt werden.

3. Wenn der betreffende Patient, ehe ein Schlußattest eingegangen ist, drei Wochen lang kein Attest sendet, wendet sich die Behörde an ihn zwecks Einsendung dieses Attestes. Wenn er also eine solche harmlos gehaltene Aufforderung bekommt, so trägt er selbst die Schuld daran. Ist er auf Reisen, so kann er durch jeden beliebigen Arzt ein Attest einsenden und ist solange verpflichtet dazu, bis ein ärztliches Schlußattest eingegangen ist. Falls er drei Wochen lang jede Aufforderung unbeantwortet läßt, muß er sich eine zwangsweise Behandlung in einem Krankenhause gefallen lassen, wenn er für sein Verhalten keine genügende Entschuldigung beibringen kann."

Frankreich.

Das **Lépinesche Projekt** hat folgenden Wortlaut:

„Durch Gesetz oder Verwaltungsreglement sind folgende Grundsätze festzulegen:

1. Alle die Prostitution vom Standpunkt der öffentlichen Gesundheitspflege betreffenden Angelegenheiten sind einem besonderen, dem Seinepräfekten unterstellten **Spezialgesundheitsamt** zu unterbreiten.

2. Jede großjährige Frauensperson, welche diesem Prostitutionsgewerbe nachgehen will, muß eine dahingehende Erklärung unterschreiben und hat darauf folgenden Vorschriften zu genügen: Sie muß im Besitze eines **Gesundheitsattestes** sein, welches, wenn sie unter 25 Jahre alt ist, zweimal wöchentlich, bis 30 Jahre einmal wöchentlich, über 30 Jahre alle zwei Wochen zu erneuern ist. Das Attest muß bescheinigen, daß sie frei von venerischen Krankheiten ist, muß von einem Arzt eines öffentlichen Krankenhauses ausgestellt sein und die Identität der Prostituierten konstatieren.

3. Jede großjährige Prostituierte, die ein solches vollgültiges Gesundheitsattest nicht beibringen kann, oder die ohne eine vorangängige Erklärung der Prostitution nachgeht, sowie solche, die sich auf öffentlicher Straße in ärgerniserregender Weise beträgt, **wird dem Richter vorgeführt und mit Haft bestraft.**

In den beiden ersten Fällen wird die Betreffende einmal zwangsweise untersucht und, falls venerisch erkrankt befunden, einem Sanatorium über-

wiesen, wo sie bis zur völligen Heilung zurückbehalten wird. Erst nach ihrer
Entlassung wird sie dem Richter vorgeführt.

4. **Jede administrative Strafe wird abgeschafft.**

5. **Die Spezialhospitäler für Venerische werden abgeschafft und durch
Spezialabteilungen in den allgemeinen Krankenhäusern ersetzt.** Geschlechtskranke sind in den Krankenhäusern denselben Hausregeln zu unterwerfen,
wie alle anderen Kranken und erhalten auch wie sie bei der Entlassung die
übliche Unterstützung.

6. In einer möglichst großen Anzahl von allgemeinen Krankenhäusern
sollen Polikliniken für Venerische mit Gratisverteilung von Medikamenten eingerichtet werden.

7. Die Armendirektion wird aufgefordert, dem Gemeinderat sobald wie
möglich einen Organisationsplan für diese Polikliniken vorzulegen. Dieselben
sollen in den bevölkertsten Stadtteilen errichtet werden, die Sprechstunden
sollen abends von 8—11 mindestens dreimal wöchentlich stattfinden."

**Conseil municipale de Paris, Diskussion über die Berichte der Herren Tourot
etc. über die Prostitution und die Sittenpolizei.** (Bull. de la Soc. de Prophylaxie
san. et mor. 1905 V, p. 417. — Siehe ebenda 1904, S. 191, 249, 341, 355 u. ff.)

Die Versammlung beschließt folgendes:

Es soll ein **Gesetz** oder eine öffentliche Verwaltungsvorschrift über die
Sittenpolizei gegeben werden. Dasselbe soll folgende Bestimmungen enthalten:

1. Die ganze Materie der Prostitution, soweit sie die Gefahren der öffentlichen Gesundheit in sich begreift, soll einem **speziellen Gesundheitsamt** unterstellt werden, welches der Regierung untersteht und durch einen **Spezialfach-
mann** geleitet wird.

2. Jede Frau oder jedes mündige Mädchen, die sich der Prostitution ergeben, hat eine diesbezügliche Erklärung der Regierung abzugeben und sich
folgenden Vorschriften zu fügen:

Sie hat eine **Bescheinigung über ihre Gesundheit** zu erbringen und bei
sich zu führen, daß sie, wenn sie weniger als 22 Jahre alt ist, zweimal wöchentlich, wenn sie weniger als 30 Jahre alt ist, einmal wöchentlich, wenn sie älter
als 30 Jahre ist, alle 14 Tage sich einer ärztlichen Untersuchung
unterzogen hat und von jeder venerischen Krankheit frei ist.

Diese Bescheinigung wird durch einen beamteten Arzt ausgehändigt
und dient zur Feststellung der Prostituierten.

3. Dem **Gericht** werden vorgeführt und bestraft (mit peines correctionnelles)
jede sich prostituierende Frau oder jedes junge Mädchen, die diese Gesundheits-
bescheinigung, die bis auf den letzten Tag reichen muß, **nicht vorzeigen kann;
welche ohne vorausgegangene Anmeldung sich öffentlich der Prostitution ergibt;**
diejenigen, die in ärgerniserregender Weise öffentlich zur Unzucht aufreizen.

In den ersten beiden Fällen wird die Frau einer ärztlichen Untersuchung
unterworfen und, wenn krank befunden, in eine Heilanstalt geschickt, wo sie
bis zur vollkommenen Heilung zurückgehalten wird. Erst bei dem Austritt
aus dem Hospital wird sie dem Gericht vorgeführt.

4. Jede administrative Bestrafung ist untersagt.

5. An Stelle der Spezialhospitäler haben **Spezialabteilungen** in den allgemeinen Hospitälern zu treten. Irgend ein Unterschied zwischen den Kranken und den anderen darf nicht gemacht werden.

6. In weitestem Maßstabe sind **Ambulatorien** mit unentgeltlicher Behandlung und Medikamentenverabreichung einzurichten.

7. Diesbezügliche Vorschläge sollen möglichst bald gemacht werden. Die Ambulatorien sollen in den am meist bevölkerten Vierteln eingerichtet werden, die ärztlichen Sprechstunden sollen abends zwischen 9 und 11 mindestens dreimal wöchentlich stattfinden.

Gesetzesvorschlag, betreffend die Prostitution und die Vorbeugung gegenüber Geschlechtskrankheiten, ausgearbeitet von der extraparlamentarischen Kommission über die Sittlichkeit. (Bull. de la Soc. de Prophylaxie san. et mor. 1907 VII, p. 34 siehe ferner 1908. S. 146 u. ff.)

Das Gesetz ist absolut a bolitionistisch. Seine ersten drei Bestimmungen lauten:

1. Niemand kann auf Grund der Tatsache, daß er Prostitution treibt, auf irgendeine andere Weise als durch ein **Gesetz** irgendwelchen seine persönliche Freiheit einschränkenden Maßregeln unterworfen werden.

2. Keine Verwaltungsvorschrift darf Bestimmungen enthalten, die sich auf sich prostituierende Personen beziehen und sie in irgendeiner Weise der Inskription oder einer körperlichen Untersuchung unterwerfen wollen.

3. Alle diesen Bestimmungen entgegenstehenden Verordnungen, Gesetze usw. sind aufgehoben.

Béranger bemerkt dazu: Wie schon gesagt, ist das Gesetz von abolitionistischen Lehren und Prinzipien durchtränkt, aber es ist nur zustandegekommen durch die Pünktlichkeit und durch das strenge Zusammenhalten der Abolitionisten. Bei der Schlußabstimmung waren tatsächlich nur 16 von 71 Mitgliedern der Kommission anwesend, und dies waren eben die pünktlichen Abolitionisten.

Gaime (Grenoble) La croix médicale. Ein neues System der Polizeiüberwachung. Bericht von Dr. le Pileur in der Société de Prophylaxie sanitaire et morale, 1904. IV, p. 144.

Die Inskription der Prostituierten wird aufgehoben. Es gibt dann also nicht mehr offizielle und heimliche Prostituierte, sondern nur Frauen, die mit ihrem Körper in aller Freiheit unter der Herrschaft des gemeinen Rechts Gebrauch machen, d. h. also unter der Bedingung, nicht die öffentliche Ordnung zu stören und öffentliches Ärgernis zu erregen.

Der Gesundheitszustand dieser Frauen wird auf folgende Weise gewährleistet:

Die Frauen haben die Verpflichtung, sich häufig, sei es durch einen Arzt ihrer Wahl, sei es durch einen an einem Ambulatorium angestellten Amtsarzt, untersuchen und eventuell behandeln zu lassen; in letzterem Falle vollkommen unentgeltlich. Diese Frauen erhalten **zwei Erkennungskarten** mit ihrer Photographie. Die eine offizielle enthält die Eintragungen der Untersuchungen mit Datum, Krankheitserscheinungen und Behandlungsvorschriften. Die zweite Karte enthält nur die Feststellung des an einem bestimmten Tage festgestellten Gesundheitszustandes.

Die erste Karte ist für die Aufsichtsbeamten bestimmt, die auf diese Weise schnell feststellen können,

1. ob die Frau sich den regelmäßigen Untersuchungen unterzieht, und
2. ob sie im Krankheitsfalle sich regelmäßig behandeln läßt.

Die zweite Karte ist nur für die Männer bestimmt, und der Autor glaubt, daß die Männer sich schnell daran gewöhnen werden, nach der Karte zu fragen, und die Frauen, sie zu zeigen. Natürlich haben die Ärzte die Verpflichtung, die Karten den kranken Personen zu entziehen und erst nach der Heilung wieder zuzustellen. **Die Polizei tritt also erst in Tätigkeit,** wenn die Vorschriften des gemeinen Rechts nicht innegehalten werden, also in dem Falle, wo die regelmäßige Untersuchung unterlassen wird, mag die Frau gesund oder krank sein.

Gaime ist übrigens ein überzeugter Anhänger von Bordellen und Passierhäusern, weil die sanitäre Überwachung viel wirksamer und leichter sei. Auch ist er überzeugt, daß man es wohl durchsetzen könnte, daß die Bordellwirte verhindert werden könnten, die Insassinnen auszuplündern, und daß dann die Mädchen sehr viel lieber in die Bordelle zurückkehren würden.

Kahn, Die Reglementierung der Prostitution, la Loire médicale, August — Septbr. 1903 (siehe Referat: Soc. de prophylaxie san. et mor.) 1004 IV, p. 147).

Das Resümee der sehr ausführlichen Arbeit lautet:

1. Es bedarf eines Gesetzes über die Reglementierung der Prostitution.

2. **Das Gesetz darf den Prostituierten nur die einzige Verpflichtung auferlegen, sich einer regelmäßigen ärztlichen Untersuchung zu unterwerfen und im Falle von Krankheit ins Hospital zu gehen.**

3. Eine Inskription darf nur nach eingehender **gerichtlicher Verhandlung** durch die Behörde stattfinden.

4. Der Staat muß alle Gesellschaften und Unternehmungen unterstützen, die einerseits das Herabsinken der Mädchen in die Prostitution zu verhindern suchen, andererseits den Prostituierten die Rückkehr ins bürgerliche Leben erleichtern.

5. Der ärztliche Dienst muß von besonders gut vorbereiteten ärztlichen Personen besorgt werden, daß sie alles Abschreckende für die Prostituierten verlieren.

Vorschlag Galli.

Eine scharfe Kritik an dem § 361, 6 übt Galli. Er findet die Bestimmungen zu weitgehend, sofern die polizeilich nicht beaufsichtigte Prostitution ausnahmslos strafbar ist (*auch ich wende mich dagegen, um ohne sofortige Strafe auch die Anfängerin der Prostitution beeinflussen zu können*); auf der anderen Seite zu milde insofern, als der Unzuchtsbetrieb einer inskribierten Puella nur dann strafbar wird, wenn damit eine Zuwiderhandlung gegen die infolge der Aufsicht ihr auferlegten Beschränkungen verbunden ist. „Die Polizeibehörde duldet also die Gewerbeunzucht unter gewissen Bedingungen, und indem sie diese Bedingungen kundgibt, bringt sie nach einer

Reichsgerichtsentscheidung (Strafsache XI, 287) diese gewollte Duldung zum Ausdruck."

Galli weist dann weiter auf den Widerspruch hin, der zwischen der geltenden Kuppeleigesetzgebung und dem Vorgehen der Polizeibehörde („welche in die unwürdige Lage gebracht werde, zur Verschaffung derartiger Gelegenheiten mitzuwirken") besteht.

Galli bezweifelt übrigens, daß die Verfügungen, durch welche die Prostituierte mit Eintragung in die Kontrolliste, mit fortlaufenden ärztlichen Untersuchungen, mit sittenpolizeilich erforderlichen Verhaltungseinschränkungen belastet wird, zulässig sind. „Die Befugnis hierzu ist aus dem Strafgesetzbuch nicht herzuleiten; dieses hat insoweit nur den Charakter eines Blanketts, welches der Ausfüllung an berechtigter Stelle bedürftig ist."

Auch die Einwilligung der Prostituierten, sich der Aufsicht zu unterwerfen, ist wegen der damit bezweckten Duldung ihres Betriebes unsittlich und deshalb nichtig. Jedenfalls kann aus dem Bürgerlichen Gesetzbuch eine derartige Befugnis, alle möglichen Maßregeln über die Prostituierte zu verhängen, nicht gerechtfertigt werden.

Ein diesbezügliches Reichsgesetz gibt es also nicht. In Preußen gibt das Seuchengesetz von 1905 eine Handhabe, aber nur in sanitärer Hinsicht und nur für solche Personen, welche der Gewerbsunzucht schon überführt sind. Nicht dagegen gehören dazu diejenigen Personen, welche polizeilich wegen Verdachts der Gewerbsunzucht angehalten werden [1].

Nun könnte man die Befugnis der Polizei zur Verhängung der Prostitutionsaufsicht aus dem allgemeinen Berufe der Polizei, die öffentliche Ordnung zu erhalten und die dem Publikum drohende Gefahr abzuwenden, herleiten. Galli glaubt aber, daß diese Befugnis nur bestünde gegen unmittelbare Gefährdung der öffentlichen Sicherheit und Ordnung und nicht mit der Wirkung, daß die Polizei im Hinblick auf die entfernteren Gefahren, welche unter Umständen hinzutreten können, zu Einschränkungen der persönlichen Freiheit berechtigt ist.

So verlangt denn auch Galli, daß der Staat die Reglementierung beibehält, sie muß aber in dem Sinne umgestaltet werden, daß sie weniger als Duldung, sondern als Kampf- und Besserungsmittel wirkt und dabei unter die Garantien des Rechtsverfahrens und des Richterspruchs gestellt wird.

Galli verlangt also ein Reichsgesetz gegen gewerbsweise Unzucht und venerische Ansteckung, und stellt dafür folgende Grundsätze auf:

I. Wer gewerbsmäßig Unzucht treibt, ist mit Verweis, im Rückfalle mit Haft zu bestrafen. Bei der Verurteilung zu Haft kann der Polizeibehörde die

---

[1] Auch Galli weist darauf hin, daß der Ministerialerlaß, welcher den Polizeibehörden befiehlt, jugendliche Prostituierte weder unter Kontrolle zu stellen noch dem Staatsanwalt anzuzeigen, sondern deren Fürsorgeerziehung durch den Vormundschaftsrichter herbeizuführen, mit den gesetzlichen Bestimmungen des § 361, 6 unvereinbar sei. Praktisch hat dies die Bedeutung, daß jeder Privatdenunziant, welcher die Jugendlichen dem Staatsanwalt anzeigt, die wohlwollende Absicht der höchsten Verwaltungsstelle vereiteln kann.

**Befugnis zuerkannt werden, den Verurteilten bis zu zwei Jahren in ein Arbeits-
haus unterzubringen oder zu gemeinnützigen Arbeiten zu verwenden.**

Die Strafverfolgung tritt nur auf polizeilichen Antrag ein.

Galli will also zum Ausdruck bringen, daß die Prostitution keine bloße
Unsittlichkeit ist, sondern daß sie dem Strafrecht des Staates verfällt, weil
sie die Rechtsordnung gefährdet und zugleich die Hauptquelle der gemeingefährlichen Geschlechtskrankheiten ist. Er betont aber ausdrücklich, daß
dieses Strafrecht nicht eo ipso identisch ist mit einer Pflicht zur
Strafverfolgung. Überall gibt es in der Strafverfolgung Einschränkungen,
namentlich da, wo neben der Strafe noch anderweitige Maßnahmen von vorbeugender oder bessernder Wirkung zur Verfügung sind.

Demgemäß soll ein Strafurteil herbeigeführt werden, wenn
die Polizei einen diesbezüglichen Antrag stellt.

*An vielen Stellen dieser Abhandlung ist auseinander gesetzt, daß ich den-
selben Gedankengang verfolge, welcher wesentlich darin gipfelt, einen prinzipiellen
Unterschied zu machen zwischen den besserungsfähigen Mädchen und den unverbesserlichen Prostituierten. Ferner, da stets auf das sorgfältigste geprüft werden
müsse, ob irgendwie die Möglichkeit besteht, die Prostituierte von dem verderblichen
Weg, den sie geht, abzubringen, muß sorgfältig von Fall zu Fall geprüft werden,
ob und wie zu helfen und zu retten ist. Gewiß wird auch nach Gallis Vorschlag
der Polizei wieder eine große Macht eingeräumt, „dies aber scheint Galli auf einem
Gebiete, wo der Gesetzgeber immer nur zwischen größeren und kleineren Übeln zu
wählen hat, der geringere Übelstand.“*

*Eins freilich bleibt in dem Gallischen Entwurf — und das scheint mir ein
großer Fehler — unberührt; die Frage, wie die geheim betriebene Prostitution zu treffen wäre. „Ihr gegenüber hat die Rechtsordnung nur den Hinweis
auf § 116 der Str.P.O., wonach die Behörden und Beamten des Polizei- und Sicher-
heitsdienstes gehalten sind, strafbare Handlungen zu erforschen und auf diesem
Wege die geheime Prostitution in eine der amtlichen Behandlung zugängliche zu
verwandeln.“*

II. Wer bei Begehung der Handlung zu I das 18. Lebensjahr
nicht vollendet hat, ist wegen derselben strafrechtlich nicht zu
verfolgen. Gegen denselben sind nach Anleitung des § 55 des Strafgesetzbuches die zur Besserung und Beaufsichtigung geeigneten
Maßregeln zu treffen.

III. Die Polizei erhält durch jede Verurteilung wegen gewerbsmäßiger Unzucht die Befugnis, den Verurteilten unter Aufsicht zu
stellen. Die Aufsicht hat folgende Wirkung:

1. Die Polizei kann den Verurteilten in eine Besserungs- oder Erziehungsanstalt oder in ein Asyl bis zur Dauer von zwei Jahren unterbringen.

2. Der Verurteilte kann einer ärztlichen Beobachtung, bei ansteckender
   Krankheit einer ärztlichen Zwangsbehandlung unterworfen werden.

3. Die Polizei kann dem Verurteilten die zur Sicherung der öffentlichen
   Ordnung und des öffentlichen Anstandes gegen die Gefahren der Gewerbsunzucht erforderlichen Aufenthalts- und Verkehrsbeschränkungen
   auferlegen.

4. Der Ausländer kann aus dem Reichsgebiete verwiesen werden.

5. Zuwiderhandlungen gegen die Maßnahmen 1 bis 4 sind auf polizeilichen Antrag mit Haft zu bestrafen.

Die Aufsicht ist aufzuheben, sobald und solange der Verurteilte,
sei es in geordnetem Erwerbsverhältnisse, sei es aus anderen Gründen, der
Gewerbsunzucht nicht mehr verdächtig ist. Wird die Aufhebung von der
Polizei abgelehnt oder widerrufen, so findet hiergegen der Antrag auf straf-
richterliche Entscheidung statt.

Gegen die unter Nr. 5 vorgesehene Haftstrafe habe ich einzuwenden,
daß ich überhaupt glaube, daß man von kurzen Haftstrafen Abstand nehmen
solle (siehe darüber S. 262 ff.).

IV. Betrifft Bordelle und ähnliche Einrichtungen.

V. Wer, obschon er weiß, daß er an einer ansteckenden Geschlechtskrankheit leidet, einen anderen durch außerehelichen Geschlechtsverkehr der Gefahr einer Ansteckung aussetzt, ist mit
Gefängnis bis zu sechs Monaten zu bestrafen. Ist die Handlung
von einer Person über 18 Jahre in Ausübung gewerbsmäßiger Unzucht begangen, so ist die Bestimmung dahin zu verschärfen:

1. daß schon Gefährdung aus Fahrlässigkeit strafbar ist;

2. daß auf Gefängnis bis zu zwei Jahren erkannt werden kann;

3. daß der Verurteilte unter Aufsicht gestellt werden kann,
   wie dies unter III vorgesehen ist.

Es wird also auch hier nicht bloß die Gesundheitsschädigung, sondern
auch die Gesundheitsgefährdung unter Strafe gestellt. Galli hält
diese Forderung wegen Unzulänglichkeit des derzeitigen Strafrechts für geboten. „Die Bestimmung hat die Bedeutung einer Warnungstafel
für die Buben, welche das Gift der Ansteckung in die Prostitution hinein-
getragen, bevor es von dieser weitergegeben wird."

Ich habe die Frage der Zweckmäßigkeit einer derartigen Bestimmung
auf S. 128 ff. ausführlicher besprochen.

VI. Wer, auch unter 18 Jahren, der Zuwiderhandlungen zu I
oder V verdächtig ist, kann mit seiner oder seines gesetzlichen
Vertreters Einwilligung durch polizeiliche Veranstaltung einer
ärztlichen Untersuchung unterworfen werden. Die abgelehnte Einwilligung ist durch das von der Polizei ersuchte Amtsgericht zu
ergänzen, wenn der Verdacht hinlänglich begründet ist. Wird
durch die Untersuchung eine übertragbare Geschlechtskrankheit
festgestellt, so kann die Polizei eine zwangsweise Behandlung an-
ordnen, wenn dies zur wirksamen Verhütung der Ausbreitung der
Krankheit erforderlich scheint.

Diese Bestimmung scheint auch mir eine sehr wertvolle Ergänzung der
Bestimmung II. Nur fürchte ich, daß sie in der Praxis den beabsichtigten Zweck
nicht erfüllen wird, da zwischen der Aufgreifung einer solchen Person unter
18 Jahren und der erst durch einen Amtsgerichtsbeschluß zu erzwingenden
ärztlichen Untersuchung sicherlich stets eine längere Zwischenzeit eintreten
wird. In solchen Fällen muß unter allen Umständen dafür gesorgt werden,
daß die betreffende Person sofort, falls sie krank ist, unschädlich gemacht
wird, und demgemäß muß auch die Feststellung, ob sie krank ist,
sofort erfolgen können.

VII. Die Behandlung der zu VI bezeichneten Krankheiten durch Kurpfuscher ist unter Strafandrohung zu verbieten.

VIII. In öffentlichen Krankenhäusern sollen öffentliche Sprechstunden für Geschlechtskranke mit kostenloser Abgabe von Arzneien eingerichtet werden.

IX. Die Landeszentralbehörde hat bekannt zu machen, von welchen Polizeibehörden die der Polizei zugeteilten Befugnisse und Obliegenheiten wahrzunehmen sind.

Diesen Bestimmungen habe ich nichts hinzuzufügen.

Hermanides, Bekämpfung der ansteckenden Geschlechtskrankheiten als Volksseuche (S. 126).

Maßregeln, die zur Beschränkung der venerischen Krankheiten führen können.

1. **Verbot der öffentlichen Prostitution.** a) Dadurch, daß gesetzlich mit Strafe bedroht werden alle Personen, die aus Gewinnsucht die Begehung unzüchtiger Handlungen durch Dritte mit anderen hervorrufen oder befördern, daraus ein Gewerbe machen oder dazu behilflich sind, indem sie die Gelegenheit und die Mittel dazu verschaffen.

b) Dadurch, daß die Frau bestraft wird, welche gewerbsmäßige Unzucht treibt und dabei den öffentlichen Anstand, die öffentliche Ordnung und die allgemeine Gesundheit gefährdet.

2. **Verbot der klandestinen Prostitution** durch Bestrafung der Besitzer von Café-chantants, Tanzhäusern und anderen Lokalitäten, wo Musikaufführungen stattfinden und Trinkgelage gehalten werden, wenn diese Etablissements die öffentliche Ordnung, den öffentlichen Anstand oder die allgemeine Gesundheit gefährden.

3. **Strafbarkeit des Besuchs von Häusern**, in denen, im Widerspruch mit den Bestimmungen dieses Gesetzes, Gelegenheit zu unzüchtigen Handlungen gegeben wird, mit der zutage liegenden Absicht von dieser Gelegenheit Gebrauch zu machen.

Art. 3 stellt die Besucher der in Art. 1a verbotenen Häuser unter Strafe, nämlich die, welche sich mit der offenkundigen Absicht, Unzucht zu treiben, darin befinden. Wiewohl diese Häuser gesetzlich verboten sind, werden immer noch einige im Geheimen unter verschiedenen Namen fortexistieren. Zwar wird es auf großen Widerstand stoßen, wenn man die Besucher solcher Häuser für strafbar erklären will, weil man darin eine große Beschränkung der individuellen Freiheit erblicken wird. Indessen ist diese Strafbarkeitserklärung durchaus rationell, denn vom juristischen Standpunkt aus können die Besucher solcher Unzuchtshäuser, die gesetzlich verboten sind, als Mitschuldige, in jedem Falle als Begünstiger der genannten Gesetzesübertretung mit Strafe bedroht werden.

Art. 8. Wer durch die Verbreitung der venerischen oder syphilitischen Gifte oder durch die Ansteckung mit denselben wissentlich andere gefährdet, wird gestraft.

Dieser Artikel ist dem Gesetze entnommen, welches die ansteckenden Krankheiten im allgemeinen zu verhindern sucht, ein Gesetz, das beinahe in allen gebildeten Staaten eingeführt ist, wiewohl die venerischen Krankheiten nicht besonders genannt werden. Aus letztgenanntem Grunde kann deshalb in diesen Ländern, darunter auch in Deutschland, das Gesetz auf die Syphilis und die Blennorrhoe nicht angewendet werden. Soweit uns bekannt ist, besitzt in ganz Europa nur Skandinavien ein Gesetz, das jeden für strafwürdig erklärt, der für Verbreitung des syphilitischen Giftes oder für die Ansteckung mit demselben Gefahr hervorruft.

. . . . Ob ein solcher Artikel in der Praxis häufig in Anwendung käme? Dies ist
a priori schwer zu sagen. Wiewohl der Artikel in Skandinavien selten angewendet worden
zu sein scheint, sind doch verschiedene Fälle denkbar, in welchen dies der Fall sein kann.
Auch in dem Gesetz über ansteckende Krankheiten hat er oft gute Dienste geleistet. Wir
haben gerichtliche Urteile, wie in München, welche die venerische Ansteckung als Körperverletzung bestrafen; und andere, wie in Frankfurt, welche die Ehe auf Grund der
alten Krankheit des Mannes, für nichtig erklären.

Ebenso wie das Gesetz hinsichtlich der Untersuchung nach der Vaterschaft (Deutsches
Gesetzbuch vom 18. August 1896 § 1708 u. f. f.) in der Praxis nützlich gewirkt hat und
die Unzucht in den Ländern, wo die Untersuchung nach der Vaterschaft verboten ist,
durch dieses Verbot befördert worden ist, so kann auch die Untersuchung nach der Vaterschaft des blennorrhagischen oder syphilitischen Giftes eine nützliche Anwendung finden.

Die Maßregeln, die wir hier zur Beschränkung der venerischen Krankheiten angeben, bezwecken, wie aus den drei ersten Artikeln hervorgeht, der
Hauptsache nach, die Quelle derselben zu verstopfen, und wie man aus den
anderen Artikeln sieht, die Prostitution selbst zu bekämpfen. Ferner richtet
sich der Streit gegen alles, was den sexuellen Trieb bei beiden Geschlechtern
öffentlich erweckt, d. h. was die Prostitution befördert und sekundär zu ihr
führt: die Pornographie, unsittliche Lektüre, unsittliche Theaterstücke, und die
Ballets, wie Art. 4, 5 und 6 zeigen. Art. 7 bezweckt die allgemeine Verbreitung
der Kenntnis der Gefahren, welche seitens der Prostitution der Gesundheit
drohen; Art. 8 warnt die Venerischen, ihre Krankheit nicht zu verbreiten;
Art. 9 und 10 bezwecken, den venerischen Kranken hinsichtlich der Behandlung
entgegen zu kommen, damit sie so rasch als möglich sich an einen Arzt wenden.
Die zwei letzten Artikel weisen auf das Vorhandensein wissenschaftlicher Mängel.
Art. 11 bezweckt eine bessere Ausbildung der Ärzte in der Venereologie und Art. 12
erkennt implicite die den jetzt bestehenden Statistiken anhaftenden Mängel an.

Vorschlag V. Issendorf, siehe S. 255.

Vorschlag Korn, siehe S. 257.

Vorschlag Kromayer.

Die Kromayerschen Vorschläge zur Austilgung der Syphilis finden sich
in einem kleinen 1898 erschienenen Buche zusammengefaßt. Allgemein ist
folgendes zu bemerken:

1. Kromayer hält „die Kontrolle in bezug auf die Verbreitung
der Gonorrhoe für nutzlos, folglich muß sie fallen". Ich, und mit
mir die meisten Autoren auf diesem Gebiet sind entgegengesetzter Ansicht.
Wir verkennen zwar nicht die unendlichen Schwierigkeiten, die Verbreitung
gerade des Trippers zu bekämpfen, aber verlangen um so dringender, alle von
der Wissenschaft gebotenen Möglichkeiten auch bei der Prostituierten-Unter-
suchung angewandt zu sehen.

2. Kromayer wünscht ein Syphilis-Gesetz. Die speziellen Gefahren
der Prostitution sollen nicht durch ein Spezialgesetz bekämpft werden
und werden auch in seinen „Vorschlägen" nicht besonders berücksichtigt. Es
gibt auch keine Reglementierung, wie ja auch Kromayer sein Buch als „Abolitionistische Betrachtungen" usw. bezeichnet.

3. Ganz neu ist der Gedanke, alle Ärzte, di sich mit Syphilisbehandlung befassen, gleichsam zu amtlichen Personen zu machen. Während § 1 die Kurpfuscher von der Behandlung der Syphilis ausschließt, sagt § 5:

Kein approbierter Arzt ist verpflichtet, geschlechtskranke Personen zur Untersuchung auf Syphilis anzunehmen, oder Syphiliskranke zu behandeln. Übernimmt aber ein Arzt diese Untersuchung oder Behandlung, so hat er auch den dafür geltenden Bestimmungen pünktlich Folge zu leisten, widrigenfalls er in Strafe verfällt.

Im übrigen lauten Kromayers Vorschläge wie folgt:

2. Jede Person, die eine Geschlechtskrankheit erwirbt, hat einem staatlich approbierten Arzte, dessen Wahl ihr freisteht, sofort persönlich zur Feststellung der Krankheit Anzeige zu machen. Liegt Syphilis oder der Verdacht auf Syphilis vor, so treten die nachfolgenden Bestimmungen in ihr Recht (§ 5), im anderen Falle kann die Person nach Belieben sich behandeln lassen oder nicht.

3. Jede Person, die Kenntnis von einer geschlechtlichen Erkrankung einer anderen erhält, hat diese aufzufordern, einem Arzte persönlich Anzeige zu machen, und, falls dieser Aufforderung nicht Folge geleistet wird, selbst Anzeige zu machen.

Hierzu habe ich folgendes zu bemerken:

ad 2. Leider bestehen Zweifel, ob jetzt, wo das Fach der Geschlechtskrankheiten noch nicht einer Zwangsprüfung im Staatsexamen unterliegt, jeder approbierte Arzt geeignet sei, in diesem Kampfe gegen die Syphilis mitzuwirken. Es erhebt sich also immer wieder die alte Forderung, diese Zwangsprüfungen einzuführen.

Und sollte man nicht auch versuchen, die unzuverlässigen Elemente der Ärzteschaft, die als approbierte Ärzte „Naturheilkunde" treiben, als Kurpfuscher nicht zu fassen sind, durch die Ehrengerichte auszuschalten?

ad 3. Auf die schwere Frage der Anzeigepflicht gehe ich hier nicht ein. Siehe S. 120.

4. Jedermann hat den Anspruch auf unentgeltliche Untersuchung daraufhin, ob er geschlechtskrank ist, seitens der eigens hierzu beamteten Ärzte, und desgleichen den Anspruch auf unentgeltliche Behandlung, wenn er an Syphilis erkrankt ist oder seine Erkrankung den Verdacht auf Syphilis erweckt. Es steht jedoch Jedermann frei, sich vom Arzte seiner Wahl untersuchen zu lassen.

6. Jede syphilitische oder im ärztlichen Verdacht der Syphilis stehende Person hat den ärztlichen Anordnungen — soweit sie die Behandlung der Krankheit betreffen — unbedingt Folge zu leisten. Ist sie mit den Anordnungen nicht einverstanden, so kann sie den Arzt wechseln; jedoch darf dieser Wechsel, falls sie am selben Orte bleibt, nicht öfter als dreimal im Jahre erfolgen.

ad 6. Diesen Bestimmungen stimme ich zu. Nur müßte schon in diese aufgenommen werden das, was Kromayer in seinen Zusatzbemerkungen ausführt, daß für alle inskribierten Prostituierten — und, so füge ich hinzu, solche, die der Prostitution verdächtig von der Behörde unter sanitäre Aufsicht gestellt sind — nur ein bestimmter Kreis von Ärzten zur Beobachtung und Behandlung zugezogen werden darf, unter denen die einzelne Person die Auswahl haben würde.

7. Jede syphilitisch erkrankte Person hat im besonderen die Pflicht, sich während der ersten Jahre nach erfolgter Infektion regelmäßig wiederkehrenden ärztlichen Untersuchungen zu unterwerfen.

ad 7. Da Kromayer bei seinen Ausführungen nur an die Bekämpfung der Syphilis denkt, so ist seine Forderung, daß die „Kontrolle" nur während der ersten Krankheitsjahre zu erfolgen habe, verständlich. Da wir aber ebenso an die Bekämpfung der Gonorrhoe und der Ulcera mollia denken, so muß bei allen sich prostituierenden Personen gefordert werden, daß diese „Kontrolle" so lange ausgeführt wird, bis die betreffende Person in geordnete Verhältnisse zurückkehrt.

8. Kommt eine syphilitische Person den Anordnungen des Arztes nicht nach, so hat der Arzt das Recht, sofort der Polizei Anzeige zu machen, um eine zwangsweise Behandlung oder Untersuchung einzuleiten. Er darf indessen, wenn eine unmittelbare Ansteckungsgefahr unwahrscheinlich ist, die Person an ihre Pflicht erinnern. Erst wenn diese Erinnerung fruchtlos geblieben ist, oder wenn der Arzt von dieser Erinnerung keinen Gebrauch machen will, hat er die Pflicht, der Polizei Anzeige zu machen.

Das hier geforderte „Anzeigerecht" steht auch auf meinem Wunschzettel. Nur sollte nach meinem Vorschlag die Meldung nicht an die Polizei, sondern an das neu zu schaffende Gesundheitsamt erfolgen, und dieses erst soll diejenigen, die den sanitären Anordnungen sich nicht fügen, der Polizei übergeben.

9. Die Polizei hat das Recht, Personen, welche der Syphilis verdächtig sind, oder durch ihren Lebenswandel besonders geeignet erscheinen, Syphilis zu verbreiten, der zwangsweisen Untersuchung zuzuführen, falls diese nicht ein ärztliches Attest über ihren Gesundheitszustand aufzuweisen haben.

Dieser Forderung stimme ich rückhaltlos zu, denn sie ist geeignet, die „heimliche" Prostitution zu fassen. Nur verlange ich, daß die Polizei solche Personen erst dem Gesundheitsamt zuführt. Es fehlt hier, wie im ganzen Kromayerschen Entwurf, ein Hinweis darauf, was denn mit all den Personen, die den Anweisungen der Ärzte und der Polizei nicht Folge leisten, geschehen soll. —

Über die Frage, wie man nun tatsächlich die Kontrolle bewerkstelligen soll, sagt Kromayer:

Das leitende Prinzip muß dabei Einfachheit und möglichst geringe Belästigung des Arztes und der Kranken sein. Die Kontrolle muß in die Hand des Arztes und des Patienten selbst gelegt werden. Eine staatliche Kontrolle ist unnötig. Das wäre vielleicht durch folgende Bestimmungen erreichbar:

1. Der Arzt hat von jedem Syphilisfall oder jeder den Verdacht erweckenden Krankheit, der in seine Behandlung kommt, eine sogenannte „Kontrollkarte" möglichst einfacher Art auszufertigen: außer den Personaldaten der Kranken wird eingetragen: die Adresse des behandelnden Arztes, sowie kurze Vermerke über die Krankengeschichte und Behandlung und über die durch Bestimmung 7 geforderten regelmäßigen Untersuchungen.

2. Von diesen Kontrollkarten werden zwei Exemplare ausgefüllt, deren eine der Arzt, die andere der Patient erhält. Beim Übergang des Patienten von einem Arzt zum anderen hat alsdann der Patient selber den Nachweis seiner Behandlung und ist auf diese Weise nicht von dem jeweilig behandelnden Arzt abhängig. Entzieht er sich der Behandlung des ersten Arztes, ohne in die eines anderen überzugehen, so hat der Arzt den Ausweis über die bisherige Behandlung, auf Grund dessen er die Anzeige an die Polizei zu machen verpflichtet ist.

Die ganze polizeiliche Kontrolle der Prostitution läge eben nur in den Händen der Polizei, sie wäre aber auch meines Erachtens sehr leicht und bequem auszuführen. Da die Polizei die Wohnungen, Verkehrslokale und „Striche" der Prostituierten genau kennt, so könnte selbst in den großen Städten die Mehrzahl der Prostituierten alltäglich oder allnächtlich auf ein Gesundheitsattest inquiriert werden. Das Vorzeigen des Gesundheitsattestes und ein Blick in dasselbe seitens der Polizei wäre das Werk einiger Sekunden und könnte ganz unauffällig geschehen. Ein einzelner Polizist könnte wohl in einer Nacht hundert und mehr Prostituierte in dieser Weise nebenbei revidieren.

Vorschlag Lindenau.

(Strafrechtswissenschaft, 32, S. 373.)

Sein Vorschlag bezweckt, die Inskription als Grundlage für die strafrechtliche Behandlung der Prostitution in das System des künftigen deutschen Strafrechts hinüberzuziehen. Er bleibt damit allen den Angriffen ausgesetzt, die von den grundsätzlichen Gegnern der Inskription regelmäßig erhoben werden und deren kurze Beleuchtung somit noch erübrigt. Die aus rechtlichen Gesichtspunkten an dem gegenwärtig üblichen Inskriptionsverfahren gerügten Mängel kommen nicht mehr in Betracht, da an die Stelle des rein administrativen Vorgehens die Vollstreckung einer gesetzlich angedrohten, durch Richterspruch angeordneten Nebenstrafe tritt. Auch die in den Strafvollzug eingeschlossenen, der Polizei übertragenen Sicherungsmaßnahmen sind im Wortlaute des Gesetzes fest umschrieben. Damit entfällt weiter der Vorwurf, daß die kontrollierten Prostituierten durch die zahlreichen Verbote der Reglements der Willkür subalterner Polizeibeamten preisgegeben seien.

Die Paragraphen würden etwa wie folgt in den Vorentwurf einzugliedern sein:

§ 232a. Wer wissend, daß er an einer ansteckenden Geschlechtskrankheit leidet, den Beischlaf ausübt, der Gewerbsunzucht nachgeht oder auf andere Weise einen Menschen der Gefahr der Ansteckung aussetzt, wird mit Gefängnis nicht unter einem Monat bestraft. Die Verfolgung tritt nur auf Antrag ein, wenn die Handlung zwischen Ehegatten begangen ist.

§ 256a. Mit Gefängnis wird bestraft, wer öffentlich in einer Weise, die geeignet ist das Sittlichkeitsgefühl zu verletzen, zur Unzucht auffordert oder sich anbietet.

Die Grundlage der Inskription würde dann folgende an Stelle des § 305 Ziff. 4 des Vorentwurfs tretende Vorschrift sein:

Gegen Personen, welche gewerbsmäßig Unzucht treiben, kann neben der Verurteilung auf Grund der §§ 232a und 256a oder auf Grund der landesrechtlichen Vorschriften gegen die Verbreitung der Geschlechtskrankheiten, auf Zulässigkeit der nachstehenden polizeilichen Beschränkungen erkannt werden:

1. Verbot, bestimmte Straßen, Plätze und Räumlichkeiten zu betreten.

2. Verbot, in bestimmten Straßen oder Häusern oder in Familien mit schulpflichtigen Kindern Wohnung zu nehmen.

3. Verbot, mit unerwachsenen Personen oder mit Personen, welche wegen Zuhälterei bestraft sind, Verbindungen anzuknüpfen.

4. Anweisung, sich durch Bescheinigung der polizeilich anerkannten Stellen in vorgeschriebenen Fristen über die Befolgung der dort gegebenen ärztlichen Anordnungen auszuweisen.

Die Aufhebung der Beschränkungen erfolgt auf Antrag des Verurteilten durch die Polizeibehörde. Gegen deren ablehnenden Bescheid ist binnen zwei Wochen der Antrag auf gerichtliche Entscheidung zulässig, der frühestens 1 Jahr nach Rechtskraft eines ablehnenden Urteils erneuert werden darf. Zuwiderhandlungen gegen die zu 1 bis 4 genannten Beschränkungen werden mit Gefängnis bestraft, auch kann auf Überweisung an die Landespolizeibehörde mit den im § 42 vorgesehenen Folgen erkannt werden.

Damit ergibt sich folgender Rechtszustand: Der Betrieb der Gewerbsunzucht bleibt straffrei, solange er keine der gemeingefährlichen qualifizierten Formen annimmt.

Norwegen.

Prostitutionsverhältnisse in Norwegen.

Die nachstehenden Mitteilungen entnehme ich der im Jahre 1910 in der „Zeitschrift zur Bekämpfung der Geschlechtskrankheiten" erschienenen Abhandlung von E. H. Hansteen.

Bis 1884 existierte in Norwegen in den größeren Städten, trotzdem gewerbsmäßige Unzucht gesetzmäßig verboten war, ein polizeilich kontrolliertes und geduldetes Bordellwesen; außerdem bestand regelmäßige Präventivkontrolle der eingeschriebenen Prostituierten; Krankenhausbehandlung auf öffentliche Kosten.

1884 Schließung sämtlicher Bordelle.

1887 Aufhebung der Inskription, wie jeder regelmäßigen Präventivkontrolle der Prostituierten.

1902 Aufhebung der Strafbestimmungen gegenüber der gewerbsmäßigen Unzucht. Nur das Verbot gegen das Bordellhalten und gegen die Kuppelei ist noch beibehalten und bildet noch jetzt, zusammen mit dem Vagabondengesetz, die einzige Grundlage für ein Einschreiten gegen die Prostitution.

Alles, was zur Bekämpfung der Geschlechtskrankheiten geschieht, stützt sich auf das allgemeine Gesundheitsgesetz von 1860. Das in jedem Orte befindliche Gesundheitsamt hat „das gegenüber solchen Krankheiten Erforderliche zu verfügen"; die Geschlechtskrankheiten werden aber nicht besonders genannt. Seit 1887 ist also die Bekämpfung der Geschlechtskrankheiten ganz der Polizei entzogen und in die Hände der **Gesundheitsbehörden** gelegt. Doch sind seitdem, zuletzt 1901, mehrfach Gesetzesvorlagen zur Bekämpfung speziell der Geschlechtskrankheiten gemacht, aber nicht angenommen worden.

Seit 1876 sind die Ärzte in Christiania zur **obligatorischen Anmeldung** aller Fälle von Geschlechtskrankheiten beim Gesundheitsamt verpflichtet. Die Anmeldung geschieht nach folgendem Formular:

Anmeldung der Ansteckungsquelle bei der Gesundheitskommission.

<table>
<tr><td rowspan="20">(Im Bureau des Gesundheitsamtes abzugeben. Adresse . . . .)</td><td>Krankheit . . . .</td><td>. . . . .</td></tr>
<tr><td>Des Kranken</td><td></td></tr>
<tr><td>Name . . . .</td><td>. . . . .</td></tr>
<tr><td>Alter . . . .</td><td>. . . . .</td></tr>
<tr><td>Bürgerliche Stellung . . . .</td><td>. . . . .</td></tr>
<tr><td>Wohnung (Straße und Nr.) . . . .</td><td>. . . . .</td></tr>
<tr><td>Wann angesteckt? . . . .</td><td>. . . . .</td></tr>
<tr><td>Ursache der Krankheit:
Ansteckungsverhältnisse, falls sie nachgewiesen werden können, sanitäre Mißlichkeiten usw.</td><td>. . . . .</td></tr>
<tr><td>Maßnahmen:
die getroffen sind, um die Verbreitung der Krankheit zu verhindern</td><td>. . . . .</td></tr>
<tr><td>Anmerkung:
Hier wird angeführt, ob das Eingreifen des Gesundheitsamtes als wünschenswert oder notwendig angesehen wird, und was der behandelnde Arzt sonst zu bemerken hat. In betreff der Puerperalkrankheiten soll der Name der Hebamme, die bei dem Wochenbett assistiert hat, angefügt werden.</td><td></td></tr>
<tr><td>Kristiania, den . . . .</td><td>Unterschrift:</td></tr>
</table>

Wie man also sieht, wird der Name des angesteckten Kranken nicht genannt. Wenn möglich, soll aber die Ansteckungsquelle angegeben werden; es gehört aber dazu die Einwilligung des Angesteckten. Die in dieser Weise genannten Ansteckungsquellen werden durch die Gesundheitsbehörden gesucht und aufgefordert sich im Gesundheitsamt zu ärztlicher Untersuchung vorzustellen oder ein entsprechendes Zeugnis eines Privatarztes zu erbringen. Wird dieser Aufforderung nicht nachgekommen, so kann das Gesundheitsamt der angezeigten Infektions-Quelle polizeilich nachforschen und dem Arzt des Gesundheitsamtes zuführen lassen. Ist die betreffende Person krank und ansteckend, so kann sie auf Grund des allgemeinen Gesundheitsgesetzes auf öffentliche Kosten ins Krankenhaus gebracht werden.

Aber diese Zwangsuntersuchungen können nur von Fall zu Fall bei bestimmt genannten Infektionsquellen vorgenommen werden, oder wenn wegen intimen Zusammenlebens mit Geschlechtskranken eine erfolgte Ansteckung mit Wahrscheinlichkeit anzunehmen ist. Irgend eine Präventivkontrolle von Prostituierten oder eine über den Einzelfall hinaus geltende Vorladung kann unter Bezugnahme auf das Gesetz nicht stattfinden.

Nur die auf Anordnung des Gesundheitsamtes ins Krankenhaus aufgenommenen Patienten werden **auf öffentliche Kosten** behandelt; doch kann in Christiania jeder unentgeltlich beim Gesundheitsamt sich untersuchen und eventuell auch sich behandeln lassen.

Die Ärzte und Krankenhäuser haben die Verpflichtung, die Geschlechtskranken auf die große Verantwortung aufmerksam zu machen, die ihre Krankheit ihnen auferlegt.

Zu diesem Zwecke ist vom Gesundheitsamte den Ärzten wie den Krankenhäusern eine Zahl von **Merkblättern** zugestellt worden, welche die Bestimmungen des Strafgesetzbuches betreffend die Geschlechtskrankheiten enthalten, und die den Kranken beim Abschluß der Behandlung ausgehändigt werden sollen.

Dieses Merkblatt hat folgenden Wortlaut:

„Die Aufmerksamkeit wird auf nachstehende Paragraphen des Strafgesetzbuchs hingeleitet:

§ 155. Wer, wissend, daß er an einer ansteckenden Geschlechtskrankheit leidet, durch geschlechtlichen oder unzüchtigen Verkehr jemand ansteckt oder der Ansteckung aussetzt, wird mit Gefängnis bis zu 3 Jahren bestraft. Mit derselben Strafe wird derjenige bestraft, der dazu mitwirkt, daß jemand, von dem er weiß oder vermutet, daß er an einer ansteckenden Geschlechtskrankheit leidet, auf obengenannte Weise eine andere Person ansteckt oder der Ansteckung aussetzt.

§ 358. Mit Geldstrafe oder Gefängnis bis zu 6 Monaten wird bestraft, wer, ohne auf die Ansteckungsgefahr aufmerksam zu machen,

1. ein Kind in Pflege bringt, das an ansteckender Syphilis leidet, oder jemand zur Pflege eines solchen Kindes annimmt, oder

2. obwohl er weiß oder vermutet, daß er an ansteckender Syphilis leidet, Dienste im Hause anderer nimmt oder in solchem Dienste bleibt oder ein fremdes Kind in Pflege nimmt oder dazu mitwirkt.

Mit derselben Strafe wird der bestraft, der zur Pflege eines Kindes jemand annimmt, von dem er weiß oder vermutet, daß er an ansteckender Syphilis leidet, oder dazu mitwirkt.“

Den Geschlechtskranken, die in Krankenhäusern oder auf Veranlassung des Gesundheitsamtes ambulatorisch behandelt werden, **wird bei ihrer Entlassung ein Blatt zur Unterschrift vorgelegt,** auf dem sie zu erklären haben, daß sie darauf aufmerksam gemacht worden sind:

1. daß ich an Syphilis leide,
2. daß meine Krankheit noch wenigstens . . . Jahre ansteckend ist,
3. daß es strafbar ist, wenn ich in irgendwelcher Weise andere der Ansteckung aussetze,
4. daß ich einen Abdruck der §§ 155 und 358 des Strafgesetzbuches empfangen habe.

Das Unterschreiben dieser Erklärung ist freiwillig, und es kommt vor, daß die Kranken sich weigern. — In der privaten Praxis kommen diese Blätter nur in Ausnahmefällen zur Anwendung.

Was das Resultat dieses Anmeldungswesens, der Einberufungen, Untersuchungen usw. betrifft, so berichtet darüber Hansteen folgendes:

Im Jahre 1906 bzw. 1907 machten unter 1889 bzw. 1567 angemeldeten Kranken 162 bzw. 139 Angaben über die Infektionsquelle. In 114 bzw. 102 Fällen wurde die Infektionsquelle auch wirklich gefunden. 1 Mann und 10 Frauen mußten polizeilich geholt werden, weil sie der Einberufung nicht nachkamen. Polizeilich ins Krankenhaus gelegt wurden 2 Männer und 1 Frau bzw. 5 Männer und 6 Frauen.

Die Hansteensche Abhandlung ist zu dem Zwecke geschrieben worden, um einen Beitrag zur Lösung der Frage zu bringen, ob durch die Aufhebung der Reglementierung im Jahre 1884 sich statistisch eine Änderung in der Verbreitung der Geschlechtskrankheiten nachweisen ließe. Hansteen glaubt, daß das tatsächlich beobachtete Steigen und Fallen der Erkrankungsziffern keinesfalls von der Kontrolle bzw. dem Aufhören der Kontrolle, sondern „wesentlich auch von anderen Faktoren abhängig" sei, und ich glaube, daß er darin recht hat.

Was die Prostitution selbst betrifft, so glaubt er, daß die Straßenprostitution in Christiania seit der Aufhebung der Reglementierung auffälliger geworden sei, als früher.

Das norwegische Gesetz hat folgende große Vorzüge vor dem gegenwärtigen deutschen Verfahren:

1. Der Stoff ist durch Gesetz geregelt.

2. Das Gesetz befaßt sich nicht nur mit der Prostitution, sondern mit allen Geschlechtskranken, Männern und Frauen, und gibt Mittel und Wege in die Hand, alle Kranken eventuell sogar einer zwangsweisen Absonderung und Behandlung im Krankenhaus zuzuführen.

3. Die Bekämpfung der Geschlechtskrankheiten liegt nicht in den Händen der Polizei, sondern in denen eines Gesundheitsamtes.

4. Es wird durch gesetzlich vorgeschriebene Maßnahmen versucht, die Ansteckungsquellen aufzufinden und diese der Behandlung zuzuführen. Die oben angegebenen Resultate sind nicht ungünstig, jedenfalls derart, daß sie auffordern, dieses Suchen der Infektionsquellen fortzusetzen. Es muß aber — mit Bezug auf die bei uns herrschenden Methoden — wieder darauf hingewiesen werden, daß in Norwegen die gefundenen Infektionsquellen polizeilich nur bei besonderer Widersetzlichkeit gegen die Anordnungen des Gesundheitsamtes gefaßt werden, während bei uns die Gefahr, daß alle ge-

meldeten Mädchen inskribiert werden, auch viele Männer abhält, die Namen der Mädchen zu nennen.

5. Das Strafgesetz bedroht nicht nur die Gesundheitsschädigung, sondern auch die Gesundheitsgefährdung.

6. Die unentgeltliche Behandlung, die für die zwangsweise ins Krankenhaus aufgenommene Personen vorgesehen ist, ist in Norwegen nicht besser als bei uns. In Deutschland kann wohl jedermann unentgeltlich untersucht und behandelt werden.

7. Die Verteilung des Aufklärungsblatts (S. 300/301) ist sicherlich von großem Nutzen. Selbst wenn die betreffende Person die Unterschrift verweigert, läßt sich doch ein protokollarischer Vermerk festlegen, daß Kenntnisnahme erfolgt ist.

Mit Bezug auf Punkt 6 und 7 möchte ich namentlich die nichtdeutschen Reglementierungs-Gegner darauf hinweisen, daß die allgemeinen Bekämpfungsmaßregeln, die sie an Stelle der Reglementierung verlangen und von denen sie — mit Recht — sich großen Nutzen versprechen, in Deutschland in reichlichster Weise bereits durchgeführt sind. Nirgends gibt es so viel Spezialabteilungen und Polikliniken, nirgends ist so reichlich für unentgeltliche Untersuchung und Behandlung gesorgt, nirgends wird so viel für allgemeine Belehrung und Aufklärung gesorgt, wie im deutschen Reich.

Aber gerade deshalb kann ich nicht einsehen, warum man nicht für gewisse Kreise, die teils aus Unerfahrenheit und Trägheit, teils aus verbrecherischer Widerspenstigkeit gesundheitlich gemeingefährlich sind und bleiben, mehr oder weniger starke Zwangsmittel vorsehen soll. Das eine schließt meiner Überzeugung nach das andere nicht aus. —

Ganz zufrieden scheint man aber mit dem seit 1887 eingeführten System nicht zu sein. Wenigstens erscheint es auffällig, **daß man 1901, wie schon erwähnt, versucht hat, ein neues Gesetz zur Bekämpfung der Geschlechtskrankheiten und der öffentlichen Unsittlichkeit einzuführen.**

Ich gebe nachstehend die hauptsächlichsten Punkte des Gesetzes wieder:

I. Das Gesundheitsamt hat einen oder mehrere Ärzte zu ernennen, welche die sich bei ihnen wegen bestehender oder vermuteter Geschlechtskrankheit Meldenden zu untersuchen und zu behandeln haben.

II. Personen, die der Anreizung zur Unzucht angeklagt sind, oder solche, die wissen, daß sie syphilitisch sind, können durch die Polizei gezwungen werden, sich einer ärztlichen Untersuchung zu unterwerfen, wenn sie eine Stelle als Dienstbote annehmen oder in derselben verbleiben, ohne die Arbeitsgeber von ihrer Krankheit zu benachrichtigen, oder welche, obgleich sie syphilitisch sind, eine Stellung als Kinderpflegerin angenommen haben.

III. Personen, die in sehr intimen Beziehungen mit Geschlechtskranken gelebt und der Gefahr der Ansteckung ausgesetzt waren (*das sind also alle sich prostituierenden Mädchen! N.*) können gezwungen werden, sich einer ärztlichen Untersuchung zu unterwerfen, sie müßten denn gerade von einem für diesen Zweck beamteten Arzt eine Bescheinigung erbringen können. Ebenso sind Personen, die als ansteckend gemeldet sind, zu behandeln. Eine solche Person kann jedoch eine gerichtliche Entscheidung über die Notwendigkeit, sich untersuchen zu lassen, innerhalb zweier Tage verlangen.

IV. Der Staat hat darüber zu wachen, daß jeder Syphilitiker, wenn das Sanitätsamt es verlangt, in einem Hospital aufgenommen wird.

V. Jeder Kranke, der nicht genügend für sich sorgt und die gegebenen Vorschriften nicht befolgt, kann zum Eintritt ins Hospital gezwungen werden, wo er bis zur vollkommenen Heilung und bis zum Verschwinden jeder Ansteckungsgefahr zu verbleiben hat. Mit Syphilis behaftete Personen können immer auf ihren Wunsch durch Vermittelung des Sanitätsamts in ein Hospital auf öffentliche Kosten aufgenommen werden.

VI. Ein nicht geheilter Syphilitiker, der das Hospital verläßt, ist dem Sanitätsamt zu melden. Der Kranke kann gezwungen werden, sich zu einem bestimmten Termin zur ärztlichen Untersuchung einzufinden oder den Nachweis einer ernsthaften Behandlung bei einem anderen Arzt zu erbringen. (*Diese Bestimmung kann also eine regelrechte Präventivkontrolle werden, wenn alle beteiligten Aufsichtsbehörden ernsthaft wollen. N.*)

IX. Die Ärzte haben dem Sanitätsamt die Krankheitsfälle und die Ansteckungsquellen zu melden. Bei den im Artikel II und III genannten Personen, (*das sind die sich prostituierenden*) aber auch nur in diesen Fällen, sind die Namen der Kranken zu nennen.

XIII. Wenn ein Kranker, dessen Krankheit noch besteht oder bei der ein Rückfall zu fürchten ist, die Behandlung aufgibt, hat der Arzt den Fall dem Sanitätsamt zu melden.

XVIII. Das Gesetz vom 6. Juni 1896, welches sich auf die unversorgten Kinder bezieht, ist auf die Mädchen von 16—18 Jahren anzuwenden, wenn der Verdacht eines unsittlichen Lebenswandels besteht.

XXI. Die Untersuchung von Frauen und Mädchen ist, wenn irgend möglich, durch Ärztinnen oder in Gegenwart einer Beamtin vorzunehmen.

XXIII. Enthält Bestimmungen über die im wesentlichen unentgeltlichen Behandlungen.

Wie man sieht, hat dieser Gesetzentwurf schon viel mehr reglementaristische Züge, als der bestehende.

Österreich.

Der österreichische Strafgesetzbuchentwurf, der im Juni 1912 dem österreichischen Herrenhaus vorgelegen hatte, ist im Juli 1913 mit geringfügigen Änderungen zur Annahme gekommen. Der Entwurf ist das Ergebnis jahrelanger, sorgfältiger, tiefeindringender Beratungen und abgewogener Kompromisse zwischen widerstreitenden wissenschaftlichen Anschauungen.

Die Vergehen und Verbrechen auf geschlechtlichem Gebiete (Sittlichkeitsdelikte) umfassen folgende Paragraphen:

§ 274 Verführung.

§ 275 und 276 Kuppelei.

§ 277 Verletzung polizeilicher Vorschriften über gewerbsmäßige Unzucht.

Die Ausübung gewerbsmäßiger Unzucht, das Halten von öffentlichen Dirnen und das Gewähren von Unterstand zur Ausübung gewerbsmäßiger Unzucht wird durch polizeiliche Vorschriften geregelt.

Wer eine Vorschrift dieser Art verletzt, wer insbesondere öffentliche Dirnen hält oder Unterstand zur Ausübung gewerbsmäßiger Unzucht gewährt, ohne diesen Vorschriften zu genügen, wird von der Verwaltungsbehörde bestraft.

§ 278 Gewerbsmäßige Förderung der Unzucht.

§ 279 Förderung gewerbsmäßiger Unzucht.

§ 280 und 281 Frauenhandel.

§ 282 Zuhälterei.

§ 283 Verletzung der Sittlichkeit.

§ 284 Schmälerung der bürgerlichen Ehrenrechte.

§ 438 Verbreitung von Krankheiten unter Menschen.

1. Wer fahrlässig die Gefahr der Verbreitung einer übertragbaren Krankheit herbeiführt, wird mit Gefängnis oder Haft bis zu sechs Monaten oder mit Geldstrafe bis zu zweitausend Kronen bestraft.

2. Wer die Tat fahrlässig unter besonders gefährlichen Umständen begeht, ist mit Gefängnis oder Haft von einer Woche bis zu einem Jahr oder mit Geldstrafe von fünfzig bis zu viertausend Kronen zu bestrafen.

§§ 296 und 298 Körperbeschädigung.

§ 304 Gefährdung durch eine Geschlechtskrankheit.

1. Der Geschlechtskranke, der einen mit der Gefahr der Ansteckung verbundenen Geschlechtsverkehr ausübt;

2. wer zu einem mit der Gefahr der Ansteckung verbundenen Geschlechtsverkehr mit einem Geschlechtskranken Vorschub leistet;

3. die syphiliskranke Amme, die ihren Dienst bei einem gesunden Kinde antritt, und wer zu einem syphiliskranken Kinde eine gesunde Amme nimmt, wird mit Gefängnis von vier Wochen bis zu drei Jahren bestraft.

Wer seinen Ehegatten gefährdet, wird nur auf Privatanklage verfolgt.

Erläuternd wird zu diesem § 304 folgendes ausgeführt:

Die Aussetzung ist ein Fall der vorsätzlichen Gefährdung der körperlichen Sicherheit, ein Fall, so bedenklich und verwerflich, daß ihn der Entwurf mit der böswilligen Gefährdung (§ 310) in der Strafe gleichstellt. Der Entwurf hat es für nötig erachtet, den Tatbestand aufzustellen, da die Fälle, die er erfassen soll, regelmäßig nicht als böswillige Gefährdung beurteilt werden können. Der Täter handelt ja gewöhnlich nicht aus Menschenhaß, aus Freude an der Gefährdung der Mitmenschen, was das Wesen der böswilligen Gefährdung ausmacht. Ebensowenig wird dem Täter ein auf Körperbeschädigung gerichteter Vorsatz nachzuweisen sein. Die Strafen für die fahrlässige Körperbeschädigung (§ 311) scheinen aber zu gering für ein Vergehen, dessen Bedeutung sich nicht in der Schädigung des Einzelnen erschöpft, sondern darüber hinaus auch die Volksgesundheit gefährdet; sie sind vor allem auch in den zahlreichen Fällen nicht anwendbar, in denen sich ein ursächlicher Zusammenhang zwischen der Ansteckung und der Handlung des Täters nicht erweisen läßt.

Der Entwurf folgt nur verschiedenen Anregungen in der Literatur, dem Beispiele ausländischer Gesetze (Dänemark § 181, Finnland Kp. 20, § 13, Norwegen § 155, Schweizer Entwurf Artikel 79), sowie dem Vorbilde der früheren österreichischen Entwürfe (Regierungsvorlage 1891, §§ 401 bis 483, Entwurf 1893, §§ 475 bis 477), indem er die vorsätzliche Gefährdung durch eine Geschlechtskrankheit zu einem besonderen Delikte macht. Er unterscheidet drei

Fälle: 1. Strafbar ist vor allem der Geschlechtskranke, der vorsätzlich einen mit der Gefahr der Ansteckung verbundenen Geschlechtsverkehr ausübt. Zum Vorsatze gehört, daß der Täter weiß, daß er geschlechtskrank ist und daß er den anderen gefährde. Glaubt er die Gefahr durch Vorbeugungsmittel beseitigt zu haben, so kann er allenfalls nur wegen fahrlässiger Beschädigung oder fahrlässiger Gefährdung der körperlichen Sicherheit zur Verantwortung gezogen werden. Dieser Tatbestand ist eine Verallgemeinerung und Fortbildung der Bestimmung des § 5, Z. 3 des Gesetzes vom 24. Mai 1885, R.G.B Nr. 89, welche sich gegen Dirnen richtet, die ihr unzüchtiges Gewerbe betreiben, obwohl sie wußten, daß sie mit einer venerischen Krankheit behaftet sind. Die Erfahrung lehrt, daß sehr oft Männer gewissenloserweise im infizierten Zustande den Geschlechtsverkehr ausüben. Die Strafdrohung muß sich daher auch gegen sie richten. 2. Der zweite Fall ist der, daß jemand vorsätzlich zu einem mit der Gefahr der Ansteckung verbundenen Geschlechtsverkehr mit einem Geschlechtskranken Vorschub leistet (vgl. Norwegen, § 155). 3. Endlich bestraft der Entwurf die syphiliskranke Amme, die in Kenntnis ihrer Erkrankung den Dienst bei einem gesunden, d. h. einem syphilisfreien Kinde antritt, sowie den, der zu einem, wie er weiß, syphiliskranken Kind eine gesunde Amme nimmt. § 379 St.G. kennt nur den ersten Fall, es erschien selbstverständlich, den Schutz des Gesetzes auch auf die Amme auszudehnen. Dabei wurde der Tatbestand präzisiert; nicht jede schändliche Krankheit, sondern nur die Syphilis begründet hier die Gefahr, gegen welche die Strafdrohung ankämpft.

Gefährdungen durch eine Geschlechtskrankheit, die unter keinen der drei angeführten Tatbestände fallen, können nach Maßgabe der §§ 310, 311 und 312 bestraft werden.

Wer seinen Ehegatten gefährdet, wird nur auf Privatanklage verfolgt. Der Grund liegt in der Schonung der Familie. (Vgl. Entwurf 1891, § 483, und Norwegens § 155.)

Vorschlag Schmölder; siehe Seite 256 und 266.

Vorschlag Schrank.
(II. internationaler Kongress Brüssel 1902, S. 213.)

1. **Die Ärzte werden verhalten,** alle in ihre Behandlung getretenen syphilitischen oder venerischen Kranken **zur Anzeige zu bringen.** . . . Auch ist in der Anzeige die **Provenienz der Erkrankung,** sowie die Beschäftigung, das Alter, der Stand und das Geschlecht des Kranken ohne Namensnennung desselben, wie auch, ob derselbe im Orte seßhaft oder zugereist ist, anzuführen.

2. Die ärztliche Behandlung der syphilitisch oder venerisch Erkrankten erfolgt **unentgeltlich von seiten des Staates.** . . .

3. Die venerisch Erkrankten sind mit allen übrigen Spitalkranken gleichgestellt zu halten. Der infamierende Charakter, der diesen Kranken anhaftet, muß wegfallen.

4. Jeder Arzt ist verpflichtet, syphilitisch oder venerisch Erkrankte, die bei **Gewerben,** welche mit der Bereitung oder Verabreichung von Eßwaren beschäftigt sind, und die in seiner ärztlichen Behandlung stehen, **der Gewerbebehörde anzuzeigen** . . . .

5. Syphilitisch oder venerisch erkrankten Kindern ist der **Schulbesuch** so lange untersagt, als sie nicht durch ein ärztliches Zeugnis nachweisen, daß ihre Krankheit die Infektionsfähigkeit verloren hat. . . .

6. **Alle Personen, welche mit einer syphilitischen oder venerischen Krankheit behaftet sind, haben sich sofort in ärztliche Behandlung zu begeben;** wenn sie dies nicht wollen, so sind sie berechtigt, zu verlangen, daß sie auf öffentliche Kosten in den Ordinationsanstalten oder in den öffentlichen Spitälern behandelt werden. Treten derlei Kranke in keine ärztliche Behandlung, oder ist das Verhalten derselben derartig, daß die Übertragung ihrer Krankheit auf andere Personen in sicherer Weise nur durch ihre Absonderung vermieden werden kann, oder halten sie die zur Verhinderung der Ansteckung gegebenen Vorschriften nicht inne, **so müssen sie zur Kur in ein Krankenhaus gebracht werden.** Wenn nach der Heilung der Krankheit bestimmte Gründe vorhanden sind, die ein Rezidiv befürchten lassen, so kann der Arzt, welcher die kranke Person behandelt hat, dieser anbefehlen, daß sie sich zu einer bestimmten Zeit wieder vorstellt oder das Zeugnis eines autorisierten Arztes darüber beibringt, daß ein Rezidiv nicht eingetreten ist, oder daß sie bei diesem Arzte in weiterer ärztlicher Behandlung steht.

7. Die auf **öffentliche Kosten** zur Behandlung syphilitischer oder venerischer Krankheiten in ein Spital eingelegten Kranken **dürfen dasselbe nicht früher verlassen, bevor der Arzt sie entläßt.**

8. Die Polizei hat das Recht, eine **Frauensperson,** die nicht unter polizeilicher Kontrolle steht und sich dem begründeten Verdacht aussetzt, ihren Lebensunterhalt durch Unzucht zu verdienen oder mit mehreren Männern in geschlechtlichem Verkehr zu stehen, wenn sie die Erlaubnis gibt, oder wenn sie gesteht, die Prostitution geheim auszuüben, von einem hierzu bestellten Amtsarzte geschlechtlich untersuchen zu lassen und hat sich, wenn sie venerisch krank befunden wird, den Bestimmungen für venerisch Kranke zu unterwerfen.

Wird die Untersuchung von einem weiblichen Amtsarzte vorgenommen, so entfällt die obenerwähnte Erlaubnis.

9. Die Polizei hat das Recht, **Personen männlichen Geschlechts,** welche verdächtig sind, mit Syphilis oder Venerie behaftet zu sein, und deren Lebenswandel besonders geeignet erscheint, diese Art Krankheit zu verbreiten, der zwangsweisen Untersuchung zuzuführen, falls diese nicht ein Attest von einem vertrauenswürdigen Arzte über ihren Gesundheitszustand aufweisen können.

10. Jede Amme muß ein von einem hierzu bestimmten Amtsarzt ausgestelltes Gesundheitsattest haben, ohne welches sie nicht stillen darf . . . .

Kinder, welche venerisch krank oder verdächtig sind, dürfen nur von ihrer eigenen Mutter gesäugt werden; ebenso darf eine Amme, welche weiß oder vermutet, daß sie venerisch krank ist, das Kind einer anderen Frau nicht säugen. . . . .

11. Zur Verhinderung der Weiterverbreitung der syphilitischen und venerischen Krankheiten durch die unter Kontrolle stehenden Prostituierten gelten die speziell hierfür erlassenen Verordnungen.

12. **Jeder Arzt, welcher eine venerische Person ärztlich behandelt, und welcher Kenntnis oder Verdacht hat, daß die erkrankte Person durch ihren Beruf oder ihre Aufführung andere dem Kontagium aussetzt, hat der Behörde**

die Anzeige zu erstatten. Die Behörde kann in solchen Fällen über die zwangsweise Behandlung in einem Spitale verfügen. Dasselbe kann die Behörde auch
verfügen, wenn die häuslichen Verhältnisse derart ungünstig sind, daß ohne
eine große Gefahr der Übertragung die Kur im Hause nicht durchgeführt
werden kann.

13. **Jeder Arzt ist verpflichtet, wenn er eine venerisch kranke Person
untersucht oder behandelt, sie auf die juridische und moralische Verantwortlichkeit aufmerksam zu machen,** welcher sich dieselbe aussetzt, wenn sie jemandem
das venerische Kontagium mitteilt oder denselben hierdurch der Gefahr aussetzt.
Der Arzt hat diesem Kranken auch die Mittel anzugeben, dieses zu vermeiden.
Er hat auch den Kranken auf die kontagiösen Rückfälle, wie auch auf die
Konsequenzen dieses Leidens für seine Nachkommenschaft aufmerksam zu
machen und ihm anzuordnen, seinen Gesundheitszustand sehr häufig untersuchen zu lassen. Über das Erwähnte werden gedruckte Informationen durch
die Ärzte an die Kranken verteilt. Diese Drucksache wird vom Staat beschafft.

14. Den Personen männlichen Geschlechts, welche bereits das 18. Lebensjahr zurückgelegt haben, sind von seiten der Schulleitungen, Genossenschaften,
Gewerkschaften etc. beim Eintritt **gedruckte Belehrungen über Erkennung und
Vorbeugung der syphilitischen und venerischen Krankheiten einzuhändigen.** In
den Krankenkassenbüchern der Kassenmitglieder ist eine Belehrung über derlei
Krankheiten, wie der Rat, im Erkrankungsfalle sobald als möglich sich der
ärztlichen Behandlung zu unterziehen, aufzunehmen. . . .

15. **Personen, ob männlichen oder weiblichen Geschlechts, die in wissent-
lichem syphilitischen oder gonorrhoischen Zustande einem Geschlechtsverkehr
sich hingeben und die beteiligten Personen hierbei infizieren, sind ähnlich wie
Personen, die sich einer absichtlichen körperlichen Beschädigung schuldig gemacht haben, zu bestrafen.**

16. Die Übertretungen oder Unterlassungen dieser Bestimmungen sind,
wenn sie nicht unter das Strafgesetz fallen, wie andere polizeiliche Vergehen
des Landes, wo sie begangen worden sind, zu ahnden.

Schweden.

Was die Bekämpfung der Geschlechtskrankheiten und der Prostitution
in Schweden betrifft, so halte ich es für die Zwecke dieser Arbeit für überflüssig,
die zurzeit geltenden Bestimmungen hier wiederzugeben. Ich beschränke
mich darauf, auf die Reformbestrebungen, die zurzeit im Gange sind
und welche ungemein viel lehrreiches Material für uns bieten, einzugehen.

Im Dezember 1910 legte ein bereits im Jahre 1903 vom Reichstag ein-
gesetztes Komitee einen vier Quartbände umfassenden Bericht vor, wie in
Zukunft die Prostitutionsfragen und die Fragen der Bekämpfung der Geschlechtskrankheiten in Schweden behandelt werden sollten. Ich folge hierbei einem
Referate von Magnus Möller (Zeitschr. f. Bekämpfung d. Geschlechtskrankh.
12, S. 325).

Die Maßregeln, die das Komitee vorschlägt, sind folgende:

1. **Aufklärung und entsprechende Belehrung** des Volkes, speziell der
Jugend, über die Art und die Gefahren der Geschlechtskrankheiten.

2. **Verpflichtung der Ärzte,** jeden Kranken über die Art und Ansteckungsgefährlichkeit seiner Krankheit a u f z u k l ä r e n und ihm gedruckte Anweisungen zu übergeben. In diesen Aufklärungszetteln soll zugleich an Straffolgen erinnert werden, die denjenigen treffen, der jemand einer Ansteckungsgefahr aussetzt.

3. Der große Wert der **individuellen Prophylaxe** ist zwar klar; t r o t z d e m hat das Komitee nachstehende Bestimmungen empfohlen:

„Wer öffentlich Gegenstände, welche zu unzüchtigem Gebrauch oder zur Vorbeugung der Folgen des Geschlechtsumganges geeignet sind, ausstellt oder vorweist; oder durch Schriften, die er verbreitet, oder sonst durch öffentliche Kundmachung derartige Gegenstände dem Publikum zum Kauf anbietet oder selbst oder durch andere verbreitet; oder unter solchen Verhältnissen, daß allgemeine Gefahr einer Verführung anderer dadurch zustande kommt, sei es mündlich oder durch Verbreitung von Schriften, zur Anwendung der genannten Gegenstände zu verleiten sucht oder über ihre Anwendungsweise Mitteilungen macht; soll . . . . mit Geldstrafe oder Gefängnis bestraft werden.

Der leitende Gedanke des Paragraphen ist, der rückhaltlosen Propaganda für die antikonzeptionellen Mittel entgegenzuwirken. Das Verkaufen der betreffenden Gegenstände wird also nicht verboten. Objektiven, auch öffentlichen, zu nicht unzüchtigen Zwecken gegebenen Auseinandersetzungen über diese Gegenstände, z. B. einer historischen, nationalökonomischen oder medizinischen Darstellung, werden keine Hindernisse in den Weg gelegt.“

4. **Kostenfreie Krankenpflege** soll soviel als möglich jedem zugänglich gemacht werden. Die Geschlechtskranken sollen in jedem allgemeinen Krankenhaus Aufnahme finden und nicht mehr in Spezialabteilungen liegen, sondern im allgemeinen unter die anderen Patienten gelegt werden.

5. Bestimmungen zum **Schutz der Ehe.**

6. Eine zweckmäßige **Schutzerziehung der jungen Mädchen,** wo die Familienerziehung versagt, um das Verfallen in die Prostitution zu verhüten.

7. Unter den Bestimmungen **strafgesetzlicher** Natur schlägt das Komitee die Einführung der folgenden Bestimmung ins Strafgesetzbuch vor:

„Wer an einer Geschlechtskrankheit leidet und mit Wissen oder Verdacht davon durch geschlechtlichen Umgang oder sonst durch Ausübung von Unzucht einen anderen der Gefahr, angesteckt zu werden, aussetzt, wird mit Gefängnis bestraft oder, wo besonders mildernde Umstände vorhanden sind, zu einer Geldstrafe von mindestens 50 Kronen verurteilt. Wurde die Krankheit übertragen, so kann die Strafe bis zu zweijähriger Strafarbeit erhöht werden.

Wer sonst, in anderer Weise als oben gesagt, absichtlich oder durch grobe Fahrlässigkeit jemanden einer derartigen Ansteckungsgefahr aussetzt, wird mit Gefängnis oder Geldstrafe bestarft. Wurde die Krankheit übertragen, kann auch in diesem Falle die Strafe bis zu höchstens zwei Jahren erhöht werden.“

Also unser Gefährdungsparagraph!

8. Die betreffenden Krankheiten werden besonders durch freie, lockere und zufällige Geschlechtsverbindungen, und vor allem durch diejenige Form, die P r o s t i t u t i o n benannt wird, verbreitet. Die beiden bei der Erscheinung der Prostitution in Betracht kommenden Hauptfaktoren, W e i b e r („P r o s t i t u i e r t e“) und M ä n n e r („K u n d e n k r e i s d e r P r o s t i t u i e r t e n“), spielen als Ansteckungsverbreiter eine sehr große und z i e m l i c h e b e n b ü r t i g e R o l l e; der Kundenkreis ist nämlich numerisch ungeheuer viel größer als derjenige der prostituierten Weiber, wodurch der Umstand, daß das Weib geschlechtlichen Umgang viel öfter als der Mann ausüben kann, im großen und ganzen ausgeglichen wird.

Es kann natürlich keine Rede davon sein, außereheliche Verbindungen im allgemeinen unter Strafe zu stellen. Auch die Prostitution an und für sich, d. h. die gewohnheitsmäßige Gewährung freier und zufälliger Geschlechtsverbindungen gegen Entgelt, soll nach Ansicht des Komitees nicht bestraft werden; gegen Weiber, welche zwar Prostitution treiben, aber außerdem irgendeine Form von ehrlichem Broterwerb beibehalten, soll also nicht strafgesetzlich eingeschritten werden. Dagegen schlägt das Komitee strafrechtliches Einschreiten gegen die Weiber vor, welche, unwillig zu ehrlicher Arbeit, Unzucht als einzige oder hauptsächliche Einnahmequelle haben. Diese werden von dem Komitee mit dem Terminus „Alleingewerbsprostituierte" (Helyrkesprostituerade) bezeichnet.

Der Grund der verschiedenen Behandlungsweise dieser zwei Kategorien von Prostituierten ist, daß die „Alleingewerbsprostituierten", deren Lebensart unbedingt als von sehr antisozialer Natur angesehen werden muß, einen größeren sittlichen Anstoß erregen und vor allem eine weit mehr demoralisierende Wirkung auf ihre Umgebung ausüben, besonders auf Kinder und Jugendliche, als die, welche sich auch durch ehrliche Arbeit ernähren und deshalb beim Anknüpfen ihrer Beziehungen sich eine gewisse Vorsicht auferlegen müssen. Mit Hinsicht auf die Verlockung, welche die Alleingewerbsprostitution auf eine Menge von Weibern ausübt, hat eine Strafbestimmung erwähnter Art eine wichtige Aufgabe zu erfüllen durch ihre warnende und zurückschreckende Wirkung auf diejenigen, welche sonst gern ein solches Leben anfangen möchten. Die Alleingewerbsprostitution ist unter die sogenannten Faulheits- (Müßiggangs-) Delikte zu rubrizieren. Mit demselben Recht, mit dem die Gesellschaft gegen die Vagabondage einschreitet, soll auch gegen die Alleingewerbsprostitution, welche der Vagabondage sehr nahe steht und oft damit zusammenfällt, eingegriffen werden. Auch wenn keine Geschlechtskrankheiten existierten, sollte der Ansicht des Komitees nach doch die Alleingewerbsprostitution zum Gegenstand eines strafrechtlichen Verfahrens von seiten der Gesellschaft gemacht werden.

Indessen muß die jetzige Anordnung der Zwangsarbeit in bezug auf die prostituierten Weiber als nutzlos bezeichnet werden. In der Regel verläßt die Prostituierte die Zwangsarbeitsanstalt ebenso arbeitsunwillig und im übrigen unverbessert als zuvor. Die Dauer der Internierung soll nicht im voraus fixiert werden, und die Behandlung soll weniger die Natur einer Strafe als einer Zwangserziehung haben, wenn erforderlich, mit Berufsausbildung. Größtmögliche Garantien gegen eventuelle Mißbräuche von seiten der Behörde müssen geschaffen werden. Aufforderung zur Arbeit unter Warnung vor den sonst entstehenden Folgen wäre in angemessenen Fällen sehr zweckmäßig.

9. **Strafbestimmungen gegen verschiedene Kuppeleiarten** (Bordelle, Animierkneipen, Absteigehotels, Zuhälterwesen, Mädchenhandel usw.), gegen Provokation und vielleicht andere Zucht- und Gewissenlosigkeit.

10. Was eine **sanitäre Zwangsgesetzgebung** betrifft, so erachtet das Komitee eine solche zwar für notwendig, es kann aber, obgleich das Reglementierungssystem vielleicht einen gewissen sanitären Wert hat, nicht zur Beibehaltung der Reglementierung raten. Auch will es keines der sogenannten neu-reglementaristischen Systeme

einführen, und gibt daher jedes System mit regelmäßiger präventiver Kontrolle auf.

11. Wenn aber jemand vor Gericht wegen einer Handlung verklagt oder verurteilt worden ist, die das betreffende Individuum als besonders gefährlich für die allgemeine Gesundheit stempeln muß, so scheint es dem Komitee berechtigt, eine solche Person mit sanitären Zwangsmaßregeln zu treffen. **Demgemäß wird ein sanitäres Zwangsverfahren gegen folgende drei Gruppen von Personen empfohlen;** es sollen einem Amtsarzt angemeldet werden, der dann geeignete Maßregeln zu treffen hat:

a) Personen, welche wegen gewerbsmäßiger Unzucht gewarnt oder verhaftet worden sind (Alleingewerbsprostituierte);

b) Personen, welche beim Gericht wegen gewisser Delikte verklagt worden sind, z. B. wegen der Übertragung einer ansteckenden Geschlechtskrankheit oder der Gefährdung einer solchen Übertragung, wegen strafbarer Provokation, Unzucht mit Kindern u. a. m.;

c) von Ärzten angemeldete Ansteckungsquellen.

Bei dieser Nachforschung soll der Arzt den Kranken darauf aufmerksam machen, daß dieser nicht verpflichtet ist, die Person, von welcher er angesteckt worden ist, anzugeben, daß er sie aber angeben kann, ohne daß sein eigener Name gemeldet wird.

Wer sich also freiwillig an einen Arzt wendet, kann niemals mit Namen gemeldet werden.

Bezüglich der angemeldeten Ansteckungsquellen hat der Amtsarzt, bevor er weitere Maßnahmen trifft, zu prüfen, ob die Angabe auf Wahrscheinlichkeitsgründen zu beruhen scheint. Wer dann geschlechtskrank befunden wird, ist verpflichtet, sich, solange sich die Krankheit in ansteckendem Stadium befindet, behandeln zu lassen. Wenn die gemeldete Person aufsässig ist, soll der Amtsarzt die Sache der Gesundheitsbehörde melden, welche über etwaige Zwangsuntersuchung bzw. -behandlung zu beschließen hat und berechtigt ist, Unterstützung von der Polizei zu fordern.

Das Verfahren von seiten des Amtsarztes und der Gesundheitsbehörde ist streng geheim.

Schweiz.

Hier finden sich schon im Jahre 1859 im Kanton Schaffhausen und 1873 im Kanton Tessin gesetzliche Bestimmungen, welche sich gegen Gesundheitsgefährdung durch den Geschlechtsverkehr kranker Personen richten. Auch in dem Entwurf zu dem neuen schweizerischen Strafgesetzbuch finden sich immer wieder Bestimmungen, um eine geeignete Strafdrohung gegen Übertragung geschlechtlicher Krankheiten zu schaffen und schließlich bringt der Schweizer Entwurf vom April 1908 in dem Abschnitt: „Verbrechen gegen Leib und Leben" neben einer allgemeinen Bestimmung gegen Gesundheitsgefährdung eine besondere Strafdrohung gegen Geschlechtskranke. Der Artikel 79 lautet nämlich:

„Wer die Gesundheit eines Menschen wissentlich und gewissenlos in schwere unmittelbare Gefahr bringt — — —

Eine geschlechtskranke Person, die jemanden wissentlich, namentlich durch geschlechtlichen Verkehr in unmittelbare Gefahr bringt, von ihr angesteckt zu werden, wird mit Gefängnis bestraft.

Die Gefährdung der Ehegatten durch geschlechtlichen Verkehr wird auf Antrag bestraft."

Ich füge noch bei einige Ausführungen von: **E. Herm. Müller** - Zürich: „Zur Kenntnis der Prostitution in Zürich und zur sozialhygienischen Bekämpfung der Prostitution und ihrer Schädigungen." Nr. 11. der Statistik der Stadt Zürich, herausgegeben vom statistischen Amt der Stadt Zürich (Kommissionsverlag Rascher und Cie., Zürich. Preis Fr. 1).

Der Verfasser präzisiert seinen prinzipiellen Standpunkt wie folgt: „Der Reglementarismus, wie er aus früheren Zeiten auf uns gekommen ist, befriedigt mich so wenig wie die Abolitionisten; er ist eine ausschließliche und, wie nicht geleugnet werden kann, nicht absolut zuverlässige Schutzmaßregel für die Männer, welche die Dirnen besuchen; er tut nichts für die Dirnen. Nach meiner Überzeugung muß eine rationelle gesetzgeberische Behandlung einerseits den Schutz der Dirnen und Vorbeugung vor dem Verfallen in die Prostitution, andererseits Schutz für die die Dirnen besuchenden Männer und ihre Angehörigen angestrebt werden. Das kann erreicht werden, wenn reglementaristische und abolitionistische Anschauungen vereinigt werden."

Er fordert von der Gesetzgebung

1. Vorbeugende Maßregeln:
    a) Individuell: Erhöhung des Schutzalters der Mädchen auf das Alter der Ehefähigkeit. Sexuelle Aufklärung in der Schule. Fürsorge für die nicht mehr schulpflichtige Jugend und Jugendliche von 18—20 Jahren.
    b) Sozial: Schaffung von Existenzbedingungen, welche den Eheabschluß ermöglichen und die keine Suggestion auf die Frau, sich der Prostitution hinzugeben, ausüben.
    c) Strafrechtlich: Strenge und schwere Bestrafung der Zuhälter, Kuppler, Mädchenhändler und des Mißbrauchs von Jugendlichen, aber Wohnbewilligung für die Mädchen.
2. Bekämpfung der Gefahren der Prostitution durch sanitäre Maßregeln und strafrechtliche wie oben 1. c.
3. Schaffung einer Fürsorge für sittlich gefallene Mädchen, gestützt auf Zivil- und Strafrecht (sichernde Maßnahmen).

Mit Recht sagt der Verfasser: Die Polizei kann die Leute einfangen und einsperren; ihre Eingriffe veranlassen meistens zwischen ihr und dem Angeschuldigten eine Gegnerschaft, welche eine moralische Beeinflussung ausschließt. Die Polizei kommt gar nicht oder nur selten in gemütlichen Kontakt mit den Objekten ihrer Tätigkeit, anders die Fürsorge. Das Wesen der Fürsorge macht es aus, daß sie das Objekt ihrer Bemühungen aufsucht und ihm menschlich nahe zu kommen sucht. Nach Feststellung seiner Persönlichkeit mit der Fürsorgestelle kommt das Mädchen nach einem Reinigungsbad zur Untersuchung durch den Arzt, die sich nicht nur auf eventuelle Geschlechtskrankheit richtet, sondern auch alle anderen Organe, sowie den Geisteszustand des Mädchens umfaßt. Dabei soll die Untersuchte völlig den Eindruck einer ärztlichen Begutachtung in ihrem eigenen Interesse erhalten.

Für Mädchen bis zu 20 Jahren sind stets Fürsorgemaßregeln — Familien- oder Anstaltspflege — zu treffen, um dieselben der Gesellschaft wieder zurückzuerobern.

Es ist hier nicht möglich, des näheren hierauf einzugehen. Verfasser legt im einzelnen die Anforderungen dar, die an eine solche Anstalt zu stellen wären und die er in dem Erziehungsheim am Urban in Zehlendorf bei Berlin dann verwirklicht gefunden habe.

Für die volljährigen Dirnen, welche nicht zu bewegen sind, ihren Beruf aufzugeben, schlägt er vor: zweimalige ärztliche Untersuchung in der Woche auf der Fürsorgestelle, bei Krankheit zwangsweise Spitalbehandlung, Belehrung über Schutz vor Ansteckung und Reinlichkeitsmaßnahmen, sowie Besichtigung der Besucher.

Wie man sieht, soll die Müllersche Fürsorgestelle einigermaßen die Aufgabe erfüllen, wie sie auch unserem „Gesundheitsamt" vorschwebt.

C. Stern, Entwurf eines Gesetzes betr. das Gewerbe der Prostitution.

Beitrag zur Diskussion für die internationale Konferenz zu Brüssel 1897.

§ 1. Eine Frauensperson, welche gewerbsmäßig gegen Bezahlung Unzucht treibt, ohne im Besitze eines Gesundheitszeugnisses nach dem vorgeschriebenen Muster zu sein, wird mit Haft bestraft. Auch kann auf Verweisung an die Landespolizeibehörde erkannt werden. Eine Bestrafung tritt auch dann ein, wenn das Gesundheitszeugnis unwahre oder unrichtige Angaben enthält.

§ 2. Die Inhaberin eines Gesundheitszeugnisses, welche mit einer ansteckenden Geschlechtskrankheit behaftet wird, hat die Ungültigkeitserklärung ihres Zeugnisses unverweilt zu beantragen, widrigenfalls Bestrafung nach § 1 erfolgt.

§ 4. Die Gesundheitsscheine sind durch Vermittelung der Polizeibehörden von solchen Ärzten zu beziehen, die polizeilich zur Ausfertigung berechtigt sind. Die Kosten für die Ausfertigung trägt die Antragstellerin.

§ 7. Die Inhaberin eines Gesundheitszeugnisses ist verpflichtet, auf polizeiliche Aufforderung hin die Vorlage des Zeugnisses unverweilt zu bewirken und jederzeit den Nachweis zu liefern, daß ihr Gesundheitszustand den Angaben des Zeugnisses entspricht.

Gegen § 1 habe ich folgende Bedenken:

1. Trifft das Gesetz durch die Worte: „gewerbsmäßig gegen Bezahlung" nur die ganz echten Prostitutierten, während es uns darauf ankommt, den ganzen Kreis all der Mädchen, die wahllos und wechselnd ungezügelten Geschlechtsverkehr treiben, mit oder ohne Entgelt, als alleiniges oder Neben-Gewerbe, fassen zu können. Siehe S. 253. 264.

2. Die Bezeichnung „Gesundheitszeugnis" halte ich für verfehlt, weil sie die falsche Meinung hervorrufen kann, daß die Vorzeigerin wirklich „gesund" sei und daß die Behörde für ihre Ungefährlichkeit bürge. Die Bescheinigung soll und kann doch nicht mehr sagen, als daß die Betreffende in Beobachtung steht und wahrscheinlich — nach dem Ergebnis der letzten Untersuchung — nicht ansteckend sei. Siehe S. 67.

3. Will ich durchaus vermieden sehen, daß diese Mädchen, die doch meist von all den Bestimmungen und Gesetzen nichts wissen, gleich beim ersten Aufgegriffenwerden bestraft werden, falls eine Übertretung der Bestimmungen vorliegt.

Nach meinem Vorschlag tritt hier das Gesundheitsamt in Tätigkeit und die Unterstellung unter sanitäre Aufsicht, der nur im Notfalle die durch den Richter auszusprechende Stellung unter Polizeiaufsicht folgt.

Auch mit der Sternschen Fassung der Begründung zu § 1 kann ich mich nicht ganz einverstanden erklären. Stern sagt folgendes:

Die an sich straffreie „Prostitution" wird strafbar von dem Momente an, wo das Objekt der Prostitution, das Frauenzimmer, durch Ausübung seines Gewerbes die Gesundheit eines anderen zu beeinträchtigen geeignet ist. Eine Frauensperson, die den Nachweis liefern kann, daß sie (*hier wäre einzuschieben: „nach dem Gutachten des Arztes"*) nicht imstande ist, die Gesundheit eines anderen durch Prostitution zu schädigen, (die also den Nachweis bringt, daß sie gesund, also zur Ausübung des Gewerbes geeignet ist,) (*dieser letzte Satz wäre zu streichen,*) ist in der Ausübung ihres Gewerbes unbehindert, weil sie etwas an sich nicht Strafbares tut. Von dem Moment an, wo sie zur Ausübung ihres Gewerbes durch übertragbare Krankheit ungeeignet ist, tut sie etwas Strafbares, wenn sie ihr Gewerbe weiter fortsetzt. Denn sie setzt einen anderen der Gefahr aus, an seiner Gesundheit geschädigt zu werden. Wer aber wissentlich einen anderen an der Gesundheit schädigt, macht sich einer Körperverletzung schuldig; tut er es absichtlich, so ist er mehr strafbar, als wenn er es fahrlässig tut. Jedenfalls ist er strafbar, auch wenn er fahrlässig handelt, und auch dann, wenn er bei Ausübung seines Gewerbes diejenige Vorsicht außer acht läßt, die er anwenden muß, um einen andern vor Schädigung zu bewahren. Eine Prostituierte also, die ihr Gewerbe ausübt, trotzdem sie weiß oder wissen muß, daß sie zur Ausübung ihres Gewerbes ungeeignet ist, macht sich einer strafbaren Handlung schuldig. Diese strafbare Handlung kann als solche im Gesetz charakterisiert werden durch die Bestimmung, daß die gewerbsmäßige, gegen Bezahlung zugelassene Ausübung des Beischlafes (die an sich nicht strafbar ist) an die Bedingung geknüpft wird, daß die „angebotene Ware" auch wirklich zu dem angebotenen Zwecke geeignet ist, d. h. daß die sich Prostituierende zur Ausübung ihres Gewerbes befähigt, d. h. gesund sei.

An Stelle der gesperrt gedruckten Worte Sterns würde ich lieber sagen: „nur dann nicht bestraft wird, wenn die Prostituierte für ihre Gesundheit in der behördlich vorgeschriebenen Weise sorgte." —

Stern fährt fort:

Durch die Strafandrohung und die Bestrafung solcher Personen, welche, obgleich sie ungeeignet zur Ausübung des Gewerbes sind, sich doch prostituieren, soll ein Doppeltes erreicht werden. Zunächst wird jede sich Prostituierende, nachdem sie einmal in den Besitz des Gesundheitszeugnisses gekommen ist, sich sorgfältig hüten vor Ansteckung, also ihre Besucher scharf kontrollieren, auf sich selbst scharf achten und jede Möglichkeit benutzen, um ihre Gesundheit d. h. Qualifikation für ihr Gewerbe nicht zu verlieren. Jede Erkrankung setzt sie sofort in die Notwendigkeit, ihr Gewerbe durch Einziehung des Qualifikationsausweises zeitweilig unterbrochen zu sehen. Auf der anderen Seite wird aber auch erzielt, daß der Besucher einer Prostituierten sich — wenn er überhaupt etwas auf seine Gesundheit gibt — überzeugt und jeden Augenblick überzeugen kann, ob er es mit einer Qualifizierten zu tun hat oder nicht. Legt er auf die Vorzeigung des Zeugnisses kein Gewicht, so trägt er die Folgen seiner Handlung selbst, wenn er infiziert wird. Durch den geforderten Nachweis der Qualifikation und die Bestrafung der Prostitution ohne diesen Nachweis ist also ein Interesse an der Gesundheit geweckt, sowohl bei der Prostituierten selbst als auch bei dem Besucher.

Hierzu ist zu bemerken, daß ich mir von der Strafandrohung den gewünschten Erfolg nicht versprechen kann. Schon jetzt fürchten die Prostituierten die Internierung, sei es im Hospital, sei es im Gefängnis und Arbeitshaus aufs äußerste, aber sie befolgen trotzdem die Vorschriften nicht, sondern sie suchen sich der Krankheit-aufdeckenden Kontrolle auf jede Weise zu entziehen. Nur sehr wenige sind es, die — trotz der Furcht — für ihr Gesundbleiben ernsthaft sorgen. — Da ich mich also auf die Freiwilligkeit absolut nicht verlasse, kann ich mir auch einen Nutzen von § 2 nicht versprechen. Es fehlt meines Erachtens im Sternschen Entwurf die behördliche Kontrolle, ob die einzelne Person in ärztlicher „freier" Beobachtung sich befindet. Ich halte es für das beste, wenn der Arzt eine diesbezügliche Meldung erstattete, aus der die Behörde ersehen könnte, ob die vom Arzt vorgeschriebene Untersuchung stattgefunden hat.

Die Behörde müßte auch direkt benachrichtigt werden, wenn seitens des Arztes Krankenhausbehandlung für notwendig erachtet wurde.

Ferner müßten die Beamten die auf dem „Strich", in bekannten Prostitutions-Lokalen usw. betroffenen, des Unzuchtsbetriebes verdächtigen Personen nach ihrem „Gesundheitszeugnis" fragen dürfen.

Trotzdem könnte der § 2, wenn auch in veränderter Fassung, stehen bleiben, um den Prostituierten klar zu machen, daß jede Fortsetzung des Geschlechtsverkehrs in krankem Zustande strafbar ist.

Es bedürfte dann aber das Gesetz einer Ergänzung dahin, was die einzelne Person tun muß, um sich über ihren Gesundheitszustand zu vergewissern. Darüber müssen Vorschriften im Gesetz oder in gesetzlich vorgesehenen Verfügungen gegeben werden; also wie oft die ärztliche Untersuchung erfolgen soll, wie es in Erkrankungsfällen gehalten werden soll usw.

Stern rühmt als Vorzüge seines Gesetzes:

1. Die Angelegenheit wird der polizeilichen Willkür entzogen und das wahrhaft Strafbare der Möglichkeit einer strafrechtlichen Verfolgung unterstellt.

2. Die Gewerbetreiberin selbst wird zur Hüterin ihrer Gesundheit veranlaßt.

3. Die Nachfrage nach einwandfreier Ware kann befriedigt werden.

4. An die Stelle der Zwangsuntersuchung und der Kontrolle tritt die freiwillige Untersuchung, die zwischenzeitliche Behandlung, die freiwillige Aufnahme ins Krankenhaus zur Wiedererlangung der Qualifikation.

5. Da das Gesundheitsattest von jedem Arzt ausgefertigt werden kann, der seine besondere Qualifikation dazu nachweist, so werden mehr Ärzte an der Sache beteiligt, jeder bildet zugleich eine Möglichkeit der Behandlung von erkrankten Personen, die das Bedürfnis haben, einen Gesundheitsschein zu erlangen. Das Interesse fehlt zurzeit bei den meisten Ärzten.

6. Eine Einschreibung und Listenführung findet nicht statt. Es wird nur Buch geführt, an welche Personen ein Gesundheitsattest ausgegeben ist. Da es aber gleichgültig ist, zu welchem Zweck eine Person den Schein sich ausstellen läßt, so findet eine eigentliche Reglementierung nicht statt.

7. Die Prostituierte ist also in ihrer persönlichen Freiheit nicht beeinträchtigt, sie unterscheidet sich von einer nicht gewerbsmäßig sich prostituierenden Frauensperson nur durch den immer zu führenden Nachweis der Qualifikation zu dem Gewerbe. Sobald der Nachweis der gewerbsmäßigen, gegen Bezahlung erfolgenden Unzucht einer Person geliefert wird, ist sie genötigt, sich den Gesundheitsschein zu nehmen, dessen Fehlen sie strafbar macht. Damit

ist aber alles erledigt. Die Nachteile der zwangsweisen Untersuchung an den Polizeitagen, die Nachteile der Anhäufung von Prostituierten an solchen Untersuchungsstellen, der Zwang der Krankenhausüberweisung, die Notwendigkeit, zwangsweise eine Behandlung, im Krankenhause erzwingen zu müssen fallen fort. Die Prostituierte wird nur behandelt, weil sie es selbst will zur Wiedererlangung eines Gesundheitsscheines, ohne den sie entweder ihr Gewerbe aufgeben muß oder bestraft wird.

In manchen Punkten kann ich ihm beistimmen und ich möchte nur, daß sich in praxi alles so abspiele, wie es Stern vorschwebt. Aber ich bezweifle, wie schon gesagt, daß von der in Absatz 4 vorgesehenen „freiwilligen Untersuchung, der zwischenzeitlichen Behandlung, der freiwilligen Aufnahme ins Krankenhaus" viel Gebrauch gemacht werden wird. Viel häufiger wird es vorkommen, daß die Krankbefundenen in andere Städte verschwinden oder wochenlang versuchen werden, ohne ärztliche Untersuchung sich weiter herumzutreiben.

Aber mich stören wesentlich zwei prinzipielle Punkte:

1. daß Stern nur die gewerbsmäßigen Prostituierten ins Auge faßt.

2. daß Stern auf dem Wege der Bestrafung sein Ziel, den Prostitutionsbetrieb ungefährlich zu machen, erreichen will. Ich möchte allen Zwangsmaßregeln, die ja oft unvermeidlich sind, den Anschein und die Folge einer Bestrafung nehmen, soweit es irgend angängig ist. Man kann Zwangskontrolle, Zwangsbehandlung im Hospital, Zwangserziehung in reichlichem Maße und in aller Strenge durchführen, und doch die fürs ganze Leben anhaftende Strafe der gegenwärtigen Inskription beiseite lassen, solange es sich nur um den Tatbestand des sich-Prostituierens und um die Beseitigung der von den Prostituierten ausgehenden Gesundheitsgefährdung handelt. Auch darf der einzelnen Prostituierten gegenüber nie vergessen werden, wie sehr häufig man nicht mit voller Zurechnungsfähigkeit derselben zu rechnen hat.

Siehe ferner:

Camillo Karl Schneider, Die Prostituierte und die Gesellschaft. Leipzig, J. A. Barth 1908, S. 146 ff. Unentgeltliche Behandlung, Anzeigepflicht des Arztes, Bestrafung Kranker, die sexuell verkehren.

Leonhard, Die Prostitution. München, E. Reinhardt 1912. S. 274. Gesetzliche Maßnahmen und gesetzliche Änderungen.

Übersicht über die in Deutschland geltenden und geplanten Gesetzesbestimmungen.

Jetziges Gesetz	V.E. [1]	G.E. [1]	K.E. [1]
I. § 223	§ 227	§ 265	—
II. §§ 224, 225, 228	§ 229	§ 268	§ 229
III. § 230	§ 232	§ 270	—
IV. § 180	§ 251	§ 248	§ 251
V. § 184, 184 a	§ 257	§ 251	§ 257
VI. § 361	§ 305, 306	§ 246, 359	§ 305
VII. § 362, 366	§ 307	§ 358	—
VIII. § 327	§ 193	§ 224	—
IX. § 300	§ 268	§ 291	§ 268

[1] V.E. = Vorentwurf.
G.E. = Gesetzentwurf.
K.E. = Kommissionsentwurf.

I. § 223 R.St.G.B.

Der § 223 R.St.G.B. lautet: „Wer vorsätzlich einen andern körperlich mißhandelt oder an der Gesundheit beschädigt, wird wegen Körperverletzung mit Gefängnis bis zu drei Jahren oder mit Geldstrafe bis zu eintausend Mark bestraft.
Ist die Handlung gegen Verwandte aufsteigender Linie begangen, so ist auf Gefängnis
nicht unter einem Monat zu erkennen."

§ 227 V.E.

Wer vorsätzlich einen anderen körperlich mißhandelt oder an der Gesundheit
beschädigt, wird wegen Körperverletzung mit Gefängnis bis zu drei Jahren oder mit
Haft oder mit Geldstrafe bis zu fünftausend Mark bestraft. In besonders leichten
Fällen (§ 83) kann von Strafe abgesehen werden.

§ 265 G.E.

Wer einen anderen körperlich mißhandelt oder an der Gesundheit beschädigt,
wird mit Gefängnis oder mit Geldstrafe bis zu zehntausend Mark bestraft.
In besonders leichten Fällen (§ 88) kann von Strafe abgesehen werden. Dasselbe gilt, wenn der Täter durch gerechtfertigte Entrüstung über eine besonders
rohe oder gemeine Handlung des Verletzten auf der Stelle zu der Tat hingerissen
worden ist.

II. § 224 R.St.G.B.

Hat die Körperverletzung zur Folge, daß der Verletzte ein wichtiges Glied des
Körpers, das Sehvermögen auf einem oder beiden Augen, das Gehör, die Sprache
oder die Zeugungsfähigkeit verliert, oder in erheblicher Weise dauernd entstellt wird,
oder in Siechtum, Lähmung oder Geisteskrankheit verfällt, so ist auf Zuchthaus
bis zu fünf Jahren oder Gefängnis nicht unter einem Jahre zu erkennen.

§ 225 R.St.G.B.

§ 225 sieht eine erhöhte Strafe (Zuchthaus von 2 bis 10 Jahren) für den Fall
vor, daß der Täter den Eintritt einer der im § 224 aufgezählten Folgen beabsichtigt
hat. „War eine der vorbezeichneten Folgen beabsichtigt und eingetreten, so ist
auf Zuchthaus von 2 bis zu 10 Jahren zu erkennen."

§ 228 R.St.G.B.

Sind mildernde Umstände vorhanden, so ist in den Fällen des § 223 Abs. 2
und des § 223a auf Gefängnis bis zu drei Jahren oder Geldstrafe bis zu eintausend
Mark, in den Fällen der §§ 224 und 227 Abs. 2 auf Gefängnis nicht unter einem
Monat, und im Falle des § 226 auf Gefängnis nicht unter drei Monaten zu erkennen.

§ 229 V.E.

Hat die Körperverletzung eine schwere Schädigung des Körpers odes des Geistes
des Verletzten zur Folge gehabt, so ist die Strafe Zuchthaus bis zu fünf Jahren,
bei mildernden Umständen Gefängnis nicht unter einem Monat.
Eine schwere Schädigung des Körpers oder des Geistes liegt insbesondere vor,
wenn infolge der Körperverletzung der Verletzte in Todesgefahr geraten, in schwere
oder langdauernde Krankheit verfallen oder sonst in dem Gebrauche seines Körpers
oder Geistes lange und schwer beeinträchtigt worden ist.
War der eingetretene Erfolg von dem Täter beabsichtigt, so tritt Zuchthaus-
strafe bis zu zehn Jahren ein.

§ 268 G.E.

Hat die Körperverletzung eine schwere Schädigung des Körpers oder der körperlichen oder geistigen Gesundheit des Verletzten verursacht, so ist die Strafe
Zuchthaus bis zu fünf Jahren.

War der eingetretene Erfolg vorsätzlich verursacht, so ist die Strafe Zuchthaus bis zu zehn Jahren.

§ 229 K.E.

Wenn infolge der Körperverletzung eine schwere Schädigung des Körpers oder der körperlichen oder geistigen Gesundheit eingetreten ist, so tritt Gefängnisstrafe nicht unter drei Monaten, bei mildernden Umständen Gefängnis bis zu drei Jahren oder Geldstrafe ein.

Besteht die schwere Schädigung in Verfall des Verletzten in gefährliche oder langandauernde Krankheit, oder in einer langen und bedeutenden Beeinträchtigung im Gebrauch der Körper- oder Geisteskräfte, oder ist eine lebensgefährliche Verletzung eingetreten, so ist die Strafe Zuchthaus bis zu fünf Jahren, bei mildernden Umständen Gefängnis nicht unter einem Monat. Werden die vorbezeichneten Folgen absichtlich herbeigeführt, so ist die Strafe Zuchthaus bis zu zehn Jahren, bei mildernden Umständen Gefängnis nicht unter einem Jahr.

III. § 230 R.St.G.B.

Wer durch Fahrlässigkeit die Körperverletzung eines Anderen verursacht, wird mit Geldstrafe bis zu neunhundert Mark oder mit Gefängnis bis zu zwei Jahren bestraft.

War der Täter zu der Aufmerksamkeit, welche er aus den Augen setzte, vermöge seines Amtes, Berufes oder Gewerbes besonders verpflichtet, so kann die Strafe auf drei Jahre Gefängnis erhöht werden.

§ 232 V.E.

Wer fahrlässig eine Körperverletzung verursacht, wird mit Geldstrafe bis zu dreitausend Mark oder mit Haft oder Gefängnis bis zu zwei Jahren bestraft.

War der Täter wegen seines Amtes, Berufs oder Gewerbes zu besonderer Aufmerksamkeit verpflichtet, so kann die Strafe bis auf drei Jahre Gefängnis oder Haft oder auf fünftausend Mark Geldstrafe erhöht werden.

§ 270 G.E.

Wer fahrlässig eine Körperverletzung begeht, wird mit Gefängnis bis zu einem Jahre oder mit Geldstrafe bis zu fünftausend Mark bestraft.

IV. § 180 R.St.G.B.

Wer gewohnheitsmäßig oder aus Eigennutz durch seine Vermittlung oder durch Gewährung oder Beschaffung von Gelegenheit der Unzucht Vorschub leistet, wird wegen Kuppelei mit Gefängnis bestraft; auch kann auf Verlust der bürgerlichen Ehrenrechte sowie auf Zulässigkeit von Polizeiaufsicht erkannt werden.

§ 251 V.E.

Wer gewohnheitsmäßig oder aus Eigennutz der Unzucht Vorschub leistet, wird mit Gefängnis bestraft.

Diese Vorschrift findet auf die Gewährung von Wohnung keine Anwendung, sofern nicht der Täter mit Rücksicht auf die Duldung der Unzucht einen unverhältnismäßigen Gewinn zu erzielen sucht.

§ 248 G.E.

Wer aus Gewinnsucht der Unzucht Vorschub leistet, wird mit Gefängnis bestraft.

Diese Vorschrift findet auf die Gewährung von Wohnung keine Anwendung, sofern nicht der Täter mit Rücksicht auf die Duldung der Unzucht einen unverhältnismäßigen Gewinn zu erzielen sucht.

Begeht der Täter die Kuppelei in bezug auf seine Ehefrau oder eine Person, die zu ihm in einem der im § 240 Ziff. 1 und 2 bezeichneten Verhältnisse steht, oder hat er zur Begehung der Kuppelei hinterlistige Kunstgriffe angewendet, so ist die Strafe Zuchthaus bis zu fünf Jahren.

§ 251 K.E.

Wer gewohnheitsmäßig oder aus Eigennutz durch seine Vermittelung oder durch Gewährung oder Verschaffung von Gelegenheit der Unzucht Vorschub leistet, wird mit Gefängnis bestraft.

Diese Vorschrift findet auf die Gewährung von Wohnung keine Anwendung, sofern nicht der Täter mit Rücksicht auf die Duldung der Unzucht einen unverhältnismäßigen Gewinn zu erzielen sucht.

Außerdem können die Vorschriften des § 53 Anwendung finden.

V. § 184 R.St.G.B.

Mit Gefängnis bis zu einem Jahre und mit Geldstrafe bis zu eintausend Mark oder mit einer dieser Strafen wird bestraft, wer

1. unzüchtige Schriften, Abbildungen oder Darstellungen feilhält, verkauft, verteilt, an Orten, welche dem Publikum zugänglich sind, ausstellt oder anschlägt oder sonst verbreitet, sie zum Zwecke der Verbreitung herstellt oder zu demselben Zwecke vorrätig hält, ankündigt oder anpreist;

2. unzüchtige Schriften, Abbildungen oder Darstellungen einer Person unter 16 Jahren gegen Entgelt überläßt oder anbietet;

3. Gegenstände, die zu unzüchtigem Gebrauch bestimmt sind, an Orten, welche dem Publikum zugänglich sind, ausstellt oder solche Gegenstände dem Publikum ankündigt oder anpreist;

4. öffentliche Ankündigungen erläßt, welche dazu bestimmt sind, unzüchtigen Verkehr herbeizuführen.

Neben der Gefängnisstrafe kann auf Verlust der bürgerlichen Ehrenrechte sowie auf Zulässigkeit von Polizeiaufsicht erkannt werden.

§ 184a R.St.G.B.

Wer Schriften, Abbildungen oder Darstellungen, welche, ohne unzüchtig zu sein, das Schamgefühl gröblich verletzen, einer Person unter 16 Jahren gegen Entgelt überläßt oder anbietet, wird mit Gefängnis bis zu 6 Monaten oder mit Geldstrafe bis zu 600 Mk. bestraft.

§ 257 V.E.

Mit Gefängnis oder Haft bis zu zwei Jahren oder mit Geldstrafe bis zu dreitausend Mark wird bestraft, wer

1. unzüchtige Schriften, Abbildungen oder Darstellungen feilhält, verkauft, verteilt, an Orten, welche dem Publikum zugänglich sind, ausstellt oder anschlägt oder sonst verbreitet, sie zum Zwecke der Verbreitung herstellt oder zu demselben Zwecke vorrätig hält, ankündigt oder anpreist;

2. unzüchtige oder das Schamgefühl gröblich verletzende Schriften, Abbildungen oder Darstellungen einer Person unter sechzehn Jahren gegen Entgelt überläßt oder anbietet;

3. Gegenstände, die zu unzüchtigem Gebrauch bestimmt sind, an Orten, die dem Publikum zugänglich sind, ausstellt oder solche Gegenstände dem Publikum ankündigt oder anpreist;

4. öffentliche Ankündigungen erläßt, die dazu bestimmt sind, unzüchtigen Verkehr herbeizuführen.

§ 251 G.E.

Mit Gefängnis oder mit Geldstrafe bis zu zehntausend Mark wird bestraft,

1. wer unzüchtige Schriften, Abbildungen oder Darstellungen verbreitet;

2. wer unzüchtige Schriften, Abbildungen oder Darstellungen einer Person
unter 16 Jahren gegen Entgelt überläßt oder anbietet;

3. wer öffentliche Ankündigungen erläßt, die dazu bestimmt sind, unzüchtigen
Verkehr herbeizuführen.

§ 257 Abs. 2 u. 3 K.E.

Mit Gefängnis bis zu zwei Jahren oder mit Geldstrafe bis zu 3000 Mark wird
bestraft, wer

2. unzüchtige oder das Schamgefühl gröblich verletzende Schriften, Abbildungen oder Darstellungen einer Person unter 16 Jahren gegen Entgelt überläßt
oder anbietet;

3. Gegenstände, die zu unzüchtigem Gebrauch bestimmt sind, an Orten,
welche allgemein zugänglich sind, ausstellt oder solche Gegenstände öffentlich ankündigt oder anpreist, wobei das Ankündigen von Gegenständen, die dazu dienen, die
Empfängnis oder Geschlechtskrankheiten zu verhüten, an Ärzte oder in ärztlichen
Fachzeitschriften straflos sein soll; dasselbe gilt von dem Ankündigen von Gegenständen, die geeignet sind, Geschlechtskrankheiten zu verhüten, an Personen, die mit
solchen Gegenständen Handel treiben.

VI. § 361 Abs. 6 R.St.G.B.

Mit Haft wird bestraft eine Weibsperson, welche wegen gewerbsmäßiger
Unzucht einer polizeilichen Aufsicht unterstellt ist, wenn sie den in dieser Hinsicht
zur Sicherung der Gesundheit, der öffentlichen Ordnung und des öffentlichen Anstandes erlassenen polizeilichen Vorschriften zuwiderhandelt, oder welche, ohne
einer solchen Aufsicht unterstellt zu sein, gewerbsmäßig Unzucht treibt.

§ 305 Abs. 4 V.E.

Eine Person, die, abgesehen von den Fällen des § 250, gewerbsmäßig Unzucht
treibt, wenn sie die in dieser Hinsicht zur Sicherung der Gesundheit, der öffentlichen
Ordnung oder des öffentlichen Anstandes erlassenen Vorschriften übertritt, wird mit
Haft oder Gefängnis bis zu drei Monaten bestraft. Der Bundesrat bestimmt die
Grundsätze, nach denen diese Vorschriften zu erlassen sind.

§ 306 Abs. 11 V.E.

Mit Geldstrafe bis zu dreihundert Mark oder mit Haft oder Gefängnis bis zu
drei Monaten wird bestraft: wer durch Schlägerei, Erregung von Unordnung
oder anderes ungebührliches Verhalten vorsätzlich das Publikum belästigt.

§ 246 G.E.

Eine weibliche Person, die bei Betreibung gewerbsmäßiger Unzucht den
Vorschriften zuwiderhandelt, die zur Sicherung der Gesundheit, der öffentlichen
Ordnung oder des öffentlichen Anstandes erlassen sind, wird mit Gefängnis bis zu
sechs Monaten bestraft.

Die Grundzüge für diese Vorschriften werden durch Reichsgesetz bestimmt.

In besonders leichten Fällen (§ 88) kann von Strafe abgesehen werden.

§ 359 Ziff. 3 G.E.

Mit Geldstrafe bis zu dreihundert Mark wird bestraft: wer vorsätzlich durch
Schlägerei, Erregung von Unordnung oder anderes ungebührliches Verhalten das
Publikum erheblich belästigt, oder wer ungebührlicherweise ruhestörenden Lärm
erregt.

§ 305 Abs. 4 K.E.

Mit Haft wird bestraft eine weibliche Person, welche gewerbsmäßig Unzucht
treibt, wenn sie die in dieser Hinsicht zur Sicherung der Gesundheit, der öffentlichen

Ordnung oder des öffentlichen Anstandes erlassenen Vorschriften übertritt. Daneben kann auf Unterbringung in einem Arbeitshaus, einer Erziehungsanstalt oder einem Asyl erkannt werden.

Der Bundesrat bestimmt die Grundsätze, nach denen die Vorschriften zu erlassen sind.

VII. § 362 R.St.G.B.

Die nach Vorschrift des § 361 Nr. 3 bis 8 Verurteilten können zu Arbeiten, welche ihren Fähigkeiten und Verhältnissen angemessen sind, innerhalb und, sofern sie von anderen freien Arbeitern getrennt gehalten werden, auch außerhalb der Strafanstalt angehalten werden.

Bei der Verurteilung zur Haft kann zugleich erkannt werden, daß die verurteilte Person nach verbüßter Strafe der Landespolizeibehörde zu überweisen sei. Im Falle des § 361 Nr. 4 ist dieses jedoch nur dann zulässig, wenn der Verurteilte in den letzten 3 Jahren wegen dieser Übertretung mehrmals rechtskräftig verurteilt worden ist, oder wenn derselbe unter Drohungen oder mit Waffen gebettelt hat.

Durch die Überweisung erhält die Landespolizeibehörde die Befugnis, die verurteilte Person bis zu zwei Jahren entweder in ein Arbeitshaus unterzubringen oder zu gemeinnützigen Arbeiten zu verwenden. Im Falle des § 361 Nr. 6 kann die Landespolizeibehörde die verurteilte Person statt in ein Arbeitshaus in eine Besserungs- oder Erziehungsanstalt oder in ein Asyl unterbringen; die Unterbringung in ein Arbeitshaus ist unzulässig, falls die verurteilte Person zur Zeit der Verurteilung das 18. Lebensjahr noch nicht vollendet hat.

Ist gegen einen Ausländer auf die Überweisung an die Landespolizeibehörde erkannt, so kann neben oder an Stelle der Unterbringung Verweisung aus dem Bundesgebiet eintreten.

§ 366.

Mit Geldstrafe bis zu sechzig Mark oder mit Haft bis zu 14 Tagen wird bestraft:

2. wer in Städten oder Dörfern übermäßig schnell fährt oder reitet etc.,

3. wer auf öffentlichen Wegen, Straßen, Plätzen oder Wasserstraßen das Vorbeifahren anderer mutwillig verhindert;

4. bis 9. usw. usw.,

10. wer die zur Erhaltung der Sicherheit, Bequemlichkeit, Reinlichkeit und Ruhe auf den öffentlichen Wegen, Straßen, Plätzen oder Wasserstraßen erlassenen Polizeiverordnungen übertritt.

§ 307 Abs. 13 V.E.

Mit Geldstrafe bis zu zweihundert Mark oder mit Haft bis zu zwei Monaten wird bestraft: wer die zum Zwecke der Sicherheit, Ordnung, Bequemlichkeit, Reinlichkeit oder Ruhe auf öffentlichen Wegen, Straßen, Plätzen oder Wasserstraßen erlassenen Vorschriften übertritt.

§ 358 Ziff. 10 G.E.

Mit Geldstrafe bis zu fünfhundert Mark wird bestraft: wer die Vorschriften übertritt, die zur Sicherheit, Ordnung, Bequemlichkeit, Reinlichkeit oder Ruhe auf den dem öffentlichen Verkehr dienenden Wegen, Straßen, Plätzen oder Wasserstraßen erlassen sind.

VIII. § 327 R.St.G.B.

Wer die Absperrungs- oder Aufsichtsmaßregeln oder Einfuhrverbote, welche von der zuständigen Behörde zur Verhütung des Einführens einer ansteckenden Krankheit angeordnet worden sind, wissentlich verletzt, wird mit Gefängnis bis zu 2 Jahren oder mit Geldstrafe bis zu 2000 Mark bestraft.

Ist infolge dieser Verletzung ein Mensch von der ansteckenden Krankheit ergriffen worden, so tritt Gefängnisstrafe bis zu 3 Jahren ein.

§ 193 V.E.

Wer die Absperrungs- oder Aufsichtsmaßregeln oder Einfuhrverbote, welche von der zuständigen Behörde zur Verhütung der Einschleppung oder Verbreitung einer übertragbaren Krankheit angeordnet worden sind, wissentlich verletzt, wird mit Gefängnis oder Haft bis zu zwei Jahren, in besonders schweren Fällen (§ 84) mit Gefängnis nicht unter drei Monaten bestraft.

§ 224 G.E.

Wer die Absperrungs- oder Aufsichtsmaßregeln oder Einfuhrverbote, die von der zuständigen Behörde zur Verhütung der Einschleppung oder Verbreitung einer übertragbaren Krankheit angeordnet worden sind, verletzt, wird mit Gefängnis bestraft.

Ist infolgedessen ein Mensch von der Krankheit ergriffen worden, so ist die Strafe Zuchthaus bis zu zehn Jahren.

Ist die Handlung fahrlässig begangen, so ist die Strafe Gefängnis bis zu einem Jahre oder Geldstrafe bis zu fünftausend Mark.

IX. § 300 R.St.G.B.

Rechtsanwälte, Advokaten, Notare, Verteidiger in Strafsachen, Ärzte, Wundärzte, Hebammen, Apotheker, sowie die Gehilfen dieser Personen werden, wenn sie unbefugt Privatgeheimnisse offenbaren, die ihnen kraft ihres Amtes, Standes oder Gewerbes anvertraut sind, mit Geldstrafe bis zu 1500 Mark oder mit Gefängnis bis zu 3 Monaten bestraft. — Die Verfolgung tritt nur auf Antrag ein.

§ 268 V.E.

Personen, die zur Ausübung der Heilkunde, Geburtshilfe, Krankenpflege, des Apothekergewerbes oder zur Beratung oder Vertretung in Rechtsangelegenheiten oder zur Beurkundung von Rechtsgeschäften öffentlich bestellt oder zugelassen sind, sowie die Gehilfen dieser Personen werden mit Geldstrafe bis zu 2000 Mark oder mit Haft oder mit Gefängnis bis zu 6 Monaten bestraft, wenn sie unbefugt Privatgeheimnisse offenbaren, die ihnen kraft ihres Berufs anvertraut oder zugänglich geworden sind. — Die Verfolgung tritt nur auf Antrag ein.

§ 291 G.E.

Personen, die zur Ausübung eines Berufs oder Gewerbes öffentlich bestellt oder ermächtigt sind, sowie die Gehilfen dieser Personen werden mit Gefängnis bis zu einem Jahr oder Geldstrafe bis zu 5000 Mark bestraft, wenn sie Privatgeheimnisse offenbaren, die ihnen in oder bei Ausübung ihres Berufes oder Gewerbes anvertraut oder zugänglich geworden sind.

Dieselbe Strafe trifft die, die nach dem Tode einer der in Abs. 1 genannten Personen die Verfügung über deren in Ausübung ihres Berufes oder Gewerbes gemachten Aufzeichnungen erlangen, wenn sie daraus Privatgeheimnisse offenbaren.

Die Verfolgung tritt nur auf Antrag ein.

Hat der Täter eine Pflicht zu erfüllen oder ein öffentliches oder sein oder eines dritten berechtigtes Interesse zu wahren beabsichtigt, so bleibt die Handlung straflos.

§ 268 K.E.

Mit Gefängnis oder Einschließung bis zu 6 Monaten oder mit Geldstrafe werden bestraft:

1. Personen, die zur Ausübung der Heilkunde, der Geburtshilfe, des Apothekergewerbes oder zur Beratung oder Vertretung in Rechtsangelegenheiten oder zur Beurkundung von Rechtsgeschäften öffentlich bestellt oder besonders zugelassen sind,

2. deren berufsmäßige Gehilfen,

3. berufsmäßige Krankenpfleger, die ein Privatgeheimnis, das ihnen kraft ihres Berufes anvertraut oder zugänglich geworden ist, ohne besondere Befugnis offenbaren.

Die Offenbarung ist nicht rechtswidrig, wenn sie zur Wahrung berechtigter privater oder öffentlicher Interessen erforderlich war, vorausgesetzt, daß dabei die sich gegenüberstehenden Interessen pflichtmäßig berücksichtigt worden sind.

Die Tat wird nur auf Antrag verfolgt.

Aus den Begründungen des VE und GE.
VE., S. 850. Gewerbsunzucht.

Die bisherige Strafbestimmung des § 361 Nr. 6 gegen die Gewerbsunzucht betrifft nur Frauenspersonen und enthält zwei Tatbestände. Der erste, eine Blankettvorschrift, läßt die Gewerbsunzucht straflos, wenn die Frauensperson unter sittenpolizeiliche Kontrolle gestellt ist und die in dieser Hinsicht erlassenen Vorschriften beobachtet, und verordnet ihre Bestrafung nur, soweit sie diese Vorschriften übertritt; der zweite bestraft die Gewerbsunzucht einer Frauensperson, welche der polizeilichen Aufsicht nicht unterstellt ist. Gegen diese Regelung, namentlich gegen die sogenannte Reglementierung der Prostitution, sind seit langer Zeit vielfach Einwände erhoben.

Wie an anderer Stelle hinsichtlich der sog. Wohnungskuppelei ausgeführt ist[1]), ist eine völlige Ausrottung der Prostitution im Wege der polizeilichen oder strafrechtlichen Repression, wie eine viele Jahrhunderte alte Erfahrung erwiesen hat, unausführbar. Die Aufgaben, die behufs Bekämpfung der Prostitution zu lösen sind, liegen hauptsächlich auf anderem Gebiet als dem des Strafrechts, insbesondere auf dem der allgemeinen Polizei, der Sanitätspolizei und der Fürsorgetätigkeit. Hier kommt nur die strafrechtliche Seite der Sache in Betracht. Für diese, bezüglich deren die Ansichten in der Wissenschaft weit auseinandergehen[2]), kommen vor allem zwei entgegengesetzte Gesichtspunkte in Betracht, nämlich das Absehen von jeder Bestrafung der gewerbsmäßigen Unzucht als solcher und im Gegensatz dazu die grundsätzliche Bestrafung jeder gewerbsmäßigen Unzucht[3]). Als Mittelweg findet sich sowohl in der Literatur vor-

---

[1]) 20. Abschnitt, Verbrechen und Vergehen gegen die Sittlichkeit, § 251 und Begründung hierzu.

[2]) Daß gerade der Prostitution gegenüber die Möglichkeit einer strafrechtlichen Behandlung gering ist, ist allgemein bekannt.

[3]) Hierzu Mittermaier 4 S. 158 ff. Die Verschiedenheit der wissenschaftlichen Ansichten zeigt, daß das Strafgesetz sich auf eine rein strafrechtliche Regelung zu beschränken hat. Während von ärztlicher Seite — Ströhmberg, Die Prostitution 1899; Aschaffenburg, Das Verbrechen und seine Bekämpfung S. 86 ff.; Hübner in der Monatsschr. f. Krim.-Psych. 3, S. 641 ff.; hierzu auch Blaschko, „Hygiene der Prostitution" in Th. Weils Handb. d. Hygiene, Berlin 1900, S. 52 ff. und S. 81 ff. — in gewissem Umfang die Reglementierung oder Kasernierung vertreten wird, will eine andere Richtung — Mittermaier 4, S. 168 und Lindenau in der D. J. Z. 1908, S. 279 ff. — von einer Bestrafung der Gewerbsunzucht absehen. Letzterer hat auch angeregt, daß die Unterstellung unter die sittenpolizeiliche Kontrolle vom Gericht auszusprechen sei. Andere Anregungen wollen das Antragsrecht auf Strafverfolgung gegen Prostituierte der Polizeibehörde übertragen. So Schmölder, Die gewerbsmäßige Unzucht und die zwangsweise Eintragung in die Dirnenliste (1893) S. 27 und Galli, Die Aufgaben der Rechtsordnung gegenüber den Gefahren der Prostitution (1908) S. 15. Abgesehen von der Frauenbewegung wird die Bestrafung jeder Gewerbsunzucht vertreten von Korn in Schmollers Jahrb. 21, S. 78/79; Schmölder (1893) S. 27; Stenglein, Gerichtssaal 62, S. 161 ff. Hierzu auch Schmölder, Staat und Prostitution (1900) und in der Deutsch. Juristen-Zeitung 1908, S. 353.

geschlagen wie in einzelnen Gesetzgebungen verwertet die Beschränkung der Strafbestimmung auf die besonders ärgerniserregenden oder schadenbringenden Erscheinungen der Gewerbsunzucht. Die erste Regelung trägt dem Wesen der Prostitution und ihrer Gemeingefahr in sittlicher und sanitärer Hinsicht, insbesondere aber auch ihrem notorischen innigen Zusammenhang mit dem Verbrechertum, nicht genügend Rechnung. Die Bestrafung jeder Gewerbsunzucht aber steht mit der bisherigen Rechtsentwicklung in Widerspruch; sie würde, wie keiner näheren Ausführung bedarf, auch mit Rücksicht auf die namentlich in großen Städten bestehenden Verhältnisse, die nicht beseitigt werden können, zu schweren Mißständen führen. Es ist also ein Mittelweg einzuschlagen.

Geht man auch davon aus, daß die gewerbsmäßige Unzucht an sich nicht zu bestrafen ist, so ist doch in gewissem Umfang ein strafrechtliches Einschreiten gegen die Prostitution aus sitten-, sicherheits- und sanitätspolizeilichen Gründen nötig. Namentlich das sanitäre Moment, die Bekämpfung der überhandnehmenden Geschlechtskrankheiten, die Rücksicht auf den Jugendschutz und der Zusammenhang der Gewerbsunzucht treibenden Personen mit dem Zuhälter- und Verbrechertum verlangen eine Überwachung der Prostitution und schließen die vollständige Beseitigung aller einschränkenden Polizeiverordnungen und die Beschränkung der Strafbestimmungen auf besonders belästigende Erscheinungen der Prostitution aus. Das letztere Verfahren würde nur den schlimmen Symptomen einer sozialen Krankheit gelten, diese aber nicht selbst treffen können und den gegenwärtigen Zustand voraussichtlich nur verschlimmern.

Der Entwurf steht deshalb auf dem Standpunkt, daß eine Überwachung der Prostitution notwendig ist. Sie hat sich nicht bloß auf die weibliche Prostitution, sondern auch auf die männliche Prostitution zu erstrecken, sofern nicht deren Straffälligkeit aus § 250 des 20. Abschnittes „Verbrechen und Vergehen gegen die Sittlichkeit" (St.G.B. § 175) an und für sich gegeben ist. Soweit dies der Fall ist, kann von einer „Reglementierung" keine Rede sein; das strafgesetzwidrige Treiben ist ohne weiteres zu unterdrücken. Aber die auf das Tatbestandsmerkmal der widernatürlichen Unzucht beschränkte Strafvorschrift des § 250 trifft nicht alle, sondern nur bestimmte Unzuchtsakte [1]), und es besteht, namentlich in großen Städten, auch eine gewerbsmäßige Prostitution, deren Tätigkeit sich außerhalb des von jedem Gesetz mit Strafe bedrohten Kreises von Handlungen bewegt und die, besonders wegen ihres engen Zusammenhanges mit dem Erpressertum, obwohl sie an sich nicht strafgesetzwidrig ist, doch eine polizeiliche Überwachung notwendig macht.

Der Entwurf knüpft daher an diese Überwachung an, welche er voraussetzt. Er bestraft nicht mehr die gewerbsmäßige Unzucht als solche, sondern richtet nur eine sogenannte Blankettstrafdrohung gegen jede Person, die gewerbsmäßig Unzucht treibt, wenn sie die in dieser Hinsicht zur Sicherung der Gesundheit, der öffentlichen Ordnung oder des öffentlichen Anstandes erlassenen Vorschriften übertritt.

Wie diese Vorschriften einzurichten sind, das festzustellen ist nicht Aufgabe des Strafrechts, sondern der Polizei. Daher konnte lediglich eine Blankettbestimmung gegeben werden, in der der reichsrechtliche Strafrahmen für Zu-

---

[1]) Über die Merkmale Unzucht und widernatürliche Unzucht. Reichsgerichts-Entscheidung 37, S. 304.

widerhandlungen gegen diese Vorschriften festzulegen ist. Diese selbst sind als polizeiliche dem Landesrecht zu überlassen. Damit aber nicht eine auf diesem Gebiet nachteilige grundsätzliche Verschiedenheit der Behandlung eintritt, ist vorgesehen, daß der Bundesrat die Grundsätze bestimmt, nach denen die Vorschriften zu erlassen sind. Hierdurch ist zugleich für diejenigen Bundesstaaten, deren Landesrecht etwa die Befugnis der Polizei zum Erlaß solcher Anordnungen zweifelhaft erscheinen lassen könnte, die gesetzliche Grundlage hierfür gegeben.

In dem Angeführten liegt schon, daß der Entwurf sich für ein bestimmtes System hinsichtlich jener Vorschriften, namentlich etwa für die sogenannte Kasernierung oder die Lokalisierung, nicht aussprechen kann, sondern diese Fragen als nicht dem strafrechtlichen Gebiet angehörend offen lassen muß.

Dagegen ist für selbstverständlich erachtet, daß sogenannte Bordelle mit Wirtshausbetrieb oder ähnliche bordellartig betriebene Einrichtungen ausgeschlossen sein müssen. Dies folgt schon aus der Vorschrift gegen die Kuppelei im § 251 des 20. Abschnittes (Verbrechen und Vergehen gegen die Sittlichkeit). Wenn diese Bestimmung auch bei der Vermietung von Wohnungen an Gewerbsunzucht treibende Personen unter ganz bestimmten Voraussetzungen die Bestrafung wegen Kuppelei untersagt, so ist dabei doch dort ausdrücklich vorausgesetzt, daß eine Ausbeutung der Gewerbsunzucht seitens des Vermieters zu eigenem Vorteil nicht stattfindet. Diese Voraussetzung trifft aber bei Bordellen oder ähnlichen Einrichtungen nicht zu.

Bei dieser Regelung, die auch straßen- und wohnungspolizeiliche Anordnungen ermöglicht, erübrigt sich eine besondere Strafbestimmung gegen das öffentliche, Anstoß erregende Sichanbieten zur Unzucht [1]). Eine solche findet sich in der Gesetzgebung anderer Staaten, in denen eine Überwachung der Prostitution vom strafrechtlichen Standpunkt nicht für nötig gehalten ist. Hier kann sie aber durch die in bezug genommenen „Vorschriften" in Verbindung mit dem Blankettstrafgesetz ersetzt werden.

Von dem bisherigen Recht unterscheidet sich der Entwurf hauptsächlich in zwei Punkten, nämlich indem er die Beschränkung auf Frauenspersonen grundsätzlich aufgibt und auch die besonders in Großstädten vorhandene männliche Prostitution einbezieht, und indem er den Unterschied zwischen solchen Prostituierten, die einer polizeilichen Aufsicht unterstellt sind und solchen, welche dies nicht sind, fallen läßt und die Strafdrohung des Blankettgesetzes gegen alle Personen richtet, die gewerbsmäßig Unzucht treiben. Ob letztere Voraussetzung zutrifft, wird daher vom Richter im einzelnen Falle zu beurteilen sein [2]). Zugleich wird dadurch das Gesetz von dem zuweilen erhobenen Vorwurf entlastet, daß es eine Anerkennung der Gewerbsunzucht in gewissen Grenzen enthalte. Der Zusatz „abgesehen von den Fällen des § 250" bedeutet, daß, soweit widernatürliche Unzucht in Betracht kommt, die durch § 250 (§ 175 St.G.B.) verboten und mit Strafe bedroht ist, die Bestimmung der Nr. 4 nicht Platz greift, da strafgesetzlich Verbotenes niemals irgendwelcher Regelung durch polizeiliche Vorschriften unterstellt werden kann, sondern unterdrückt werden

---

[1]) Mittermaier 4, S. 159 und 163. Der sogenannte ärgerliche Gassenstrich, le racolage.

[2]) Über den Begriff der Unzucht im § 361 Nr. 6 des Strafgesetzbuches vgl. Olshausen, Anm. a) zu § 361 Nr. 6 und Reichsgerichts-Entscheidung 37, S. 303 ff.

muß, eine solche Regelung aber von der vorliegenden Bestimmung vorausgesetzt wird.

G.E., S. 240. § 246. Gewerbsunzucht.

Der Tatbestand ist in dem V.E. § 305 Ziff. 4 gegenüber aus den Übertretungen herausgenommen und zu den Vergehen gestellt. Das entspricht einer wiederholt und von den verschiedensten Seiten ausgesprochenen Forderung von dem inneren Wesen des Delikts. Schon im Vorwort S. IV ist auf diese grundsätzliche Auffassung des G.E. hingewiesen worden. Die Fassung des Tatbestandes schließt sich mit einigen sprachlichen Änderungen an die des V.E. an. Während dieser aber die männliche Prostitution einbezieht, kehrt der G.E. hier zum geltenden Recht zurück. Es ist unklar, welche Fälle der männlichen Prostitution nicht unter § 245 G.E. (§ 250 Abs. 3 V.E.) fallen sollen; sie strafrechtlich zu erfassen, liegt jedenfalls kein Anlaß vor (ebenso Hoppe, Blätter für Gefängniskunde 44, S. 281, 282).

Die Aufstellung der Grundsätze, nach denen die Vorschriften zur Sicherung der Gesundheit usw. zu erlassen sind, überläßt der V.E. dem Bundesrat. Der G.E. verlangt dagegen im zweiten Absatz die einheitliche Regelung durch Reichsgesetz. Da durch die Vorschrift des § 246 die strafbare von der straflosen Gewerbsunzucht abgegrenzt wird, ist die Mitwirkung des Parlaments wenigstens insoweit unentbehrlich, als es sich um die Festlegung der Grundzüge handelt, durch welche Richtung und Inhalt dieser Vorschriften bestimmt werden (ebenso u. a. Rosenberg, Reform II, 479). Daß nach Abs. 3 in besonders leichten Fällen Straflosigkeit eintreten kann, ist gegenüber V.E. § 310 Abs. 1 keine Neuerung, mußte aber nach der Aufnahme des Delikts unter die Vergehen ausdrücklich ausgesprochen werden. Die Ausnahmebestimmung des § 310 Abs. 2 Satz 2 V.E. ist, schon mit Rücksicht auf die veränderte Gestalt des Arbeitshauses, aufgegeben.

G.E., S. 242. § 248. Kuppelei.

Auch in der Begriffsbestimmung der Kuppelei weicht der G.E. vom V.E. ab. Dieser verlangt, daß der Unzucht „gewohnheitsmäßig oder aus Eigennutz" Vorschub geleistet sei. Der G.E. bestimmt: „Wer aus Gewinnsucht der Unzucht Vorschub leistet". Die „Gewohnheitsmäßigkeit" mußte gestrichen werden, da sie unabhängig von der Gewinnsucht auch bei der Kuppelei keine besondere praktische Bedeutung haben dürfte. Daß an Stelle des „Eigennutzes" das Handeln „aus Gewinnsucht" gesetzt wurde, entspricht der auch sonst vom G.E. festgehaltenen grundsätzlichen Auffassung; über den Begriff der Gewinnsucht vgl. das oben zu § 228 Gesagte.

G.E., S. 245. § 251. Unzüchtige Schriften.

Die Ziff. 3 des V.E. § 257 (entsprechend der Ziff. 3 des § 184 St.G.B.) ist im G.E. ganz fallen gelassen. Der praktisch wichtigste Fall ist die Ankündigung von antikonzeptionellen Gegenständen. Es kann zugegeben werden, daß dieser Fall nicht notwendig durch die Ziff. 3 getroffen wird, und in der Literatur ist diese Ansicht ja auch von Schriftstellern der verschiedensten Richtungen, so von Binding, Frank, v. Liszt (Lehrbuch § 109 Anm. 6) vertreten worden. Da aber die konstante Rechtsprechung des Reichsgerichts auf dem entgegengesetzten Standpunkt steht und damit indirekt die Ansteckungsgefahr befördert, war es notwendig, die ganze Ziffer zu streichen (vgl. die Ausführungen von Hillenberg, Leppmann und Kirchner in dem Bericht des preußischen Medizinalbeamtenvereins 1910; vgl. auch Kitzinger, Z. 31, S. 614). Auch dem österreichischen V.E. ist die Strafdrohung fremd.

Mit der Streichung der bisherigen Ziff. 3 ist Ziff. 4 zu Ziff. 3 geworden; der G.E. hat sie unverändert beibehalten.

Literatur.

Ansteckung mit Geschlechtskrankheiten ist Körperverletzung. Urteil des Reichsgerichts vom 10. März 1911 (Aktenzeichen: 5 D 98/11). Sexual-Probleme 1911, S. 341.

v. Arnstedt, Preußisches Polizeirecht.

v. Bar, Gutachten betreffend den Erlaß eines besonderen Strafgesetzes gegen schuldhafte venerische Infektion. Zeitschr. f. Bekämpfung d. Geschlechtskrankh. 1, 1903, S. 64.

Bettmann, S., Die ärztliche Überwachung der Prostituierten. Handb. d. soz. Med. herausg. von M. Fürst und F. Windscheid. 7, I. Teil, Jena, Fischer 1905.

Bienenstock, Walter, Mittel und Wege zur Einschränkung der Geschlechtskrankheiten. Verl. Urban und Schwarzenberg, Berlin 1902.

Blaschko, A., Wie soll der Geschlechtsverkehr Venerischer bestraft werden? Deutsche med. Wochenschr. 1916, Heft 1, S. 18.

Block, Fel., Welche Maßnahmen können behufs Steuerung der Zunahme der Geschlechtskrankheiten ergriffen werden? Samml. klin. Vorträge 1901, Nr. 317. Leipzig, Breitkopf u. Härtel.

Chéri, Charles, Syphilis, venerische Krankheiten und Prostitution. Thèse de Toulouse 1912, Nr. 28. Derm. Wochenschr. 1913, Nr. 21, S. 609.

Dohrn, Hans, Strafrecht und Sittlichkeit. München 1907, Heft 1 d. Schriften des Verb. fortschrittl. Frauen-Ver. „Die Prostituierte" von Cam. Karl Schneider. Leipzig, Joh. Ambros. Barth. S. 244.

Dreuw, 1. Haut- und Geschlechtskrankheiten im Kriege und im Frieden. Fischer, Med. Buchhandl. Berlin. 2. Über Bevölkerungspolitik. Allg. Med. Zentralbl. 1915, 47.

Ebermayer, Die Bestrafung des Geschlechtsverkehrs Venerischer. Deutsche med. Wochenschr. 1916, Heft 1, S. 19.

Finger und **Rittler,** Der neue österreichische Strafgesetzentwurf und die Geschlechtskrankheiten. Zeitschr. f. Bekämpfung d. Geschlechtskrankh. 10, 1910, S. 401.

Fischer, W., Zur Bekämpfung der Geschlechtskrankheiten. Med. Klinik 1915, Nr. 34.

Galli, Die Rechtsordnung gegenüber den Gefahren der Prostitution. Leipzig 1908, Hinrichs.

v. Gruber, Max (München), Hygiene des Geschlechtslebens. 8. vermehrte u. verbesserte Aufl. Mit 4 farb. Tafeln. Stuttgart, E. H. Moritz 1915. 110 S. Ref. Mamlock. Der trefflichen Schrift heute nochmals eine Empfehlung mitzugeben (obwohl das rasche Erscheinen der neuen Auflage für sich selbst spricht), ist begründet in den gegenwärtigen Zeitläuften: die Assanierung des Geschlechtslebens bedarf mehr denn je sorgfältiger Pflege. Keiner dürfte auf diesem Gebiete der Hygiene ein besserer Führer sein als Gruber. Ich habe daher meiner hier 1914, Nr. 40, S. 1828 gespendeten Anerkennung nichts hinzuzufügen. Im Gegenteil muß ich die damaligen Beanstandungen heute zurücknehmen: denn der Autor hat sie auf den Seiten 62, 101 und 106 verwertet. (Daß meine Auffassung von der nicht seltenen Initiative der Frau auf dem Gebiete der Erotik berechtigt ist, zeigt das Verhalten mancher „Schönen" gegenüber unseren gefangenen Feinden. — Soeben ist auch ein Prozeß gegen einen Lehrer wegen Beziehungen zu seinen Schülerinnen verhandelt worden; und wie stets in solchen Fällen stellte sich heraus, daß ihn die halbwüchsigen Mädchen durch fortgesetzte glühende Liebesversicherungen geradezu herausgefordert hatten!) (Vgl. auch Deutsche med. Wochenschr. Nr. 33, S. 986.) So dürfte die Schrift Ärzten und Pädagogen noch mehr als bisher ein willkommener Führer sein.

Hammer, W., Der Gesetzvorentwurf zum Deutschen Reichsstrafgesetzbuche. Fortsetzung a. Heft 2 d. Deutsch. Ärzteztg. 1913. Deutsche Ärzte-Ztg. 1913, Heft 6, S. 85.

Hellwig, Die zivilrechtliche Bedeutung der Geschlechtskrankheiten. (Gutachten.) Zeitschr. f. Bekämpfung d. Geschlechtskrankh. **1,** 1903, S. 26.

Henkel, Bekämpfung der Syphilis (Geschlechtskrankheiten). Münch. med. Wochenschr. 1916, Heft 25, S. 899.

Hermanides, S. R., Bekämpfung der ansteckenden Geschlechtskrankheiten als Volksseuche. Verl. Gustav Fischer, Jena 1905.

Homburger, Max, Die strafrechtliche Bedeutung der Geschlechtskrankheiten. Zeitschr. f. Bekämpfung d. Geschlechtskrankh. **11,** 1910, Nr. 5/6.

Jaffé, K., Geschlechtskrankheiten und Strafrecht. Derm. Studien **201.** Sexual-Probleme 1911, S. 219.

Kitzinger, Vgl. Darstellungen, bes. Teil. **9,** S. 165.

Kohler, Joseph, Stellung der Rechtsordnung zur Gefahr der Geschlechtskrankheiten. Zeitschr. f. Bekämpfung d. Geschlechtskrankh. **2,** 1904, S. 19.

Geschlechtliche Infektion als **Körperverletzung.** Sexual-Probleme 1912, S. 344.

Korn, Strafrechtsreform oder Sittenpolizei? Schmollers Jahrb. f. Gesetzgebung **21,** 1897.

Kromayer, Zur Austilgung der Syphilis. Berlin, Gebr. Bornträger, 1898.

Laupheimer, Friedrich, Der strafrechtliche Schutz gegen geschlechtliche Infektion. Bibliothek für soziale Medizin, Hygiene und Medizinalstatistik u. d. Grenzgeb. von Volkswirtschaft, Medizin u. Technik. Herausgeg. von Prof. Dr. Rud. Lennhoff. 1914, Nr. 9. Verl. Allg. med. Verlagsanstalt, Berlin. Siehe ausführliche Übersicht über alle einschlägigen Gesetze.

Leonhard, St., Die Prostitution, ihre hygienische, sanitäre, sittenpolizeiliche und gesetzliche Bekämpfung. VIII u. 307 S. München 1912, E. Reinhardt.

Lesser, E., Die gesundheitlichen Gefahren der Prostitution und deren Bekämpfung. „Mitt. d. Deutschen Gesellsch. z. Bekämpfung d. Geschlechtskrankh." **1,** S. 64.

— Über die Verhütung u. Bekämpfung der Geschlechtskrankheiten. Gustav Fischer, Jena 1904.

Lieske, Die Strafwürdigkeit der Ansteckung in den Vorarbeiten zur Strafgesetzreform. Ärztl. Sachverst.-Ztg. 1915, Nr. 9. Berl. klin. Wochenschr. 1915, Heft 27, S. 726. Verf. kommt nach längeren Ausführungen zu dem Resultat, daß die Androhung von Bestrafung der Übertragung von Geschlechtskrankheiten durch den sexuellen Verkehr praktisch keine Erfolge zeitigen würde.

v. Lilienthal, Karl, Sittlichkeitspolizei. Handb. d. Politik. Zweiter Band: Die Aufgaben der Politik. Verl. Dr. Rothschild, Berlin u. Leipzig 1912/13.

Lindenau, Strafbarkeit des Geschlechtsverkehrs bei venerischer Erkrankung. Deutsche Strafrechts-Ztg. 1915, Heft 9/10, S. 477. Deutsche Jurist.-Ztg. **20,** 15/16.

— Die strafrechtliche Bekämpfung der Gewerbsunzucht. Zeitschr. f. Strafrechtswissensch. **32,** S. 355.

v. Liszt, Franz, Der strafrechtliche Schutz gegen Gesundheitsgefährdung durch Geschlechtskranke. (Gutachten.) Zeitschr. f. Bekämpfung d. Geschlechtskrankh. 1903, 1, 1.

— Strafrechtsreform. Handb. d. Politik. Zweiter Band: Die Aufgaben der Politik.

Löffler, Vgl. Darst. bes. Teil, **9,** S. 376.

Mahling, Der gegenwärtige Stand der Sittlichkeitsfrage. Vierteljahrsschr. f. inn. Miss. Jahrg. 1916, Heft 1. Gütersloh 1916. Verl. v. C. Bertelsmann. Sehr gute Übersicht über die deutsche Gesetzgebung.

Marcuse, Max, Fortschritte im Kampfe gegen die Geschlechtskrankheiten. Dokumente des Fortschritts. Januar 1913.

Mittermaier, Verbrechen und Vergehen wider die Sittlichkeit. Vorarbeiten z. deutsch. Strafrechtsreform. Besond. Teil. **4,** Berlin 1906.

Müller, Herm. E. (Zürich), „Zur Kenntnis der Prostitution in Zürich und zur sozialhygienischen Bekämpfung der Prostitution und ihrer Schädigungen". Nr. 11 der Statistik der Stadt Zürich, herausgeg. vom statistischen Amt der Stadt Zürich. Kommissionsverlag Rascher u. Cie. Zürich. Preis Fr. 1.—.

Neißer, A., Ist es wirklich ganz unmöglich, die **Prostitution** gesundheitlich unschädlich zu machen? Deutsch. med. Wochenschr. 1915, Heft 47, S. 1385.

Die Vergehen und Verbrechen auf geschlechtlichem Gebiete (Sittlichkeitsdelikte) im **Österreichischen** Strafgesetzbuchentwurf vom Jahre 1912. Zeitschr. f. Bekämpfung d. Geschlechtskrankh. 1915, Nr. 6, S. 173.

Rosenfeld, Die Streichung der Strafvermerke im Strafregister und in den polizeilichen Listen. Deutsche Strafrechtsztg. 1914, Heft 4/5, S. 248.

Rothe, Ausländische Gesetze und Gesetzentwürfe. Frankreich. Der Entwurf betr. die Prostitution Minderjähriger (28, Nr. 7, S. 827) ist unter dem 11. April 1908 Gesetz geworden. Zeitschr. f. d. ges. Strafrechtswissensch. 29, 1909, Heft 2, S. 242.

Rudeck, Syphilis und Gonorrhoe vor Gericht. Jena 1905, G. Fischer.

Schaefer, Fritz, Strafbarkeit des Geschlechtsverkehrs bei venerischer Krankheit. Münch. med. Wochenschr. 1915, Heft 49, S. 1685.

Scheuer, Oskar, Das neue österreichische Gesetz betreffend die Verhütung und Bekämpfung übertragbarer Krankheiten und dessen Berücksichtigung der Geschlechtskrankheiten. Zeitschr. f. Bekämpfung d. Geschlechtskrankh. 10, 1910, S. 33.

Schmölder, Robert, Die Prostitution, ihre alsbaldige Regelung ein dringendes Bedürfnis. Heft 14 d. Flugschr. d. Deutsch. Gesellsch. f. Bekämpfung d. Geschlechtskrankh. Dazu noch weitere Aufs. (zitiert 5, S. 20) u. Ref. (Deutsche Gesellsch. z. Bekämpfung d. Geschlechtskrankh. 7, Leipzig 1913.

— Unsere heutige Prostitution. München 1911 (VI).

— Die strafrechtliche und zivilrechtliche Bedeutung der Geschlechtskrankheiten. Ref. Zeitschr. f. Bekämpfung d. Geschlechtskrankh. 1, 1903 (IV).

— Die gewerbsmäßige Unzucht und die zwangsweise Eintragung in die Dirnenliste. Düsseldorf 1893. Schmölder II.

— Die Bestrafung und polizeiliche Behandlung der gewerbsmäßigen Unzucht. Düsseldorf 1892. Schmölder I.

— Die Prostituierten und das Strafrecht. München 1911 (V).

— Staat und Prostitution. Berlin 1900 (III).

Schneider, Carl Camillo, Die Prostituierte und die Gesellschaft. Leipzig, J. A. Barth 1908.

Schroeder, Eduard August, Das Recht in der geschlechtlichen Ordnung. Verl. Friedrich Fleischer, Leipzig 1896.

Seidel, Johannes, Die Straftaten wider Sittlichkeit und Anstand im Niederländischen Strafgesetzbuch unter Berücksichtigung der Änderung vom 20. Mai 1911. Zeitschr. f. Strafrechtswissensch. 35, S. 603.

Stenglein, Gerichtssaal 62, S. 161 ff. Hierzu auch Sch mölder, Staat und Prostitution 1900 und Deutsche Juristenztg. 1908, S. 353.

Stern, Carl, Entwurf eines Gesetzes betreffend das Gewerbe der Prostitution. Internat. Konferenz Brüssel 1897.

Vergleichende Darstellung des deutschen und ausländischen **Strafrechts.** Besond. Teil, 4. Verbrechen und Vergehen wider die Sittlichkeit. Otto Liebmann, Berlin 1906.

Stursberg, Die Prostitution in Deutschland und ihre Bekämpfung. Düsseldorf 1887.

Vaerting, M., Wie ersetzt Deutschland am schnellsten die Kriegsverluste durch gesunden Nachwuchs? Verl. d. Ärztl. Rundschau. Otto Gmelin, München.

Vorberg, Freiheit oder gesundheitliche Überwachung der Gewerbeunzucht. München, Verl. d. Ärztl. Rundschau. Übersicht über die Prostitutionsverordnungen usw. in nichtdeutschen Ländern.

Waldvogel, R., Die Gefahren der Geschlechtskrankheiten und ihre Verhütung. Stuttgart 1905. Moll, Handb. d. Sexualwissensch. S. 966.

Wilhelm, Eugen, Die Sittlichkeitsdelikte in dem Vorentwurf zu einem schweizerischen Strafgesetzbuch vom April 1908 und in dem Vorentwurf zu einem österreichischen Strafgesetzbuch vom September 1909. Sexual-Probleme 1910, S. 820 u. 877.

Wolff, F., Zur Bekämpfung der Geschlechtskrankheiten. Fortschr. d. Med. 12, 1914, S. 322—329.

Wolzendorf, Polizei und Prostitution. Eine Studie zur Lehre von der öffentlichen Verwaltung und ihrem Recht. Tübingen, Lauppsche Buchhandl. 1911.

Zur Kenntnis der Prostitution in **Zürich** und zur sozialhygienischen Bekämpfung der Prostitution und ihrer Schädigungen. Statistik d. Stadt Zürich. H. 11. Zürich 1911. Monatsschr. f. Krim.-Psych. u. Strafrechtsref. 9. Jahrg., S. 386.

Enquete der Österreichischen Gesellschaft zur Bekämpfung der Geschlechtskrankheiten. Wien 1908. Zeitschr. f. Bekämpfung d. Geschlechtskrankh. 9, 1908, S. 348. Geschlechtskrankheiten und Strafgesetz. Inwieweit ist die Schaffung von strafrechtlichen Bestimmungen, bzw. Verschärfung der geltenden Bestimmungen des Strafgesetzes gegen fahrlässige Ansteckung wünschenswert? Referent: Dr. Friedrich Frey. Diskussion: Prof. Löffler, Dr. Hügel, Prof. Löffler, Dozent Ullmann, Dr. Ellmann, Frau Heinisch, Herr Gärtner, Dr. Teleky sen., Herr Wahl.